EUL VERLAG

STEUER, WIRTSCHAFT UND RECHT

Herausgegeben von vBP StB Prof. Dr. Johannes Georg Bischoff, Wuppertal, Dr. Alfred Kellermann, Vorsitzender Richter am BGH (a. D.), Karlsruhe, Prof. (em.) Dr. Günter Sieben, Köln, und WP StB Prof. Dr. Norbert Herzig, Köln

Band 282
Vera Pruß
Asset-Allokation von Privatinvestoren unter Berücksichtigung von Steuern
Lohmar – Köln 2007 ◆ 382 S. ◆ € 55,- (D) ◆ ISBN 978-3-89936-629-7

Band 283
Jörg Thomas
Die steuerliche Behandlung einer grenzüberschreitenden Verschmelzung von Kapitalgesellschaften innerhalb der EU
Lohmar – Köln 2007 ◆ 396 S. ◆ € 56,- (D) ◆ ISBN 978-3-89936-639-6

Band 284
Friedrich Petry
Die Ertragsbesteuerung auf dem deutschen Festlandsockel und in der deutschen ausschließlichen Wirtschaftszone
Lohmar – Köln 2008 ◆ 216 S. ◆ € 45,- (D) ◆ ISBN 978-3-89936-657-0

Band 285
Christoph Neven
KFZ-Vertrieb und Kartellrecht –
Die Verordnung (EG) Nr. 1400/2002
Lohmar – Köln 2008 ◆ 338 S. ◆ € 53,- (D) ◆ ISBN 978-3-89936-660-0

Band 286
Dirk Müller
Verbindlichkeitsrückstellungen
Lohmar – Köln 2008 ◆ 330 S. ◆ € 53,- (D) ◆ ISBN 978-3-89936-675-4

Band 287
Michael Kricheldorf
Ertragsteuerliche Konsequenzen aus der Umstrukturierung doppelstöckiger Personengesellschaften
Lohmar – Köln 2008 ◆ 536 S. ◆ € 65,- (D) ◆ ISBN 978-3-89936-678-5

JOSEF EUL VERLAG

Reihe: Steuer, Wirtschaft und Recht · Band 287

Herausgegeben von vBP StB Prof. Dr. Johannes Georg Bischoff, Wuppertal, Dr. Alfred Kellermann, Vorsitzender Richter (a. D.) am BGH, Karlsruhe, Prof. (em.) Dr. Günter Sieben, Köln, und WP StB Prof. Dr. Norbert Herzig, Köln

Dr. Michael Kricheldorf

Ertragsteuerliche Konsequenzen aus der Umstrukturierung doppelstöckiger Personengesellschaften

EUL VERLAG

Bibliographische Information der Deutschen Bibliothek

Die Deutsche Bibliothek verzeichnet diese Publikation in der Deutschen Nationalbibliothek; detaillierte bibliographische Daten sind im Internet über <http://dnb.ddb.de> abrufbar.

Dissertation, Heinrich-Heine-Universität Düsseldorf, 2008

D 61 (2008)

ISBN 978-3-89936-678-5
1. Auflage März 2008

Printed in Germany
Druck: RSP, Troisdorf

JOSEF EUL VERLAG GmbH
Brandsberg 6
53797 Lohmar
Tel.: 0 22 05 / 90 10 6-6
Fax: 0 22 05 / 90 10 6-88
E-Mail: info@eul-verlag.de
http://www.eul-verlag.de

Bei der Herstellung unserer Bücher möchten wir die Umwelt schonen. Dieses Buch ist daher auf säurefreiem, 100% chlorfrei gebleichtem, alterungsbeständigem Papier nach DIN 6738 gedruckt.

Vorwort

Die vorliegende Arbeit beschäftigt sich mit den ertragsteuerlichen Konsequenzen aus der Umstrukturierung doppelstöckiger Personengesellschaften. Im Dezember 2007 wurde die Arbeit abgeschlossen und von der Wirtschaftswissenschaftlichen Fakultät der Heinrich-Heine-Universität Düsseldorf als Dissertation angenommen. Die Arbeit berücksichtigt die bis dahin vorliegende Rechtsprechung und Literatur.

Auf diesem Wege möchte ich mich zunächst bei meinem Doktorvater und Erstgutachter Prof. Dr. Guido Förster für die wertvollen Diskussionen und Anregungen sowie die Begleitung meines Dissertationsprojektes von meinem Themenvorschlag bis hin zum erfolgreichen Abschluss bedanken. Weiterer Dank gilt Prof. Dr. Christoph J. Börner für die freundliche Übernahme und Erstellung des Zweitgutachtens. Beiden Professoren danke ich für das zügige Vorantreiben des Promotionsverfahrens.

Ganz besonders und herzlich möchte ich mich bei meiner Familie, bei meinen Freunden und insbesondere bei meiner lieben Ehefrau Julia Bokeloh für die Unterstützung und das Verständnis bedanken. Die erfahrene Unterstützung und das entgegengebrachte Verständnis kann nicht ausreichend genug gewürdigt werden. Meiner lieben Julia möchte ich daher diese Arbeit widmen.

Bückeburg, Januar 2008 Michael Kricheldorf

Inhaltsübersicht

Inhaltsverzeichnis

Seite

Abbildungsverzeichnis

Abkürzungsverzeichnis

A	Aktiva
a. A.	anderer Ansicht
a. F.	alte Fassung
Abb.	Abbildung
ABl.	Amtsblatt
Abs.	Absatz
AEAO	Anwendungserlass zur Abgabenordnung
AfA	Absetzung für Abnutzung
allg.	allgemein
Alt.	Alternative
Anh.	Anhang
Anm.	Anmerkung
AO	Abgabenordnung
Art.	Artikel
BayObLG	Bayrisches Oberlandesgericht
BB	Betriebs-Berater (Zeitschrift)
BBK	Buchführung Bilanz Kostenrechnung (Zeitschrift)
BDI	Bundesverband der Deutschen Industrie
ber.	berichtigt
BewG	Bewertungsgesetz
BFH	Bundesfinanzhof
BFH/NV	Sammlung amtlich nicht veröffentlichter Entscheidungen des Bundesfinanzhofs (Zeitschrift)
BGB	Bürgerliches Gesetzbuch
BGBl.	Bundesgesetzblatt
BGH	Bundesgerichtshof
BMF	Bundesministerium der Finanzen
BP	Betriebsprüfung
BR-Drs.	Bundesrats-Drucksache
BStBl.	Bundessteuerblatt

BT-Drs.	Bundestags-Drucksache
BuW	Betrieb und Wirtschaft (Zeitschrift)
BVerfG	Bundesverfassungsgericht
BW	Buchwert
bzw.	beziehungsweise
d. h.	das heißt
DB	Der Betrieb (Zeitschrift)
ders.	derselbe
dies.	dieselbe, dieselben
Diss.	Dissertation
DStR	Deutsches Steuerrecht (Zeitschrift)
DStZ	Deutsche Steuer-Zeitung (Zeitschrift)
e. V.	eingetragener Verein
EBITDA	earnings before interest, taxes, depreciation and amortization
EFG	Entscheidungen der Finanzgerichte (Zeitschrift)
Einf.	Einführung
ESt	Einkommensteuer
EStB	Der Ertragsteuerberater (Zeitschrift)
EStG	Einkommensteuergesetz
EStH	Einkommensteuer-Hinweise
EStR	Einkommensteuer-Richtlinien
EuGH	Europäischer Gerichtshof
EUR	Euro
evtl.	eventuell
F.	Fach
ff.	fortfolgende
FG	Finanzgericht
FinMin.	Finanzministerium
Fn.	Fußnote
FN-IDW	Fachnachrichten des Instituts der Wirtschaftsprüfer (Zeitschrift)

FR	Finanz-Rundschau Ertragsteuerrecht (Zeitschrift)
FS	Festschrift
GbR	Gesellschaft bürgerlichen Rechts
gem.	gemäß
GewSt	Gewerbesteuer
GewStG	Gewerbesteuergesetz
GewStR	Gewerbesteuer-Richtlinien
GG	Grundgesetz
gg	gegen
ggf.	gegebenenfalls
GHV	Gesamthandsvermögen
gl. A.	gleicher Ansicht
GmbH	Gesellschaft mit beschränkter Haftung
GmbH-StB	Der GmbH-Steuerberater (Zeitschrift)
GmbHR	GmbHRundschau (Zeitschrift)
GR	Gesellschaftsrechte
GrS	Großer Senat
GStB	Gestaltende Steuerberatung (Zeitschrift)
GW	gemeiner Wert
h. M.	herrschende Meinung
HFA	Hauptfachausschuss
HGB	Handelsgesetzbuch
Hrsg.	Herausgeber
hrsg. v.	herausgegeben von
Hs.	Halbsatz
i. d. F.	in der Fassung
i. d. R.	in der Regel
i. S.	im Sinne
i. V. m.	in Verbindung mit
IDW	Institut der Wirtschaftsprüfer in Deutschland e.V.
INF	Die Information über Steuer und Wirtschaft (Zeitschrift)

IStR	Internationales Steuerrecht (Zeitschrift)
IWB	Internationale Wirtschafts-Briefe (Zeitschrift)
JbFSt	Jahrbuch der Fachanwälte für Steuerrecht
JStG	Jahressteuergesetz
Kap.	Kapital
KG	Kommanditgesellschaft
KiSt	Kirchensteuer
KÖSDI	Kölner Steuerdialog (Zeitschrift)
KStG	Körperschaftsteuergesetz
Kto	Konto
m. E.	meines Erachtens
m. w. N.	mit weiteren Nachweisen
MitbestG	Mitbestimmungsgesetz
n. F.	neue Fassung
NJW	Neue Juristische Wochenzeitschrift (Zeitschrift)
Nr.	Nummer
NWB	Neue Wirtschafts-Briefe (Zeitschrift)
o. g.	oben genannten
OFD	Oberfinanzdirektion
OG	Obergesellschaft
OGter	Obergesellschafter
OHG	Offene Handelsgesellschaft
OLG	Oberlandesgericht
P	Passiva
p. a.	per annum
Rev.	Revision
RGBl.	Reichsgesetzblatt

rkr.	rechtskräftig
Rn.	Randnummer
Rs.	Rechtsache
S.	Satz, Seite
SBV	Sonderbetriebsvermögen
SEStEG	Gesetz über steuerliche Begleitmaßnahmen zur Einführung der Europäischen Gesellschaft und zur Änderung weiterer steuerlicher Vorschriften
sog.	so genannt
SolZ	Solidaritätszuschlag
StÄndG	Steueränderungsgesetz
StB	Der Steuerberater (Zeitschrift)
Stbg	Die Steuerberatung (Zeitschrift)
StbJb	Steuerberater-Jahrbuch
StBP	Die steuerliche Betriebsprüfung (Zeitschrift)
StEntlG	Steuerentlastungsgesetz
SteuerStud	Steuer und Studium (Zeitschrift)
StSenkG	Steuersenkungsgesetz
StuB	Steuern und Bilanzen (Zeitschrift)
StuW	Steuer und Wirtschaft (Zeitschrift)
TEUR	Tausend Euro
u.	und
u. a.	und andere, unter anderem
UG	Untergesellschaft
UGter	Untergesellschafter
UmwG	Umwandlungsgesetz
UmwStG	Umwandlungssteuergesetz
UNer	Unternehmer
UntStFG	Unternehmenssteuerfortentwicklungsgesetz
UntStRef	Unternehmensteuerreform
UntStRefG	Unternehmensteuerreformgesetz

Urt.	Urteil
v.	van, vom, von
v. H.	von Hundert
Vfg.	Verfügung
vgl.	vergleiche
VV	Verlustvortrag
WG	Wirtschaftsgut
WiSt	Wirtschaftswissenschaftliches Studium (Zeitschrift)
WPg	Die Wirtschaftsprüfung (Zeitschrift)
z. B.	zum Beispiel
ZfB	Zeitschrift für Betriebswirtschaft (Zeitschrift)
Zfbf	Schmalenbachs Zeitschrift für betriebswirtschaftliche Forschung (Zeitschrift)
ZIP	Zeitschrift für Wirtschaftsrecht (Zeitschrift)
zugl.	Zugleich
ZV	Zinsvortrag
ZW	Zwischenwert
zzgl.	zuzüglich

Kapitel 1: Grundlagen

A. Einleitung

I. Problemstellung

Unternehmensstrukturen sind oftmals gewachsene Strukturen, die durch Akquisitionen entstanden sind oder durch bewusste Gestaltungen geformt wurden.[1] Da Unternehmen in einer dynamischen Umwelt agieren, sind sie aufgrund sich ändernder Anforderungen und Rahmenbedingungen als auch angesichts neuer oder geänderter unternehmerischer Konzepte, d. h. auf Basis von unternehmungsexternen und unternehmungsinternen Motiven[2], bestrebt bzw. gezwungen, Umstrukturierungen[3] ihrer Unternehmensverbindungen bzw. ihrer Gesellschaften vorzunehmen. Durch eine Umstrukturierung soll die Unternehmensstruktur an die jeweiligen betriebswirtschaftlichen und rechtlichen Verhältnisse bestmöglich angepasst werden.[4] Dies dient der Erhaltung und Verbesserung der Leistungs- und Wettbewerbsfähigkeit einer Unternehmung.[5]

Personengesellschaften[6] können in unterschiedlicher Weise in Unternehmensstrukturen eingebunden sein. So ist es denkbar, dass eine Personengesellschaft an einer anderen Personengesellschaft beteiligt ist, eine Personengesellschaft eine Beteiligung an einer Kapitalgesellschaft oder entgegengesetzt eine Kapitalgesellschaft eine Beteiligung an einer Personengesellschaft hält. Die Beteiligung einer Personengesellschaft (Obergesellschaft) an einer anderen Personengesell-

---

1 Vgl. SCHIFFERS, J., Umstrukturierung, GmbH-StB 2003, S. 354.

2 Im Kapitel 1 Abschnitt B.II.3. werden die Motive und Zielsetzungen einer Umstrukturierung differenziert nach steuerlichen und nichtsteuerlichen Motiven und Zielsetzungen aufgeführt.

3 Der Begriff der Umstrukturierung wird in dieser Arbeit weiter gefasst als der Begriff der Umwandlung, der entsprechend § 1 Abs. 1 UmwG Verschmelzungen, Spaltungen, Formwechsel und Vermögensübertragungen beinhaltet. Neben Verschmelzungen und Spaltungen sind Anwachsungen, Übertragungen von einzelnen Wirtschaftsgütern und Übertragungen von stillen Reserven gemäß § 6b EStG als weitere Umstrukturierungsmöglichkeiten Gegenstand der Untersuchung.

4 Vgl. SCHWEDHELM, R., Unternehmensumwandlung, S. 1; BERGSTEINER, S., Umstrukturierung, S. 1; STOCKEM, A., Spaltung, S. 1; FÖRSTER, G., Umstrukturierung, S. 19-31; HERZIG, N., in: HERZIG, N., Umstrukturierung, S. 3; HARITZ, D./BÄRWALDT, R., in: MÜLLER, W./HOFFMANN, W.-D., Personengesellschaften, § 9 Rn. 1-4; BENKERT, M., in: HARITZ, D./BENKERT, M., UmwStG, Einf. Rn. 303, 307; HEIDEMANN, O., Umwandlung, INF 1989, S. 505.

5 Vgl. BREIDENBACH, B./LISHAUT, I. V., Übertragung, DB 1999, S. 1234; BERGSTEINER, S., Umstrukturierung, S. 1.

6 Personengesellschaften besitzen im Vergleich zu Kapitalgesellschaften in Deutschland eine vorherrschende Stellung. So werden in Deutschland mehr als 80 v. H. der Unternehmen als Einzelunternehmen oder in der Rechtsform einer Personengesellschaft geführt; vgl. KALIGIN, T., in: LADEMANN, F., EStG, § 34a Rn. 3 (Juli 2007); HANSEN, H., Rechtsformen, AG 2001, S. R 34.

schaft (Untergesellschaft) wird als doppelstöckige Personengesellschaft bezeichnet.[7] Aufgrund nicht abschließender gesetzlicher Regelungen speziell zu deren Umstrukturierung ist die doppelstöckige Personengesellschaft mit zahlreichen steuerlichen Sonderproblemen behaftet.[8] Besonderheiten ergeben sich bei einer doppelstöckigen Personengesellschaft aus der Beteiligung der Obergesellschaft an der Untergesellschaft sowie durch die mittelbare Beteiligung des Obergesellschafters an der Untergesellschaft. Letzteres resultiert aus (dem Wortlaut des) § 15 Abs. 1 S. 1 Nr. 2 S. 2 EStG, wonach der mittelbar über eine oder mehrere Personengesellschaften beteiligte Gesellschafter dem unmittelbar beteiligten Gesellschafter gleichgestellt wird.[9]

Die Umstrukturierung einer doppelstöckigen Personengesellschaft hat rechtliche und verschiedene betriebswirtschaftliche Schwierigkeiten zur Konsequenz. Zu diesen Schwierigkeiten zählt auch die Frage nach den steuerlichen Konsequenzen einer Umstrukturierung. Schließlich wirkt sich die Besteuerung auf das betriebliche Geschehen und auf die unternehmerischen Entscheidungen aus.[10] Die steuerlichen Konsequenzen einer Umstrukturierung ergeben sich aus Normen des Ertragsteuer- und des Verkehrsteuerrechts. Dabei sind die ertragsteuerlichen Konsequenzen in unmittelbare ertragsteuerliche Folgen, die unmittelbar aus der Umstrukturierung erwachsen, als auch in mittelbare Steuerfolgen, d. h. Auswirkungen auf die nachfolgende laufende Besteuerung, zu differenzieren.[11]

Die Beantwortung von ertragsteuerlichen und verkehrsteuerlichen Fragestellungen wird durch die in den letzten Jahren vorgenommenen Gesetzesänderungen stark erschwert. Diese gesetzlichen Rahmenbedingungen stellen für die langfristige Planung eines Unternehmens einen erheblichen Unsicherheitsfaktor dar.[12] Darüber hinaus verlieren die kommentierenden Ausführungen im Schrifttum, die eine

---

7 Zum Begriff und den Voraussetzungen der doppelstöckigen Personengesellschaft vgl. Kapitel 1 Abschnitte B.I.1. und B.I.2.

8 Vgl. STEGEMANN, D., Einzelfragen, INF 2003, S. 266.

9 Zu der Gleichstellung des mittelbar beteiligten mit dem unmittelbar beteiligten Gesellschafter und den damit verbundenen Voraussetzungen vgl. Kapitel 1 Abschnitt B.I.1. sowie z. B. WACKER, R., in: SCHMIDT, L., EStG, § 15 Rn. 189, 613; HOTTMANN, J., in: ZIMMERMANN, R. U. A., Personengesellschaft, G Rn. 8-14.

10 Vgl. FÖRSTER, G., Umstrukturierung, S. 1-2, 4; KUßMAUL, H., Betriebswirtschaftliche Steuerlehre, StuW 1995, S. 9; SCHEDLBAUER, H., Strukturinnovation, DB 1988, S. 2112.

11 Vgl. HERZIG, N., in: HERZIG, N., Umstrukturierung, S. 3-5.

12 Vgl. BERGSTEINER, S., Umstrukturierung, S. 1.

Grundlage bei den unternehmerischen Entscheidungen darstellen, durch die regelmäßigen Gesetzesänderungen schnell an Aktualität.

Vor dem Hintergrund von unmittelbaren ertragsteuerlichen Belastungen streben Unternehmen i. d. R. die Erfolgsneutralität von Umstrukturierungen an. Diese wird erzielt, soweit die Aufdeckung von stillen Reserven vermieden wird oder soweit die aufgedeckten stillen Reserven nicht besteuert werden (z. B. aufgrund der Anwendung von § 6b EStG).[13] Eine Umstrukturierung kann ggf. aber auch eine unmittelbare ertragsteuerliche Belastung aus einer Nachversteuerung im Rahmen der Thesaurierungsbegünstigung des § 34a EStG auslösen.

Im Zuge einer Umstrukturierung ist es für die Entscheidungsträger einer Personengesellschaft außerdem von Bedeutung, ob etwaige gewerbesteuerliche Verlustvorträge i. S. von § 10a GewStG und Zinsvorträge i. S. von § 4h Abs. 1 S. 2 EStG und damit ökonomisch wertvolles Gewinnminderungspotenzial aufgrund einer Umstrukturierung untergehen würde.[14]

Die skizzierten Überlegungen zur Aufdeckung von stillen Reserven der zu übertragenden Wirtschaftsgüter, zur Nachversteuerung im Rahmen der Thesaurierungsbegünstigung des § 34a EStG als auch die Fragen nach dem Bestand von gewerbesteuerlichen Verlustvorträgen und Zinsvorträgen erfolgen vor der Zielsetzung, eine Vermögensübertragung innerhalb einer doppelstöckigen Personengesellschaft weitestgehend steuerneutral zu ermöglichen. Die Vielfältigkeit der Überlegungen sowie die Frage nach der Anwendbarkeit von begünstigenden Normen auf Umstrukturierungen doppelstöckiger Personengesellschaften zeigen die Notwendigkeit auf, dass sich Entscheidungsträger einer Unternehmung verschiedener Umstrukturierungsalternativen bewusst sein müssen und dass eine Umstrukturierung sorgfältig steuerlich geplant werden sollte.[15]

---

13 Vgl. STOCKEM, A., Spaltung, S. 2.
14 Vgl. HERZIG, N., in: HERZIG, N., Umstrukturierung, S. 4.
15 Vgl. FÖRSTER, G., Umstrukturierung, S. 2.

II. Stand der Diskussionen

Speziell zur Umstrukturierung doppelstöckiger Personengesellschaften sind in der Vergangenheit nur wenige Beiträge in der Literatur erschienen. In diesen Beiträgen wurde auf die laufende Besteuerung von doppelstöckigen Personengesellschaften und die Besteuerung von Veräußerungsvorgängen bei doppelstöckigen Personengesellschaften[16], ausgewählte grunderwerbsteuerliche Konsequenzen[17], die Einbringung von Mitunternehmeranteilen an doppelstöckigen Personengesellschaften nach § 20 UmwStG[18] sowie auf die Umwandlung mehrstöckiger Personengesellschaften in GmbHs[19] eingegangen. Überwiegend sind Ausführungen zur Konstruktion und zu den Voraussetzungen der doppelstöckigen Personengesellschaft, zur Stellung und der Besteuerung eines mittelbaren Mitunternehmers der Untergesellschaft[20] sowie zur Bilanzierung der Beteiligung der Obergesellschaft an der Untergesellschaft[21] veröffentlicht worden. Weitere Einzelfragen zur Umstrukturierung doppelstöckiger Personengesellschaften wurden im Schrifttum und den Kommentaren nur im Zusammenhang mit anderen Fragestellungen oder nur am Rande als spezielles Problem behandelt:

- Bei der Einbringung von Betriebsvermögen der Obergesellschaft in die Untergesellschaft gemäß § 24 UmwStG stellt sich die Frage, wer als Einbringender zu werten ist, ob die Einbringung des Betriebsvermögens durch die Obergesellschaft oder die Obergesellschafter erfolgt. Bei einer gesellschafterbezogenen Anwendung würde sich unabhängig von der Ausgestaltung des Einbringungsvorgangs nicht der Anteil der Obergesellschaft erhöhen, sondern ein Anteil der

16 Vgl. BEEKMANN, R., Doppelstöckige Personengesellschaft.

17 Vgl. BEHRENS, S./HOFMANN, A., Grunderwerbsteuer, DStR 2003, S. 2093-2099. In Bezug auf die Verschmelzung einer doppelstöckigen Personengesellschaft vgl. auch die Ausführungen von SCHIFFERS, J., Umstrukturierung, GmbH-StB 2003, S. 355-357.

18 Vgl. BEHRENS, S./QUATMANN, A., Einbringung, DStR 2002, S. 481-486.

19 Vgl. BENECKE, A. Y., Umwandlung.

20 Vgl. z. B. BEEKMANN, R., Doppelstöckige Personengesellschaft, S. 29-36; HOTTMANN, J., in: ZIMMERMANN, R. U. A., Personengesellschaft, G Rn. 1-3, 8-14; NIEHUS, U./WILKE, H., Personengesellschaften, S. 340-349; WACKER, R., in: SCHMIDT, L., EStG, § 15 Rn. 613.

21 Vgl. z. B. THEN, J./SOHRE, Y., Bilanzierung, BBK 2004, F. 13, S. 4668; DIETEL, M., Bilanzierung, DStR 2002, S. 2140-2141; SCHMID, R., Sonderbetriebsvermögen, DStR 1997, S. 946; BÜRKLE, T./KNEBEL, A., Bilanzierung, DStR 1998, S. 1071-1072; SCHÖN, W., Personengesellschaft, FR 1994, S. 662; WREDE, F., Beteiligungen, FR 1990, S. 294, 300; HEBELER, C., Beteiligung, BB 1998, S. 208; REGNIET, M., Ergänzungsbilanzen, S. 59-60; GROH, M., Bilanzen, StuW 1995, S. 385.

Obergesellschafter an der Untergesellschaft begründet oder erhöht werden.[22]

- Bei einer Verschmelzung der Untergesellschaft auf die Obergesellschaft, wird die Anwendung von § 24 UmwStG aufgrund der bestehenden Beteiligung der Obergesellschaft an der Untergesellschaft gänzlich in Frage gestellt.[23]
- Bezüglich einer Buchwertfortführung gemäß § 6 Abs. 5 EStG stellt ein Teil des Schrifttums z. B. in Frage, ob eine Übertragung eines einzelnen Wirtschaftsguts aus dem Betriebsvermögen eines Obergesellschafters oder aus dessen Sonderbetriebsvermögen bei der Obergesellschaft in das Gesamthandsvermögen der Untergesellschaft[24] und ob eine Überführung eines einzelnen Wirtschaftsguts aus dem Sonderbetriebsvermögen eines Obergesellschafters bei der Obergesellschaft ins Sonderbetriebsvermögen dieses Obergesellschafters bei der Untergesellschaft[25] unter den Buchwertfortführungszwang des § 6 Abs. 5 S. 2 bzw. 3 EStG fällt.
- Bei downstream-Übertragungen von stillen Reserven im Wege von § 6b EStG stellt sich grundlegend die Frage, inwieweit stille Reserven aus der entgeltlichen Übertragung eines Wirtschaftsguts aus dem Betriebsvermögen der Obergesellschaft (des Gesamthandsvermögens oder des Sonderbetriebsvermögens) auf Basis einer gesellschafterbezogenen Anwendung von § 6b EStG durch die lediglich mittelbar an der Untergesellschaft beteiligten Obergesellschafter auf Reinvestitionsobjekte im Gesamthandsvermögen der Untergesellschaft übertragen werden können.[26]

---

22 Vgl. z. B. PATT, J., in: DÖTSCH, E. U. A., Umwandlungssteuerrecht, § 24 UmwStG Rn. 112; BMF-SCHREIBEN V. 25.03.1998, IV B 7 – S 1978 – 21/98 / IV B 2 – S 1909 – 33/98, BStBl. I 1998, S. 268 Rn. 24.04 i. V. m. 20.05. Beispielsweise a. A. SCHMITT, J., in: SCHMITT, J./HÖRTNAGL, R./STRATZ, R.-C., UmwG/UmwStG, § 24 UmwStG Rn. 97, § 20 UmwStG Rn. 189; SCHLÖßER, R. W., in: HARITZ, D./BENKERT, M., UmwStG, § 24 Rn. 38; WIDMANN, S., in: WIDMANN, S./MAYER, D., Umwandlungsrecht, § 20 UmwStG Rn. 427 (Dezember 1986), § 24 UmwStG Rn. 92, 93.1 (August 2001).

23 Vgl. STEGEMANN, D., Einzelfragen, INF 2003, S. 269-270; SCHIFFERS, J., Umstrukturierung, GmbH-StB 2003, S. 356; SCHULZE ZUR WIESCHE, D., in: BORDEWIN, A./BRANDT, J., EStG, § 24 UmwStG Rn. 99 (Mai 2002); WIDMANN, S., in: WIDMANN, S./MAYER, D., Umwandlungsrecht, § 24 UmwStG Rn. 306.1 (August 2001), jedoch im Widerspruch zu WIDMANN, S., in: WIDMANN, S./MAYER, D., Umwandlungsrecht, § 20 UmwStG Rn. R 63 (April 2007). A. A. SCHWEDHELM, R., Unternehmensumwandlung, Rn. 1977.

24 Vgl. zur Anwendbarkeit von § 6 Abs. 5 S. 3 Nr. 2 Alt. 2 EStG BERGSTEINER, S., Umstrukturierung, S. 121; FN-IDW 2004, Beiheft zu Heft 5, Rn. 97; BRANDENBERG, H. B., Personengesellschaftsbesteuerung, DStZ 2002, S. 556; KLOSTER, A./KLOSTER, L., Restrukturierung, GmbHR 2002, S. 728-729; KORN, K./STRAHL, M., in: KORN, K. U. A., EStG, § 6 Rn. 505 (Juni 2007). A. A. RÄTKE, B., in: HERRMANN, C./HEUER, G./RAUPACH, A., EStG/KStG, § 15 EStG Rn. 683 (Mai 2004); WERNDL, J., in: KIRCHHOF, P./SÖHN, H./MELLINGHOFF, R., EStG, § 6 Rn. L 68 (Oktober 2004).

25 Vgl. zur Anwendbarkeit von § 6 Abs. 5 S. 2 Alt. 2 EStG MITSCH, B./GRÜTER, G., Übertragung, INF 2000, S. 624; HOTTMANN, J., in: ZIMMERMANN, R. U. A., Personengesellschaft, G Rn. 31; RÄTKE, B., in: HERRMANN, C./HEUER, G./RAUPACH, A., EStG/KStG, § 15 EStG Rn. 681 (Mai 2004). A. A. WERNDL, J., in: KIRCHHOF, P./SÖHN, H./MELLINGHOFF, R., EStG, § 6 Rn. L 68 (Oktober 2004).

26 Vgl. z. B. RÄTKE, B., in: HERRMANN, C./HEUER, G./RAUPACH, A., EStG/KStG, § 15 EStG Rn. 685 (Mai 2004).

- Bei einer Anwachsung des Betriebs der Untergesellschaft an die Obergesellschaft im Zuge des Ausscheidens aller anderen Untergesellschafter bis auf die Obergesellschaft ist eine Anwendung von § 24 UmwStG auf die Anwachsung des Betriebs der Untergesellschaft an die Obergesellschaft auszuschließen, da Betriebsvermögen der Untergesellschaft auf die Obergesellschaft übergeht, ohne dass im Gegenzug der Obergesellschaft Gesellschaftsrechte an sich selbst gewährt werden können.[27] Das anteilige Gesellschaftsvermögen der Untergesellschaft, das der Obergesellschaft bereits bisher anteilig zuzuordnen war, ist aber dennoch und zwar zwingend zu Buchwerten zu übernehmen.[28]
- Die Ausgestaltung einer Einbringung eines Betriebs bzw. Teilbetriebs einer Personengesellschaft in eine andere Personengesellschaft im Wege von § 24 UmwStG bzw. im Wege der Anwachsung wirkt sich aufgrund der vorauszusetzenden Unternehmens- und Unternehmeridentität ggf. auf den Bestand eines gewerbesteuerlichen Verlustvortrags des einzubringenden Betriebs bzw. Teilbetriebs nach § 10a GewStG aus. Bei einer Einbringung durch die Personengesellschaft selbst als Einbringende droht die Unternehmeridentität verloren zu gehen und damit der gewerbesteuerliche Verlustvortrag unter zu gehen.[29]
- Die Berechnung der Zinsschranke und damit die Zurechnung und Verrechnung von Zinsvorträgen ist in § 4h EStG grundsätzlich nicht normiert. Bei Mitunternehmerschaften stellt sich die Frage, ob eine Berechnung der Zinsschranke sowie Zurechnung und Verrechnung von Zinsvorträgen analog zu den Grundsätzen des § 10a GewStG gesellschafterbezogen unter Maßgabe des allgemeinen Gewinnverteilungsschlüssels oder ob eine verursachungsgerechte mitunternehmerbezogene Berechnung der Zinsschranke sowie Zurechnung und Verrechnung von Zinsvorträgen unter Berücksichtigung der Zinsaufwendungen

---

27 Vgl. z. B. SAGASSER, B., in: SAGASSER, B./BULA, T./BRÜNINGER, T. R., Umwandlungen, H Rn. 23, 25-26; SCHMITT, J., in: SCHMITT, J./HÖRTNAGL, R./STRATZ, R.-C., UmwG/UmwStG, § 24 UmwStG Rn. 61-62; WIDMANN, S., in: WIDMANN, S./MAYER, D., Umwandlungsrecht, § 24 UmwStG Rn. 106, 174.2 (August 2001); ORTH, M., Anwachsung, DStR 1999, S. 1054.

28 Vgl. z. B. BREITENEICHER, J., Anwachsung, DStR 2004, S. 1406; MAYER, L., Beteiligung, DB 2003, S. 2037; STEGEMANN, D., Einzelfragen, INF 2003, S. 270; KORN, K./STRAHL, M., in: KORN, K. u. a., EStG, § 6 Rn. 136.1 (Juni 2007); ORTH, M., Anwachsung, DStR 1999, S. 1058.

29 Vgl. z. B. KLEINHEISTERKAMP, T., in: LENSKI, E./STEINBERG, W., GewStG, § 10a Rn. 66 (Juli 2006); ZERHUSEN, S., Verlustvortrag, INF 2006, S. 740; HERZIG, N./FÖRSTER, G./FÖRSTER, U., Verlustvortrag, DStR 1996, S. 1028-1030; SCHMITT, J., in: SCHMITT, J./HÖRTNAGL, R./STRATZ, R.-C., UmwG/UmwStG, § 24 UmwStG Rn. 258; SCHLÖßER, R. W., in: HARITZ, D./BENKERT, M., UmwStG, § 24 Rn. 162.

von Mitunternehmern aus deren Sonderbilanzergebnissen zu Grunde zu legen ist.[30]

- Im Schrifttum wird die Auffassung vertreten, dass der Transfer von Betriebsvermögen zwischen dem Betriebsvermögen der Obergesellschaft und dem Betriebsvermögen der Untergesellschaft keine Einlagen und Entnahmen i. S. der Thesaurierungsbegünstigung des § 34a EStG auslöst.[31]

Durch die o. g. Ausführungen wird ersichtlich, dass in der Literatur keine umfassende detaillierte Untersuchung der unmittelbaren ertragsteuerlichen Konsequenzen von verschiedenen Umstrukturierungsmöglichkeiten einer doppelstöckigen Personengesellschaft zur Verfügung steht. Die Diskussionen im Schrifttum und die noch nicht erörterten Teilbereiche sind unter Berücksichtigung der Besonderheiten, die aus der Struktur einer doppelstöckigen Personengesellschaft erwachsen, darzustellen und zu hinterfragen.

Durch die grundlegende Darstellung der Umstrukturierungskonsequenzen und durch die Gegenüberstellung der Umstrukturierungsmöglichkeiten soll eine wesentliche Grundlage für maßgebende unternehmerische Entscheidungen zur Umstrukturierung doppelstöckiger Personengesellschaften zur Verfügung gestellt werden. Dabei kann durch die Untersuchungsergebnisse auch veranschaulicht werden, inwieweit bzw. welche Umstrukturierungen einer doppelstöckigen Personengesellschaft durch die begünstigenden Regelungen des Gesetzgebers erfasst werden und somit steuerneutral vollzogen werden können.

---

30 Vgl. z. B. FÖRSTER, G., in: BREITHECKER, V. U. A., UntStRefG, § 4h EStG Rn. 54, 172-173; KORN, K./STRAHL, M., in: KORN, K. U. A., EStG, Aktuelles – Änderungen des EStG durch die UntStRef 2008 Rn. 43 (Juli 2007); HAHNE, K. D., Zinsschranke, DStR 2007, S. 1949; HALLERBACH, D., Zinsschrankenregelung, StuB 2007, S. 487, 488; WAGNER, T./FISCHER, H., Zinsschranke, BB 2007, S. 1812.

31 Vgl. LEY, U., Unternehmensteuerreform 2008, KÖSDI 2007, S. 15754; RÖDDER, T., Unternehmensteuerreformgesetz, DStR 2007, Beihefter zu Heft 40, S. 4; THIEL, J./STERNER, I., Entlastung der Personenunternehmen, DB 2007, S. 1105.

III. Untersuchungsgegenstand

Gegenstand der Untersuchung sind unmittelbare ertragsteuerliche Konsequenzen der Umstrukturierung einer bestehenden gewerblichen, bilanzierenden doppelstöckigen Personengesellschaft, d. h. einer doppelstöckigen Mitunternehmerschaft. Die Personengesellschaften, die sich im Inland befinden, können die Rechtsform einer OHG, KG oder GmbH & Co. KG besitzen.[32] Die Anteile an den Gesellschaften können sich im Besitz von natürlichen Personen, anderen Personengesellschaften oder Kapitalgesellschaften befinden. Die unmittelbaren als auch die mittelbaren Gesellschafter können dabei über Sonderbetriebsvermögen bei der Ober- und/oder Untergesellschaft verfügen.

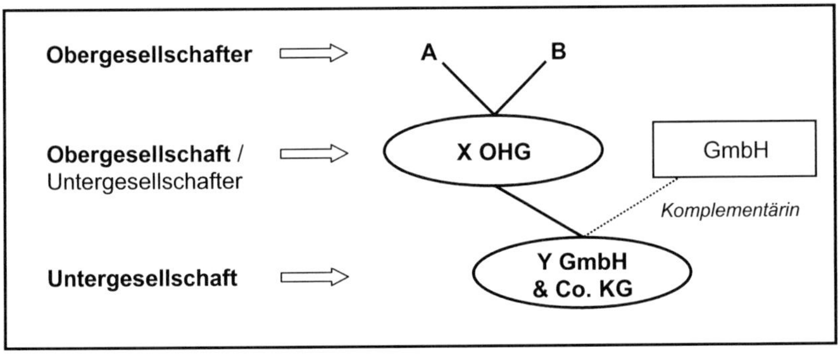

Abb. 1: Untersuchungsgegenstand

Die zu betrachtenden Umstrukturierungen umfassen lediglich inländische Umstrukturierungen, d. h. keine grenzüberschreitenden Umstrukturierungen. Die Umstrukturierungen sollen der Übertragung von Betriebsvermögen (einzelner Wirtschaftsgüter oder Sachgesamtheiten in Form von Teilbetrieben oder Betrieben), d. h. Gesamthands- und/oder Sonderbetriebsvermögen, von der Obergesellschaft auf die Untergesellschaft oder in umgekehrter Übertragungsrichtung (vertikal) dienen. Horizontale Übertragungen innerhalb der Ober- bzw. Untergesellschaft, z. B. die Übertragung von Wirtschaftsgütern des Gesamthandsvermögens ins Sonderbetriebsvermögen bzw. umgekehrt sowie die Übertragung von Wirt-

[32] Die atypisch stille Gesellschaft wird dabei außer Acht gelassen.

schaftsgütern zwischen Schwester-(Unter-)Personengesellschaften werden nicht untersucht. Die zu untersuchenden Vermögensübertragungen erfolgen zwischen den Betriebsvermögen einer bestehenden doppelstöckigen Personengesellschaft. Die Auflösung der doppelstöckigen Struktur wird mit Ausnahme der Verschmelzung der Untergesellschaft auf die Obergesellschaft nicht behandelt. Folglich sind die Aufgabe des Mitunternehmeranteils der Obergesellschaft an der Untergesellschaft unter Sachwertabfindung und die Betriebsaufgabe einer Personengesellschaft von der Untersuchung ausgeschlossen. Dieser Ausschluss schließt die Realteilung (§ 16 Abs. 3 S. 2-4 EStG) ein, da diese die Betriebsaufgabe zur Anwendung voraussetzt.

Für die Übertragung von Wirtschaftsgütern innerhalb einer doppelstöckigen Personengesellschaft werden in dieser Arbeit Transfers von einzelnen Wirtschaftsgütern im Wege von § 6 Abs. 5 EStG, Transfers von Wirtschaftsgütern unter Übertragung stiller Reserven im Wege von § 6b EStG, die Einbringung eines Teilbetriebs oder eines Betriebs im Wege von § 24 UmwStG und die Anwachsung des Betriebs der Untergesellschaft an die Obergesellschaft untersucht. Zu diesen Übertragungen werden unmittelbare ertragsteuerliche Konsequenzen dieser Umstrukturierungen aus dem EStG bzw. dem UmwStG und dem GewStG untersucht.

IV. Gang der Untersuchung

Die Untersuchung gliedert sich insgesamt in vier Kapitel. In dem nachfolgenden Abschnitt B. wird im Rahmen des Kapitels 1 auf Grundlagen eingegangen, auf denen die späteren Untersuchungen aufbauen. So ist es zunächst Inhalt des Abschnitts B. den Begriff und die Voraussetzungen der doppelstöckigen Personengesellschaft darzustellen, sowie die Bilanzierung der Beteiligung der Obergesellschaft an der Untergesellschaft zu erörtern. Im Anschluss werden eine Bestimmung des Begriffs der Umstrukturierung und die Darstellung der grundlegenden Motive und Zielsetzungen einer Umstrukturierung vorgenommen. Insbesondere wird auf die ertragsteuerlichen Zielsetzungen, die den zu untersuchenden Umstrukturierungen zu Grunde zu legen sind, eingegangen.

Den Schwerpunkt der Untersuchung bilden die Kapitel 2 und 3. In diesen Kapiteln werden unmittelbare ertragsteuerliche Konsequenzen von Vermögensübertragungen innerhalb einer doppelstöckigen Personengesellschaft gegliedert nach der Übertragungsrichtung erörtert. Dabei werden im Kapitel 2 Übertragungen von Wirtschaftsgütern aus dem Betriebsvermögen der Obergesellschaft in das Betriebsvermögen der Untergesellschaft und im Kapitel 3 Übertragungen von Wirtschaftsgütern in entgegengesetzter Übertragungsrichtung, d. h. aus dem Betriebsvermögen der Untergesellschaft in das Betriebsvermögen der Obergesellschaft, untersucht. Die Untersuchungen der einzelnen Übertragungsvorgänge erfolgen jeweils vor dem Hintergrund möglicher einkommensteuerrechtlicher bzw. umwandlungssteuerrechtlicher Begünstigungsnormen. Zum Ende des jeweiligen Kapitels werden die durch § 6 Abs. 5 S. 2 und 3 EStG, § 6b EStG bzw. § 24 UmwStG begünstigten Übertragungsmöglichkeiten in Abhängigkeit von der Übertragungsrichtung in einer Übersicht zusammengefasst. Somit gliedern sich die Kapitel 2 und 3 jeweils in einen Abschnitt A. Ertragsteuerliche Konsequenzen und B. Zusammenfassende Übersicht der Übertragungswege.

Abschließend werden im Kapitel 4 die wesentlichen gewonnenen Erkenntnisse dieser Arbeit zusammengefasst.

B. Umstrukturierungen von doppelstöckigen Personengesellschaften

I. Der Begriff und der Aufbau der doppelstöckigen Personengesellschaft

1. Begriff und gesetzliche Grundlagen der doppelstöckigen Personengesellschaft

Nicht nur natürliche Personen und Kapitalgesellschaften, sondern auch Personenhandelsgesellschaften (OHG, KG) und mitunternehmerisch tätige GbR können aus steuerrechtlicher Sicht Gesellschafter und Mitunternehmer einer Personengesellschaft sein (§ 15 Abs. 1 S. 1 Nr. 2 EStG).[33] So ist es z. B. denkbar, dass die X OHG an der Y OHG beteiligt ist. Dabei sind die Gesellschafter der X OHG, die sog. **Obergesellschafter**, über ihre Beteiligung an der **Obergesellschaft**, der X OHG, nur mittelbar an der **Untergesellschaft**, der Y OHG, beteiligt (vgl. Abb. 2).

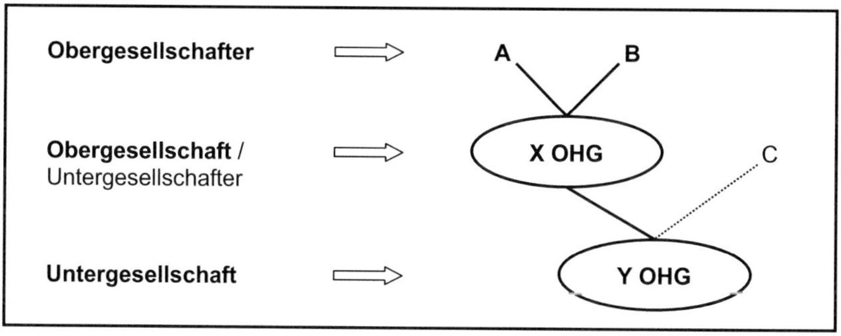

Abb. 2: Grundfall der (doppel-)mehrstöckigen Personengesellschaft

Im Falle der Mitunternehmerschaft wird diese Gesellschaftskonstruktion als doppelstöckige bzw. allgemein als mehrstöckige Mitunternehmerschaft bezeich-

---

33 Vgl. BEEKMANN, R., Doppelstöckige Personengesellschaft, S. 29; HOTTMANN, J., in: ZIMMERMANN, R. U. A., Personengesellschaft, G Rn. 1-3; NIEHUS, U./WILKE, H., Personengesellschaften, S. 340; BFH v. 25.02.1991, GrS 7/89, BStBl. II 1991, S. 691, 697, 702; BFH v. 12.10.1989, IV R 5/86, BStBl. II 1990, S. 168, 170, 172. Bezüglich der Möglichkeit, dass Personengesellschaften Gesellschafter einer anderen Gesellschaft sein können, folgt das Steuerrecht dem Zivilrecht; vgl. KERSSENBROCK, GRAF O.-F./RUNDSHAGEN, H., Übertragung, BB 2004, S. 2491; NIEHUS, U./WILKE, H., Personengesellschaften, S. 340; BGH v. 02.10.1997, III ZR 249/96, DStR 1998, S. 46, 46-47; BGH v. 29.01.2001, II ZR 331/00, BB 2001, S. 374; BayObLG v. 18.10.2000, 3 Z BR 164/00, BB 2000, S. 2380, 2380-2382.

net. Die Bezeichnung mehrstöckige Personengesellschaft bzw. Mitunternehmerschaft kommt insbesondere zum Tragen, wenn zwischen dem Obergesellschafter und der Untergesellschaft noch weitere Mitunternehmerschaften zwischengeschaltet sind.[34] Dabei ist es denkbar, dass ein Obergesellschafter zusätzlich auch unmittelbar an der Untergesellschaft beteiligt ist.[35] Im Rahmen einer doppelstöckigen Mitunternehmerschaft sind die unmittelbaren Beteiligungen innerhalb der doppelstöckigen Personengesellschaft (die Beteiligung der Obergesellschaft an der Untergesellschaft, die des Obergesellschafters an der Obergesellschaft bzw. eine mögliche unmittelbare Beteiligung eines Obergesellschafters an der Untergesellschaft) grundsätzlich wie jede andere unmittelbare Beteiligung an einer Mitunternehmerschaft zu behandeln.[36]

Für die steuerliche Beurteilung einer lediglich mittelbaren Beteiligung des Obergesellschafters an der Untergesellschaft ist das Urteil des GrS des BFH 7/89 vom 25.02.1991[37] von besonderer Bedeutung. Nach vorheriger unterschiedlicher steuerlicher Einordnung[38] dieses Sachverhalts hatte der GrS des BFH mit diesem Urteil grundlegend entschieden, dass Personenhandelsgesellschaften und mitunternehmerisch tätige GbR als eine von den Gesellschaftern zu unterscheidende Einheit Mitunternehmer einer Personengesellschaft sein können, mit der Konsequenz, dass der lediglich mittelbar an der Untergesellschaft beteiligte Obergesellschafter nicht als Mitunternehmer der Untergesellschaft anzuerkennen ist. Der Obergesellschafter wird durch die Obergesellschaft steuerlich von der Untergesellschaft abgeschirmt (kein Durchgriff). Damit waren Vergütungen (z. B. Gehälter, Darlehenszinsen, Mieten) der Untergesellschaft an den nur mittelbar beteiligten Obergesellschafter für dessen unmittelbare Leistungen an die Untergesellschaft nicht mehr als Einkünfte aus § 15 Abs. 1 Nr. 2 EStG a. F., d. h. als

---

34 Vgl. BEEKMANN, R., Doppelstöckige Personengesellschaft, S. 29; SÖHN, H., Feststellungen, StuW 1999, S. 328; LEY, U., Ergänzungsbilanzen, KÖSDI 2001, S. 12989. Im Schrifttum werden z. T. synonym zur doppelstöckigen Personengesellschaft bzw. Mitunternehmerschaft die Begriffe Doppelgesellschaft oder verbundene Mitunternehmerschaft verwandt.

35 Vgl. HOTTMANN, J., in: ZIMMERMANN, R. U. A., Personengesellschaft, G Rn. 1.

36 Vgl. HOTTMANN, J., in: ZIMMERMANN, R. U. A., Personengesellschaft, G Rn. 3, 18.

37 BFH v. 25.02.1991, GrS 7/89, BStBl. II 1991, S. 691.

38 Vgl. zur vorherigen Rechtsprechung BFH v. 23.02.1972, I R 159/68, BStBl. II 1972, S. 530; FG BADEN-WÜRTTEMBERG v. 20.09.1985, IX 160/80, EFG 1986, S. 122; BFH v. 12.11.1985, VIII R 286/81, BStBl. II 1986, S. 55; BFH v. 11.12.1990, VIII R 14/87, BStBl. II 1991, S. 510. Darüber hinaus vgl. zu dieser rechtlichen Entwicklung MÄRKLE, R., Ertragsteuerrecht, StbJb 1991/1992, S. 247-284; SEER, R., StÄndG 1992, StuW 1992, S. 35-47.

Sondervergütungen (gewerbliche Einkünfte), zu werten. Folglich waren diese Vergütungen auf Ebene der Untergesellschaft im Gegensatz zu den Sondervergütungen gewinnmindernd als Betriebsausgaben abzugsfähig und zudem nicht mehr in den Gesamtgewinn der Untergesellschaft einzubeziehen. Auf Ebene des Obergesellschafters erfolgte ein Ansatz der Vergütungen als Einkünfte aus der entsprechenden Überschuss- bzw. Gewinneinkunftsart (z. B. Einkünfte aus Vermietung und Verpachtung). Auch die Überlassung von Wirtschaftsgütern des mittelbar beteiligten Obergesellschafters an die Untergesellschaft führte demnach nicht zur Umqualifizierung dieser als Sonderbetriebsvermögen. Da die damit verbundene steuerliche Verstrickung entfällt, würden im Falle von im Privatvermögen gehaltenen Wirtschaftsgütern bei deren Veräußerung oder Entnahme, vorbehaltlich der Regelungen zur Betriebsaufspaltung, somit keine einkommen- und gewerbesteuerlichen Belastungen aus der Aufdeckung stiller Reserven entstehen.[39] Zudem bestand durch diese Rechtsprechung die Möglichkeit, auf Ebene der Untergesellschaft für den bei der Untergesellschaft tätigen Obergesellschafter Pensionsrückstellungen zu bilden. Dadurch hätte eine erhebliche Steuerstundung erreicht werden können.[40]

Infolgedessen hätte der Steuerpflichtige auf Basis dieses Urteils bei einer einstöckigen Mitunternehmerschaft eine steuerliche Umqualifizierung von Vergütungen in Sondervergütungen (gewerbliche Einkünfte) sowie von zur Nutzung überlassenen Privatvermögen in Sonderbetriebsvermögen (Betriebsvermögen) und damit eine erhöhte einkommen- und gewerbesteuerliche Belastung durch die Zwischenschaltung einer Personenhandelsgesellschaft oder mitunternehmerisch tätige GbR verhindern können.[41] Dies hatte der GrS des BFH bereits in dem o. g. Urteil bedacht. Der GrS des BFH wollte diesem Gestaltungsmissbrauch, d. h. der rein steuerlich motivierten Umgestaltung von einstöckigen in mehrstöckige

---

39 Vgl. BFH v. 25.02.1991, GrS 7/89, BStBl. II 1991, S. 691, 697; WACKER, R., in: SCHMIDT, L., EStG, § 15 Rn. 610; BITZ, H., in: BITZ, H./PUST, H., EStG, § 15 Rn. 88-88a (Mai 2002); SARRAZIN, V., in: FS SCHMIDT, L., Personengesellschaft, S. 394; BEEKMANN, R., Doppelstöckige Personengesellschaft, S. 31; NIEHUS, U./WILKE, H., Personengesellschaften, S. 340-342; MÄRKLE, R., Ertragsteuerrecht, StbJb 1991/1992, S. 252-254.

40 Vgl. SARRAZIN, V., in: FS SCHMIDT, L., Personengesellschaft, S. 394; BENECKE, A. Y., Umwandlung, S. 43.

41 Vgl. BFH v. 25.02.1991, GrS 7/89, BStBl. II 1991, S. 691, 702; GROH, M., Sondervergütungen, DB 1991, S. 879; SARRAZIN, V., in: FS SCHMIDT, L., Personengesellschaft, S. 394.

Mitunternehmerschaften, durch § 42 AO begegnen.[42] So könnte insbesondere auf eine Zwischenschaltung einer Obergesellschaft zur Vermeidung der Rechtsfolgen aus § 15 Abs. 1 Nr. 2 EStG geschlossen werden, „(...) wenn die Obergesellschaft nicht über einen eigenen Gewerbebetrieb mit einer hinreichenden Anzahl von Geschäftsvorfällen verfügt und für die Zwischenschaltung keine (...) wirtschaftlichen oder sonst beachtlichen Gründe ersichtlich sind."[43] Dieser Verweis auf § 42 AO reichte dem Gesetzgeber im Hinblick auf die Geschicke der Steuerpflichtigen und deren steuerlichen Berater nicht aus, um dieses steuerliche Gestaltungsinstrument und damit die seinerseits zu erwartenden Steuerausfälle zu verhindern. Vor diesem Hintergrund, aber auch vor dem Aspekt der Gleichmäßigkeit der Besteuerung, ergänzte der Gesetzgeber mit dem Steueränderungsgesetz 1992 (StÄndG 1992)[44] die strittige Vorschrift des § 15 Abs. 1 S. 1 Nr. 2 EStG um den folgenden S. 2:[45]

„Der mittelbar über eine oder mehrere Personengesellschaften beteiligte Gesellschafter steht dem unmittelbar beteiligten Gesellschafter gleich; er ist als Mitunternehmer des Betriebs der Gesellschaft anzusehen, an der er mittelbar beteiligt ist, wenn er und die Personengesellschaften, die seine Beteiligung vermitteln, jeweils als Mitunternehmer der Betriebe der Personengesellschaften anzusehen sind, an denen sie unmittelbar beteiligt sind."[46]

Entsprechend dieses Gesetzeswortlauts wird der lediglich mittelbar über eine oder mehrere Personengesellschaften beteiligte Obergesellschafter dem unmittelbar an der Untergesellschaft beteiligten Gesellschafter gleichgestellt. Allerdings interpretiert der BFH[47] die Gesetzesmaterialien[48] dahingehend, dass der Obergesellschafter lediglich bezogen auf Sondervergütungen und das Sonderbetriebsvermögen als Mitunternehmer, d. h. nur als (Sonder-)Mitunternehmer, der Unter-

---

42 Vgl. BFH v. 25.02.1991, GrS 7/89, BStBl. II 1991, S. 691, 702; BITZ, H., in: BITZ, H./PUST, H., EStG, § 15 Rn. 88 (Mai 2002); MÄRKLE, R., Ertragsteuerrecht, StbJb 1991/1992, S. 265-266.

43 BFH v. 25.02.1991, GrS 7/89, BStBl. II 1991, S. 691, 702.

44 BGBl. I 1992, S. 297.

45 Vgl. BT-DRS. 12/1108 v. 03.09.1991, S. 58-59; SARRAZIN, V., in: FS SCHMIDT, L., Personengesellschaft, S. 691, MÄRKLE, R., Ertragsteuerrecht, StbJb 1991/1992, S. 265-267.

46 BGBl. I 1992, S. 297, 303.

47 BFH v. 06.09.2000, IV R 69/99, BStBl. II 2001, S. 731; BFH v. 31.08.1999, VIII B 74/99, BStBl. II 1999, S. 794.

48 BT-DRS. 12/1506 v. 07.11.1991, S. 171; BT-DRS. 12/1108 v. 03.09.1991, S. 58-59.

gesellschaft anzuerkennen ist. Es liegt nur bezüglich Sondervergütungen und Sonderbetriebsvermögen eine Gleichstellung von mittelbar und unmittelbar beteiligten Mitunternehmern vor. Eine generelle Gleichstellung von mittelbaren und unmittelbaren Mitunternehmern wird ausdrücklich abgelehnt.[49] Somit tritt diese (Sonder)-Mitunternehmerschaft der Obergesellschafter bei der Untergesellschaft lediglich neben die anerkannte Mitunternehmerstellung der Obergesellschaft bei der Untergesellschaft.[50] Ist hingegen ein Mitunternehmer sowohl mittelbar als auch unmittelbar an der Untergesellschaft beteiligt, hat die unmittelbare Beteiligung und damit § 15 Abs. 1 S. 1 Nr. 2 S. 1 EStG Vorrang vor § 15 Abs. 1 S. 1 Nr. 2 S. 2 EStG.[51]

---

49 Vgl. BFH v. 06.09.2000, IV R 69/99, BStBl. II 2001, S. 731, 733; BFH v. 31.08.1999, VIII B 74/99, BStBl. II 1999, S. 794, 795; WACKER, R., in: SCHMIDT, L., EStG, § 15 Rn. 612; BEHRENS, S./QUATMANN, A., Einbringung, DStR 2002, S. 483. A. A. BODDEN, G., Mitunternehmer, FR 2002, S. 564. Durch § 15 Abs. 1 Nr. 2 S. 2 EStG können auch keine Pensionsrückstellungen mehr auf Ebene der Untergesellschaft für den bei der Untergesellschaft tätigen Obergesellschafter gebildet werden; vgl. SÖFFING, G., in: SÖFFING, G., Mitunternehmer, S. 130; DERS., Beteiligung, FR 1992, S. 188.

50 Vgl. KERSSENBROCK, GRAF O.-F./RUNDSHAGEN, H., Übertragung, BB 2004, S. 2491; BENECKE, A. Y., Umwandlung, S. 43; BFH v. 25.02.1991, GrS 7/89, BStBl. II 1991, S. 691, 697; BFH v. 06.09.2000, IV R 69/99, BStBl. II 2001, S. 731, 733.

51 Vgl. HOTTMANN, J., in: ZIMMERMANN, R. U. A., Personengesellschaft, G Rn. 12-13.

2. Voraussetzungen für die doppelstöckige Personengesellschaft

2.1. (Gewerbliche) Untergesellschaft

Gemäß § 15 Abs. 1 S. 1 Nr. 2 S. 2 EStG wird für die doppelstöckige Personengesellschaft vorausgesetzt, dass der Obergesellschafter und die zwischengeschalteten Personengesellschaften Mitunternehmer der Personengesellschaften sind, an denen sie unmittelbar beteiligt sind.

Dementsprechend muss die Obergesellschaft Mitunternehmerin der Untergesellschaft sein. Eine mitunternehmerische Beteiligung der Obergesellschaft an der Untergesellschaft erfordert zunächst, dass es sich bei der Untergesellschaft um eine gewerbliche Personengesellschaft handelt. Schließlich ist die Gewerblichkeit einer Personengesellschaft die grundsätzliche Voraussetzung für eine Mitunternehmerschaft, für die Anwendung des § 15 Abs. 1 S. 1 Nr. 2 EStG.[52] Die Gewerblichkeit der Untergesellschaft ist gegeben, soweit es sich um eine gewerblich tätige Personengesellschaft oder um eine gemäß § 15 Abs. 3 Nr. 2 EStG gewerblich geprägte Personengesellschaft handelt. Im Falle einer gewerblich tätigen Personengesellschaft reicht gemäß § 15 Abs. 3 Nr. 1 EStG die nur teilweise gewerbliche Tätigkeit aus, da durch die Abfärbewirkung der gewerblichen Tätigkeit auf die sonstigen Tätigkeitsbereiche die gesamte Tätigkeit der Personengesellschaft als gewerblich zu beurteilen ist.[53] Die gewerbliche Prägung

---

52 Vgl. BEEKMANN, R., Doppelstöckige Personengesellschaft, S. 33-34; NIEHUS, U./WILKE, H., Personengesellschaften, S. 343. Die grundsätzliche Anforderung der Gewerblichkeit der Untergesellschaft kann m. E. jedoch durch § 13 Abs. 7 und § 18 Abs. 4 EStG durchbrochen werden. Durch diese Verweise ist § 15 Abs. 1 S. 1 Nr. 2 EStG entsprechend auf Personengesellschaften anzuwenden, die Einkünfte aus Land- und Forstwirtschaft bzw. selbständiger Arbeit und gleichzeitig keine gewerblichen Einkünfte erzielen; vgl. dazu grundsätzlich WACKER, R., in: SCHMIDT, L., EStG, § 15 Rn. 180; HOTTMANN, J., in: ZIMMERMANN, R. U. A., Personengesellschaft, G Rn. 5. Somit kann es sich bei der Untergesellschaft alternativ auch um eine land- und forstwirtschaftliche oder freiberufliche Mitunternehmerschaft handeln.

53 Vgl. BEEKMANN, R., Doppelstöckige Personengesellschaft, S. 33-34; WACKER, R., in: SCHMIDT, L., EStG, § 15 Rn. 613; KRATSCH, A., Abfärbewirkung, INF 2005, S. 378; HOTTMANN, J., in: ZIMMERMANN, R. U. A., Personengesellschaft, G Rn. 11. Die Abfärbung einer gewerblichen Tätigkeit auf weitere nicht gewerbliche Einkünfte (§ 15 Abs. 3 Nr. 1 EStG) erfolgt ausnahmsweise nicht, soweit die gewerblichen Einkünfte einen nur äußerst geringen Anteil von der Gesamttätigkeit der Personengesellschaft ausmachen; vgl. BFH v. 11.08.1999, XI R 12/98, BStBl. II 2000, S. 229, 230; BFH v. 08.03.2004, IV B 212/03, BFH/NV 2004, S. 954, 954-955; WACKER, R., in: SCHMIDT, L., EStG, § 15 Rn. 188; ZIMMERMANN, R., in: ZIMMERMANN, R. U. A., Personengesellschaft, G Rn. 11; DEMUTH, R., Abfärbe- und Infektionswirkung, KÖSDI 2005, S. 14492-14496. Allerdings bleibt insgesamt abzuwarten, ob das BVERFG trotz des ergänzenden Vorlagebeschlusses des NIEDERSÄCHSISCHEN FG, das in der Abfärberegelung des § 15 Abs. 3 Nr. 1 EStG einen Verstoß gegen Art. 3 Abs. 1 GG, den Gleichheitsgrundsatz, sieht, an seinem Beschluss vom 26.10.2004 festhält. In diesem Beschluss hat das BVERFG festgestellt, dass der § 15 Abs. 3 Nr. 1 EStG nicht gegen Art. 3 Abs. 1 GG verstößt und somit verfassungsgemäß ist; vgl. BVERFG v. 26.10.2004, 2 BvR 246/98, FR 2005, S. 139-140; FG NIEDERSACHSEN v. 14.05.2005, 4 K 317/91 – rkr., EFG 2005, S. 1417-1431.

einer ansonsten nicht gewerblich tätigen Untergesellschaft setzt gemäß § 15 Abs. 3 Nr. 2 S. 1 EStG voraus, dass an der mit Einkünfteerzielungsabsicht tätigen Untergesellschaft eine oder mehrere Kapitalgesellschaften persönlich haftend beteiligt sind und nur eine von diesen und/oder Nichtgesellschafter geschäftsführungsbefugt sind. Im Rahmen dieser Anforderungen kann eine GmbH & Co. KG als Obergesellschaft einer Kapitalgesellschaft gleichgestellt werden (§ 15 Abs. 3 Nr. 2 S. 2 EStG), soweit die GmbH & Co. KG ebenso die Anforderungen von § 15 Abs. 3 Nr. 2 S. 1 EStG erfüllt, d. h. als gewerblich geprägte Personengesellschaft zu werten ist.[54]

Die Abfärbewirkung des § 15 Abs. 3 Nr. 1 EStG zeigt keine Wirkung, wenn eine gewerbliche Obergesellschaft an einer nicht gewerblichen, z. B. lediglich vermögensverwaltenden, Untergesellschaft beteiligt ist. Im Falle dieser sog. Zebragesellschaft wird eine Anwendung des § 15 Abs. 1 S. 1 Nr. 2 S. 2 EStG auf die Obergesellschafter von vornherein ausgeschlossen, da es sich um keine gewerbliche Untergesellschaft handelt. Dies erscheint sachgerecht, da anderenfalls der mittelbar an einer nichtgewerblichen Untergesellschaft beteiligte Gesellschafter steuerlich anders behandelt werden würde als der unmittelbar beteiligte Gesellschafter.[55]

2.2. Die Obergesellschaft als Mitunternehmer der Untergesellschaft und der Obergesellschafter als Mitunternehmer der Obergesellschaft

Damit die Obergesellschaft als Mitunternehmer der (gewerblichen) Untergesellschaft anerkannt werden kann, muss diese bezüglich der Untergesellschaft neben der zivilrechtlichen Gesellschafterstellung alle Merkmale, die eine Mitunternehmerstellung erfordert, erfüllen. So muss die Obergesellschaft gemeinsam mit den anderen Untergesellschaftern in der gesamthänderischen Gebundenheit

---

54 Vgl. WACKER, R., in: SCHMIDT, L., EStG, § 15 Rn. 213, 217.

55 Vgl. NIEHUS, U./WILKE, H., Personengesellschaften, S. 343.

Mitunternehmerinitiative entfalten können und Mitunternehmerrisiko tragen.[56] Eine derartige Mitunternehmerstellung müssen auch die Obergesellschafter gegenüber der Obergesellschaft aufweisen. Dies setzt allerdings neben der entfaltbaren Mitunternehmerinitiative und des zu tragenden Mitunternehmerrisikos seitens des gesamthänderischen Bundes der Obergesellschafter voraus, dass die Obergesellschaft, entsprechend wie die Untergesellschaft, als solche eine Mitunternehmerschaft der Obergesellschafter ermöglicht.[57]

2.3. (Gewerbliche) Obergesellschaft

Eine Mitunternehmerschaft i. S. von § 15 Abs. 1 S. 1 Nr. 2 EStG erfordert entsprechend der Ausführungen im Kapitel 1 Abschnitt B.I.2.1. die Gewerblichkeit einer Mitunternehmerschaft, in diesem Fall der Obergesellschaft.[58] Entsprechend ist die Gewerblichkeit der Obergesellschaft für eine gewerblich tätige Personengesellschaft, für eine zumindest teilweise gewerblich tätige Personengesellschaft unter Anwendung von § 15 Abs. 3 Nr. 1 EStG oder für eine gemäß § 15 Abs. 3 Nr. 2 EStG gewerblich geprägte Personengesellschaft zu bejahen.

Die vorauszusetzende Gewerblichkeit der Obergesellschaft ist aufgrund einer Ergänzung des § 15 Abs. 3 Nr. 1 EStG durch das Jahressteuergesetz 2007 (JStG 2007)[59] auch bei der Beteiligung einer lediglich vermögensverwaltenden Obergesellschaft an einer gewerblichen Untergesellschaft erfüllt.[60] Damit wirkte der Gesetzgeber der geänderten BFH-Rechtsprechung[61] zu § 15 Abs. 3 Nr. 1 EStG

---

56 Vgl. Beekmann, R., Doppelstöckige Personengesellschaft, S. 32; Niehus, U./Wilke, H., Personengesellschaften, S. 346; Schulze zur Wiesche, D., in: Bordewin, A./Brandt, J., EStG, § 15 EStG Rn. 263f (März 1997); Hottmann, J., in: Zimmermann, R. u. a., Personengesellschaft, G Rn. 9; H 15.8 Abs. 1 EStH; (mit Verweis auf die ständige BFH-Rechtsprechung) BFH v. 25.04.2006, VIII R 74/03, BFH/NV 2006, S. 1564, 1564-1565.

57 Vgl. Niehus, U./Wilke, H., Personengesellschaften, S. 346; Schulze zur Wiesche, D., in: Bordewin, A./Brandt, J., EStG, § 15 EStG Rn. 263f (März 1997); Hottmann, J., in: Zimmermann, R. u. a., Personengesellschaft, G Rn. 13; Groh, M., Abfärberegelung, DB 2005, S. 2432.

58 Vgl. Kapitel 1 Abschnitt B.I.2.1. sowie Groh, M., Abfärberegelung, DB 2005, S. 2432.

59 BGBl. I 2006 S. 2878.

60 Vgl. Wacker, R., in: Schmidt, L., EStG, § 15 Rn. 189, 613; Kempermann, M., Neuere Rechtsprechung, FR 2007, S. 583; Warnke, K., Jahressteuergesetz 2007, EStB 2007, S. 143

61 BFH v. 06.10.2004, IX R 53/01, BStBl. II 2005, S. 383; BFH v. 06.11.2003, IV ER – S – 3/03, BStBl. II 2005, S. 376.

entgegen und ermöglichte eine Rückkehr zur Rechtsauffassung der vorherigen BFH-Rechtsprechung[62].[63]

Nach der geänderten BFH-Rechtsprechung vom 06.10.2004 und vom 06.11.2003[64], die Auslöser der Gesetzesanpassung war, kann eine nur vermögensverwaltende Obergesellschaft neben den gewerblichen Einkünften aus der Beteiligung an der Untergesellschaft weitere Überschusseinkünfte (z. B. Einkünfte aus Vermietung und Verpachtung, Einkünfte aus Kapitalvermögen) ohne die Anwendung von § 15 Abs. 3 Nr. 1 EStG a. F. erzielen. Schließlich erzielt die vermögensverwaltende Personengesellschaft durch das bloße Halten der Beteiligung an der Untergesellschaft lediglich Gewinnanteile i. S. von § 15 Abs. 1 S. 1 Nr. 2 EStG und übt selbst keine gewerbliche Tätigkeit i. S. von § 15 Abs. 1 S. 1 Nr. 1 EStG aus.[65] Aufgrund der Rückwirkung[66] der gesetzlichen Neuregelung des § 15 Abs. 3 Nr. 1 EStG i. d. F. des JStG 2007 kommt diese Rechtsauffassung aber nicht zur Anwendung.[67]

Bezüglich der Anforderungen an eine Obergesellschaft bleibt somit festzuhalten, dass es sich bei der Obergesellschaft um eine Personenhandelsgesellschaft oder GbR handeln muss, deren Tätigkeit gewerblich oder gewerblich geprägt ist. Auch ein mit der gewerblichen Personengesellschaft wirtschaftlich vergleichbares

---

62 Die Abfärbewirkung gemäß § 15 Abs. 3 Nr. 1 EStG a. F. auf die sonstigen nicht gewerblichen Tätigkeitsbereiche war nach alter Rechtsprechung nicht nur durch eine ausgeübte gewerbliche Tätigkeit sondern bereits durch das Erzielen von gewerblichen Einkünften aus dem bloßen Halten eines Anteils an einer gewerblichen Personengesellschaft bei ansonsten keinen oder lediglich nichtgewerblichen Einkünften gegeben. Folglich reichte nach alter BFH-Rechtsprechung das Erzielen von gewerblichen Beteiligungseinkünften bereits alleine aus, um die Obergesellschaft als gewerbliche Mitunternehmerschaft zu qualifizieren und unter Vorliegen der sonstigen Voraussetzungen einer doppelstöckigen Mitunternehmerschaft den Obergesellschafter als (Sonder-)Mitunternehmer der Untergesellschaft zu werten (§ 15 Abs. 1 S. 1 Nr. 2 S. 2 EStG); vgl. BFH v. 08.12.1994, IV R 7/92, BStBl. II 1996, S. 264, 266; BMF-Schreiben v. 13.05.1996, IV B 2 – S 2241 – 33/96, BStBl. I 1996, S. 621-622; R 15.8 Abs. 5 S. 4 EStR; Niehus, U./Wilke, H., Personengesellschaften, S. 343; Hottmann, J., in: Zimmermann, R. u. a., Personengesellschaft, G Rn. 61-64; Wacker, R., in: Schmidt, L., EStG, § 15 Rn. 613.

63 Vgl. BT-Drs. 16/2712 v. 26.09.2006, S. 44; Kempermann, M., Neuere Rechtsprechung, FR 2007, S. 583.

64 BFH v. 06.10.2004, IX R 53/01, BStBl. II 2005, S. 383; BFH v. 06.11.2003, IV ER – S – 3/03, BStBl. II 2005, S. 376.

65 Vgl. BFH v. 06.10.2004, IX R 53/01, BStBl. II 2005, S. 383, 384-385; BFH v. 06.11.2003, IV ER – S – 3/03, BStBl. II 2005, S. 376, 376-377; Wacker, R., in: Schmidt, L., EStG, § 15 Rn. 613; Gosch, D., Abfärbung, StBP 2005, S. 61-62; Kratsch, A., Abfärbewirkung, INF 2005, S. 378, 382; Weber-Grellet, H., Abfärbung, StuB 2005, S. 168; Demuth, R., Abfärbe- und Infektionswirkung, KÖSDI 2005, S. 14496-14498; (bereits vorher) Niehus, U., (Nicht)Anwendbarkeit, FR 2002, S. 978-982. A. A. Blumers, W./Goerg, D., Eigengewerblichkeit, DStR 2005, S. 401. Zweifelnd Groh, M., Abfärberegelung, DB 2005, S. 2433.

66 Gemäß § 52 Abs. 32a EStG ist § 15 Abs. 3 Nr. 1 EStG i. d. F. des JStG 2007 auch auf Veranlagungszeiträume vor 2006 anzuwenden.

67 Vgl. Wacker, R., in: Schmidt, L., EStG, § 15 Rn. 189; BT-Drs. 16/3368 v. 09.11.2006, S. 20.

Gemeinschaftsverhältnis (z. B. eine Erbengemeinschaft[68] als Mitglied einer durch Tod eines Gesellschafters in Abwicklung befindlichen Personengesellschaft) oder eine Innengesellschaft, deren Gesellschafter Mitunternehmer sind (atypisch stille Gesellschaften, z. B. atypische GmbH & Still)[69], sind als Obergesellschaft denkbar, soweit diese Gesellschaft als Mitunternehmerschaft zu werten ist.[70]

2.4. Ununterbrochene Mitunternehmerkette

Neben den bereits dargestellten Voraussetzungen setzt § 15 Abs. 1 S. 1 Nr. 2 S. 2 EStG für dessen Anwendung eine ununterbrochene Mitunternehmerkette voraus. Eine ununterbrochene Mitunternehmerkette erfordert, dass die Gesellschafter der Obergesellschaft als Mitunternehmer des Betriebs der Obergesellschaft und die Obergesellschaft selbst als Mitunternehmer des Betriebs der Untergesellschaft anzuerkennen ist (doppelstöckige Mitunternehmerschaft). Somit ist die mittelbare Mitunternehmerstellung des Obergesellschafters bei der Untergesellschaft durch eine Mitunternehmerschaft zu vermitteln.[71] Diese Mitunternehmerkette kann vertikal beliebig verlängert werden, soweit die Gesellschafter einer zwischengeschalteten Gesellschaft jeweils wiederum als Mitunternehmer des Betriebs dieser zwischengeschalteten Gesellschaft und die zwischengeschaltete Gesellschaft als Mitunternehmer der Gesellschaft zu werten ist, an der diese beteiligt ist (mehrstöckige Mitunternehmerschaft).[72] Dabei müssen diese Gesellschaften und deren Gesellschafter jeweils die in den vorherigen Abschnitten dargestellten Voraussetzungen erfüllen (siehe Abb. 3).

---

68 Vgl. BFH v. 01.03.1994, VIII R 35/92, BStBl. II 1995, S. 241, 243.

69 Vgl. BFH v. 02.10.1997, IV R 75/96, BStBl. II 1998, S. 137. Gl. A. WACKER, R., in: SCHMIDT, L., EStG, § 15 Rn. 340-346, 613; STEGEMANN, D., Umwandlung, INF 2004, S. 788; HOTTMANN, J., in: ZIMMERMANN, R. U. A., Personengesellschaft, G Rn. 9. Kritisch CARLÉ, D., Unterbeteiligungen, KÖSDI 2005, S. 14475, 14484.

70 Vgl. WACKER, R., in: SCHMIDT, L., EStG, § 15 Rn. 613; NIEHUS, U./WILKE, H., Personengesellschaften, S. 345; HOTTMANN, J., in: ZIMMERMANN, R. U. A., Personengesellschaft, G Rn. 9.

71 Vgl. WACKER, R., in: SCHMIDT, L., EStG, § 15 Rn. 613; BEEKMANN, R., Doppelstöckige Personengesellschaft, S. 34; NIEHUS, U./WILKE, H., Personengesellschaften, S. 346; HOTTMANN, J., in: ZIMMERMANN, R. U. A., Personengesellschaft, G Rn. 14; SCHULZE ZUR WIESCHE, D., Doppelstöckige Personengesellschaft, StBP 1992, S. 250.

72 Vgl. WACKER, R., in: SCHMIDT, L., EStG, § 15 Rn. 613; BITZ, H., in: BITZ, H./PUST, H., EStG, § 15 Rn. 88a (Mai 2002); BEEKMANN, R., Doppelstöckige Personengesellschaft, S. 34-36.

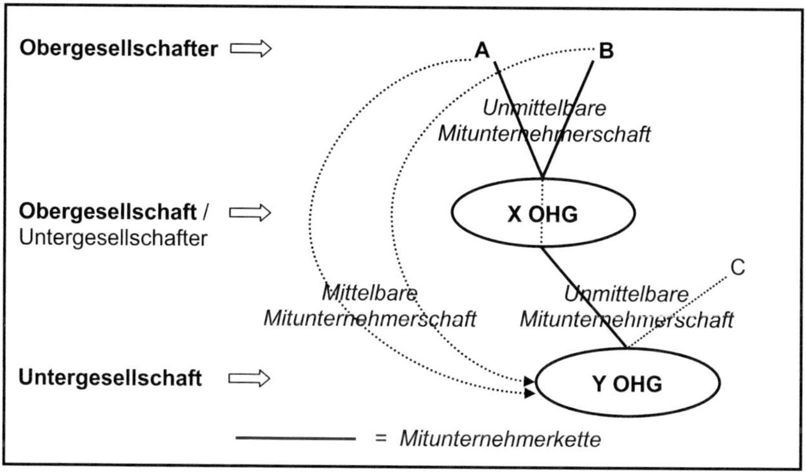

Abb. 3: Ununterbrochene Mitunternehmerkette

Dagegen wäre eine Mitunternehmerkette durch die Zwischenschaltung einer Kapitalgesellschaft (als Zwischengesellschaft oder Obergesellschaft) zwischen mittelbaren Gesellschafter und Untergesellschaft unterbrochen. Schließlich versperrt die Kapitalgesellschaft, z. B. eine GmbH, ihren Gesellschaftern durch das an ihre rechtliche Selbständigkeit anknüpfende Trennungsprinzip eine Mitunternehmerstellung ihrer Gesellschafter an der Gesellschaft, an der die Kapitalgesellschaft selbst beteiligt ist. Schließlich kann eine Kapitalgesellschaft zwar eine Mitunternehmerstellung einnehmen, aber selbst keine Mitunternehmerschaft sein.[73]

Abschließend bleibt festzuhalten, dass der Obergesellschafter kraft gesetzlicher Fiktion des § 15 Abs. 1 S. 1 Nr. 2 S. 2 EStG als (Sonder-)Mitunternehmer der Untergesellschaft zu berücksichtigen ist, soweit für eine doppelstöckige Personengesellschaft die zuvor genannten Voraussetzungen (Kapitel 1 Abschnitte B.I.2.1. bis B.I.2.4.) kumulativ erfüllt sind. Folglich kommt diese (Sonder-)Mitunternehmerstellung zum Tragen, ohne dass die Merkmale einer Mitunternehmerschaft (Erfordernisse des Mitunternehmerrisikos und der Mitunternehmerinitiative) des

---

[73] Vgl. NIEHUS, U./WILKE, H., Personengesellschaften, S. 345; BITZ, H., in: BITZ, H./PUST, H., EStG, § 15 Rn. 88a (Mai 2002); SÖFFING, G., Mitunternehmer, S. 128, 272; BFH v. 28.10.1999, VIII R 66-70/97, BStBl. II 2000, S. 183, 185.

mittelbaren Gesellschafters (Obergesellschafters) gegenüber der Untergesellschaft vorliegen müssen.[74]

[74] Vgl. SEER, R., StÄndG 1992, StuW 1992, S. 43; SCHULZE ZUR WIESCHE, D., in: BORDEWIN, A./BRANDT, J., EStG, § 15 EStG Rn. 263f (März 1997); SCHNITTER, G., Doppelgesellschaft, EStB 2001, S. 192.

3. Bilanzierung der Beteiligung der Obergesellschaft an der Untergesellschaft

3.1. Überblick unter Berücksichtigung der BFH-Rechtsprechung

Handelsrechtlich wird nach h. M. bzw. entsprechend der HFA-Stellungnahme IDW RS HFA 18[75] eine Beteiligung an einer Personengesellschaft – wie eine Kapitalgesellschaftsbeteiligung – als ein einheitlicher und selbständiger Vermögensgegenstand angesehen, der wie alle Vermögensgegenstände in der Bilanz des Gesellschafters anzusetzen ist und mit den (fortgeführten) Anschaffungskosten (§§ 253, 255 HGB) zu bewerten ist.[76]

Zur steuerrechtlichen Bilanzierung einer Personengesellschaftsbeteiligung haben sich in der Vergangenheit im Wesentlichen vier verschiedene Methoden herausgebildet, die sich bezüglich des Ansatzes als auch der Bewertung unterscheiden.

Bislang[77] war es für die Beantwortung dieser steuerlichen Bilanzierungsfrage zunächst entscheidend, ob eine Beteiligung an einer Personengesellschaft steuerrechtlich als ein selbständiges Wirtschaftsgut anzuerkennen ist oder ob eine Beteiligung an einer Personengesellschaft lediglich die Anteile an den einzelnen Wirtschaftsgütern begründet. Aber bereits diese Frage beantwortet das Schrifttum

---

75 HFA des IDW, Stellungnahme IDW RS HFA 18, WPg 2006, S. 1302-1306. Diese Stellungnahme des HFA ersetzte dessen vorherige Stellungnahme 1/1991, die wiederum die Stellungnahme 3/76 ersetzt hatte; vgl. HFA des IDW, Stellungnahme IDW RS HFA 18, WPg 2006, S. 1302 Rn. 2; HFA des IDW, Stellungnahme 1/1991, WPg 1991, S. 334-335; HFA des IDW, Stellungnahme 3/1976, WPg 1976, S. 591-594. In der Stellungnahme 3/76 sprach sich der HFA des IDW noch für eine handelsrechtliche Bilanzierung einer Personengesellschaftsbeteiligung (im Grunde) nach der sog. Spiegelbildmethode aus; vgl. HFA des IDW, Stellungnahme, WPg 1976, S. 591-594; Döllerer, G., Beteiligung, WPg 1977, S. 84-85; Nieskens, H., Beteiligungen, WPg 1988, S. 498-499; Ley, U., Doppelstöckige Personengesellschaften, DStR 2004, S. 1499. Die Spiegelbildmethode wird im Nachfolgenden noch erläutert.

76 Vgl. HFA des IDW, Stellungnahme IDW RS HFA 18, WPg 2006, S. 1302 Rn. 7-12, 32-35; Dißars, U.-C., Bilanzierung von Anteilen, INF 2007, S. 437-438; Happe, R., Beteiligungen an Personengesellschaften, BBK 2007, F. 30, S. 1886. Vgl. auch HFA des IDW, Stellungnahme 1/1991, WPg 1991, S. 334-335; sowie zu dieser Stellungnahme Dietel, M., Bilanzierung, DStR 2002, S. 2140; Ley, U., Doppelstöckige Personengesellschaften, DStR 2004, S. 1499; Then, J./Sohre, Y., Bilanzierung, BBK 2004, F. 13, S. 4657-4661; Bürkle, T./Knebel, A., Bilanzierung, DStR 1998, S. 1068-1070; Wacker, R., in: Schmidt, L., EStG, § 15 Rn. 690. Vgl. zu weiteren Ausführungen zur handelsrechtlichen Bilanzierung von Personengesellschaftsbeteiligungen Dietel, M., Bilanzierung, DStR 2002, S. 2140; Bürkle, T./Knebel, A., Bilanzierung, DStR 1998, S. 1068-1070. Entsprechend des Maßgeblichkeitsgrundsatzes (§ 5 Abs. 1 EStG) wäre die handelsrechtliche Bilanzierung der Personengesellschaftsbeteiligung für die Steuerbilanz maßgeblich. Dieser Grundsatz wird, wie im Folgenden dargestellt, durchbrochen, obwohl eine entsprechende steuergesetzliche Regelung fehlt; vgl. Wrede, F., Beteiligungen, FR 1990, S. 294; Ley, U., Doppelstöckige Personengesellschaften, DStR 2004, S. 1499; Hebeler, C., Beteiligung, BB 1998, S. 208. A. A. Hoffmann, W.-D., Beteiligung, BB 1991, S. 450.

77 Vgl. dazu auch das Urteil des BFH v. 30.04.2003, I R 102/01, BStBl. II 2004, S. 804, 805.

uneinheitlich.[78] Die Finanzverwaltung[79] folgt bezüglich dieser Fragestellung der eindeutigen Auffassung des BFH[80], dass die Beteiligung an einer Personengesellschaft steuerrechtlich kein selbständiges Wirtschaftsgut i. S. der §§ 5, 6 EStG darstellt. Ein Erwerber erwirbt anstatt eines Gesellschaftsanteils als ein einheitliches Wirtschaftsgut Anteile an den einzelnen Wirtschaftsgütern, die zum Gesellschaftsvermögen der Personengesellschaft (der Untergesellschaft) gehören. Schließlich sind gem. § 39 Abs. 2 Nr. 2 AO Wirtschaftsgüter den Beteiligten grundsätzlich anteilig zuzurechnen, soweit sie diesen zur gesamten Hand zustehen.[81]

Ein Teil des Schrifttums[82] folgerte aus der Rechtsprechung des BFH zur Wirtschaftsguteigenschaft einer Personengesellschaftsbeteiligung, dass die Beteiligung an einer Untergesellschaft überhaupt nicht in der Steuerbilanz der Obergesellschaft auszuweisen ist. Davon abweichend wird aber auch die Auffassung vertreten, dass dieser Rechtsprechung folgend zwar nicht die Beteiligung als solche, aber stattdessen der jeweilige Anteil an den einzelnen Wirtschaftsgütern der Personengesellschaft (Untergesellschaft) zu bilanzieren ist.[83] Obwohl durch die

---

78 Vgl. DIETEL, M., Bilanzierung, DStR 2002, S. 2141; LEY, U., Doppelstöckige Personengesellschaften, DStR 2004, S. 1499-1500 sowie Fn. 84.

79 BMF-SCHREIBEN v. 16.01.1996, IV B 2 – S 2241 – 2/96, BB 1996, S. 424; BMF-SCHREIBEN v. 29.04.1994, IV B 2 – S 2241 – 9/94, IV A 4 – S 0361 – 11/94, BStBl. I 1994, S. 282; OFD CHEMNITZ v. 05.02.1998, S. 2241a – 8/1 – St 31, DB 1998, S. 903; OFD NÜRNBERG v. 13.11.1997, S 2241 a – 31/St 31, BB 1998, S. 44; OFD BREMEN v. 19.10.1995, S 2241 a – St 201, BB 1996, S. 900.

80 Vgl. zur ständigen Rechtsprechung des BFH z. B. BFH v. 30.04.2003, I R 102/01, BStBl. II 2004, S. 804, 805; BFH v. 28.11.2002, III R 1/01, BStBl. II 2003, S. 250, 255; BFH v. 30.10.2002, IV R 33/01, BStBl. II 2003, S. 272, 273; BFH v. 12.12.1996, IV R 77/93, BStBl. II 1998, S. 180, 182; BFH v. 06.07.1995, IV R 30/93, BStBl. II 1995, S. 831, 831-832; BFH v. 18.02.1993, IV R 40/92, BStBl. II 1994, S. 224, 225; BFH v. 25.02.1991, GrS 7/89, BStBl. II 1991, S. 691, 700; BFH v. 26.06.1990, VIII R 81/85, BStBl. II 1994, S. 645, 647; BFH v. 06.11.1985, I R 242/81, BStBl. II 1986, S. 333, 334-335; BFH v. 19.02.1981, IV R 41/78, BStBl. II 1981, S. 730, 730-731; BFH v. 29.09.1976, I R 171/75, BStBl. II 1977, S. 259, 260; BFH v. 23.07.1975, I R 165/73, BStBl. II 1976, S. 73. So auch BÜRKLE, T./KNEBEL, A., Bilanzierung, DStR 1998, S. 1071; SOMMER, J., Steuerbilanz, S. 193-194; HOFFMANN, W.-D., Beteiligung, BB 1991, S. 450. Zunächst führte der BFH 1975 aus, dass der Bilanzposten Beteiligung an einer Personengesellschaft keine selbständige Bedeutung habe; vgl. BFH v. 23.07.1975, I R 165/73, BStBl. II 1976, S. 73. 1981 konkretisierte der BFH schließlich seine Aussage und entschied erstmals, dass die Beteiligung an einer Personengesellschaft kein selbständiges Wirtschaftsgut sei; vgl. BFH v. 19.02.1981, IV R 41/78, BStBl. II 1981, S. 730, 730-731.

81 Vgl. MAYER, L., Beteiligung, DB 2003, S. 2035; FELLMETH, P., Gesellschaftsanteile, BB 1992, S. 886; REIß, W., in: KIRCHHOF, P./SÖHN, H./MELLINGHOFF, R., EStG, § 16 Rn. C 26 (Juli 1991); WACKER, R., in: SCHMIDT, L., EStG, § 16 Rn. 480; BFH v. 28.11.2002, III R 1/01, BStBl. II 2003, S. 250, 255; BFH v. 26.06.1990, VIII R 81/85, BStBl. II 1994, S. 645, 647; BFH v. 25.04.1985, IV R 83/83, BStBl. II 1986, S. 350, 351.

82 Vgl. DIETEL, M., Bilanzierung, DStR 2002, S. 2144; BÜRKLE, T./KNEBEL, A., Bilanzierung, DStR 1998, S. 1071-1072; SOMMER, J., Steuerbilanz, S. 205; REIß, W., in: KIRCHHOF, P./SÖHN, H./MELLINGHOFF, R., EStG, § 16 Rn. C 41 (Juli 1991); SCHÖN, W., Personengesellschaft, FR 1994, S. 662. REIß und SCHÖN interpretieren die BFH-Rechtsprechung zwar entsprechend dieser Ausführungen, sprechen sich allerdings selbst für die Bilanzierung einer Personengesellschaftsbeteiligung aus; vgl. REIß, W., in: KIRCHHOF, P./SÖHN, H./MELLINGHOFF, R., EStG, § 16 Rn. C 41 (Juli 1991); DERS., Bilanzierung, DStR 1998, S. 1887; SCHÖN, W., Personengesellschaft, FR 1994, S. 662.

83 Vgl. NICKEL, J. R./BODDEN, G., Verlustverrechnung, FR 2003, S. 395.

o. g. Rechtsprechung die selbständige Wirtschaftsguteigenschaft einer Personengesellschaftsbeteiligung eindeutig verneint wurde, vertritt dagegen die wohl h. M.[84] im Schrifttum die Auffassung, dass Personengesellschaftsbeteiligungen dennoch die Eigenschaft eines selbständigen Wirtschaftsguts besitzen und dass diese daraus folgernd auch in der Steuerbilanz anzusetzen sind. Allerdings besteht bezüglich der sich anschließenden Frage nach der Bewertung der zu aktivierenden Anteile wiederum Uneinigkeit. Teilweise wird entsprechend der handelsrechtlichen Vorgehensweise eine Bewertung zu Anschaffungskosten gefordert.[85] Dagegen spricht sich aber die überwiegende Meinung für die sog. Spiegelbildmethode aus.[86] Letztere findet wohl zudem auch in der Praxis – zumindest bei mittelständischen Unternehmensstrukturen – weitgehend Anwendung.[87]

Eine Stellungnahme zur Bilanzierung einer Personengesellschaftsbeteiligung in der Steuerbilanz der Obergesellschaft wird inzwischen durch das BFH-Urteil I R 102/01 vom 30.04.2003[88] erleichtert. Dieses Urteil betraf zwar die Einbringung eines Mitunternehmeranteils in eine Kapitalgesellschaft i. S. des § 20 UmwStG 1977, besitzt m. E. aber auch eine allgemeine Bedeutung für die Frage nach der steuerlichen Bilanzierung einer Personengesellschaftsbeteiligung. Auch in diesem Urteil bestätigte der BFH (zunächst) seine bisherige Rechtsprechung[89], dass eine Beteiligung an einer Personengesellschaft kein selbständiges Wirtschaftsgut darstelle. Allerdings führte der BFH in diesem Urteil erstmals aus, dass die Personengesellschaftsbeteiligung in der Steuerbilanz des Anteilseigners auszuweisen

84 Vgl. z. B. WREDE, F., Beteiligungen, FR 1990, S. 294; HEBELER, C., Beteiligung, BB 1998, S. 208; REGNIET, M., Ergänzungsbilanzen, S. 59-60; SCHÖN, W., Personengesellschaft, FR 1994, S. 662; LEY, U., Besteuerungsfragen, KÖSDI 1996, S. 10925; LINDWURM, C., Gewinnverteilung, DStR 2000, S. 58; BENECKE, A. Y., Umwandlung, S. 119-120, 123.

85 Vgl. WREDE, F., Beteiligungen, FR 1990, S. 300; SCHÖN, W., Personengesellschaft, FR 1994, S. 662.

86 Vgl. ISING, M., Ergänzungsbilanzen, S. 75-76; DIẞARS, U.-C., Bilanzierung von Anteilen, INF 2007, S. 437; LEY, U., Doppelstöckige Personengesellschaften, DStR 2004, S. 1499-1500; MAYER, L., Beteiligung, DB 2003, S. 2035-2036; HOTTMANN, J., in: ZIMMERMANN, R. U. A., Personengesellschaft, B Rn. 412, G Rn. 18; HEBELER, C., Beteiligung, BB 1998, S. 208, 210; BENECKE, A. Y., Umwandlung, S. 123; LINDWURM, C., Gewinnverteilung, DStR 2000, S. 58; GROH, M., Bilanzen, StuW 1995, S. 385; DÖLLERER, G., Gewinnanteil, DStR 1991, S. 1036; REIß, W., in: KIRCHHOF, P./SÖHN, H./MELLINGHOFF, R., EStG, § 16 Rn. C 41 (Juli 1991); REGNIET, M., Ergänzungsbilanzen, S. 59-60. So auch die Finanzverwaltung; vgl. OFD CHEMNITZ v. 05.02.1998, S 2241 a – 8/1 – St 31, DB 1998, S. 903; OFD NÜRNBERG v. 13.11.1997, S 2241 a – 31/St 31, BB 1998, S. 44; OFD BREMEN v. 19.10.1995, S 2241 a – St 201, BB 1996, S. 900. Allerdings bringt MAYER die Spiegelbildmethode zur Anwendung, ohne von der Wirtschafsguteigenschaft einer Personengesellschaftsbeteiligung auszugehen; vgl. MAYER, L., Beteiligung, DB 2003, S. 2035-2036.

87 Vgl. THEN, J./SOHRE, Y., Bilanzierung, BBK 2004, F. 13, S. 4668; REIß, W., Bilanzierung, DStR 1998, S. 1887.

88 BFH v. 30.04.2003, I R 102/01, BStBl. II 2004, S. 804.

89 Vgl. dazu Fn. 80.

ist und dass die Bewertung des steuerlichen Beteiligungsausweises auf Ebene der Personengesellschaft erfolgt, an der die Beteiligung besteht (Untergesellschaft).[90] Die Beteiligung ist somit nicht wie ein Wirtschaftsgut selbständig zu bewerten.[91] Bis zu diesem Urteil war es unklar, welche Schlussfolgerungen der BFH aus der Ablehnung der Wirtschaftsguteigenschaft einer Personengesellschaftsbeteiligung für die steuerliche Beteiligungsbilanzierung ziehen wollte. Durch das Urteil I R 102/01 wird jedoch deutlich, dass der BFH einen Beteiligungsausweis nicht an die Wirtschaftsguteigenschaft einer Personengesellschaftsbeteiligung knüpft. Statt einen Beteiligungsansatz aufgrund der fehlenden Wirtschaftsguteigenschaft zu versagen, leitet der BFH aus der fehlenden Wirtschaftsguteigenschaft ab, dass sich die Bewertung des Beteiligungsausweises nach der Bewertung in der Steuerbilanz der Untergesellschaft richtet.[92] Auf Basis dieser Rechtsprechung kommen m. E. nur noch zwei der zuvor genannten vier Methoden zur Bilanzierung einer Personengesellschaftsbeteiligung in Betracht, die Bilanzierung der Anteile an den einzelnen Wirtschaftsgütern und die Spiegelbildmethode.[93]

Dabei ist jedoch zu berücksichtigen, dass die wertmäßige Entwicklung eines Beteiligungsausweises keinen Einfluss auf die Ermittlung der einkommensteuerpflichtigen Beteiligungseinkünfte haben darf. Der steuerliche Gewinn- bzw. Verlustanteil aus der Beteiligung an der Untergesellschaft ist ausschließlich über die einheitliche und gesonderte Gewinnfeststellung (§§ 179 ff. AO) auf Gesellschafts- und nicht Gesellschafterebene zu ermitteln.[94] Anschließend ist dieses Ergebnis für Zwecke der Besteuerung dem Gesellschafter, der Obergesellschaft, als Gewinn- bzw. Verlustanteil i. S. des § 15 Abs. 1 Nr. 2 S. 1 EStG außerbilanziell hinzuzurechnen. Nur dieser unmittelbar zurechenbare Ergebnisanteil ist für die

90 Vgl. BFH v. 30.04.2003, I R 102/01, BStBl. II 2004, S. 804, 805.

91 Vgl. WACKER, R., in: SCHMIDT, L., EStG, § 15 Rn. 690.

92 So auch bereits MAYER, L., Beteiligung, DB 2003, S. 2036.

93 Gl. A. LEY, U., Doppelstöckige Personengesellschaften, DStR 2004, S. 1500. Insgesamt würde eine gesetzliche Vorgabe diese Diskussion erheblich vereinfachen.

94 Vgl. WACKER, R., in: SCHMIDT, L., EStG, § 15 Rn. 690; KORN, K./STRAHL, M., in: KORN, K. U. A., EStG, § 6 Rn. 317 (Juli 2003); BÜRKLE, T./KNEBEL, A., Bilanzierung, DStR 1998, S. 1071; SOMMER, J., Steuerbilanz, S. 191-192, 196; BFH v. 06.11.1985, I R 242/81, BStBl. II 1986, S. 333, 335; BFH v. 22.01.1981, IV R 160/76, BStBl. II 1981, S. 427, 429; BFH v. 23.07.1975, I R 165/73, BStBl. II 1976, S. 73; FG MÜNSTER v. 07.11.1995, 6 K 5196/93 E – rkr., EFG 1996, S. 356, 357; OFD BREMEN v. 19.10.1995, S 2241 a – St 201, BB 1996, S. 900; OFD NÜRNBERG v. 13.11.1997, S 2241 a – 31/St 31, BB 1998, S. 44; OFD CHEMNITZ v. 05.02.1998, S 2241 a – 8/1 – St 31, DB 1998, S. 903.

Besteuerung des Gesellschafters maßgebend.[95] Daher müssen im Falle eines Beteiligungsausweises zur Vermeidung einer doppelten Ergebniserfassung erfolgswirksame Wertveränderungen des Beteiligungsausweises jeweils außerhalb der Steuerbilanz neutralisiert werden.[96]

Im Folgenden werden die zuvor genannten vier verschiedenen Methoden zur Bilanzierung bzw. Nichtbilanzierung einer Personengesellschaftsbeteiligung dargestellt und unter Berücksichtigung des BFH-Urteils I R 102/01 vom 30.04.2003[97] gewürdigt.

3.2. Auf Basis des BFH-Urteils I R 102/01 vom 30.04.2003[98] nicht zulässige Bilanzierungsmethoden

3.2.1. Keine Bilanzierung der Personengesellschaftsbeteiligung

Wie bereist erwähnt, leitet ein Teil des Schrifttums[99] aus der Versagung der selbständigen Wirtschaftsguteigenschaft einer Personengesellschaftsbeteiligung durch die ständige Rechtsprechung des BFH[100] ab, dass die Beteiligung an einer Untergesellschaft überhaupt nicht in der Steuerbilanz der Obergesellschaft anzusetzen ist. Folglich ist die Frage nach der Bewertung auch gar nicht erst zu stellen. Es entfallen auch etwaige außerbilanzielle Korrekturen der Steuerbilanz zur Vermeidung einer doppelten Ergebniswirkung aus dem Beteiligungsausweis und der Zuweisung eines Gewinnanteils aus der einheitlichen und gesonderten

---

95 Vgl. FROMM, R., Obergesellschaft, GmbHR 2005, S. 425; DIETEL, M., Bilanzierung, DStR 2002, S. 2141; SCHÖN, W., Personengesellschaft, FR 1994, S. 662; BÜRKLE, T./KNEBEL, A., Bilanzierung, DStR 1998, S. 1071; SOMMER, J., Steuerbilanz, S. 191, 196; BFH v. 20.06.1985, IV R 36/83, BStBl. II 1985, S. 654, 655; BFH v. 22.01.1981, IV R 160/76, BStBl. II 1981, S. 427, 429. A. A. HEBELER, C., Beteiligung, BB 1998, S. 208.

96 Vgl. SOMMER, J., Steuerbilanz, S. 196; DIETEL, M., Bilanzierung, DStR 2002, S. 2141; SCHÖN, W., Personengesellschaft, FR 1994, S. 662; KORN, K./STRAHL, M., in: KORN, K. U. A., EStG, § 6 Rn. 317 (Juli 2003). Durch den Ansatz einer Personengesellschaftsbeteiligung in der Steuerbilanz des Gesellschafters besteht allerdings laut BÜRKLE/KNEBEL trotz der außerbilanziellen Neutralisierung von Ergebnisanteilen aus dem Beteiligungsausweis die Gefahr der Doppelerfassung von Ergebnisanteilen in der Steuerbilanz der Obergesellschaft; vgl. BÜRKLE, T./KNEBEL, A., Bilanzierung, DStR 1998, S. 1071-1072. MAYER erachtet, m. E. berechtigt, diese Bedenken als übertrieben, da eine Doppelerfassung durch die außerbilanziellen Korrekturen verhindert werden kann; vgl. MAYER, L., Beteiligung, DB 2003, S. 2036.

97 BFH v. 30.04.2003, I R 102/01, BStBl. II 2004, S. 804.

98 BFH v. 30.04.2003, I R 102/01, BStBl. II 2004, S. 804.

99 Vgl. Fn. 82.

100 Vgl. Fn. 80.

Gewinnfeststellung.[101] Schließlich wird die Beteiligung an einer Unter(personen-)gesellschaft erfolgswirksam nur über die außerbilanzielle Hinzurechnung des einheitlich und gesondert festgestellten Ergebnisanteils des Gesellschafters (der Obergesellschaft) in der Steuerbilanz der Obergesellschaft berücksichtigt.[102]

Aufgrund des vom BFH geforderten Beteiligungsausweises in der Steuerbilanz des Anteilseigners (hier: der Obergesellschaft) scheidet eine Nichtbilanzierung der Personengesellschaftsbeteiligung als Bilanzierungsmethode direkt aus. Zudem ist mit dieser (Nicht-)Bilanzierungsmethode im Falle des Beteiligungserwerbs ein zu niedriger Ausweis des steuerlichen Vermögens der Obergesellschaft aufgrund des fehlenden Beteiligungsausweises, d. h. eine Bilanzverkürzung, verbunden.[103]

3.2.2. Ansatz der Personengesellschaftsbeteiligung entsprechend der Anschaffungskostenmethode

Die Anschaffungskostenmethode beinhaltet, dass die Beteiligung an einer Personengesellschaft (der Untergesellschaft) als ein selbständiges Wirtschaftsgut entsprechend den allgemeinen Bilanzierungsvorschriften in der Steuerbilanz der beteiligten Gesellschaft (der Obergesellschaft) anzusetzen und zu bewerten ist. Damit erfolgt ein Ansatz der Personengesellschaftsbeteiligung in der Steuerbilanz – analog zur Handelsbilanz – entsprechend des Anschaffungskostenprinzips, d. h. zu Anschaffungskosten bzw. ggf. zum niedrigeren Teilwert. Somit werden Handels- und Steuerbilanz grundsätzlich einander entsprechen.[104] Durch das anzuwendende Anschaffungskostenprinzip wird allerdings eine Erhöhung des Beteiligungsausweises auf einen Wert oberhalb der Anschaffungskosten ausgeschlossen. Eine Erhöhung des tatsächlichen Beteiligungswerts kann sich jedoch aus Vermögensmehrungen und Anschaffungskosten für neue Wirtschaftsgüter auf Ebene der Untergesellschaft ergeben.

---

101 Vgl. DIETEL, M., Bilanzierung, DStR 2002, S. 2142-2143.
102 Vgl. Fn. 94-96; MAYER, L., Beteiligung, DB 2003, S. 2035.
103 Vgl. LEY, U., Besteuerungsfragen, KÖSDI 1996, S. 10925; DIETEL, M., Bilanzierung, DStR 2002, S. 2144.
104 Vgl. MAYER, L., Beteiligung, DB 2003, S. 2035; DIETEL, M., Bilanzierung, DStR 2002, S. 2142; WREDE, F., Beteiligungen, FR 1990, S. 300; SCHÖN, W., Personengesellschaft, FR 1994, S. 662.

Für Zwecke der steuerlichen Gewinnermittlung ist die Steuerbilanz um etwaige erfasste Beteiligungserträge, Teilwertabschreibungen[105] und Wertaufholungen außerbilanziell wieder zu korrigieren, da der steuerliche Gewinn aus der Beteiligung ausschließlich über die einheitliche und gesonderte Gewinnfeststellung (§§ 179 ff. AO) auf Gesellschafts- und nicht Gesellschafterebene zu ermitteln ist.[106]

Die Anschaffungskostenmethode würde zwar den Vorteil bieten, dass Handels- und Steuerbilanz der Obergesellschaft gleichgeschaltet würden und dass der Maßgeblichkeitsgrundsatz (§ 5 Abs. 1 EStG) eingehalten würde, aber auch diese Methode zur Bilanzierung einer Personengesellschaftsbeteiligung kommt auf Basis der BFH-Rechtsprechung I R 102/01 vom 30.04.2003[107] nicht in Betracht. So erfolgt bei der Anschaffungskostenmethode eine Bewertung der Beteiligung gemäß des Anschaffungskostenprinzips auf Ebene der Obergesellschaft und nicht eine Bewertung auf Ebene der Untergesellschaft. Außerdem besteht durch das Anschaffungskostenprinzip die Einschränkung, dass der Beteiligungsbuchwert trotz möglicher Vermögensmehrungen und Anschaffungskosten für neue Wirtschaftsgüter auf Ebene der Untergesellschaft nicht auf einen Wert oberhalb der Anschaffungskosten erhöht werden darf.

3.3. Auf Basis des BFH-Urteils I R 102/01 vom 30.04.2003[108] zulässige Bilanzierungsmethoden

3.3.1. Bilanzierung der Anteile an den einzelnen Wirtschaftsgütern

Als weitere Methode zur Bilanzierung einer Personengesellschaftsbeteiligung wird im Schrifttum[109] erörtert, ob statt einer Beteiligung die jeweiligen Anteile an den

105 Eine Abschreibung der Beteiligung auf den niedrigeren Teilwert ist steuerlich von vornherein ausgeschlossen; vgl. BFH v. 20.06.1985, IV R 36/83, BStBl. II 1985, S. 654, 655; FG Münster v. 07.11.1995, 6 K 5196/93 E – rkr., EFG 1996, S. 356, 357; Wacker, R., in: Schmidt, L., EStG, § 15 Rn. 690; Korn, K./Strahl, M., in: Korn, K. u. a., EStG, § 6 Rn. 317 (Juli 2003); Hottmann, J., in: Zimmermann, R. u. a., Personengesellschaft, B Rn. 412.

106 Vgl. Fn. 94-96.

107 BFH v. 30.04.2003, I R 102/01, BStBl. II 2004, S. 804.

108 BFH v. 30.04.2003, I R 102/01, BStBl. II 2004, S. 804.

109 Vgl. Nickel, J. R./Bodden, G., Verlustverrechnung, FR 2003, S. 395; Reiß, W., in: Kirchhof, P./Söhn, H./Mellinghoff, R., EStG, § 16 Rn. C 41 (Juli 1991); Dietel, M., Bilanzierung, DStR 2002, S. 2141, 2143; Ley, U., Doppelstöckige Personengesellschaften, DStR 2004, S. 1499; Mayer, L., Beteiligung, DB 2003, S. 2035.

einzelnen Wirtschaftsgütern dieser Personengesellschaft (der Untergesellschaft) in der Steuerbilanz des Gesellschafters (der Obergesellschaft) zu bilanzieren sind. Schließlich wird im Rahmen der BFH-Rechtsprechung[110] auch ausgeführt, dass ein Anteilserwerber bei einem Erwerb einer Personengesellschaftsbeteiligung anstelle einer Beteiligung, als ein selbständiges Wirtschaftsgut, Anteile an den einzelnen Wirtschaftsgütern dieser Personengesellschaft (der Untergesellschaft) erwirbt. Demzufolge sind die wertmäßigen Anteile an den einzelnen Wirtschaftsgütern der Untergesellschaft in der Steuerbilanz der Obergesellschaft unter den entsprechenden Bilanzpositionen anzusetzen, wie deren Ansatz in der Steuerbilanz der Untergesellschaft erfolgt.[111]

Allerdings werden die Ergebnisanteile der Obergesellschaft an der Untergesellschaft nicht über einen Beteiligungsausweis, sondern über den anteiligen Ausweis der Wirtschaftsgüter der Untergesellschaft unter den jeweiligen Bilanzpositionen in der Steuerbilanz der Obergesellschaft erfasst. Mit der Übernahme dieser Ergebnisanteile ist eine entsprechende Eigenkapitalveränderung in der Bilanz der Obergesellschaft verbunden. Entsprechend den Ausführungen zur Ergebnisneutralisierung bei der Anwendung der Anschaffungskostenmethode sind diese aus der Beteiligung resultierenden Ergebnisanteile durch außerbilanzielle Kürzungen bzw. Hinzurechnungen zu neutralisieren. Schließlich gilt der identische Grundsatz, dass sich das steuerliche Ergebnis der Obergesellschaft aus der Beteiligung an der Untergesellschaft nur aus der einheitlichen und gesonderten Gewinnfeststellung auf Ebene der Untergesellschaft ergeben darf.[112] Diese Neutralisierung der Ergebnisanteile bringt jedoch erheblichen Aufwand mit sich, da die Ergebnisanteile den einzelnen Bilanzpositionen und nicht einem einzigen Beteiligungsausweis zugeordnet sind.[113]

---

110 Vgl. Fn. 94.
111 Vgl. Dietel, M., Bilanzierung, DStR 2002, S. 2142-2143.
112 Vgl. Fn. 94-96, 106; Dietel, M., Bilanzierung, DStR 2002, S. 2143.
113 Vgl. Dietel, M., Bilanzierung, DStR 2002, S. 2143; Nickel, J. R./Bodden, G., Verlustverrechnung, FR 2003, S. 395.

3.3.2. Ansatz der Personengesellschaftsbeteiligung entsprechend der Spiegelbildmethode

Der Spiegelbildmethode zufolge ist die Beteiligung an der Untergesellschaft in der Steuerbilanz des Gesellschafters (der Obergesellschaft) spiegelbildlich zu dem anteiligen Eigenkapital der Obergesellschaft bei der Untergesellschaft, d. h. zu dem Eigenkapital im Kapitalkonto in der Gesamthandsbilanz, in der Ergänzungsbilanz und in der Sonderbilanz der Obergesellschaft bei der Untergesellschaft – unter Berücksichtigung der damit verbundenen Veränderungen – in der Gesamthandsbilanz der Obergesellschaft anzusetzen. Damit ist der Beteiligungsausweis in der Steuerbilanz der Obergesellschaft mit der Entwicklung des anteiligen Eigenkapitals der Obergesellschaft bei der Untergesellschaft gleichgeschaltet.[114]

Dieses anteilige Eigenkapital eines Gesellschafters, das in den steuerlichen Kapitalkonten des Gesellschafters wiedergegeben wird, entspricht dem Saldo der anteiligen aktiven und passiven Wertansätze in der Steuerbilanz der Personengesellschaft (der Untergesellschaft) und damit den Anteilen des Gesellschafters (der Obergesellschaft) an den einzelnen Wirtschaftsgütern der Untergesellschaft. Somit werden die Anteile des Gesellschafters, der Obergesellschaft, an den einzelnen Wirtschaftsgütern der Untergesellschaft mit Hilfe der Spiegelbildmethode zusammengefasst über den Beteiligungsausweis in der Steuerbilanz der Obergesellschaft ausgewiesen.

---

[114] Vgl. SCHMID, R., Sonderbetriebsvermögen, DStR 1997, S. 946; WACKER, R., in: SCHMIDT, L., EStG, § 15 Rn. 690; REGNIET, M., Ergänzungsbilanzen, S. 59-60; LEY, U., Doppelstöckige Personengesellschaften, DStR 2004, S. 1500; DIES., Besteuerungsfragen, KÖSDI 1996, S. 10925-10926; DIETEL, M., Bilanzierung, DStR 2002, S. 2142; MAYER, L., Beteiligung, DB 2003, S. 2035; WREDE, F., Beteiligungen, FR 1990, S. 296; HOTTMANN, J., in: ZIMMERMANN, R. U. A., Personengesellschaft, B Rn. 412. Alternativ könnte sich der spiegelbildliche Ausweis der Beteiligung an der Untergesellschaft in der Gesamthandsbilanz der Obergesellschaft auf die Höhe des Kapitalkontos der Obergesellschaft in der Untergesellschaft bzw. auf die Höhe des Kapitalkontos zuzüglich des Ergänzungsbilanzkapitals beschränken; vgl. HEBELER, C., Beteiligung, BB 1998, S. 206, 208; OFD BREMEN v. 19.10.1995, S 2241 a – St 201, BB 1996, S. 900; GROH, M., Bilanzen, StuW 1995, S. 385; REIß, W., in: KIRCHHOF, P./SÖHN, H./MELLINGHOFF, R., EStG, § 16 Rn. C 41 (Juli 1991). M. E. wäre aber in diesen Fällen, der Beteiligungsansatz zu niedrig bewertet, d. h. das (anteilige) Eigenkapital der Obergesellschaft bei der Untergesellschaft in diesem Wertansatz nicht vollständig berücksichtigt, da Teile des Eigenkapitals der Obergesellschaft bei der Untergesellschaft über die Ergänzungsbilanz erfasst werden und da als Sonderbetriebsvermögen gewertete positive oder negative Wirtschaftsgüter der Obergesellschaft nicht bei dieser sondern bei der Untergesellschaft in einer Sonderbilanz zu bilanzieren sind. Vgl. dazu auch LEY, U., Doppelstöckige Personengesellschaften, DStR 2004, S. 1500.

Die Bewertung des Beteiligungsansatzes erfolgt durch die spiegelbildliche Abbildung auf Ebene der Untergesellschaft, der Personengesellschaft, an der die Beteiligung besteht.[115] Da es sich lediglich um eine spiegelbildliche Wiedergabe des anteiligen Eigenkapitals der Obergesellschaft bei der Untergesellschaft handelt, wird auch nicht gegen das Gebot der Bilanzklarheit und das Saldierungsverbot verstoßen.[116] Insgesamt handelt es sich bei dem Ausweis einer Personengesellschaftsbeteiligung nach der Spiegelbildmethode nicht um den Ausweis eines Wirtschaftsguts, sondern vielmehr um einen steuerbilanziellen Merkposten.[117] Damit ermöglicht die Spiegelbildmethode eine Beteiligungsbilanzierung, die mit der BFH-Rechtsprechung[118] zur Eigenschaft einer Personengesellschaftsbeteiligung konform ist.

Für die Gewinnermittlung ist jedoch zu berücksichtigen, dass der Beteiligungsausweis durch die spiegelbildliche Abbildung in der Steuerbilanz der Obergesellschaft durch erzielte und in der Steuerbilanz der Untergesellschaft gutgeschriebene Gewinn- bzw. Verlustanteile (erfolgswirksam) erhöht bzw. verringert wird.[119] Da, wie bereits zuvor dargestellt, das Ergebnis der Obergesellschaft aus der Beteiligung an der Untergesellschaft ausschließlich über die einheitliche und gesonderte Gewinnfeststellung auf Ebene der Untergesellschaft zu ermitteln ist, sind jegliche erfolgswirksame Wertbewegungen des Beteilungsausweises jeweils außerhalb der Steuerbilanz der Obergesellschaft durch außerbilanzielle Kürzungen bzw. Hinzurechnungen in entsprechender Höhe zu neutralisieren.[120]

Durch den Ausweis der Beteiligung per Spiegelbildmethode wird im Gegensatz zur Anschaffungskostenmethode zudem verhindert, dass eine drohende Verlustsituation der Untergesellschaft bereits über eine Teilwertabschreibung des Beteiligungsausweises bilanziell berücksichtigt werden kann. Vielmehr findet ein solcher möglicher Verlust erst bei tatsächlicher Realisierung und Zuweisung eines

---

115 Vgl. NICKEL, J. R./BODDEN, G., Verlustverrechnung, FR 2003, S. 395; LEY, U., Doppelstöckige Personengesellschaften, DStR 2004, S. 1499-1500; MAYER, L., Beteiligung, DB 2003, S. 2035.

116 Vgl. MAYER, L., Beteiligung, DB 2003, S. 2035.

117 Vgl. WACKER, R., in: SCHMIDT, L., EStG, § 15 Rn. 690; MAYER, L., Beteiligung, DB 2003, S. 2035.

118 Vgl. Fn. 80.

119 Vgl. BENECKE, A. Y., Umwandlung, S. 117.

120 Vgl. Fn. 94-96; OFD BREMEN v. 19.10.1995, S 2241 a – St 201, BB 1996, S. 900.

konkreten Verlustanteils bei dem Gesellschafter (der Obergesellschaft) Berücksichtigung.

3.3.3. Stellungnahme unter Berücksichtigung der BFH-Rechtsprechung I R 102/01 vom 30.04.2003[121]

Eine Bilanzierung der Anteile an den einzelnen Wirtschaftsgütern in der Steuerbilanz der Obergesellschaft würde den Anforderungen des BFH-Urteils I R 102/01 vom 30.04.2003[122] zur Bilanzierung einer Personengesellschaftsbeteiligung entsprechen, soweit die wertmäßigen Entwicklungen der Anteile an den einzelnen Wirtschaftsgütern der Untergesellschaft in der Steuerbilanz der Obergesellschaft an die Wertentwicklungen dieser Wirtschaftsgüter in der Steuerbilanz der Untergesellschaft geknüpft sind. Allerdings erscheint diese Methode bei großen Gesellschaften mit vielen einzelnen Vermögenswerten sehr aufwendig und damit nicht praktikabel, da die Anteile an den Wirtschaftsgütern der Untergesellschaft unter den entsprechenden Bilanzpositionen in der Steuerbilanz der Obergesellschaft auszuweisen sind und da die einzelnen Ergebnisanteile aus den Wertentwicklungen dieser Anteile an den Wirtschaftsgütern der Untergesellschaft in der Steuerbilanz der Obergesellschaft jeweils außerbilanziell wieder neutralisiert werden müssen.[123] Schließlich ist nur das einheitlich und gesonderte Ergebnis aus der Beteiligung an der Untergesellschaft für die Steuerbilanz der Obergesellschaft maßgebend.

Diese aufwendige außerbilanzielle Korrektur würde sich durch die Spiegelbildmethode auf eine einzige Korrekturbuchung reduzieren. Durch die Korrekturbuchung wäre lediglich der Ergebnisanteil aus dem zusammengefassten spiegelbildlichen Beteiligungsausweis zu eliminieren. Durch die Spiegelbildmethode wird zudem auch noch der Ausweis der Beteiligung an der Untergesellschaft vereinfacht und übersichtlicher. Anstatt die Anteile der einzelnen Wirtschaftsgüter der Untergesellschaft unter den entsprechenden Bilanzpositionen in der Steuerbilanz der Obergesellschaft einzeln auszuweisen, ist die Beteiligung in einer einzelnen

---

121 BFH v. 30.04.2003, I R 102/01, BStBl. II 2004, S. 804.
122 BFH v. 30.04.2003, I R 102/01, BStBl. II 2004, S. 804.
123 Vgl. MAYER, L., Beteiligung, DB 2003, S. 2035.

Bilanzposition in der Steuerbilanz der Obergesellschaft auszuweisen. Dabei wird durch diese beiden Bilanzierungsmethoden im Grunde das gleiche Ergebnis erreicht, da durch die Spiegelbildmethode das anteilige Eigenkapital der Obergesellschaft an der Untergesellschaft, d. h. der Anteil der Obergesellschaft an den einzelnen Wirtschaftsgütern der Untergesellschaft, zusammengefasst im Beteiligungsausweis in der Steuerbilanz der Obergesellschaft ausgewiesen wird.

Die Spiegelbildmethode stellt aber nicht nur eine Vereinfachung zur Bilanzierung der Anteile an den Wirtschaftsgütern der Untergesellschaft da, sondern steht auch noch bezüglich der Bewertung der Beteiligung im Einklang mit dem BFH-Urteil I R 102/01 vom 30.04.2003[124]. So bedeutet die spiegelbildliche Wiedergabe des anteiligen Eigenkapitals, dass sich die Bewertung dieses Beteiligungsausweises nach der Bewertung der Wirtschaftsgüter auf Ebene der Untergesellschaft richtet. Gegen die Spiegelbildmethode kann allerdings ein Verstoß gegen das Anschaffungskostenprinzip vorgebracht werden.[125] Dieser Verstoß ist aber aus steuerrechtlicher Sicht grundsätzlich nicht von Bedeutung, da durch die außerbilanzielle Ergebniseliminierung von dem Bilanzausweis keine Ergebniswirkung auf das steuerliche Ergebnis der Obergesellschaft ausgeht.

Insgesamt ist m. E. eine Personengesellschaftsbeteiligung in der Steuerbilanz der Obergesellschaft gemäß der Spiegelbildmethode zu bilanzieren, da die Bewertung der Wirtschaftsgüter auf Ebene der Untergesellschaft und die Bewertung des Beteiligungsausweises gleichgeschaltet sind und da die Spiegelbildmethode trotz des gleichen Ergebnisses zu einer einfacheren und übersichtlicheren Beteiligungsbilanzierung führt als eine Bilanzierung der Anteile an den einzelnen Wirtschaftsgütern der Untergesellschaft in der Steuerbilanz der Obergesellschaft. Auf Basis dieser Ausführungen wird in den nachfolgenden Abschnitten dieser Arbeit von einer Bilanzierung einer Personengesellschaftsbeteiligung nach der Spiegelbildmethode ausgegangen.

---

124 BFH v. 30.04.2003, I R 102/01, BStBl. II 2004, S. 804.

125 Vgl. Benecke, A. Y., Umwandlung, S. 117; Bürkle, T./Knebel, A., Bilanzierung, DStR 1998, S. 1072; Wrede, F., Beteiligungen, FR 1990, S. 300-301. A. A. Mayer, L., Beteiligung, DB 2003, S. 2035-2036.

II. Grundlagen zur Umstrukturierung von doppelstöckigen Personengesellschaften

1. Begriff der Umstrukturierung

Der Begriff der Umstrukturierung ist ein Oberbegriff für Veränderungen von Unternehmensstrukturen.[126] Dieser ist im Vergleich zum Begriff der Umwandlung i. S. des § 1 Abs. 1 UmwG, der mit Verschmelzungen, Spaltungen, Formwechsel und Vermögensübertragungen ausschließlich Umwandlungen im Wege der Gesamtrechtsnachfolge bzw. der partiellen Gesamtrechtsnachfolge beinhaltet, weiter zu fassen.[127] So kommen auch Vermögensübertragungen außerhalb des UmwG, wie Übertragungen von einzelnen Wirtschaftsgütern, Realteilungen, Anwachsungen, Veräußerungen, in Betracht.[128] Diese Umstrukturierungen insgesamt wirken sich auf die Vermögens-, Gesellschafter- und/oder Rechtsstruktur einer Unternehmung bzw. eines Unternehmensverbundes aus.[129] Der Oberbegriff der Umstrukturierung umfasst aber z. B. auch die Einführung neuer organisatorischer Konzepte, Standortverlagerungen und personelle Veränderungen.[130] Der Fokus dieser Arbeit liegt auf der Veränderung der Vermögensstruktur im Wege von Vermögensübertragungen innerhalb der doppelstöckigen Personengesellschaft. Diese kann mit Veränderungen der Gesellschafterstruktur als auch der Rechtsstruktur des Unternehmensverbundes einhergehen. Dabei ist in direkte Vermögensübertragungen (z. B. die Übertragung von einzelnen Wirtschaftsgütern) als auch Vermögensübertragungen im Wege von Änderungen der Rechtstruktur (z. B. Verschmelzungen bzw. Einbringungen von Betrieben) zu differenzieren. Neben

---

126 Vgl. FÖRSTER, G., Umstrukturierung, S. 14; PICOT, A., Strukturwandel, Zfbf 1990, S. 123-124.

127 Vgl. PFAAR, M., in: KESSLER, W./KÖHLER, S./KRÖNER, M., Konzernsteuerrecht, § 9 Rn. 4, 11; SAGASSER, B., in: SAGASSER, B./BULA, T./BRÜNINGER, T. R., Umwandlungen, B Rn. 3-9; HECKSCHEN, H., in: WIDMANN, S./MAYER, D., Umwandlungsrecht, § 1 UmwG Rn. 19-20 (März 2006); KUßMAUL, H./ZABEL, M., Unternehmensumstrukturierungen, S. 485-487; MEYER-SCHARENBERG, D. E., Umwandlung, S. 1; HERZIG, N./FÖRSTER, G., Steuerneutrale Umstrukturierung, StuW 1998, S. 99. Zur Erläuterung der Umwandlungen i. S. des § 1 Abs. 1 UmwG vgl. z. B. STENGEL, A., in: HARITZ, D./BENKERT, M., UmwStG, Einf. Rn. 26-53; SAGASSER, B., in: SAGASSER, B./BULA, T./BRÜNINGER, T. R., Umwandlungen, B Rn. 4-9.

128 Vgl. HARITZ, D./BÄRWALDT, R., in: MÜLLER, W./HOFFMANN, W.-D., Personengesellschaften, § 9 Rn. 5-19; STENGEL, A., in: HARITZ, D./BENKERT, M., UmwStG, Einf. Rn. 57, 70; PFAAR, M., in: KESSLER, W./KÖHLER, S./KRÖNER, M., Konzernsteuerrecht, § 9 Rn. 4; HECKSCHEN, H., in: WIDMANN, S./MAYER, D., Umwandlungsrecht, § 1 UmwStG Rn. 393-394 (Februar 2007); HERZIG, N., Konzern, DB 2000, S. 2236-2237.

129 Vgl. HERZIG, N., in: HERZIG, N., Umstrukturierung, S. 3; BERGSTEINER, S., Umstrukturierung, S. 1.

130 Vgl. HERZIG, N., in: HERZIG, N., Umstrukturierung, S. 3; BERGSTEINER, S., Umstrukturierung, S. 1; SCHMITT, M./FRANZ, R., Umstrukturierung, BB 2001, S. 1278; PFAAR, M., in: KESSLER, W./KÖHLER, S./KRÖNER, M., Konzernsteuerrecht, § 9 Rn. 4; HARITZ, D./BÄRWALDT, R., in: MÜLLER, W./HOFFMANN, W.-D., Personengesellschaften, § 9 Rn. 5-19; PICOT, A., Strukturwandel, Zfbf 1990, S. 124.

Verschmelzungen und Spaltungen sind Anwachsungen, Übertragungen von einzelnen Wirtschaftsgütern und Übertragungen von stillen Reserven gemäß § 6b EStG als weitere Umstrukturierungsmöglichkeiten Gegenstand der Untersuchung.

2. Einzelrechtsnachfolge und (partielle) Gesamtrechtsnachfolge

Bei den zu betrachtenden Vermögensübertragungen ist zu differenzieren (siehe auch Abb. 4), ob die Rechtsstellung der übertragenden Person im Wege der Einzelrechtsnachfolge oder im Wege der vollständigen bzw. partiellen Gesamtrechtsnachfolge auf die übernehmende Person übergeht.

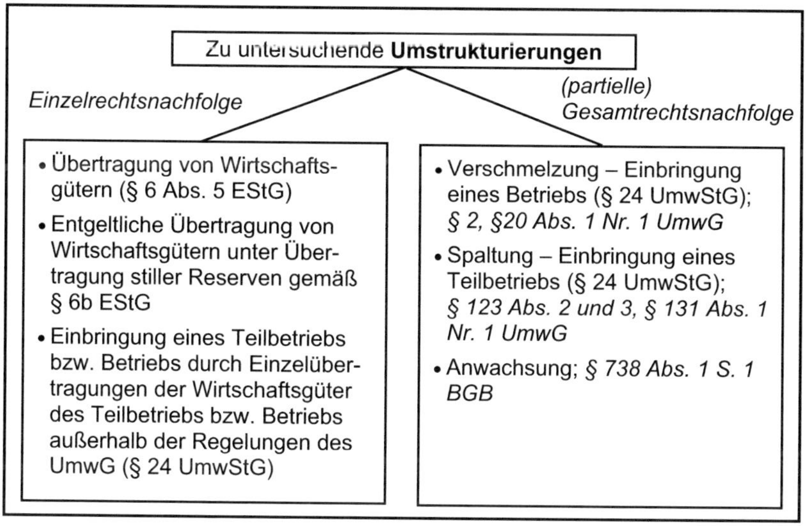

Abb. 4: Die zu untersuchenden Umstrukturierungen differenziert nach Einzelrechtsnachfolge und Gesamtrechtsnachfolge bzw. partieller Gesamtrechtsnachfolge

Die Einzelrechtsnachfolge findet regelmäßig Anwendung, wenn Vermögensgegenstände jeweils einzeln übertragen werden, z. B. im Falle der Veräußerung, des Tauschs oder der Schenkung. Allerdings muss dabei jeder Vermögensgegenstand einzeln nach den für ihn geltenden Regeln des BGB übereignet bzw. abgetreten werden. Verbindlichkeiten können, um eine befreiende Übernahme zu erreichen, nur unter der jeweiligen Zustimmung der Gläubiger übertragen werden (§§ 414 - 418 BGB). Diese Übertragungsformen bieten den Vorteil, dass im Rahmen der

Umstrukturierung einzelne Vermögensgegenstände zurückbehalten werden können.[131]

Im Falle einer Verschmelzung erfolgt die Vermögensübertragung dagegen im Wege der Gesamtrechtsnachfolge (§ 20 Abs. 1 Nr. 1 UmwG) und im Falle einer Spaltung i. S. des UmwG – schließlich werden nur Teile des Vermögens übertragen – im Wege der partiellen Gesamtrechtsnachfolge (§ 131 Abs. 1 Nr. 1 UmwG).[132] Gesamtrechtsnachfolge und partielle Gesamtrechtsnachfolge bergen den Vorteil, dass mit dem Vollzug der Umstrukturierung, d. h. der Eintragung ins Handelsregister am Sitz des Vermögensübernehmers, alle betreffenden Vermögensgegenstände und Verbindlichkeiten kraft Gesetzes durch einen einheitlichen Akt auf den Vermögensübernehmer unter Eintritt in die Rechtspositionen des Übergebers übergehen. Somit entfallen aufwendige Einzelübertragungen und Vertrags- bzw. Schuldübernahmen.[133] Bei der Spaltung werden in diesem Zuge jedoch nur die im Spaltungsvertrag- und Übernahmevertrag bestimmten Vermögensgegenstände und Verbindlichkeiten auf den jeweiligen Vermögensübernehmer übertragen.[134] Außer als in den Fällen der Abspaltung und der Teilausgliederung gilt jedoch der Grundsatz, dass die Zurückbehaltung von einzelnen Vermögensgegenständen bei Gesamtrechtsnachfolge und partieller Gesamtrechtsnachfolge nicht möglich ist.[135]

---

131 Vgl. Marx, T., Spaltung, S. 71, 79-81, 83; Krüger, D., in: Krüger, D. u. a., Unternehmensform, S. 451-453; Meyer-Scharenberg, D. E., Umwandlung, S. 1; Klingebiel, J. u. a., Umwandlungssteuerrecht, S. 3-4; Wöllert, K., Umwandlung, StB 1997, S. 21, 24.

132 Vgl. Vossius, O., in: Widmann, S./Mayer, D., Umwandlungsrecht, § 20 UmwG Rn. 26 (Juni 2002); ders., in: Widmann, S./Mayer, D., Umwandlungsrecht, § 131 UmwG Rn. 21-22, 24 (September 1996); Krüger, D., in: Krüger, D. u. a., Unternehmensform, S. 449; Wöllert, K., Umwandlung, StB 1997, S. 18, 22-23; Marx, T., Spaltung, S. 70-71; Meyer-Scharenberg, D. E., Umwandlung, S. 2; Kallmeyer, H., Umwandlungsgesetz, ZIP 1994, S. 1747-1748. Die partielle Gesamtrechtsnachfolge wird z. B. auch als Sonderrechtsnachfolge bezeichnet; vgl. Marx, T., Spaltung, S. 70-71; Vossius, O., in: Widmann, S./Mayer, D., Umwandlungsrecht, § 131 UmwG Rn. 24 (September 1996).

133 Vgl. Grunewald, B., in: Lutter, M., UmwG, § 20 Rn. 3-4, 7-9; Teichmann, A., in: Lutter, M., UmwG, § 131 Rn. 1; Bermel, A., in: Goutier, K. u. a., UmwG/UmwStG, § 20 UmwG Rn. 5-11; Goutier, K., in: Goutier, K. u. a., UmwG/UmwStG, § 131 UmwG Rn. 1-9; Marsch-Barner, R., in: Kallmeyer, H., UmwG, § 20 Rn. 3-4; Kallmeyer, H., in: Kallmeyer, H., UmwG, § 131 Rn. 2; Vossius, O., in: Widmann, S./Mayer, D., Umwandlungsrecht, § 20 UmwG Rn. 26, 56-58.1, 60-63 (Juni 2002); ders., in: Widmann, S./Mayer, D., Umwandlungsrecht, § 131 UmwG Rn. 21-23, 27-28, 38-41 (September 1996); Marx, T., Spaltung, S. 68-69, 87-90; Krüger, D., in: Krüger, D. u. a., Unternehmensform, S. 449.

134 Vgl. Teichmann, A., in: Lutter, M., UmwG, § 131 Rn. 1; Kallmeyer, H., in: Kallmeyer, H., UmwG, § 131 Rn. 2; Vossius, O., in: Widmann, S./Mayer, D., Umwandlungsrecht, § 131 UmwG Rn. 21-22 (September 1996); Krüger, D., in: Krüger, D. u. a., Unternehmensform, S. 449; Wöllert, K., Umwandlung, StB 1997, S. 18-19, 22-23; Marx, T., Spaltung, S. 70-71;

135 Vgl. Vossius, O., in: Widmann, S./Mayer, D., Umwandlungsrecht, § 20 UmwG Rn. 32 (Juni 2002); ders., in: Widmann, S./Mayer, D., Umwandlungsrecht, § 131 UmwG Rn. 27-28 (September 1996); Grunewald, B., in: Lutter, M., UmwG, § 20 Rn. 8.

Insbesondere bei vielen Vermögensgegenständen stellen Gesamtrechtsnachfolge und partielle Gesamtrechtsnachfolge im Vergleich zur Einzelrechtsnachfolge eine Erleichterung und ggf. Kostenersparnis dar.[136] In den Fällen der Verschmelzung und der Aufspaltung erlöschen die übertragenden Rechtsträger mit der Eintragung der Umwandlung ins Handelsregister am Sitz des Vermögensübernehmers. Damit entfällt eine besondere Löschung und Abwicklung (Liquidation und Auflösung) der übertragenden Gesellschaft (§ 20 Abs. 1 Nr. 2 bzw. § 131 Abs. 1 Nr. 2 UmwG).[137]

Die Gesamtrechtsnachfolge kommt grundsätzlich nur in den gesetzlich bestimmten Fällen zum Tragen, wobei sich die gesetzliche Grundlage i. d. R. aus dem UmwG ergibt (z. B. bei der Verschmelzung § 20 Abs. 1 Nr. 1 UmwG, bei der Spaltung § 131 Abs. 1 Nr. 1 UmwG).[138] Aber auch bei einer Anwachsung (§ 738 Abs. 1 S. 1 BGB) ist die Gesamtrechtsnachfolge analog anzuwenden.[139]

---

136 Vgl. WÖLLERT, K., Umwandlung, StB 1997, S. 21; MEYER-SCHARENBERG, D. E., Umwandlung, S. 1-2.

137 Vgl. KRÜGER, D., in: KRÜGER, D. U. A., Unternehmensform, S. 449; WÖLLERT, K., Umwandlung, StB 1997, S. 21; BERMEL, A., in: GOUTIER, K. U. A., UmwG/UmwStG, § 20 UmwG Rn. 40-49; MARSCH-BARNER, R., in: KALLMEYER, H., UmwG, § 20 Rn. 28; KALLMEYER, H., in: KALLMEYER, H., UmwG, § 131 Rn. 10.

138 Vgl. KLINGEBIEL, J. U. A., Umwandlungssteuerrecht, S. 4; WÖLLERT, K., Umwandlung, StB 1997, S. 21.

139 Vgl. Kapitel 3 Abschnitt A.IV.1.3.2.

3. Motive und Zielsetzungen von Umstrukturierungen

Ausgangsüberlegung war, dass Unternehmen aufgrund sich ändernder Anforderungen und Rahmenbedingungen als auch angesichts neuer oder geänderter unternehmerischer Konzepte, d. h. auf Basis von unternehmungsexternen und unternehmungsinternen Motiven, bestrebt bzw. gezwungen sind, Umstrukturierungen ihrer Unternehmensverbindungen bzw. ihrer Gesellschaften vorzunehmen.[140] Neben diesen unternehmungspolitischen (betriebswirtschaftlichen, steuerrechtlichen oder allgemein rechtlichen) Motiven sind aber auch persönliche Motive für eine Umstrukturierung denkbar, wobei die persönlichen Motive selten von den unternehmenspolitischen Motiven losgelöst sind.[141] Motive begründen einzelne Zielsetzungen, die mit einer Umstrukturierung erreicht werden sollen. Neben diesen Zielsetzungen, die eine Umstrukturierung begründen, verfolgt eine Unternehmung aber auch Ziele, die erst durch die Erwägung einer Umstrukturierung Gegenstand der Überlegungen werden. Denkbar sind z. B. die Minimierung der Umstrukturierungsaufwendungen, die Vermeidung der Aufdeckung und der Besteuerung von stillen Reserven.

Die Motive und die geplante Erreichbarkeit der daraus abgeleiteten Zielsetzungen sind grundlegende Parameter für eine Umstrukturierungsentscheidung.[142] Auslöser einer bestimmten Umstrukturierungsentscheidung ist meist ein Konglomerat von Motiven, Zielsetzungen, nicht ein einzelnes Motiv, eine einzelne Zielsetzung, da verschiedene Motive, Zielsetzungen i. d. R. in Verbindung stehen.[143] Dabei ist die bestmögliche Anpassung der Unternehmensstruktur an diese jeweiligen Anforderungen und Rahmenbedingungen das Hauptziel einer Umstrukturierung.[144] Allerdings ist in diesem Zusammenhang auch abzuwägen, ob eine der ange-

---

140 Vgl. SCHWEDHELM, R., Unternehmensumwandlung, S. 1; BERGSTEINER, S., Umstrukturierung, S. 1; STOCKEM, A., Spaltung, S. 1; FÖRSTER, G., Umstrukturierung, S. 19-31; HERZIG, N., in: HERZIG, N., Umstrukturierung, S. 3; HARITZ, D./BÄRWALDT, R., in: MÜLLER, W./HOFFMANN, W.-D., Personengesellschaften, § 9 Rn. 1-4; BENKERT, M., in: HARITZ, D./BENKERT, M., UmwStG, Einf. Rn. 303, 307; BREIDENBACH, B./LISHAUT, I. V., Übertragung, DB 1999, S. 1234.

141 Vgl. HARITZ, D./BÄRWALDT, R., in: MÜLLER, W./HOFFMANN, W.-D., Personengesellschaften, § 9 Rn. 2-4; BENKERT, M., in: HARITZ, D./BENKERT, M., UmwStG, Einf. Rn. 303; Becker, S., Teilung, S. 93.

142 Vgl. BECKER, S., Teilung, S. 92-93.

143 Vgl. HARITZ, D./BÄRWALDT, R., in: MÜLLER, W./HOFFMANN, W.-D., Personengesellschaften, § 9 Rn. 1; BECKER, S., Teilung, S. 93.

144 Vgl. BERGSTEINER, S., Umstrukturierung, S. 1.

strebten bzw. möglichen Umstrukturierungen wirtschaftlich sinnvoller ist als die Beibehaltung des ursprünglichen Zustandes.[145]

Ein besonderes Hauptmotiv einer Umstrukturierung ist die Unternehmenskrise. Die Unternehmung ist dabei bemüht, diese wirtschaftliche Notsituation der Unternehmung durch eine Sanierung zu bewältigen. Als Alternative verbleibt lediglich die Zerschlagung, die Liquidation der Unternehmung. Um eine erfolgreiche Sanierung einer Unternehmung erzielen zu können, muss die Unternehmung die einzelnen Gründe der Krise analysieren.[146] Dies ist die grundlegende Voraussetzung, um entsprechende Umstrukturierungsziele und schließlich eine Umstrukturierungsentscheidung zu entwickeln. Mögliche Lösungen der Unternehmenskrise wären z. B. eine Verschmelzung mit einem stärkeren Partner, die Veräußerungen von (nicht betriebsnotwendigen) Wirtschaftsgütern oder eine Trennung von gewinnbringenden und verlustbringenden Unternehmsteilen, um im Anschluss verlustbringende oder nicht betriebsnotwendige Unternehmsteile über eine Spaltung abzustoßen.[147] Mit Hilfe einer Umstrukturierung könnte so eine Insolvenz abgewendet werden bzw. eine Unternehmung aus der Insolvenz geführt werden.[148]

Als mögliche Motive, Zielsetzungen im Zusammenhang mit den zu betrachtenden Umstrukturierungen können z. B. die folgenden genannt werden. Die Aufstellung ist differenziert nach nicht steuerlichen und steuerlichen Motiven, Zielsetzungen:

Nicht steuerliche Motive, Zielsetzungen

- Verbesserung der Finanzkraft, z. B. durch Übernahme größerer Aufträge, durch Verbreiterung der Kreditunterlage, durch zusätzliches Eigenkapital (Verschmelzung)[149]
- Gemeinsame Rationalisierung durch z. B. Verbesserung von Fertigungsverfahren, Zusammenfassung ähnlicher Aufgabenbereiche der Produktion, gemein-

---

145 Vgl. BECKER, S., Teilung, S. 94.

146 Vgl. WÖLLERT, K., Umwandlung, StB 1997, S. 11; ERLE, B./EBERHARD, J., in: MÜLLER, W./HOFFMANN, W.-D., Personengesellschaften, § 10 Rn. 1.

147 Vgl. FÖRSTER, G., Umstrukturierung, S. 27; WÖLLERT, K., Umwandlung, StB 1997, S. 11.

148 Vgl. KLINGEBIEL, J. U. A., Umwandlungssteuerrecht, S. 8.

149 Vgl. WÖLLERT, K., Umwandlung, StB 1997, S. 16, 21; KALLMEYER, H., Umwandlungsgesetz, ZIP 1994, S. 1747.

same Forschung und Entwicklung (Verschmelzung)[150]

- Sanierungsfusion, d. h. die Verschmelzung eines gesunden Unternehmens mit einem notleidenden Unternehmen (Verschmelzung)[151]
- Verkürzung der Beteiligungskette, Eingliederung einer Tochtergesellschaft, jeweils, um eine neue Zielstruktur eines Unternehmensverbundes zu erreichen (Verschmelzung)[152]
- Stärkung der Wettbewerbssituation auf Absatz- und Beschaffungsmärkten durch
  - Zusammenfassung der Absatz- und Beschaffungstätigkeiten, z. B. zur Steigerung der Einkäufe, Steigerung des Absatzes und durch gemeinsame Werbung (Verschmelzung)[153]
  - Trennung der Absatz- und Beschaffungstätigkeiten, z. B. zur flexibleren Marktbearbeitung, zur stärkeren Kundenorientierung, Erschließung neuer Absatzmärkte, Sortimentsbereinigung (Spaltung)[154]
- Vermögensumstrukturierung eines Gesellschaftsverbundes nach einer Unternehmensübernahme (Verschmelzung, Übertragung von Einzelwirtschaftsgütern)[155]
- Veränderung von Aufgabenbereichen oder von technischen Arbeitsprozessen im Gesellschaftsverbund (Verschmelzung, Spaltung, Übertragung von Einzelwirtschaftsgütern)[156]
- Rückabwicklung fehlerhafter oder erfolgloser Verschmelzungen (Spaltung)[157]
- Risikoverteilung (Spaltung)[158]
- Neustrukturierung bei einem Generationenwechsel, einer Unternehmensnachfolge (Spaltung)[159]

---

150 Vgl. FÖRSTER, G., Umstrukturierung, S. 23; BECKER, S., Teilung, S. 98; OSSADNIK, W., Verschmelzungen, ZfB 1995, S. 71; WÖLLERT, K., Umwandlung, StB 1997, S. 16.

151 Vgl. HÖLZLE, G., Krise, FR 2006, S. 448.

152 Vgl. HERZIG, N., Konzern, DB 2000, S. 2241; FÖRSTER, G., Umstrukturierung, S. 27.

153 Vgl. PICOT, A., Strukturwandel, Zfbf 1990, S. 124; WÖLLERT, K., Umwandlung, StB 1997, S. 16; FÖRSTER, G., Umstrukturierung, S. 19; OSSADNIK, W./MAUS, S., Verschmelzung, DB 1995, S. 108; OSSADNIK, W., Verschmelzungen, ZfB 1995, S. 71-72.

154 Vgl. BECKER, S., Teilung, S. 97, 99.

155 Vgl. EBEL, T., Unternehmensumstrukturierungen, S. 10.

156 Vgl. SCHEDLBAUER, H., Strukturinnovation, DB 1988, S. 2109.

157 Vgl. WÖLLERT, K., Umwandlung, StB 1997, S. 22.

158 Vgl. WÖLLERT, K., Umwandlung, StB 1997, S. 16, 21.

159 Vgl. HARITZ, D./BÄRWALDT, R., in: MÜLLER, W./HOFFMANN, W.-D., Personengesellschaften, § 9 Rn. 3; KLINGEBIEL, J. U. A., Umwandlungssteuerrecht, S. 6.

- Vermeidung von Offenlegungspflichten nach dem HGB (Spaltung)[160]
- Vermögensübertragungen, Abspaltungen, um die Veräußerung eines Unternehmensteils vorzubereiten, z. B. zur Separierung des zu verkaufenden Vermögens, zur Erhöhung der Attraktivität eines Verkaufsgegenstands, zur Trennung von nicht betriebsnotwendigen Vermögen sowie zur Stärkung der Finanzkraft der verbleibenden Unternehmensteile, soweit ein gewinnbringender Unternehmensteils veräußert wird bzw. zur Abstoßung eines verlustbringenden Unternehmensteils (Spaltung, Übertragung von Einzelwirtschaftsgütern)[161]
- Vermeidung von Mitbestimmungspflichten nach § 1 MitbestG (Spaltung)[162]
- Verselbständigung von Teilbetrieben (Spaltung)
- Beendigung der weiteren Zusammenarbeit von Gesellschaftern, z. B. im Falle von Streitigkeiten, Unstimmigkeiten – insbesondere nach Gesellschafterwechseln oder Tod eines Gesellschafters und Eintritt von dessen Erben[163]
- Reduzierung von Unternehmensrisiken[164]
- Gewinn- und Rentabilitätsmaximierung[165]
- Gesamtrechtsnachfolge
- Einzelrechtsnachfolge
- Erhöhung der Flexibilität, da sich die Unternehmung auch in Zukunft in einer dynamischen Umwelt bewegen wird[166]
- Minimierung der Umstrukturierungsaufwendungen

Steuerliche Motive, Zielsetzungen

- Vermeidung von Gewinnrealisierungen und der Besteuerung dieser Gewinne, d. h. Vermeidung der Aufdeckung und der Besteuerung von stillen Reserven[167]

---

160 Vgl. EISELE, W./RENNER, W., Grundzüge, WiSt 1996, S.170; FÖRSTER, G., Umstrukturierung, S. 22.

161 Vgl. BENKERT, M., in: HARITZ, D./BENKERT, M., UmwStG, Einf. Rn. 307; WÖLLERT, K., Umwandlung, StB 1997, S. 21-22; FÖRSTER, G., Umstrukturierung, S. 26.

162 Vgl. FÖRSTER, G., Umstrukturierung, S. 22.

163 Vgl. BECKER, S., Teilung, S. 112; EISELE, W./RENNER, W., Grundzüge, WiSt 1996, S.170; WÖLLERT, K., Umwandlung, StB 1997, S. 22.

164 Vgl. SCHEDLBAUER, H., Strukturinnovation, DB 1988, S. 2109; BECKER, S., Teilung, S. 96, 113.

165 Vgl. BECKER, S., Teilung, S. 114.

166 Vgl. FÖRSTER, G., Umstrukturierung, S. 23, 47.

167 Vgl. STOCKEM, A., Spaltung, S. 2; HERZIG, N., Konzern, DB 2000, S. 2237; RÖDDER, T., Umstrukturierungen, StbJb 1994/1995, S. 297. In Ausnahmefällen kann die Aufdeckung und Besteuerung von stillen Reserven ökonomisch sinnvoll erscheinen. Dies wäre der Fall, wenn der ermäßigte Steuersatz gemäß § 34 EStG zur Anwendung kommt und durch den erhöhten Wertansatz entsprechendes Abschreibungsvolumen geschaffen wird, um insgesamt den Steuernachteil aus der Besteuerung der stillen Reserven zu übersteigen; vgl. HERZIG, N., in: HERZIG, N., Umstrukturierung, S. 4.

- Nutzung von Absetzung für Abnutzung(AfA)-Potenzial
- Nutzung von nicht übertragbaren Verlustvorträgen im Falle der Gewinnrealisierung[168]
- Erhalt von Verlustvorträgen[169]
- Nutzung von nicht übertragbaren Zinsvorträgen i. S. von § 4h Abs. 1 S. 2 EStG im Falle der Gewinnrealisierung
- Erhalt von Zinsvorträgen
- Vermeidung einer Nachversteuerung im Rahmen der Thesaurierungsbegünstigung des § 34a EStG
- Beachtung von steuerlichen Behaltefristen zur Vermeidung des Wegfalls von Steuervergünstigungen, z. B. in Form von Sonder-AfA oder Investitionszulagen[170]
- Steuerliche Flexibilität, z. B. in Bezug auf die Vermeidung von Nachteilen bei der laufenden Besteuerung (z. B. § 4 Abs. 4a EStG – begrenzter Schuldzinsenabzug)[171]
- Vermeidung des Anfalls von Grunderwerbsteuer[172]
- Vermeidung des Anfalls von Umsatzsteuer[173] und im Falle einer Umsatzsteuerpflicht Sicherstellung des Vorsteuerabzugs

---

168 Vgl. FÖRSTER, G., Umstrukturierung, S. 30.

169 Vgl. HERZIG, N., in: HERZIG, N., Umstrukturierung, S. 4; DERS., Konzern, DB 2000, S. 2237; RÖDDER, T., Umstrukturierungen, StbJb 1994/1995, S. 297.

170 Vgl. HERZIG, N., in: HERZIG, N., Umstrukturierung, S. 5; RÖDDER, T., Umstrukturierungen, StbJb 1994/1995, S. 297.

171 Auf diesen Punkt wird nicht weiter eingegangen, da die mittelbaren steuerlichen Folgen aus einer Umstrukturierung nicht Gegenstand der weiteren Untersuchungen sind.

172 Vgl. HERZIG, N., in: HERZIG, N., Umstrukturierung, S. 4; DERS., Konzern, DB 2000, S. 2237; RÖDDER, T., Umstrukturierungen, StbJb 1994/1995, S. 297.

173 Vgl. RÖDDER, T., Umstrukturierungen, StbJb 1994/1995, S. 297.

4. Den Untersuchungen zu Grunde liegende ertragsteuerliche Zielsetzungen

Um in den nachfolgenden Abschnitten die zu betrachtenden Umstrukturierungsmöglichkeiten aufgrund ihrer unmittelbaren ertragsteuerlichen Konsequenzen bewerten zu können, werden in diesem Abschnitt die zu Grunde liegenden ertragsteuerlichen Zielsetzungen vorgestellt. Die Untersuchung der verschiedenen Umstrukturierungsmöglichkeiten erfolgt vor dem Hintergrund dieser ertragsteuerlichen Zielsetzungen.

Generell ist einem steuerorientierten Vorgehen die relative Steuerbarwertminimierung als Zielsetzung übergeordnet.[174] Die relative Steuerbarwertminimierung leitet sich wiederum als ein Spezialfall der Aufwandsminimierung aus dem grundlegenden Formalziel einer erwerbswirtschaftlichen Unternehmung, langfristig Gewinne zu maximieren, ab.[175]

Übergeordnete Zielsetzung: Relative Steuerbarwertminimierung

Die Steuerbarwertminimierung wird hier als relative und nicht als absolute Größe verstanden. Eine absolute Steuerbarwertminimierung würde bedeuten, dass eine Unternehmung bestrebt wäre, möglichst geringe Erträge zu erwirtschaften und möglichst wenig Vermögen aufzubauen, da so auch die steuerliche Bemessungsgrundlage und damit die absolute Steuerbelastung verringert wird. Konsequenterweise würde dies die schnellst mögliche Auflösung der Gesellschaft fordern. Eine solche Vorgehensweise würde jedoch nicht mit dem Ziel der langfristigen Gewinnmaximierung in Einklang stehen. Unter diesem Bezug ist es vielmehr das Ziel einer Unternehmung, die Steuerbelastung eines erwirtschafteten Erfolgs über den

---

174 Vgl. HÖTZEL, O., Steuerorientierte Gestaltung, S. 74; EISENACH, M., Steuerplanung, S. 266; RÖDDER, T. Gestaltungssuche, S. 52-53.

175 Vgl. FÖRSTER, G., Umstrukturierung, S. 45-46; ARBEITSKREIS HAX DER SCHMALENBACH-GESELLSCHAFT, Entscheidungen, Zfbf 1964, S. 690-695; HABERSTOCK, L., Steuerplanung, S. 124; KELPE, R., Investitionsrechnung, S. 77-78; KRATZ, P., Steuerplanung, S. 67-71; RÖDDER, T. Gestaltungssuche, S. 52-53; SCHERRER, G., Gewinnausweisstrategien, ZfB 1973, S. 80, 84; WACKER, W. H., Unternehmen, S. 32.

Zeitverlauf zu minimieren, d. h. eine relative Steuerbarwertminimierung zu erzielen.[176]

Primäres Subziel: Relative Minimierung des Barwerts der Steuerbelastungen

Dabei ist zu berücksichtigen, dass die Steuerpolitik lediglich eine Teilpolitik einer Unternehmung darstellt. Bei der Zielsetzung der relativen Steuerbarwertminimierung handelt es sich somit nur um einen von verschiedenen Einflussfaktoren einer Umstrukturierungsentscheidung. Eine Umstrukturierung sollte unter Berücksichtigung gesamtunternehmerischer Optimierungsüberlegungen erfolgen.[177] Es wäre sogar auch denkbar, dass aus außersteuerlichen Gründen bewusst eine höhere Steuerbelastung bei einer Umstrukturierung in Kauf genommen wird.[178] Diese Arbeit konzentriert sich allerdings alleinig auf die ertragsteuerlichen Aspekte einer Umstrukturierung.

Für den steuerlichen Entscheidungsprozess der Steuerpflichtigen im Rahmen einer Umstrukturierung ist das primäre Subziel die relative Minimierung des Barwerts der Steuerbelastungen in weitere detailliertere ertragsteuerliche Subziele aufzugliedern.

Werden lediglich die unmittelbaren ertragsteuerlichen Belastungen einer Umstrukturierung betrachtet, kann die relative Minimierung des Barwerts der Steuerbelastungen erreicht werden, soweit im Rahmen der Umstrukturierung die Aufdeckung und Besteuerung von stillen Reserven vermieden wird. Die Aufdeckung von stillen Reserven ist von dem Wertansatz der zu übertragenden Wirtschaftsgüter beim Vermögensübernehmer abhängig. So werden keine stillen Reserven aufgedeckt, wenn der Vermögensübernehmer die Buchwerte der zu übertragenden Wirtschaftsgüter in seiner Steuerbilanz übernimmt. Wird allerdings für die betreffenden Wirtschaftsgüter ein Wertansatz oberhalb des Buchwerts, d. h. der

---

[176] Vgl. HÖTZEL, O., Steuerorientierte Gestaltung, S. 74; FÖRSTER, G., Umstrukturierung, S. 46; KLÖNE, H., Steuerplanung, S. 4; WACKER, W. H., Unternehmen, S. 34; DERS., Steuerplanung, S. 314.

[177] Vgl. FÖRSTER, G., Umstrukturierung, S. 45; KLÖNE, H., Steuerplanung, S. 4; KRATZ, P., Steuerplanung, S. 70-71; MANN, G., Sonderbetriebsvermögen, WiSt 1973, S. 116; KRÖNER, M., Unternehmensplanung, DB 1984, S. 1410-1414; WACKER, W. H., Unternehmen, S. 34-35; DERS., in: FS SIEBER, E. H., Steuerplanung, S. 330.

[178] Vgl. HERZIG, N., Konzern, DB 2000, S. 2236.

Zwischenwert oder der gemeine Wert bzw. Teilwert, gewählt, werden stille Reserven teilweise bzw. voll aufgedeckt.

Bei den zu untersuchenden Vermögensübertragungen zwischen Personengesellschaften sind § 6 Abs. 5 EStG und § 24 UmwStG in diesem Zusammenhang von besonderer Bedeutung, da diese Vorschriften einen vom Teilwert bzw. gemeinen Wert abweichenden Wertansatz der zu übertragenden Wirtschaftsgüter ermöglichen. Die Anwendung dieser begünstigenden Normen ist jedoch jeweils an bestimmte Tatbestandsvoraussetzungen geknüpft. Im Falle ihrer Anwendung sieht § 6 Abs. 5 EStG eine zwingende Buchwertfortführung und § 24 UmwStG ein Wertansatzwahlrecht vor. Dieses Wertansatzwahlrecht bietet die Möglichkeit, das eingebrachte Vermögen mit dem Buchwert, Zwischenwert oder gemeinen Wert anzusetzen. Falls dagegen die in den jeweiligen gesetzlichen Normen genannten Tatbestandsvoraussetzungen nicht erfüllt sind, ist für die eingebrachten Wirtschaftsgüter zwingend der Teilwert, gemeine Wert bzw. im Falle der Veräußerung der Veräußerungspreis beim Vermögensübernehmer anzusetzen. Allerdings sollte es vor dem Hintergrund der Besteuerung von aufgedeckten stillen Reserven grundsätzlich die Zielsetzung der Steuerpflichtigen sein, die Aufdeckung von stillen Reserven zu vermeiden.

Sofern bei einer Übertragung bzw. Veräußerung von Grundstücken stille Reserven aufgedeckt werden, kann jedoch ggf. deren Besteuerung über die Anwendung von § 6b EStG verhindert werden. So bietet § 6b EStG die Möglichkeit, die aufgedeckten stillen Reserven eines begünstigten Wirtschaftsguts ohne deren Besteuerung auf ein anderes begünstigtes Wirtschaftsgut, d. h. eine Ersatzanschaffung, zu übertragen. Falls die Tatbestandsvoraussetzungen des § 6b EStG erfüllt sind, kann zwar nicht die Aufdeckung der stillen Reserven aber deren Besteuerung vermieden werden.

Subziel: Vermeidung der Aufdeckung und der Besteuerung von stillen Reserven

Die Vermeidung der Aufdeckung und der Besteuerung von stillen Reserven zum Umstrukturierungszeitpunkt führt allerdings in späteren Perioden zu einer Erhöhung der steuerlichen Bemessungsgrundlage und kann in Ausnahmefällen aufgrund von Progressionseffekten und Steuersatzeffekten mit dem Ziel der Steuerbarwertminimierung kollidieren.[179]

Falls der Vermögensübergeber jedoch stille Reserven aufdeckt bzw. aufdecken muss, entsteht durch den Wertansatz der Wirtschaftsgüter beim Vermögensübernehmer – abgesehen von dem Anwendungsfall des § 6b EStG – zu einem Wert oberhalb des Buchwerts zusätzliches AfA-Potenzial. Unter solchen Umständen wird durch die schnelle AfA der zu aktivierenden Werte nach Aufdeckung und Besteuerung der stillen Reserven ein steuerentlastender Effekt im Rahmen der nachfolgenden laufenden Besteuerung des Vermögensübernehmers erreicht. Dabei sollte beachtet werden, dass bei der Steuerbarwertermittlung infolge der Abzinsung die steuerliche Entlastung durch die AfA umso stärker an Gewicht verliert, je später die AfA angesetzt werden.[180] Hier wird ein möglicher Interessenkonflikt zwischen Vermögensübergeber und Vermögensübernehmer deutlich. Der Vermögensübergeber ist grundsätzlich bestrebt eine Vermögensübertragung zu Wertansätzen oberhalb des Buchwerts und damit die Aufdeckung und Besteuerung von stillen Reserven zu vermeiden. Dagegen entsteht dem Vermögensübergeber bei einem Wertansatz des zu übertragenden Vermögens oberhalb der Buchwerte zusätzliches AfA-Potenzial, das der Vermögensübergeber zur Minimierung seines Steuerbarwerts nutzen kann.[181]

Subziel: Schnelle Nutzung von zusätzlichem AfA-Potenzial

Von besonderer Bedeutung ist auch die Vermeidung des Untergangs von Verlustvorträgen und Zinsvorträgen (i. S. von § 4h Abs. 1 S. 2 EStG). Schließlich würde durch den Untergang von Verlustvorträgen bzw. Zinsvorträgen den Steuerpflichtigen wesentliches Steuerentlastungspotenzial, d. h. Potenzial zur Verringerung des relativen Steuerbarwerts, verloren gehen. Daher sollten die Steuerpflichtigen bei einer Vermögensübertragung regelmäßig prüfen, ob die Tatbestandsvoraussetzungen für den Erhalt der etwaigen Verlustvorträge bzw. Zinsvorträge erfüllt

---

179 Vgl. BÖRNER, D./KRAWITZ, N., Steuerbilanzpolitik, S. 86.

180 Vgl. HÖTZEL, O., Steuerorientierte Gestaltung, S. 76-77. Die nachfolgende laufende Besteuerung ist jedoch nicht Gegenstand dieser Arbeit.

181 Vgl. LUTTERBACH, T., Planung, S. 45; HEIDEMANN, O., Umwandlung, INF 1989, S. 505.

sind. Falls im Rahmen der Umstrukturierung der Untergang der Verlustvorträge und/oder Zinsvorträge droht, sollte aber die Nutzung des Verlustvortrags bzw. Zinsvortrags noch beim Vermögensübergeber sichergestellt werden.

Subziel: Vermeidung des Untergangs von Verlustvorträgen
Vermeidung des Untergangs von Zinsvorträgen

In solchen Fällen wäre es unter dem Aspekt der relativen Steuerbarwertminimierung denkbar, dass der Vermögensübernehmer den Wertansatz der zu übernehmenden Wirtschaftsgüter so wählt, dass durch die Aufdeckung von stillen Reserven beim Vermögensübernehmer die nicht übertragbaren verrechenbaren Verlustvorträge und/oder Zinsvorträge weitestgehend ausgeschöpft werden und dass der Vermögensübergeber trotz der Aufdeckung von stillen Reserven keine erhöhte Steuerlast zu tragen hat. Gleichzeitig entsteht dem Vermögensübergeber durch die Übernahme von Vermögensgegenständen zu einem Wert oberhalb des Buchwerts zusätzliches AfA-Potenzial, das die steuerliche Bemessungsgrundlage der Folgejahre und damit den relativen Steuerbarwert zusätzlich vermindert.

Subziele: Vermeidung der Besteuerung von stillen Reserven
Vermeidung des Untergangs von Verlustvorträgen
Vermeidung des Untergangs von Zinsvorträgen
Schnelle Nutzung von zusätzlichem AfA-Potenzial

Bei der Inanspruchnahme der in § 34a EStG normierten Thesaurierungsbegünstigung werden auf Antrag des Steuerpflichtigen thesaurierte Gewinne zunächst mit einem ermäßigten Steuersatz versteuert. Da diese Thesaurierungsbegünstigung zwangsläufig eine Nachversteuerung der nachversteuerungspflichtigen Beträge in nachfolgenden Wirtschaftsjahren zur Konsequenz hat, wird dem Steuerpflichtigen grundsätzlich ein Zinsvorteil aus der vorübergehend ersparten Steuer zwischen Thesaurierungszeitpunkt und Nachversteuerungszeitpunkt gewährt.[182] Durch die Maximierung dieses Zinsvorteils kann eine relative Minimierung des Barwerts

---

[182] Vgl. KALIGIN, T., in: LADEMANN, F., EStG, § 34a Rn. 5 (Juli 2007); LEY, U., Unternehmensteuerreform 2008, KÖSDI 2007, S. 15740-15741; ORTMANN-BABEL, M./ZIPFEL, L., Thesaurierungsbegünstigung, BB 2007, S. 2215;

der Steuerbelastungen aus der Nachversteuerung erreicht werden. Da die Maximierung des Zinsvorteils von einer möglichst späten Nachversteuerung der nachversteuerungspflichtigen Beträge abhängt, dient im Falle einer Thesaurierung gemäß § 34a EStG in vorherigen Veranlagungszeiträumen die Vermeidung der Nachversteuerung gemäß § 34a EStG als Subziel der relativen Minimierung des Barwerts der Steuerbelastungen.

Subziel: Vermeidung der Nachversteuerung gemäß § 34a EStG

Diese ertragsteuerlichen Zielsetzungen, die den zu untersuchenden Umstrukturierungen zu Grunde zu legen sind, werden durch die nachfolgende Übersicht nochmals veranschaulicht:

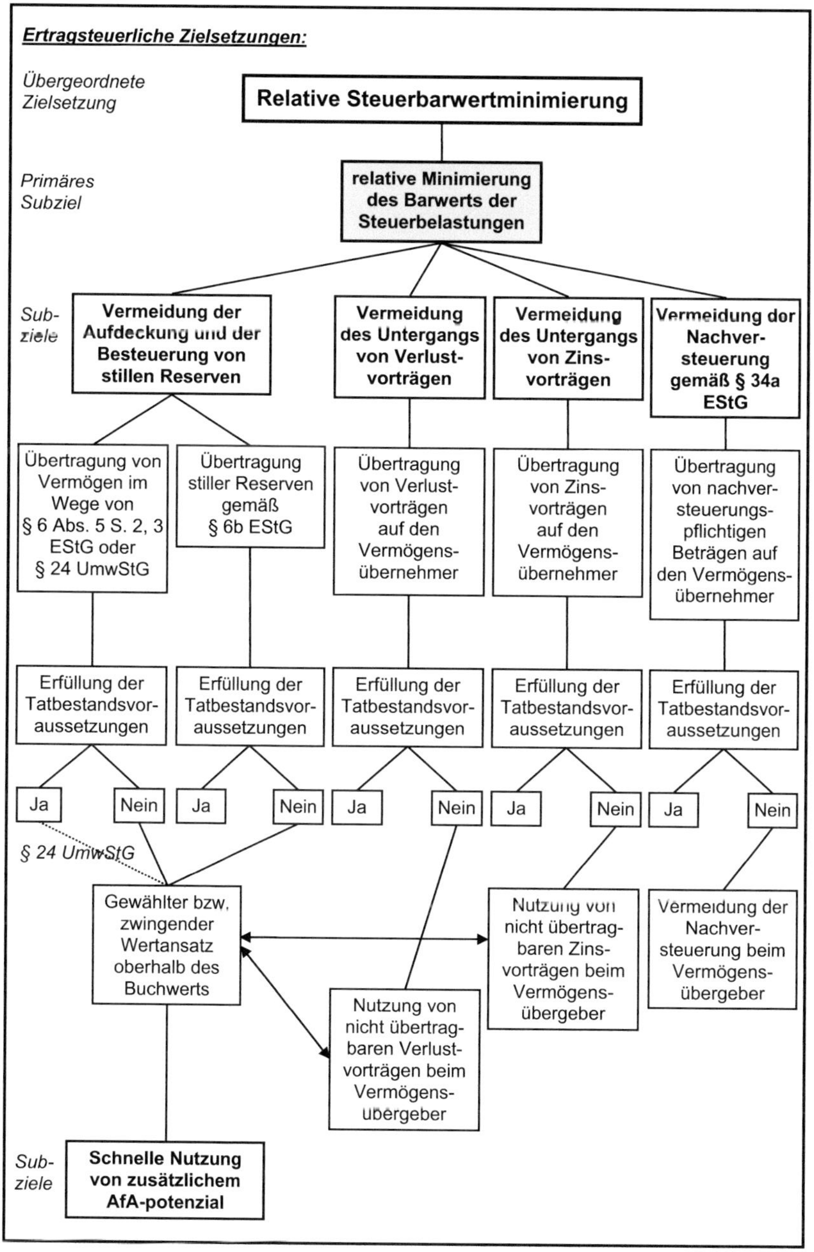

Abb. 5: Den Untersuchungen zu Grunde liegende ertragsteuerliche Zielsetzungen

Kapitel 2: Übertragungen von Wirtschaftsgütern aus dem Betriebsvermögen der Obergesellschaft in das Betriebsvermögen der Untergesellschaft (downstream-Übertragungen)

A. Ertragsteuerliche Konsequenzen

I. Überblick

Bezüglich der unmittelbaren ertragsteuerlichen Auswirkungen aus Übertragungen von Wirtschaftsgütern innerhalb doppelstöckiger Personengesellschaften sind § 6 Abs. 5 EStG, § 6b EStG und § 24 UmwStG von besonderer Bedeutung. Diese Vorschriften geben den Wertansatz für die Wirtschaftsgüter vor, die im Rahmen einer Umstrukturierung übertragen werden.[183] Schließlich ist dieser Wertansatz entscheidendes Kriterium für die mögliche Aufdeckung und Besteuerung von stillen Reserven. Durch die Möglichkeit eines Wertansatzes unterhalb des Teilwerts bzw. gemeinen Werts verzichtet der Gesetzgeber vor dem Hintergrund, Umstrukturierungen nicht durch steuerliche Hemmnisse zu behindern, zum Zeitpunkt der Umstrukturierung auf eine steuerpflichtige Gewinnrealisierung, d. h. in Höhe des Differenzbetrags zwischen Teilwert/gemeinen Wert und Buch- bzw. Zwischenwert auf die sofortige Aufdeckung stiller Reserven. Dabei wird die Besteuerung der stillen Reserven durch die Buch- bzw. Zwischenwertübernahme und damit die steuerliche Verhaftung der stillen Reserven gewährleistet.[184] Das Vorgehen des Gesetzgebers erscheint auch sinnvoll, da Umstrukturierungen grundsätzlich der Fortführung des bisherigen unternehmerischen Engagements und nicht der Marktrealisierung von stillen Reserven dienen. Zudem sind Umstrukturierungen i. d. R. nicht mit einem Liquiditätszufluss verbunden.[185] Bei der Aufdeckung stiller Reserven sind Unternehmen somit nicht nur durch die Besteuerung der stillen Reserven,

---

183 Vgl. KLOSTER, A./KLOSTER, L., Restrukturierung, GmbHR 2002, S. 717.

184 Vgl. KUẞMAUL, H./ZABEL, M., Unternehmensumstrukturierungen, Finanz Betrieb 2004, S. 488; BT-DRS. 12/6885 v. 24.02.1994, S. 1, 14; EISELE, W./RENNER, W., Grundzüge, WiSt 1996, S.173. Stille Reserven werden im Falle einer begünstigten Umstrukturierung nicht der Besteuerung entzogen. Es handelt sich lediglich um einen Besteuerungsaufschub; vgl. bezogen auf den Sachverhalt einer Anwachsung LAUERMANN, H.-U./PROTZEN, P. D., Anwachsung, DStR 2001, S. 648. Hintergrund der Abschaffung von steuerlichen Hemmnissen bei Umstrukturierungen ist laut RÖDDER „(...) die Erkenntnis, dass Umwandlungen (wie auch andere Formen von Umstrukturierungen) idealiter dem Erhalt und der Verbesserung der Erwerbsgrundlagen dienen und nicht der Erzielung von Markteinkommen"; RÖDDER, T., Unternehmensumwandlung, S. 255.

185 Vgl. BERGSTEINER, S., Umstrukturierung, S. 2-4; SCHMITT, M./FRANZ, R., Umstrukturierung, BB 2001, S. 1278; LAUERMANN, H.-U./PROTZEN, P. D., Anwachsung, DStR 2001, S. 647; BRANDENBERG, B., FR 2000, S. 1188.

sondern auch durch den damit verbundenen Liquiditätsabfluss belastet. Unter Umständen kann dieser einen Liquiditätsengpass zur Folge haben. Vor diesem Hintergrund wollen Unternehmen i. d. R. die Gewinnrealisierung und die damit verbundene Aufdeckung und Besteuerung von stillen Reserven vermeiden.[186]

Im Abschnitt A.II. des Kapitels 2 erfolgt zunächst eine Analyse des § 6 Abs. 5 EStG zum Transfer von einzelnen Wirtschaftsgütern innerhalb einer doppelstöckigen Personengesellschaft. Nachdem die Grundlagen dieser Norm dargestellt wurden, wird deren Anwendbarkeit auf Wirtschaftsgütertransfers aus dem Betriebsvermögen der Obergesellschaft in das Betriebsvermögen der Untergesellschaft untersucht. Abschließend werden die unmittelbaren ertragsteuerlichen Rechtsfolgen aus den möglichen Wirtschaftsgütertransfers aufgezeigt. Der Untersuchung der sich anschließenden Umstrukturierungsmöglichkeiten liegt der gleiche Untersuchungsablauf zu Grunde. In Bezug auf die jeweils zu betrachtende Umstrukturierung werden nach den Grundlagen der anzuwendenden Rechtsnormen deren Anwendbarkeit und deren unmittelbaren ertragsteuerlichen Rechtsfolgen dargestellt und geprüft. Der Abschnitt A.III. dient der Erörterung einer möglichen Übertragung von stillen Reserven gemäß § 6b EStG, der Abschnitt A.IV. der Untersuchung der Anwendbarkeit des § 24 UmwStG auf die Einbringung eines Teilbetriebs der Obergesellschaft in die Untergesellschaft.[187] Anschließend folgt eine Untersuchung der Auswirkungen der Umstrukturierungen auf die gewerbesteuerlichen Verlustvorträge (§ 10a GewStG), auf Zinsvorträge (§ 4h EStG) und auf die Thesaurierungsbegünstigung (§ 34a EStG). Im Abschnitt B. des Kapitels 2 werden die durch § 6 Abs. 5 S. 2 und 3 EStG, § 6b EStG und § 24 UmwStG begünstigten Übertragungsmöglichkeiten des Abschnitts A. in einer Übersicht zusammengefasst.

---

186 Vgl. STOCKEM, A., Spaltung, S. 2; LÜTTGE, J. W., Umwandlungssteuerrecht, NJW 1995, S. 418.

187 Die vollständige Einbringung eines Betriebs wird erst in Kapitel 3 Abschnitt A.IV. behandelt, da die vollständige Verschmelzung von Mutter- und Tochtergesellschaften i. d. R. im Wege des upstream-merger, d. h. durch die Verschmelzung auf die Muttergesellschaft, und nicht im umgekehrten Wege dem downstream-merger vollzogen wird; vgl. SAGASSER, B./KÖDDERITZSCH, L., in: SAGASSER, B./BULA, T./BRÜNINGER, T. R., Umwandlungen, I Rn. 2.

II. Die Übertragung von einzelnen Wirtschaftsgütern (§ 6 Abs. 5 EStG)

1. Grundlagen

1.1. Rechtliche Entwicklung zur Übertragung von Einzelwirtschaftsgütern i. S. des § 6 Abs. 5 EStG

Die rechtliche Entwicklung zur Übertragung von Einzelwirtschaftsgütern lässt sich in vier zeitliche Abschnitte gliedern. Bis 1999 war die steuerliche Behandlung der Übertragung von einzelnen Wirtschaftsgütern im mitunternehmerischen Bereich, abgesehen vom Tatbestand der Veräußerung, gesetzlich nicht geregelt. Bis dahin orientierte sich die steuerliche Behandlung an der höchstrichterlichen Rechtsprechung[188] und dem über 20 Jahre lang bestehenden sog. Mitunternehmererlass[189], mit dem sich die Finanzverwaltung der höchstrichterlichen Rechtsprechung angeschlossen hatte.[190] Dem Mitunternehmererlass lag der von der Rechtsprechung entwickelte Gedanke zu Grunde, dass eine Aufdeckung der stillen Reserven eines Wirtschaftsguts solange nicht zu erzwingen war, wie die Besteuerung der stillen Reserven trotz Übertragung eines Wirtschaftsguts durch die weitere Zugehörigkeit zu einem Betriebsvermögen sichergestellt war (sog. finales Entnahmeverständnis bei einem weiten Betriebsbegriff). Dabei sah der Mitunternehmererlass i. d. R ein Wertansatzwahlrecht zwischen Buch-, Zwischen- oder Teilwert für die übertragenen Wirtschaftsgüter vor.[191] Mit dem Mitunternehmererlass standen den Mitunternehmern neben den Regelungen des UmwStG weitere Möglichkeiten zur steuerneutralen Umstrukturierung zur Verfügung, allerdings mit dem Unterschied, dass z. B. der § 24 UmwStG die Übertragung

---

188 Vgl. z. B. BFH v. 24.04.1975, IV R 115/73, BStBl. II 1975, S. 580; BFH v. 22.05.1975, IV R 193/71, BStBl. II 1975, S. 804; BFH v. 23.07.1975, I R 210/73, BStBl. II 1976, S. 180; BFH v. 28.01.1976, I R 84/74, BStBl. II 1976, S. 744; BFH v. 15.07.1976, I R 17/74, BStBl. II 1976, S. 748; BFH v. 21.10.1976, IV R 210/72, BStBl. II 1977, S. 145; BFH v. 21.10.1976, IV R 71/73, BStBl. II 1977, S. 150; BFH v. 31.03.1977, IV R 54/72, BStBl. II 1977, S. 415.

189 BMF-Schreiben v. 20.12.1977, IV B 2 – S 2241 – 231/77, BStBl. I 1978, S. 8.

190 Vgl. Wendt, M., Übertragung, FR 2002, S. 53; Niehus, U./Wilke, H., in: Herrmann, C./Heuer, G./Raupach, A., EStG/KStG, § 6 EStG Rn. 1441 (Oktober 2004).

191 Vgl. Hoffmann, W.-D., Transfer, GmbHR 2002, S. 126; Korn, K., Buchwertfortführung, KÖSDI 2002, S. 13273; Lange, J., Personengesellschaften, Rn. 1121. Dementsprechend sah der Mitunternehmererlass z. B. für Übertragungen aus dem Betriebsvermögen eines Mitunternehmers in das Betriebsvermögen der Mitunternehmerschaft und umgekehrt sowie für die Übertragung von Wirtschaftsgütern des Sonderbetriebsvermögens in das Gesamthandsvermögen und umgekehrt jeweils gegen Gewährung bzw. Minderung von Gesellschaftsrechten die Wahlmöglichkeit vor, die übertragenen Wirtschaftsgüter mit dem Buchwert, Zwischenwert oder Teilwert anzusetzen; vgl. BMF-Schreiben v. 20.12.1977, IV B 2 – S 2241 – 231/77, BStBl. I 1978, S. 8 Rn. 57, 77, 24-26.

von Sachgesamtheiten (Betrieben, Teilbetrieben bzw. Mitunternehmeranteilen) erfasste.[192]

Die Anwendung des Mitunternehmererlasses und damit die hohe Flexibilität der Mitunternehmer bei der Übertragung von Einzelwirtschaftsgütern zwischen verschiedenen Betriebsvermögen endete mit dem Inkrafttreten des Steuerentlastungsgesetzes (StEntlG) 1999/2000/2002[193] zum 01.01.1999[194] und der damit verbundenen Einführung des § 6 Abs. 5 EStG. Der § 6 Abs. 5 EStG beinhaltete in der damaligen Fassung die zwingende Aufdeckung stiller Reserven, d. h. eine zwingende Gewinnrealisierung, soweit einzelne Wirtschaftsgüter in das zivilrechtliche oder wirtschaftliche Eigentum eines anderen Rechtsträgers übergingen.[195] Entsprechend des Subjektsteuerprinzips sollte derjenige die stillen Reserven versteuern müssen, der diese auch erwirtschaftet hatte.[196] Lediglich die Überführung von Wirtschaftsgütern zwischen Betriebsvermögen bzw. Sonderbetriebsvermögen desselben Steuerpflichtigen, d. h. die Übertragung von Wirtschaftsgütern ohne Rechtsträgerwechsel, war (bzw. ist) durch einen in § 6 Abs. 5 S. 1 und 2 EStG kodifizierten Zwang zur Buchwertfortführung von der zwangsweisen Aufdeckung der stillen Reserven ausgenommen.[197] Der § 6 Abs. 5 S. 1 und 2 EStG setzt dabei jedoch voraus, dass die Besteuerung der stillen Reserven sichergestellt ist.[198] Dagegen hatte § 6 Abs. 5 S. 3 EStG i. d. F. des StEntlG z. B. bei der Übertragung von einzelnen Wirtschaftsgütern aus dem Betriebsvermögen bzw. Sonderbetriebsvermögen eines Mitunternehmers in das Gesamthandsvermögen der Mitunternehmerschaft bzw. umgekehrt für den Vermögensübernehmer den zwingenden Ansatz des Teilwerts dieser Wirtschaftsgüter zur Konsequenz, obwohl in diesen

---

192 Vgl. BREIDENBACH, B./LISHAUT, I. V., Übertragung, DB 1999, S. 1234.

193 BGBl. I 1999 S. 402.

194 § 52 Abs. 16a S. 1 EStG i. d. F. des StEntlG 1999/2000/2002.

195 Vgl. RÖDDER, T., Überführung/Übertragung von Wirtschaftsgütern, StbJb 1999/2000, S. 94; BREIDENBACH, B./LISHAUT, I. V., Übertragung, DB 1999, S. 1234; KNEIP, C., Reorganisation, INF 1999, S. 397; KORN, K., Gewinnrealisierungsgebote, KÖSDI 1999, S. 12118-12119. Diese rechtsdogmatischen Änderungen betrafen aber nur die Übertragung von Einzelwirtschaftsgütern, nicht die Übertragungen von Sachgesamtheiten (Betriebe, Teilbetriebe und Mitunternehmeranteile), die durch § 6 Abs. 3 EStG sowie die §§ 20, 24 UmwStG geregelt werden; vgl. HOFFMANN, W.-D., Transfer, GmbHR 2002, S. 125; KORN, K., Buchwertfortführung, KÖSDI 2002, S. 13274.

196 Vgl. KLOSTER, A./KLOSTER, L., Restrukturierung, GmbHR 2002, S. 719; KORN, K., Buchwertfortführung, KÖSDI 2002, S. 13276; REIß, W., Mitunternehmerschaften, BB 2001, S. 1226; BRANDENBERG, H. B., Wiedereinführung, FR 2000, S. 1188; THIEL, J., Personenunternehmen, Stbg 2001, S. 6. Kritisch RÖDDER, T., Überführung/Übertragung von Wirtschaftsgütern, StbJb 1999/2000, S. 95, 112.

197 Vgl. KORN, K., Buchwertfortführung, KÖSDI 2002, S. 13272-13273; WENDT, M., Übertragung, FR 2002, S. 53; NIEHUS, U./WILKE, H., Personengesellschaften, S. 191; BERGSTEINER, S., Umstrukturierung, S. 75.

198 Vgl. KORN, K., Buchwertfortführung, KÖSDI 2002, S. 13273.

Fällen die steuerliche Verstrickung etwaiger stiller Reserven bei einer Übertragung der Wirtschaftsgüter zu Buchwerten hätte gewährleistet werden können.[199] Diese Einschränkungen begründete der Gesetzgeber mit einem Hinweis auf das UmwStG, das nach dessen Auffassung für betriebliche Umstrukturierungen ausreichend begünstigende Möglichkeiten biete.[200] Aber bereits während des Gesetzgebungsverfahrens bestanden Bedenken, dass diese Regelung notwendige Umstrukturierungen unnötig behindere. Immerhin hatte diese Regelung, die eine gravierende Steuerverschärfung gegenüber dem Rechtsstand vor 1999 darstellte und Proteste aus der Wirtschaft erntete, nicht lange Bestand.[201]

Aufgrund massiver Kritik aus der Unternehmenspraxis vollzog der Gesetzgeber mit der Änderung des § 6 Abs. 5 S. 3 EStG durch das Steuersenkungsgesetz (StSenkG)[202] sogar eine Kehrtwende, die er als Wiedereinführung des o. g. Mitunternehmererlasses bezeichnete.[203] Damit sollte insbesondere mittelständischen Unternehmen ein Instrumentarium zur steuerneutralen Umstrukturierung zurückgegeben werden.[204] So sah der ab dem 01.01.2001[205] geltende § 6 Abs. 5 S. 3 EStG i. d. F. des StSenkG für die begünstigten Übertragungsvorgänge eine zwingende Buchwertfortführung für die übertragenen Wirtschaftsgüter vor.[206] Diese begünstigten Übertragungsvorgänge umfassten auch rechtsträgerwechselnde Übertragungen zwischen dem Gesamthandsvermögen einer Mitunternehmerschaft und dem Betriebs- bzw. Sonderbetriebsvermögen eines Gesellschafters.[207] Allerdings

---

199 Vgl. BERGSTEINER, S., Umstrukturierung, S. 6; HOFFMANN, W.-D., Transfer, GmbHR 2002, S. 126; KNEIP, C., Reorganisation, INF 1999, S. 398; KORN, K., Gewinnrealisierungsgebote, KÖSDI 1999, S. 12118.

200 Vgl. BT-DRS. 14/23, S. 172; BT-DRS. 14/265, S. 173.

201 Vgl. REIß, W., Revitalisierung des Mitunternehmererlasses, BB 2000, S. 1965; KORN, K., Buchwertfortführung, KÖSDI 2002, S. 13273; DERS., Gewinnrealisierungsgebote, KÖSDI 1999, S. 12118; RÖDDER, T., Überführung/Übertragung von Wirtschaftsgütern, StbJb 1999/2000, S. 94-95; WENDT, M., Übertragung, FR 2002, S. 53. Zur weiteren Kritik vgl. z. B. KORN, K., Gewinnrealisierungsgebote, KÖSDI 1999, S. 12118-12119; RÖDDER, T., Überführung/Übertragung von Wirtschaftsgütern, StbJb 1999/2000, S. 94-95, 112.

202 BGBl. I 2000 S. 1433.

203 Vgl. BERGSTEINER, S., Umstrukturierung, S. 7-8; BRANDENBERG, H. B., Wiedereinführung, FR 2000, S. 1182; KLOSTER, A./KLOSTER, L., Mitunternehmerschaften, GmbHR 2001, S. 420; SCHULZE ZUR WIESCHE, D., Einbringung, FR 2000, S. 976. Diese Kehrtwende bezüglich § 6 Abs. 5 S. 3 EStG war jedoch nicht im ursprünglichen Gesetzesentwurf der Bundesregierung enthalten; vgl. BT-DRS. 14/2683, S. 4; BT-DRS. 14/3074, S. 4. Erst im Vermittlungsverfahren konnte die Opposition eine entsprechende Anpassung des § 6 Abs. 5 S. 3 EStG erwirken; vgl. BT-DRS. 14/3760, S. 2; LISHAUT, I. V., Steuersenkungsgesetz, DB 2000, S. 1784; WENDT, M., Übertragung, FR 2002, S. 54.

204 Vgl. BRANDENBERG, H. B., Wiedereinführung, FR 2000, S. 1182; WENDT, M., Übertragung, FR 2002, S. 54.

205 § 52 Abs. 16a S. 1 EStG i. d. F. des StSenkG.

206 Vgl. LISHAUT, I. V., Steuersenkungsgesetz, DB 2000, S. 1784-1785; KORN, K./STRAHL, M., Steuersenkungsgesetz, KÖSDI 2000, S. 12597.

207 Vgl. NIEHUS, U./WILKE, H., Personengesellschaften, S. 191.

beinhaltete die Norm entgegen des Mitunternehmererlasses, z. B. für die Übertragung eines Wirtschaftsguts aus dem Betriebsvermögen eines Mitunternehmers in das Betriebsvermögen der Mitunternehmerschaft gegen Gewährung von Gesellschaftsrechten, kein Wertansatzwahlrecht mehr, sondern grundsätzlich die zwingende Buchwertfortführung für das betreffende Wirtschaftsgut.[208] Dieser Grundsatz wurde aber durch die neu eingeführten Missbrauchsregelungen des § 6 Abs. 5 S. 4 und 5 EStG i. d. F. des StSenkG eingeschränkt. Danach waren Wirtschaftsgüter, die zum Zeitpunkt der Übertragung oder zu einem späteren Zeitpunkt zu einer mittelbaren oder unmittelbaren Erhöhung des Anteils einer Körperschaft, Personenvereinigung oder Vermögensmasse führten, mit dem Teilwert beim Übernehmenden anzusetzen. Hintergrund dieser Missbrauchsregelungen war die Zielsetzung, die Besteuerung übertragener stiller Reserven sicherzustellen. Schließlich unterliegt der Veräußerungsgewinn aus der Veräußerung eines Kapitalgesellschaftsanteils aufgrund des Halbeinkünfteverfahrens[209] nur hälftig (§ 3 Nr. 40 EStG i. d. F. des StSenkG) bzw. gar nicht der Besteuerung (§ 8b Abs. 2 KStG).[210]

Allerdings führte der § 6 Abs. 5 EStG i. d. F. des StSenkG zu Auslegungsschwierigkeiten. Es fehlte an einer ausdrücklichen Unterscheidung von entgeltlichen und unentgeltlichen Übertragungen und an einer ausdrücklichen Regelung, die den Vorrang des § 6 Abs. 5 S. 3 EStG vor dem § 6 Abs. 6 EStG festlegte.[211] So wurde von einem Teil des Schrifttums[212] die Übertragung von Wirtschaftsgütern gegen Gewährung oder Minderung von Gesellschaftsrechten (gegen eine Gegenleistung) als tauschähnlicher Vorgang i. S. des § 6 Abs. 6 EStG ausgelegt. Dies hätte mit dem Ansatz des gemeinen Werts für das übertragene Wirtschaftsgut die Aufdeckung der stillen Reserven zur Konsequenz gehabt. Demzufolge hätte der

---

208 Vgl. BMF-SCHREIBEN v. 20.12.1977, IV B 2 – S 2241 – 231/77, BStBl. I 1978, S. 8 Rn. 57; BERGSTEINER, S., Umstrukturierung, S. 7-8, 79; KLOSTER, A./KLOSTER, L., Umstrukturierung, GmbHR 2000, S. 1130; LISHAUT, I. V., Steuersenkungsgesetz, DB 2000, S. 1784-1785.

209 Im Zuge des UntStRefG 2008 wird das Halbeinkünfteverfahren ab dem Veranlagungszeitraum 2009 durch ein Teileinkünfteverfahren ersetzt.

210 Vgl. BRANDENBERG, H. B., Wiedereinführung, FR 2000, S. 1182; NIEHUS, U./WILKE, H., Personengesellschaften, S. 191-192; LISHAUT, I. V., Steuersenkungsgesetz, DB 2000, S. 1784,1786-1787; WENDT, M., Übertragung, FR 2002, S. 54.

211 Vgl. LISHAUT, I. V., Steuersenkungsgesetz, DB 2000, S. 1785; REIß, W., Revitalisierung des Mitunternehmererlasses, BB 2000, S. 1966-1968; WENDT, M., Übertragung, FR 2002, S. 54, 56-57; BMF-SCHREIBEN v. 07.06.2001, IV A 6 – S 241 – 52/01, BStBl. I 2001, S. 367.

212 Vgl. SCHULZE ZUR WIESCHE, D., Einbringung, FR 2000, S. 977; LISHAUT, I. V., Steuersenkungsgesetz, DB 2000, S. 1784-1785; HERRMANN, J./NEUFANG, B., Übertragung, BB 2000, S. 2602; KÖLPIN, G., Übertragung von Wirtschaftsgütern, StuB 2000, S. 1132.

zwingende Buchwertansatz des § 6 Abs. 5 S. 3 EStG i. d. F. des StSenkG nur auf unentgeltliche Wirtschaftsgutübertragungen Anwendung gefunden. Von einer Wiedereinführung des Mitunternehmererlasses durch den § 6 Abs. 5 EStG konnte bei dieser Auslegung keine Rede sein.[213] Ein anderer Teil des Schrifttums[214] wandte aufgrund des allgemeinen Wortlauts des § 6 Abs. 5 EStG i. d. F. des StSenkG und der Intention des Gesetzgebers die Buchwertfortführung des § 6 Abs. 5 S. 3 EStG aber auch bereits ohne eine ausdrückliche Unterscheidung von entgeltlichen und unentgeltlichen Übertragungen, wie im § 6 Abs. 5 S. 3 EStG i. d. F. des UntStFG, auf beide Übertragungsmöglichkeiten an.

Um insbesondere diesen Auslegungsschwierigkeiten des § 6 Abs. 5 EStG zu begegnen, wurde die Norm mit dem UntStFG vom 20.12.2001[215] mit Rückwirkung für Übertragungsvorgänge nach dem 31.12.2000[216] nochmals geändert und erweitert. Dazu wurde der § 6 Abs. 5 S. 3 EStG völlig neu gefasst. Unverändert, d. h. entsprechend der Fassung des StSenkG 1999/2000/2002, blieben lediglich die S. 1 und 2 des § 6 Abs. 5 EStG.[217] Durch die Anfügung des § 6 Abs. 6 S. 4 EStG wird die Vorrangigkeit, die lex specialis, von § 6 Abs. 5 EStG gegenüber § 6 Abs. 6 EStG verdeutlicht.[218] Darüber hinaus wurde ein neuer S. 4 in den § 6 Abs. 5 EStG eingefügt. Dieser führt zu einem rückwirkenden Teilwertansatz für das übertragene Wirtschaftsgut beim Vermögensübernehmer, soweit das übertragene Wirtschaftsgut innerhalb von einer Sperrfrist nach der Übertragung veräußert oder entnommen wird. Durch die Einfügung dieses S. 4 wurden die vorherigen S. 4

---

213 Vgl. SCHULZE ZUR WIESCHE, D., Einbringung, FR 2000, S. 978; HERRMANN, J./NEUFANG, B., Übertragung, BB 2000, S. 2605.

214 Vgl. BMF-SCHREIBEN v. 07.06.2001, IV A 6 – S 241 – 52/01, BStBl. I 2001, S. 367; WENDT, M., Übertragung, FR 2002, S. 54-55; BRANDENBERG, H. B., Wiedereinführung, FR 2000, S. 1184; KORN, K./STRAHL, M., Steuersenkungsgesetz, KÖSDI 2000, S. 12598; DÜLL, A./FUHRMANN, G./EBERHARD, G., Unternehmenssteuerreform 2001, DStR 2000, S. 1714-1715; KLOSTER, A./KLOSTER, L., Umstrukturierung, GmbHR 2000, S. 1132; REIß, W., Revitalisierung des Mitunternehmererlasses, BB 2000, S. 1967-1968; REIß, W., Mitunternehmer, StuW 2000, S. 404; SCHMITT, M./FRANZ, R., Umstrukturierung, BB 2001, S. 1279; THIEL, J., Personenunternehmen, Stbg 2001, S. 6. Wäre der § 6 Abs. 5 S. 3 EStG i. d. F. des StSenkG dagegen nur auf unentgeltliche Übertragungen anwendbar gewesen, wäre ein wesentlicher Punkt des Mitunternehmererlasses, die Übertragung von Wirtschaftsgütern gegen Gewährung von Gesellschaftsrechten unter Buchwertfortführung, nicht durch das StSenkG wiederhergestellt worden; vgl. WENDT, M., Übertragung, FR 2002, S. 54; BMF-SCHREIBEN v. 20.12.1977, IV B 2 – S 2241 – 231/77, BStBl. I 1978, S. 8 Rn. 24-26.

215 BGBl. I 2001, S. 3858.

216 § 52 Abs. 16a S. 1 EStG i. d. F. des UntStFG.

217 Vgl. KLOSTER, A./KLOSTER, L., Restrukturierung, GmbHR 2002, S. 717-718; BERGSTEINER, S., Umstrukturierung, S. 76; KORN, K., Buchwertfortführung, KÖSDI 2002, S. 13272; SCHULZE ZUR WIESCHE, D., Übertragung, DStZ 2002, S. 740.

218 Vgl. WENDT, M., Übertragung, FR 2002, S. 57; GRÜTZNER, D., UntStFG, BBK 2002, F. 15, S. 1294; MITSCH, B., Übertragungen, INF 2002, S. 80; RITZROW, M., Wirtschaftsgut, StBP 2004, S. 327.

und 5 zu § 6 Abs. 5 S. 5 und 6 EStG. Zudem wurden in diesem Zuge diese Missbrauchsregelungen noch präzisiert und der § 6 Abs. 5 S. 6 EStG mit einer Fristenregelung versehen.[219]

Insgesamt macht diese zuvor aufgezeigte rechtliche Entwicklung zur Übertragung von Einzelwirtschaftsgütern, insbesondere in Bezug auf § 6 Abs. 5 S. 3 EStG, ein erhebliches Hin und Her des Gesetzgebers zwischen Abschaffung des Mitunternehmererlasses durch das StEntlG 1999/2000/2002[220] und der sog. Wiedereinführung des Mitunternehmererlasses durch das StSenkG[221] i. V. m. den nötigen Nachbesserungen durch das UntStFG[222] deutlich. Dabei kann zudem nur von einer weitgehenden, keiner vollumfänglichen Wiederherstellung des Mitunternehmererlasses durch das StSenkG und das UntStFG gesprochen werden.[223]

1.2. Regelungsinhalt und Zweck des § 6 Abs. 5 S. 1-3 EStG

Durch den § 6 Abs. 5 werden Übertragungen und Überführungen von Einzelwirtschaftsgütern zwischen verschiedenen steuerlichen Betriebsvermögen erfasst. Dabei erfordert der § 6 Abs. 5 EStG nicht die Überführung bzw. Übertragung innerhalb einer bestimmten betrieblichen (gewerblich, land- und forstwirtschaftlich oder freiberuflich) Einkunftsart. Übertragungen und Überführungen aus einem Betriebsvermögen ins Privatvermögen bzw. umgekehrt sind nicht Gegenstand des § 6 Abs. 5 EStG.[224] Insgesamt ist die Vermeidung der Aufdeckung von stillen Reserven bei derartigen Übertragungen Zweck des § 6 Abs. 5 EStG. Dies dient dem Erhalt der Flexibilität von Unternehmungen und der Erleichterung bezüglich steuerneutraler Umstrukturierungen im Wege der Übertragung von Einzelwirt-

---

219 Vgl. NIEHUS, U./WILKE, H., Personengesellschaften, S. 192.

220 BGBl. I 1999 S. 402.

221 BGBl. I 2000 S. 1433.

222 BGBl. I 2001, S. 3858.

223 Vgl. KORN, K., Buchwertfortführung, KÖSDI 2002, S. 13273; LISHAUT, I. V., Einzelübertragung, DB 2001, S. 1526; SÖFFING, G., in: SÖFFING, G., Mitunternehmer, S. 227. Z. B. VAN LISHAUT spricht einschränkend von einer partiellen Wiedereinführung des Mitunternehmererlasses; vgl. LISHAUT, I. V., Einzelübertragung, DB 2001, S. 1526.

224 Vgl. KLOSTER, A./KLOSTER, L., Restrukturierung, GmbHR 2002, S. 718; KORN, K., Buchwertfortführung, KÖSDI 2002, S. 13274; LANGE, J., Personengesellschaften, Rn. 1126; HOFFMANN, W.-D., Transfer, GmbHR 2002, S. 126; NIEHUS, U./WILKE, H., in: HERRMANN, C./HEUER, G./RAUPACH, A., EStG/KStG, § 6 EStG Rn. 1445, 1445a (Oktober 2004); GLANEGGER, P., in: SCHMIDT, L., EStG, § 6 Rn. 513; RÖHNER, J., Übertragung, S. 134.

schaftsgütern.[225] Übertragungen von Sachgesamtheiten (Betriebe, Teilbetriebe oder Mitunternehmeranteile) fallen aber nicht in den Anwendungsbereich des § 6 Abs. 5 EStG. Auf Übertragungen von Sachgesamtheiten findet grundsätzlich bei doppelstöckigen Personengesellschaften im Fall der unentgeltlichen Übertragung § 6 Abs. 3 EStG und bei Einbringungen gegen Gewährung von Gesellschaftsrechten § 24 UmwStG Anwendung. Diese Normen haben jeweils Vorrang vor § 6 Abs. 5 EStG.[226]

Falls die Tatbestandsvoraussetzungen des § 6 Abs. 5 EStG gegeben sind, wird die Aufdeckung von stillen Reserven durch die in § 6 Abs. 5 S. 1-3 EStG normierte zwangsweise Buchwertfortführung für die begünstigten Übertragungs- bzw. Überführungsvorgänge erreicht. Ein Wertansatzwahlrecht zwischen Buch-, Zwischen- und Teilwert besteht nicht. Die Übernahme der Buchwerte ist jedoch jeweils an die Bedingung geknüpft, dass die Besteuerung der stillen Reserven gewährleistet ist, d. h. die stillen Reserven steuerlich verstrickt bleiben.[227] Die steuerliche Verstrickung sieht spätestens bei der letzten Zugriffsmöglichkeit des deutschen Fiskus eine Besteuerung von stillen Reserven vor. Diese steuerliche Verstrickung geht grundsätzlich verloren, wenn ein Wirtschaftsgut das betriebliche Vermögen eines Steuerpflichtigen verlässt. Die Aufdeckung der stillen Reserven, d. h. die Bewertung des Wirtschaftsguts zum Teilwert ergibt sich als allgemeine Rechtsfolge im Falle der Entnahme aus der Bewertungsfolge des § 6 Abs. 1 Nr. 4 S. 1 EStG und für gegenläufige Einlagen aus § 6 Abs. 1 Nr. 5 EStG.[228]

---

225 Vgl. HERRMANN, H.-J., in: FROTSCHER, G., EStG, § 6 Rn. 515a (Juli 2004); LANGE, J., Personengesellschaften, Rn. 1126; KLOSTER, A./KLOSTER, L., Restrukturierung, GmbHR 2002, S. 719-720; IDW, Umstrukturierung, FN-IDW 2004, Beiheft zu Heft 5, Rn. 76.

226 Vgl. KORN, K., Buchwertfortführung, KÖSDI 2002, S. 13274; RÖHNER, J., Übertragung, S. 134; CREZELIUS, G., Gewährung, DB 2004, S. 397; NIEHUS, U./WILKE, H., in: HERRMANN, C./HEUER, G./RAUPACH, A., EStG/KStG, § 6 EStG Rn. 1445d (Oktober 2004); KERSSENBROCK, GRAF O.-F./RUNDSHAGEN, H., Übertragung, BB 2004, S. 2496. Zum Anwendungsbereich von § 24 UmwStG vgl. Kapitel 2 Abschnitte A.IV.2.1.

227 Vgl. EHMKE, T., in: BLÜMICH, EStG/KStG/GewStG, § 6 EStG Rn. 1290-1291, 1295-1296, 1312 (März 2004); KORN, K./STRAHL, M., in: KORN, K. U. A., EStG, § 6 Rn. 486 (Juni 2007); NIEHUS, U./WILKE, H., in: HERRMANN, C./HEUER, G./RAUPACH, A., EStG/KStG, § 6 EStG Rn. 1440, 1443 (Oktober 2004). Dabei wird jedoch nicht die steuerpflichtige Verstrickung bei demselben Steuerpflichtigen verlangt. Dies veranschaulicht insbesondere die Übertragungsmöglichkeit gemäß § 6 Abs. 5 S. 3 Nr. 3 EStG bei Übertragungen zwischen Mitunternehmern derselben Mitunternehmerschaft; vgl. RÖHNER, J., Übertragung, S. 134-135. Es wird auch nur die einkommensteuerliche nicht die gewerbesteuerliche Verstrickung der stillen Reserven, z. B. bei der Übertragung eines Wirtschaftsguts aus einem der Gewerbesteuer unterliegenden Betrieb in einen Betrieb ohne Gewerbesteuerbelastung, vorausgesetzt; vgl. KORN, K./STRAHL, M., in: KORN, K. U. A., EStG, § 6 Rn. 491.1 (Juni 2007); RÖHNER, J., Übertragung, S. 139; HOFFMANN, W.-D., Transfer, GmbHR 2002, S. 126.

228 Vgl. NIEHUS, U./WILKE, H., in: HERRMANN, C./HEUER, G./RAUPACH, A., EStG/KStG, § 6 EStG Rn. 1443 (Oktober 2004); HOFFMANN, W.-D., Transfer, GmbHR 2002, S. 126; RÖHNER, J., Übertragung, S. 120, 126.

§ 6 Abs. 5 S. 1 EStG bestimmt, dass bei der Überführung von Einzelwirtschaftsgütern aus einem Betriebsvermögen in ein anderes Betriebsvermögen desselben Steuerpflichtigen in dem übernehmenden Betriebsvermögen der Buchwert des betreffenden Wirtschaftsguts zwingend zu übernehmen ist, vorausgesetzt die steuerliche Verstrickung der stillen Reserven ist gewährleistet.[229] Damit werden Überführungen von Einzelwirtschaftsgütern zwischen verschiedenen Betriebsvermögen eines Einzelunternehmers erfasst.[230] Im Falle der Überführung von Einzelwirtschaftsgütern aus dem Betriebsvermögen eines Steuerpflichtigen in dessen Sonderbetriebsvermögen bei einer Mitunternehmerschaft bzw. im Falle der entgegengesetzten Übertragungsrichtung (Alt. 1) sowie für die Überführung zwischen verschiedenen Sonderbetriebsvermögen desselben Steuerpflichtigen (Alt. 2) ergibt sich die zwingende Buchwertübernahme für das betreffende Einzelwirtschaftsgut im übernehmenden Betriebs- bzw. Sonderbetriebsvermögen aus § 6 Abs. 5 S. 2 EStG.[231]

Die Regelungen des § 6 Abs. 5 S. 3 EStG beziehen sich ausschließlich auf Übertragungen von Einzelwirtschaftsgütern im Rahmen von Mitunternehmerschaften, d. h. Übertragungen von Mitunternehmern auf deren Mitunternehmerschaften bzw. umgekehrt und zwischen verschiedenen Mitunternehmern derselben Mitunternehmerschaft. In den durch § 6 Abs. 5 S. 3 EStG erfassten Übertragungen ist entsprechend der Regelungen des § 6 Abs. 5 S. 1 EStG jeweils zwingend der Buchwert für das übertragene Einzelwirtschaftsgut im übernehmenden Betriebsbzw. Sonderbetriebsvermögen zu übernehmen, sofern auch hier jeweils die Besteuerung der stillen Reserven sichergestellt ist.[232]

Die in § 6 Abs. 5 S. 3 EStG erfassten und begünstigten Übertragungsvorgänge gliedern sich in vier Fallgruppen:

1. Fallgruppe (§ 6 Abs. 5 S. 3 Nr. 1 EStG): Die Übertragung von Wirtschaftsgütern aus einem Betriebsvermögen des Mitunternehmers in das Gesamthands-

[229] Vgl. LANGE, J., Personengesellschaften, Rn. 1131; NIEHUS, U./WILKE, H., in: HERRMANN, C./HEUER, G./RAUPACH, A., EStG/KStG, § 6 EStG Rn. 1440 (Oktober 2004).

[230] Vgl. LANGE, J., Personengesellschaften, Rn. 1131.

[231] Vgl. KLOSTER, A./KLOSTER, L., Restrukturierung, GmbHR 2002, S. 717-718.

[232] Vgl. KORN, K./STRAHL, M., in: KORN, K. U. A., EStG, § 6 Rn. 493 (Juni 2007); KLOSTER, A./KLOSTER, L., Restrukturierung, GmbHR 2002, S. 717-718; NIEHUS, U./WILKE, H., in: HERRMANN, C./HEUER, G./RAUPACH, A., EStG/KStG, § 6 EStG Rn. 1440 (Oktober 2004).

vermögen einer Mitunternehmerschaft und umgekehrt jeweils unentgeltlich oder gegen Gewährung oder Minderung von Gesellschaftsrechten,

2. Fallgruppe (§ 6 Abs. 5 S. 3 Nr. 2 Alt. 1 EStG): Die Übertragung von Wirtschaftsgütern aus dem Sonderbetriebsvermögen eines Mitunternehmers in das Gesamthandsvermögen derselben Mitunternehmerschaft und umgekehrt jeweils unentgeltlich oder gegen Gewährung oder Minderung von Gesellschaftsrechten,
3. Fallgruppe (§ 6 Abs. 5 S. 3 Nr. 2 Alt. 2 EStG): Die Übertragung von Wirtschaftsgütern aus dem Sonderbetriebsvermögen eines Mitunternehmers in das Gesamthandsvermögen einer anderen Mitunternehmerschaft, an der dieser Mitunternehmer beteiligt ist und umgekehrt jeweils unentgeltlich oder gegen Gewährung oder Minderung von Gesellschaftsrechten,
4. Fallgruppe (§ 6 Abs. 5 S. 3 Nr. 3 EStG): Die unentgeltliche Übertragung von Wirtschaftsgütern zwischen den jeweiligen Sonderbetriebsvermögen verschiedener Mitunternehmer derselben Mitunternehmerschaft.

Da lediglich die Überführungen bzw. Übertragungen im Wege der S. 2 und 3 des § 6 Abs. 5 EStG das steuerliche Betriebsvermögen von Mitunternehmerschaften betreffen und nur die vertikalen Übertragungen innerhalb einer doppelstöckigen Personengesellschaft Gegenstand dieser Arbeit sind, wird im Folgenden nicht mehr auf die Überführungen im Wege von § 6 Abs. 5 S. 1 EStG eingegangen.

1.3. Differenzierung zwischen Überführung und Übertragung

Entsprechend der vorherigen Ausführungen wird im § 6 Abs. 5 EStG zwischen den Transferformen Überführung und Übertragung von Einzelwirtschaftsgütern differenziert. Dabei werden lediglich die unter § 6 Abs. 5 S. 1 und 2 EStG fallenden Transfers als Überführungen bezeichnet. Für diese ist es charakteristisch, dass für die betreffenden Einzelwirtschaftsgüter zwar eine Änderung der steuerrechtlichen und wirtschaftlichen Zuordnung zu einem Betriebsvermögen bzw. Sonderbetriebsvermögen vollzogen wird, allerdings zivilrechtlich die Einzelwirtschaftsgüter weiterhin dem bisherigen Rechtsträger (dem Einzelunternehmer, dem Mitunternehmer, der Mitunternehmerschaft) zugerechnet sind (Transfers ohne Rechtsträgerwechsel).[233]

Stattdessen wird im steuerlichen Sprachgebrauch unter einer Übertragung von Einzelwirtschaftsgütern die Verschaffung des wirtschaftlichen Eigentums an den Wirtschaftsgütern auf den übernehmenden Rechtsträger, d. h. von dem Mitunternehmer auf die Mitunternehmerschaft und umgekehrt bzw. zwischen verschiedenen Mitunternehmern, verstanden (Transfers mit Rechtsträgerwechsel). Unter Vorlage weiterer Voraussetzungen fallen derartige Transfers in den Anwendungsbereich des § 6 Abs. 5 S. 3 EStG.[234] Die schuldrechtlichen Grundlagen dieser Transfers (z. B. Kauf, Tausch, Schenkung) sind für die Anwendung des § 6 Abs. 5 S. 3 EStG grundsätzlich nicht von Bedeutung.[235]

Für die Anwendung des § 6 Abs. 5 S. 2 EStG wäre es z. B. denkbar, dass im Rahmen einer doppelstöckigen Personengesellschaft die Obergesellschaft (X-OHG) ein Wirtschaftsgut, statt der vorherigen Verwendung in ihrem Gesamthandsvermögen, an die Untergesellschaft (Y-OHG) vermietet. Durch diese Veränderung des Zwecks des Wirtschaftsguts, wurde das Wirtschaftsgut in das Sonderbetriebsvermögen der Obergesellschaft bei der Untergesellschaft überführt, obwohl das zivilrechtliche Eigentum bei der X-OHG verbleibt. Erfolgt dieser Transfer des betreffenden Wirtschaftsguts jedoch nicht in das Sonderbetriebsvermögen der X-OHG bei der Y-OHG, sondern in das Gesamthandsvermögen der Y-OHG, so geht das zivilrechtliche und wirtschaftliche Eigentum von der X-OHG auf die Y-OHG über, und es wird von einer Übertragung des Wirtschaftsguts gesprochen. Diese Übertragung könnte in den Anwendungsbereich des § 6 Abs. 5 S. 3 Nr. 1 EStG fallen.

233 Vgl. KORN, K./STRAHL, M., in: KORN, K. U. A., EStG, § 6 Rn. 490 (Juni 2007); EHMKE, T., in: BLÜMICH, EStG/KStG/GewStG, § 6 EStG Rn. 1288, 1295 (März 2004); NIEHUS, U./WILKE, H., in: HERRMANN, C./HEUER, G./RAUPACH, A., EStG/KStG, § 6 EStG Rn. 1447 (Oktober 2004); DÜLL, A., Übertragung, StbJb 2002/2003, S. 119; RÖDDER, T., Überführung/Übertragung von Wirtschaftsgütern, StbJb 1999/2000, S. 94; KLOSTER, A./KLOSTER, L., Restrukturierung, GmbHR 2002, S. 723. Zur weiteren inhaltlichen Differenzierung des Begriffs der Überführung vgl. NIEHUS, U./WILKE, H., in: HERRMANN, C./HEUER, G./RAUPACH, A., EStG/KStG, § 6 EStG Rn. 1447 (Oktober 2004).

234 Vgl. KORN, K./STRAHL, M., in: KORN, K. U. A., EStG, § 6 Rn. 495.3 (Juni 2007); WENDT, M., Übertragung, FR 2002, S. 57; EHMKE, T., in: BLÜMICH, EStG/KStG/GewStG, § 6 EStG Rn. 1317 (März 2004); DÜLL, A., Übertragung, StbJb 2002/2003, S. 119; RÖDDER, T., Überführung/Übertragung von Wirtschaftsgütern, StbJb 1999/2000, S. 94; KLOSTER, A./KLOSTER, L., Restrukturierung, GmbHR 2002, S. 723.

235 Vgl. KORN, K./STRAHL, M., in: KORN, K. U. A., EStG, § 6 Rn. 495.3 (Juni 2007).

1.4. Unentgeltliche, entgeltliche, teilentgeltliche, mischentgeltliche Übertragungen

1.4.1. Überblick

Bei den verschiedenen Übertragungsfällen des § 6 Abs. 5 S. 3 EStG ist die in der Norm vorgegebene Buchwertfortführung von der Art der Gegenleistung abhängig. Es ist grundlegend zu unterscheiden, ob es sich um eine unentgeltliche oder entgeltliche Übertragung handelt. Kombinationen wie teil- oder mischentgeltliche Übertragungen sind damit nicht ausgeschlossen. Der Begriff der entgeltlichen Übertragung beinhaltet die Veräußerung und die Übertragung gegen Gewährung bzw. Minderung von Gesellschaftsrechten. Die Buchwertfortführung ist in den Fällen des § 6 Abs. 5 S. 3 Nr. 1 und 2 EStG jedoch nur bei unentgeltlichen Übertragungen und Übertragungen gegen Gewährung bzw. Minderung von Gesellschaftsrechten sowie in den Fällen des § 6 Abs. 5 S. 3 Nr. 3 EStG nur bei unentgeltlichen Übertragungen angeordnet.[236] Dagegen ist bei der Überführung von Wirtschaftsgütern unter Anwendung der S. 1 und 2 EStG des § 6 Abs. 5 EStG aufgrund des fehlenden Rechtsträgerwechsels nicht zu unterscheiden, ob der Transfer gegen Entgelt oder unentgeltlich vollzogen wird.[237]

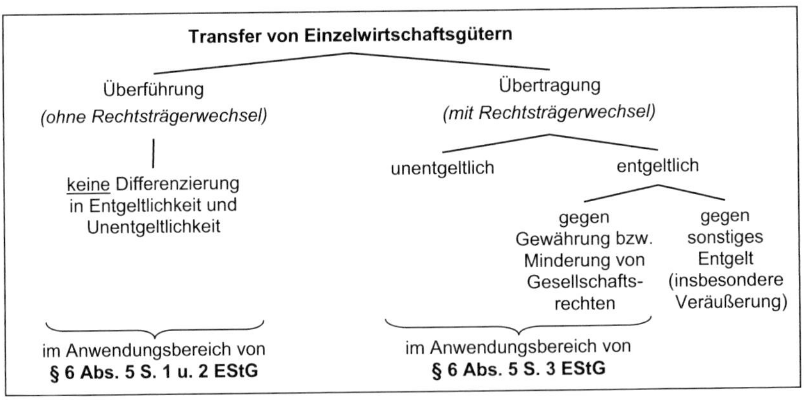

Abb. 6: Unentgeltlichkeit und Entgeltlichkeit im Anwendungsbereich des § 6 Abs. 5 EStG

---

[236] Vgl. KORN, K./STRAHL, M., In: KORN, K. U. A., EStG, § 6 Rn. 498-498.2 (Juni 2007); BERGSTEINER, S., Umstrukturierung, S. 81.

[237] Vgl. EHMKE, T., in: BLÜMICH, EStG/KStG/GewStG, § 6 EStG Rn. 1288 (März 2004); BRANDENBERG, H. B., Übertragung, NWB 2002, F. 3, S. 12043; WEHRHEIM, M./NICKEL, K., Überführungs- und Übertragungsmöglichkeiten, BB 2006, S. 1361.

1.4.2. Entgeltliche Übertragungen

1.4.2.1. Übertragungen gegen Gewährung bzw. Minderung von Gesellschaftsrechten

Die Übertragung von einem Wirtschaftsgut gegen Gewährung oder Minderung von Gesellschaftsrechten ist ein entgeltlicher Vorgang.[238] Da neben der Unentgeltlichkeit nur diese als Anwendungsvoraussetzung für § 6 Abs. 5 S. 3 EStG aufgeführt ist, ist dies die einzige Möglichkeit, im Wege des § 6 Abs. 5 S. 3 EStG Wirtschaftsgüter entgeltlich zu übertragen. Allerdings fehlt im Gesetz eine Regelung, was unter der Gewährung bzw. Minderung von Gesellschaftsrechten zu verstehen ist.[239]

Die Übertragung eines Wirtschaftsguts gegen Gewährung oder Minderung von Gesellschaftsrechten stellt einen tauschähnlichen Vorgang im Wege der offenen Einlage dar.[240] So ist ein Entgelt in Gewährung oder Minderung von Gesellschaftsrechten anzunehmen, wenn das Kapital des beteiligten Mitunternehmers auf dem Kapitalkonto in entsprechender Höhe erhöht oder gemindert wird, das für die Beteiligung des Mitunternehmers am Gesellschaftsvermögen maßgebend ist. Dies wird grundsätzlich durch eine Verbuchung auf dem festen Kapitalkonto I und nicht auf dem variablen Kapitalkonto II, auf dem z. B. Ergebnisanteile, Entnahmen, Einlagen erfasst werden, erreicht.[241]

---

238 Vgl. WENDT, M., Übertragung, FR 2002, S. 58; KORN, K./STRAHL, M., in: KORN, K. U. A., EStG, § 6 Rn. 497.1 (Juni 2007).

239 Vgl. HOFFMANN, W.-D., Transfer, GmbHR 2002, S. 130; KORN, K./STRAHL, M., in: KORN, K. U. A., EStG, § 6 Rn. 497 (Juni 2007); IDW, Umstrukturierung, FN-IDW 2004, Beiheft zu Heft 5, Rn. 78.

240 Vgl. (in Bezug auf die Gewährung oder Minderung von Gesellschaftsrechten) NIEHUS, U./WILKE, H., Personengesellschaften, S. 185, 187; JACHMANN, M., § 6b EStG, DStZ 2002, S. 209. Vgl. (nur in Bezug auf die Gewährung von Gesellschaftsrechten) BERGSTEINER, S., Umstrukturierung, S. 38-45; ROGALL, M., Steuerliche Wertansätze, DStR 2004, S. 1243-1244; Hoffmann, W.-D., Transfer, GmbHR 2002, S. 130; REIß, W., Mitunternehmer, StuW 2000, S. 403; BFH v. 11.12.2001, VIII R 58/98, BStBl. II 2002, S. 420, 423; BFH v. 19.10.1998, VIII R 69/95, BStBl. II 2000, S. 230, 232; BFH v. 15.07.1976, I R 17/74, BStBl. II 1976, S. 748, 749; BMF-SCHREIBEN v. 29.03.2000, IV C 2 – S 2178 – 4/00, BStBl. I 2000, S. 462-463.

241 Vgl. KLOSTER, A./KLOSTER, L., Restrukturierung, GmbHR 2002, S. 727; NIEHUS, U./WILKE, H., Personengesellschaften, S. 187-188; IDW, Umstrukturierung, FN-IDW 2004, Beiheft zu Heft 5, Rn. 80-81; DÜLL, A./FUHRMANN, G./EBERHARD, G., Unternehmenssteuerreform 2001, DStR 2000, S. 1716; HOTTMANN, J., in: ZIMMERMANN, R. U. A., Personengesellschaft, B Rn. 375; 380; KORN, K./STRAHL, M., in: KORN, K. U. A., EStG, § 6 Rn. 497 (Juni 2007); BMF-SCHREIBEN v. 29.03.2000, IV C 2 – S 2178 – 4/00, BStBl. I 2000, S. 462-463. Zur Differenzierung von Gesellschafterkonten in Abhängigkeit des Besitzes von gesellschaftsrechtlichen Kapitalcharakter und den Konsequenzen für eine Anwendung von § 6 Abs. 5 S. 3 Nr. 1und 2 EStG vgl. KORN, K./STRAHL, M., in: KORN, K. U. A., EStG, § 6 Rn. 497 (Juni 2007). Dient ein Gesellschafterkonto der Wiedergabe einer Forderung oder Verbindlichkeit, ist eine Gutschrift bzw. Belastung des Kontos als Gegenleistung für die Wirtschaftsgutübertragung zu werten und diesbezüglich eine Anwendung von § 6 Abs. 5 S. 3 EStG auszuschließen; vgl. (ausführlich) m. w. N. KORN, K./STRAHL, M., in: KORN, K. U. A., EStG, § 6 Rn. 496.1, 497-497.1 (Juni 2007).

Fraglich ist jedoch, ob durch eine solche Übertragung auch die Stimmrechte und die Ergebnisverteilung, d. h. die Beteiligungsquoten, berührt werden müssen. Ein Teil des Schrifttums[242] setzt aber gerade die Veränderung der Stimm- und/oder Gewinnbezugsrechte in diesem Zusammenhang voraus. Diesen Zweck würde das Kapitalkonto I i. d. R. auch erfüllen, denn in der Praxis richten sich Stimm- und/oder Gewinnbezugsrechte oft abweichend von den gesetzlichen Regelungen nach den Kapitalständen der Kapitalkonten I.[243] Allerdings hätte diese Auffassung im Falle einer 100 v. H.-Beteiligung einer Obergesellschaft an einer Untergesellschaft und einer Übertragung eines Wirtschaftsguts von der Obergesellschaft auf die Untergesellschaft gegen Gutschrift auf dem Kapitalkonto I keine Veränderung der Beteiligungsquote bzw. der Stimm- und/oder Gewinnbezugsrechte zum Ergebnis. Eine daraus gefolgerte Versagung der Gewährung von Gesellschaftsrechten und damit der Anwendung der Buchwertfortführung nach § 6 Abs. 5 S. 3 EStG, d. h. eine Anknüpfung der Gewährung bzw. Minderung von Gesellschaftsrechten an die Veränderung der Stimm- und/oder Gewinnbezugsrechte, erscheint daher nicht sachgerecht. Schließlich hat sich der Anteil der Obergesellschaft am Gesellschaftsvermögen der Untergesellschaft durch die Übertragung zwar nicht quotal aber absolut erhöht.[244] Damit stellen die fehlenden Auswirkungen auf die Stimmrechte und die Ergebnisverteilung kein Hinderungsgrund für die Buchwertverknüpfung nach § 6 Abs. 5 EStG dar.[245] Die Gewährung oder Minderung von Gesellschaftsrechten wäre nur zu verneinen, wenn die Gutschrift bzw. Belastung auf einem anderen Gesellschafterkonto als dem für das Gesellschaftsvermögen maß-

---

242 Lishaut, I. v., Steuersenkungsgesetz, DB 2000, S. 1786; Ehmke, T., in: Blümich, EStG/KStG/GewStG, § 6 EStG Rn. 1324 (März 2004); Wendt, M., Übertragung, FR 2002, S. 59; Niehus, U./Wilke, H., Personengesellschaften, S. 187-188. Niehus/Wilke schränken ihre Auffassung insofern ein, dass unter Umständen auch ein veränderter Verteilungsanspruch für den Fall der Liquidation ausreichen kann, um von einem Entgelt in Gewährung oder Minderung von Gesellschaftsrechten sprechen zu können; vgl. Niehus, U./Wilke, H., Personengesellschaften, S. 189. Ein anderer Teil des Schrifttums stellt bei dieser Beurteilung auf den Eigenkapitalcharakter von Konten ab und erkennt damit auch auf anderen Konten, die Eigenkapitalcharakter besitzen, die Gutschrift bzw. Belastung als Gewährung bzw. Minderung von Gesellschaftsrechten an; vgl. Crezelius, G., Gewährung, DB 2004, S. 400-401; Wehrheim, M./Nickel, K., Überführungs- und Übertragungsmöglichkeiten, BB 2006, S. 1362.

243 Vgl. Bergsteiner, S., Umstrukturierung, S. 46; Crezelius, G., Gewährung, DB 2004, S. 400; Niehus, U./Wilke, H., Personengesellschaften, S. 188.

244 Gl. A. Bergsteiner, S., Umstrukturierung, S. 47; Roser, F., Sonderbetriebsvermögen, FR 2002, S. 312; IDW, Umstrukturierung, FN-IDW 2004, Beiheft zu Heft 5, Rn. 78; Brandenberg, H. B., Wiedereinführung, FR 2000, S. 1184.

245 So auch Korn, K., Buchwertfortführung, KÖSDI 2002, S. 13277; Bergsteiner, S., Umstrukturierung, S. 47; Roser, F., Sonderbetriebsvermögen, FR 2002, S. 312-313; Kloster, A./Kloster, L., Restrukturierung, GmbHR 2002, S. 727. Zudem kommt dem Kapital grundsätzlich nur durch die Praxis, d. h. entsprechende gesellschaftsvertragliche Regelungen, eine über die Vermögensrechte hinausgehende Funktion in Form von Stimmrechten und Gewinnbezugsrechten zu; vgl. Roser, F., Sonderbetriebsvermögen, FR 2002, S. 312.

gebliche, d. h. in aller Regel einem anderen als dem Kapitalkonto I, erfolgt.[246] Dazu zählen auch Verbuchungen auf Darlehens- und Forderungskonten, da diese Konten schuldrechtliche Rechtsbeziehungen zwischen Personengesellschaft und Gesellschafter und keine vermögensmäßige Beteiligung des Gesellschafters wiedergeben.[247]

1.4.2.2. Veräußerungen

Die Übertragung von einem Wirtschaftsgut zu einem Kaufpreis, wie dieser auch mit einem fremden Dritten vereinbart worden wäre, d. h. eine entgeltliche Veräußerung zu fremdüblichen Bedingungen, schließt die Anwendung des § 6 Abs. 5 S. 3 EStG von vornherein aus. Schließlich ist diese Übertragungsform nicht im § 6 Abs. 5 S. 3 EStG als eine begünstigte aufgeführt.[248] Stattdessen sind die allgemeinen Grundsätze, die für eine Veräußerung gelten, anzuwenden. So ergibt sich aus dem Ansatz des Kaufpreises für das Wirtschaftsgut beim übertragenden Rechtsträger in Höhe der Differenz aus Kaufpreis und Buchwert eine volle Gewinnrealisierung, Realisierung der stillen Reserven. Gleichzeitig setzt der Erwerber gemäß § 6 Abs. 1 Nr. 1 und 2 EStG den Kaufpreis als Anschaffungskosten für das übernommene Wirtschaftsgut an.[249] Diese Rechtsfolgen treten auch ein, wenn das vereinbarte Entgelt auf einem Darlehens- oder Forderungskonto eines Gesellschafters verbucht wird oder die Übertragung gegen die Übernahme einer Verbindlichkeit erfolgt, d. h. nicht bar gezahlt wird. Somit bedeutet bereits die Übernahme einer mit dem Wirtschaftsgut in Verbindung stehenden Verbindlichkeit je nach Höhe der Verbindlichkeit die Teil- bzw. Vollentgeltlichkeit der

246 Vgl. NIEHUS, U./WILKE, H., Personengesellschaften, S. 188-189.

247 Vgl. CREZELIUS, G., Gewährung, DB 2004, S. 399-400; WEHRHEIM, M./NICKEL, K., Überführungs- und Übertragungsmöglichkeiten, BB 2006, S. 1362; HOTTMANN, J., in: ZIMMERMANN, R. U. A., Personengesellschaft, B Rn. 380; BMF-SCHREIBEN v. 29.03.2000, IV C 2 – S 2178 – 4/00, BStBl. I 2000, S. 462.

248 Vgl. BERGSTEINER, S., Umstrukturierung, S. 81; NIEHUS, U./WILKE, H., Personengesellschaften, S. 181.

249 Vgl. STUHRMANN, G., in: BLÜMICH, EStG/KStG/GewStG, § 15 EStG Rn. 469 (Oktober 2004); BERGSTEINER, S., Umstrukturierung, S. 81; RITZROW, M., Übertragung, StBP 2005, S. 23; BMF-SCHREIBEN v. 07.06.2001, IV A 6 – S 241 – 52/01, BStBl. I 2001, S. 367; BFH v. 12.10.1977, I R 248/74, BStBl. II 1978, S. 191, 192; BFH v. 25.02.1991, GrS 7/89, BStBl. II 1991, S. 691, 699; BFH v. 03.05.1993, GrS 3/92, BStBl. II 1993, S. 616, 622; BFH v. 11.12.2001, VIII R 58/98, BStBl. II 2002, S. 420, 421.

Übertragung.[250] Folglich könnte die Entgeltlichkeit im letztgenannten Fall durch das Zurückbehalten der Verbindlichkeit vermieden werden.[251]

Falls jedoch der vereinbarte Kaufpreis den fremdüblichen Kaufpreis übersteigt, so handelt es sich bei der Übertragung von der Mitunternehmerschaft auf den Mitunternehmer bei dem erbrachten Mehrbetrag um eine Einlage und bei umgekehrter Übertragungsrichtung um eine Entnahme.[252] Der Veräußerungsgewinn des Übertragenden als auch die Anschaffungskosten des Übernehmenden werden durch den erbrachten Mehrbetrag nicht erhöht.[253] Ist die erbrachte Gegenleistung als ein zu geringes Entgelt einzustufen, liegt eine teilentgeltliche Übertragung vor (vgl. dazu Kapitel 2 Abschnitt A.II.1.4.4.).

1.4.3. Unentgeltliche Übertragungen

Die Unentgeltlichkeit als Voraussetzung der Buchwertfortführung ist aufgrund fehlender spezieller Regelungen nach dem allgemeinen ertragsteuerlichen Verständnis zu beurteilen. Die Unentgeltlichkeit ist grundsätzlich anzunehmen, wenn eine Übertragung eines Wirtschaftsguts gegenleistungslos erbracht wird.[254] Dies ist gegeben, wenn die Übertragung eines Wirtschaftsguts durch einen Gesellschafter in das gesamthänderische Gesellschaftsvermögen bzw. aus dem gesamthänderischen Gesellschaftsvermögen ohne Gewährung bzw. Minderung von Gesellschaftsrechten vollzogen wird.[255] Diese Unentgeltlichkeit kann erreicht werden,

---

250 Vgl. CREZELIUS, G., Gewährung, DB 2004, S. 399; NIEHUS, U./WILKE, H., Teil- oder Mischentgelt, FR 2005, S. 1013-1014; BERGSTEINER, S., Umstrukturierung, S. 81-82; BRANDENBERG, H. B., Wiedereinführung, FR 2000, S. 1185; DERS., H. B., Personengesellschaftsbesteuerung, DStZ 2002, S. 557; KORN, K., Buchwertfortführung, KÖSDI 2002, S. 13276; WENDT, M., Übertragung, FR 2002, S. 62; WACKER, R., in: SCHMIDT, L., EStG, § 15 Rn. 664; BFH v. 11.12.2001, VIII R 58/98, BStBl. II 2002, S. 420, 423; BMF-SCHREIBEN v. 07.06.2001, IV A 6 – S 241 – 52/01, BStBl. I 2001, S. 367. A. A. SCHULZE ZUR WIESCHE, D., Verbindlichkeiten, DB 2004, S. 1389-1390.

251 Vgl. BERGSTEINER, S., Umstrukturierung, S. 82. Falls dies die Übertragung eines Wirtschaftsguts des Sonderbetriebsvermögens eines Mitunternehmers betreffen würde und durch dessen Übertragung in das Gesamthandsvermögen der Mitunternehmerschaft der Finanzierungszusammenhang zu der zugehörigen Verbindlichkeit im Sonderbetriebsvermögen II verloren gehen würde, wäre diese betriebliche Schuld stattdessen in eine Verbindlichkeit in Verbindung mit der Gesellschaftsbeteiligung umzuwidmen. Damit könnte die Wertung dieser Verbindlichkeit als Sonderbetriebsvermögen II und damit die Abzugsfähigkeit der zugehörigen Darlehenszinsen als Sonderbetriebsausgaben erhalten bleiben; vgl. ausführlich und m. w. N. BERGSTEINER, S., Umstrukturierung, S. 106-108.

252 Vgl. STUHRMANN, G., in: BLÜMICH, EStG/KStG/GewStG, § 6 EStG Rn. 470 (Oktober 2004); HOTTMANN, J., in: ZIMMERMANN, R. U. A., Personengesellschaft, B Rn. 379; RITZROW, M., Übertragung, StBP 2005, S. 23.

253 Vgl. NIEHUS, U./WILKE, H., Personengesellschaften, S. 184.

254 Vgl. KORN, K., Buchwertfortführung, KÖSDI 2002, S. 13277; SCHULZE ZUR WIESCHE, D., Übertragung, DStZ 2002, S. 741; WENDT, M., Änderung des § 6 Abs. 5 EStG, EStB 2002, S. 138.

255 Vgl. NIEHUS, U./WILKE, H., Personengesellschaften, S. 212.

wenn die Übertragung eines Wirtschaftsguts auf dem gesamthänderisch gebundenen Rücklagenkonto verbucht wird, d. h. je nach Übertragungsrichtung unter Gutschrift auf eine gesamthänderisch gebundene Rücklage bzw. unter Minderung einer vorhandenen gesamthänderisch gebundenen Rücklage erfolgt.[256] Um aber nicht die Gesamthand, also alle Mitunternehmer, durch die Übertragung zu begünstigen bzw. zu belasten, wäre alternativ auch die Verbuchung auf einem gesellschafterbezogenen Kapital-/Rücklagenkonto möglich, das weder Gesellschaftsrechte ausweist noch als Darlehenskonto zu werten ist, wie z. B. auf dem Kapitalkonto II.[257]

1.4.4. Teilentgeltliche und mischentgeltliche Übertragungen (Trennungstheorie)

Eine Übertragung eines Wirtschaftsguts ist als teilentgeltlich zu bezeichnen, wenn das erbrachte Entgelt niedriger als der Teilwert des übertragenen Wirtschaftsguts ist. Dies erfasst auch den Fall, dass der Übernehmende als Entgelt eine mit dem Wirtschaftsgut in Verbindung stehende Verbindlichkeit übernimmt, diese wertmäßig aber geringer ist als der Teilwert des übertragenen Wirtschaftsguts.[258]

Entsprechend der h. M.[259] ist bei Teilentgeltlichkeit der betreffende Übertragungs-

---

256 Vgl. z. B. IDW, Umstrukturierung, FN-IDW 2004, Beiheft zu Heft 5, Rn. 86; KORN, K., Buchwertfortführung, KÖSDI 2002, S. 13277; WACKER, R., in: SCHMIDT, L., EStG, § 15 Rn. 665; DÜLL, A./FUHRMANN, G./EBERHARD, G., Unternehmenssteuerreform 2001, DStR 2000, S. 1716; BRANDENBERG, H. B., Wiedereinführung, FR 2000, S. 1185; KORN, K., Einbringung in Personengesellschaften, NWB 2007, F. 18, S. 4427.

257 Vgl. NIEHUS, U./WILKE, H., Personengesellschaften, S. 212, 222; BERGSTEINER, S., Umstrukturierung, S. 83; DÜLL, A./FUHRMANN, G./EBERHARD, G., Unternehmenssteuerreform 2001, DStR 2000, S. 1716. Im Falle einer unentgeltlichen Übertragung eines Wirtschaftsguts auf eine Mitunternehmerschaft wird von einer verdeckten Einlage gesprochen; vgl. KORN, K./STRAHL, M., in: KORN, K. U. A., EStG, § 6 Rn. 496 (Juni 2007); REIß, W., Mitunternehmer, StuW 2000, S. 403; BMF-SCHREIBEN v. 29.03.2000, IV C 2 – S 2178 – 4/00, BStBl. I 2000, S. 462.

258 Vgl. IDW, Umstrukturierung, FN-IDW 2004, Beiheft zu Heft 5, Rn. 86; SCHMITT, M., Zweifelsfälle, Stbg 2003, S. 4; BERGSTEINER, S., Umstrukturierung, S. 82, 97; KORN, K., Buchwertfortführung, KÖSDI 2002, S. 13276; NIEHUS, U./WILKE, H., Personengesellschaften, S. 218; BRANDENBERG, H. B., Personengesellschaftsbesteuerung, DStZ 2002, S. 557; REICHE, F., Vermögensübertragungen, StuB 2006, S. 627.

259 Vgl. BÖHME, S./FORSTER, E., Übertragungen, BB 2003, S. 1980-1981; WACKER, R., in: SCHMIDT, L., EStG, § 15 Rn. 665; REICHE, F., Vermögensübertragungen, StuB 2006, S. 627; NIEHUS, U./WILKE, H., in: HERRMANN, C./HEUER, G./RAUPACH, A., EStG/KStG, § 6 EStG Rn. 1452b-1453 (Mai 2006); DIES., H., Teil- oder Mischentgelt, FR 2005, S. 1014; WENDT, M., Übertragung, FR 2002, S. 52; BRANDENBERG, H. B., Personengesellschaftsbesteuerung, DStZ 2002, S. 557-558; BFH v. 11.12.2001, VIII R 58/98, BStBl. II 2002, S. 420, 423; BMF-SCHREIBEN v. 07.06.2001, IV A 6 – S 241 – 52/01, BStBl. I 2001, S. 367; LISHAUT, I. V., Steuersenkungsgesetz, DB 2000, S. 1785. Die Einheitstheorie, bei der lediglich die Nettogröße des übertragenen Vermögens betrachtet wird, findet nur bei der Übertragung von Sachgesamtheiten (Betrieben, Teilbetrieben, Mitunternehmeranteilen) Anwendung; vgl. SCHMITT, M., Zweifelsfälle, Stbg 2003, S. 4; RÖHRIG, A., Verbindlichkeiten, EStB 2001, S. 224.

vorgang nach der sog. Trennungstheorie in einen unentgeltlichen und damit unter § 6 Abs. 5 S. 3 EStG fallenden und einen entgeltlichen Teil aufzuspalten. Damit entspricht der entgeltliche Teil der Übertragung dem Verhältnis aus vereinbartem Entgelt und dem Teilwert des zu übertragenen Wirtschaftsguts. Auf den unentgeltlichen und den entgeltlichen Teil der Übertragung sind die entsprechenden zuvor dargestellten Grundsätze der unentgeltlichen bzw. entgeltlichen Übertragung anzuwenden. Soweit dem übertragenen Wirtschaftsgut stille Reserven anhaften, ist die Übertragung in Bezug auf diesen entgeltlichen Teil mit Ausnahme der Übertragung gegen Gewährung bzw. Minderung von Gesellschaftsrechten mit einer Gewinnrealisierung, d. h. der Realisierung der stillen Reserven, verbunden. Bei der Ermittlung des Veräußerungsergebnisses ist dabei dem vereinbarten Entgelt aber nur der anteilig auf die entgeltliche Übertragung entfallende Buchwert des Wirtschaftsguts gegenüberzustellen. In dem übernehmenden Betriebsvermögen ist das Wirtschaftsgut zum anteiligen Buchwert aus der unentgeltlichen Übertragung zuzüglich der Anschaffungskosten aus der entgeltlichen Übertragung zu aktivieren.[260]

Zum Beispiel handelt es sich um eine teilentgeltliche Übertragung, wenn die Obergesellschaft, X-OHG, eine Maschine mit einem Teilwert von EUR 15.000 und einem Buchwert von EUR 6.000 zu einem Kaufpreis von EUR 10.000 auf die Untergesellschaft, Y-OHG, überträgt und der Differenzbetrag aus Teilwert und Kaufpreis (EUR 5.000) als unentgeltliche Übertragung zu werten ist. Die Übertragung teilt sich orientiert am Teilwert zu 2/3 in die entgeltliche Übertragung und zu 1/3 in die unentgeltliche Übertragung auf. Im Anwendungsfall von § 6 Abs. 5 S. 3 EStG ergibt die Differenz von gezahltem Kaufpreis (EUR 10.000) und anteiligem Buchwert (2/3 von EUR 6.000 = EUR 4.000) für die X-OHG einen

---

[260] Vgl. NIEHUS, U./WILKE, H., Personengesellschaften, S. 219-223; DIES., Teil- oder Mischentgelt, FR 2005, S. 1014; BRANDENBERG, H. B., Personengesellschaftsbesteuerung, DStZ 2002, S. 558; Hoffmann, W.-D., Transfer, GmbHR 2002, S. 131; SCHMITT, M., Zweifelsfälle, Stbg 2003, S. 3-4, 12-13; WACKER, R., in: SCHMIDT, L., EStG, § 15 Rn. 665. Dieses Vorgehen entspricht der „reinen" Trennungstheorie. Eine Anwendung der Trennungstheorie mit einseitiger Zuordnung des Buchwerts zunächst nur auf den entgeltlichen Teil der Übertragung bzw. eine Anwendung der Einheitstheorie würde in diesem Zusammenhang z. B. aufgrund der Argumentation von NIEHUS/WILKE nicht sachgerecht erscheinen; vgl. m. w. N. NIEHUS, U./WILKE, H., Teil- oder Mischentgelt, FR 2005, S. 1014-1015. Gegen die Anwendung der Trennungstheorie auf Übertragungen i. S. des § 6 Abs. 5 S. 3 EStG in der dargestellten Weise WENDT, M., Änderung des § 6 Abs. 5 EStG, EStB 2002, S. 138-139; KORN, K./STRAHL, M., in: KORN, K. U. A., EStG, § 6 Rn. 108-109 (Dezember 2005), 497.2 (Juni 2007); BÖHME, S./FORSTER, E., Übertragungen, BB 2003, S. 1983-1984.

Veräußerungsgewinn von EUR 6.000. Im Gegenzug aktiviert die Y-OHG die übernommene Maschine mit den Anschaffungskosten aus der anteiligen entgeltlichen Übertragung, mit EUR 10.000 zuzüglich des anteiligen Buchwerts aus der anteiligen unentgeltlichen Übertragung (1/3 von EUR 6.000) von EUR 2.000, somit zu insgesamt EUR 12.000.[261]

Als Ausnahmefall der teilentgeltlichen Übertragung ist der Fall zu betrachten, wenn die Übertragung eines Wirtschaftsguts teilweise gegen Gewährung bzw. Minderung von Gesellschaftsrechten und zum restlichen Teil unentgeltlich gegen eine verdeckte Einlage bzw. Entnahme vollzogen wird. In diesem Fall der Teilentgeltlichkeit ermöglichen die Gewährung bzw. Minderung von Gesellschaftsrechten als auch die Unentgeltlichkeit die vollständige Buchwertfortführung nach § 6 Abs. 5 S. 3 EStG.[262]

Soweit ein Wirtschaftsgut zum Teil gegen Gewährung bzw. Minderung von Gesellschaftsrechten und zum restlichen Teil gegen sonstiges Entgelt übertragen wird, spricht man aufgrund der Vollentgeltlichkeit von einer Übertragung gegen Mischentgelt. Im Falle der Anwendung der Buchwertfortführung von § 6 Abs. 5 S. 3 EStG auf die anteilige Übertragung gegen Gewährung bzw. Minderung von Gesellschaftsrechten ist auch diese Übertragung entsprechend der Grundsätze der Trennungstheorie aufzuspalten.[263]

---

261 In Anlehnung an die Beispiele von NIEHUS, U./WILKE, H., Personengesellschaften, S. 219-223.

262 Vgl. KORN, K., Buchwertfortführung, KÖSDI 2002, S. 13278.

263 Vgl. BRANDENBERG, H. B., Personengesellschaftsbesteuerung, DStZ 2002, S. 557-558; NIEHUS, U./WILKE, H., Teil- oder Mischentgelt, FR 2005, S. 1016; KORN, K., Buchwertfortführung, KÖSDI 2002, S. 13276; WACKER, R., in: SCHMIDT, L., EStG, § 15 Rn. 664.

2. Anwendbarkeit des § 6 Abs. 5 EStG auf Übertragungen von Einzelwirtschaftsgütern aus dem Betriebsvermögen der Obergesellschaft in das Betriebsvermögen der Untergesellschaft

2.1. Zu untersuchende Transferfälle

Die möglichen Überführungs- bzw. Übertragungsfälle (Transferfälle) für Einzelwirtschaftsgüter innerhalb doppelstöckiger Personengesellschaften sind aufgrund der Komplexität dieser Unternehmenskonstruktion vielfältig. So kommen folgende Möglichkeiten zum Transfer von Einzelwirtschaftsgütern des Betriebsvermögens (Gesamthands- oder Sonderbetriebsvermögen) der Obergesellschaft in das Betriebsvermögen (Gesamthands- oder Sonderbetriebsvermögen) der Untergesellschaft in Betracht:

downstream	**Transfer von einem WG** (Überführung bzw. Übertragung)	**Vermögensmäßige Zuordnung**	**Rechtsträgerwechsel**
Fall I	von der OG auf die UG	aus dem GHV der OG ins GHV der UG	ja
Fall II	innerhalb des Vermögens der OG	aus dem GHV der OG ins SBV der OG bei der UG	nein
Fall III	von der OG auf einen anderen UGter	aus dem GHV der OG ins SBV eines UGters bei der UG	ja
Fall IV	von der OG auf einen OGter	aus dem GHV der OG ins SBV eines OGters bei der UG	ja
Fall V	von einem OGter auf die UG	aus dem SBV eines OGters bei der OG ins GHV der UG	ja
Fall VI	innerhalb des Vermögens eines OGters	aus dem SBV eines OGters bei der OG ins SBV dieses OGters bei der UG	nein
Fall VII	von einem OGter auf die OG	aus dem SBV eines OGters bei der OG ins SBV der OG bei der UG	ja
Fall VIII	von einem OGter auf einen anderen OGter	aus dem SBV eines OGters bei der OG ins SBV eines anderen OGters bei der UG	ja
Fall IX	von einem OGter auf einen UGter	aus dem SBV eines OGters bei der OG ins SBV eines UGters bei der UG	ja
OG = UG = OGter = UGter =	Obergesellschaft Untergesellschaft Obergesellschafter Untergesellschafter	GHV = Gesamthandsvermögen SBV = Sonderbetriebsvermögen WG = Wirtschaftsgut	

Abb. 7: Zu untersuchende Transferfälle von Einzelwirtschaftsgütern aus dem Betriebsvermögen der Obergesellschaft in das Betriebsvermögen der Untergesellschaft (downstream-Übertragungen bzw. -Überführungen)

Aufgrund des fehlenden Rechtsträgerwechsels ist im Nachfolgenden für die Fälle II und VII die Anwendung und damit eine Buchwertverknüpfung von § 6 Abs. 5 S. 2 EStG zu prüfen. Für die sonstigen Fälle, die dagegen mit einem Rechtsträgerwechsel verbunden sind, ist die Buchwertverknüpfung von der Anwendung des § 6 Abs. 5 S. 3 EStG abhängig.

2.2. Anwendbarkeit des § 6 Abs. 5 EStG

2.2.1. Enumerativer Charakter des § 6 Abs. 5 EStG

Bei der Prüfung der Anwendbarkeit der S. 2 und 3 des § 6 Abs. 5 EStG auf die zuvor dargestellten Transferfälle aus dem Betriebsvermögen der Obergesellschaft in das Betriebsvermögen der Untergesellschaft ist zu beachten, dass der § 6 Abs. 5 EStG einen präzisen, nicht beispielhaften Katalog von Transferfällen aufzählt. Aufgrund der präzisen Aufzählung spricht viel dafür, dass der Katalog enumerativen, abschließenden Charakter besitzt und dass weitere, nicht ausdrücklich genannte Transferfälle nicht unter den Buchwertfortführungszwang des § 6 Abs. 5 EStG fallen.[264]

Diesen Grundsatz durchbricht jedoch ein Teil des Schrifttums[265] und vertritt die Auffassung, dass entsprechend der Rechtslage vor 1999 eine direkte Übertragung von Einzelwirtschaftsgütern zwischen den Gesamthandsvermögen von gesellschafter- und anteilsidentischen Schwesterpersonengesellschaften unter Buchwertfortführung (analog zu § 6 Abs. 5 S. 1 EStG i. V. m. dem Transparenzprinzip) zulässig und geboten ist, obwohl der Wortlaut des § 6 Abs. 5 EStG diese Übertragung nicht ausdrücklich erfasst. Aufgrund des enumerativen, abschließenden

---

264 Vgl. FÖRSTER, G., Übertragung, StbJb 2004/2005, S. 248; KORN, K., Buchwertfortführung, KÖSDI 2002, S. 13275; BRANDENBERG, H. B., Personengesellschaft, Stbg 2004, S. 70; DERS., in: SÖFFING, G., Mitunternehmer, S. 249; KRAFT, G./TRÜBENBACH, K., Übertragungsmöglichkeiten, StB 2004, S. 337; IDW, Umstrukturierung, FN-IDW 2004, Beiheft zu Heft 5, Rn. 77, 138; RÖHNER, J., Übertragung, S. 137; GRÜTZNER, D., Überführung, StuB 2002, S. 327; SCHULZE ZUR WIESCHE, D., Übertragung, DStZ 2002, S. 744; STRAHL, M., Gesamtplanrechtsprechung, FR 2004, S. 932; WENDT, M., Übertragung, FR 2002, S. 57-58.

265 Vgl. WACKER, R., in: SCHMIDT, L., EStG, § 15 Rn. 683; NIEHUS, U., Schwesterpersonengesellschaften, FR 2005, S. 278-279; GROH, M., Schwesterpersonengesellschaften, DB 2002, S. 1906; REIß, W., Übertragung, StbJb 2001/2002, S. 281, 311-312. Zur Zulässigkeit auch bei unterschiedlichen Anteilsverhältnissen aber Gesellschafteridentität vgl. KLOSTER, A./KLOSTER, L., Restrukturierung, GmbHR 2002, S. 725-726; WENDT, M., Übertragung, FR 2002, S. 64-65; BOGENSCHÜTZ, E./HIERL, M., Unternehmensverkauf, DStR 2003, S. 1101; NIEHUS, U./WILKE, H., in: HERRMANN, C./HEUER, G./RAUPACH, A., EStG/KStG, § 6 EStG Rn. 1447d (Oktober 2004). Allerdings kann eine Überführung i. S. von § 6 Abs. 5 S. 1 EStG nicht vorliegen, da der Transfer von Einzelwirtschaftsgütern bereits zwischen beteiligungs- und anteilsidentischen Schwesterpersonengesellschaften mit einem Rechtsträgerwechsel verbunden ist; vgl. BRANDENBERG, H. B., in: SÖFFING, G., Mitunternehmer, S. 251; FÖRSTER, G., Übertragung, StbJb 2004/2005, S. 248; BFH v. 24.03.1983, IV R 123/80, BStBl. II 1983, S. 589, 600; BFH v. 31.07.1991, VIII R 23/89, BStBl. II 1992, S. 375, 377; BFH v. 26.01.1995, IV R 73/93, BStBl. II 1995, S. 589, 590.

Charakters des § 6 Abs. 5 EStG ist m. E. aber dem Teil des Schrifttums[266] zu folgen, der sich gegen diese dargestellte Auffassung ausspricht. Die Annahme der abschließenden Aufzählung von durch § 6 Abs. 5 EStG erfassten Transferfällen wird auch dadurch unterlegt, dass ein im Gesetzgebungsverfahren vom Bundesrat gestellter Antrag, Übertragungen zwischen den Gesamthandsvermögen von Schwester-Personengesellschaften einzubeziehen, abgelehnt wurde und ausdrücklich die Übertragung von Sonderbetriebsvermögen eines Mitunternehmers in das Gesamthandsvermögen einer anderen Mitunternehmerschaft und umgekehrt in den § 6 Abs. 5 S. 3 EStG aufgenommen wurde.[267] Höchstrichterliche Rechtsprechung zu dieser oder einer ähnlichen Problematik auf Basis der aktuellen Gesetzeslage, die zur Klärung beitragen könnte, liegt noch nicht vor.[268]

Bei der Auslegung der S. 2 und 3 des § 6 Abs. 5 EStG kann zwar berücksichtigt werden, dass der Gesetzgeber mit der Anpassung der Norm auf die aktuelle Fassung das Ziel verfolgte, den sog. Mitunternehmererlass wiedereinzuführen[269], allerdings wurden die vor 1999 geltenden Rechtsgrundsätze nicht umfassend und somit auch nicht alle begünstigten Transfermöglichkeiten des Mitunternehmererlasses in der aktuellen gesetzlichen Regelung aufgenommen. Damit kann zwar bei Auslegungsfragen zum § 6 Abs. 5 EStG auf den Mitunternehmererlass und die entsprechende Finanzrechtsprechung, d. h. auf den Stand vor Einführung des § 6 Abs. 5 EStG, zurückgegriffen werden, allerdings muss dabei der spezifische Wortlaut der Norm (in aktueller Fassung) und damit auch der enumerative Charakter der Norm beachtet werden.[270]

---

266 Vgl. Brandenberg, H. B., in: Söffing, G., Mitunternehmer, S. 251; Korn, K., Buchwertfortführung, KÖSDI 2002, S. 13275; Korn, K./Strahl, M., in: Korn, K. u. a., EStG, § 6 Rn. 494.5 (Juni 2007); Ehmke, T., in: Blümich, EStG/KStG/GewStG, § 6 EStG Rn. 1347 (März 2004); Röhner, J., Übertragung, S. 137; Schmitt, M., Zweifelsfälle, Stbg 2003, S. 2-3; Fichtelmann, H., Schwestergesellschaften, EStB 2002, S. 184; Schulze zur Wiesche, D., Übertragung, DStZ 2002, S. 744; Strahl, M., Gesamtplanrechtsprechung, FR 2004, S. 932.

267 Vgl. Korn, K., Buchwertfortführung, KÖSDI 2002, S. 13275; Brandenberg, H. B., in: Söffing, G., Mitunternehmer, S. 250; Strahl, M., Gesetzesänderungen, KÖSDI 2002, S. 13169; BR-Drs. 638/1/01 v. 20.09.2001, S. 14; BT-Drs. 14/7343 v. 07.11.2001, S. 3; BT-Drs. 14/6882 v. 10.09.2001, S. 32.

268 Ebenso Brandenberg, H. B., in: Söffing, G., Mitunternehmer, S. 250.

269 Vgl. Kapitel 2 Abschnitt A.II.1.1.

270 Vgl. Korn, K., Buchwertfortführung, KÖSDI 2002, S. 13273; Kraft, G./Trübenbach, K., Übertragungsmöglichkeiten, StB 2004, S. 337; IDW, Umstrukturierung, FN-IDW 2004, Beiheft zu Heft 5, Rn. 76. Der IDW erachtet wohl sogar unter Berücksichtigung der gesetzgeberischen Intention Übertragungen in Ergänzung zu oder in Kombinationen mit den im Gesetz genannten Übertragungen als Anwendungsfälle des § 6 Abs. 5 EStG für möglich; vgl. IDW, Umstrukturierung, FN-IDW 2004, Beiheft zu Heft 5, Rn. 76. M. E. wäre eine derartige Vorgehensweise begrüßenswert, allerdings zeigen die vorherigen Ausführungen, dass die Aufzählung des § 6 Abs. 5 EStG abschließend ist und dass nur bezüglich Auslegungsfragen auf den Rechtsstand vor 1999 zurückgegriffen werden kann.

Die Bedeutung dieser Anwendbarkeitsprüfung wird besonders dadurch deutlich, dass im Falle der Nichtanwendbarkeit von § 6 Abs. 5 EStG auf die zu untersuchenden Transferfälle, vorbehaltlich sonstiger begünstigender Normen, wie z. B. § 6b EStG, beim Transfer der Einzelwirtschaftsgüter die Buchwerte nicht fortzuführen und damit die stillen Reserven zu realisieren sind. Schließlich würde bezüglich des betreffenden Wirtschaftsguttransfers eine ausdrückliche gesetzliche Regelung und damit die Möglichkeit zur Buchwertfortführung fehlen.[271]

Auf Basis der vorherigen Ausführungen ist im Rahmen der Anwendbarkeitsprüfung auf die zu untersuchenden Transfermöglichkeiten vor dem Hintergrund des präzisen abschließenden Katalogs von Transferfällen des § 6 Abs. 5 EStG zunächst zu prüfen,

- ob im Zuge des Transfers ein Rechtsträgerwechsel stattfindet,
- wer ggf. übertragender Rechtsträger ist,
- welchem Betriebsvermögen (Gesamthandsvermögen oder Sonderbetriebsvermögen) das übertragende bzw. überführte Wirtschaftsgut vor der Übertragung zuzurechnen war bzw. ist,
- wer ggf. übernehmender Rechtsträger ist,
- welchem Betriebsvermögen (Gesamthandsvermögen oder Sonderbetriebsvermögen) das übertragende bzw. überführte Wirtschaftsgut nach der Übertragung zuzurechnen ist und
- ob im Zuge einer Übertragung, d. h. im Anwendungsbereich des § 6 Abs. 5 S. 3 EStG, diese unentgeltlich, gegen Gewährung bzw. Minderung von Gesellschaftsrechten oder gegen sonstiges Entgelt erfolgte.

Bezüglich der nachfolgenden Ausführungen sei angemerkt, dass grundlegende, sich nicht nur auf die speziellen Einzelfälle beziehende Ergebnisse der einzelnen Transfermöglichkeiten, z. B. Grundlegendes zur Anwendung des § 6 Abs. 5 S. 3 EStG auf doppelstöckige Personengesellschaft, grundsätzlich nicht nochmals bei den folgenden Transfermöglichkeiten ausgeführt werden.

---

[271] Vgl. SCHMITT, M., Zweifelsfälle, Stbg 2003, S. 1.

2.2.2. Prüfung der Anwendbarkeit des § 6 Abs. 5 EStG auf die zu untersuchenden Transferfälle

2.2.2.1. Fall I – Übertragungen von Einzelwirtschaftsgütern aus dem Gesamthandsvermögen der Obergesellschaft ins Gesamthandsvermögen der Untergesellschaft

Der Transfer von Einzelwirtschaftsgütern aus dem Gesamthandsvermögen der Obergesellschaft in das Gesamthandsvermögen der Untergesellschaft, bedeutet entsprechend der Grundsätze des Abschnitts A.II.1.3. dieses Kapitels einen Rechtsträgerwechsel und ist folglich als Übertragung zu werten, die in den Anwendungsbereich des § 6 Abs. 5 S. 3 EStG fällt. Da im § 6 Abs. 5 EStG Definitionen zu den Begriffen Mitunternehmerschaft und Mitunternehmer fehlen, ist grundlegend davon auszugehen, dass der Gesetzgeber diesbezüglich an die Grundsätze des § 15 EStG anknüpfen wollte. Demzufolge erfasst der Mitunternehmerbegriff des § 6 Abs. 5 EStG S. 3 EStG auch eine andere Mitunternehmerschaft, somit auch die Obergesellschaft als Mitunternehmerin der Untergesellschaft. Folglich findet § 6 Abs. 5 EStG grundsätzlich auch auf doppelstöckige Personengesellschaften Anwendung.[272] Übertragender Rechtsträger ist die Obergesellschaft, die Einzelwirtschaftsgüter aus ihrem eigenen Betriebsvermögen, dem Gesamthandsvermögen der Obergesellschaft, überträgt, und übernehmender Rechtsträger ist die Untergesellschaft, die die übertragenen Wirtschaftsgüter im Gesamthandsvermögen aufnimmt.[273] Damit unterliegt der Fall I bei unentgeltlichen Übertragungen und solchen gegen Gewährung von Gesellschaftsrechten bei Sicherstellung der Besteuerung der stillen Reserven der Anwendung des § 6 Abs. 5 S. 3 Nr. 1 EStG.[274]

---

[272] Vgl. Kloster, A./Kloster, L., Restrukturierung, GmbHR 2002, S. 729; Korn, K., Buchwertfortführung, KÖSDI 2002, S. 13274; Kraft, G./Trübenbach, K., Übertragungsmöglichkeiten, StB 2004, S. 339; Glanegger, P., in: Schmidt, L., EStG, § 6 Rn. 532; Rätke, B., in: Herrmann, C./Heuer, G./Raupach, A., EStG/KStG, § 15 EStG Rn. 681-682 (Mai 2004); BMF-Schreiben v. 07.02.2002, IV A 6 – S 2241 – 94/01, FR 2002, S. 483.

[273] Vgl. Kraft, G./Trübenbach, K., Übertragungsmöglichkeiten, StB 2004, S. 339; IDW, Umstrukturierung, FN-IDW 2004, Beiheft zu Heft 5, Rn. 137; Wendt, M., Übertragung, FR 2002, S. 57; Meyer, H., Übertragung, S. 205; Glanegger, P., in: Schmidt, L., EStG, § 6 Rn. 532; Rätke, B., in: Herrmann, C./Heuer, G./Raupach, A., EStG/KStG, § 15 EStG Rn. 681-682 (Mai 2004).

[274] Gl. A. Rätke, B., in: Herrmann, C./Heuer, G./Raupach, A., EStG/KStG, § 15 EStG Rn. 681-682 (Mai 2004); Glanegger, P., in: Schmidt, L., EStG, § 6 Rn. 532; Wacker, R., in: Schmidt, L., EStG, § 15 Rn. 618; Korn, K./Strahl, M., in: Korn, K. u. a., EStG, § 6 Rn. 505 (Juni 2007); Werndl, J., in: Kirchhof, P./Söhn, H./Mellinghoff, R., EStG, § 6 Rn. L 69 (Oktober 2004); IDW, Umstrukturierung, FN-IDW 2004, Beiheft zu Heft 5, Rn. 135-137; Schulze zur Wiesche, D., Spaltungs- und Ausgliederungsvorgänge, DStZ 2004, S. 371; Meyer, H., Übertragung, S. 205; (auf dem Rechtsstand des StSenkG) Mitsch, B./Grüter, G., Übertragung, INF 2000, S. 624. A. A. (ohne Begründung und auf dem Rechtsstand des StSenkG) Schnitter, G., Doppelgesellschaft, EStB 2001, S. 193.

Dies ist dem BMF-SCHREIBEN vom 07.02.2002[275] grundsätzlich auch zu entnehmen. Falls dieses dabei aber so verstehen ist, dass die Buchwertfortführung von einer hundertprozentigen Beteiligung der Obergesellschaft an der Untergesellschaft abhängig gemacht wird, ist diesem BMF-SCHREIBEN insoweit zu widersprechen, als eine derartige Bedingung im Falle der entsprechenden Zuordnung und der Sicherstellung der Besteuerung etwaiger übertragener stiller Reserven nicht dem Gesetz zu entnehmen ist, eine derartige Bedingung natürlichen Personen als übertragende Mitunternehmer nicht auferlegt wird und dies somit zu einer Ungleichbehandlung von Mitunternehmerschaften und natürlichen Personen als Mitunternehmer einer Mitunternehmerschaft führt.[276]

2.2.2.2. Fall II – Überführungen von Einzelwirtschaftsgütern aus dem Gesamthandsvermögen der Obergesellschaft ins Sonderbetriebsvermögen der Obergesellschaft bei der Untergesellschaft

Der Transfer von Einzelwirtschaftsgütern aus dem Gesamthandsvermögen der Obergesellschaft ins Sonderbetriebsvermögen der Obergesellschaft bei der Untergesellschaft (Fall II) kann durch eine Änderung der Zweckwidmung des betreffenden Wirtschaftsguts vollzogen werden, z. B. wenn die Obergesellschaft ein zuvor selbst genutztes Wirtschaftsgut ab einem bestimmten Zeitpunkt, dem Überführungszeitpunkt, an die Untergesellschaft vermietet. Da es sich lediglich um eine Umwidmung von Gesamthandsvermögen (Betriebsvermögen) der Obergesellschaft in Sonderbetriebsvermögen dieser bei der Untergesellschaft handelt und die Obergesellschaft das Verfügungsrecht über das Wirtschaftsgut behält, fehlt ein Rechtsträgerwechsel. Entsprechend Abschnitt A.II.1.3. dieses Kapitels ist dieser Transfer als Überführung zu werten.[277] Eine Fortschreibung der Buchwerte ist in dem vorliegenden Fall aufgrund des fehlenden Rechtsträgerwechsels von der An-

---

275 Vgl. BMF-SCHREIBEN v. 07.02.2002, IV A 6 – S 2241 – 94/01, FR 2002, S. 483, 484.

276 Gl. A. WERNDL, J., in: KIRCHHOF, P./SÖHN, H./MELLINGHOFF, R., EStG, § 6 Rn. L 69 (Oktober 2004). Auch einer möglichen Anknüpfung an die gewerbliche Prägung der Untergesellschaft wäre entgegen zu halten, dass bei doppelstöckigen Personengesellschaften auch land- und forstwirtschaftliche und freiberufliche Mitunternehmerschaften als Untergesellschaft für die Anwendung des § 15 Abs. 1 S. 1 Nr. 2 S. 2 EStG möglich sind; vgl. BMF-SCHREIBEN v. 07.02.2002, IV A 6 – S 2241 – 94/01, FR 2002, S. 483, 484 sowie Kapitel 1 Abschnitt B.I.2.1.

277 Vgl. WACKER, R., in: SCHMIDT, L., EStG, § 15 Rn. 618; GLANEGGER, P., in: SCHMIDT, L., EStG, § 6 Rn. 532; RÄTKE, B., in: HERRMANN, C./HEUER, G./RAUPACH, A., EStG/KStG, § 15 EStG Rn. 680-681 (Mai 2004); PATT, J., in: HERRMANN, C./HEUER, G./RAUPACH, A., EStG/KStG, § 6 EStG Rn. R127 (April 2001); KORN, K./STRAHL, M., in: KORN, K. U. A., EStG, § 6 Rn. 505 (Juni 2007).

wendbarkeit des § 6 Abs. 5 S. 2 Alt. 1 EStG abhängig. Damit ist bezogen auf den vorliegenden Sachverhalt eine Buchwertfortführung nach dem Wortlaut des § 6 Abs. 5 S. 2 Alt. 1 EStG zwingend, soweit der Steuerpflichtige eigenes Betriebsvermögen in dessen Sonderbetriebsvermögen bei einer Mitunternehmerschaft überführt. Diese Überführung von eigenem Betriebsvermögen, d. h. von Gesamthandsvermögen der Obergesellschaft[278], in Sonderbetriebsvermögen des Steuerpflichtigen bei einer Mitunternehmerschaft, d. h. in Sonderbetriebsvermögen der Obergesellschaft bei der Untergesellschaft, ist gegeben. Da zudem die Frage, ob eine Mitunternehmerschaft (die Obergesellschaft) Steuerpflichtige i. S. des § 6 Abs. 5 S. 2 EStG sein kann, zu bejahen ist[279], ist der Fall II, soweit die Besteuerung der stillen Reserven sichergestellt ist, unter Buchwertfortführung gemäß § 6 Abs. 5 S. 2 Alt. 1 EStG durchzuführen.[280] Dazu sei angemerkt, dass die im § 6 Abs. 5 S. 2 EStG kodifizierten Überführungen den Fallgruppen (jedoch nur unter Buchwertübernahme) entsprechen, die zur Rechtslage bis 1999 von der Rechtsprechung entwickelt wurden.[281]

2.2.2.3. Fall III – Übertragungen von Einzelwirtschaftsgütern aus dem Gesamthandsvermögen der Obergesellschaft ins Sonderbetriebsvermögen eines Untergesellschafters bei der Untergesellschaft

Da der Transfer von Einzelwirtschaftsgütern aus dem Gesamthandsvermögen der Obergesellschaft ins Sonderbetriebsvermögen eines Untergesellschafters bei der Untergesellschaft wie der Fall I mit einem Rechtsträgerwechsel von der Obergesellschaft auf den Untergesellschafter verbunden ist, ist der Transfer als Über-

---

278 Vgl. Kraft, G./Trübenbach, K., Übertragungsmöglichkeiten, StB 2004, S. 339. Die Ausführungen von Wendt zum Betriebsvermögen i. S. von § 6 Abs. 5 S. 3 Nr. 1 EStG sind m. E. auf § 6 Abs. 5 S. 2 EStG übertragbar; vgl. Wendt, M., Übertragung, FR 2002, S. 57.

279 Vgl. Korn, K./Strahl, M., in: Korn, K. u. a., EStG, § 6 Rn. 505 (Juni 2007); Kraft, G./Trübenbach, K., Übertragungsmöglichkeiten, StB 2004, S. 338; Niehus, U./Wilke, H., in: Herrmann, C./Heuer, G./Raupach, A., EStG/KStG, § 6 EStG Rn. 1444, 1447d (Oktober 2004); Rätke, B., in: Herrmann, C./Heuer, G./Raupach, A., EStG/KStG, § 15 EStG Rn. 681-682 (Mai 2004); Ehmke, T., in: Blümich, EStG/KStG/GewStG, § 6 EStG Rn. 1295 (März 2004).

280 Vgl. Wacker, R., in: Schmidt, L., EStG, § 15 Rn. 618; Rätke, B., in: Herrmann, C./Heuer, G./Raupach, A., EStG/KStG, § 15 EStG Rn. 681 (Mai 2004); Korn, K./Strahl, M., in: Korn, K. u. a., EStG, § 6 Rn. 505 (Juni 2007); Mitsch, B./Grüter, G., Übertragung, INF 2000, S. 624.

281 Vgl. Korn, K./Strahl, M., in: Korn, K. u. a., EStG, § 6 Rn. 487 (Juni 2007); Mitsch, B./Grüter, G., Übertragung, INF 2000, S. 623; Schmid, R., Sonderbetriebsvermögen, DStR 1997, S. 945; BFH v. 07.02.1964, VI R 19/63, BStBl. III 1964, S. 328, 329; BFH v. 07.10.1974, GrS 1/73, BStBl. II 1975, S. 168, 169-172; BFH v. 14.06.1988, VIII R 387/83, BStBl. II 1989, S. 187, 188; BFH v. 29.07.1997, VIII R 57/94, BStBl. II 1998, S. 652, 655; BFH v. 25.07.2000, VIII R 46/99, BFH/NV 2000, S. 1549.

tragung zu bezeichnen. Damit ist eine Buchwertverknüpfung davon abhängig, ob der vorliegende Sachverhalt durch den abschließenden Katalog des § 6 Abs. 5 S. 3 EStG erfasst wird. Dies ist m. E. jedoch nicht der Fall. Diesem Fall kommt sicherlich auch keine besondere Bedeutung zu, da grundsätzlich eine direkte wirtschaftliche Verbindung zwischen der Obergesellschaft und dem Untergesellschafter, abgesehen davon, dass beide Mitunternehmer der Untergesellschaft sind, fehlt. Indessen wird irritierenderweise bei einem vergleichbaren Sachverhalt der unentgeltlichen Übertragung eines Wirtschaftsguts (aus vermutlich privaten Gründen) zwischen den jeweiligen Sonderbetriebsvermögen verschiedener Mitunternehmer derselben Mitunternehmerschaft eine Buchwertfortführung über § 6 Abs. 5 S. 3 Nr. 3 EStG ermöglicht bzw. vorgeschrieben.[282] Aufgrund des genauen Gesetzeswortlauts kann dies aber nicht auf den Fall III übertragen werden. Eine Übertragung zu Buchwerten wäre bei dem Fall III nur über § 6 Abs. 5 S. 3 Nr. 2 Alt. 2 EStG möglich. Dies würde jedoch voraussetzen, dass der Untergesellschafter zugleich auch Obergesellschafter ist. So wäre eine Übertragung aus dem Gesamthandsvermögen einer Mitunternehmerschaft durch einen Mitunternehmer in das Sonderbetriebsvermögen bei einer anderen Mitunternehmerschaft, an der der Mitunternehmer ebenfalls beteiligt ist, gegeben. Davon abgesehen ist für den Fall III eine Anwendung von § 6 Abs. 5 EStG und damit eine Übertragung zu Buchwerten auszuschließen.

Diese Versagung der Buchwertübertragung für den Fall III könnte alternativ auch durch eine verkettete Übertragung umgangen werden. Zunächst könnte das betreffende Wirtschaftsgut entsprechend des Falls I aus dem Gesamthandsvermögen der Obergesellschaft in das Gesamthandsvermögen der Untergesellschaft zu Buchwerten unter Anwendung von § 6 Abs. 5 S. 3 Nr. 1 EStG übertragen werden.[283] Eine zweite Übertragung aus dem Gesamthandsvermögen der Untergesellschaft in das Sonderbetriebsvermögen eines Untergesellschafters bei der Untergesellschaft ist nach § 6 Abs. 5 S. 3 Nr. 2 Alt. 1 EStG möglich, da es sich gemäß des Gesetzeswortlauts um eine Übertragung aus dem Gesamthandsvermögen in das Sonderbetriebsvermögen eines Mitunternehmers innerhalb derselben Mit-

[282] Vgl. WACKER, R., in: SCHMIDT, L., EStG, § 15 Rn. 675.
[283] Vgl. Kapitel 2 Abschnitt A.II.2.2.2.1.

unternehmerschaft handelt. Dabei ist für die Buchwertfortführung jeweils die Besteuerung der stillen Reserven sicherzustellen. Somit würde eine verkettete Übertragung im Fall VII vorbehaltlich der Ausführungen im Abschnitt A.II.2.2.2.10. dieses Kapitels eine Buchwertfortführung ermöglichen.

2.2.2.4. Fall IV – Übertragungen von Einzelwirtschaftsgütern aus dem Gesamthandsvermögen der Obergesellschaft ins Sonderbetriebsvermögen eines Obergesellschafters bei der Untergesellschaft

Auch der Fall IV, der Transfer eines Einzelwirtschaftsguts aus dem Gesamthandsvermögen der Obergesellschaft ins Sonderbetriebsvermögen eines Obergesellschafters bei der Untergesellschaft, bedeutet durch den Transfer von der Mitunternehmerschaft auf den Mitunternehmer einen Wechsel des Rechtsträgers. Dieser Rechtsträgerwechsel wird durch den Wortlaut des § 6 Abs. 5 S. 3 Nr. 2 Alt. 2 EStG erfasst. Demnach sind Wirtschaftsgüter, die unentgeltlich oder in diesem Fall gegen Minderung von Gesellschaftsrechten aus dem Gesamthandsvermögen einer Mitunternehmerschaft (der Obergesellschaft) durch einen Mitunternehmer (den Obergesellschafter) in das Sonderbetriebsvermögen dieses Mitunternehmers bei einer anderen Mitunternehmerschaft (der Untergesellschaft), an der dieser ebenfalls beteiligt ist, übertragen werden, unter Buchwertfortführung zu übernehmen. Die Sicherstellung der Besteuerung der stillen Reserven ist natürlich vorausgesetzt.

Beim downstream-Fall IV ist eine Buchwertübernahme folglich davon abhängig, dass der Obergesellschafter an der Untergesellschaft beteiligt ist. Ein Teil des Schrifttums[284] ist der Auffassung, dass bei Übertragungen im Wege von § 6 Abs. 5 S. 3 EStG es ausreicht, wenn eine Beteiligung, die der Übertragung zu Grunde liegt, durch den Übertragungsvorgang, d. h. durch die Übertragung des Wirtschaftsguts gegen Gewährung von Gesellschaftsrechten, erst gegründet wird. In Bezug auf Übertragungen im Wege von § 6 Abs. 5 S. 3 Nr. 1 EStG ist dieser

---

[284] Vgl. NIEHUS, U./WILKE, H., in: HERRMANN, C./HEUER, G./RAUPACH, A., EStG/KStG, § 6 EStG Rn. 1445a (Oktober 2004), 1451b, 1452 (Mai 2006); KORN, K./STRAHL, M., in: KORN, K. U. A., EStG, § 6 Rn. 501 (Juni 2007); GLANEGGER, P., in: SCHMIDT, L., EStG, § 6 Rn. 664; FISCHER, P., in: KIRCHHOF, P., EStG, § 6 Rn. 188a; WENDT, M., Übertragung, FR 2002, S. 63.

Auffassung zuzustimmen.[285] Im Gegensatz zu § 6 Abs. 5 S. 3 Nr. 1 EStG ist dem Wortlaut des § 6 Abs. 5 S. 3 Nr. 2 EStG aber zu entnehmen, dass der übernehmende bzw. übertragende Mitunternehmer bereits vor der Übertragung an der Mitunternehmerschaft beteiligt sein muss. Schließlich ist im Gesetzeswortlaut von einer Übertragung aus dem Sonderbetriebsvermögen in das Gesamthandsvermögen „derselben Mitunternehmerschaft oder einer anderen Mitunternehmerschaft, an der er beteiligt ist", die Rede.[286] Folglich ist m. E. aufgrund des Wortlauts des § 6 Abs. 5 S. 3 Nr. 2 EStG einer fehlenden Differenzierung zwischen § 6 Abs. 5 S. 3 Nr. 1 und Nr. 2 EStG nicht zuzustimmen. Dennoch ist für den downstream-Fall IV eine Anwendung von § 6 Abs. 5 S. 3 Nr. S. Alt. 2 EStG nicht ausgeschlossen. Aus der fehlenden grundlegenden Differenzierung im § 6 Abs. 5 EStG zwischen mittelbaren und unmittelbaren Mitunternehmern kann m. E. abgeleitet werden, dass eine nur mittelbare Beteiligung des Obergesellschafters für die Anwendung von § 6 Abs. 5 S. 3 EStG ausreicht. Damit fällt der Fall IV bereits auf dieser Basis bei Vorliegen der sonstigen Tatbestandsvoraussetzungen in den Anwendungsbereich des § 6 Abs. 5 S. 3 Nr. 2 Alt. 2 EStG.[287]

2.2.2.5. Fall V – Übertragungen von Einzelwirtschaftsgütern aus dem Sonderbetriebsvermögen eines Obergesellschafters bei der Obergesellschaft ins Gesamthandsvermögen der Untergesellschaft

Die bezüglich des vorherigen Falls IV herausgearbeiteten Grundsätze finden auch auf den Fall V Anwendung. Zunächst ist der Transfer eines Einzelwirtschaftsguts aus dem Sonderbetriebsvermögen eines Obergesellschafters bei der Obergesellschaft ins Gesamthandsvermögen der Untergesellschaft ebenfalls mit einem Rechtsträgerwechsel verbunden. Zudem fällt diese Übertragung wie auch der Fall IV in den Anwendungsbereich des § 6 Abs. 5 S. 3 Nr. 2 Alt. 2 EStG allerdings

---

285 Gl. A. KRAFT, G./TRÜBENBACH, K., Übertragungsmöglichkeiten, StB 2004, S. 339; EHMKE, T., in: BLÜMICH, EStG/KStG/GewStG, § 6 EStG Rn. 1319a (März 2004); WINKELJOHANN, N./STEGEMANN, D., Gesellschafterbeitritt, DB 2003, S. 2033.

286 Vgl. KRAFT, G./TRÜBENBACH, K., Übertragungsmöglichkeiten, StB 2004, S. 339; SCHULZE ZUR WIESCHE, D., Übertragung, DStZ 2002, S. 743. Ohne Aussage zu § 6 Abs. 5 S. 3 Nr. 2 EStG EHMKE, T., in: BLÜMICH, EStG/KStG/GewStG, § 6 EStG Rn. 1319a, 1330-1335 (März 2004); WINKELJOHANN, N./STEGEMANN, D., Gesellschafterbeitritt, DB 2003, S. 2033.

287 Im Ergebnis gl. A. RÄTKE, B., in: HERRMANN, C./HEUER, G./RAUPACH, A., EStG/KStG, § 15 EStG Rn. 681-682 (Mai 2004); NIEHUS, U./WILKE, H., in: HERRMANN, C./HEUER, G./RAUPACH, A., EStG/KStG, § 6 EStG Rn. 1456a (Mai 2006). A. A. WERNDL, J., in: KIRCHHOF, P./SÖHN, H./MELLINGHOFF, R., EStG, § 6 Rn. L 69 (Oktober 2004); FISCHER, P., in: KIRCHHOF, P., EStG, § 6 Rn. 188a.

mit dem Unterschied, dass es sich um eine Übertragung aus dem Sonderbetriebsvermögen eines Mitunternehmers (des Obergesellschafters bei der Obergesellschaft) in das Gesamthandsvermögen einer anderen Mitunternehmerschaft (der Untergesellschaft), an der dieser ebenfalls (mittelbar) beteiligt ist, handelt. Dabei ist die Buchwertfortführung zwingend, soweit die Übertragung unentgeltlich oder gegen Gewährung von Gesellschaftsrechten unter Sicherstellung der Besteuerung der stillen Reserven durchgeführt wird.

Ein Teil des Schrifttums[288] vertritt die Auffassung, dass im vorliegenden Fall der Buchwertfortführungszwang des § 6 Abs. 5 S. 3 EStG an die Gleichstellungsklausel des § 15 Abs. 1 S. 1 Nr. 2 S. 2 EStG zu knüpfen ist. Aber gerade aufgrund des § 15 Abs. 1 S. 1 Nr. 2 S. 2 EStG versagt ein anderer Teil des Schrifttums[289] für den Fall V die Anwendung von § 6 Abs. 5 S. 3 Nr. 2 Alt. 2 EStG, da seiner Auffassung zu Folge es an einer Beteiligung am Gesamthandsvermögen, einer Gesellschafterstellung des übertragenden Obergesellschafters an der Untergesellschaft fehlt und der Obergesellschafter nur bezüglich des Sonderbetriebsbereichs nicht aber bezüglich des Gesamthandbereichs als Mitunternehmer (§ 15 Abs. 1 S. 1 Nr. 2 S. 2 EStG) der Untergesellschaft anzusehen ist. M. E. ist beiden Auffassungen insofern zu widersprechen, als dass der Gesetzeswortlaut des § 6 Abs. 5 S. 3 Nr. 2 Alt. 2 EStG eindeutig eine Beteiligung des übertragenden Mitunternehmers an der „anderen Mitunternehmerschaft“ voraussetzt und eine Buchwertübernahme nicht an die Sonder-Mitunternehmerstellung des Obergesellschafters bei der Untergesellschaft zu knüpfen ist. Die Voraussetzung der Beteiligung des Obergesellschafters an der anderen Mitunternehmerschaft, der Untergesellschaft, wird aufbauend auf die Ausführungen zum downstream-Fall IV[290] im downstream-Fall V durch die mittelbare Beteiligung des Obergesellschafters erreicht. Folglich ist auch im Fall V eine Buchwertfortführung nach § 6 Abs. 5 S. 3 Nr. 2 Alt. 2 EStG zwingend.[291] Eine solche Vorgehensweise wird durch die Auffassung gestützt,

---

[288] Vgl. BERGSTEINER, S., Umstrukturierung, S. 121. Im Ergebnis gl. A. jedoch in Bezug auf die Übertragung eines Einzelwirtschaftsguts des Betriebsvermögens eines Obergesellschafters FN-IDW 2004, Beiheft zu Heft 5, Rn. 97; BRANDENBERG, H. B., Personengesellschaftsbesteuerung, DStZ 2002, S. 556.

[289] Vgl. RÄTKE, B., in: HERRMANN, C./HEUER, G./RAUPACH, A., EStG/KStG, § 15 EStG Rn. 683 (Mai 2004); WERNDL, J., in: KIRCHHOF, P./SÖHN, H./MELLINGHOFF, R., EStG, § 6 Rn. L 68 (Oktober 2004).

[290] Vgl. Kapitel 2 Abschnitt A.II.2.2.2.4.

[291] Gl. A. KLOSTER, A./KLOSTER, L., Restrukturierung, GmbHR 2002, S. 728-729; KORN, K./STRAHL, M., in: KORN, K. U. A., EStG, § 6 Rn. 505 (Juni 2007).

dass Wirtschaftsgüter des eigenen Betriebsvermögens eines Obergesellschafters ins Gesamthandsvermögen der Untergesellschaft nach § 6 Abs. 5 S. 3 Nr. 1 EStG zu Buchwerten zu übertragen sind.[292] Schließlich besteht nur der Unterschied, dass statt eigenem Betriebsvermögen des Obergesellschafters Sonderbetriebsvermögen des Obergesellschafters übertragen wird.

2.2.2.6. Fall VI – Überführungen von Einzelwirtschaftsgütern aus dem Sonderbetriebsvermögen eines Obergesellschafters bei der Obergesellschaft ins Sonderbetriebsvermögen dieses Obergesellschafters bei der Untergesellschaft

Entsprechend wie beim Fall II handelt es sich bei dem Fall VI ebenfalls um eine Überführung, da der Wirtschaftsguttransfer aus dem Sonderbetriebsvermögen eines Obergesellschafters bei der Obergesellschaft ins Sonderbetriebsvermögen dieses Obergesellschafters bei der Untergesellschaft ohne Rechtsträgerwechsel vollzogen wird. Schließlich verbleibt das Verfügungsrecht über das Wirtschaftsgut beim Obergesellschafter.[293] Beim Fall VI kann dieser Transfer z. B. durch eine Nutzungsänderung, durch eine veränderte Vermietung eines Wirtschaftsguts statt zuvor an die Obergesellschaft ab dem Überführungszeitpunkt an die Untergesellschaft, erreicht werden.[294] Der Fall VI wird bei Sicherstellung der Besteuerung der stillen Reserven durch den Wortlaut des § 6 Abs. 5 S. 2 Alt. 2 EStG erfasst, da es sich um eine Überführung zwischen verschiedenen Sonderbetriebsvermögen desselben Steuerpflichtigen, des Obergesellschafters, bei verschiedenen Mitunternehmerschaften, erst bei der Obergesellschaft und anschließend bei der Untergesellschaft, handelt.[295]

Die Anknüpfung an ein bestehendes Beteiligungsverhältnis zwischen Obergesellschafter und Untergesellschaft wie vergleichsweise bei § 6 Abs. 5 S. 3 Nr. 2 Alt. 2

---

[292] Vgl. WACKER, R., in: SCHMIDT, L., EStG, § 15 Rn. 618; IDW, Umstrukturierung, FN-IDW 2004, Beiheft zu Heft 5, Rn. 95-97; BRANDENBERG, H. B., Personengesellschaftsbesteuerung, DStZ 2002, S. 556; DERS., in: SÖFFING, G., Mitunternehmer, S. 249.

[293] Vgl. Kapitel 2 Abschnitt A.II.2.2.2.2.

[294] Vgl. RÄTKE, B., in: HERRMANN, C./HEUER, G./RAUPACH, A., EStG/KStG, § 15 EStG Rn. 680 (Mai 2004).

[295] Gl. A. MITSCH, B./GRÜTER, G., Übertragung, INF 2000, S. 624; HOTTMANN, J., in: ZIMMERMANN, R. U. A., Personengesellschaft, G Rn. 31; RÄTKE, B., in: HERRMANN, C./HEUER, G./RAUPACH, A., EStG/KStG, § 15 EStG Rn. 681 (Mai 2004). A. A. WERNDL, J., in: KIRCHHOF, P./SÖHN, H./MELLINGHOFF, R., EStG, § 6 Rn. L 68 (Oktober 2004).

EStG (Fall IV und V) ist dem Wortlaut des § 6 Abs. 5 S. 2 EStG nicht zu entnehmen. Allerdings ist es für die Anwendung des § 6 Abs. 5 S. 2 Alt. 2 EStG fraglich, ob die (Sonder-)Mitunternehmerstellung eines Obergesellschafters bei der Untergesellschaft durch entsprechendes Sonderbetriebsvermögen (§ 15 Abs. 1 S. 1 Nr. 2 S. 2 EStG) als Anwendungsvoraussetzung bereits vor der Überführung bestanden haben musste oder ob auch erst die Gründung einer Sonder-Mitunternehmerstellung durch die erstmalige Verschaffung von Sonderbetriebsvermögen des Obergesellschafters bei der Untergesellschaft genügt. Da ein derartiges Erfordernis dem Wortlaut des § 6 Abs. 5 S. 2 Alt. 2 EStG nicht zu entnehmen ist und auch zu Zeiten des Mitunternehmererlasses eine derartige Wirtschaftsgutüberführung zu Buchwerten möglich war, sind m. E. auch im Falle der Gründung einer Sonder-Mitunternehmerstellung des Obergesellschafters bei der Untergesellschaft die Buchwerte i. S. von § 6 Abs. 5 S. 2 Alt. 2 EStG zu übernehmen.[296] Beim Fall VI sollte die Buchwertfortführung wie beim Fall IV auch im Hinblick auf die Gleichstellung des mittelbar an der Untergesellschaft beteiligten Obergesellschafters – bezogen auf Sonderbetriebsvermögen – mit dem unmittelbar an der Untergesellschaft beteiligten Gesellschaftern (§ 15 Abs. 1 S. 1 Nr. 2 S. 2 EStG) möglich sein.

2.2.2.7. Fall VII – Übertragungen von Einzelwirtschaftsgütern aus dem Sonderbetriebsvermögen eines Obergesellschafters bei der Obergesellschaft ins Sonderbetriebsvermögen der Obergesellschaft bei der Untergesellschaft

Aufgrund des mit dem Fall VII vollzogenen Rechtsträgerwechsels von dem Obergesellschafter auf die Obergesellschaft ist der vorliegende Wirtschaftsguttransfer als Übertragung zu werten. Ebenso wie beim Fall III[297] wird m. E. die direkte Übertragung von Einzelwirtschaftsgütern aus dem Sonderbetriebsvermögen eines Obergesellschafters bei der Obergesellschaft ins Sonderbetriebsvermögen der Obergesellschaft bei der Untergesellschaft nicht von dem abschließenden Katalog des § 6 Abs. 5 S. 3 EStG erfasst. Dabei scheidet auch eine unentgeltliche Übertragung gemäß § 6 Abs. S. 3 Nr. 3 EStG aus, da es sich um eine Übertragung zwi-

---

[296] Zur Rechtslage zu Zeiten des Mitunternehmer-Erlasses vgl. MITSCH, B./GRÜTER, G., Übertragung, INF 2000, S. 624; THIEL, J./RÖDDER, T., Mitunternehmererlass, FR 1998, S. 408 sowie Fn. 281.

[297] Vgl. Kapitel 2 Abschnitt A.II.2.2.2.3.

schen Sonderbetriebsvermögen verschiedener Mitunternehmerschaften handelt.[298] Daher ist bei einer direkten Übertragung im Fall VII eine Buchwertfortführung auf Basis von § 6 Abs. 5 EStG ausgeschlossen.[299]

Auch zum Rechtstand zu Zeiten des Mitunternehmer-Erlasses wird bezweifelt, ob eine Übertragung eines Einzelwirtschaftsguts aus dem Sonderbetriebsvermögen eines Obergesellschafters bei der Obergesellschaft ins Sonderbetriebsvermögen der Obergesellschaft bei der Untergesellschaft steuerneutral möglich war.[300] Zu Zeiten des Mitunternehmer-Erlasses war aber eine Buchwertfortführung bei einer direkten Übertragung möglich, soweit der Obergesellschafter auch unmittelbarer Gesellschafter der Untergesellschaft, d. h. zugleich Untergesellschafter, war.[301] Aber auch bei einer sowohl unmittelbaren Beteiligung des Obergesellschafters bei der Obergesellschaft und bei der Untergesellschaft wird der Fall VII als direkte Übertragung nicht vom § 6 Abs. 5 S. 3 EStG erfasst.

Allerdings bietet sich bei dem Fall VII als Alternative ein verketteter Transfer an. Eine erste unentgeltliche Wirtschaftsgutübertragung bzw. Wirtschaftsgutübertragung gegen Gewährung von Gesellschaftsrechten aus dem Sonderbetriebsvermögen des Obergesellschafters bei der Obergesellschaft ins Gesamthandsvermögen der Obergesellschaft dürfte unstrittig nach § 6 Abs. 5 S. 3 Nr. 2 Alt. 1 EStG möglich sein. So handelt es sich entsprechend des Gesetzeswortlauts um eine Übertragung von Sonderbetriebsvermögen eines Mitunternehmers in das Gesamthandsvermögen derselben Mitunternehmerschaft. Der sich anschließende zweite Transfer, die Überführung aus dem Gesamthandsvermögen der Obergesellschaft ins Sonderbetriebsvermögen der Obergesellschaft bei der Untergesellschaft, entspricht dem Fall II und fällt folglich in den Anwendungsbereich von § 6 Abs. 5 S. 2 Alt. 1 EStG.[302] Bei den Übertragungen ist die Sicherstellung der Besteuerung der

---

298 Vgl. WACKER, R., in: SCHMIDT, L., EStG, § 15 Rn. 618; RÄTKE, B., in: HERRMANN, C./HEUER, G./RAUPACH, A., EStG/KStG, § 15 EStG Rn. 683 (Mai 2004).

299 Gl. A. RÄTKE, B., in: HERRMANN, C./HEUER, G./RAUPACH, A., EStG/KStG, § 15 EStG Rn. 683 (Mai 2004); (wohl auch) MITSCH, B./GRÜTER, G., Übertragung, INF 2000, S. 624; WERNDL, J., in: KIRCHHOF, P./SÖHN, H./MELLINGHOFF, R., EStG, § 6 Rn. L 68 (Oktober 2004). A. A. NIEHUS, U./WILKE, H., in: HERRMANN, C./HEUER, G./RAUPACH, A., EStG/KStG, § 6 EStG Rn. 1456 (Mai 2006); HOTTMANN, J., in: ZIMMERMANN, R. U. A., Personengesellschaft, G Rn. 30; (wohl auch) HOFFMANN, W.-D., Transfer, GmbHR 2002, S. 133.

300 Vgl. MITSCH, B./GRÜTER, G., Übertragung, INF 2000, S. 624; RÖDDER, T., Überführung/Übertragung von Wirtschaftsgütern, StbJb 1999/2000, S. 111.

301 Vgl. MITSCH, B./GRÜTER, G., Übertragung, INF 2000, S. 624.

302 Vgl. Kapitel 2 Abschnitt A.II.2.2.2.2.

stillen Reserven vorausgesetzt. Beim Fall VII ist die Buchwertfortführung somit zwar nicht durch eine direkte Übertragung aber vorbehaltlich der Ausführungen im Abschnitt A.II.2.2.2.10. dieses Kapitels durch einen verketteten Transfer möglich.

2.2.2.8. Fall VIII – Übertragungen von Einzelwirtschaftsgütern aus dem Sonderbetriebsvermögen eines Obergesellschafters bei der Obergesellschaft ins Sonderbetriebsvermögen eines anderen Obergesellschafters bei der Untergesellschaft

Der Transfer zwischen den Obergesellschaftern ist mit einem Rechtsträgerwechsel verbunden, wodurch auch dieser Transfer als Übertragung zu bezeichnen ist. Diese Übertragung unterscheidet sich im Vergleich zum Fall VII nur in Bezug auf die Person des übernehmenden Rechtsträgers. Auch in diesem Fall wird die Übertragung durch keine Fallgruppe des § 6 Abs. 5 S. 3 EStG abgedeckt. So ist auch die Anwendung von § 6 Abs. 5 S. 3 Nr. 3 EStG abzulehnen, da es sich wie im Fall VII nicht um eine Übertragung entsprechend des Gesetzeswortlauts zwischen Sonderbetriebsvermögen „derselben" Mitunternehmerschaft handelt.[303] Daher ist auf Basis von § 6 Abs. 5 EStG eine direkte Übertragung von Sonderbetriebsvermögen bei der Untergesellschaft zwischen Obergesellschaftern nicht unter Buchwertübernahme durchführbar.[304] Aber auch bezüglich des Rechtsstands vor 1999, zu Zeiten des Mitunternehmer-Erlasses, bestehen ebenso wie beim Fall VII Zweifel an einer möglichen Buchwertübernahme für das übertragende Wirtschaftsgut beim übernehmenden Obergesellschafter.[305]

Dennoch ist ein Teil des Schrifttums[306] der Auffassung, dass eine Buchwertfortführung bei einer Übertragung aus dem Sonderbetriebsvermögen eines Mitunternehmers in das Sonderbetriebsvermögen eines anderen Mitunternehmers

---

303 Vgl. WACKER, R., in: SCHMIDT, L., EStG, § 15 Rn. 675; RÄTKE, B., in: HERRMANN, C./HEUER, G./RAUPACH, A., EStG/KStG, § 15 EStG Rn. 683 (Mai 2004); MITSCH, B., Übertragungen, INF 2002, S. 81; KLOSTER, A./KLOSTER, L., Restrukturierung, GmbHR 2002, S. 718.

304 Gl. A. RÄTKE, B., in: HERRMANN, C./HEUER, G./RAUPACH, A., EStG/KStG, § 15 EStG Rn. 683 (Mai 2004); (wohl auch) MITSCH, B./GRÜTER, G., Übertragung, INF 2000, S. 624. A. A. HOTTMANN, J., in: ZIMMERMANN, R. U. A., Personengesellschaft, G Rn. 30.

305 Vgl. MITSCH, B./GRÜTER, G., Übertragung, INF 2000, S. 624; RÖDDER, T., Überführung/Übertragung von Wirtschaftsgütern, StbJb 1999/2000, S. 111; THIEL, J./RÖDDER, T., Mitunternehmererlass, FR 1998, S. 408.

306 Vgl. WACKER, R., in: SCHMIDT, L., EStG, § 15 Rn. 675; KRAFT, G./TRÜBENBACH, K., Übertragungsmöglichkeiten, StB 2004, S. 340; KLOSTER, A./KLOSTER, L., Restrukturierung, GmbHR 2002, S. 718.

bei einer anderen Mitunternehmerschaft, somit entsprechend dem vorliegenden Fall VIII, geboten sei, wenn der Übertragende auch an der anderen Mitunternehmerschaft oder der Übernehmende auch an der abgebenden Mitunternehmerschaft beteiligt ist.[307] Diese Bedingung erfüllen in dem Fall VIII sogar der übertragende als auch der übernehmende Mitunternehmer, da beide an der Obergesellschaft und beide mittelbar an der Untergesellschaft beteiligt sind. Im vorliegenden Fall würde dies aber nur insoweit zu treffen, wie eine mittelbare Beteiligung an der „anderen" Mitunternehmerschaft, der Untergesellschaft, dieser Bedingung genügt. Da eine Differenzierung zwischen unmittelbarer und mittelbarer Beteiligung entsprechend der Ausführungen zum Fall IV im Gesetzestext des § 6 Abs. 5 EStG fehlt, müsste auch eine mittelbare Beteiligung für die Erfüllung dieser Bedingung ausreichen.[308] Die Erweiterung des durch § 6 Abs. 5 EStG bestimmten Transferkatalogs wird damit begründet, dass das Übertragungsergebnis auch durch verkettete Transfers (ein zweistufiges Verfahren) erreicht werden könnte.[309] Beispielsweise käme beim Fall VIII zunächst eine unentgeltliche Übertragung eines Wirtschaftsguts ins Sonderbetriebsvermögen eines anderen Obergesellschafters bei der Obergesellschaft unter Anwendung von § 6 Abs. 5 S. 3 Nr. 3 EStG und anschließend eine Überführung ins Sonderbetriebsvermögen dieses Obergesellschafters bei der Untergesellschaft entsprechend Fall VI nach § 6 Abs. 5 S. 2 Alt. 2 EStG in Betracht.[310]

Da die direkte Übertragung aber nicht vom § 6 Abs. 5 S. 3 EStG vorgesehen ist und der Fallkatalog des § 6 Abs. 5 EStG abschließenden Charakter besitzt sowie eine Buchwertfortführung auch für den Rechtsstand vor 1999 zweifelhaft ist, ist m. E. im Fall VIII an der bereits dargestellten Auffassung festzuhalten, dass eine Buchwertfortführung nach § 6 Abs. 5 EStG bei direkter Übertragung nicht möglich ist. Eine verkettete Übertragung ist dagegen vorbehaltlich der Ausführungen im Abschnitt A.II.2.2.2.10. dieses Kapitels denkbar.

---

307 KRAFT/TRÜBENBACH sehen dabei keine Oder-Regelung vor, sondern setzen voraus, dass beide Mitunternehmer, Übernehmender und Übertragender, an der abgebenden und der „anderen" (der aufnehmenden) Mitunternehmerschaft beteiligt sind; vgl. KRAFT, G./TRÜBENBACH, K., Übertragungsmöglichkeiten, StB 2004, S. 340.

308 Vgl. Kapitel 2 Abschnitt A.II.2.2.2.4.

309 Vgl. WACKER, R., in: SCHMIDT, L., EStG, § 15 Rn. 675; KRAFT, G./TRÜBENBACH, K., Übertragungsmöglichkeiten, StB 2004, S. 340; KLOSTER, A./KLOSTER, L., Restrukturierung, GmbHR 2002, S. 718.

310 Vgl. Kapitel 2 Abschnitt A.II.2.2.2.6.

2.2.2.9. Fall IX – Übertragungen von Einzelwirtschaftsgütern aus dem Sonderbetriebsvermögen eines Obergesellschafters bei der Obergesellschaft ins Sonderbetriebsvermögen eines Untergesellschafters bei der Untergesellschaft

Der Fall IX der Transfer von Einzelwirtschaftsgütern aus dem Sonderbetriebsvermögen eines Obergesellschafters bei der Obergesellschaft ins Sonderbetriebsvermögen eines Untergesellschafters bei der Untergesellschaft entspricht auch wieder abgesehen von der Person des übernehmenden Rechtsträgers den Fällen VII und VIII. Durch den Rechtsträgerwechsel von dem Obergesellschafter auf den Untergesellschafter ist auch dieser Transfer eine Übertragung. Im Unterschied zum Fall VIII erfolgt die Übertragung nicht auf einen mittelbaren Mitunternehmer, sondern auf einen unmittelbaren Mitunternehmer der Untergesellschaft. M. E. sind bei einer direkten Übertragung die Ergebnisse des Falls VIII vollständig auf den Fall IX übertragbar. So ist auch dieser Fall nicht Gegenstand von § 6 Abs. 5 EStG, da es sich nicht entsprechend § 6 Abs. 5 S. 3 Nr. 3 EStG um eine Übertragung zwischen Sonderbetriebsvermögen „derselben" Mitunternehmerschaft handelt.[311] Folglich ist auch im Fall IX bei einer direkten Übertragung eine Buchwertübernahme nach § 6 Abs. 5 EStG ausgeschlossen.[312]

Lediglich ein verketteter Transfer ermöglicht vorbehaltlich der Ausführungen im Abschnitt A.II.2.2.2.10. dieses Kapitels eine Buchwertübernahme nach § 6 Abs. 5 EStG. So wäre dieser Transfer im Fall IX durch eine Übertragung ins Gesamthandsvermögen der Untergesellschaft entsprechend Fall V nach § 6 Abs. 5 S. 3 Nr. 2 Alt. 2 EStG und anschließend durch eine Übertragung ins Sonderbetriebsvermögen des Untergesellschafters bei der Untergesellschaft nach § 6 Abs. 5 S. 3 Nr. 2 Alt. 1 EStG (jeweils unentgeltlich oder gegen Gewährung von Gesellschaftsrechten und unter Sicherstellung der Besteuerung der stillen Reserven) zu Buch-

---

311 Vgl. WACKER, R., in: SCHMIDT, L., EStG, § 15 Rn. 675; RÄTKE, B., in: HERRMANN, C./HEUER, G./RAUPACH, A., EStG/KStG, § 15 EStG Rn. 683 (Mai 2004); MITSCH, B., Übertragungen, INF 2002, S. 81; KLOSTER, A./KLOSTER, L., Restrukturierung, GmbHR 2002, S. 718.

312 Gl. A. WACKER, R., in: SCHMIDT, L., EStG, § 15 Rn. 618; KORN, K./STRAHL, M., in: KORN, K. U. A., EStG, § 6 Rn. 505.1 (Juni 2007); RÄTKE, B., in: HERRMANN, C./HEUER, G./RAUPACH, A., EStG/KStG, § 15 EStG Rn. 683 (Mai 2004); WERNDL, J., in: KIRCHHOF, P./SÖHN, H./MELLINGHOFF, R., EStG, § 6 Rn. L 68-69 (Oktober 2004). A. A. HOFFMANN, W.-D., Transfer, GmbHR 2002, S. 133; HOTTMANN, J., in: ZIMMERMANN, R. U. A., Personengesellschaft, G Rn. 30.

werten darstellbar.[313] Da im Fall IX der Übertragende an der Obergesellschaft unmittelbar und mittelbar an der Untergesellschaft damit an der abgebenden als auch an der „anderen“, der aufnehmenden Mitunternehmerschaft beteiligt ist, ist zwar auch auf den Fall IX die Auffassung eines Teils des Schrifttums[314] zu übertragen, dass bei diesem Fall aufgrund der möglichen verketteten Übertragung auch eine direkte Übertragung zu Buchwerten analog zu § 6 Abs. 5 EStG geboten sei. Da sich der Fall IX lediglich bezüglich der Person des Übernehmenden zum Fall VIII unterscheidet, ist m. E. beim Fall IX an der Argumentation des Falls VIII und damit auch an der bereits geäußerten Versagung einer Buchwertübernahme nach § 6 Abs. 5 EStG bei einer direkten Übertragung für den Fall IX festzuhalten.

2.2.2.10. Verkettete Transfers – Gesamtplanrechtsprechung

Entsprechend der vorherigen Ausführungen ist ggf. bei den zu untersuchenden downstream-Transferfällen zu erwägen, ob ein Wirtschaftsguttransfer zu Buchwerten statt über einen direkten Transfer über einen verketteten Transfer (sog. Kettentransfer) realisiert werden kann. Damit sind mehrere aufeinander folgende und in wirtschaftlichem Zusammenhang stehende Transfers zu Buchwerten zu verstehen.[315] Diese Möglichkeit wurde in den vorherigen Abschnitten bereits zu den downstream-Fällen III, VII, VIII und IX dargestellt.

Ein Teil des Schrifttums[316] erachtet Kettentransfers als zulässige Möglichkeit Wirtschaftsgüter zu Buchwerten zu transferieren, wenn es sich um eine Kombination von gesetzlich geregelten Transfermöglichkeiten handelt. Dagegen ist ein anderer

---

313 Vgl. Kapitel 2 Abschnitt A.II.2.2.2.5.

314 Vgl. KLOSTER, A./KLOSTER, L., Restrukturierung, GmbHR 2002, S. 718. Nach KRAFT/TRÜBENBACH wäre im Fall IX anders als beim Fall VIII eine direkte Übertragung zu Buchwerten analog zu § 6 Abs. 5 EStG ausgeschlossen, da der Untergesellschafter nicht wie der Obergesellschafter an beiden Mitunternehmerschaften, Obergesellschaft und Untergesellschaft, beteiligt ist; vgl. KRAFT, G./TRÜBENBACH, K., Übertragungsmöglichkeiten, StB 2004, S. 340.

315 Vgl. RÄTKE, B., in: HERRMANN, C./HEUER, G./RAUPACH, A., EStG/KStG, § 15 EStG Rn. 683 (Mai 2004).

316 Vgl. KLOSTER, A./KLOSTER, L., Restrukturierung, GmbHR 2002, S. 729; WACKER, R., in: SCHMIDT, L., EStG, § 15 Rn. 675; KRAFT, G./TRÜBENBACH, K., Übertragungsmöglichkeiten, StB 2004, S. 340. Vgl. auch jedoch vorbehaltlich § 42 AO bzw. unter Beachtung angemessener Fristen MITSCH, B./GRÜTER, G., Übertragung, INF 2000, S. 624; MITSCH, B., Übertragungen, INF 2002, S. 81; WESSELBAUM-NEUGEBAUER, C., Einzelwirtschaftsgüter, StB 2002, S. 162. Vgl. auch aber zum vergleichbaren Kettentransfer zwischen Schwester-Personengesellschaften HOTTMANN, J., in: ZIMMERMANN, R. u. a., Personengesellschaft, B Rn. 399; CREZELIUS, G., Gesamtplan, FR 2003, S. 541; KLOSTER, A./KLOSTER, L., Restrukturierung, GmbHR 2002, S. 725-726; (kritisch) KORN, K., Buchwertfortführung, KÖSDI 2002, S. 13283; WACKER, R., in: SCHMIDT, L., EStG, § 15 Rn. 683; (vorbehaltlich § 42 AO) RÖHNER, J., Übertragung, S. 137-138; ROSER, F., Sonderbetriebsvermögen, FR 2002, S. 309.

Teil des Schrifttums[317] der Auffassung, dass ein derartiger Kettentransfer zur Umgehung des abschließenden Katalogs des § 6 Abs. 5 EStG aufgrund der sog. Gesamtplanrechtsprechung ggf. als gestaltungsmissbräuchlich i. S. von § 42 AO zu werten ist und daher für einen Transfer nach § 6 Abs. 5 EStG zu Buchwerten nicht in Betracht kommt. Ein Gestaltungsmissbrauch i. S. von § 42 AO ist dagegen auszuschließen, wenn die einzelnen Transferschritte des Kettentransfers auf jeweils eigenständigen wirtschaftlichen Gründen beruhen.[318]

In nicht seltenen Fällen hat die Finanzrechtsprechung[319] einzelne Rechtsgeschäfte, die auf einem Gesamtplan beruhen, aufgrund der Gesamtplanrechtsprechung zu einem einheitlichen wirtschaftlichen Vorgang zusammengefasst. Die Zusammenfassung und damit die Wertung als ein Gesamtplan erfordert, dass im Voraus ein zielgerichteter einheitlicher Plan besteht, der die wesentlichen zur Zielerreichung erforderlichen Teilschritte beinhaltet, dass sämtliche Teilschritte durch den Steuerpflichtigen beherrschbar sind und dass das geplante Endziel auch erreicht wird.[320]

Eine bereits vor dem ersten Teilschritt bestehende, einheitliche Planung, die auf das angestrebte Endergebnis ausgerichtet ist und alle wesentlichen Teilschritte enthält, verbindet die einzelnen Teilschritte zu einem Gesamtplan.[321] Für die Wertung als einen im Voraus vorhandenen Gesamtplan kommt es aber auch auf die Wertung der einzelnen Teilschritte an. Wenn einzelne Teilschritte aufgrund von wirtschaftlichen oder anerkennenswerten steuerlichen Gründen durchgeführt wurden und es insbesondere auf die Ausführung dieser Teilschritte ankam, ist ein

---

317 Vgl. Rätke, B., in: Herrmann, C./Heuer, G./Raupach, A., EStG/KStG, § 15 EStG Rn. 683 (Mai 2004); Niehus, U./Wilke, H., in: Herrmann, C./Heuer, G./Raupach, A., EStG/KStG, § 6 EStG Rn. 1464 (Mai 2006). Vgl. auch aber mit Stellungnahme zum vergleichbaren Kettentransfer zwischen Schwester-Personengesellschaften Brandenberg, H. B., in: Söffing, G., Mitunternehmer, S. 252.

318 Vgl. Niehus, U./Wilke, H., in: Herrmann, C./Heuer, G./Raupach, A., EStG/KStG, § 6 EStG Rn. 1464 (Mai 2006).

319 Vgl. z. B. BFH v. 27.10.2005, IX R 76/03, BStBl. II 2006, S. 359; BFH v. 06.09.2000, IV R 18/99, BStBl. II 2001, S. 229.

320 Vgl. Förster, G., Übertragung, StbJb 2004/2005, S. 249; ders., in: FS Korn, K., Gesamtplanrechtsprechung, S. 7; Förster, G./Schmidtmann, D., Gesamtplan, StuW 2003, S. 120-123; Ley, U./Strahl, M., Jahreswechsel, DStR 2003, S. 2148; Strahl, M., Gesamtplanrechtsprechung, FR 2004, S. 934; Söffing, G., Gesamtplan, BB 2004, S. 2777; Spindler, W., Gesamtplan, DStR 2005, S. 1 sowie aus der Rechtsprechung z. B. BFH v. 27.10.2005, IX R 76/03, BStBl. II 2006, S. 359, 360.

321 Vgl. Förster, G./Schmidtmann, D., Gesamtplan, StuW 2003, S. 120-121; Ley, U./Strahl, M., Jahreswechsel, DStR 2003, S. 2148; Damas, J.-P./Ungemach, M., Gesamtplanrechtsprechung, DStZ 2007, S. 555; Strahl, M., Gesamtplanrechtsprechung, FR 2004, S. 935; Söffing, G., Gesamtplan, BB 2004, S. 2777; Spindler, W., Gesamtplan, DStR 2005, S. 3; BFH v. 27.10.2005, IX R 76/03, BStBl. II 2006, S. 359, 360; BFH v. 06.09.2000, IV R 18/99, BStBl. II 2001, S. 229, 230; BFH v. 26.01.1989, IV R 86/87, BStBl. II 1989, S. 456, 458.

solcher Gesamtplan abzulehnen.[322] Ein Indiz für einen solchen Gesamtplan liegt dagegen vor, wenn für die Durchführung eines nur einzelnen Teilschritts wirtschaftliche Gründe fehlen und nur steuerliche Gründe ausschlaggebend sind.[323] Als weiteres Indiz für einen im Voraus vorhandenen Gesamtplan wird regelmäßig ein (enger) zeitlicher und wirtschaftlicher bzw. sachlicher Zusammenhang der einzelnen Teilschritte, z. B. eine angestrebte Umstrukturierung, gewertet.[324] Aber diese Beurteilung ist außerordentlich schwer und vom jeweiligen Einzelfall abhängig, da zeitlicher und sachlicher Zusammenhang in einem begrenzten Substitutionsverhältnis stehen, somit deren Wertung auch von einander abhängt. Zudem ist bei dieser Abhängigkeit unklar, ab welcher Zeitspanne bei einem speziellen wirtschaftlichen Zusammenhang ein zeitlicher Zusammenhang besteht.[325]

Die Beherrschbarkeit von Teilschritten ist grundsätzlich anzunehmen, wenn lediglich die betreffenden Steuerpflichtigen selbst handeln.[326] Falls aber weitere Personen, wie bei Übertragungen innerhalb einer doppelstöckigen Personengesellschaft, involviert sind, lässt sich eine Beherrschbarkeit der Teilschritte vermuten, wenn der Übertragende aufgrund von gesellschaftsrechtlichen Verflechtungen die Möglichkeit hat, auf nachfolgende Teilschritte entsprechend Einfluss zunehmen oder wenn etwaige vertragliche Vereinbarungen die Beteiligten entsprechend

---

322 Vgl. FÖRSTER, G./SCHMIDTMANN, D., Gesamtplan, StuW 2003, S. 120; HEUERMANN, B., Angemessenes Gestalten, BB 2003, S. 1466-1467; HEUERMANN, B., Gestalten, StuW 2004, S. 129; STRAHL, M., Gesamtplanrechtsprechung, FR 2004, S. 934; FISCHER, P., Umgehung, DB 1996, S. 651; BFH v. 09.11.2000, IV R 60/99, BStBl. II 2001, S. 101, 102; BFH v. 19.08.1999, I R 77/96, BStBl. II 2001, S. 43, 45-47.

323 Vgl. FÖRSTER, G./SCHMIDTMANN, D., Gesamtplan, StuW 2003, S. 121; STRAHL, M., Gesamtplanrechtsprechung, FR 2004, S. 934; BFH v. 13.10.1992, VIII R 3/89, BStBl. II 1993, S. 477, 479.

324 Vgl. STRAHL, M., Gesamtplanrechtsprechung, FR 2004, S. 934-935; STRAHL, M., Gestaltungssperre Gesamtplanrechtsprechung, KÖSDI 2003, S. 13921; FÖRSTER, G./SCHMIDTMANN, D., Gesamtplan, StuW 2003, S. 121; LEY, U./STRAHL, M., Jahreswechsel, DStR 2003, S. 2148; SÖFFING, G., Gesamtplan, BB 2004, S. 2778; BFH v. 27.10.2005, IX R 76/03, BStBl. II 2006, S. 359, 360; BFH v. 01.08.2002, V R 17/01, BFH/NV 2003, S. 271, 272; BFH v. 06.12.2000, VIII R 21/00, BStBl. II 2003, S. 194, 197-198; BFH v. 6.09.2000, IV R 18/99, BStBl. II 2001, S. 229, 230-231; BFH v. 19.03.1991, VIII R 76/87, BStBl. II 1991, S. 635, 636; BFH v. 24.08.1989, IV R 67/86, BStBl. II 1990, S. 132, 133; BFH v. 12.04.1989, I R 105/85, BStBl. II 1989, S. 653, 654-655; BFH v. 26.01.1989, IV R 86/87, BStBl. II 1989, S. 456; BFH v. 20.11.1982, II R 38/78, BStBl. II 1983, S. 429, 429-430.

325 Vgl. SPINDLER, W., Gesamtplan, DStR 2005, S. 3-4; FÖRSTER, G./SCHMIDTMANN, D., Gesamtplan, StuW 2003, S. 121-122; WEBER, K., Verlust, DB 1991, S. 2562; MÄRKLE, R., Übertragung, DStR 2001, S. 692; DÜLL, A./FUHRMANN, G./EBERHARD, M., Übertragung, DStR 2001, S. 1774; BOGENSCHÜTZ, E./HIERL, M., Unternehmensverkauf, DStR 2003, S. 1099-1100; LEY, U., Übertragung, KÖSDI 2004, S. 14031; STRAHL, M., Gesamtplanrechtsprechung, FR 2004, S. 935; BFH v. 14.03.2006, I R 8/05, BStBl. II 2007, S. 602, 605; (zur Einhaltung einer Zwölfmonatsfrist zwischen den Schritten eines Kettentransfers) HOTTMANN, J., in: ZIMMERMANN, R. U. A., Personengesellschaft, B Rn. 399.

326 Vgl. FÖRSTER, G./SCHMIDTMANN, D., Gesamtplan, StuW 2003, S. 122-123. Zur Beherrschbarkeit als Voraussetzung eines Gesamtplans vgl. auch STRAHL, M., Gestaltungssperre Gesamtplanrechtsprechung, KÖSDI 2003, S. 13921; DERS., Gesamtplanrechtsprechung, FR 2004, S. 934; SÖFFING, G., Gesamtplan, BB 2004, S. 2777; SPINDLER, W., Gesamtplan, DStR 2005, S. 4; BFH v. 27.10.2005, IX R 76/03, BStBl. II 2006, S. 359, 361; BFH v. 22.01.2002, VIII R 46/00, BStBl. II 2002, S. 685, 687.

binden bzw. sonstige Absprachen bestehen.[327] Eine mangelnde Beherrschbarkeit von Teilschritten ist bei vorhandenen Entscheidungsfreiheiten von betroffenen Vertragspartnern sowie existenten Markt- und Umweltrisiken, die ebenfalls auf die Teilschritte Einfluss haben können, anzunehmen.[328]

Eine zusammenfassende Betrachtung der einzelnen Teilschritte als ein einheitlicher wirtschaftlicher Vorgang setzt aber auch die tatsächliche Umsetzung des Gesamtplans, d. h. die Erreichung des gewünschten Endresultats, voraus. Zwar könnten einzelne durchgeführte Teilschritte zu einem Vorgang zusammengefasst werden, allerdings fehlt bezüglich dieser ein im Voraus erstellter zielgerichteter einheitlicher Plan. Zudem indiziert das Scheitern eines Gesamtplans die mangelnde Beherrschbarkeit dieses Plans.[329]

Falls ein Gesamtplan zu bejahen ist bzw. die Indizien dafür sprechen, sind die einzelnen Teilschritte zu einem einheitlichen wirtschaftlichen Vorgang zusammenzufassen. Diese wirtschaftliche Einheit aller Teilschritte ist der Subsumtion zu Grunde zu legen.[330] Entsprechend wird die Gesamtplanrechtsprechung auch bei der Beurteilung von Gestaltungsmissbräuchen i. S. von § 42 AO als substantielle Argumentationsfigur herangezogen, so dass ggf. statt der Teilschritte der einheitliche wirtschaftliche Vorgang der Subsumtion zu Grunde zu legen ist. So dient der Gesamtplan der Argumentation, ob durch missbräuchliche Gestaltung die Steuerlast gemindert wurde.[331] Dabei bietet die auf Indizien beruhende Vermutung eines

---

327 Vgl. SPINDLER, W., Gesamtplan, DStR 2005, S. 4; FÖRSTER, G./SCHMIDTMANN, D., Gesamtplan, StuW 2003, S. 122-123; LEY, U./STRAHL, M., Jahreswechsel, DStR 2003, S. 2148; BFH v. 17.06.1998, X R 68/95, BStBl. II 1998, S. 667, 670; BFH v. 13.10.1993, II R 92/91, BStBl. II 1994, S. 128, 129.

328 Vgl. FÖRSTER, G./SCHMIDTMANN, D., Gesamtplan, StuW 2003, S. 123; SPINDLER, W., Gesamtplan, DStR 2005, S. 4; BFH v. 15.12.1999, I R 29/97, BStBl. II 2000, S. 527.

329 Vgl. FÖRSTER, G./SCHMIDTMANN, D., Gesamtplan, StuW 2003, S. 123; SPINDLER, W., Gesamtplan, DStR 2005, S. 4.

330 Vgl. FÖRSTER, G., in: FS KORN, K., Gesamtplanrechtsprechung, S. 14; FÖRSTER, G./SCHMIDTMANN, D., Gesamtplan, StuW 2003, S. 123; SPINDLER, W., Gesamtplan, DStR 2005, S. 1; NIEHUS, U./WILKE, H., in: HERRMANN, C./HEUER, G./RAUPACH, A., EStG/KStG, § 6 EStG Rn. 1464a (Mai 2006); BFH v. 06.12.2000, VIII R 21/00, BStBl. II 2003, S. 194, 197-198; BFH v. 06.09.2000, IV R 18/99, BStBl. II 2001, S. 229; BFH v. 19.03.1991, VIII R 76/87, BStBl. II 1991, S. 635; BFH v. 24.08.1989, IV R 67/86, BStBl. II 1990, S. 132, 133. Die Beurteilung auf Basis eines Gesamtplans wird auch bei teleologischen Auslegungen steuerrechtlicher Normen angewandt; vgl. FÖRSTER, G./SCHMIDTMANN, D., Gesamtplan, StuW 2003, S. 114 mit Verweis (statt auf alle) auf LANG, J., in: TIPKE, K./LANG, J., Steuerrecht, § 5 insbesondere Rn. 40-113.

331 Vgl. SPINDLER, W., Gesamtplan, DStR 2005, S. 3, 4-5; FÖRSTER, G./SCHMIDTMANN, D., Gesamtplan, StuW 2003, S. 114; FÖRSTER, G., in: FS KORN, K., Gesamtplanrechtsprechung, S. 5. Zur Anwendung im Rahmen der Finanzrechtsprechung vgl. z. B. BFH v. 27.10.2005, IX R 76/03, BStBl. II 2006, S. 359, 360-361; BFH v. 17.06.1998, X R 68/95, BStBl. II 1998, S. 667; BFH v. 13.10.1992, VIII R 3/89, BStBl. II 1993, S. 477, 479.

gestaltungsmissbräuchlichen Gesamtplans dem Steuerpflichtigen aber auch die Chance, diese Vermutung auch wieder zu widerlegen.[332]

Den vorherigen Ausführungen zufolge kann ggf. auch bei einem Kettentransfer, wie in den Fällen III, VII, VIII und IX, aufgrund eines Gesamtplans Gestaltungsmissbrauch i. S. von § 42 AO unterstellt werden.[333] So ist eine solche Gestaltung missbräuchlich, wenn diese gemessen an dem angestrebten Ziel unangemessen ist, diese der Steuerminderung dienen soll und wenn zugleich wirtschaftliche oder sonstige beachtliche nichtsteuerliche Gründe zur Rechtfertigung fehlen.[334] Eine Steuerminderung wird in den Fällen III, VII, VIII und IX dadurch realisiert, als eine direkte Wirtschaftsgutübertragung im Gegensatz zu den Teilschritten des Kettentransfers von der abschließenden Aufzählung des § 6 Abs. 5 EStG nicht erfasst wird und folglich eine Übertragung zu Buchwerten auf Basis von § 6 Abs. 5 EStG nicht möglich ist. Beim Fehlen von wirtschaftlichen oder sonstigen beachtlichen nicht steuerlichen Gründen sowie der Annahme eines Gesamtplans, ist ein solcher Kettentransfer als Gestaltungsmissbrauch i. S. von § 42 AO zu werten.

Dem ist aber entgegenzusetzen, dass der Steuerpflichtige bei einem Kettentransfer nur die vom Gesetzgeber zur Verfügung gestellten Instrumentarien des § 6 Abs. 5 EStG ausnutzt.[335] Vergleichsweise hat der BFH mit einem Urteil vom 19.05.1993[336] die gezielte Ausnutzung von Instrumentarien des UmwStG als nicht gestaltungsmissbräuchlich gewertet. Außerdem besitzt der § 6 Abs. 5 EStG mit dem S. 4 eine eigenständige Sperrfristregelung, die gestalterische Umgehungen des § 6 Abs. 5 S. 3 EStG vermeiden soll. Insbesondere bei Beachtung dieser Sperrfristregelung erscheint eine Würdigung auf Basis des einheitlichen wirtschaft-

---

332 Vgl. FISCHER, P., Umgehung, DB 1996, S. 651; SPINDLER, W., Indizien, StbJb 2002/2003, S. 64-65, 76; FÖRSTER, G./SCHMIDTMANN, D., Gesamtplan, StuW 2003, S. 114; FÖRSTER, G., in: FS KORN, K., Gesamtplanrechtsprechung, S. 9; BFH v. 14.03.2006, I R 8/05, BStBl. II 2007, S. 602, 605; BFH v. 18.01.2001, IV R 58/99, BStBl. II 2001, S. 393; BFH v. 30.10.1996, II R 72/94, BStBl. II 1997, S. 87, 89; BFH v. 24.08.1989, IV R 67/86, BStBl. II 1990, S. 132.

333 Vgl. RÄTKE, B., in: HERRMANN, C./HEUER, G./RAUPACH, A., EStG/KStG, § 15 EStG Rn. 684 (Mai 2004).

334 Vgl. FÖRSTER, G., in: FS KORN, K., Gesamtplanrechtsprechung, S. 13-14; BUSCH, M., Gestaltungsmissbrauch, DStR 2007, S. 1070; LIST, H., Missbrauch von Gestaltungsmöglichkeiten, BB 2007, S. 133; HEUERMANN, B., Angemessenes Gestalten, BB 2003, S. 1466-1467; BFH v. 27.10.2005, IX R 76/03, BStBl. II 2006, S. 359, 360; BFH v. 17.12.2003, IX R 8/98, BFH/NV 2004, S. 939; BFH v. 14.01.2003, IX R 5/00, BStBl. II 2003, S. 509; BFH v. 19.08.1999, I R 77/96, BStBl. II 2001, S. 43, 44; BFH v. 26.03.1996, IX R 51/92, BStBl. II 1996, S. 443, 443-444; BFH v. 10.12.2003, IX R 12/01, BStBl. II 2004, S. 643, 644.

335 Vgl. CREZELIUS, G., Gesamtplan, FR 2003, S. 541.

336 Vgl. BFH v. 19.05.1993, I R 124/91, BStBl. II 1993, S. 889, 890-891.

lichen Vorgangs nicht sachgerecht, da dem Steuerpflichtigen gerade durch diese Sperrfristregelung ein steuerliches Wahlrecht aufgezeigt wird.[337] Entsprechend der nachfolgenden Ausführungen im Abschnitt A.II.3.3. dieses Kapitels sind Transfers i. S. von § 6 Abs. 5 EStG aber auch in kürzeren Abständen, d. h. innerhalb der Sperrfrist von § 6 Abs. 5 S. 4 EStG, aufgrund des Umstrukturierungscharakters und der fehlenden Wertung als Entnahme oder Veräußerung möglich. In jedem Fall könnte der rückwirkende Teilwertansatz gemäß § 6 Abs. 5 S. 4 EStG allerdings durch die Zuordnung der übertragenen stillen Reserven auf die Übertragenden jeweils durch Ergänzungsbilanzen vermieden werden.[338] Auf Basis dieser Überlegungen ist bei einem Kettentransfer den einzelnen Teilschritten eine eigene wirtschaftliche Bedeutung und bei Beachtung der Sperrfristregelung sogar eine durch die Norm ausdrücklich anerkannte Bedeutung beizumessen.[339] Zudem ist gemäß § 6 Abs. 5 EStG auch bei den Teilschritten eines Kettentransfers die Besteuerung der stillen Reserven sicherzustellen.

Außerdem ist bei der Beurteilung, ob ein Gestaltungsmissbrauch i. S. von § 42 AO vorliegt, auch auf den Sinn und Zweck der eventuell umgangenen Norm zurückzugreifen.[340] Mit dem § 6 Abs. 5 EStG in der aktuellen Fassung wurde nicht nur beabsichtigt, den Mitunternehmererlass wiedereinzuführen, sondern auch die Aufdeckung und Besteuerung von stillen Reserven bei Übertragungen zu vermeiden und damit die Flexibilität von Unternehmungen zu erhalten und steuerneutrale Umstrukturierungen im Wege der Übertragung von Einzelwirtschaftsgütern zu erleichtern.[341] Grundsätzlich wäre auf Basis dieser Argumentation auch ein einheitlicher wirtschaftlicher Vorgang, d. h. der direkte Wirtschaftsguttransfer, zu Buchwerten in den Fällen III, VII, VIII und IX bzw. zumindest die Kettentransfers in diesen Fällen zu rechtfertigen. Allerdings besitzt der Transferkatalog des § 6 Abs. 5 EStG abschließenden Charakter. Damit wären der direkte Transfer bzw.

---

337 Vgl. FÖRSTER, G., in: FS KORN, K., Gesamtplanrechtsprechung, S. 16; DERS., Übertragung, StbJb 2004/2005, S. 249; KORN, K., Buchwertfortführung, KÖSDI 2002, S. 13283; CREZELIUS, G., Gesamtplan, FR 2003, S. 541; KORN, K./STRAHL, M., in: KORN, K. U. A., EStG, § 6 Rn. 494.2 (Juni 2007); BFH v. 19.05.1993, I R 124/91, BStBl. II 1993, S. 889, 890-891.

338 Vgl. Kapitel 2 Abschnitt A.II.3.3.

339 Vgl. FÖRSTER, G., in: FS KORN, K., Gesamtplanrechtsprechung, S. 16; DERS., Übertragung, StbJb 2004/2005, S. 249; STRAHL, M., Gestaltungssperre Gesamtplanrechtsprechung, KÖSDI 2003, S. 13927.

340 Vgl. LANG, J., in: TIPKE, K./LANG, J., Steuerrecht, § 5 Rn. 95; FISCHER, P., Umgehung, DB 1996, S. 649-651; (kritisch) CREZELIUS, G., Gesamtplan, FR 2003, S. 538-539.

341 Vgl. Kapitel 2 Abschnitt A.II.1.1. und Abschnitt A.II.1.2.

der einheitliche wirtschaftliche Vorgang bei Annahme eines Gesamtplans in den Fällen III, VII, VIII und IX nicht durch § 6 Abs. 5 EStG erfasst.

Da eine abschließende Klärung dieser Problematik des § 6 Abs. 5 EStG, z. B. aufgrund entsprechender Finanzrechtsprechung, fehlt, besteht trotz dieser verschiedenen Überlegungen das Risiko, dass bei einem Kettentransfer, wie in den Fällen III, VII, VIII und IX denkbar, die Teilschritte aufgrund einer möglichen Wertung als gestaltungsmissbräuchlicher Gesamtplan zu einem einheitlichen wirtschaftlichen Vorgang zusammenzufassen sind und dass jeweils der Transfer auf Basis von § 6 Abs. 5 EStG aufgrund dessen abschließenden Transferkatalogs nicht zu Buchwerten möglich ist.

2.2.2.11. Zusammenfassender Überblick über die Anwendbarkeit des § 6 Abs. 5 EStG auf die zu untersuchenden Transferfälle

Die nachfolgende Abb. 8 macht deutlich, dass nur in fünf von neun downstream-Transferfällen eine direkte Übertragung auf Basis von § 6 Abs. 5 EStG innerhalb einer doppelstöckigen Personengesellschaft zu Buchwerten zwingend ist bzw. ermöglicht wird. Zudem ist sich das Schrifttum bei den Fällen IV, V und VI, bei denen m. E. eine Anwendung von § 6 Abs. 5 EStG zu bejahen ist, bezüglich der Anwendbarkeit des § 6 Abs. 5 EStG nicht einig. Aber unter Umständen ist bei diesen strittigen Fällen wie in den Fällen III, VII, VIII und IX, bei denen ein direkter Transfer durch § 6 Abs. 5 EStG nicht erfasst wird, anstatt eines direkten Transfers ein verketteter Transfer zur Vermeidung der Aufdeckung und Besteuerung stiller Reserven zu erwägen. Kettentransfers beinhalten jedoch entsprechend der Ausführungen im Abschnitt A.II.2.2.2.10. dieses Kapitels das Risiko, dass unter Umständen ein betreffender Transfer auf Basis der Gesamtplanrechtsprechung als gestaltungsmissbräuchlich i. S. von § 42 AO gewertet wird, der zusammengefasste einheitliche wirtschaftliche Vorgang der Subsumtion zu Grunde gelegt wird und auf dieser Basis eine Übertragung zu Buchwerten nach § 6 Abs. 5 EStG nicht möglich ist. Eine derartige Beurteilung ist m. E. aber vom jeweiligen Einzelfall abhängig.

downstream	**Transfer von einem WG** (Überführung bzw. Übertragung)	**Vermögensmäßige Zuordnung**	**Rechtsträger-wechsel**	**Im Anwendungs-bereich von**
Fall I	von der OG auf die UG	aus dem GHV der OG ins GHV der UG	ja	§ 6 Abs. 5 S. 3 Nr. 1 EStG
Fall II	innerhalb des Vermögens der OG	aus dem GHV der OG ins SBV der OG bei der UG	nein	§ 6 Abs. 5 S. 2 EStG
Fall III	von der OG auf einen anderen UGter	aus dem GHV der OG ins SBV eines UGters bei der UG	ja	- (als Alternative ein verketteter Transfer)
Fall IV	von der OG auf einen OGter	aus dem GHV der OG ins SBV eines OGters bei der UG	ja	§ 6 Abs. 5 S. 3 Nr. 2 Alt. 2 EStG
Fall V	von einem OGter auf die UG	aus dem SBV eines OGters bei der OG ins GHV der UG	ja	§ 6 Abs. 5 S. 3 Nr. 2 Alt. 2 EStG
Fall VI	innerhalb des Vermögens eines OGters	aus dem SBV eines OGters bei der OG ins SBV dieses OGters bei der UG	nein	§ 6 Abs. 5 S. 2 EStG
Fall VII	von einem OGter auf die OG	aus dem SBV eines OGters bei der OG ins SBV der OG bei der UG	ja	- (als Alternative ein verketteter Transfer)
Fall VIII	von einem OGter auf einen anderen OGter	aus dem SBV eines OGters bei der OG ins SBV eines anderen OGters bei der UG	ja	- (als Alternative ein verketteter Transfer)
Fall IX	von einem OGter auf einen UGter	aus dem SBV eines OGters bei der OG ins SBV eines UGters bei der UG	ja	- (als Alternative ein verketteter Transfer)

Abb. 8: Überblick über die Anwendbarkeit des § 6 Abs. 5 EStG auf die untersuchten downstream-Transferfälle (Übertragungen bzw. Überführungen)

3. Rechtsfolgen aus Übertragungen von einzelnen Wirtschaftsgütern aus dem Betriebsvermögen der Obergesellschaft in das Betriebsvermögen der Untergesellschaft

3.1. Rechtsfolgen

Soweit entsprechend der vorherigen Ausführungen ein Transfer eines einzelnen Wirtschaftsguts in den Anwendungsbereich des § 6 Abs. 5 S. 2 oder S. 3 EStG fällt, ist aufgrund der Verweise auf S. 1 des § 6 Abs. 5 EStG entsprechend des Gesetzeswortlauts das überführte bzw. übertragende Wirtschaftsgut (zwingend) mit dem Wert anzusetzen, der sich nach den Vorschriften über die Gewinnermittlung ergibt, also mit dem aktuellen Buchwert.[342] Auch wenn es dem Gesetz nicht ausdrücklich zu entnehmen ist, gilt dieser Buchwertansatz für den abgebenden und den übernehmenden Rechtsträger.[343] Folglich ist das Wirtschaftsgut bei dem abgebenden Gesamthands- bzw. Sonderbetriebsvermögen der Obergesellschaft mit dem Buchwert auszubuchen und bei dem übernehmenden Gesamthands- bzw. Sonderbetriebsvermögen der Untergesellschaft mit dem Buchwert einzubuchen.[344] Durch die Ausbuchung mit dem Buchwert aus dem abgebenden Betriebsvermögen unterbleibt eine Aufdeckung möglicher stiller Reserven, damit eine mögliche Gewinnrealisierung. Zudem tritt der Übernehmende bei Buchwertfortführung bezüglich des Wirtschaftsguts auch ansonsten in die Rechtsstellung des Abgebenden ein. Folglich führt der Übernehmende die bisherige AfA fort bzw. hat sich in Bezug auf das Wertaufholungsgebot vorherige AfA zurechnen zu lassen. Der Übernehmende kann sich aber auch bisherige Besitzzeiten für die Anwendung von § 6 b EStG anrechnen lassen.[345]

---

342 Vgl. Wendt, M., Übertragung, FR 2002, S. 59; Korn, K., Buchwertfortführung, KÖSDI 2002, S. 13274; Ehmke, T., in: Blümich, EStG/KStG/GewStG, § 6 EStG Rn. 1290, 1312 (März 2004); Niehus, U./Wilke, H., in: Herrmann, C./Heuer, G./Raupach, A., EStG/KStG, § 6 EStG Rn. 1457b, 1458a (Mai 2006); Werndl, J., in: Kirchhof, P./Söhn, H./Mellinghoff, R., EStG, § 6 Rn. L 31 (Oktober 2004).

343 Vgl. Korn, K., Buchwertfortführung, KÖSDI 2002, S. 13274; Korn, K./Strahl, M., in: Korn, K. u. a., EStG, § 6 Rn. 493 (Juni 2007); Niehus, U./Wilke, H., in: Herrmann, C./Heuer, G./Raupach, A., EStG/KStG, § 6 EStG Rn. 1458b (Mai 2006); Freikamp, G., Bewertung, BB 2001, S. 2620.

344 Vgl. Glanegger, P., in: Schmidt, L., EStG, § 6 Rn. 515, 531, 544; Niehus, U./Wilke, H., in: Herrmann, C./Heuer, G./Raupach, A., EStG/KStG, § 6 EStG Rn. 1458b (Mai 2006).

345 Vgl. Korn, K., Buchwertfortführung, KÖSDI 2002, S. 13278; Kloster, A./Kloster, L., Restrukturierung, GmbHR 2002, S. 718; Röhner, J., Übertragung, S. 134; Glanegger, P., in: Schmidt, L., EStG, § 6 Rn. 515; Fischer, P., in: Kirchhof, P., EStG, § 6 Rn. 186; OFD Kiel v. 22.08.2001, S 2139 A – St 232, DB 2001, S. 2373; Niehus, U./Wilke, H., in: Herrmann, C./Heuer, G./Raupach, A., EStG/KStG, § 6 EStG Rn. 1458b (Mai 2006); Ehmke, T., in: Blümich, EStG/KStG/GewStG, § 6 EStG Rn. 1290, 1312 (März 2004).

Durch den Verweis auf § 6 Abs. 5 S. 1 EStG knüpft der zwingende Buchwertansatz auch an die Voraussetzung an, dass die Besteuerung der stillen Reserven sicherzustellen ist.[346] Diese Sicherstellung der Besteuerung stiller Reserven erfordert grundsätzlich, dass das betreffende Wirtschaftsgut nicht in ein Betriebsvermögen transferiert wird, das nicht unbeschränkt der deutschen Ertragsbesteuerung unterliegt.[347]

Die Rechtsfolgen von § 6 Abs. 5 S. 3 EStG gelten jedoch nur für die in § 6 Abs. 5 S. 1-3 EStG genannten unentgeltlichen Transfers bzw. Transfers gegen Gewährung oder Minderung von Gesellschaftsrechten. Im Falle des sonstigen entgeltlichen, teil- oder mischentgeltlichen Transfers sind entsprechend der Ausführungen in Abschnitt A.II.1.4. dieses Kapitels auf die entgeltlichen Teile des Transfers die allgemeinen Grundsätze für Veräußerungen anzuwenden und damit die möglichen stillen Reserven entsprechend aufzudecken. Auch bei Entnahmen bzw. Einlagen, die nicht durch den Anwendungsbereich des § 6 Abs. 5 EStG erfasst sind, sind aufgrund des gebotenen Teilwertansatzes (§ 6 Abs. 1 Nr. 4 S. 1 und § 6 Abs. 1 Nr. 5 EStG) die stillen Reserven aufzudecken.[348]

Bei den betrachteten Transfermöglichkeiten können sich im Fall eines Transfers gegen Gewährung von Gesellschaftsrechten aber auch bei unentgeltlichen Transfers Veränderungen bezüglich der Mitunternehmerstellungen innerhalb der doppelstöckigen Personengesellschaft ergeben. So würde durch eine Übertragung eines Wirtschaftsguts ins Sonderbetriebsvermögen eines Obergesellschafters bei der Untergesellschaft in den Fällen IV, VI und VIII eine Sonder-Mitunternehmerstellung eines Obergesellschafters bei der Untergesellschaft i. S. von § 15 Abs. 1 S. 1 Nr. 2 S. 2 EStG erst neu begründet werden, vorausgesetzt der betreffende Obergesellschafter hat nicht bereits vorher über Sonderbetriebsvermögen bei der Untergesellschaft verfügt und ist nicht zugleich unmittelbarer Mitunternehmer der

---

346 Vgl. WENDT, M., Übertragung, FR 2002, S. 59; KORN, K., Buchwertfortführung, KÖSDI 2002, S. 13274.

347 Vgl. KORN, K./STRAHL, M., in: KORN, K. U. A., EStG, § 6 Rn. 491-492 (Juni 2007); EHMKE, T., in: BLÜMICH, EStG/KStG/GewStG, § 6 EStG Rn. 1291 (März 2004); WENDT, M., Übertragung, FR 2002, S. 59; KLOSTER, A./KLOSTER, L., Restrukturierung, GmbHR 2002, S. 718-719; NIEHUS, U./WILKE, H., in: HERRMANN, C./HEUER, G./RAUPACH, A., EStG/KStG, § 6 EStG Rn. 1449-1449f (Oktober 2004).

348 Vgl. HOFFMANN, W.-D., in: BITZ, H./PUST, H., EStG, § 6 Rn. 1120 (August 2005); NIEHUS, U./WILKE, H., in: HERRMANN, C./HEUER, G./RAUPACH, A., EStG/KStG, § 6 EStG Rn. 1443 (Oktober 2004); RÖHNER, J., Übertragung, S. 120, 126.

Untergesellschaft. Eine solche unmittelbare Beteiligung an der Untergesellschaft neben der unmittelbaren Beteiligung an der Obergesellschaft erhält der Obergesellschafter durch eine Übertragung eines Wirtschaftsguts ins Gesamthandsvermögen der Untergesellschaft gegen Gewährung von Gesellschaftsrechten entsprechend des Falls V. Soweit der Obergesellschafter nicht bereits zuvor unmittelbarer Untergesellschafter war, würde durch diese Übertragung die unmittelbare Mitunternehmerstellung erst begründet werden. Verfügt der Obergesellschafter im Fall V zugleich auch über Sonderbetriebsvermögen und damit über eine Sonder-Mitunternehmerstellung i. S. von § 15 Abs. 1 S. 1 Nr. 2 S. 2 EStG bei der Untergesellschaft, hat allerdings die neu gegründete unmittelbare Beteiligung nach § 15 Abs. 1 S. 1 Nr. 2 S. 1 EStG Vorrang vor der Sonder-Mitunternehmerstellung des Obergesellschafters bei der Untergesellschaft, d. h. vor § 15 Abs. 1 S. 1 Nr. 2 S. 2 EStG.[349]

Der Transfer eines Einzelwirtschaftsguts zum Buchwert im Wege von § 6 Abs. 5 EStG lässt ggf. vorhandene einkommensteuerliche bzw. körperschaftsteuerliche Verlustvorträge, die auf Ebene der unmittelbaren bzw. mittelbaren Mitunternehmer vorgetragen werden, unberührt.

3.2. Besonderheiten der Bilanzierung

3.2.1. Auswirkungen auf die Beteiligungsbilanzierung

Bei der bilanziellen Abbildung von Transferfällen innerhalb doppelstöckiger Personengesellschaften ist die Aufmerksamkeit auch auf die Bilanzierung der Beteiligung der Obergesellschaft an der Untergesellschaft und die Bilanzierungskonkurrenz bei Sonderbetriebsvermögen der Obergesellschaft bei der Untergesellschaft zu richten. Ein Transfer wirkt sich aber nur bei einer Überführung im Fall II, bei Übertragungen in den Fällen I und VII sowie bei einer unentgeltlichen Übertragung im Fall V auf den Beteiligungsausweis in der Gesamthandsbilanz der Obergesellschaft aus.

---

349 Vgl. HOTTMANN, J., in: ZIMMERMANN, R. U. A., Personengesellschaft, G Rn. 12-13.

Im Fall I ist das betreffende Wirtschaftsgut beim Transfer gegen Gewährung von Gesellschaftsrechten aus der Gesamthandsbilanz der Obergesellschaft zum Buchwert auszubuchen. Bei der Untergesellschaft ist das Wirtschaftsgut im Gesamthandsvermögen mit dem Buchwert und gleichzeitig die Erhöhung des Kapitalkontos I der Obergesellschaft bei der Untergesellschaft in entsprechender Höhe einzubuchen. Bei Anwendung der Spiegelbildmethode hat dieser Transfer über die spiegelbildliche Abbildung des anteiligen Eigenkapitals der Obergesellschaft bei der Untergesellschaft in der Gesamthandsbilanz der Obergesellschaft in Höhe des Buchwerts des transferierten Wirtschaftsguts eine Erhöhung des Beteiligungsausweises zum Ergebnis. Somit wird der Wirtschaftsguttransfer des Falls I in der Gesamthandsbilanz der Obergesellschaft als eine Umbuchung auf den Posten „Beteiligung an der Untergesellschaft" erfasst.[350] Es handelt sich um einen Aktivtausch.

Für den Fall der unentgeltlichen Übertragung bieten sich beim Fall I die Möglichkeiten an, das Wirtschaftsgut unter gleichzeitiger Erhöhung der gesamthänderisch gebundenen Rücklage oder unter Erhöhung eines gesellschafterbezogenen Kapital-/Rücklagenkontos, das weder Gesellschaftsrechte ausweist noch als Darlehenskonto zu werten ist (z. B. das Kapitalkonto II), einzubuchen.[351] Die zweite Alternative, die Verbuchung der unentgeltlichen Übertragung über ein gesellschafterbezogenes Kapital-/Rücklagenkonto, unterscheidet sich zur Übertragung gegen Gewährung von Gesellschaftsrechten nur darin, dass auf Ebene der Untergesellschaft nicht das Kapitalkonto I, sondern ein anderes Kapital-/Rücklagenkonto bei der Verbuchung angesprochen wird. Falls stattdessen eine Verbuchung über die gesamthänderisch gebundene Rücklage erfolgt, ist zu berücksichtigen, dass die Obergesellschaft nur anteilig neben den sonstigen Untergesellschaftern an der gesamthänderisch gebundenen Rücklage beteiligt ist. Damit ist der Ausweis der Beteiligung der Obergesellschaft an der Untergesellschaft lediglich in Höhe des Anteils der Obergesellschaft an dem Erhöhungsbetrag der gesamthänderisch gebundenen Rücklage zu erhöhen.

---

350 Zu der Spiegelbildmethode vgl. auch die Ausführungen in Kapitel 1, Abschnitt B.I.3.3. und vgl. darüber hinaus zur bilanziellen Abbildung SCHMID, R., Sonderbetriebsvermögen, DStR 1997, S. 946-947.

351 Vgl. Kapitel 2 Abschnitt A.II.1.4.3.

Falls im Fall V bei einer Übertragung eines Wirtschaftsguts gegen Gewährung von Gesellschaftsrechten der Untergesellschaft an den Obergesellschafter erfolgt, bleibt zweifelsohne der Ansatz der Beteiligung der Obergesellschaft an der Untergesellschaft in der Gesamthandsbilanz der Obergesellschaft unberührt. Bei einer unentgeltlichen Übertragung ist allerdings, soweit der Obergesellschafter nicht unmittelbar an der Untergesellschaft beteiligt ist, das betreffende Wirtschaftsgut unter gleichzeitiger Erhöhung der gesamthänderisch gebundenen Rücklage ins Gesamthandsvermögen der Untergesellschaft einzubuchen. Da die gesamthänderisch gebundene Rücklage nur den Untergesellschaftern und damit anteilig der Obergesellschaft zuzurechnen ist, ist folglich wie beim Fall I der Ansatz der Beteiligung der Untergesellschaft an der Untergesellschaft in Höhe des Anteils der Obergesellschaft an dem Erhöhungsbetrag der gesamthänderisch gebundenen Rücklage zu erhöhen.

Bezüglich des Falls II ist zunächst zu klären, ob das im Eigentum der Obergesellschaft stehende Wirtschaftsgut weiterhin in der Gesamthandsbilanz der Obergesellschaft zu bilanzieren ist oder ob durch die Umwidmung als Sonderbetriebsvermögen der Obergesellschaft bei der Untergesellschaft das Wirtschaftsgut in einer Sonderbilanz auf der Ebene der Untergesellschaft zu bilanzieren ist. Ein Teil des Schrifttums[352] ist der Auffassung, dass diese Bilanzierungskonkurrenz über eine unveränderte Bilanzierung des Wirtschaftsguts in der Gesamthandsbilanz der Obergesellschaft gelöst werden könnte. Dagegen sind ständige BFH-Rechtsprechung[353], Finanzverwaltung[354] und herrschende Meinung des Schrifttums[355] der

---

352 Vgl. (auch zur zu Grunde liegenden Argumentation) LEY, U., Besteuerungsfragen, KÖSDI 1996, S. 10929; KNOBBE-KEUK, B., Unternehmenssteuerrecht, S. 449; SOMMER, J., Steuerbilanz, S. 85-86; (kritisch) HALLERBACH, D., in: SÖFFING, G., Mitunternehmer, S. 296-303; (differenzierend) KERSSENBROCK, GRAF O.-F., Umwandlung, BB 2000, S. 763, 767-770.

353 Vgl. z. B. BFH v. 06.03.2002, XI R 9/01, BStBl. II 2002, S. 737, 738; BFH v. 07.12.2000, III R 35/98, BStBl. II 2001, S. 316, 319; BFH v. 24.03.1999, I R 114/97, BStBl. II 2000, S. 399, 401; BFH v. 13.07.1993, VIII R 50/92, BStBl. II 1994, S. 282, 286; BFH v. 03.05.1993, GrS 3/92, BStBl. II 1993, S. 623; BFH v. 28.11.1991, XI R 14/90, BFH/NV 1992, S. 377, 378; BFH v. 14.04.1988, IV R 271/84, BStBl. II 1988, S. 667, 669; BFH v. 18.05.1983, I R 5/82, BStBl. II 1983, S. 771, 772-773; BFH v. 18.07.1979, I R 199/75, BStBl. II 1979, S. 750, 753-754.

354 Vgl. z. B. BMF-SCHREIBEN v. 28.04.1998, IV B 2 – S 2241 – 42/98, BStBl. I 1998, S. 583; BMF-SCHREIBEN v. 28.08.1991, IV B 3 – InvZ 1010 – 13/91, BStBl. I 1991, S. 768 Rn. 7; BMF-SCHREIBEN v. 10.12.1979, IV II 2 – S 2241 – 138/79, BStBl. I 1979, S. 683.

355 Vgl. WACKER, R., in: SCHMIDT, L., EStG, § 15 Rn. 534, 858-859; CARLÉ, D., in: KORN, K. U. A., EStG, § 15 Rn. 207-208, 210 (März 2006); REIß, W., in: KIRCHHOF, P./SÖHN, H./MELLINGHOFF, R., EStG, § 15 Rn. E 343; (kritisch) SCHMID, R., Sonderbetriebsvermögen, DStR 1997, S. 941-943, 945; BRANDENBERG, H. B., Bilanzierungskonkurrenz, FR 1997, S. 88-89; PATT, J./RASCHE, R., Bilanzierungskonkurrenz, FR 1996, S. 806-807; ROSE, G., in: FS MOXTER, A., Sonderbetriebsvermögen, S. 1100-1101; SARRAZIN, V., in: FS SCHMIDT, L., Personengesellschaft, S. 400.

Auffassung, dass ein Wirtschaftsgut nach der Umwidmung zum Sonderbetriebsvermögen nicht mehr in der Gesamthandsbilanz der Obergesellschaft, sondern in der Sonderbilanz der Obergesellschaft bei der Untergesellschaft zu bilanzieren ist. Demnach ist § 15 Abs. S. 1 Nr. 2 S. 1 2. Hs. EStG nicht nur als Qualifikationsnorm, d. h. die Umqualifizierung von Einkünften in gewerbliche Einkünfte, sondern noch weitergehender als eine Zurechnungsnorm von Sonderbetriebsvermögen zu verstehen. Damit wird die vorrangige Bilanzierung im eigenen Gewerbebetrieb eines Gesellschafters vor dem Sonderbetrieb bei einer Mitunternehmerschaft (sog. Subsidiaritätsthese) abgelehnt und der Grundsatz der Maßgeblichkeit der Handelsbilanz für die Steuerbilanz durchbrochen.[356]

Durch diesen bilanziellen Ausweis des überführten Wirtschaftsguts im Sonderbetriebsvermögen bei der Untergesellschaft wird grundsätzlich ein Ergebnis wie im Fall I und der Übertragung gegen Gewährung von Gesellschaftsrechten erreicht. Lediglich der bilanzielle Ausweis auf der Ebene der Untergesellschaft differiert, da das Wirtschaftsgut auf Ebene der Untergesellschaft im Sonderbetriebsvermögen zu erfassen ist und da nicht der Eigenkapitalausweis in der Gesamthandsbilanz, sondern der in der Sonderbilanz der Obergesellschaft in Höhe des Buchwerts des transferierten Wirtschaftsguts zu erhöhen ist. Auf der Ebene der Obergesellschaft ist wie im Fall I das Wirtschaftsgut aus der Gesamthandsbilanz auszubuchen. Gegenläufig erhöht sich der Beteiligungsausweis in entsprechender Höhe, d. h. in Höhe des Buchwerts des transferierten Wirtschaftsguts. Schließlich erfasst die spiegelbildliche Wiedergabe des anteiligen Eigenkapitals der Obergesellschaft bei der Untergesellschaft neben dem Eigenkapital in der Gesamthands- und der Ergänzungsbilanz auch das in der Sonderbilanz der Obergesellschaft bei der Untergesellschaft. Auch im Fall II handelt es sich somit um einen Aktivtausch, da der Wirtschaftsguttransfer ebenfalls in der Gesamthandsbilanz der Obergesellschaft durch eine Umbuchung auf den Posten „Beteiligung an der Untergesellschaft" abzubilden ist.[357]

---

356 Vgl. WACKER, R., in: SCHMIDT, L., EStG, § 15 Rn. 534; NIEHUS, U./WILKE, H., Personengesellschaften, S. 87-88; KERSSENBROCK, GRAF O.-F., Umwandlung, BB 2000, S. 763; BRANDENBERG, H. B., Bilanzierungskonkurrenz, FR 1997, S. 88; PATT, J./RASCHE, R., Sonderbetriebsvermögen, DStR 1995, S. 403; SCHMID, R., Sonderbetriebsvermögen, DStR 1997, S. 942; BFH v. 18.07.1979, I R 199/75, BStBl. II 1979, S. 750, 753-754.

357 Vgl. SCHMID, R., Sonderbetriebsvermögen, DStR 1997, S. 946-947. Zu der Spiegelbildmethode vgl. auch die Ausführungen in Kapitel 1 Abschnitt B.I.3.3.

Die bilanzielle Abbildung im Fall II wird durch ein Beispiel nochmals aufgezeigt:

<u>Beispiel:</u> *Entsprechend des Grundfalls (Abb. 2) ist an der Y-OHG neben dem Gesellschafter C die X-OHG beteiligt, während an der X-OHG die Gesellschafter A und B beteiligt sind. Zum 01.01.06 geben die Steuerbilanzen der Mitunternehmerschaften folgende Ausgangssituation wieder:*

X-OHG (in TEUR)

A		P	
Grundstücke	250	Eigenkapital	
Beteiligung Y-OHG	250	Kap.-Kto I: A	350
Sonstige Aktiva	200	Kap.-Kto I: B	350
	700		700

Y-OHG (in TEUR)

A		P	
Aktiva	500	Eigenkapital	
		Kap.-Kto I: X-OHG	250
		Kap.-Kto I: C	250
	500		500

Ab dem 02.01.06 verpachtet die X-OHG ein zuvor selbst genutztes Grundstück des Gesamthandsvermögens mit einem Buchwert von TEUR 250 zu einem Mietzins von TEUR 10 p. a. an die Y-OHG. Da sich ab dem 01.01.06 keine weiteren Geschäftsvorfälle ereignet haben, stellen sich die Steuerbilanzen durch diese Zweckumwidmung entsprechend der vorherigen Ausführungen unter Anwendung von § 6 Abs. 5 S. 2 EStG ab dem Überführungszeitpunkt wie folgt dar:

X-OHG (in TEUR)

A		P	
Beteiligung Y-OHG	500	Eigenkapital	
Sonstige Aktiva	200	Kap.-Kto I: A	350
		Kap.-Kto I: B	350
	700		700

Y-OHG (in TEUR)

A		P	
Aktiva	500	Eigenkapital	
		Kap.-Kto I: X-OHG	250
		Kap.-Kto I: C	250
	500		500

Sonderbilanz X-OHG (in TEUR)

A		P	
Grundstücke	250	Eigenkapital	250
	250		250

Diese Ergebnisse aus dem Fall II sind auch auf den Fall VII übertragbar, soweit der Transfer zu Buchwerten durch einen verketteten Transfer entsprechend der Ausführungen in den Abschnitt A.II.2.2.2.7. und A.II.2.2.2.10. dieses Kapitels erreicht wird. Schließlich könnte ggf. der zweite Teil des betreffenden Kettentransfers durch eine Überführung des Wirtschaftsguts aus dem Gesamthandsvermögen der Obergesellschaft ins Sonderbetriebsvermögen der Obergesellschaft bei der

Untergesellschaft entsprechend Fall II unter Anwendung von § 6 Abs. 5 S. 2 Alt. 1 EStG vollzogen werden.

Die zuvor ausgeführten Grundsätze zur Lösung der Bilanzierungskonkurrenz bei Sonderbetriebsvermögen sind auch auf Kapitalgesellschaften als Mitunternehmer einer Mitunternehmerschaft zu übertragen. Dies wäre z. B. in den Fällen III und IX, bei denen jeweils ein Wirtschaftsgut des Betriebsvermögens der Obergesellschaft ins Sonderbetriebsvermögen eines anderen Untergesellschafters bei der Untergesellschaft übertragen wird, denkbar. So hat die Bilanzierung eines Wirtschaftsguts im Sonderbetriebsvermögen auch bei Kapitalgesellschaften als Mitunternehmer Vorrang vor der Bilanzierung in der eigenen Bilanz.[358]

Die nachfolgende Abbildung veranschaulicht nochmals besondere Rechtsfolgen und Bilanzierungskonsequenzen aus den zu Grunde liegenden neun Transferfällen.

---

[358] Vgl. WACKER, R., in: SCHMIDT, L., EStG, § 15 Rn. 534; CARLÉ, D., in: KORN, K. U. A., EStG, § 15 Rn. 210 (März 2006); (kritisch) KERSSENBROCK, GRAF O.-F., Umwandlung, BB 2000, S. 763, 767-770; BFH v. 11.12.1986, IV R 222/84, BStBl. II 1987, S. 553, 553-555.

downstream	Transfer im Anwendungsbereich von	Rechtsfolgen			Auswirkungen auf die Beteiligungsbilanzierung
		Buchwertfortführung, Eintritt in die Rechtsstellung des Abgebenden	OGter: Gründung einer unmittelbaren Mitunternehmerstellung	OGter: Gründung einer Sondermitunternehmerstellung bei der UG (§ 15 Abs. 1 S. 1 Nr. 2 S. 2 EStG)	
Fall I	§ 6 Abs. 5 S. 3 Nr. 1 EStG	ja			Lediglich ein Aktivtausch im GHV der OG durch die Ausbuchung des WG aus dem GHV der OG und die gegenläufige spiegelbildliche Wiedergabe des Beteiligungsausweises und damit des bei der UG ins GHV eingebuchten anteiligen Eigenkapitals (Fall I) bzw. des bei der UG ins SBV eingebuchten WG/Eigenkapitals (Fall II)
Fall II	§ 6 Abs. 5 S. 2 EStG	ja			
Fall III	- (als Alternative ein verketteter Transfer)	ggf. ja bei einem verketteten Transfer			Reduzierung von Aktiva der OG durch die Ausbuchung des WG aus dem GHV der OG, wobei der Beteiligungsausweis an der UG im GHV der OG unverändert bleibt
Fall IV	§ 6 Abs. 5 S. 3 Nr. 2 Alt. 2 EStG	ja		ggf. ja	
Fall V	§ 6 Abs. 5 S. 3 Nr. 2 Alt. 2 EStG	ja	ggf. ja		Erhöhung des GHV der UG durch Einbuchung des WG des OGters; der Ausweis der Beteiligung der OG an der UG bleibt bei Übertragung gegen Gewährung von Gesellschaftsrechten unverändert, erhöht sich bei unentgeltlicher Übertragung in Höhe des bei der UG eingebuchten anteiligen Eigenkapitals
Fall VI	§ 6 Abs. 5 S. 2 EStG	ja		ggf. ja	keine Veränderung im Gesamthandsbereich der OG und der UG und keine Veränderung bezüglich der Beteiligungsbilanzierung bei der OG
Fall VII	- (als Alternative ein verketteter Transfer)	ggf. ja bei einem verketteten Transfer			Erhöhung des Beteiligungsausweises an der UG im GHV der OG durch die Einbuchung des WG ins SBV der OG bei der UG und die spiegelbildliche Wiedergabe dessen über den Beteiligungsausweis
Fall VIII	- (als Alternative ein verketteter Transfer)	ggf. ja bei einem verketteten Transfer		ggf. ja	keine Veränderung im Gesamthandsbereich der OG und der UG und keine Veränderung bezüglich der Beteiligungsbilanzierung bei der OG
Fall IX	- (als Alternative ein verketteter Transfer)	ggf. ja bei einem verketteten Transfer			

Abb. 9: Rechtsfolgen aus den untersuchten downstream-Transferfällen (Übertragungen bzw. Überführungen) bei Anwendbarkeit des § 6 Abs. 5 EStG

3.2.2. Erstellung von Ergänzungsbilanzen

3.2.2.1. Übertragungen in ein Gesamthandsvermögen

3.2.2.1.1. Ergänzungsbilanzen bei Übertragungen gegen Gewährung von Gesellschaftsrechten

In den Fällen der Übertragung eines Wirtschaftsguts auf die Gesamthand der Untergesellschaft (Fall I und V) springen im Fall der Buchwertübernahme stille Reserven auf die Gesamthand und somit anteilig auch auf andere Untergesellschafter über. Durch die Aufstellung von Ergänzungsbilanzen kann bei einer Übertragung in ein Gesamthandsvermögen i. S. von § 6 Abs. 5 S. 3 EStG das Überspringen von stillen Reserven verhindert werden.[359] Dabei wird durch das Erfassen der übertragenen stillen Reserven in einer Ergänzungsbilanz das Überspringen von stillen Reserven insoweit vermieden, als durch die Ergänzungsbilanz die stillen Reserven dem übertragenden Mitunternehmer zugerechnet werden. Die übertragenen stillen Reserven müssen im Idealfall bei ihrer Realisierung, d. h. bei Auflösung der Ergänzungsbilanzbestände durch Verbrauch, Entnahme oder Verkauf, nur bei diesem und nicht auch den anderen Mitunternehmern der aufnehmenden Personengesellschaft versteuert werden.[360]

Bei einer Erfassung der stillen Reserven in einer negativen Ergänzungsbilanz des Übertragenden ist das übertragene Wirtschaftsgut in der Gesamthandsbilanz mit dem Teilwert anzusetzen. Zur Erreichung des in Summe auszuweisenden Buchwerts ist dieser Wertansatz in der Gesamthandsbilanz durch einen Minderwert in einer negativen Ergänzungsbilanz zu korrigieren.[361]

---

359 Vgl. NIEHUS, U., Ergänzungsbilanzen, StuW 2002, S. 117; GLANEGGER, P., in: SCHMIDT, L., EStG, § 6 Rn. 544; WENDT, M., Änderung des § 6 Abs. 5 EStG, EStB 2002, S. 140; LEY, U./STRAHL, M., Jahreswechsel 2001/2002, DStR 2001, S. 2006.

360 Vgl. LEY, U., Ergänzungsbilanzen, KÖSDI 2001, S. 12996; SCHMITT, M./FRANZ, R., Umstrukturierung, BB 2001, S. 1280.

361 Vgl. LEY, U., Ergänzungsbilanzen, KÖSDI 2001, S. 12995 i. V. m. 12990-12991; CAMPENHAUSEN, O. V., Stille Reserven, DB 2004, S. 1282; GROH, M., Teilwerteinbringung, DB 2003, S. 1405-1406; GRÜTZNER, D., Überführung, StuB 2002, S. 328; WELKE, G./HUCHT, A., Ergänzungsbilanz, StuB 2002, S. 424; KÖLPIN, G., Übertragung, StuB 2002, S. 173; RÖHRIG, A./DOEGE, M., Kapital, DStR 2006, S. 497; NIEHUS, U., Ergänzungsbilanzen, StuW 2002, S. 117; NIEHUS, U./WILKE, H., Personengesellschaften, S. 193; DIES., in: HERRMANN, C./HEUER, G./RAUPACH, A., EStG/KStG, § 6 EStG Rn. 1459a (Mai 2006); KORN, K./STRAHL, M., in: KORN, K. U. A., EStG, § 6 Rn. 497.3, 500 (Juni 2007); WERNDL, J., in: KIRCHHOF, P./SÖHN, H./MELLINGHOFF, R., EStG, § 6 Rn. L 42 (Oktober 2004).

<u>Beispiel:</u> Basierend auf dem Grundfall (Abb. 2) und dem downstream-Transferfall I überträgt die X-OHG als Obergesellschaft gegen Gewährung von Gesellschaftsrechten auf die Y-OHG, die Untergesellschaft, eine Maschine, deren Teilwert zum Zeitpunkt der Übertragung TEUR 400 beträgt. Bei der X-OHG ist die Maschine vor der Übertragung mit einem Buchwert von TEUR 250 aktiviert. Zum 01.01.06 (vor der Übertragung) geben die Steuerbilanzen der Mitunternehmerschaften folgende Ausgangssituation wieder:

X-OHG (in TEUR)

A		P	
Maschine	250	Eigenkapital	
Beteiligung Y-OHG	250	Kap.-Kto I: A	350
Sonstige Aktiva	200	Kap.-Kto I: B	350
	700		700

Y-OHG (in TEUR)

A		P	
Aktiva	500	Eigenkapital	
		Kap.-Kto I: X-OHG	250
		Kap.-Kto I: C	250
	500		500

Es wird vereinbart, dass mit der Übertragung zum 02.01.06 eine Gutschrift in Höhe des Teilwerts der nach § 6 Abs. 5 S. 3 Nr. 1 EStG übertragenen Maschine auf der Aktivseite und auf dem Kapitalkonto der X-OHG bei der Y-OHG erfolgen soll. Da sich ab dem 01.01.06 keine weiteren Geschäftsvorfälle ereignet haben, stellen sich die Steuerbilanzen durch diese Übertragung zu Buchwerten unter Erfassung der stillen Reserven in einer Ergänzungsbilanz der X-OHG bei der Y-OHG wie folgt dar:

X-OHG (in TEUR)

A		P	
Beteiligung Y-OHG	500	Eigenkapital	
Sonstige Aktiva	200	Kap.-Kto I: A	350
		Kap.-Kto I: B	350
	700		700

Y-OHG (in TEUR)

A		P	
Maschine	400	Eigenkapital	
Sonstige Aktiva	500	Kap.-Kto I: X-OHG	650
		Kap.-Kto I: C	250
	900		900

Ergänzungsbilanz der X-OHG bei der Y-OHG (in TEUR)

A		P	
Minderkapital	150	Minderwert Maschine	150
	150		150

Durch die Erstellung einer negativen Ergänzungsbilanz wird verhindert, dass stille Reserven von dem übertragenen Mitunternehmer auf den anderen Untergesellschafter überspringen.[362] Falls sich die Gesellschaftsrechte (Stimm- und/oder

---

362 Vgl. CAMPENHAUSEN, O. V., Stille Reserven, DB 2004, S. 1282; NIEHUS, U./WILKE, H., Personengesellschaften, S. 193.

Gewinnbezugsrechte sowie die Beteiligung am Gesellschaftsvermögen) der Mitunternehmer nach den Ständen der Kapitalkonten I richten, liegt eine Verbuchung des Teilwertansatzes in der Gesamthandsbilanz statt des Buchwertansatzes i. d. R. im Interesse des übertragenden Mitunternehmers. So ist dieser sicherlich interessiert Gesellschaftsrechte in der Höhe zu erhalten, die dem Teilwert des übertragenen Wirtschaftsguts entsprechen.[363] Im Beispiel ist die Obergesellschaft nach der Übertragung zu 72,2 v. H. an der Untergesellschaft beteiligt. Die Beteiligung des weiteren Untergesellschafters C würde sich entsprechend auf nur noch 28,8 v. H. bei einer betragsmäßig unveränderten Beteiligung von TEUR 250 verringern.

Wirtschaftlich betrachtet verliert der Untergesellschafter C durch die Änderung des Beteiligungsverhältnisses entsprechend anteilig seine gesamthänderische Mitberichtigung an den bereits vor der Übertragung vorhandenen Wirtschaftsgütern der Gesamthand, erhält aber entsprechend seiner Beteiligungsquote anteilig die gesamthänderische Mitberechtigung an dem übernommenen Wirtschaftsgut. Betragsmäßig bleibt der Stand seines Kapitalkontos damit auch seine Beteiligung an der Untergesellschaft unverändert. Im Gegenzug verliert der übertragende Mitunternehmer, die Obergesellschaft, seine Alleinberechtigung am übertragenen Wirtschaftsgut anteilig an die Mitgesellschafter der Untergesellschaft, wobei sich aber durch die erhöhte Beteiligungsquote seine gesamthänderische Mitberichtigung an den bereits vor der Übertragung vorhandenen Wirtschaftsgütern der Gesamthand erhöht.[364] Diese Veränderung der Beteiligungsverhältnisse wäre jedoch ausgeschlossen, wenn alle Untergesellschafter in die Untergesellschaft Wirtschaftsgüter einbringen würden und deren Werte im gleichen Verhältnis wie das bisherige Beteiligungsverhältnis zueinander stehen.[365]

Eine Veränderung der Beteiligungsverhältnisse ist solange unproblematisch, wie in den bereits vorhandenen Wirtschaftsgütern der Untergesellschaft keine stillen Reserven enthalten sind. Ruhten aber bereits vor der Übertragung stille Reserven

---

363 Vgl. GRÜTZNER, D., Überführung, StuB 2002, S. 328; HOFFMANN, W.-D., in: BITZ, H./PUST, H., EStG, § 6 Rn. 1175 (August 2007); NIEHUS, U./WILKE, H., Personengesellschaften, S. 193.

364 Vgl. LEY, U., Ergänzungsbilanzen, KÖSDI 2001, S. 12993; NIEHUS, U./WILKE, H., Personengesellschaften, S. 194.

365 Vgl. NIEHUS, U./WILKE, H., Personengesellschaften, S. 194.

im Gesamthandsvermögen, wie im Beispiel bei den sonstigen Aktiva denkbar, und ändern sich durch die Übertragung auf die Gesamthand die Beteiligungsverhältnisse der Mitunternehmer, ist die korrekte Wiedergabe der Beteiligung der Gesellschafter am Gesellschaftsvermögen (einschließlich stiller Reserven) über die Kapitalkonten nicht mehr gegeben. Um diesem Ergebnis entgegenwirken zu können, streben Mitunternehmer in solchen Fällen regelmäßig eine Kapitalkontenanpassung in der Gesamthandsbilanz orientiert an den Verhältnissen der Teilwerte an.[366] Steuerbilanziell ist eine Kapitalkontenanpassung nur insoweit zulässig, als Ergänzungsbilanzen gebildet werden. Anderenfalls würden der Buchwertfortführungszwang und die damit verbundene Gewinnneutralität durchbrochen. Die Ergänzungsbilanzen können sich aber nur auf Mehr- bzw. Minderwerte des übertragenen Wirtschaftsguts beziehen. Stille Reserven bereits zuvor im Gesamthandsvermögen vorhandener Wirtschaftsgüter können nicht erfasst werden, da nur das übertragene Wirtschaftsgut Gegenstand der Buchwertübernahme nach § 6 Abs. 5 S. 3 EStG ist.[367]

*Fortsetzung des Beispiels: Bei einer alternativen bilanziellen Abbildung soll über eine Kapitalkontenanpassung Berücksichtigung finden, dass die bereits vor der Übertragung vorhandenen „sonstigen Aktiva" der Y-OHG stille Reserven in Höhe von TEUR 100 enthalten, so dass deren Teilwert TEUR 600 beträgt. Durch die Übertragung der Maschine von der X-OHG auf die Y-OHG verändern sich wie zuvor dargestellt die Beteiligungsverhältnisse. Vor der Übertragung waren X-OHG und C jeweils zu 50 v. H. an der Y-OHG beteiligt. Orientiert an den Teilwerten der Wirtschaftsgüter der Gesamthand der Y-OHG ist nach der Übertragung die X-OHG zu 70 v. H. ((TEUR 400+0,5*TEUR 600)/TEUR 1.000=0,7) und der Untergesellschafter C zu 30 v. H. ((TEUR 0+0,5*TEUR 600)/TEUR 1.000=0,3) an der Untergesellschaft beteiligt. Im Zuge der Kapitalkontenanpassung ist das Kapital entsprechend dieses neuen Verhältnisses auf die Gesellschafter zu verteilen (Buchwertansatz in der Gesamthandsbilanz - X-OHG: TEUR 750*0,7=TEUR 525;*

366 Vgl. LEY, U., Ergänzungsbilanzen, KÖSDI 2001, S. 12993-12994; NIEHUS, U./WILKE, H., Personengesellschaften, S. 194; WELKE, G./HUCHT, A., Ergänzungsbilanz, StuB 2002, S. 424; KLOSTER, A./KLOSTER, L., Restrukturierung, GmbHR 2002, S. 727.

367 Vgl. LEY, U., Ausgewählte Fragen, StbJb 2003/2004, S. 156; DIES., Ergänzungsbilanzen, KÖSDI 2001, S. 12993-12994. A. A. in Bezug auf die Wiedergabe in der Ergänzungsbilanz von bereits vorhandenen stillen Reserven NIEHUS, U./WILKE, H., Personengesellschaften, S. 197-198; CAMPENHAUSEN, O. V., Stille Reserven, DB 2004, S. 1283.

*C: TEUR 750*0,3=TEUR 225; Teilwertansatz in der Gesamthandsbilanz - X-OHG: TEUR 900*0,7=TEUR 630; C: TEUR 900*0,3 =TEUR 270). Die Differenzen zwischen dem bisherigen anteiligen Buchkapital, das sich bei dem übertragenden Mitunternehmer X-OHG um den Buchwert des übertragenen Wirtschaftsguts erhöht, und dem Buchkapital nach Übertragung und Kapitalkontenangleichung ist als Mehr- bzw. Minderwert in die Ergänzungsbilanzen der Mitunternehmer einzustellen (Buchwertansatz in der Gesamthandsbilanz - X-OHG: TEUR 250+ TEUR 250./.TEUR 525=TEUR -25; C: TEUR 250./.TEUR 225=TEUR 25; Teilwertansatz in der Gesamthandsbilanz - X-OHG: TEUR 250+TEUR 250./. TEUR 630=TEUR -130; C: TEUR 250./.TEUR 270=TEUR -20). Im Falle des Teilwertansatzes des übertragenen Wirtschaftsguts in der Gesamthandsbilanz resultiert der Buchwertansatz aus dem Ansatz in der Gesamthandsbilanz abzüglich der Minderwerte aus den Ergänzungsbilanzen der Untergesellschafter (TEUR 400./. TEUR 130./.TEUR 20=TEUR 250).*[368]

I. Ansatz des übertragenen Wirtschaftsguts mit dem Buchwert in der Gesamthandsbilanz der Untergesellschaft:

X-OHG (in TEUR)

A		P	
Beteiligung Y-OHG	500	Eigenkapital	
Sonstige Aktiva	200	Kap.-Kto I: A	350
		Kap.-Kto I: B	350
	700		700

Y-OHG (in TEUR)

A		P	
Maschine	250 (400)	Eigenkapital	
Sonstige Aktiva	500 (600)	Kap.-Kto I: X-OHG	525
		Kap.-Kto I: C	225
	750 (1.000)		750

Ergänzungsbilanz der X-OHG bei der Y-OHG (in TEUR)

A		P	
Minderkapital	25	Minderwert Maschine	25
	25		25

Ergänzungsbilanz des C bei der Y-OHG (in TEUR)

A		P	
Mehrwert Maschine	25	Mehrkapital	25
	25		25

[368] Das Beispiel orientiert sich an einem Beispiel von LEY; vgl. LEY, U., Ergänzungsbilanzen, KÖSDI 2001, S. 12994-12995. Vgl. auch KLOSTER, A./KLOSTER, L., Restrukturierung, GmbHR 2002, S. 727; NIEHUS, U./WILKE, H., Personengesellschaften, S. 194-198; CAMPENHAUSEN, O. V., Stille Reserven, DB 2004, S. 1282-1283.

II. Ansatz des übertragenen Wirtschaftsguts mit dem Teilwert in der Gesamthandsbilanz der Untergesellschaft:

X-OHG (in TEUR)

A		P	
Beteiligung Y-OHG	500	Eigenkapital	
Sonstige Aktiva	200	Kap.-Kto I: A	350
		Kap.-Kto I: B	350
	700		700

Y-OHG (in TEUR)

A		P	
Maschine	400 (400)	Eigenkapital	
Sonstige Aktiva	500 (600)	Kap.-Kto I: X-OHG	630
		Kap.-Kto I: C	270
	900 (1.000)		900

Ergänzungsbilanz der X-OHG bei der Y-OHG (in TEUR)

A		P	
Minderkapital	130	Minderwert Maschine	130
	130		130

Ergänzungsbilanz des C bei der Y-OHG (in TEUR)

A		P	
Minderkapital	20	Minderwert Maschine	20
	20		20

Das Beispiel verdeutlicht, dass bei der Darstellung über die Alternative I, beim Ansatz des Buchwerts des übertragenen Wirtschaftsguts in der Gesamthandsbilanz der aufnehmenden Gesellschaft und der gleichzeitigen Erstellung von Ergänzungsbilanzen, die stillen Reserven des übertragenen Wirtschaftsguts nicht vollständig in den Ergänzungsbilanzen der Untergesellschafter bei gleichzeitiger Kapitalanpassung erfasst werden.[369] Dagegen wird durch die Alternative II, beim Ansatz des Teilwerts des übertragenen Wirtschaftsguts in der Gesamthandsbilanz der aufnehmenden Gesellschaft und der gleichzeitigen Erstellung von Ergänzungsbilanzen, die korrekte Zuordnung der stillen Reserven bei gleichzeitiger Kapitalkontenangleichung erreicht. So sind die Untergesellschafter vor als auch nach der Übertragung betragsmäßig in gleicher Höhe an den stillen Reserven der Untergesellschaft unter Einbezug des übertragenen Wirtschaftsguts beteiligt (X-OHG: vorher TEUR 150+(TEUR 50*0,5)=TEUR 200; nachher TEUR 130+(TEUR 100*0,7)=TEUR 200; C: vorher TEUR 0+(TEUR 100*0,5)= TEUR 50; nachher TEUR 20+(TEUR 100*0,3)=TEUR 50). In den jeweiligen Summen hat sich durch ein wechselseitiges Überspringen von stillen Reserven die personelle Zuordnung der stillen Reserven nicht verändert. Während stille Reserven des übertragenen

369 Da die stillen Reserven des übertragenen Wirtschaftsguts nicht vollständig durch Ergänzungsbilanzen erfasst werden, hat dies auch Auswirkungen auf die Anwendung von § 6 Abs. 5 S. 4 EStG; vgl. IDW, Umstrukturierung, FN-IDW 2004, Beiheft zu Heft 5, Rn. 192 sowie Abschnitt A.II.3.3. dieses Kapitels.

Wirtschaftsguts zwischen den Mitunternehmern überspringen, springen gegenläufig auch stille Reserven der bereits vorhandenen Wirtschaftsgüter zwischen den Mitunternehmern über.[370] Gleichzeitig ermöglicht die Alternative II die korrekte Wiedergabe der Beteiligungsverhältnisse der Gesellschafter über die Kapitalkonten I. Damit ist die Alternative II insbesondere für Mitunternehmer interessant, wenn in den bereits vorhandenen Wirtschaftsgütern stille Reserven ruhen und sich die Stimm- und/oder Gewinnbezugsrechte der Mitunternehmer nach den Kapitalständen der Kapitalkonten I richten.

Da eine gesetzliche Vorgabe fehlt, liegt es in der Entscheidung der Mitunternehmer, ob die stillen Reserven in einer Ergänzungsbilanz zu erfassen sind und ob darüber hinaus eine Kapitalkontenanpassung vorzunehmen ist.[371] Im Falle einer „Ein-Mann-GmbH & Co. KG" als Untergesellschaft oder bei Familienpersonengesellschaften ist es somit auch denkbar, dass auf die Erstellung von Ergänzungsbilanzen und Kapitalkontenanpassungen verzichtet wird.[372] Auch wenn eine direkte Pflicht zur Erstellung einer Ergänzungsbilanz dem Gesetzestext nicht zu entnehmen ist, kommt der Erstellung von Ergänzungsbilanzen durch § 6 Abs. 5 S. 4 EStG weitere Bedeutung zu (vgl. Abschnitt A.II.3.3. dieses Kapitels).

Im Ergebnis wird durch negative Ergänzungsbilanzen, wenn in den bereits vorhandenen Wirtschaftsgütern der aufnehmenden Personengesellschaft keine stillen Reserven ruhen bzw. durch negative Ergänzungsbilanzen und gleichzeitiger Kapitalkontenanpassung, wenn in den bereits vorhandenen Wirtschaftsgütern der aufnehmenden Personengesellschaft stille Reserven enthalten sind, erreicht, dass die stillen Reserven dem Übertragenden bzw. dem Übertragenden und den Mitgesellschaftern korrekt zugerechnet werden können.[373] So können bei einer

---

370 Vgl. CAMPENHAUSEN, O. V., Stille Reserven, DB 2004, S. 1282-1283; LEY, U./STRAHL, M., Jahreswechsel 2001/2002, DStR 2001, S. 2008.

371 Vgl. HOFFMANN, W.-D., in: BITZ, H./PUST, H., EStG, § 6 Rn. 1223 (August 2005); KORN, K./STRAHL, M., in: KORN, K. U. A., EStG, § 6 Rn. 502.10 (Juni 2007); LEY, U., Ausgewählte Fragen, StbJb 2003/2004, S. 153; DIES., Ergänzungsbilanzen, KÖSDI 2001, S. 12993; NIEHUS, U., Ergänzungsbilanzen, StuW 2002, S. 117-118; NIEHUS, U./WILKE, H., Personengesellschaften, S. 193, 199; PAUS, B., Ergänzungsbilanzen, FR 2003, S. 68-69; WELKE, G./HUCHT, A., Ergänzungsbilanz, StuB 2002, S. 427. Dieses Wahlrecht zur Erstellung einer Ergänzungsbilanz schließt ein Teil des Schrifttums auch aus der Formulierung des § 6 Abs. 5 S. 4 EStG; vgl. Fn. 337; Abschnitt A.II.3.3. dieses Kapitels sowie LEY, U., Ausgewählte Fragen, StbJb 2003/2004, S. 153.

372 Vgl. NIEHUS, U./WILKE, H., Personengesellschaften, S. 199; GRÜTZNER, D., Überführung, StuB 2002, S. 328.

373 Vgl. WELKE, G./HUCHT, A., Ergänzungsbilanz, StuB 2002, S. 424.

späteren Realisierung der stillen Reserven, z. B. im denkbaren Fall der Veräußerung oder Entnahme, die stillen Reserven durch die Erfassung in der Ergänzungsbilanz dem betreffenden Mitunternehmer zugeordnet werden, in dessen Vermögenssphäre diese vor der Übertragung entstanden sind.[374] Aufwendige Bestimmungen von auszugleichenden Nachteilen, die einem Mitgesellschafter zu gewähren wären, da durch das Fehlen einer Ergänzungsbilanz stille Reserven auf diesen übergesprungen sind, die dieser im Realisationszeitpunkt zu versteuern hat, bleiben dem übertragenden Mitunternehmer erspart.[375] Dies verdeutlicht, dass auch unabhängig von § 6 Abs. 5 S. 4 EStG die Erstellung von Ergänzungsbilanzen ratsam ist.[376]

3.2.2.1.2. Ergänzungsbilanzen bei unentgeltlichen Übertragungen

Die Zuordnung von stillen Reserven über Ergänzungsbilanzen ist nicht nur bei der Übertragung gegen Gewährung von Gesellschaftsrechten, sondern auch bei unentgeltlichen Wirtschaftsgutübertragungen, z. B. bei Gutschrift auf dem Kapitalkonto II, möglich. So kann auch bei unentgeltlichen Übertragungen mittels Ergänzungsbilanzen die Zuordnung von übergesprungenen stillen Reserven zum Übertragenden erreicht werden, zumindest ist dem Gesetzeswortlaut nichts Gegenteiliges zu entnehmen.[377] Da bei einer unentgeltlichen Übertragung die Beteiligungsverhältnisse nicht verändert werden, bleibt bei stillen Reserven in den bereits vorhandenen Wirtschaftsgütern ein Überspringen dieser stillen Reserven aus. Damit vereinfacht sich die Bilanzierung auch dahingehend, als eine Kapitalkontenanpassung aufgrund der unveränderten Kapitalkonten I nicht nötig ist.[378]

<u>Abwandlung des Beispiels:</u> *In Abwandlung zum vorherigen Beispiel wird die Maschine (Teilwert zum Zeitpunkt der Übertragung TEUR 400) von der X-OHG nicht*

---

[374] Vgl. LEY, U., Ergänzungsbilanzen, KÖSDI 2001, S. 12996; NIEHUS, U., Ergänzungsbilanzen, StuW 2002, S. 117; WELKE, G./HUCHT, A., Ergänzungsbilanz, StuB 2002, S. 423.

[375] Vgl. LEY, U., Ergänzungsbilanzen, KÖSDI 2001, S. 12996.

[376] Gl. A. NIEHUS, U., Ergänzungsbilanzen, StuW 2002, S. 117.

[377] Vgl. GLANEGGER, P., in: SCHMIDT, L., EStG, § 6 Rn. 538; WACKER, R., in: SCHMIDT, L., EStG, § 15 Rn. 473; KORN, K./STRAHL, M., in: KORN, K. U. A., EStG, § 6 Rn. 496.3 (Juni 2007); BERGSTEINER, S., Umstrukturierung, S. 86; PAUS, B., Ergänzungsbilanzen, FR 2003, S. 62-63; LEY, U., Ausgewählte Fragen, StbJb 2003/2004, S. 155-156, 164; WENDT, M., Übertragung, FR 2002, S. 63; DERS., Änderung des § 6 Abs. 5 EStG, EStB 2002, S. 140. A. A. IDW, Umstrukturierung, FN-IDW 2004, Beiheft zu Heft 5, Rn. 196; KLOSTER, A./KLOSTER, L., Restrukturierung, GmbHR 2002, S. 728.

[378] Vgl. LEY, U., Ausgewählte Fragen, StbJb 2003/2004, S. 164-165.

gegen Gewährung von Gesellschaftsrechten, sondern unentgeltlich unter Gutschrift auf dem gesellschafterbezogenen Kapitalrücklagenkonto Kapitalkonto II auf die Y-OHG übertragen. Bei der Abbildung der Übertragung über eine positive Ergänzungsbilanz zeigt sich zum 02.01.06 folgendes bilanzielles Bild:

X-OHG (in TEUR)

A			P
Beteiligung Y-OHG	650	Eigenkapital	
Sonstige Aktiva	200	Kap.-Kto I: A	425
		Kap.-Kto I: B	425
	850		850

Y-OHG (in TEUR)

A			P
Maschine	250	Eigenkapital	
Sonstige Aktiva	500	Kap.-Kto I: X-OHG	250
		Kap.-Kto I: C	250
		Kap.-Kto II: X-OHG	250
	750		750

Ergänzungsbilanz der X-OHG bei der Y-OHG (in TEUR)

A			P
Mehrwert Maschine	150	Mehrwert	150
	150		150

Falls dagegen die übertragene Maschine zum Teilwert in der Gesamthandsbilanz der Untergesellschaft und die stillen Reserven in einer negativen Ergänzungsbilanz erfasst werden, geben die Steuerbilanzen der doppelstöckigen Personengesellschaft zum 02.01.06 das folgende Ergebnis wieder:

X-OHG (in TEUR)

A			P
Beteiligung Y-OHG	500	Eigenkapital	
Sonstige Aktiva	200	Kap.-Kto I: A	350
		Kap.-Kto I: B	350
	700		700

Y-OHG (in TEUR)

A			P
Maschine	400	Eigenkapital	
Sonstige Aktiva	500	Kap.-Kto I: X-OHG	250
		Kap.-Kto I: C	250
		Kap.-Kto II: X-OHG	400
	900		900

Ergänzungsbilanz der X-OHG bei der Y-OHG (in TEUR)

A			P
Minderwert	150	Minderwert Maschine	150
	150		150

3.2.2.2. Übertragungen in ein Sonderbetriebsvermögen

Teilweise wird die Auffassung vertreten, dass eine Ergänzungsbilanz nur für Wirtschaftsgüter aufgestellt werden kann, die von einem Gesellschafter in das Gesamthandsvermögen einer Personengesellschaft übertragen werden.[379] Bei

379 Vgl. WENDT, M., Übertragung, FR 2002, S. 61; LISHAUT, I. v., Einzelübertragung, DB 2001, S. 1525; EHMKE, T., in: BLÜMICH, EStG/KStG/GewStG, § 6 EStG Rn. 1356 (März 2004); NIEHUS, U./WILKE, H., in: HERRMANN, C./HEUER, G./RAUPACH, A., EStG/KStG, § 6 EStG Rn. 1443a (Oktober 2004).

Übertragungen im Wege von § 6 Abs. 5 S. 3 EStG stellt sich indessen die Frage, ob zur Zuordnung der übertragenden stillen Reserven zum Übertragenden und zur Umgehung der dreijährigen Sperrfrist des § 6 Abs. 5 S. 4 EStG die Erstellung von Ergänzungsbilanzen für den Übertragenden nicht auch bei den Fällen des Transfers ins Sonderbetriebsvermögen eines anderen Rechtsträgers (Fälle III, IV, VIII und IX) zum Tragen kommen kann. Diese Frage schließt die Übertragung aus einem Sonderbetriebsvermögen und Übertragung aus einem Gesamthandsvermögen einer Mitunternehmerschaft jeweils in ein Sonderbetriebsvermögen unentgeltlich bzw. gegen Minderung von Gesellschaftsrechten ein.

Entgegen der eingangs genannten Auffassung und der bislang üblichen Praxis[380] spricht sich ein anderer Teil des Schrifttums dafür aus, dass die Zuordnung stiller Reserven zu den Übertragenden über geeignete Steuerbilanztechniken auch bei Ausbringungen, d. h. Wirtschaftsgutübertragungen von einer Mitunternehmerschaft (aus einem Gesamthandsvermögen) in das Sonderbetriebsvermögen eines Mitunternehmers bei der übertragenden Mitunternehmerschaft oder auch bei einer anderen Mitunternehmerschaft, z. B. durch Ergänzungsbilanzen zu den Sonderbilanzen, spezielle Gewinnverteilungsabreden oder äquivalente buchtechnische Verfahren, möglich sein sollte.[381]

Versucht man diese Frage mit Hilfe des § 6 Abs. 5 S. 4 EStG zu lösen, offenbart sich ein Widerspruch zwischen dem Gesetzeswortlaut des § 6 Abs. 5 S. 4 EStG und der Intention des Gesetzgebers.[382] Da der Gesetzeswortlaut des § 6 Abs. 5 S. 4 2. Hs. EStG eine Abwendung der Sperrfristregelung an die Zuordnung der

---

380 In Bezug auf Übertragungen aus einem Gesamthandsvermögen vgl. HOFFMANN, W.-D., Transfer, GmbHR 2002, S. 132; LEY, U., Ausgewählte Fragen, StbJb 2003/2004, S. 155; NIEHUS, U./WILKE, H., Personengesellschaften, S. 206; RÖDDER, T./SCHUMACHER, A., Unternehmenssteuerrecht, DStR 2001, S. 1637; WELKE, G./HUCHT, A., Ergänzungsbilanz, StuB 2002, S. 424; RITZROW, M., Übertragung, StBP 2005, S. 24.

381 Vgl. HOFFMANN, W.-D., Transfer, GmbHR 2002, S. 132; LEY, U., Ausgewählte Fragen, StbJb 2003/2004, S. 155; NIEHUS, U./WILKE, H., Personengesellschaften, S. 206-207; DIES., in: HERRMANN, C./HEUER, G./RAUPACH, A., EStG/KStG, § 6 EStG Rn. 1460b, 1468a (Mai 2006); KORN, K., Buchwertfortführung, KÖSDI 2002, S. 13280; PAUS, B., Ergänzungsbilanzen, FR 2003, S. 61, 63; RÖDDER, T./SCHUMACHER, A., Unternehmenssteuerrecht, DStR 2001, S. 1637; SCHAFLITZL, A., in: LINKLATERS OPPENHOFF & RÄDLER, Steueränderungen, DB 2002, Beilage Nr. 1, S. 31; WELKE, G./HUCHT, A., Ergänzungsbilanz, StuB 2002, S. 425-426; KLOSTER, A./KLOSTER, L., Restrukturierung, GmbHR 2002, S. 728; RITZROW, M., Übertragung, StBP 2005, S. 24; WERNDL, J., in: KIRCHHOF, P./SÖHN, H./MELLINGHOFF, R., EStG, § 6 Rn. L 43 (Oktober 2004); (kritisch) KORN, K./STRAHL, M., in: KORN, K. U. A., EStG, § 6 Rn. 497.3, 502.14 (Juni 2007).

382 Vgl. PAUS, B., Ergänzungsbilanzen, FR 2003, S. 61; WERNDL, J., in: KIRCHHOF, P./SÖHN, H./MELLINGHOFF, R., EStG, § 6 Rn. L 43 (Oktober 2004); NIEHUS, U./WILKE, H., in: HERRMANN, C./HEUER, G./RAUPACH, A., EStG/KStG, § 6 EStG Rn. 1460b (Mai 2006).

übertragenen stillen Reserven zum „übertragenden Gesellschafter“ über die „Erstellung einer Ergänzungsbilanz“ knüpft, ist der Gesetzeswortlaut dahingehend zu verstehen, dass nur Übertragungen in ein Gesamthandsvermögen im Wege von § 6 Abs. 5 S. 3 Nr. 1 und 2 EStG erfasst sind.[383] Es ist vermutlich aber vielmehr die Intention des Gesetzgebers, über § 6 Abs. 5 S. 4 EStG die Steuerverhaftung der übertragenen stillen Reserven bei dem Steuersubjekt zu erreichen, bei dem diese bereits vor der Übertragung zuzuordnen waren bzw. entstanden sind, und ein Überspringen auf ein anderes Steuersubjekt innerhalb der Sperrfrist zu verhindern.[384] Eine solche Interpretation wird insoweit durch den Gesetzeswortlaut des § 6 Abs. 5 S. 4 EStG gestützt, als dass im 1. Hs. des § 6 Abs. 5 S. 4 EStG undifferenziert auf Übertragungen nach § 6 Abs. 5 S. 3 EStG Bezug genommen wird.[385] Dies würde bereits auf einen Widerspruch im Gesetzestext in sich hinweisen und eine teleologische Auslegung des § 6 Abs. 5 S. 4 EStG weiter stützen.

Auf Basis einer solchen teleologischen Auslegung würde § 6 Abs. 5 S. 4 2. Hs. EStG alle Übertragungen im Wege von § 6 Abs. 5 S. 3 EStG erfassen einschließlich derer aus einem Sonderbetriebsvermögen bzw. aus einem Gesamthandsvermögen einer Mitunternehmerschaft jeweils in ein Sonderbetriebsvermögen.[386] Eine unterschiedliche Beurteilung einer Anwendung von § 6 Abs. 5 S. 4 EStG in Abhängigkeit der Person des Übertragenden wäre m. E. auch nicht zu rechtfertigen.[387] Die Zuordnung der stillen Reserven zum betreffenden Steuersubjekt kann, wie bereits ein Teil des Schrifttums[388] m. E. auch zutreffend

---

383 Vgl. LEY, U., Ausgewählte Fragen, StbJb 2003/2004, S. 154; PAUS, B., Ergänzungsbilanzen, FR 2003, S. 61; WENDT, M., Übertragung, FR 2002, S. 61; KORN, K., Buchwertfortführung, KÖSDI 2002, S. 13280; KORN, K./STRAHL, M., in: KORN, K. U. A., EStG, § 6 Rn. 502.14 (Juni 2007); NIEHUS, U./WILKE, H., Personengesellschaften, S. 206; EHMKE, T., in: BLÜMICH, EStG/KStG/GewStG, § 6 EStG Rn. 1356 (März 2004).

384 Vgl. HOFFMANN, W.-D., Transfer, GmbHR 2002, S. 132; PAUS, B., Ergänzungsbilanzen, FR 2003, S. 61; NIEHUS, U./WILKE, H., Personengesellschaften, S. 204, 206-207; LEY, U., Ausgewählte Fragen, StbJb 2003/2004, S. 155; WERNDL, J., in: KIRCHHOF, P./SÖHN, H./MELLINGHOFF, R., EStG, § 6 Rn. L 43 (Oktober 2004); NIEHUS, U./WILKE, H., in: HERRMANN, C./HEUER, G./RAUPACH, A., EStG/KStG, § 6 EStG Rn. 1460b (Mai 2006).

385 Vgl. HOFFMANN, W.-D., Transfer, GmbHR 2002, S. 132.

386 Vgl. HOFFMANN, W.-D., Transfer, GmbHR 2002, S. 132; PAUS, B., Ergänzungsbilanzen, FR 2003, S. 61; LEY, U., Ausgewählte Fragen, StbJb 2003/2004, S. 155; NIEHUS, U./WILKE, H., Personengesellschaften, S. 206-207; WERNDL, J., in: KIRCHHOF, P./SÖHN, H./MELLINGHOFF, R., EStG, § 6 Rn. L 43 (Oktober 2004); NIEHUS, U./WILKE, H., in: HERRMANN, C./HEUER, G./RAUPACH, A., EStG/KStG, § 6 EStG Rn. 1460b (Mai 2006).

387 Gl. A. WERNDL, J., in: KIRCHHOF, P./SÖHN, H./MELLINGHOFF, R., EStG, § 6 Rn. L 43 (Oktober 2004).

388 Vgl. Fn. 381.

festgestellt hat, nicht nur durch Ergänzungsbilanzen zu Gesamthandsvermögen, sondern auch über geeignete Steuerbilanztechniken, z. B. durch Ergänzungsbilanzen zu Sonderbilanzen, spezielle Gewinnverteilungsabreden oder äquivalente buchtechnische Verfahren, z. B. bilanzielle Merkposten, auch bei Wirtschaftsgutübertragungen von einer Mitunternehmerschaft (aus einem Gesamthandsvermögen) in das Sonderbetriebsvermögen eines Mitunternehmers bei der übertragenden Mitunternehmerschaft oder auch bei einer anderen Mitunternehmerschaften erreicht werden. Dabei sollte m. E. die Zuordnung der stillen Reserven bei dem Betriebsvermögen erfolgen, dem das übertragene Wirtschaftsgut nach der Übertragung zugehörig ist. Eine Erfassung der stillen Reserven beim abgebenden Betriebsvermögen[389] erscheint nicht sachgerecht, da dies die Erfassung von stillen Reserven für ein nicht mehr vorhandenes Wirtschaftsgut bedeuten würde.

Diese Auslegung des § 6 Abs. 5 S. 4 EStG auf Basis der vermuteten Intention des Gesetzgebers schließt auch ein, dass stille Reserven bei unentgeltlichen Übertragungen zwischen den Sonderbetriebsvermögen von Mitunternehmern derselben Mitunternehmerschaft (§ 6 Abs. 5 S. 3 Nr. 3 EStG) z. B. durch die Erstellung einer Ergänzungsbilanz oder äquivalente buchtechnische Verfahren dem übertragenden Gesellschafter zugeordnet werden können.[390] Allerdings ist m. E. ein solches Vorgehen insoweit in Frage zu stellen, als dass dies die Führung von Ergänzungsbilanzen für den Übertragenden beim abweichenden übernehmenden Rechtsträger auch für den Fall bedeuten würde, dass zwischen diesen kein Beteiligungsverhältnis besteht. Als Alternative wäre die Erfassung der übertragenen stillen Reserven über einen Merkposten denkbar. So würde ein Merkposten im Sinne der gesetzgeberischen Intention des § 6 Abs. 5 S. 4 EStG die Zuordnung der übertragenen stillen Reserven zum Übertragenden ermöglichen.

---

389 Zu einer Erfassung der stillen Reserven eines übertragenen Wirtschaftsguts beim abgebenden Betriebsvermögen und den damit verbundenen Praktikabilitätsdefiziten vgl. KORN, K./STRAHL, M., in: KORN, K. U. A., EStG, § 6 Rn. 502.14 (Juni 2007). So würde eine solche Abbildung der stillen Reserven eine korrespondierende Abbildung und Fortentwicklung mit der Bilanzierung beim aufnehmenden Betriebsvermögen erforderlich machen; vgl. KORN, K./STRAHL, M., in: KORN, K. U. A., EStG, § 6 Rn. 502.14 (Juni 2007).

390 Vgl. KORN, K./STRAHL, M., in: KORN, K. U. A., EStG, § 6 Rn. 502.13 (Juni 2007); LEY, U., Ausgewählte Fragen, StbJb 2003/2004, S. 155; PAUS, B., Ergänzungsbilanzen, FR 2003, S. 63; (zur Erfassung anstatt über Ergänzungsbilanzen über vergleichbare Darstellungsformen) WERNDL, J., in: KIRCHHOF, P./SÖHN, H./MELLINGHOFF, R., EStG, § 6 Rn. L 43 (Oktober 2004); (zur Erfassung per Ausgleichspostenmethode) NIEHUS, U./WILKE, H., in: HERRMANN, C./HEUER, G./RAUPACH, A., EStG/KStG, § 6 EStG Rn. 1460b (Mai 2006).

Bezüglich der Frage nach der konkreten steuerbilanziellen Abbildung ist auf die Ausführungen des vorherigen Abschnitts A.II.3.2.2.1. dieses Kapitels zu Ergänzungsbilanzen bei Übertragungen in ein Gesamthandsvermögen zu verweisen, da diese m. E. auf Wirtschaftsgutübertragungen aus einem Gesamthandsvermögen in ein Sonderbetriebsvermögen unter Erstellung von Ergänzungsbilanzen übertragbar sind.

3.2.2.3. Überführungen in ein Sonderbetriebsvermögen

Bislang unerwähnt blieben die Fälle der Überführung von Wirtschaftsgütern in das Sonderbetriebsvermögen desselben Rechtsträgers jedoch nur bei einer anderen Gesellschaft, so der Untergesellschaft (Fälle II und VI). In diesen Fällen muss zwar auch die Besteuerung der stillen Reserven als Voraussetzung der Anwendung von § 6 Abs. 5 S. 2 EStG sichergestellt werden, eine Zuordnung der stillen Reserven über Ergänzungsbilanzen ist aber überflüssig, da die Wirtschaftsgüter die Vermögenssphäre des Übertragenden nicht verlassen. Schließlich ist für diese Transfers ohne Rechtsträgerwechsel kennzeichnend, dass für die betreffenden Einzelwirtschaftsgüter zwar eine Änderung der steuerrechtlichen und wirtschaftlichen Zuordnung zu einem Betriebsvermögen bzw. Sonderbetriebsvermögen vollzogen wird, aber zivilrechtlich die Einzelwirtschaftsgüter weiterhin dem bisherigen Rechtsträger zuzurechnen sind.[391]

3.2.2.4. Erstellung von Ergänzungsbilanzen bei Transfers aus dem Sonderbetriebsvermögen eines Obergesellschafters bei der Obergesellschaft ins Gesamthandsvermögen der Untergesellschaft bzw. in das Sonderbetriebsvermögen der Obergesellschaft bei der Untergesellschaft

3.2.2.4.1. Problemstellung

Bei Übertragungen aus dem Sonderbetriebsvermögen eines Obergesellschafters bei der Obergesellschaft in das Betriebsvermögen der Untergesellschaft innerhalb der doppelstöckigen Personengesellschaft stellt sich die Frage, wie die auf die

391 Vgl. Abschnitt A.II.1.3. dieses Kapitels.

lediglich mittelbar beteiligten Obergesellschafter entfallenden Mehrwerte von Wirtschaftsgütern des Gesamthandsvermögens der Untergesellschaft bzw. des Sonderbetriebsvermögens der Obergesellschaft bei der Untergesellschaft in Ergänzungsbilanzen zu berücksichtigen sind. Dies betrifft

- den downstream-Transferfall V (Wirtschaftsgutübertragung aus dem Sonderbetriebsvermögen eines Obergesellschafters bei der Obergesellschaft ins Gesamthandsvermögen der Untergesellschaft) sowie
- den downstream-Transferfall VII (Wirtschaftsgutübertragung aus dem Sonderbetriebsvermögen eines Obergesellschafters bei der Obergesellschaft ins Sonderbetriebsvermögen der Obergesellschaft bei der Untergesellschaft).

Die downstream-Transferfälle V und VII bedeuten jeweils einen Transfer aus dem Sonderbetriebsvermögen eines einzelnen Obergesellschafters bei der Obergesellschaft in die Vermögenssphäre der Gesamthand der Obergesellschaft, aller Obergesellschafter. Allerdings nimmt das Schrifttum zur Erstellung von Ergänzungsbilanzen in diesem Zusammenhang keine Stellung. Im Schrifttum wird lediglich im Rahmen des Anteilserwerbs, z. B. des Erwerbs eines Mitunternehmeranteils an einer Obergesellschaft und folglich auch mittelbar an der nachgeordneten Untergesellschaft, zur Erfassung von stillen Reserven in Ergänzungsbilanzen im Rahmen doppelstöckiger Personengesellschaften Stellung genommen. Vor diesem Hintergrund wird nachfolgend zunächst die Bildung von Ergänzungsbilanzen im Zuge des Anteilserwerbs verdeutlicht.

3.2.2.4.2. Bildung von Ergänzungsbilanzen beim Erwerb eines Mitunternehmeranteils an einer Obergesellschaft

Falls bei einem entgeltlichen Erwerb eines Mitunternehmeranteils an einer Obergesellschaft die Anschaffungskosten der Beteiligung das vom Veräußerer übernommene Kapitalkonto, folglich die anteiligen Buchwerte der Wirtschaftsgüter der doppelstöckigen Personengesellschaft übersteigen, sind diese so genannten Mehrwerte in einer Ergänzungsbilanz für den Erwerber als zusätzliche Anschaffungskosten auf die anteilig erworbenen Wirtschaftsgüter zu aktivieren und in gleicher Höhe ein Mehrkapital zu passivieren.[392] Dabei stellt sich beim Erwerb eines Anteils an einer Obergesellschaft die Frage, bei welcher Mitunternehmerschaft bzw. bei welchen Mitunternehmerschaften für den Erwerber positive Ergänzungsbilanzen zur Erfassung der Mehrwerte zu erstellen sind.[393] Grundsätzlich bieten sich folgende Erfassungs-/Abbildungsmöglichkeiten an:

1. Eine Ergänzungsbilanz wird zur Erfassung aller erworbenen Mehrwerte ausschließlich für den Obergesellschafter bei der Obergesellschaft gebildet,
2. eine Ergänzungsbilanz wird für den Obergesellschafter bei der Obergesellschaft für die auf die Obergesellschaft entfallenden stillen Reserven
   2.1. und eine Ergänzungsbilanz bei der Untergesellschaft für den Obergesellschafter als (Sonder-)Mitunternehmer für die auf die Untergesellschaft entfallenden stillen Reserven gebildet,
   2.2. und eine Ergänzungsbilanz der Obergesellschaft bei der Untergesellschaft für die Obergesellschaft für die auf die Untergesellschaft entfallenden stillen Reserven gebildet,
   2.3. und eine Ergänzungsbilanz der Obergesellschaft bei der Untergesellschaft für den Obergesellschafter für die auf die Untergesellschaft entfallenden stillen Reserven gebildet.[394]

Falls bei einem Erwerb eines Obergesellschaftsanteils auch Mehrwerte auf Wirtschaftsgüter der Untergesellschaft entfallen, ist die Variante 1. m. E. auszuschließen. Zwar erwirbt der Erwerber zivilrechtlich betrachtet lediglich den Gesellschaftsanteil an der Obergesellschaft, aus wirtschaftlicher und steuerrechtlicher Sicht umfasst der erworbene Mitunternehmeranteil an der Obergesellschaft die Anteile am Gesamthandsvermögen der Obergesellschaft und damit auch den Anteil der Obergesellschaft an der Untergesellschaft sowie Anteile an den Wirt-

---

392 Vgl. WACKER, R., in: SCHMIDT, L., EStG, § 15 Rn. 462; LEY, U., Ergänzungsbilanzen, KÖSDI 2001, S. 12983-12985; PRINZ, U./THIEL, U., Ergänzungsbilanzen, FR 1992, S. 193; BFH v. 06.07.1995, IV R 30/93, BStBl. II 1995, S. 831, 831-832; BFH v. 07.02.1995, VIII R 36/93, BStBl. II 1995, S. 770, 771.

393 Vgl. CARLÉ, D., in: KORN, K. U. A., EStG, § 15 Rn. 192, 198 (März 2006); WACKER, R., in: SCHMIDT, L., EStG, § 15 Rn. 461-462, 471. Die Erfassung in einer Ergänzungsbilanz ist für die Zuordnung der anteilig erworbenen stillen Reserven zum Erwerber sowie für die Ergebniswirkung aus der Fortentwicklung der Ergänzungsbilanzen auf die laufende Gewinnermittlung von Bedeutung. So fließt das Ergänzungsbilanzergebnis in die Ermittlung des Gewerbeertrags, der für alle Mitunternehmer von Bedeutung ist, und in die Einkünfte aus Gewerbetrieb desjenigen ein, für den die Ergänzungsbilanz bzw. die Ergänzungsbilanzen gebildet wurden; vgl. PRINZ, U./THIEL, U., Ergänzungsbilanzen, FR 1992, S. 193.

394 Vgl. CARLÉ, D., in: KORN, K. U. A., EStG, § 15 Rn. 198 (März 2006).

schaftsgütern, die die Obergesellschaft der Untergesellschaft zur Nutzung überlassen hat (Sonderbetriebsvermögen der Obergesellschaft bei der Untergesellschaft). Über den Anteil der Obergesellschaft an der Untergesellschaft erwirbt der neue Obergesellschafter daher auch mittelbar Anteile am Gesamthandsvermögen der Untergesellschaft.[395] Zudem bleibt bei der Variante 1. unberücksichtigt, auf welcher Ebene der doppelstöckigen Personengesellschaft die stillen Reserven entstanden bzw. auf welcher Ebene vorhanden sind.[396]

Entsprechend der wohl h. M. sind die Mehrwerte aus dem Erwerb eines Obergesellschaftsanteils anteilig den Wirtschaftsgütern der Obergesellschaft und den Wirtschaftsgütern der Untergesellschaft zuzuordnen, wenn sowohl das Betriebsvermögen der Ober- als auch das der Untergesellschaft stille Reserven enthält.[397] Dabei sind die Mehrwerte, die den Wirtschaftsgütern im Gesamthandsvermögen der Obergesellschaft zuzuweisen sind, in einer Ergänzungsbilanz für den Erwerber (den Obergesellschafter) bei der Obergesellschaft zu erfassen.[398]

Entfallen bei dem Erwerb eines Obergesellschaftsanteils auch Mehrwerte auf die Wirtschaftsgüter der Untergesellschaft, ist sich das Schrifttum bei der Erfassung dieser Mehrwerte aber nicht einig. So wird die Auffassung vertreten, dass bei der Untergesellschaft die Ergänzungsbilanz für den Obergesellschafter zu führen ist (Variante 2.1.).[399] Eine solche direkte Erfassung der Mehrwerte in einer

---

395 Vgl. SCHMIDT, L., in: FS MOXTER, A., Gewinnermittlung, S. 1119-1121; sowie Kapitel 1 Abschnitt B.I.3.

396 Vgl. BENECKE, A. Y., Umwandlung, S. 128.

397 Vgl. WACKER, R., in: SCHMIDT, L., EStG, § 15 Rn. 471; LEY, U., Besteuerungsfragen, KÖSDI 1996, S. 10927; SCHRÖDER, K.-W. U. A., Personengesellschaften, WPg 2006, Sonderheft, S. S118; MAYER, L., Beteiligung, DB 2003, S. 2039; STEGEMANN, D., Einzelfragen, INF 2003, S. 266; SEIBOLD, F., Anwendung, DStR 1998, S. 439-440; BEST, M., Erwerb, DStZ 1991, S. 419-420; BENECKE, A. Y., Umwandlung, S. 128-129; RÄTKE, B., in: HERRMANN, C./HEUER, G./RAUPACH, A., EStG/KStG, § 15 EStG Rn. 637 (Mai 2004); KÖSTER, T., in: HERRMANN, C./HEUER, G./RAUPACH, A., EStG/KStG, § 15 EStG Rn. 476 (August 2003); REIß, W., in: KIRCHHOF, P./SÖHN, H./MELLINGHOFF, R., EStG, § 15 Rn. E 256 (November 1997). A. A. PRINZ, U./THIEL, U., Ergänzungsbilanzen, FR 1992, S. 193-194. Die Auffassung von PRINZ/THIEL müsste wohl mit Einführung des § 15 Abs. 1 S. 1 Nr. 2 S. 2 EStG überholt sein; vgl. SEIBOLD, F., Anwendung, DStR 1998, S. 439; so auch LEY, U., KÖSDI 1996, S. 10927, die damit ihre ursprüngliche Auffassung angepasst hat; vgl. LEY, U., Bilanzsteuerrecht, KÖSDI 1992, S. 9157.

398 Vgl. WACKER, R., in: SCHMIDT, L., EStG, § 15 Rn. 471; LEY, U., Ergänzungsbilanzen, KÖSDI 2001, S. 12989; SCHRÖDER, K.-W. U. A., Personengesellschaften, WPg 2006, Sonderheft, S. S119-S120; KÖSTER, T., in: HERRMANN, C./HEUER, G./RAUPACH, A., EStG/KStG, § 15 EStG Rn. 476 (August 2003).

399 Vgl. BEST, M., Erwerb, DStZ 1991, S. 420; SEIBOLD, F., Anwendung, DStR 1998, S. 439; STEGEMANN, D., Einzelfragen, INF 2003, S. 267; BFH v. 01.07.2004, IV R 67/00, BFH/NV 2004, S. 1707, 1709; NICKEL, J. R./BODDEN, G., Verlustverrechnung, FR 2003, S. 393; KÖSTER, T., in: HERRMANN, C./HEUER, G./RAUPACH, A., EStG/KStG, § 15 EStG Rn. 476 (August 2003).

Ergänzungsbilanz des Obergesellschafters bei der Untergesellschaft setzt voraus, dass der lediglich mittelbar an der Untergesellschaft beteiligte Obergesellschafter über die Fiktion des § 15 Abs. 1 S. 1 Nr. 2 S. 2 EStG als Mitunternehmer der Untergesellschaft anzuerkennen ist.[400] Da der Obergesellschafter im Rahmen der Fiktion des § 15 Abs. 1 S. 1 Nr. 2 S. 2 EStG lediglich als (Sonder-)Mitunternehmer anzuerkennen ist (vgl. Kapitel 1 Abschnitt B.I.1.) und da eine Ergänzungsbilanz nur für einen zivilrechtlichen Gesellschafter gebildet werden kann, der der lediglich mittelbar beteiligte Obergesellschafter folglich nicht ist, scheidet eine direkte Erfassung der anteiligen stillen Reserven in einer Ergänzungsbilanz des Obergesellschafters bei der Untergesellschaft aus.[401] Das diesbezüglich von SEIBOLD[402] angeführte Argument, die Ergänzungsbilanz sei eine rein steuerliche Bilanz und könnte daher auf Ebene der Untergesellschaft für den Obergesellschafter geführt werden, überzeugt m. E. nicht.

Bei der Variante 2.2. sind die auf die Wirtschaftsgüter der Untergesellschaft entfallenden Mehrwerte in einer Ergänzungsbilanz für die Obergesellschaft bei der Untergesellschaft zu erfassen.[403] Mangel dieser Variante ist es, dass das Ergebnis der Ergänzungsbilanz der Obergesellschaft bei der Untergesellschaft in den Steuerbilanzgewinn der Obergesellschaft einfließt und damit grundsätzlich nach den handelsrechtlichen bzw. gesellschaftsrechtlichen Vorschriften auf alle Obergesellschafter verteilt wird und damit eine fremdbestimmte Steuerwirkung für weitere Obergesellschafter auslösen könnte.[404] Um eine wirtschaftlich korrekte Ergebniszurechnung aus der Ergänzungsbilanz zum Obergesellschafter zu erreichen, bietet es sich an, das nur den Obergesellschafter betreffende Ergebnis aus der Ergänzungsbilanz durch eine zusätzliche abweichende Gewinnverteilung vorab zuzurechnen, bevor anschließend das verbleibende (Rest-)Ergebnis aus der

---

400 Vgl. SEIBOLD, F., Anwendung, DStR 1998, S. 439; ISING, M., Ergänzungsbilanzen, S. 198.

401 Vgl. CARLÉ, D., in: KORN, K. U. A., EStG, § 15 Rn. 201 (März 2006); LEY, U., Besteuerungsfragen, KÖSDI 1996, S. 10927; STEGEMANN, D., Einzelfragen, INF 2003, S. 267; SCHRÖDER, K.-W. U. A., Personengesellschaften, WPg 2006, Sonderheft, S. S118.

402 SEIBOLD, F., Anwendung, DStR 1998, S. 439.

403 Vgl. BEHRENS, S./QUATMANN, A., Einbringung, DStR 2002, S. 483-484; GROH, M., Sondervergütungen, DB 1991, S. 881; MAYER, L., Ergänzungsbilanzen, KÖSDI 2005, S. 14609.

404 Vgl. CARLÉ, D., in: KORN, K. U. A., EStG, § 15 Rn. 202 (März 2006); SEIBOLD, F., Anwendung, DStR 1998, S. 439; SCHRÖDER, K.-W. U. A., Personengesellschaften, WPg 2006, Sonderheft, S. S119-S120; LEY, U., Besteuerungsfragen, KÖSDI 1996, S. 10927; BENECKE, A. Y., Umwandlung, S. 129; SÖFFING, A., Fremdbestimmte Steuerwirkungen, DStZ 1993, S. 587-588.

Ergänzungsbilanz der Obergesellschaft bei der Untergesellschaft auf alle Obergesellschafter verteilt wird.[405] Eine solche Vorgehensweise würde zusätzliche Aufstellungen erfordern, damit zusätzlichen Aufwand bedeuten sowie die steuerliche Veranlagung zusätzlich verkomplizieren und unübersichtlicher werden lassen.

Alternativ könnten die auf die Untergesellschaft entfallenden stillen Reserven in einer Ergänzungsbilanz der Obergesellschaft bei der Untergesellschaft für den Obergesellschafter erfasst werden (Variante 2.3.).[406] Bei der Variante 2.3. ist das Ergebnis aus dieser Ergänzungsbilanz in das steuerliche Ergebnis der Obergesellschaft einzurechnen und ebenfalls vorab abweichend von dem handelsrechtlichen bzw. gesellschaftsrechtlichen Gewinnverteilungsschlüssel verursachungsgerecht dem Obergesellschafter zuzurechnen. Das verbleibende (Rest-)Ergebnis aus Ergänzungsbilanzen der Obergesellschaft bei der Untergesellschaft ist anschließend auf alle Obergesellschafter zu verteilen.[407] Da über die Variante 2.3. über die Erstellung und Fortschreibung einer Ergänzungsbilanz ohne eine zusätzliche abweichende Gewinnverteilung eine korrekte Ergebniszurechnung erreicht wird, ist m. E. der Variante 2.3. der Vorzug zu gewähren.

Soweit durch den Anteilserwerb auch dem Sonderbetriebsvermögen der Obergesellschaft bei der Untergesellschaft ein Mehrwert zuzuordnen ist, bieten sich ebenfalls verschiedene Erfassungsmöglichkeiten an. So könnte ein solcher Mehrwert in einer Ergänzungsbilanz zum Sonderbetriebsvermögen der Obergesellschaft bei der Untergesellschaft berücksichtigt werden.[408] Dies würde aber

---

405 Vgl. SCHRÖDER, K.-W. U. A., Personengesellschaften, WPg 2006, Sonderheft, S. S120; BEHRENS, S./QUATMANN, A., Einbringung, DStR 2002, S. 483-484; LEY, U., Besteuerungsfragen, KÖSDI 1996, S. 10927; SEIBOLD, F., Anwendung, DStR 1998, S. 439; BENECKE, A. Y., Umwandlung, S. 129; STEGEMANN, D., Einzelfragen, INF 2003, S. 266.

406 Vgl. LEY, U., Ergänzungsbilanzen, KÖSDI 2001, S. 12989; DIES., Doppelstöckige Personengesellschaften, DStR 2004, S. 1502; DIES., KÖSDI 1996, S. 10927; STEGEMANN, D., Einzelfragen, INF 2003, S. 267; RÄTKE, B., in: HERRMANN, C./HEUER, G./RAUPACH, A., EStG/KStG, § 15 EStG Rn. 637 (Mai 2004); REIß, W., in: KIRCHHOF, P./SÖHN, H./MELLINGHOFF, R., EStG, § 15 Rn. E 256 (November 1997). Nach MAYER kann die Zuordnung der anteiligen stillen Reserven bei der Untergesellschaft und der zugehörigen Ergebnisse zum Obergesellschafter auch durch einen spiegelbildlichen Ausweis des Mehrkapitals in der Ergänzungsbilanz des Obergesellschafters bei der Obergesellschaft erreicht werden; vgl. MAYER, L., Beteiligung, DB 2003, S. 2039. Dem spiegelbildlichen Ausweis sollte zur Vermeidung einer doppelten Ergebniserfassung aber keine Ergebniswirkung zukommen; vgl. LEY, U., Replik, KÖSDI 2005, S. 14615. Der Ausweis hätte folglich nur den Charakter eines Merkpostens.

407 Vgl. LEY, U., Anwendbarkeit, KÖSDI 2005, S. 14491; DIES., Doppelstöckige Personengesellschaften, DStR 2004, S. 1502, 1504; MAYER, L., Beteiligung, DB 2003, S. 2039; RÄTKE, B., in: HERRMANN, C./HEUER, G./RAUPACH, A., EStG/KStG, § 15 EStG Rn. 637 (Mai 2004). Kritisch STEGEMANN, D., Einzelfragen, INF 2003, S. 267.

408 Vgl. LEY, U., Besteuerungsfragen, KÖSDI 1996, S. 10927.

bedeuten, dass das Ergebnis der Ergänzungsbilanz zum Sonderbetriebsvermögen der Obergesellschaft bei der Untergesellschaft (wie bereits bei der Erfassung von Mehrwerten im Gesamthandsvermögen der Untergesellschaft, zu Variante 2.2. ausgeführt) in den Steuerbilanzgewinn der Obergesellschaft einfließt und damit grundsätzlich nach den handelsrechtlichen bzw. gesellschaftsrechtlichen Vorschriften auf alle Obergesellschafter verteilt wird und folglich auch hier eine fremdbestimmte Steuerwirkung auslösen könnte. Um dennoch ein verursachungsgerechtes Ergebnis erzielen zu können, könnte stattdessen dem Erwerber des Anteils an der Obergesellschaft, das Ergebnis aus der Ergänzungsbilanz bei der Untergesellschaft vorweg, unter Missachtung der handelsrechtlichen bzw. gesellschaftsvertraglichen Gewinnverteilungsregeln, zugerechnet werden.[409]

Eine korrekte Ergebniszurechnung aus der Auflösung der positiven Ergänzungsbilanz zum Erwerber, dem Obergesellschafter, wird ohne zusätzliche abweichende Gewinnverteilung erreicht, wenn der betreffende Mehrwert des Sonderbetriebsvermögens in der Ergänzungsbilanz dieses Obergesellschafters bei der Obergesellschaft aktiviert wird.[410] Dies erscheint aber nicht sachgerecht, da das anteilige Mehrkapital nicht auf Ebene der Untergesellschaft berücksichtigt wird und folglich das steuerliche Ergebnis daraus auf Ebene der Obergesellschaft und nicht auf Ebene der Untergesellschaft ermittelt wird.[411] Es würde wie bei Variante 1. unberücksichtigt bleiben, auf welcher Ebene der doppelstöckigen Personengesellschaft die stillen Reserven entstanden bzw. auf welcher Ebene vorhanden sind.[412]

Eine Erfassung der stillen Reserven auf der Ebene der Untergesellschaft bei korrekter Ergebniszurechnung kann erreicht werden, wenn die Mehrwerte des Sonderbetriebsvermögens in einer Ergänzungsbilanz zum Sonderbetriebsvermögen der Obergesellschaft bei der Untergesellschaft auf Ebene der Untergesellschaft für den Obergesellschafter erfasst werden. Über eine solche Vorgehensweise wird das Ergebnis aus dieser Ergänzungsbilanz zunächst auf Ebene

---

409 Vgl. LEY, U., Besteuerungsfragen, KÖSDI 1996, S. 10927; SEIBOLD, F., Anwendung, DStR 1998, S. 439; STEGEMANN, D., Einzelfragen, INF 2003, S. 267 jedoch jeweils zu der Variante 2.2.; MAYER, L., Beteiligung, DB 2003, S. 2039; SÖFFING, A., Fremdbestimmte Steuerwirkungen, DStZ 1993, S. 587-588.

410 Vgl. WACKER, R., in: SCHMIDT, L., EStG, § 15 Rn. 471; KÖSTER, T., in: HERRMANN, C./HEUER, G./RAUPACH, A., EStG/KStG, § 15 EStG Rn. 476 (August 2003).

411 Vgl. LEY, U., Anwendbarkeit, KÖSDI 2005, S. 14490.

412 Vgl. BENECKE, A. Y., Umwandlung, S. 128.

der Untergesellschaft ermittelt und anschließend in das steuerliche Ergebnis der Obergesellschaft eingerechnet. Zur verursachungsgerechten Erfassung beim Obergesellschafter wird das betreffende Ergänzungsbilanzergebnis abweichend von dem handelsrechtlichen bzw. gesellschaftsrechtlichen Gewinnverteilungsschlüssel dem betreffenden Obergesellschafter vorab zugerechnet.[413]

In Bezug auf die Gewerbesteuerlast der Untergesellschaft können jedoch fremdbestimmte Steuerwirkungen für die Untergesellschafter unabhängig davon, für wen auf Ebene der Untergesellschaft eine Ergänzungsbilanz zu bilden ist, leider nicht vermieden werden. Die Fortschreibung der in einer Ergänzungsbilanz auf Ebene der Untergesellschaft bilanzierten Werte hat eine Minderung bzw. Erhöhung des Gewerbeertrags der Untergesellschaft zur Folge. Dieser Gewerbeertrag ist allen Untergesellschaftern zuzurechnen. Daraus resultierende fremdbestimmte Steuerwirkungen, ob zum Vor- oder Nachteil der Untergesellschafter, können lediglich durch gesellschaftsrechtliche Abreden verhindert werden. Entsprechendes gilt für Ergänzungsbilanzen, die für Obergesellschafter auf Ebene der Obergesellschaft zu führen sind.[414]

3.2.2.4.3. Übertragung der Ergebnisse aus dem Abschnitt A.II.3.2.2.4.2. auf die Wirtschaftgutübertragungen im Wege der downstream-Transferfälle V und VII

Bei der Übertragung der im vorherigen Abschnitt gewonnenen Erkenntnisse zur Erstellung von Ergänzungsbilanzen bei doppelstöckigen Personengesellschaften im Zuge des Erwerbs eines Obergesellschaftsanteils auf den Transferfall V ist zunächst zu differenzieren, ob die Übertragung des Wirtschaftsguts aus dem

---

413 Vgl. LEY, U., Anwendbarkeit, KÖSDI 2005, S. 14491; DIES., Doppelstöckige Personengesellschaften, DStR 2004, S. 1502, 1504 jedoch jeweils zu der Variante 2.3.; MAYER, L., Beteiligung, DB 2003, S. 2039. MAYER ordnet auch die anteiligen stillen Reserven des Sonderbetriebsvermögens der Obergesellschaft bei der Untergesellschaft dem Obergesellschafter durch einen spiegelbildlichen Ausweis des anteiligen Mehrkapitals in der Ergänzungsbilanz des Obergesellschafters bei der Obergesellschaft zu; vgl. MAYER, L., Beteiligung, DB 2003, S. 2039. Dies ist aber kritisch zu betrachten; vgl. Fn. 406.

414 Vgl. PRINZ, U./THIEL, U., Ergänzungsbilanzen, FR 1992, S. 193; ISING, M., Ergänzungsbilanzen, S. 198-200; RÄTKE, B., in: HERRMANN, C./HEUER, G./RAUPACH, A., EStG/KStG, § 15 EStG Rn. 637 (Mai 2004); SÖFFING, A., Fremdbestimmte Steuerwirkungen, DStZ 1993, S. 587-588, 590-591. Eine wirksame gesellschaftsrechtliche Abrede zwischen einem lediglich mittelbar an der Untergesellschaft beteiligten Obergesellschafter und den Untergesellschaftern erfordert grundsätzlich entsprechende Regelungen in den Gesellschaftsverträgen der Untergesellschaft und Obergesellschaft. Schließlich steht der Obergesellschafter mit den Untergesellschaftern in keinem unmittelbaren Vertragsverhältnis; vgl. SÖFFING, A., Fremdbestimmte Steuerwirkungen, DStZ 1993, S. 591.

Sonderbetriebsvermögen eines Obergesellschafters bei der Obergesellschaft ins Gesamthandsvermögen der Untergesellschaft gegen Gewährung von Gesellschaftsrechten oder unentgeltlich erfolgt. Im Falle der unentgeltlichen Übertragung sind die Ergebnisse aus dem vorherigen Abschnitt direkt übertragbar. Entsprechend sind die stillen Reserven des auf die Gesamthand der Untergesellschaft übertragenen Wirtschaftsguts in einer Ergänzungsbilanz der Obergesellschaft bei der Untergesellschaft für den Obergesellschafter zu erfassen. Erfolgt die Übertragung des Wirtschaftsguts von dem Obergesellschafter in das Gesamthandsvermögen der Untergesellschaft unter Gewährung von Gesellschaftsrechten, d. h. Anteilen an der Untergesellschaft, wird der Obergesellschafter unmittelbarer Mitunternehmer der Untergesellschaft. Für einen unmittelbaren Mitunternehmer und zugleich auch zivilrechtlichen Gesellschafter der Untergesellschaft ist nicht mittelbar über die Obergesellschaft, sondern unmittelbar eine Ergänzungsbilanz, d. h. eine Ergänzungsbilanz des Obergesellschafters bei der Untergesellschaft, zu bilden.[415]

Für den Transferfall VII sind die Ergebnisse aus dem vorherigen Abschnitt A.II.3.2.2.4.2. zum Erwerb eines Obergesellschaftsanteils uneingeschränkt übertragbar. So sind bei der Übertragung eines Wirtschaftsguts aus dem Sonderbetriebsvermögen eines Obergesellschafters bei der Obergesellschaft ins Sonderbetriebsvermögen der Obergesellschaft bei der Untergesellschaft die Mehrwerte des Wirtschaftsguts in einer Ergänzungsbilanz zum Sonderbetriebsvermögen der Obergesellschaft bei der Untergesellschaft auf Ebene der Untergesellschaft für den Obergesellschafter abzubilden.

Alternativ wäre zu überlegen, ob in den Fällen V und VII statt der beschriebenen Vorgehensweise nicht die Erfassung der stillen Reserven jeweils in einer Ergänzungsbilanz der Obergesellschaft bei der Untergesellschaft in Betracht kommt. In den Fällen V und VII ist die Obergesellschaft zwar unmittelbare und zivilrechtliche Gesellschafterin der Untergesellschaft aber nicht übertragende Gesellschafterin. Auch dem Wortlaut des § 6 Abs. 5 S. 4 EStG ist die Zuordnung der stillen Reserven durch die Erstellung einer Ergänzungsbilanz zum übertragenden Gesell-

---

415 Vgl. WACKER, R., in: SCHMIDT, L., EStG, § 15 Rn. 473.

schafter zu entnehmen. Zwar ist der Obergesellschafter nur mittelbarer Gesellschafter der Untergesellschaft aber mittelbarer übertragender Gesellschafter. In Zusammenhang mit den Ausführungen des vorherigen Abschnitts zur Bildung von Ergänzungsbilanzen beim Erwerb eines Obergesellschaftsanteils ist daher m. E. die Bildung von Ergänzungsbilanzen der Obergesellschaft bei der Untergesellschaft für die Obergesellschafter gerechtfertigt. Zudem kann über die Führung einer Ergänzungsbilanz der Obergesellschaft bei der Untergesellschaft für einen Obergesellschafter sichergestellt werden, dass die stillen Reserven bei demjenigen besteuert werden, bei dem diese auch entstanden sind. Falls dagegen stille Reserven über eine Ergänzungsbilanz der Obergesellschaft bei der Untergesellschaft ohne eine Zuordnung zu dem übertragenden Obergesellschafter erfasst werden, würden auch andere Obergesellschafter, denen die stillen Reserven nicht zuzuordnen sind, an diesen stillen Reserven und folglich anderen Besteuerung im Realisationszeitpunkt beteiligt. Dies erscheint nicht sachgerecht, da dies zu fremdbestimmten Steuerwirkungen[416] führt, die es zu vermeiden gilt.

3.3. Sperrfrist gemäß § 6 Abs. 5 S. 4 EStG bei Übertragungen nach § 6 Abs. 5 S. 3 EStG

Wie bereits angedeutet, ist die zwingende Buchwertfortführung bei Übertragungen i. S. von § 6 Abs. 5 S. 3 EStG an die Sperrfristregelung[417] des § 6 Abs. 5 S. 4 EStG geknüpft. Entsprechend dieser Regelung ist rückwirkend auf den Zeitpunkt der Übertragung für das übertragene Wirtschaftsgut der Teilwert anzusetzen, soweit das übertragene Wirtschaftsgut innerhalb von drei Jahren nach Abgabe der Steuererklärung des Übertragenden für den Veranlagungszeitraum, in dem die betreffende Übertragung erfolgte, veräußert oder entnommen wird.[418] Die Sperrfristregelung kommt jedoch nicht zum Tragen, wenn die bis zur Übertragung entstandenen

---

416 Vgl. SÖFFING, A., Fremdbestimmte Steuerwirkungen, DStZ 1993, S. 587-588.

417 Im Schrifttum wird die Bezeichnung als Sperrfristregelung oftmals als irreführend bezeichnet, da nicht eine Veräußerung oder Entnahme versperrt, verhindert wird, sondern an die jeweilige Umsetzung bestimmte steuerliche Rechtsfolgen geknüpft werden; vgl. NIEHUS, U./WILKE, H., Personengesellschaften, S. 207; WENDT, M., Übertragung, FR 2002, S. 60.

418 Vgl. NIEHUS, U./WILKE, H., Personengesellschaften, S. 204; WENDT, M., Übertragung, FR 2002, S. 60.

stillen Reserven durch eine Ergänzungsbilanz dem übertragenden Gesellschafter zugeordnet wurden.[419]

Durch diese Regelung soll das Überspringen von stillen Reserven zusätzlich verhindert werden, soweit die stillen Reserven innerhalb der Sperrfrist realisiert werden. Es sei denn, die Besteuerung der stillen Reserven ist über Ergänzungsbilanzen beim Übertragenden sichergestellt.[420] Der Sperrfristregelung liegt offensichtlich der Gedanke zu Grunde, steuerlich motivierte Gestaltungen, die nicht der Umstrukturierung, sondern der Vorbereitung einer Veräußerung oder Entnahme des übertragenen Wirtschaftsguts (z. B. zur Ausnutzung eines niedrigeren Grenzsteuersatzes beim Übernehmenden) dienen, innerhalb der Sperrfrist zu verhindern.[421]

Im Falle der Veräußerung oder Entnahme des übertragenen Wirtschaftsguts innerhalb der Sperrfrist wird unwiderlegbar vermutet, dass die ursprüngliche Übertragung nur diesem Ziel und nicht der Umstrukturierung diente.[422] Aus dem Gesetzeswortlaut kann aber geschlossen werden, dass als schädliche Realisationen innerhalb der dreijährigen Sperrfrist nur Entnahmen und Veräußerungen in Betracht kommen. Folglich dürfte z. B. eine das übertragene Wirtschaftsgut einschließende Betriebsaufgabe oder Betriebsveräußerung jeweils i. S. von § 16 EStG, Einbringungen zum Buchwert nach den §§ 20 und 24 UmwStG oder Übertragungen i. S. von § 6 Abs. 5 EStG nicht als schädlich zu beurteilen sein und

---

419 Vgl. GROH, M., Teilwerteinbringung, DB 2003, S. 1406; NIEHUS, U./WILKE, H., Personengesellschaften, S. 204-205; WENDT, M., Änderung des § 6 Abs. 5 EStG, EStB 2002, S. 142; BT-DRS. 12/6882 v. 10.09.2001, S. 33.

420 Vgl. DÜLL, A., Übertragung, StbJb 2002/2003, S. 139; HOFFMANN, W.-D., Transfer, GmbHR 2002, S. 131 sowie Kapitel 2 Abschnitt A.II.3.2.2.

421 Vgl. DÜLL, A., Übertragung, StbJb 2002/2003, S. 139; GRÜTZNER, D., Überführung, StuB 2002, S. 328; HOFFMANN, W.-D., Transfer, GmbHR 2002, S. 132; KRAFT, G./TRÜBENBACH, K., Übertragungsmöglichkeiten, StB 2004, S. 340; NIEHUS, U./WILKE, H., Personengesellschaften, S. 204; WENDT, M., Übertragung, FR 2002, S. 59; BT-DRS. 12/6882 v. 10.09.2001, S. 32-33; BR-DRS. 638/01 v. 17.08.2001, S. 50.

422 Vgl. EHMKE, T., in: BLÜMICH, EStG/KStG/GewStG, § 6 EStG Rn. 1290-1291, 1351 (März 2004); GLANEGGER, P., in: SCHMIDT, L., EStG, § 6 Rn. 537; BERGSTEINER, S., Umstrukturierung, S. 122; RÖHNER, J., Übertragung, S. 142; WENDT, M., Änderung des § 6 Abs. 5 EStG, EStB 2002, S. 141.

nicht zu einem rückwirkenden Teilwertansatz nach § 6 Abs. 5 S. 4 EStG führen.[423] Also sind auch Kettentransfers im Anwendungsbereich von § 6 Abs. 5 EStG als unschädlich i. S. von § 6 Abs. 5 S. 4 EStG zu betrachten.[424] Zudem bedeutet die Regelung des § 6 Abs. 5 S. 4 EStG im Umkehrschluss, dass nach Ablauf der Sperrfrist eine Veräußerung oder Entnahme des übertragenen Wirtschaftsguts unabhängig von der Bildung einer Ergänzungsbilanz unschädlich für die vorherige Übertragung zu Buchwerten nach § 6 Abs. 5 S. 3 EStG ist.

Für den Eintritt der Rechtsfolge ist auch die Bestimmung des Sperrfristendes maßgebend. Dies setzt die Kenntnis über den Zeitpunkt der Abgabe der Steuererklärung des Übertragenden für den Veranlagungszeitraum der ursprünglichen Übertragung voraus, da ab diesem Zeitpunkt die dreijährige Frist gerechnet wird. Es ist aber fraglich, inwieweit dem Übernehmenden der Beginn des Sperrfristlaufs bekannt ist.[425] Im Interesse des Übertragenden sollte dieser Informationsfluss aber geregelt sein. Zudem stellt sich speziell bei Übertragungen aus einem Gesamthandsvermögen oder Sonderbetriebsvermögen und somit insbesondere bei Übertragungen zwischen den Betriebsvermögen von doppelstöckigen Personengesellschaften die Frage, welcher Zeitpunkt als Abgabezeitpunkt für die Steuererklärung des Übertragenden zu Grunde zu legen ist. Bei diesen problematischen Fällen ist nach h. M. nicht die Abgabe einer Steuererklärung, sondern der Abgabezeitpunkt der Gewinnfeststellungserklärung der Personengesellschaft entscheidend. Falls dieser Zeitpunkt nicht ermittelbar ist, ist bezüglich des Fristbeginns alternativ in entsprechender Anwendung der Auslegung von § 170 Abs. 2 Nr. 1 AO auf den

423 Vgl. Korn, K., Buchwertfortführung, KÖSDI 2002, S. 13279; Kraft, G./Trübenbach, K., Übertragungsmöglichkeiten, StB 2004, S. 340; Niehus, U./Wilke, H., Personengesellschaften, S. 208; Ehmke, T., in: Blümich, EStG/KStG/GewStG, § 6 EStG Rn. 1352 (März 2004); Niehus, U./Wilke, H., in: Herrmann, C./Heuer, G./Raupach, A., EStG/KStG, § 6 EStG Rn. 1469a-1469b (Mai 2006); (kritisch) Bergsteiner, S., Umstrukturierung, S. 125-126. Insbesondere Einbringungen zum Buchwert nach den §§ 20 und 24 UmwStG sowie Übertragungen i. S. von § 6 Abs. 5 EStG sollten nicht als schädlich i. S. von § 6 Abs. 5 S. 4 EStG betrachtet werden, da diese als zu fördernde Umstrukturierungsmaßnahmen anerkannt sind; vgl. Bergsteiner, S., Umstrukturierung, S. 125-126. Veräußerungen von Mitunternehmeranteilen sind dagegen als schädliche Veräußerung zu behandeln, da diese nicht als eigenständiges Wirtschaftsgut sondern als Anteil des Mitunternehmers am Vermögen der jeweiligen Mitunternehmerschaft zu werten sind; vgl. Korn, K., Buchwertfortführung, KÖSDI 2002, S. 13279; Kraft, G./Trübenbach, K., Übertragungsmöglichkeiten, StB 2004, S. 341; Bergsteiner, S., Umstrukturierung, S. 126; Grützner, D., Überführung, StuB 2002, S. 329. Zur Eigenschaft einer Personengesellschaftsbeteiligung vgl. Kapitel 1 Abschnitt B.I.3.1. A. A. Wendt, M., Änderung des § 6 Abs. 5 EStG, EStB 2002, S. 141.

424 Gl. A. Welke, G./Hucht, A., Ergänzungsbilanz, StuB 2002, S. 427; Wendt, M., Änderung des § 6 Abs. 5 EStG, EStB 2002, S. 141.

425 Vgl. Kraft, G./Trübenbach, K., Übertragungsmöglichkeiten, StB 2004, S. 340; Mitsch, B., Übertragungen, INF 2002, S. 80; Niehus, U./Wilke, H., Personengesellschaften, S. 207-208; Wendt, M., Änderung des § 6 Abs. 5 EStG, EStB 2002, S. 141; Röhner, J., Übertragung, S. 142.

Zugang der vollständigen Erklärung bei dem zuständigen Finanzamt abzustellen.[426]

Wie bereits unter Abschnitts A.II.3.2.2.2. dieses Kapitels ausgeführt, ist der Gesetzeswortlaut des § 6 Abs. 5 S. 4 EStG in Bezug auf die Erstellung von Ergänzungsbilanzen aufgrund der vermuteten zu Grunde liegenden gesetzgeberischen Intention und der undifferenzierten Bezugnahme auf Übertragungen i. S. von § 6 Abs. 5 S. 3 EStG nicht nur bei Übertragungen von einem Gesellschafter, sondern auf alle Übertragungen i. S. von § 6 Abs. 5 S. 3 EStG, so z. B. auch Übertragungen von der Gesamthand auf einen Gesellschafter oder zwischen Sonderbetriebsvermögen, anzuwenden.[427]

Falls eine Ergänzungsbilanz nicht erstellt wurde und die dreijährige Sperrfrist durch eine Entnahme oder Veräußerung des zuvor übernommenen Wirtschaftsguts verletzt wird, sind die jeweiligen Veranlagungen und ggf. Folgeveranlagungen rückwirkend nach § 175 Abs. 1 S. 1 Nr. 2 AO zu korrigieren.[428] Die im Zeitpunkt der Übertragung nicht aufgedeckten stillen Reserven sind vom Übertragenden nachträglich zu versteuern.[429] Neben dem rückwirkenden Teilwertansatz sind ggf. auch ein rückwirkender Entfall von Steuervergünstigungen (z. B. nach § 7g EStG) oder im Falle von abnutzbaren Wirtschaftsgütern erhöhte AfA-Bemessungsgrund-

---

426 Vgl. MITSCH, B., Übertragungen, INF 2002, S. 80; NIEHUS, U./WILKE, H., Personengesellschaften, S. 207-208; WENDT, M., Änderung des § 6 Abs. 5 EStG, EStB 2002, S. 141. Der Gesetzestext sollte aber dahingehend interpretiert werden, als dass der Abgabezeitpunkt der Steuererklärung des Übertragenden lediglich der Bestimmung des Sperrfristendes dient und nicht dem Beginn der Sperrfrist gleichzusetzen ist. Anderenfalls könnten zwischenzeitliche Entnahmen und Veräußerungen zwischen dem Übertragungszeitpunkt und dem Abgabezeitpunkt der Steuererklärung ohne Anwendung des rückwirkenden Teilwertansatzes nach § 6 Abs. 5 S. 4 EStG vollzogen werden. Dies entspricht sicherlich nicht der Intention des Gesetzgebers; vgl. KRAFT, G./TRÜBENBACH, K., Übertragungsmöglichkeiten, StB 2004, S. 340. Folglich beträgt die Sperrfrist regelmäßig mehr als drei Jahre; vgl. SCHMITT, M., Zweifelsfälle, Stbg 2003, S. 5.

427 Zur Argumentation vgl. z. B. auch WERNDL, J., in: KIRCHHOF, P./SÖHN, H./MELLINGHOFF, R., EStG, § 6 Rn. L 43 (Oktober 2004); LEY, U., Ausgewählte Fragen, StbJb 2003/2004, S. 155; HOFFMANN, W.-D., Transfer, GmbHR 2002, S. 132; NIEHUS, U./WILKE, H., in: HERRMANN, C./HEUER, G./RAUPACH, A., EStG/KStG, § 6 EStG Rn. 1467 (Mai 2006).

428 Vgl. WENDT, M., Änderung des § 6 Abs. 5 EStG, EStB 2002, S. 142; NIEHUS, U./WILKE, H., Personengesellschaften, S. 204; GRÜTZNER, D., UntStFG, BBK 2002, F. 15, S. 1296; KRAFT, G./TRÜBENBACH, K., Übertragungsmöglichkeiten, StB 2004, S. 340; RITZROW, M., Wirtschaftsgut, StBP 2004, S. 328. KLOSTER, A./KLOSTER L. führen den durch § 6 Abs. 5 S. 4 EStG normierten rückwirkenden Teilwertansatz für den Fall als Gestaltungsinstrument an, als im Zuge einer Veräußerung oder Entnahme innerhalb der Sperrfrist eine rückwirkende Gewinnverlagerung angestrebt wird; vgl. KLOSTER, A./KLOSTER, L., Restrukturierung, GmbHR 2002, S. 721.

429 Vgl. GROH, M., Teilwerteinbringung, DB 2003, S. 1406; SCHMITT, M., Zweifelsfälle, Stbg 2003, S. 5; WENDT, M., Änderung des § 6 Abs. 5 EStG, EStB 2002, S. 141.

lagen beim Übernehmenden zu berücksichtigen.[430] Allerdings kann bei diesen Fällen und einer ursprünglichen Übertragung gegen Gewährung von Gesellschaftsrechten aufgrund der Qualifikation als tauschähnliches Rechtsgeschäft ggf. der rückwirkend zu erfassende Gewinn in den Anwendungsbereich des § 6b EStG fallen.[431] Dies bedingt aber das Vorliegen der sonstigen Voraussetzungen von § 6b EStG.[432] Unüberschaubar können die Rechtsfolgen des § 6 Abs. 5 S. 4 EStG werden, wenn im Falle eines Kettentransfers der Teilwert rückwirkend bereits beim ersten Transfer anzusetzen ist.[433]

Der rückwirkende Teilwertansatz beim Übernehmenden wirkt sich aber auch entsprechend der Ausführungen im Abschnitt A.II.3.2.2.1.1. dieses Kapitels, bei Übertragungen in ein Gesamthandsvermögen auf das Kapitalkonto I und damit auf die Beteiligungsverhältnisse aus. Dies ist problematisch, wenn in den bereits vorhandenen Wirtschaftsgütern der übernehmenden Untergesellschaft stille Reserven enthalten sind und sich die die Stimm- und/oder Gewinnbezugsrechte der Mitunternehmer nach dem Kapitalkonto I richten. Schließlich hat der rückwirkende Teilwertansatz für das übertragene Wirtschaftsgut eine Verschiebung der Beteiligungsverhältnisse zu Gunsten des Übertragenden entgegen der Interessen der Mitgesellschafter zum Ergebnis.[434] Da im Zuge des rückwirkenden Teilwertansatzes für die bereits vorhandenen Wirtschaftsgüter keine Ergänzungsbilanzen erstellt werden können, ist entsprechend des Abschnitts A.II.3.2.2.1.1. dieses Kapitels eine erst jetzt angestrebte Kapitalkontenanpassung nicht zulässig. Alternativ könnte der Wert des Teilwerts nicht nur dem Kapitalkonto I des Übertragenden, sondern aufgeteilt entsprechend der wirtschaftlich korrekten Beteiligungsverhältnisse orientiert an den Teilwerten aller Wirtschaftsgüter der Untergesellschaft auf die Kapitalkonten I aller Untergesellschafter verteilt werden.[435]

---

430 Vgl. WENDT, M., Übertragung, FR 2002, S. 60; SCHMITT, M., Zweifelsfälle, Stbg 2003, S. 5-6; GRÜTZNER, D., Überführung, StuB 2002, S. 328; KRAFT, G./TRÜBENBACH, K., Übertragungsmöglichkeiten, StB 2004, S. 340; RITZROW, M., Wirtschaftsgut, StBP 2004, S. 328.

431 Vgl. NIEHUS, U./WILKE, H., Personengesellschaften, S. 204; HOFFMANN, W.-D., Transfer, GmbHR 2002, S. 132; GLANEGGER, P., in: SCHMIDT, L., EStG, § 6 Rn. 537; DERS., in: SCHMIDT, L., EStG, § 6b Rn. 66; JACHMANN, M., § 6b EStG, DStZ 2002, S. 209.

432 Vgl. NIEHUS, U./WILKE, H., Personengesellschaften, S. 204-205. NIEHUS/WILKE veranschaulichen dies mit einem Beispiel; vgl. NIEHUS, U./WILKE, H., Personengesellschaften, S. 204-205.

433 Vgl. WENDT, M., Übertragung, FR 2002, S. 60; DERS., Änderung des § 6 Abs. 5 EStG, EStB 2002, S. 141.

434 Vgl. GROH, M., Teilwerteinbringung, DB 2003, S. 1406.

435 Vgl. GROH, M., Teilwerteinbringung, DB 2003, S. 1406.

Der § 6 Abs. 5 S. 4 EStG ist insbesondere aus Sicht des Übertragenden als problematisch zu beurteilen, da nach der Übertragung i. d. R. die Verfügungsgewalt des Übertragenden über das übertragene Wirtschaftsgut verloren bzw. teilweise verloren geht und der rückwirkende Teilwertansatz ihm zuzurechnen ist. Damit ist der Übertragende bezüglich der Besteuerungsfolgen aus einem rückwirkenden Teilwertansatz nach § 6 Abs. 5 S. 4 EStG von dem Übernehmenden abhängig. Um diese Problematik zu begrenzen, wird die Vereinbarung von Verfügungsbeschränkungen bezüglich des übertragenen Wirtschaftsguts für den Übernehmenden im Zuge der Übertragung vorgeschlagen. Zwar sind im Falle der Verletzung der Sperrfrist sich daraus ergebende Besteuerungsfolgen für den Übertragenden nicht zu vermeiden, allerdings wäre in Kombination mit der Verfügungsbeschränkung eine Schadensersatzregelung denkbar. Bei sich anschließenden Übertragungen im Falle von Kettentransfers entzieht sich die Problematik evtl. sogar vollständig dem Einfluss des Übertragenden. Auch diese Eventualität sollte in die Verfügungsbeschränkung aufgenommen werden.[436]

3.4. Missbrauchsregelung gemäß § 6 Abs. 5 S. 5, 6 EStG bei Übertragungen nach § 6 Abs. 5 S. 3 EStG

Die Beteiligung einer Kapitalgesellschaft an der Untergesellschaft bzw. der Obergesellschaft tritt bei Übertragungen nach § 6 Abs. 5 S. 3 EStG innerhalb der doppelstöckigen Personengesellschaft durch die Regelung des § 6 Abs. 5 S. 5, 6 EStG in den Focus. So ist gemäß § 6 Abs. 5 S. 5 EStG für ein übertragenes Wirtschaftsgut statt des Buchwerts (quotal)[437] der Teilwert anzusetzen, soweit durch eine Übertragung i. S. von § 6 Abs. 5 S. 3 EStG[438] der Anteil einer

---

436 Vgl. SCHMITT, M., Zweifelsfälle, Stbg 2003, S. 5; KRAFT, G./TRÜBENBACH, K., Übertragungsmöglichkeiten, StB 2004, S. 340; NIEHUS, U./WILKE, H., Personengesellschaften, S. 208; NEUFANG, B., Übertragung, StBP 2002, S. 336; KORN, K., Buchwertfortführung, KÖSDI 2002, S. 13282; RÖHNER, J., Übertragung, S. 142-143; WESSELBAUM-NEUGEBAUER, C., Einzelwirtschaftsgüter, StB 2002, S. 162; (kritisch) CREZELIUS, G., Behaltefristen, FR 2002, S. 806, 808.

437 Vgl. GLANEGGER, P., in: SCHMIDT, L., EStG, § 6 Rn. 539; KORN, K./STRAHL, M., in: KORN, K. U. A., EStG, § 6 Rn. 503.3 (Juni 2007).

438 Da bei Wirtschaftsgutüberführungen gemäß § 6 Abs. 5 S. 2 EStG ein Rechtsträgerwechsel fehlt, ist es folgerichtig, dass sich die Missbrauchsregelungen von § 6 Abs. 5 S. 5 und 6 EStG lediglich auf Übertragungen i. S. von § 6 Abs. 5 S. 3 EStG beziehen; vgl. BERGSTEINER, S., Umstrukturierung, S. 127.

Körperschaft, Personenvereinigung oder Vermögensmasse[439] an dem übertragenen Wirtschaftsgut unmittelbar oder mittelbar begründet oder erhöht wird. Damit wird der Entziehung von stillen Reserven des übertragenen Wirtschaftsguts aus der Steuerverstrickung durch die Überführung ins Halbeinkünfteverfahren (insbesondere bei Objektgesellschaften) vorgebeugt.[440] Eine betreffende mittelbare Beteiligung einer Kapitalgesellschaft käme bei doppelstöckigen Personengesellschaften zum Tragen, wenn eine Kapitalgesellschaft als Obergesellschafterin lediglich mittelbar über die Obergesellschaft an der Untergesellschaft und deren Wirtschaftsgüter beteiligt ist.[441]

Die Missbrauchsregelung kommt nicht zur Anwendung, wenn die Körperschaft, Personenvereinigung oder Vermögensmasse vermögensmäßig zu 100 v. H. an der aufnehmenden Mitunternehmerschaft beteiligt ist, da die 100 v. H.-Beteiligung auch nach der Übertragung unverändert bleibt.[442] Auch in dem Fall einer nicht am Vermögen, jedoch mitunternehmerisch beteiligten Komplementär-GmbH ist eine Anwendung von § 6 Abs. 5 S. 5 EStG auszuschließen.[443] Die Regelung des § 6 Abs. 5 S. 5 EStG sollte ebenfalls nicht gelten, wenn der übertragende Mitunternehmer selbst wiederum eine Körperschaft, Personenvereinigung oder Vermögensmasse ist, allerdings nur auf den Anteil am Wirtschaftsgut begrenzt, der diesem übertragenden Mitunternehmer nach der Übertragung zuzurechnen ist.[444]

---

439 Dies erfasst Kapitalgesellschaften, Erwerbs- und Wirtschaftsgenossenschaften, Versicherungsvereine auf Gegenseitigkeit, sonstige juristische Personen des privaten Rechts, nichtrechtsfähige Vereine, Anstalten, Stiftungen und andere Zweckvermögen des privaten Rechts; vgl. MITSCH, B./GRÜTER, G., Übertragung, INF 2000, S. 654. Nach GLANEGGER sowie KORN/STRAHL sind nach § 1 KStG körperschaftsteuerpflichtige Subjekte gemeint; vgl. GLANEGGER, P., in: SCHMIDT, L., EStG, § 6 Rn. 539; KORN, K./STRAHL, M., in: KORN, K. U. A., EStG, § 6 Rn. 503.2 (Juni 2007).

440 Vgl. BRIESE, A., Missbrauchsklauseln, S. 249; BERGSTEINER, S., Umstrukturierung, S. 127; KLOSTER, A./KLOSTER, L., Umstrukturierung, GmbHR 2000, S. 1134; DÜLL, A., Übertragung, StbJb 2002/2003, S. 140; WENDT, M., Übertragung, FR 2002, S. 61; BT-DRS. 14/6882 v. 10.09.2001, S. 33.

441 Vgl. BRIESE, A., Missbrauchsklauseln, S. 249; KRAFT, G./TRÜBENBACH, K., Übertragungsmöglichkeiten, StB 2004, S. 341.

442 Vgl. KRAFT, G./TRÜBENBACH, K., Übertragungsmöglichkeiten, StB 2004, S. 341; RITZROW, M., Wirtschaftsgut, StBP 2004, S. 329; GLANEGGER, P., in: SCHMIDT, L., EStG, § 6 Rn. 540; WACKER, R., in: SCHMIDT, L., EStG, § 15 Rn. 687; KORN, K./STRAHL, M., in: KORN, K. U. A., EStG, § 6 Rn. 503.4 (Juni 2007); BMF-SCHREIBEN v. 07.02.2002, IV A 6 – S 2241 – 94/01, FR 2002, S. 483; OFD DÜSSELDORF v. 25.10.2004, S 2241 A – St 112, DStR 2005, S. 153; OFD DÜSSELDORF/KÖLN/MÜNSTER v. 25.10.2004, S 2241 A – St 112, S 2241 A – St 134 – K, S 2177 – St 112 – 33, FR 2004, S. 1295-1296.

443 Vgl. GLANEGGER, P., in: SCHMIDT, L., EStG, § 6 Rn. 540; WACKER, R., in: SCHMIDT, L., EStG, § 15 Rn. 687; GROH, M., Teilwerteinbringung, DB 2003, S. 1407; KORN, K./STRAHL, M., in: KORN, K. U. A., EStG, § 6 Rn. 503.5 (Juni 2007).

444 Vgl. OFD DÜSSELDORF v. 25.10.2004, S 2241 A – St 112, DStR 2005, S. 153; OFD FRANKFURT AM MAIN v. 03.05.2004, S 2170 A – 109 – St II 2.01, DStR 2004, S. 1086; FINMIN. SAARLAND v. 19.05.2003, B/2 – 2 – 74/2003 – S 2241, DStR 2003, S. 1120; DÜLL, A., Übertragung, StbJb 2002/2003, S. 140; KLOSTER, A./KLOSTER, L., Restrukturierung, GmbHR 2002, S. 722; SCHMITT, M., Zweifelsfälle, Stbg 2003, S. 7-8.

Durch § 6 Abs. 5 S. 6 EStG wird die Missbrauchsregelung des S. 5 auf einen Zeitraum von sieben Jahren nach der Wirtschaftsgutübertragung ausgeweitet. Demgemäß verpflichtet eine nachträgliche unmittelbare oder mittelbare Begründung oder Erhöhung des Anteils einer Körperschaft, Personenvereinigung oder Vermögensmasse an dem ursprünglich übertragenen Wirtschaftsgut innerhalb dieser Sperrfrist zu einem rückwirkenden Teilwertansatz für das übertragene Wirtschaftsgut auf den Zeitpunkt der ursprünglichen Übertragung.

In Abhängigkeit von der Einbindung einer Kapitalgesellschaft in eine doppelstöckige Personengesellschaft kann bei den folgenden downstream-Übertragungen innerhalb doppelstöckiger Personengesellschaften unter Umständen die Beachtung der Missbrauchsregelungen des § 6 Abs. 5 S. 5 und 6 EStG erforderlich sein:

- Übertragungen aus dem Betriebsvermögen der Obergesellschaft ins Gesamthandsvermögen der Untergesellschaft, an der eine Kapitalgesellschaft unmittelbar beteiligt ist
  - aus dem Gesamthandsvermögen der Obergesellschaft (Fall I)
  - aus dem Sonderbetriebsvermögen eines Obergesellschafters bei der Obergesellschaft (Fall V)
- Übertragungen aus dem Gesamthandsvermögen der Obergesellschaft ins Sonderbetriebsvermögen einer Kapitalgesellschaft bei der Untergesellschaft
  - aus dem Gesamthandsvermögen der Obergesellschaft ins Sonderbetriebsvermögen eines Untergesellschafters bei der Untergesellschaft (Fall III)
  - aus dem Gesamthandsvermögen der Obergesellschaft ins Sonderbetriebsvermögen eines Obergesellschafters bei der Untergesellschaft (Fall IV)
- Übertragungen aus dem Sonderbetriebsvermögen eines Obergesellschafters bei der Obergesellschaft ins Sonderbetriebsvermögen der Untergesellschaft
  - ins Sonderbetriebsvermögen der Obergesellschaft bei der Untergesellschaft, wobei an der Obergesellschaft eine Kapitalgesellschaft beteiligt ist (Fall VII)
  - ins Sonderbetriebsvermögen eines anderen Obergesellschafters, einer Kapitalgesellschaft, bei der Untergesellschaft (Fall VIII)

- ins Sonderbetriebsvermögen eines Untergesellschafters, einer Kapitalgesellschaft, bei der Untergesellschaft (Fall IX)

Die Regelungen von § 6 Abs. 5 S. 5 und 6 EStG verursachen insbesondere bei mehrstöckigen Beteiligungen, so auch doppelstöckigen Personengesellschaften, erhebliche praktische Probleme, da bei Wirtschaftsgutübertragungen nach § 6 Abs. 5 S. 3 EStG und bei Änderungen der gesellschaftsrechtlichen Verhältnisse innerhalb von sieben Jahren nach einer solchen Wirtschaftsgutübertragung jeweils die Gefahr eines Teilwertansatzes statt des Buchwertansatzes für das betreffende Wirtschaftsgut droht. Diese Gefahr wird durch die Vielfalt der o. g. Übertragungswege, auf die die Missbrauchsregelungen des § 6 Abs. 5 S. 5 und 6 EStG einschlägig sind, umso deutlicher. Oftmals kann zum Übertragungszeitpunkt der nachfolgende Siebenjahres-Zeitraum schlecht abschließend geplant und überblickt werden. Zudem erhöht sich durch diese Missbrauchsregelung bei vielschichtigen Beteiligungsverhältnissen der Aufklärungs- und Überwachungsbedarf.[445]

[445] Vgl. HOFFMANN, W.-D., Transfer, GmbHR 2002, S. 133; KRAFT, G./TRÜBENBACH, K., Übertragungsmöglichkeiten, StB 2004, S. 341; WENDT, M., Übertragung, FR 2002, S. 61.

III. Die Übertragung stiller Reserven gemäß § 6b EStG

1. Einführung

Für die Fälle, dass ein Transfer von Wirtschaftsgütern von der Obergesellschaft auf die Untergesellschaft nach § 6 Abs. 5 S. 2 oder 3 EStG nicht möglich ist bzw. diesbezüglich entsprechende Rechtsunsicherheit besteht, bietet sich ggf. bei Anlagegütern i. S. von § 6b EStG die Möglichkeit an, die sofortige Besteuerung der stillen Reserven durch eine Übertragung der stillen Reserven auf ein anderes begünstigtes Wirtschaftsgut im Wege der Veräußerung in Kombination mit § 6b EStG zu vermeiden.[446] Zudem ist für Fälle, in denen ein solcher Transfer zu Buchwerten aufgrund von § 6 Abs. 5 S. 4-6 EStG versagt wird, zu untersuchen, inwieweit der § 6b EStG Anwendung finden kann. Im Rahmen von Betriebs- oder Teilbetriebsübertragungen könnte § 6b EStG auch eine Alternative darstellen, um stille Reserven von Anlagegütern i. S. von § 6b EStG ohne die steuerpflichtige Aufdeckung von stillen Reserven zu übertragen.

Zur Anwendung des § 6b EStG sind die stillen Reserven im Rahmen einer Veräußerung oder eines Transfers (Entnahme/Einlage) des betrachteten Wirtschaftsguts zunächst aufzudecken. Die Höhe der stillen Reserven ist gleich dem Veräußerungsgewinn, der sich gemäß § 6b Abs. 2 EStG aus der Differenz von Veräußerungspreis abzüglich Veräußerungskosten und dem Buchwert ergibt. Dabei ist der Buchwert der Wert, mit dem das veräußerte Wirtschaftsgut zum Zeitpunkt der Veräußerung nach § 6 Abs. 1 Nr. 1 EStG anzusetzen ist.[447] Aufgrund der begünstigenden Regelung des § 6b EStG können die aufgedeckten stillen Reserven ohne deren Besteuerung auf ein anderes begünstigtes Wirtschaftsgut

---

446 Vgl. NIEHUS, U./WILKE, H., Personengesellschaften, S. 108; SELBMANN, D., Übertragung stiller Reserven, S. 21-22; KORN, K., Buchwertfortführung, KÖSDI 2002, S. 13283; STRAHL, M., Übertragung, FR 2005, S. 797; JACHMANN, M., in: KIRCHHOF, P., EStG, § 6b Rn. 1; KORN, K./STRAHL, M., Reinvestitionsrücklage, Stbg 2002, S. 300-301; BRÖDER, A., Übertragung, SteuerStud 2003, S. 139. Im Kontext von Wirtschaftsgutübertragungen zwischen Schwesterpersonengesellschaften vgl. IDW, Umstrukturierung, FN-IDW 2004, Beiheft zu Heft 5, Rn. 242, 244; NIEHUS, U., Schwesterpersonengesellschaften, FR 2005, S. 283-284.

447 Vgl. BRÖDER, A., Übertragung, SteuerStud 2003, S. 139-140; STRAHL, M., in: KORN, K. U. A., EStG, § 6b Rn. 19, 21 (Mai 2002); (detailliert) m. w. N. SELBMANN, D., Übertragung stiller Reserven, S. 40-44. Die Veräußerungskosten umfassen alle Kosten, die unmittelbar durch die Veräußerung entstanden sind, wie z. B. Grundbuchgebühren, Notargebühren, Verkehrsteuern, Maklerprovisionen, Berater- und Gutachterkosten; vgl. STRAHL, M., in: KORN, K. U. A., EStG, § 6b Rn. 20 (Mai 2002); SCHLENKER, A., in: BLÜMICH, EStG/KStG/GewStG, § 6b EStG Rn. 178 (Oktober 2003) sowie z. B. BFH v. 26.03.1987, IV R 20/84, BStBl. II 1987, S. 561, 563; BFH v. 27.10.1977, IV R 60/74, BStBl. II 1978, S. 100, 101.

entweder sofort oder nach zwischenzeitlicher Bildung einer steuerfreien Rücklage für Reinvestitionswirtschaftsgüter übertragen werden.[448] Die Übertragung der stillen Reserven wird durch den Abzug der stillen Reserven von den Anschaffungs- oder Herstellungskosten des Reinvestitionswirtschaftsguts erreicht. Bezüglich der stillen Reserven wird der Steuerpflichtige damit so gestellt, als wenn das veräußerte Wirtschaftsgut weiterhin seinem Betriebsvermögen zugehörig wäre.[449]

Die sofortige Besteuerung der aufgedeckten und übertragenen stillen Reserven kann durch die Anwendung von § 6b EStG vermieden werden. Die stillen Reserven sind der Besteuerung aber nicht entzogen. Durch die Reduzierung der Anschaffungs- oder Herstellungskosten der Reinvestitionswirtschaftsgüter ist das AfA-Potenzial gemindert, und spätere Veräußerungsergebnisse sind erhöht. Folglich erzielt der Steuerpflichtige in Abhängigkeit von Art und Nutzungsdauer des Reinvestitionswirtschaftsguts nur einen Steuerstundungseffekt.[450]

Die grundsätzliche Absicht des Gesetzgebers war es, eine Erleichterung für ökonomisch sinnvolle Anpassungen der Wirtschaft (Umstrukturierungen) an strukturelle Veränderungen produktionstechnischer, verteilungswirtschaftlicher und regionaler Art zu schaffen, indem auf die Besteuerung von Gewinnen bei Veräußerungen von Anlagegütern verzichtet wird.[451] Dementsprechend soll die Veräußerung von nicht mehr benötigten Wirtschaftsgütern des Anlagevermögens erleichtert werden, indem aus der Veräußerung resultierende Gewinne, d. h. aufgedeckte stille Reserven, bestimmter begünstigter Wirtschaftsgüter nicht sofort besteuert werden, sondern auf bestimmte Reinvestitionswirtschaftsgüter im Wege von § 6b EStG steuerneutral übertragen werden können. So können aufgedeckte stille Reserven ohne eine vorherige Besteuerung in vollem Umfang für notwendige

---

448 Vgl. NIEHUS, U./WILKE, H., Personengesellschaften, S. 108; BRÖDER, A., Übertragung, SteuerStud 2003, S. 139.

449 Vgl. SELBMANN, D., Übertragung stiller Reserven, S. 22; HEGER, K., in: KIRCHHOF, P./SÖHN, H./MELLINGHOFF, R., EStG, § 6b Rn. A 4 (Oktober 2003); JACHMANN, M., § 6b EStG, DStZ 2002, S. 203; SCHÖN, W., § 6b EStG, S. 10.

450 Vgl. FÖRSTER, G., Umstrukturierung, S. 66; SELBMANN, D., Übertragung stiller Reserven, S. 23; SCHOOR, H. W., Gewinnübertragung, FR 1997, S. 251; VEIGEL, G., Vergünstigung, StBP 1987, S. 79; HELLWIG, P., Fundgrube des § 6b EStG, DStR 1968, S. 363; HEGER, K., in: KIRCHHOF, P./SÖHN, H./MELLINGHOFF, R., EStG, § 6b Rn. A 5-A 6, A 100 (Oktober 2003).

451 Vgl. BT-DRS. IV/2400 v. 19.06.1964, S. 46; BFH v. 07.05.1987, IV R 150/84, BStBl. II 1987, S. 670, 672; BFH v. 06.12.1972, I R 182/70, BStBl. II 1973, S. 291, 292; SCHÖN, W., § 6b EStG, S. 9.

Investitionen zur Modernisierung, Rationalisierung, Strukturveränderungen oder Standortverlagerungen zur Verfügung stehen.[452]

Vor diesem Hintergrund ist es Gegenstand dieses Abschnitts zu untersuchen, inwieweit die Übertragung von stillen Reserven im Wege des § 6b EStG eine Alternative für Umstrukturierungen zur Vermögensverschiebung innerhalb doppelstöckiger Personengesellschaften darstellt. Im Rahmen dieser Untersuchungen ist zu prüfen, ob die Gesellschaften als solche oder jeder Mitunternehmer der doppelstöckigen Mitunternehmerschaft die Voraussetzungen von § 6b EStG erfüllen muss (Gesellschafts- oder gesellschafterbezogene Anwendung von § 6b EStG) und inwieweit Übertragungen von gebildeten steuerfreien § 6b-Rücklagen zwischen Gesellschafts- und Gesellschaftersphäre – zunächst grundlegend – auf Gesellschaftsebene als auch innerhalb der erweiterten Sphäre der doppelstöckigen Personengesellschaft statthaft ist.

Die Übertragung von stillen Reserven im Wege des § 6b EStG kann aber nur in begrenztem Umfang Anwendung finden. Dieser Umfang wird wie nachfolgend dargestellt durch die in § 6b Abs. 4 EStG genannten Voraussetzungen und zudem nur bei bestimmten Wirtschaftsgütern und Reinvestitionswirtschaftsgütern eingegrenzt.[453]

---

452 Vgl. SELBMANN, D., Übertragung stiller Reserven, S. 24; SCHÖN, W., § 6b EStG, S. 5-6; UELNER, A., Übertragung stiller Reserven, DStR 1964, S. 668; SCHOOR, H. W., Gewinnübertragung, FR 1997, S. 251; HELLWIG, P., Fundgrube des § 6b EStG, DStR 1968, S. 363; VEIGEL, G., Vergünstigung, StBP 1987, S. 79.

453 Vgl. STRAHL, M., in: KORN, K. U. A., EStG, § 6b Rn. 1 (September 2002).

2. Grundlagen[454]

2.1. Veräußerungen und Reinvestitionen i. S. von § 6b EStG

2.1.1. Begünstigte Veräußerungsvorgänge

§ 6b Abs. 1 EStG setzt für die begünstigte Übertragung von stillen Reserven eine vorherige Veräußerung voraus.[455] § 6b EStG kann aber nicht nur bei Veräußerungen von Einzelwirtschaftsgütern, sondern auch auf Betriebs- und Teilbetriebsveräußerungen Anwendung finden, allerdings begrenzt auf die durch § 6b EStG begünstigten Wirtschaftsgüter.[456] Eine Veräußerung i. S. von § 6b EStG erfordert grundsätzlich den Übergang von Vermögen zwischen verschiedenen Personen. Dieses Verständnis, das dem bürgerlich-rechtlichen Veräußerungsbegriff entspricht, ist aber um die im Steuerrecht anzuwendende wirtschaftliche Betrachtungsweise zu erweitern.[457] So ist die Veräußerung als entgeltliche Übertragung des wirtschaftlichen Eigentums an einem Wirtschaftsgut auf einen anderen Rechtsträger definiert.[458] Entsprechend gilt auch der Tausch eines Wirtschaftsguts aufgrund der Entgeltlichkeit dieses Vorgangs als Veräußerung i. S. von § 6b EStG, vorausgesetzt das neue Wirtschaftsgut, das Reinvestitionswirtschaftsgut, ist eine Investition für das Betriebsvermögen.[459]

Als tauschähnliche Vorgänge können damit auch entgeltliche Übertragungen von Einzelwirtschaftsgütern, die grundsätzlich in den Anwendungsbereich des § 6 Abs. 5 S. 3 fallen, begünstigte Veräußerungen i. S. von § 6b EStG darstellen. In diesem Zusammenhang ist zu differenzieren, ob § 6 Abs. 5 S. 3 EStG eine

---

454 In den nachfolgenden Untersuchungen wird grundsätzlich nicht auf die Abs. 8-10 des § 6b EStG eingegangen, da diese ohne Bedeutung für die betrachteten Vermögensverschiebungen innerhalb einer doppelstöckigen Personengesellschaft sind.

455 Vgl. Bröder, A., Übertragung, SteuerStud 2003, S. 139; Meyer, B./Ball, J., § 6b-Rücklagen, GStB 2004, S. 427.

456 Vgl. Strahl, M., in: Korn, K. u. a., EStG, § 6b Rn. 14 (Mai 2002).

457 Vgl. R 6b.1 Abs. 1 S. 2 EStR; Glanegger, P., in: Schmidt, L., EStG, § 6b Rn. 65; Strahl, M., in: Korn, K. u. a., EStG, § 6b Rn. 13 (Mai 2002); Richter, H./Winter, W., Gewinnübertragungen, S. 30; BFH v. 13.12.1961, VI R 133/60 U, BStBl. III 1962, S. 127, 128-129; BFH v. 07.11.1991, IV R 43/90, BStBl. II 1992, S. 398, 399-400; BFH v. 29.10.1995, IV B 144/95, BFH/NV 1997, S. 558; Schlenker, A., in: Blümich, EStG/KStG/GewStG, § 6b EStG Rn. 31-32 (März 2007).

458 Vgl. Richter, H./Winter, W., Gewinnübertragungen, S. 30-31, H 6b.1 EStH; BFH v. 27.08.1992, IV R 89/90, BStBl. II 1993, S. 225, 227; BFH v. 21.10.1976, IV R 210/72, BStBl. II 1977, S. 145, 146.

459 Vgl. Bröder, A., Übertragung, SteuerStud 2003, S. 139; Strahl, M., in: Korn, K. u. a., EStG, § 6b Rn. 14 (Mai 2002); R 6b.1 Abs. 1 S. 3 EStR; H 6b.1 EStH; BFH v. 29.06.1995, VIII R 2/94, BStBl. II 1996, S. 60, 61; BFH v. 14.12.1982, VIII R 53/81, BStBl. II 1983, S. 303, 306.

Übertragung zu Buchwerten vorschreibt oder nicht. Besteht das Entgelt bei entgeltlichen Übertragungen im Wege des § 6 Abs. 5 S. 3 EStG in der Gewährung oder Minderung von Gesellschaftsrechten, werden stille Reserven aber nur insoweit aufgedeckt, als die Regelungen der S. 4-6 des § 6 Abs. 5 EStG Anwendung finden, folglich der Buchwertfortführungszwang durchbrochen wird.[460] Bei unentgeltlichen Übertragungen i. S. von § 6 Abs. 5 S. 3 EStG, bei denen stille Reserven aufgrund von § 6 Abs. 5 S. 4-6 EStG aufgedeckt werden, ist aber aufgrund der fehlenden Entgeltlichkeit und somit der fehlenden Wertung als Veräußerung die Anwendung § 6b EStG von vornherein ausgeschlossen.[461]

Auch bei Wirtschaftsgutüberführungen nach § 6 Abs. 5 S. 2 EStG liegt keine Veräußerung i. S. des Steuerrechts und damit i. S. von § 6b EStG vor, da eine Änderung, eine Übertragung des wirtschaftlichen Eigentums an dem betreffenden Wirtschaftsgut und eine Aufdeckung von stillen Reserven fehlen.[462] Stille Reserven, die durch eine (gewinnrealisierende) Entnahme oder durch das Ausscheiden eines Wirtschaftsguts infolge höherer Gewalt aufgedeckt werden, gelten ebenfalls nicht als Veräußerungen und sind folglich nicht durch § 6b EStG begünstigt.[463]

Bei teilentgeltlichen Übertragungen ist zu differenzieren, ob ein Betrieb oder Teilbetrieb bzw. ein Einzelwirtschaftsgut teilentgeltlich übertragen wird. Bei der teilentgeltlichen Übertragung eines Einzelwirtschaftsguts findet zur Ermittlung der nach § 6b EStG übertragbaren stillen Reserven die Trennungstheorie[464] Anwendung. Die Aufteilung in den entgeltlichen Teil und unentgeltlichen Teil der Übertragung ergibt sich aus dem Verhältnis des Teilentgelts zum Verkehrswert des Wirtschaftsguts. Beim entgeltlichen Teil ist zur Ermittlung der aufgedeckten

---

460 Vgl. JACHMANN, M., § 6b EStG, DStZ 2002, S. 209; SELBMANN, D., Übertragung stiller Reserven, S. 210; KORN, K./STRAHL, M., Reinvestitionsrücklage, Stbg 2002, S. 301, 306; MEYER, B./BALL, J., § 6b-Rücklagen, GStB 2004, S. 428 sowie Kapitel 2 Abschnitt A.II.1.4.2.1. Für nachfolgende Übertragungen gilt die Vorbesitzzeit als unterbrochen; vgl. SELBMANN, D., Übertragung stiller Reserven, S. 210.

461 Vgl. NIEHUS, U./WILKE, H., Personengesellschaften, S. 217; SELBMANN, D., Übertragung stiller Reserven, S. 210.

462 Vgl. JACHMANN, M., § 6b EStG, DStZ 2002, S. 209; RÖHNER, J., Übertragung, S. 227; SELBMANN, D., Übertragung stiller Reserven, S. 204; BRÖDER, A., Übertragung, SteuerStud 2003, S. 139; R 6b.1 Abs. 1 S. 4 EStR.

463 Vgl. BRÖDER, A., Übertragung, SteuerStud 2003, S. 139; GLANEGGER, P., in: SCHMIDT, L., EStG, § 6b Rn. 1; STRAHL, M., in: KORN, K. U. A., EStG, § 6b Rn. 14 (Mai 2002); DERS., Übertragung, FR 2005, S. 798; BFH v. 06.12.1972, I R 182/70, BStBl. II 1973, S. 291, 292; R 6b.1 Abs. 1 S. 4 EStR. Zu weiteren Ausführungen vgl. STRAHL, M., in: KORN, K. U. A., EStG, § 6b Rn. 14 (Mai 2002).

464 Vgl. Kapitel 2 Abschnitt A.II.1.4.4.

stillen Reserven von den Anschaffungskosten, z. B. den übernommenen Verbindlichkeiten, der anteilige Buchwert abzuziehen. Diese ermittelten stillen Reserven fallen in den Anwendungsbereich von § 6b EStG. Für den unentgeltlichen Teil der Übertragung ist zu prüfen, ob eine Buchwertfortführung § 6 Abs. 5 S. 3 EStG zur Anwendung kommt. Falls eine Buchwertfortführung nach § 6 Abs. 5 S. 3 EStG ausscheidet, entsteht dem Steuerpflichtigen ein nicht nach § 6b EStG begünstigter Entnahmegewinn in Höhe der auf den unentgeltlichen Teil der Übertragung entfallenden stillen Reserven. Anderenfalls, bei einer Wertung der unentgeltlichen Übertragung als eine Übertragung nach § 6 Abs. 5 S. 3 EStG, wird die Aufdeckung von stillen Reserven durch eine gleichzeitige Anwendung von § 6b EStG und § 6 Abs. 5 S. 3 EStG vollständig vermieden.[465] Abweichend zu Einzelwirtschaftsgutübertragungen ist bei teilentgeltlichen Übertragungen von Betrieben oder Teilbetrieben die Einheitstheorie anzuwenden. Danach werden stille Reserven nur realisiert, wenn der Veräußerungspreis den Wert des Kapitalkontos überschreitet. Eine Aufteilung in einen unentgeltlichen und entgeltlichen Teil der Übertragung unterbleibt.[466]

Für Wirtschaftsgutübertragungen, für die eine Buchwertübertragung nach § 6 Abs. 5 S. 3 EStG aufgrund des enumerativen Charakters der Vorschrift von vornherein ausgeschlossen ist bzw. in Frage zu stellen ist, stellt § 6b EStG unter Umständen eine Alternative dar. Eine Untersuchung der Anwendbarkeit des § 6b EStG auf downstream-Vermögensübertragungen innerhalb doppelstöckiger Personengesellschaften ist gesonderter Gegenstand des Abschnitts A.III.3. dieses Kapitels. Dies setzt wie bereits ausgeführt grundlegend voraus, dass es sich um eine Veräußerung des betreffenden Wirtschaftsguts oder um eine entgeltliche Übertragung handelt, die nach den vorherigen Ausführungen als Veräußerung zu werten ist und dass die sonstigen Voraussetzungen von § 6b EStG erfüllt sind.

Der zu Grunde liegende Begriff der Veräußerung erfasst auch Einbringungen von Betrieben oder Teilbetrieben im Wege von § 20 oder § 24 UmwStG, bei denen die

---

465 Vgl. SCHMITT, M., Zweifelsfälle, Stbg 2003, S. 12; STRAHL, M., Übertragung, FR 2005, S. 797-798; DERS., in: KORN, K. U. A., EStG, § 6b Rn. 28 (September 2002); KORN, K./STRAHL, M., Reinvestitionsrücklage, Stbg 2002, S. 302-303.

466 Vgl. STRAHL, M., in: KORN, K. U. A., EStG, § 6b Rn. 28 (September 2002); BFH v. 27.09.2006, X B 71/06, BFH/NV 2007, S. 37, 38; BFH v. 10.07.1986, IV R 12/81, BStBl. II 1986, S. 811, 814.

eingebrachten Wirtschaftsgüter mit einem Zwischenwert oder dem gemeinen Wert, d. h. einem über dem Buchwert liegenden Wert, angesetzt werden.[467]

Für Einbringungen im Wege von § 20 oder § 24 UmwStG und für Übertragungen von Einzelwirtschaftsgütern ist es bedeutsam, dass es für die Übertragung stiller Reserven im Wege von § 6b EStG unschädlich ist, wenn das veräußerte Wirtschaftsgut und das Reinvestitionswirtschaftsgut identisch sind.[468] Folglich ist bei Einbringungen im Wege von § 24 UmwStG mit einem über dem Buchwert liegenden Wert und bei Übertragungen von Einzelwirtschaftsgütern unter Aufdeckung von stillen Reserven eine Übertragung aufgedeckter begünstigter stiller Reserven im Wege von § 6b EStG auf die eingebrachten bzw. übertragenen begünstigten Wirtschaftsgüter denkbar, so dass § 6b EStG ggf. eine direkte Alternative zu den weiteren untersuchten Vermögensübertragungen im Wege von § 24 UmwStG und § 6 Abs. 5 EStG darstellen kann.[469] Dieser Vorgehensweise liegt zu Grunde, dass Veräußerungsvorgänge zwischen Mitunternehmer und Mitunternehmerschaft – auch i. S. von § 6b EStG – als Veräußerungsvorgänge anzuerkennen sind.[470]

2.1.2. Begünstigte Veräußerungs- und Reinvestitionsobjekte

§ 6b EStG begünstigt nur eine Auswahl von Veräußerungsobjekten. Die Anwendung von § 6b EStG ist auf veräußerten Grund und Boden, Aufwuchs auf Grund und Boden (als land- und forstwirtschaftliches Betriebsvermögen), Gebäude sowie auf Binnenschiffe (bei Veräußerungen zwischen dem 01.01.2006 und dem

---

467 Vgl. GLANEGGER, P., in: SCHMIDT, L., EStG, § 6b Rn. 69; SCHLENKER, A., in: BLÜMICH, EStG/KStG/GewStG, § 6b EStG Rn. 54 (März 2007); HEGER, K., in: KIRCHHOF, P./SÖHN, H./MELLINGHOFF, R., EStG, § 6b Rn. B 120-B 122 (Oktober 2003).

468 Vgl. NIEHUS, U./WILKE, H., Personengesellschaften, S. 111; HALLERBACH, D., in: SÖFFING, G., Mitunternehmer, S. 337; SCHMITT, M., Zweifelsfälle, Stbg 2003, S. 9; KORN, K., Buchwertfortführung, KÖSDI 2002, S. 13284; DERS., Sonderbetriebsvermögen, KÖSDI 1997, S. 11223; STRAHL, M., in: KORN, K. U. A., EStG, § 6b Rn. 59 (September 2002); DERS., Übertragung, FR 2005, S. 798; KORN, K./STRAHL, M., Reinvestitionsrücklage, Stbg 2002, S. 301; OFD KOBLENZ v. 23.12.2003, S 2139/S 2139a A, DStR 2004, S. 314.

469 Vgl. SCHMITT, M., Zweifelsfälle, Stbg 2003, S. 9; KORN, K., Buchwertfortführung, KÖSDI 2002, S. 13284; STRAHL, M., in: KORN, K. U. A., EStG, § 6b Rn. 59 (September 2002).

470 Vgl. STRAHL, M., in: KORN, K. U. A., EStG, § 6b Rn. 59.1 (September 2002); HALLERBACH, D., in: SÖFFING, G., Mitunternehmer, S. 337; BFH v. 10.07.1980, IV R 136/77, BStBl. II 1981, S. 84, 86-87. A. A. BRANDENBERG, H. B., Übertragung, NWB 2002, F. 3, S. 12043; DERS., Personengesellschaftsbesteuerung, DStZ 2002, S. 555.

31.12.2010) begrenzt.[471] Die bei diesen Veräußerungen aufgedeckten stillen Reserven können aber auch nur auf Anschaffungs- oder Herstellungskosten von Grund und Boden, Aufwuchs auf Grund und Boden (wiederum auch nur als land- und forstwirtschaftliches Betriebsvermögen), Gebäude oder Binnenschiffe und nur in bestimmten Kombinationen übertragen werden.

Veräußertes Wirtschaftsgut	- Reinvestitionswirtschaftsgüter - Übertragung der stillen Reserven nach § 6b Abs. 1 EStG auf die Anschaffungs- bzw. Herstellungskosten von: Grund und Boden	Aufwuchs auf Grund und Boden (als land- und forstwirtschaftliches Betriebsvermögen)	Gebäude (auch auf den Aufwand für die Erweiterung, den Ausbau oder den Umbau)	Binnenschiffe
Grund und Boden	+	+	+	-
Aufwuchs auf Grund und Boden (als land- und forstwirtschaftliches Betriebsvermögen)	-	+	+	-
Gebäude	-	-	+	-
Binnenschiffe (bei Veräußerungen zwischen dem 01.01.2006 und dem 31.12.2010)	-	-	-	+

+ = Übertragung stiller Reserven nach § 6b Abs. 1 EStG zulässig
- = Übertragung stiller Reserven nach § 6b Abs. 1 EStG nicht zulässig

Abb. 10: Übertragungsmöglichkeiten von stillen Reserven nach § 6b Abs. 1 EStG von veräußerten Wirtschaftsgütern auf Reinvestitionswirtschaftsgüter

Wie die vorstehende Abbildung verdeutlicht, können gemäß § 6b Abs. 1 EStG entsprechend aufgedeckte stille Reserven aus Grund und Boden auf die Reinvestitionswirtschaftsgüter Grund und Boden, Aufwuchs auf Grund und Boden oder Gebäude, stille Reserven aus Aufwuchs auf Grund und Boden auf Aufwuchs auf Grund und Boden oder Gebäude stille Reserven aus Gebäuden nur auf Gebäude sowie stille Reserven aus Binnenschiffen nur auf Binnenschiffe übertragen werden.[472] Die Reinvestition in Gebäude schließt gemäß § 6b Abs. 1 S. 3 und 4 EStG aber auch neben der Anschaffung oder Herstellung dieser die Erweiterung,

[471] Vgl. zu den Begriffsdefinitionen m. w. N. SELBMANN, D., Übertragung stiller Reserven, S. 27-30; SCHLENKER, A., in: BLÜMICH, EStG/KStG/GewStG, § 6b EStG Rn. 71-117, 200-205a (März 2007).

[472] Zur Begriffsdefinition der Veräußerungs- und Reinvestitionswirtschaftsgüter vgl. GLANEGGER, P., in: SCHMIDT, L., EStG, § 6b Rn. 11-20, 31-33; SCHLENKER, A., in: BLÜMICH, EStG/KStG/GewStG, § 6b EStG Rn. 71-117, 200-205a (März 2007).

den Ausbau und den Umbau als begünstigten Tatbestand ein.[473] Für die Praxis sind insbesondere die begünstigten Veräußerungen von Grund und Boden sowie Gebäuden von Bedeutung.[474]

Zur Vollständigkeit sei auch erwähnt, dass bei Einzelunternehmen und Personengesellschaften, an denen nicht Körperschaften, Personenvereinigungen oder Vermögensmassen beteiligt sind, zudem Veräußerungen von Kapitalgesellschaftsanteilen mit Gewinnen von bis zu 500.000 EUR (vor Anwendung des Halbeinkünfteverfahrens) als begünstigtes Veräußerungsobjekt in Betracht kommen. Die Übertragung von im Rahmen solcher Veräußerungen aufgedeckten stillen Reserven ist in § 6b Abs. 10 EStG an besondere Bedingungen geknüpft.[475] Zudem existieren besondere, abweichende Reinvestitionsmöglichkeiten. Aufgedeckte stille Reserven können in voller Höhe (d. h. einschließlich des steuerfreien Teils des Gewinns) innerhalb einer Reinvestitionsfrist von zwei Jahren auf neu angeschaffte Kapitalgesellschaftsanteile, begrenzt auf den steuerpflichtigen Gewinn innerhalb einer Reinvestitionsfrist von vier Jahren auf Gebäude oder ebenfalls begrenzt auf den steuerpflichtigen Gewinn innerhalb einer Reinvestitionsfrist von zwei Jahren auf abnutzbare bewegliche Wirtschaftsgüter des Anlagevermögens übertragen werden (§ 6b Abs. 10 S. 1-3 EStG).[476] Alternativ zur Reinvestition kann im Jahr der Anteilsveräußerung gewinnmindernd eine Rücklage in Höhe des Veräußerungsgewinns gebildet werden (§ 6b Abs. 10 S. 5 EStG). Soweit eine begünstigte Reinvestition unterbleibt, ist die Rücklage spätestens nach vier Wirtschaftsjahren gewinnerhöhend und zuschlagspflichtig aufzulösen (§ 6b Abs. 10 S. 8 EStG).[477] Da die Veräußerung von Kapitalgesell-

---

473 Vgl. Bröder, A., Übertragung, SteuerStud 2003, S. 140. Damit durch die Übertragung der stillen Reserven nicht die Gewerbesteuer umgangen werden kann, ist gemäß § 6b Abs. 4 S. 2 EStG bei Wirtschaftsgütern, die vor der Veräußerung einem Gewerbebetrieb zugehörig waren, die Übertragung der stillen Reserven auf Reinvestitionswirtschaftsgüter eines land- und forstwirtschaftlichen Betrieb oder einer selbständigen Tätigkeit ausgeschlossen; vgl. Bröder, A., Übertragung, SteuerStud 2003, S. 140; Glanegger, P., in: Schmidt, L., EStG, § 6b Rn. 77.

474 Vgl. Strahl, M., Übertragung, FR 2005, S. 797.

475 Vgl. Glanegger, P., in: Schmidt, L., EStG, § 6b Rn. 108-111; Kanzler, H.-J., Reinvestitionsvergünstigung, FR 2002, S. 121-125; Korn, K./Strahl, M., Reinvestitionsrücklage, Stbg 2002, S. 306. Beispielweise ist auch eine mindestens sechsjährige Zugehörigkeit der Kapitalgesellschaftsanteile zum Anlagevermögen erforderlich (§ 6b Abs. 10 S. 4 i. V. m. Abs. 4 S. 1 Nr. 2 EStG).

476 Vgl. Kanzler, H.-J., Reinvestitionsvergünstigung, FR 2002, S. 123-124; Klein, M., Halbeinkünfteverfahren, GStB 2007, S. 27-28; Korn, K./Strahl, M., Reinvestitionsrücklage, Stbg 2002, S. 307-309; Bergsteiner, S., Umstrukturierung, S. 169-170.

477 Vgl. Kanzler, H.-J., Reinvestitionsvergünstigung, FR 2002, S. 124; Korn, K./Strahl, M., Reinvestitionsrücklage, Stbg 2002, S. 310-311. Zu weiteren Ausführungen vgl. z. B. Korn, K./Strahl, M., Reinvestitionsrücklage, Stbg 2002, S. 307-311.

schaftsanteilen nicht Gegenstand der Untersuchungen ist, wird nachfolgend auf diese Übertragungsmöglichkeit nicht mehr eingegangen, auch wenn dieser in der Praxis Bedeutung zukommt.[478]

2.1.3. Reinvestition oder Bildung einer Rücklage für Reinvestitionen

2.1.3.1. Wahlrecht

Zunächst bietet § 6b EStG dem Steuerpflichtigen die Möglichkeit, die aufgedeckten stillen Reserven innerhalb des Anwendungsbereichs des § 6b EStG von den Anschaffungs- oder Herstellungskosten begünstigter Reinvestitionswirtschaftsgüter abzuziehen, wenn diese im Wirtschaftsjahr der Veräußerung oder im vorangegangenen Wirtschaftsjahr angeschafft oder hergestellt wurden (§ 6b Abs. 1 EStG).[479] Bei der Übertragung der stillen Reserven auf Investitionen des vorangegangenen Wirtschaftsjahrs vermindern die übertragenen stillen Reserven aber nicht die Anschaffungs- und Herstellungskosten des Investitionswirtschaftsguts, sondern den Buchwert dieses Wirtschaftsguts am Ende des Wirtschaftsjahres der Anschaffung oder Herstellung (§ 6b Abs. 5 EStG). Einlagen von Wirtschaftsgütern gelten dabei grundsätzlich nicht als Anschaffung.[480] Allerdings stellt die offene Einlage eines Wirtschaftsguts in eine Personengesellschaft einen tauschähnlichen Vorgang und damit unter Umständen eine begünstigte Reinvestition dar.[481]

Falls der Steuerpflichtige diese Möglichkeiten des direkten Abzugs nicht genutzt hat, besteht alternativ die Möglichkeit, die aufgedeckten begünstigten stillen Reserven im Wirtschaftsjahr der Veräußerung auch ohne vorhandene Reinvestitionsabsicht in eine den steuerlichen Gewinn mindernde Rücklage einzustellen (§ 6b Abs. 3 S. 1 EStG). Darüber hinaus schließt dieses Wahlrecht natürlich auch die Alternative ein, im Jahr der Veräußerung die grundsätzlich begünstigten stillen

---

478 Vgl. STRAHL, M., Übertragung, FR 2005, S. 797.

479 Vgl. HEGER, K., in: KIRCHHOF, P./SÖHN, H./MELLINGHOFF, R., EStG, § 6b Rn. A 4 (Oktober 2003). Bei Übertragungen innerhalb des Jahres der Veräußerung des begünstigten Wirtschaftsguts ist es unerheblich, ob das Reinvestitionswirtschaftsgut vor oder nach der Veräußerung angeschafft oder hergestellt wurde; vgl. R 6b.2 Abs. 1 S. 5 EStR; BFH v. 14.11.1990, X R 85/87, BStBl. II 1991, S. 222, 223-224.

480 Vgl. GLANEGGER, P., in: SCHMIDT, L., EStG, § 6b Rn. 79; BFH v. 11.12.1984, IX R 27/82, BStBl. II 1985, S. 250, 251.

481 Vgl. GLANEGGER, P., in: SCHMIDT, L., EStG, § 6b Rn. 79; BFH v. 19.10.1998, VIII R 69/95, BStBl. II 2000, S. 230, 232-233.

Reserven sofort erfolgswirksam zu realisieren.[482] Die Flexibilität bezüglich dieses Wahlrechts wird noch insoweit erhöht, als dass die verschiedenen Wahlrechtsmöglichkeiten in Bezug auf einzelne Teilbeträge des Veräußerungsgewinns unterschiedlich ausgeübt werden können.[483]

2.1.3.2. Reinvestitionsfristen und Rücklagenauflösung

Eine gebildete § 6b-Rücklage kann gemäß § 6b Abs. 3 S. 2 EStG in den vier auf die Bildung der Rücklage folgenden Wirtschaftsjahre zur Kürzung von Anschaffungs- und Herstellungskosten begünstigter Reinvestitionswirtschaftsgüter herangezogen werden.[484] Im Falle von neu hergestellten selbständigen Gebäuden bzw. Gebäudeteilen verlängert sich diese Vierjahresreinvestitionsfrist auf sechs Jahre, soweit mit der Gebäudeherstellung vor dem Schluss des vierten Wirtschaftsjahres, in dem die Rücklage gebildet wurde, begonnen worden ist (§ 6b Abs. 3 S. 3 EStG). Für Aus- und Umbauten gilt grundsätzlich die Vierjahresfrist.[485] Eine Verlängerung der Reinvestitionsfristen aus Billigkeitsgründen ist nicht möglich.[486]

Wenn der Steuerpflichtige die in der Rücklage erfassten stillen Reserven innerhalb der vier- bzw. sechsjährigen Reinvestitionsfrist auf ein angeschafftes oder hergestelltes begünstigtes Reinvestitionswirtschaftsgut übertragen möchte, ist die Rücklage in der Übertragungshöhe in dem Jahr der Anschaffung oder Herstellung aufzulösen und in gleicher Höhe und zum gleichen Zeitpunkt der Betrag der Anschaffungs- oder Herstellungskosten erfolgswirksam zu kürzen (§ 6b Abs. 3

---

482 Vgl. STRAHL, M., in: KORN, K. U. A., EStG, § 6b Rn. 29 (September 2002); GLANEGGER, P., in: SCHMIDT, L., EStG, § 6b Rn. 85, 87; HEGER, K., in: KIRCHHOF, P./SÖHN, H./MELLINGHOFF, R., EStG, § 6b Rn. A 4 (Oktober 2003); MAUS, G./LENTSCHIG, P., Rücklage nach § 6b EStG, StBP 1996, S. 322; (bezüglich der Reinvestitionsabsicht) BFH v. 05.06.1997, III R 218/94, BFH/NV 1997, S. 754, 754-755. Falls eine § 6b-Rücklage gebildet wird, erfordert dies den Ansatz eines korrespondierenden Sonderpostens mit Rücklageanteil in der Handelsbilanz. Falls eine Handelsbilanz nicht aufzustellen ist, reicht ein Ausweis der Rücklage in der Steuerbilanz aus; vgl. STRAHL, M., in: KORN, K. U. A., EStG, § 6b Rn. 29 (September 2002); R 6b.2 Abs. 2 S. 1-2 EStR; FINMIN. NIEDERSACHSEN v. 30.04.1990, S 2139 – 30 – 31 1, BB 1990, S. 1028; BFH v. 07.03.1996, IV R 34/95, BStBl. II 1996, S. 568, 569.

483 Vgl. STRAHL, M., in: KORN, K. U. A., EStG, § 6b Rn. 29 (September 2002); GLANEGGER, P., in: SCHMIDT, L., EStG, § 6b Rn. 86; BRÖDER, A., Übertragung, SteuerStud 2003, S. 140.

484 Vgl. GLANEGGER, P., in: SCHMIDT, L., EStG, § 6b Rn. 92; STRAHL, M., in: KORN, K. U. A., EStG, § 6b Rn. 31 (September 2002).

485 Vgl. BORDEWIN, A., in: BORDEWIN, A./BRANDT, J., EStG, § 6b Rn. 236, 239 (Dezember 2005); HEGER, K., in: KIRCHHOF, P./SÖHN, H./MELLINGHOFF, R., EStG, § 6b Rn. D 5 (Oktober 2003); GLANEGGER, P., in: SCHMIDT, L., EStG, § 6b Rn. 93; STRAHL, M., in: KORN, K. U. A., EStG, § 6b Rn. 32 (September 2002).

486 Vgl. STRAHL, M., in: KORN, K. U. A., EStG, § 6b Rn. 31 (September 2002); RUNGE, B., Billigkeitsmaßnahmen, BB 1972, S. 1448.

S. 4 EStG). Zusammengefasst ist die Übertragung der stillen Reserven erfolgsneutral.[487] Zu diesem Zweck muss aber das Reinvestitionswirtschaftsgut bis zum Zeitpunkt der Rücklagenauflösung bzw. spätestens bis zum Ende der jeweiligen Reinvestitionsfrist tatsächlich und abschließend angeschafft oder hergestellt sein. Anzahlungen und (Teil)-Herstellungskosten reichen folglich für eine Übertragung von stillen Reserven auf ein Reinvestitionswirtschaftsgut nicht aus.[488]

Falls der Steuerpflichtige die Übertragung der in der Rücklage erfassten stillen Reserven nicht innerhalb der vorgegebenen vier- bzw. sechsjährigen Reinvestitionsfrist in Anspruch genommen hat bzw. die entsprechenden Voraussetzungen für diese Inanspruchnahme nicht erfüllt wurden, ist die Rücklage mit Ablauf der vier- bzw. sechsjährigen Reinvestitionsfrist gewinnerhöhend aufzulösen (§ 6b Abs. 3 S. 5 EStG). In diesem Fall, indem die stillen Reserven nicht für eine Übertragung auf ein neu angeschafftes oder hergestelltes Wirtschaftsgut genutzt wurden, ist der Gewinn des Wirtschaftsjahres für jedes volle Wirtschaftsjahr (einschließlich dem Jahr der Auflösung), indem die Rücklage bestanden hat, um 6 v. H. des Auflösungsbetrags, d. h. um einen Gewinnzuschlag, zu erhöhen (§ 6b Abs. 7 EStG).[489] Neben dieser verpflichtenden Auflösung der § 6b-Rücklage nach der vier- bzw. sechsjährigen Reinvestitionsfrist besitzt der Steuerpflichtige auch die Option, die gebildete Rücklage freiwillig bereits vor Ablauf der Frist oder ratierlich aufzulösen.[490]

2.2. Gesellschafterbezogene Betrachtungsweise

Die Regelung des § 6b EStG ist eine personenbezogene und somit im Rahmen einer Personengesellschaft eine gesellschafterbezogene steuerliche Vergünsti-

---

487 Vgl. STRAHL, M., in: KORN, K. U. A., EStG, § 6b Rn. 33 (September 2002).

488 Vgl. STRAHL, M., in: KORN, K. U. A., EStG, § 6b Rn. 34 (Mai 2002); HEGER, K., in: KIRCHHOF, P./SÖHN, H./MELLINGHOFF, R., EStG, § 6b Rn. D 20-D 21 (Oktober 2003).

489 Vgl. MEYER, B./BALL, J., § 6b-Rücklagen, GStB 2004, S. 427; STRAHL, M., in: KORN, K. U. A., EStG, § 6b Rn. 47 (Mai 2002); HEUER, G., in: HERRMANN, C./HEUER, G./RAUPACH, A., EStG/KStG, § 6b EStG Rn. 253 (Februar 1983); BRÖDER, A., Übertragung, SteuerStud 2003, S. 141.

490 Vgl. STRAHL, M., in: KORN, K. U. A., EStG, § 6b Rn. 34 (Mai 2002); HEUER, G., in: HERRMANN, C./HEUER, G./RAUPACH, A., EStG/KStG, § 6b EStG Rn. 253 (Februar 1983); SCHOOR, H. W., Gewinnübertragung, FR 1997, S. 256.

gung.[491] Steuerpflichtige i. S. des § 6b EStG sind die einzelnen Mitunternehmer einer Mitunternehmerschaft.[492] Dies erfordert (grundsätzlich), dass der Veräußernde (der entgeltlich Übertragende) gleich dem Reinvestierenden sein muss.[493] Im Umkehrschluss ist eine Anwendung von § 6b EStG ausgeschlossen, wenn der Reinvestierende zuvor nicht an den stillen Reserven beteiligt war oder der Veräußernde anschließend nicht an dem Reinvestitionswirtschaftsgut beteiligt ist. § 6b EStG deckt eine Übertragung von stillen Reserven auf einen anderen Gesellschafter nicht.[494]

Mit dieser Regelung ist der Gesetzgeber durch das UntStFG[495] zum 01.01.2002 nach der zwischenzeitlichen gesellschaftsbezogenen Anwendung zu der bereits vor 1999 geltenden gesellschafterbezogenen Anwendung des § 6b EStG zurückgekehrt.[496] Die gesellschaftsbezogene Anwendung des § 6b EStG i. d. F. des StEntlG 1999/2000/2002 stand im Einklang mit der rechtsträgerwechselnden Übertragung von Einzelwirtschaftsgütern nach § 6 Abs. 5 S. 3 EStG i. d. F. des StEntlG 1999/2000/2002, wonach die übertragenden Wirtschaftsgüter mit dem Teilwert anzusetzen waren. Im Zuge der Rückkehr zur Buchwertfortführung für Übertragungen nach § 6 Abs. 5 S. 3 EStG durch das Steuersenkungsgesetz (bereits ab 2001), war auch eine Rückkehr zur gesellschafterbezogenen

---

491 Vgl. GLANEGGER, P., in: SCHMIDT, L., EStG, § 6b Rn. 3; RÄTKE, B., in: HERRMANN, C./HEUER, G./RAUPACH, A., EStG/KStG, § 15 EStG Rn. 685 (Mai 2004); STRAHL, M., in: KORN, K. U. A., EStG, § 6b Rn. 3 (September 2002); SCHLENKER, A., in: BLÜMICH, EStG/KStG/GewStG, § 6b EStG Rn. 151 (Oktober 2003); KANZLER, H.-J., Reinvestitionsvergünstigung, FR 2002, S. 121.

492 Vgl. SCHLENKER, A., in: BLÜMICH, EStG/KStG/GewStG, § 6b EStG Rn. 151 (Oktober 2003); KÖHLER, R., Sonderposten mit Rücklageanteil, StBP 1997, S. 252.

493 Vgl. BENECKE, A. Y., Umwandlung, S. 149; SELBMANN, D., Übertragung stiller Reserven, S. 55-56; GLANEGGER, P., in: SCHMIDT, L., EStG, § 6b Rn. 2; HEGER, K., in: KIRCHHOF, P./SÖHN, H./MELLINGHOFF, R., EStG, § 6b Rn. A 20 (Oktober 2003). Dieser Grundsatz kann z. B. bei Erbschaften und Schenkungen, einer Übertragung im Wege von § 6 Abs. 3 EStG und einer Reinvestition aus einer § 6b-Rücklage, die durch den vorherigen Rechtsträger bzw. Gesellschafter gebildet wurde, durchbrochen werden; vgl. SELBMANN, D., Übertragung stiller Reserven, S. 56; GLANEGGER, P., in: SCHMIDT, L., EStG, § 6b Rn. 2; HEGER, K., in: KIRCHHOF, P./SÖHN, H./MELLINGHOFF, R., EStG, § 6b Rn. A 20 (Oktober 2003).

494 Vgl. RÄTKE, B., in: HERRMANN, C./HEUER, G./RAUPACH, A., EStG/KStG, § 15 EStG Rn. 685 (Mai 2004); GLANEGGER, P., in: SCHMIDT, L., EStG, § 6b Rn. 6; WELBERS, H., in: LADEMANN, F., EStG, § 6b Rn. 22 (Juli 2002).

495 BGBl. I 2001, S. 3858.

496 Vgl. FÖRSTER, U., Steuerneutrale Übertragung, DStR 2001, S. 1916; RÖDDER, T./SCHUMACHER, A., Unternehmenssteuerrecht, DStR 2001, S. 1638; STRAHL, M., Übertragung, FR 2005, S. 797; DERS., Gesetzesänderungen, KÖSDI 2002, S. 13170; KANZLER, H.-J., Reinvestitionsvergünstigung, FR 2002, S. 118-121; DERS., Übertragung stiller Reserven, INF 1983, S. 510. In den Veranlagungszeiträumen 1999 bis 2001 galt aufgrund einer entsprechenden geänderten Gesetzgebung statt der gesellschafterbezogenen eine gesellschaftsbezogene Anwendung des § 6b EStG; vgl. RÄTKE, B., in: HERRMANN, C./HEUER, G./RAUPACH, A., EStG/KStG, § 15 EStG Rn. 686 (Mai 2004); STRAHL, M., Gesetzesänderungen, KÖSDI 2002, S. 13170; KANZLER, H.-J., Reinvestitionsvergünstigung, FR 2002, S. 120-121.

Anwendung des § 6b EStG (wenn auch verspätet[497]) steuersystematisch erforderlich.[498]

Durch diese gesellschafterbezogene Anwendung des § 6b EStG wird eine Personengesellschaft nicht direkt begünstigt, sondern deren Gesellschafter werden begünstigt.[499] Daraus folgend können stillen Reserven, die auf einen Gesellschafter entfallen, nach § 6b EStG auf ein begünstigtes Reinvestitionsobjekt insoweit übertragen werden, als dass die Anschaffungs- und Herstellungskosten dieses Reinvestitionsobjekts auf diesen Gesellschafter entfallen. Damit bieten sich die folgenden Reinvestitionsmöglichkeiten bei einstöckigen Personengesellschaften an:

1. Ein Gesellschafter kann den auf ihn entfallenden Anteil der stillen Reserven eines Wirtschaftsguts des Gesamthandsvermögens im Wege von § 6b EStG nicht nur auf Reinvestitionswirtschaftsgüter des Gesamthandsvermögens der Personengesellschaft, sondern auch auf Reinvestitionswirtschaftsgüter seines Einzel- oder Sonderbetriebsvermögens übertragen (Übertragung des quotalen Veräußerungsgewinns).
2. Umgekehrt ermöglicht dies auch die Übertragung von stillen Reserven des veräußerten Einzel- oder Sonderbetriebsvermögens eines Gesellschafters auf Reinvestitionswirtschaftsgüter des Gesamthandsvermögens der Personengesellschaft, an der dieser beteiligt ist. Diese Übertragung stiller Reserven ist aber in der Höhe auf die anteiligen Anschaffungs- oder Herstellungskosten, die dem veräußernden Gesellschafter zuzurechnen sind, begrenzt (Übertragung bis zur Höhe der quotalen Reinvestitionskosten).
3. Soweit ein Mitunternehmer an zwei Mitunternehmerschaften beteiligt ist, kommt als weitere Übertragungsmöglichkeit die Übertragung von anteiligen stillen Reserven eines Mitunternehmers aus der Veräußerung eines Wirtschaftsguts des Gesamthandsvermögens der Mitunternehmerschaft I auf ein Reinvestitionswirtschaftsgut des Gesamthandsvermögens der Mitunternehmerschaft II begrenzt auf die anteiligen Anschaffungs- oder Herstellungs-

---

497 Vgl. RÖHNER, J., Übertragung, S. 227

498 Vgl. Abschnitt A.II.1.1. dieses Kapitels; NIEHUS, U./WILKE, H., Personengesellschaften, S. 109.

499 Vgl. BRÖDER, A., Übertragung, SteuerStud 2003, S. 142.

kosten dieses Mitunternehmers in Betracht (Übertragung des quotalen Veräußerungsgewinns bis zur Höhe der quotalen Reinvestitionskosten).[500]

Aufbauend auf diese Reinvestitionsmöglichkeiten im Rahmen einstöckiger Personengesellschaften wird im Abschnitt A.III.3. dieses Kapitels untersucht, inwieweit diese Reinvestitionsmöglichkeiten auf downstream-Übertragungen innerhalb einer doppelstöckigen Personengesellschaft Anwendung finden.

Generell hat die gesellschafterbezogene Anwendung von § 6b EStG zur Konsequenz, dass die an der veräußernden Personengesellschaft beteiligten Gesellschafter jeweils für sich die Voraussetzungen, z. B. bezüglich der in § 6b Abs. 4 Nr. 1 EStG geregelten Vorbesitzzeit, für eine Anwendung von § 6b EStG erfüllen müssen.[501] Folglich kann es vorkommen, dass für die einzelnen Mitunternehmer einer Mitunternehmerschaft die Voraussetzungen nach § 6b EStG unterschiedlich erfüllt sind und unterschiedliche Reinvestitionen unter Anwendung von § 6b EStG möglich sind, z. B. auch aufgrund des unterschiedlichen Bestands an § 6b-Rücklagen der einzelnen Mitunternehmer. Die Überschaubarkeit dieser Bedingungen wird umso schwieriger, je komplexer, z. B. bei doppelstöckigen Personengesellschaften, die Gesellschaftsstruktur einer Mitunternehmerschaft ist (zur Ermittlung der Vorbesitzzeiten nach § 6b Abs. 4 Nr. 2 EStG bei doppelstöckigen Personengesellschaften vgl. auch Abschnitt A.III.2.4. dieses Kapitels).

Im Gegensatz zur gesellschafterbezogenen Anwendung des § 6b EStG war bei der zwischen 1999 und 2001 geltenden gesellschaftsbezogenen Anwendung eine rechtsträgerübergreifende Übertragung stiller Reserven zwischen dem Gesamthandsvermögen der Mitunternehmerschaft und dem Mitunternehmer (dessen Einzelbetriebsvermögen, Sonderbetriebsvermögen oder einem anderen Gesamthandsvermögen, an dem dieser beteiligt ist) unabhängig von der Über-

---

500 Vgl. SCHMITT, M., Zweifelsfälle, Stbg 2003, S. 8-9; BERGSTEINER, S., Umstrukturierung, S. 164-165; NIEHUS, U./WILKE, H., Personengesellschaften, S. 111; JACHMANN, M., in: KIRCHHOF, P., EStG, § 6b Rn. 1; JACHMANN, M., § 6b EStG, DStZ 2002, S. 205-206, 211; KANZLER, H.-J., Reinvestitionsvergünstigung, FR 2002, S. 121; KORN, K., Buchwertfortführung, KÖSDI 2002, S. 13283-13284; STRAHL, M., Übertragung, FR 2005, S. 797; KORN, K./STRAHL, M., Reinvestitionsrücklage, Stbg 2002, S. 301; BFH v. 25.04.1985, IV R 83/83, BStBl. II 1986, S. 350, 351-352; BFH v. 12.07.1990, IV R 44/89, BFH/NV 1991, S. 599, 599-600.

501 Vgl. NIEHUS, U./WILKE, H., Personengesellschaften, S. 108.

tragungsrichtung nicht durch § 6b EStG i. d. F. des StEntlG 1999/2000/2002 gedeckt.[502] Folglich verdeutlichen die o. g. Reinvestitionsmöglichkeiten im Rahmen der gesellschafterbezogenen Anwendung die erhöhte Flexibilität der einzelnen Gesellschafter im Vergleich zur gesellschaftsbezogenen Anwendung.[503]

2.3. Voraussetzungen gemäß § 6b Abs. 4 EStG

Gemäß § 6b Abs. 4 EStG müssen für eine Übertragung von stillen Reserven nach § 6b EStG die folgenden grundlegenden Voraussetzungen erfüllt sein[504]:

- Zunächst bedingt eine Anwendung des § 6b EStG gemäß § 6b Abs. 4 S. 1 Nr. 1 EStG, dass der Steuerpflichtige Einkünfte aus Gewerbebetrieb, Land- und Forstwirtschaft oder freiberuflicher Tätigkeit erzielt und dieser als Bilanzierender den Gewinn gemäß § 4 Abs. 1 oder § 5 EStG ermittelt.[505] Bei Mitunternehmerschaften und begünstigten Wirtschaftsgütern des Sonderbetriebsvermögens ist zu beachten, dass zwar der Mitunternehmer Steuerpflichtiger ist, aber grundsätzlich die Mitunternehmerschaft Subjekt der Gewinnerzielung und -ermittlung ist, so dass die Anwendung von § 6b EStG die Bilanzierung durch die Personengesellschaft voraussetzt.[506]
- Die veräußerten Wirtschaftsgüter müssen im Zeitpunkt der Veräußerung mindestens sechs Jahre (sog. Vorbesitzzeit) ununterbrochen zum Anlagevermögen einer inländischen Betriebsstätte gehört haben (§ 6b Abs. 4 S. 1 Nr. 2 EStG). Für den Beginn dieser sechsjährigen Vorbesitzzeit ist der Zeitpunkt der Anschaffung oder der Fertigstellung des veräußerten Wirtschaftsguts entscheidend. Dabei entspricht die Verschaffung des wirtschaftlichen Eigentums

[502] Vgl. KORN, K./STRAHL, M., Reinvestitionsrücklage, Stbg 2002, S. 301; STRAHL, M., Übertragung stiller Reserven, FR 2001, S. 1155; KANZLER, H.-J., Reinvestitionsvergünstigung, FR 2002, S. 120; JACHMANN, M., § 6b EStG, DStZ 2002, S. 207, 211; RÄTKE, B., in: HERRMANN, C./HEUER, G./RAUPACH, A., EStG/KStG, § 15 EStG Rn. 685 (Mai 2004).

[503] Vgl. KANZLER, H.-J., Reinvestitionsvergünstigung, FR 2002, S. 127.

[504] Zu detaillierten Ausführungen vgl. m. w. N. SELBMANN, D., Übertragung stiller Reserven, S. 24-27, 33-37, 47-49, 63.

[505] Vgl. GLANEGGER, P., in: SCHMIDT, L., EStG, § 6b Rn. 40; STRAHL, M., in: KORN, K. U. A., EStG, § 6b Rn. 35 (Mai 2002); SCHNEIDER, E./SALZER, H., § 6b-Rücklage, SteuerStud 2006, S. 179.

[506] Vgl. GLANEGGER, P., in: SCHMIDT, L., EStG, § 6b Rn. 40; STRAHL, M., in: KORN, K. U. A., EStG, § 6b Rn. 35 (Mai 2002); BFH v. 23.10.1990, VIII R 142/85, BStBl. II 1991, S. 401, 403-404; BFH v. 11.03.1992, XI R 38/89, BStBl. II 1992, S. 797, 798.

der Anschaffung und die erreichte Nutzbarkeit der Fertigstellung.[507] Diese sechsjährige Vorbesitzzeit gilt als nicht unterbrochen, wenn beim Übergang eines Betriebs oder Teilbetriebs z. B. nach § 6 Abs. 3 EStG, § 20 oder § 24 UmwStG die Buchwerte der übertragenen Wirtschaftsgüter fortgeführt werden.[508] Ebenso der Transfer eines Einzelwirtschaftsguts zum Buchwert in ein anderes Betriebsvermögen desselben Steuerpflichtigen oder innerhalb derselben Personengesellschaft im Wege von § 6 Abs. 5 EStG bzw. die unentgeltliche Übertragung eines Einzelwirtschaftsguts des Sonderbetriebsvermögens eines Mitunternehmers in das Sonderbetriebsvermögen eines anderen Mitunternehmers bei der derselben Mitunternehmerschaft im Wege von § 6 Abs. 5 S. 3 Nr. 3 EStG unterbrechen die sechsjährige Vorbesitzzeit nicht.[509] Dies gilt auch bei unentgeltlichen Übertragungen von Betrieben oder Teilbetrieben wie z. B. einer Schenkung oder Erbschaft.[510] Ein entgeltlicher Gesellschafterwechsel (entgeltliche Übertragung des Mitunternehmeranteils) würde die Vorbesitzzeit bezogen auf den Anteil dieses Mitunternehmers an den Wirtschaftsgütern des Gesamthandsvermögens unterbrechen.[511] Ebenso sorgt eine teilentgeltliche Übertragung für eine Unterbrechung und damit einen Neubeginn der Vorbesitzzeit.[512]

---

507 Vgl. GLANEGGER, P., in: SCHMIDT, L., EStG, § 6b Rn. 41-42; STRAHL, M., in: KORN, K. U. A., EStG, § 6b Rn. 36 (Mai 2002); (ausführlich) SELBMANN, D., Übertragung stiller Reserven, S. 26-27, 33-37; STRAHL, M., in: KORN, K. U. A., EStG, § 6b Rn. 39 (September 2002); BFH v. 10.04.1987, III R 104/82, BFH/NV 1987, S. 601, 602; BFH v. 18.08.1977, V R 33/75, BStBl. II 1977, S. 883, 885; BFH v. 20.02.1975, IV R 241/69, BStBl. II 1975, S. 412, 414; BFH v. 15.09.1977, V R 81/76, BStBl. II 1977, S. 887, 888.

508 Vgl. MEYER, B./BALL, J., § 6b-Rücklagen, GStB 2004, S. 429; JACHMANN, M., § 6b EStG, DStZ 2002, S. 204; BERGSTEINER, S., Umstrukturierung, S. 166; GLANEGGER, P., in: SCHMIDT, L., EStG, § 6b Rn. 48; STRAHL, M., in: KORN, K. U. A., EStG, § 6b Rn. 38 (September 2002); SCHLENKER, A., in: BLÜMICH, EStG/KStG/GewStG, § 6b EStG Rn. 147, 158 (Oktober 2003); BFH v. 10.07.1980, IV R 136/77, BStBl. II 1981, S. 84, 89; BFH v. 10.07.1980, IV R 12/80, BStBl. II 1981, S. 90, 91; R 6b.3 Abs. 5 EStR.

509 Vgl. BERGSTEINER, S., Umstrukturierung, S. 166; STRAHL, M., in: KORN, K. U. A., EStG, § 6b Rn. 39-41 (September 2002); MEYER, B./BALL, J., § 6b-Rücklagen, GStB 2004, S. 429; SELBMANN, D., Übertragung stiller Reserven, S. 209; JACHMANN, M., § 6b EStG, DStZ 2002, S. 204; BFH v. 10.07.1980, IV R 136/77, BStBl. II 1981, S. 84, 89; BFH v. 10.07.1980, IV R 12/80, BStBl. II 1981, S. 90, 91. Vgl. zu Übertragungen im Wege von § 6 Abs. 5 S. 3 Nr. 3 EStG BERGSTEINER, S., Umstrukturierung, S. 166; BFH v. 24.03.1992, VIII R 48/90, BStBl. II 1993, S. 93, 95-96.

510 Vgl. BENECKE, A. Y., Umwandlung, S. 149; GLANEGGER, P., in: SCHMIDT, L., EStG, § 6b Rn. 2, 45; BFH v. 24.03.1992, VIII R 48/90, BStBl. II 1993, S. 93, 95.

511 Vgl. BENECKE, A. Y., Umwandlung, S. 149; KLEINE-ROSENSTEIN, C., Rücklagen, BBK 2004, F. 30, S. 1580; KORN, K./STRAHL, M., Reinvestitionsrücklage, Stbg 2002, S. 302.

512 Vgl. MEYER, B./BALL, J., § 6b-Rücklagen, GStB 2004, S. 430; HEGER, K., in: KIRCHHOF, P./SÖHN, H./ MELLINGHOFF, R., EStG, § 6b Rn. E 16 (Januar 1999); BFH v. 07.11.2000, VIII R 27/98, BFH/NV 2001, S. 262, 262-263. Nach GLANEGGER und BORDEWIN ist in diesem Zusammenhang die Übertragung dagegen in eine teilweise entgeltliche und in eine teilweise unentgeltliche Übertragung aufzuspalten; vgl. GLANEGGER, P., in: SCHMIDT, L., EStG, § 6b Rn. 68; BORDEWIN, A., in: FS SCHMIDT, L., Personengesellschaft, S. 427.

- Die Reinvestitionswirtschaftsgüter müssen zum Anlagevermögen einer inländischen Betriebsstätte gehören (§ 6b Abs. 4 S. 1 Nr. 3 EStG).
- Der entstandene Veräußerungsgewinn muss im Inland der Steuerpflicht unterliegen (§ 6b Abs. 4 S. 1 Nr. 4 EStG).
- Eine Übertragung der stillen Reserven auf ein Reinvestitionswirtschaftsgut und die Bildung und Auflösung einer § 6b-Rücklage müssen in der Buchführung verfolgt werden können (§ 6b Abs. 4 S. 1 Nr. 5 EStG).

Besonderheiten ergeben sich in Bezug auf diese Voraussetzungen des § 6b EStG bei doppelstöckigen Personengesellschaften für die Voraussetzungen der Vorbesitzzeit nach § 6b Abs. 4 Nr. 2 EStG und die Reinvestitionsmöglichkeit nach § 6b Abs. 4 Nr. 3 EStG.

2.4. Gesellschafterbezogene Ermittlung der Vorbesitzzeiten (§ 6b Abs. 4 Nr. 2 EStG) bei doppelstöckigen Personengesellschaften

Die Übertragungsmöglichkeiten im Wege von § 6b EStG stellen sich aufgrund der gesellschafterbezogenen Anwendung zunächst als vielfältig dar (vgl. Abschnitt A.III.2.2. dieses Kapitels). Die Abhängigkeit einer Anwendung von § 6b EStG von der gesellschafterbezogenen Erfüllung der Anwendungsvoraussetzungen schränkt diese Übertragungsmöglichkeiten bezogen auf Wirtschaftsgüter des Gesamthandsvermögens einer Personengesellschaft, wenn auch ggf. nur quotal, wiederum ein. Schließlich ist eine steuerneutrale Übertragung von stillen Reserven eines Wirtschaftsguts des Gesamthandsvermögens nur möglich, wenn die sechsjährige Vorbesitzzeit (§ 6b Abs. 4 Nr. 2 EStG) von allen Gesellschaftern gewahrt wird.[513]

Beispielsweise bei der Übertragung der stillen Reserven eines Wirtschaftsguts des Gesamthandsvermögens der Obergesellschaft oder des Sonderbetriebsvermögens der Obergesellschaft bei der Untergesellschaft kommt es in Bezug auf die sechsjährige Vorbesitzzeit nicht darauf an, dass das betreffende Wirtschaftsgut

513 Vgl. BENECKE, A. Y., Umwandlung, S. 151; NIEHUS, U./WILKE, H., Personengesellschaften, S. 108.

sechs Jahre zum Gesamthandsvermögen der Obergesellschaft bzw. zum Sonderbetriebsvermögens der Obergesellschaft bei der Untergesellschaft zählte. Die sechsjährige Vorbesitzzeit ist vielmehr jeweils durch die einzelnen Obergesellschafter zu erfüllen.[514] Bei einem entgeltlichen Wechsel der Zusammensetzung der Obergesellschafter oder einer entgeltlichen Änderung der Beteiligungsverhältnisse der Obergesellschafter innerhalb der sechsjährigen Vorbesitzzeit kommt eine Anwendung von § 6b EStG – vorbehaltlich der im vorherigen Abschnitt dargestellten Ausnahmen – nur für die Obergesellschafter in Betracht, die die sechsjährige Vorbesitzzeit auch bezogen auf die Beteiligungsverhältnisse erfüllen.[515] Soweit dies für einzelne Obergesellschafter nicht zu bejahen ist, hat dies nur eine quotale Anwendung von § 6b EStG zur Konsequenz.[516]

Da die Übertragung der stillen Reserven eines Wirtschaftsguts des Gesamthandsvermögens der Obergesellschaft oder des Sonderbetriebsvermögens der Obergesellschaft bei der Untergesellschaft nach § 6b EStG der Vorgehensweise wie bei einer einstöckigen Personengesellschaft entspricht, bestehen hier auch keine Besonderheiten. Dies gilt auch für Wirtschaftsgutübertragungen, bei denen die Wirtschaftsgüter ausschließlich einzelnen Obergesellschaftern zuzurechnen sind, z. B. bei entgeltlichen Übertragungen von Sonderbetriebsvermögen eines Obergesellschafters bei der Obergesellschaft.

Fraglich ist es allerdings, inwieweit die gesellschafterbezogene Anwendung des § 6b EStG in Bezug auf die entgeltliche Übertragung von Wirtschaftsgütern der Untergesellschaft eine Erfüllung der Anwendungsvoraussetzungen durch die lediglich mittelbar an der Untergesellschaft beteiligten Obergesellschafter

---

514 Vgl. (in Bezug auf einstöckige Personengesellschaften) NIEHUS, U./WILKE, H., Personengesellschaften, S. 108; HOTTMANN, J., in: ZIMMERMANN, R. U. A., Personengesellschaft, B Rn. 253; SELBMANN, D., Übertragung stiller Reserven, S.76; PATT, J., Übertragung von Grundstücken, GmbHR 1998, S. 974-975; SCHOOR, H. W., Bilanzierung von Rücklagen, StuB 2006, S. 508; DERS., Gewinnübertragung, FR 1997, S. 252; SÖFFING, G., Abkehr von der Bilanzbündeltheorie, StbJb 1976/77, S. 286; KANZLER, H.-J., Übertragung stiller Reserven, INF 1983, S. 510; BFH v. 10.07.1980, IV R 136/77, BStBl. II 1981, S. 84, 88-89.

515 Vgl. (in Bezug auf einstöckige Personengesellschaften) NIEHUS, U./WILKE, H., Personengesellschaften, S. 108; SELBMANN, D., Übertragung stiller Reserven, S. 76; HOTTMANN, J., in: ZIMMERMANN, R. U. A., Personengesellschaft, B Rn. 253; STRAHL, M., in: KORN, K. U. A., EStG, § 6b Rn. 37.1-38 (September 2002); SCHOOR, H. W., Gewinnübertragung, FR 1997, S. 252; MAUS, G./LENTSCHIG, P., Rücklage nach § 6b EStG, StBP 1996, S. 322; BOLK, W., Gewinnermittlung, BuW 1995, S. 301-302; BFH v. 07.11.2000, VIII R 27/98, BFH/NV 2001, S. 262; BFH v. 24.03.1992, VIII R 48/90, BStBl. II 1993, S. 93, 94; BFH v. 10.07.1980, IV R 136/77, BStBl. II 1981, S. 84, 88-89.

516 Vgl. MEYER, B./BALL, J., § 6b-Rücklagen, GStB 2004, S. 430.

erforderlich macht. Da dies aber Gegenstand von der Übertragung stiller Reserven im Wege von § 6b EStG bei upstream-Übertragungen ist, wird auf diese Problematik im Kapitel 3 Abschnitt A.III. eingegangen.

3. Anwendbarkeit des § 6b EStG auf Vermögensübertragungen aus dem Betriebsvermögen der Obergesellschaft in das Betriebsvermögen der Untergesellschaft

3.1. Zu untersuchende Transferfälle

Wie bereits in den vorherigen Abschnitten festgestellt, ist die Anwendung von § 6b EStG zwar auf bestimmte Veräußerungs- und Reinvestitionsobjekte begrenzt. Die Möglichkeiten, stille Reserven dieser Wirtschaftsgüter im Wege von § 6b EStG zu übertragen, sind indessen aufgrund der gesellschafterbezogenen Anwendung vielfältig. Auch die Übertragungsmöglichkeiten, d. h. die entgeltliche Übertragung von Wirtschaftsgütern aus der Vermögenssphäre der Obergesellschaft und die Reinvestitionsmöglichkeiten in der Vermögenssphäre der Untergesellschaft, sind innerhalb doppelstöckiger Personengesellschaften aufgrund der Komplexität dieser Unternehmenskonstruktion vielgestaltig. Gegenstand der Prüfung der Anwendbarkeit von § 6b EStG sind daher die nachfolgenden Übertragungsfälle:

downstream	**Transfer eines / einer**	**Vermögensmäßige Zuordnung**		Entgeltliche Übertragung des wirtschaftlichen Eigentums am Transfer-WG
	Einzel-WG			
Fall I	Einzel-WG von der OG auf die UG	Transfer-WG im: Reinvestitions-WG im:	GHV der OG GHV der UG	ja
Fall II	Einzel-WG innerhalb des Vermögens der OG	Transfer-WG im: Reinvestitions-WG im:	GHV der OG SBV der OG bei der UG	ja / nein
Fall III	Einzel-WG von der OG auf einen anderen UGter	Transfer-WG im: Reinvestitions-WG im:	GHV der OG SBV eines UGters bei der UG	ja
Fall IV	Einzel-WG von der OG auf einen OGter	Transfer-WG im: Reinvestitions-WG im:	GHV der OG SBV eines OGters bei der UG	ja
Fall V	Einzel-WG von einem OGter auf die UG	Transfer-WG im: Reinvestitions-WG im:	SBV eines OGters bei der OG GHV der UG	ja
Fall VI	Einzel-WG innerhalb des Vermögens eines OGters	Transfer-WG im: Reinvestitions-WG im:	SBV eines OGters bei der OG SBV dieses OGters bei der UG	ja / nein
Fall VII	Einzel-WG von einem OGter auf die OG	Transfer-WG im: Reinvestitions-WG im:	SBV eines OGters bei der OG SBV der OG bei der UG	ja
Fall VIII	Einzel-WG von einem OGter auf einen anderen OGter	Transfer-WG im: Reinvestitions-WG im:	SBV eines OGters bei der OG SBV eines anderen OGters bei der UG	ja
Fall IX	Einzel-WG von einem OGter auf einen UGter	Transfer-WG im: Reinvestitions-WG im:	SBV eines OGters bei der OG SBV eines UGters bei der UG	ja
	Sachgesamtheit			
Fall X	Teilbetriebs (zum Zwischenwert oder gemeinen Wert im Wege von § 24 UmwStG bzw. im Wege der Veräußerung)	Transfer-WG im: Reinvestitions-WG im:	GHV der OG GHV der UG	ja

Abb. 11: Zu untersuchende Übertragungen stiller Reserven im Wege von § 6b EStG aus dem Betriebsvermögen der Obergesellschaft in das Betriebsvermögen der Untergesellschaft (downstream-Übertragungen)

Um den Vergleich von Übertragungen stiller Reserven im Wege von § 6b EStG mit den Transferfällen im Wege § 6 Abs. 5 EStG zu vereinfachen, ist die vorstehende Aufstellung der zu untersuchenden downstream-Übertragungen an die Fälle und deren Reihenfolge der downstream-Übertragungen im Wege von § 6 Abs. 5 EStG angelehnt.

Im Rahmen der Prüfung der Anwendbarkeit des § 6b EStG werden die verschiedenen Möglichkeiten einer entgeltlichen Übertragung der Transferwirtschaftsgüter, d. h. gegen Gewährung bzw. Minderung von Gesellschaftsrechten oder gegen sonstiges Entgelt, in Abhängigkeit von den einzelnen Fällen dargestellt. Bei Übertragungen gegen Gewährung bzw. Minderung von Gesellschaftsrechten findet Beachtung, dass eine Übertragung unter Buchwertfortführungszwang nach § 6 Abs. 5 S. 3 EStG stehen kann, der ggf. durch § 6 Abs. 5 S. 4-6 EStG durchbrochen wird. Durch die gesellschafterbezogene Anwendung von § 6b EStG wird in Abhängigkeit vom Einzelfall auf die ggf. nur quotale Möglichkeit der Übertragung von aufgedeckten stillen Reserven im Wege von § 6b EStG auf downstream-Übertragungen innerhalb doppelstöckiger Personengesellschaften eingegangen. Den Transferfällen der Einzelwirtschaftsgüter liegt jeweils zu Grunde, dass es sich um begünstigte Veräußerungs- und Reinvestitionswirtschaftsgüter gemäß § 6b Abs. 1 EStG handelt.

3.2. Prüfung der Anwendbarkeit des § 6b EStG auf die zu untersuchenden Transferfälle

3.2.1. Von der Anwendung des § 6b EStG ausgeschlossene Transferfälle (Fälle III, VIII und IX)

Eine rechtsträgerübergreifende Reinvestition fällt nicht in den Anwendungsbereich von § 6b EStG, wenn der Reinvestierende zuvor nicht an den stillen Reserven beteiligt war oder der Veräußernde anschließend nicht an dem Reinvestitionswirtschaftsgut beteiligt ist. Eine Übertragung von stillen Reserven auf einen anderen Gesellschafter ist durch § 6b EStG nicht gedeckt.[517] Dies beruht darauf, dass für eine nach § 6b EStG begünstigte Übertragung von stillen Reserven der Reinvestierende jeweils gleich dem (entgeltlich) Übertragenden sein muss (vgl. Abschnitt A.III.2.2. dieses Kapitels).[518] Demzufolge können die stillen Reserven bei den Fällen III, VIII und IX nicht nach § 6b EStG übertragen werden.

Die Fälle VIII und IX betreffen eine entgeltliche Übertragung eines Wirtschaftsguts des Sonderbetriebsvermögens eines Obergesellschafters bei der Obergesellschaft bei einer anschließenden Reinvestition durch einen anderen einzelnen Gesellschafter der doppelstöckigen Personengesellschaft, im Fall VIII durch einen „anderen" Obergesellschafter und im Fall IX durch einen Untergesellschafter jeweils ins Sonderbetriebsvermögen dieser bei der Untergesellschaft.[519] Damit sind nicht nur die Übertragungen von stillen Reserven zwischen Wirtschaftsgütern des Sonderbetriebsvermögens verschiedener Mitunternehmer derselben Mitunternehmerschaft, sondern auch zwischen Sonderbetriebsvermögen verschiedener Mitunternehmer von der Ebene der Obergesellschaft auf die der Untergesellschaft ausgeschlossen.

Eine Anwendung von § 6b EStG auf den Fall III scheidet ebenfalls aus, da die entgeltliche Übertragung eines Wirtschaftsguts durch die Gesamthand der Obergesellschaft vorgenommen wird und die Reinvestition nicht durch die Obergesellschafter, zumindest auch nicht quotal, sondern durch einen Untergesellschafter erfolgt, der an den aufgedeckten stillen Reserven des Gesamthandsvermögens der Obergesellschaft nicht beteiligt war.

---

517 Vgl. RÄTKE, B., in: HERRMANN, C./HEUER, G./RAUPACH, A., EStG/KStG, § 15 EStG Rn. 685 (Mai 2004); GLANEGGER, P., in: SCHMIDT, L., EStG, § 6b Rn. 5; WELBERS, H., in: LADEMANN, F., EStG, § 6b Rn. 22 (Juli 2002).

518 Vgl. BENECKE, A. Y., Umwandlung, S. 149; SELBMANN, D., Übertragung stiller Reserven, S. 55-56; GLANEGGER, P., in: SCHMIDT, L., EStG, § 6b Rn. 2.

519 Vgl. RÄTKE, B., in: HERRMANN, C./HEUER, G./RAUPACH, A., EStG/KStG, § 15 EStG Rn. 685 (Mai 2004); GLANEGGER, P., in: SCHMIDT, L., EStG, § 6b Rn. 5; WELBERS, H., in: LADEMANN, F., EStG, § 6b Rn. 22 (Juli 2002).

3.2.2. Anwendbarkeit von § 6b EStG in Abhängigkeit von der Übertragung stiller Reserven des entgeltlich übertragenen Wirtschaftsguts auf ein davon abweichendes Reinvestitionswirtschaftsgut (Fälle II und VI)

Bei den downstream-Fällen II und VI sind im Gegensatz zu den übrigen zu untersuchenden downstream-Fällen der übertragende Rechtsträger und der reinvestierende Rechtsträger identisch. Im Fall II ist die Obergesellschaft als Gesamthand der Obergesellschafter zugleich übertragende und reinvestierende Rechtsträgerin und beim Fall VI ist ein Obergesellschafter zugleich übertragender und reinvestierender Rechtsträger. Dies sollte grundsätzlich für die Anwendung von § 6b EStG keine Besonderheit sein. Es ist vielmehr die grundsätzliche Anforderung von § 6b EStG, dass der Veräußernde, der entgeltlich Übertragende gleich dem Reinvestierenden sein muss. Allerdings würde es an der Erfüllung der grundlegenden Voraussetzung des § 6b EStG der Veräußerung, der entgeltlichen Übertragung fehlen, wenn bei einem direkten Transfer ohne Zwischenschaltung eines anderen Rechtsträgers zudem das übertragene Wirtschaftsgut dem Reinvestitionswirtschaftsgut entspricht. So fehlen eine Änderung, eine Übertragung des wirtschaftlichen Eigentums an dem betreffenden Wirtschaftsgut und damit eine Aufdeckung von stillen Reserven.[520] Die Wirtschaftsguttransfers II und VI fallen stattdessen in den Anwendungsbereich und damit in den Buchwertfortführungszwang von § 6 Abs. 5 S. 2 EStG (vgl. Abschnitt A.II.2.2.2.2. und A.II.2.2.2.6. dieses Kapitels).

Eine Anwendung von § 6b EStG ist bei den Transferfällen II und VI ohne Zwischenschaltung eines anderen Rechtsträgers nur insoweit möglich, als dass das entgeltlich übertragene Wirtschaftsgut von dem Reinvestitionswirtschaftsgut abweicht. Die entgeltliche Übertragung, Veräußerung eines Wirtschaftsguts des Gesamthandsvermögens der Obergesellschaft (Fall II) und eines Wirtschaftsguts des Sonderbetriebsvermögens eines Obergesellschafters bei der Obergesellschaft

---

520 Vgl. Abschnitt A.III.2.1.1. dieses Kapitels sowie JACHMANN, M., § 6b EStG, DStZ 2002, S. 209; RÖHNER, J., Übertragung, S. 227; SELBMANN, D., Übertragung stiller Reserven, S. 204; BRÖDER, A., Übertragung, SteuerStud 2003, S. 139; R 6b.1 Abs. 1 S. 4 EStR.

(Fall VI) jeweils an einen anderen Rechträger haben die Aufdeckung der stillen Reserven der veräußerten Wirtschaftsgüter zum Ergebnis. Diese stillen Reserven können – vorbehaltlich der Erfüllung der sonstigen Voraussetzungen – unter Anwendung von § 6b EStG auf ein Reinvestitionswirtschaftsgut des Veräußernden übertragen werden, somit beim Fall II (aufgrund der gesellschafterbezogenen Anwendung) von den Obergesellschaftern auf ein Reinvestitionswirtschaftsgut des Sonderbetriebsvermögens der Obergesellschaft bei der Untergesellschaft[521] und im Fall VI von dem Obergesellschafter auf ein Reinvestitionswirtschaftsgut des Obergesellschafters bei der Untergesellschaft.[522]

3.2.3. Übertragung von stillen Reserven eines Einzelwirtschaftsguts des Betriebsvermögens der Obergesellschaft auf ein Reinvestitionswirtschaftsgut im Gesamthandsvermögen der Untergesellschaft

3.2.3.1. Grundlage

Bei downstream-Übertragungen von stillen Reserven im Wege von § 6b EStG stellt sich grundlegend die Frage, inwieweit stille Reserven aus der entgeltlichen Übertragung eines Wirtschaftsguts aus dem Betriebsvermögen der Obergesellschaft, d. h. von Wirtschaftsgütern des Gesamthandsvermögens oder des Sonderbetriebsvermögens der Obergesellschaft, nach § 6b EStG auf Reinvestitionsobjekte im Gesamthandsvermögen der Untergesellschaft übertragen werden können. Aufgrund der gesellschafterbezogenen Anwendung des § 6b EStG sind bei der Veräußerung eines Wirtschaftsguts der Obergesellschaft die stillen Reserven nicht dieser, sondern deren Gesellschaftern, den Obergesellschaftern, zuzuordnen.[523] Daher kann die Obergesellschaft, auch wenn diese die unmittelbare Gesellschafterin der Untergesellschaft ist, keine nach § 6b EStG steuerneutralen Reinvestitionen auf Ebene der Untergesellschaft vornehmen. Folglich ist eine steuerneutrale Übertragung von stillen Reserven von der Obergesellschaft auf Wirtschaftsgüter des Gesamthandsvermögens der Untergesellschaft nach § 6b

---

521 Vgl. Rätke, B., in: Herrmann, C./Heuer, G./Raupach, A., EStG/KStG, § 15 EStG Rn. 685 (Mai 2004); R 6b.2 Abs. 7 S. 1 Nr. 2 EStR.

522 Vgl. Niehus, U./Wilke, H., Personengesellschaften, S. 114.

523 Vgl. Abschnitt A.III.2.2. dieses Kapitels.

EStG nur möglich, wenn § 6b EStG auch die Reinvestition eines lediglich mittelbar beteiligten Gesellschafters, des Obergesellschafters, in ein Reinvestitionswirtschaftsgut des Gesamthandsvermögens der Untergesellschaft deckt. Schließlich wird durch die Übertragung der stillen Reserven im Wege von § 6b EStG grundsätzlich keine unmittelbare Beteiligung des reinvestierenden Obergesellschafters bei der Untergesellschaft begründet. Es sei denn, die Übertragung eines Wirtschaftsguts ins Gesamthandsvermögen der Untergesellschaft erfolgt gegen Gewährung von Gesellschaftsrechten. Eine (mittelbare) Beteiligung des Obergesellschafters an der Untergesellschaft ist vielmehr Voraussetzung für eine Anwendung von § 6b EStG.

M. E. ist einer solchen steuerneutralen Übertragung von stillen Reserven im Wege von § 6b EStG zuzustimmen, auch wenn dies dem Gesetzeswortlaut des § 6b EStG nicht zu entnehmen ist. Dem Gesetzeswortlaut ist aber auch kein Ausschluss für eine steuerneutrale Übertragung von stillen Reserven von dem lediglich mittelbar beteiligten Gesellschafter auf ein Reinvestitionswirtschaftsgut des Gesamthandsvermögens der Untergesellschaft zu entnehmen. Die Voraussetzung, dass der entgeltlich Übertragende gleich dem Reinvestierenden ist, ist auch jeweils erfüllt. Die Obergesellschafter sind vor der Übertragung als auch danach – wenn auch ggf. nur mittelbar – an den stillen Reserven beteiligt.[524] Es wäre auch nicht verständlich, wenn ein anderer Untergesellschafter aus einem anderen ihm zuzurechnenden Betriebsvermögen stille Reserven auf ein Reinvestitionswirtschaftsgut des Gesamthandsvermögens der Untergesellschaft nach § 6b EStG steuerneutral übertragen könnte und der Obergesellschaft würde diese Möglichkeit gleichzeitig versagt, nur weil durch die gesellschafterbezogene Anwendung von § 6b EStG die stillen Reserven des Gesamthandsvermögens der Obergesellschaft nicht durch diese selbst, sondern nur durch ihre Gesellschafter steuerneutral im Wege von § 6b EStG übertragen werden können. Außerdem ist es die Intention des Gesetzgebers, dass aufgedeckte stille Reserven ohne eine vorherige Besteuerung in vollem Umfang für notwendige Investitionen zur Modernisierung, Rationalisierung, Strukturveränderungen oder Standortverlagerun-

---

524 Vgl. Abschnitt A.III.2.2. dieses Kapitels.

gen zur Verfügung stehen.[525] Dies sollte auch auf Vermögensübertragungen innerhalb doppelstöckiger Personengesellschaften Anwendung finden.

Die Fälle I und X sehen im Anschluss an eine Veräußerung bzw. entgeltliche Übertragung eines Wirtschaftsguts des Gesamthandsvermögens der Obergesellschaft unter Aufdeckung von stillen Reserven eine Reinvestition ins Gesamthandsvermögen der Untergesellschaft vor. Da durch die gesellschafterbezogene Anwendung des § 6b EStG die Entscheidung über die steuerneutrale Übertragung der aufgedeckten stillen Reserven jeweils den einzelnen Gesellschaftern obliegt, ist bei den Fällen I und X für eine weitestgehende Übertragung der aufgedeckten stillen Reserven auch vorauszusetzen, dass die reinvestierenden Obergesellschafter jeweils das gleichlautende Interesse haben, die aufgedeckten stillen Reserven nach § 6b EStG auf ein Reinvestitionswirtschaftsgut des Gesamthandsvermögens der Untergesellschaft zu übertragen (gleichlautende Wahlrechtsausübung).[526] Daher wird bei den Fällen I und X dieses gleichlautende Interesse angenommen.

3.2.3.2. Fall I – Übertragung von stillen Reserven eines Einzelwirtschaftsguts des Gesamthandsvermögens der Obergesellschaft auf ein Reinvestitionswirtschaftsgut im Gesamthandsvermögen der Untergesellschaft

Gegenstand des downstream-Falls I sind die entgeltliche Übertragung eines Wirtschaftsguts des Gesamthandsvermögens der Obergesellschaft und eine anschließende Übertragung der dabei aufgedeckten stillen Reserven auf ein Reinvestitionswirtschaftsgut im Gesamthandsvermögen der Untergesellschaft durch die Obergesellschafter. Bei der entgeltlichen Übertragung des Wirtschaftsguts des Gesamthandsvermögens der Obergesellschaft ist zu differenzieren, ob das übertragene Wirtschaftsgut mit dem Reinvestitionswirtschaftsgut identisch ist und ob das Entgelt in Gewährung (oder Minderung) von Gesellschaftsrechten oder sonstigem Entgelt gewährt wird.

---

525 Vgl. Abschnitt A.III.1. dieses Kapitels.
526 Vgl. GLANEGGER, P., in: SCHMIDT, L., EStG, § 6b Rn. 4.

Falls im Fall I als Entgelt Gesellschaftsrechte an der Untergesellschaft gewährt werden, ist im Fall I eine Übertragung des Wirtschaftsguts des Gesamthandsvermögens der Obergesellschaft auf die Untergesellschaft grundsätzlich nach § 6 Abs. 5 S. 3 Nr. 1 EStG unter Buchwertfortführungszwang vorzunehmen.[527] § 6b EStG kann aufgrund der fehlenden Aufdeckung von stillen Reserven nicht zur Anwendung kommen. Die Aufdeckung von stillen Reserven könnte jedoch bei dieser Übertragung durch § 6 Abs. 5 S. 4-6 EStG ausgelöst werden.[528] Die Besteuerung dieser aufgedeckten stillen Reserven kann durch die Übertragung der stillen Reserven nach § 6b EStG bis zur Höhe der quotalen auf die Obergesellschafter entfallenden Reinvestitionskosten vermieden werden.[529]

Die Übertragung eines Wirtschaftsguts aus dem Gesamthandsvermögen der Obergesellschaft gegen sonstiges Entgelt auf das Gesamthandsvermögen der Untergesellschaft ist direkt als Veräußerung zu werten, da es sich um eine entgeltliche Übertragung des wirtschaftlichen Eigentums an einem Wirtschaftsgut handelt.[530] Auch hier unterbleibt eine Besteuerung der aufgedeckten Reserven in Abhängigkeit von der Übertragung dieser stillen Reserven nach § 6b EStG. Diese können ebenfalls maximal bis zur Höhe der quotalen auf die Obergesellschafter entfallenden Reinvestitionskosten übertragen werden.[531]

Entsprechend kann die Übertragung von stillen Reserven aus der Veräußerung eines Wirtschaftsguts des Gesamthandsvermögens durch die Obergesellschaft an einen Dritten steuerneutral erfolgen. In diesem Fall werden die stillen Reserven auf ein abweichendes Reinvestitionswirtschaftsgut des Gesamthandsvermögens der Untergesellschaft aber auch nur entsprechend der Beteiligung der Obergesellschafter an der Untergesellschaft übertragen.[532]

---

527 Vgl. Kapitel 2 Abschnitt A.II.2.2.2.1.
528 Vgl. Kapitel 2 Abschnitt A.III.2.1.1.
529 Vgl. Kapitel 2 Abschnitt A.III.2.2.
530 Vgl. H 6b.1 EStH; BFH v. 27.08.1992, IV R 89/90, BStBl. II 1993, S. 225, 227.
531 Vgl. RÄTKE, B., in: HERRMANN, C./HEUER, G./RAUPACH, A., EStG/KStG, § 15 EStG Rn. 685 (Mai 2004); Kapitel 2 Abschnitt A.III.2.2.
532 Vgl. RÄTKE, B., in: HERRMANN, C./HEUER, G./RAUPACH, A., EStG/KStG, § 15 EStG Rn. 685 (Mai 2004); Kapitel 2 Abschnitt A.III.2.2.

Da die Übertragung der stillen Reserven jeweils auf die anteiligen Reinvestitionskosten der Obergesellschafter an dem Wirtschaftsgut des Gesamthandsvermögens der Untergesellschaft begrenzt ist, sind insbesondere bei der Identität von Transferwirtschaftsgut und Reinvestitionswirtschaftsgut die stillen Reserven nicht vollständig steuerneutral im Wege von § 6b EStG zu übertragen. Eine volle steuerneutrale Übertragung der stillen Reserven nach § 6b EStG ist nur insoweit möglich, wie neben der Obergesellschaft an der Untergesellschaft kein anderer Gesellschafter vermögensmäßig beteiligt ist (z. B. bei einer Untergesellschaft in der Form einer GmbH & Co. KG und der Beteiligung der Komplementär-GmbH am Gesellschaftsvermögen mit 0 v. H. und der Obergesellschaft als Kommanditistin mit 100 v. H.). Anderenfalls kann eine Besteuerung der nicht übertragenen aufgedeckten stillen Reserven nur durch die Bildung einer Rücklage nach § 6b Abs. 3 S. 1 EStG und eine spätere Übertragung oder alternativ durch die direkte Übertragung auf ein weiteres Reinvestitionswirtschaftsgut eines Obergesellschafters im Wege von § 6b EStG vermieden werden.[533]

3.2.3.3. Fall X – Übertragung von stillen Reserven im Rahmen der Übertragung eines Teilbetriebs der Obergesellschaft zum Zwischenwert bzw. gemeinen Wert auf ein Reinvestitionswirtschaftsgut im Gesamthandsvermögen der Untergesellschaft

Die Ergebnisse aus dem vorherigen Abschnitt zum Fall I sind grundsätzlich auf den Transferfall X zu übertragen. Entsprechend ist bei der Einbringung eines Teilbetriebs der Obergesellschaft von den Obergesellschaftern in die Untergesellschaft nach § 24 UmwStG zu Buchwerten gegen Gewährung von Gesellschaftsrechten aufgrund der fehlenden Aufdeckung von stillen Reserven eine Anwendung von § 6b EStG von vornherein ausgeschlossen.

Eine Übertragung von stillen Reserven nach § 6b EStG ist bei einer entgeltlichen Übertragung eines Teilbetriebs nur möglich, wenn der Teilbetrieb zu einem über dem Buchwert liegenden Wert, zum Zwischenwert bzw. gemeinen Wert, unter Aufdeckung von stillen Reserven nach § 24 UmwStG in die Untergesellschaft

---

533 Vgl. Kapitel 2 Abschnitt A.III.2.1.3.1.

eingebracht wird[534] oder wenn die Obergesellschaft den Teilbetrieb an die Untergesellschaft veräußert. Außerdem besteht die Möglichkeit den Teilbetrieb zu veräußern und die aufgedeckten stillen Reserven steuerneutral nach § 6b EStG auf ein abweichendes Reinvestitionswirtschaftsgut der Untergesellschaft zu übertragen.[535]

Allen genannten Übertragungen im Wege von § 6b EStG ist gemein, dass lediglich die durch § 6b EStG begünstigten stillen Reserven[536] nur bis zur Höhe der quotalen Reinvestitionskosten der Obergesellschafter auf die Reinvestitionswirtschaftsgüter übertragen werden können.[537] Die nicht übertragenen begünstigten aufgedeckten stillen Reserven können durch die Bildung einer Rücklage nach § 6b Abs. 3 S. 1 EStG und eine spätere Übertragung oder alternativ durch die direkte Übertragung auf ein weiteres Reinvestitionswirtschaftsgut eines Obergesellschafters im Wege von § 6b EStG der Besteuerung entzogen werden.[538]

3.2.3.4. Fall V – Übertragung von stillen Reserven eines Einzelwirtschaftsguts des Sonderbetriebsvermögens eines Obergesellschafters bei der Obergesellschaft auf ein Reinvestitionswirtschaftsgut im Gesamthandsvermögens der Untergesellschaft

Eine Anwendung von § 6b EStG ist im Fall V, der Übertragung von stillen Reserven eines Einzelwirtschaftsguts des Sonderbetriebsvermögens eines Obergesellschafters bei der Obergesellschaft auf ein Reinvestitionswirtschaftsgut im Gesamthandsvermögens der Untergesellschaft, bei zwei Konstellationen denkbar.

Falls das Entgelt für die Übertragung in Gesellschaftsrechten an der Untergesellschaft besteht, ist eine Anwendung von § 6b EStG aufgrund der zwingenden Übernahme der Buchwerte gemäß § 6 Abs. 5 S. 3 Nr. 2 Alt. 2 EStG zwar

---

534 Vgl. GLANEGGER, P., in: SCHMIDT, L., EStG, § 6b Rn. 69.
535 Vgl. STRAHL, M., in: KORN, K. U. A., EStG, § 6b Rn. 14 (Mai 2002).
536 Vgl. zu den begünstigten Veräußerungsobjekten Kapitel 2 Abschnitt A.III.2.1.2.
537 Vgl. Kapitel 2 Abschnitt A.III.2.2.
538 Vgl. Kapitel 2 Abschnitt A.III.2.1.3.1.

grundsätzlich ausgeschlossen,[539] eine Aufdeckung der stillen Reserven kann bei dieser entgeltlichen Übertragung aber dennoch durch § 6 Abs. 5 S. 4-6 EStG ausgelöst werden.[540] In diesem Fall als auch bei einer Übertragung des Wirtschaftsguts des Sonderbetriebsvermögens des Obergesellschafters bei der Obergesellschaft gegen sonstiges Entgelt kann der Obergesellschafter von § 6b EStG Gebrauch machen und die aufgedeckten stillen Reserven begrenzt auf die anteilig auf ihn entfallenden Anschaffungskosten des Reinvestitionswirtschaftsguts im Gesamthandsvermögen der Untergesellschaft übertragen.[541]

Um die Besteuerung des verbleibenden Anteils der aufgedeckten stillen Reserven zu vermeiden, hat der Obergesellschafter die Wahl, die nicht übertragenen aufgedeckten stillen Reserven über eine § 6b-Rücklage (§ 6b Abs. 3 S. 1 EStG) und eine spätere Übertragung oder alternativ durch die direkte Übertragung auf ein weiteres Reinvestitionswirtschaftsgut im Wege von § 6b EStG der Besteuerung zu entziehen.[542]

3.2.3.5. Die Ermittlung der quotalen Reinvestitionskosten in den Fällen I, V und X in Abhängigkeit von der Art des Übertragungsentgelts

Für die Ermittlung der quotalen Beteiligung des Obergesellschafters bzw. der Obergesellschafter an den Anschaffungskosten des Reinvestitionswirtschaftsguts der Untergesellschaft ist zu differenzieren, ob die Übertragung zunächst gegen Gewährung von Gesellschaftsrechten oder durch sonstiges Entgelt erfolgt. Bei einer Übertragung gegen sonstiges Entgelt können die stillen Reserven entsprechend des mittelbaren Anteils des Obergesellschafters bzw. der Obergesellschafter an der Untergesellschaft auf das Reinvestitionswirtschaftsgut übertragen werden. Die Beteiligungsverhältnisse bleiben im Rahmen der Übertragung unverändert.

---

539 Vgl. Kapitel 2 Abschnitt A.II.2.2.2.5.
540 Vgl. Kapitel 2 Abschnitt A.III.2.1.1.
541 Vgl. Kapitel 2 Abschnitt A.III.2.1.1.
542 Vgl. Kapitel 2 Abschnitt A.III.2.1.3.1.

Erfolgt die Übertragung stattdessen zunächst gegen Gewährung von Gesellschaftsanteilen an der Untergesellschaft erhöht sich jeweils die Beteiligung der Obergesellschafter an der Untergesellschaft, im Fall I mittelbar durch die anschließend erhöhte Beteiligung der Obergesellschaft an der Untergesellschaft und im Fall V durch eine zusätzliche unmittelbare Beteiligung des Obergesellschafters an der Untergesellschaft neben der bereits bestehenden mittelbaren Beteiligung sowie im Fall X entweder mittelbar oder unmittelbar je nach Ausgestaltung des Einbringungsvorgangs und der Gewährung der Gesellschaftsrechte an die Obergesellschafter oder die Obergesellschaft.[543] Da die Anteile der Obergesellschafter an der Untergesellschaft somit vergleichsweise höher sind als bei einer Übertragung gegen sonstiges Entgelt, steigt auch die Möglichkeit der Obergesellschafter, ihnen zuzurechnende stille Reserven auf ein Reinvestitionswirtschaftsgut im Gesamthandsvermögen der Untergesellschaft nach § 6b EStG zu übertragen.

Beispiel: Demzufolge kann der Obergesellschafter A bei einer Beteiligung an der Obergesellschaft X-OHG mit 50 v. H. und einer Beteiligung der X-OHG an der Untergesellschaft Y-OHG ebenfalls mit 50 v. H. bei der entgeltlichen Übertragung eines Gebäudes seines Sonderbetriebsvermögens bei der X-OHG ins Gesamthandsvermögen der Y-OHG 25 v. H. der aufgedeckten stillen Reserven auf das Reinvestitionswirtschaftsgut im Gesamthandsvermögen der Untergesellschaft übertragen.

Überträgt A stattdessen das Gebäude seines Sonderbetriebsvermögens in das Gesamthandsvermögen der Y-OHG gegen Gewährung von Gesellschaftsrechten zunächst unter Buchwertfortführung nach § 6 Abs. 5 S. 3 Nr. 2 Alt. 2 EStG, begründet A neben der mittelbaren Beteiligung auch eine unmittelbare Beteiligung an der Y-OHG. Es sei angenommen, dass A nach der Übertragung mit 10 v. H. unmittelbar an der Y-OHG beteiligt ist, wodurch sich die Beteiligung der X-OHG an der Y-OHG auf 45 v. H. reduziert. Folglich ist A nach der Übertragung zu 32,5 v. H. (unmittelbar zu 10 v. H. und mittelbar zu 22,5 v. H.) an der Y-OHG beteiligt. Im Zuge einer Aufdeckung der übertragenen stillen Reserven nach § 6 Abs. 5 S. 4-6 EStG wäre folglich durch A eine Übertragung von 32,5 v. H. der

543 Vgl. Kapitel 2 Abschnitt A.IV.2.2.1.

stillen Reserven im Wege von § 6b EStG steuerneutral auf das Reinvestitionswirtschaftsgut im Gesamthandsvermögen der Y-OHG möglich.

Das Beispiel macht auch deutlich, dass bei einer Übertragung im Rahmen einer doppelstöckigen Personengesellschaft von einem Obergesellschafter auf ein Reinvestitionswirtschaftsgut im Gesamthandsvermögen der Untergesellschaft durch die lediglich mittelbare Beteiligung und die Begrenzung der Übertragung der stillen Reserven auf die anteiligen Anschaffungs- oder Herstellungskosten die steuerneutrale Übertragung im Wege von § 6b EStG insbesondere im Vergleich zur Buchwertfortführung nach § 6 Abs. 5 S. 3 Nr. 2 Alt. 2 EStG ggf. sehr begrenzt ist.

3.2.4. Fall IV – Übertragung von stillen Reserven eines Einzelwirtschaftsguts des Gesamthandsvermögens der Obergesellschaft auf ein Reinvestitionswirtschaftsgut im Sonderbetriebsvermögen eines Obergesellschafters bei der Untergesellschaft

Eine entgeltliche Übertragung von stillen Reserven eines Einzelwirtschaftsguts des Gesamthandsvermögens der Obergesellschaft auf ein Reinvestitionswirtschaftsgut im Sonderbetriebsvermögen eines Obergesellschafters bei der Untergesellschaft fällt grundsätzlich in den Anwendungsbereich des § 6b EStG. Beim Fall IV kommt eine Veräußerung i. S. von § 6b EStG als Übertragung gegen sonstiges Entgelt oder gegen Minderung von Gesellschaftsrechten[544] des Obergesellschafters bei der Obergesellschaft in Betracht. Bei einer Übertragung gegen Minderung von Gesellschaftsrechten kommt eine Anwendung von § 6b EStG aber nur zum Tragen, wenn der zu Grunde liegende Buchwertfortführungszwang nach § 6 Abs. 5 S. 3 Nr. 2 Alt. 2 EStG[545] durch § 6 Abs. 5 S. 4-6 EStG durchbrochen wird.[546]

Soweit die entgeltliche Übertragung des Einzelwirtschaftsguts des Gesamthandsvermögens der Obergesellschaft zu einer Aufdeckung der stillen Reserven führt, steht es dem Obergesellschafter aufgrund der gesellschafterbezogenen Anwen-

---

544 Vgl. Jachmann, M., § 6b EStG, DStZ 2002, S. 209 sowie Kapitel 2 Abschnitt A.III.2.1.1. i. V. m. Kapitel 2 Abschnitt A.II.1.4.2.1.

545 Vgl. Kapitel 2 Abschnitt A.II.2.2.2.4.

546 Vgl. Kapitel 2 Abschnitt A.III.2.1.1.

dung des § 6b EStG u. a. frei, die auf ihn anteilig entfallenden stillen Reserven auf ein nach § 6b EStG begünstigtes Reinvestitionsobjekt seines Sonderbetriebsvermögens steuerneutral zu übertragen (Übertragung des quotalen Veräußerungsgewinns).[547] Da der Obergesellschafter als lediglich mittelbar beteiligter Gesellschafter durch § 15 Abs. 1 S. 1 Nr. 2 S. 2 EStG über Sonderbetriebsvermögen bei der Untergesellschaft verfügen kann, ist m. E. auch im downstream-Fall IV eine steuerneutrale Übertragung der aufgedeckten stillen Reserven im Wege von § 6b EStG durchführbar.

Zugleich droht aber die Besteuerung der restlichen aufgedeckten stillen Reserven, die den sonstigen Obergesellschaftern zuzurechnen sind. Auch bei diesen ist zur Vermeidung der sofortigen Besteuerung eine Übertragung im Wege von § 6b EStG auf Reinvestitionswirtschaftsgüter dieser Obergesellschafter oder durch die Bildung von § 6b-Rücklagen (§ 6b Abs. 3 S. 1 EStG) möglich.[548]

3.2.5. Fall VII – Übertragung von stillen Reserven eines Einzelwirtschaftsguts des Sonderbetriebsvermögens eines Obergesellschafters bei der Obergesellschaft auf ein Reinvestitionswirtschaftsgut des Sonderbetriebsvermögens der Obergesellschaft bei der Untergesellschaft

Beim Fall VII, der Übertragung eines Einzelwirtschaftsguts des Sonderbetriebsvermögens eines Obergesellschafters bei der Obergesellschaft auf ein Reinvestitionswirtschaftsgut des Sonderbetriebsvermögens der Obergesellschaft bei der Untergesellschaft, besteht unter Umständen ebenfalls für den Obergesellschafter die Möglichkeit, stille Reserven nach § 6b EStG steuerneutral zu übertragen. Da grundlegend eine entgeltliche Übertragung vorauszusetzen ist, muss das Wirtschaftsgut des Sonderbetriebsvermögens des Obergesellschafters bei der Obergesellschaft gegen Gewährung von Gesellschaftsrechten oder gegen sonstiges Entgelt in das Sonderbetriebsvermögen der Obergesellschaft bei der Untergesellschaft übertragen werden. Da die direkte Übertragung ins Sonderbetriebsver-

---

547 Vgl. Kapitel 2 Abschnitt A.III.2.2.
548 Vgl. Kapitel 2 Abschnitt A.III.2.1.3.1.

mögen der Obergesellschaft bei der Untergesellschaft gegen Gewährung von Gesellschaftsrechten entsprechend der Ausführungen im Kapitel 2 Abschnitt A.II.2.2.2.7. nicht im Wege von § 6 Abs. 5 EStG steuerneutral übertragen werden kann, ermöglicht eine direkte Übertragung ohne eine Anwendung von § 6 Abs. 5 S. 4-6 EStG die Aufdeckung etwaiger stiller Reserven. Inwieweit eine Anwendung von § 6b EStG bei Kettentransfers möglich bzw. sinnvoll ist, wird im Abschnitt A.III.5. dieses Kapitels behandelt.

Die Reinvestition ist gedanklich in zwei Schritte aufzuteilen. Zunächst erfolgt die Reinvestition im Gesamthandsvermögen der Obergesellschaft und anschließend folgt durch die Überlassung des Wirtschaftsguts an die Untergesellschaft die Umqualifizierung des Wirtschaftsguts in Sonderbetriebsvermögen der Obergesellschaft bei der Untergesellschaft (§ 15 Abs. 1 S. 1 Nr. 2 S. 1 EStG). Durch die gesellschafterbezogene Anwendung des § 6b EStG ist die Reinvestition des Obergesellschafters in ein Wirtschaftsgut des Gesamthandsvermögens der Obergesellschaft wie bei einer einstöckigen Personengesellschaft durch § 6b EStG gedeckt, aber in der Höhe auf die anteiligen Anschaffungskosten des Obergesellschafters begrenzt (Übertragung bis zur Höhe der quotalen Reinvestitionskosten).[549]

Die restlichen aufgedeckten stillen Reserven kann der Obergesellschafter ebenfalls über eine Anwendung von § 6b EStG und eine direkte Übertragung auf weitere Reinvestitionswirtschaftsgüter bzw. eine spätere Übertragung nach der zwischenzeitlichen Bildung einer § 6b-Rücklage der sofortigen Besteuerung entziehen.[550]

3.2.6. Zusammenfassender Überblick über die Anwendbarkeit des § 6b EStG auf die zu untersuchenden Transferfälle

Die zusammenfassende Übersicht der Abb. 12 verdeutlicht, dass lediglich bei den Transferfällen II und VI eine vollständige steuerneutrale Übertragung der stillen

---

[549] Vgl. Kapitel 2 Abschnitt A.III.2.2.
[550] Vgl. Kapitel 2 Abschnitt A.III.2.1.3.1.

Reserven aus den entgeltlich übertragenen Wirtschaftsgütern aus dem Betriebsvermögen der Obergesellschaft auf ein – in diesen Fällen davon abweichendes – Reinvestitionswirtschaftsgut im Betriebsvermögen der Untergesellschaft möglich ist. Allerdings stellen diese Transferfälle im Wege von § 6b EStG zu einer Vermögensüberführung im Wege von § 6 Abs. 5 S. 2 EStG nur insoweit eine Alternative dar, als es die Zielsetzung der Steuerpflichtigen ist, eine steuerneutrale Übertragung der stillen Reserven unabhängig von der Identität des Reinvestitionswirtschaftsguts zu erreichen.

Bei den Transferfällen I, IV, V, VII und X ist eine steuerneutrale Übertragung der bei der entgeltlichen Übertragung des Transferwirtschaftsguts aufgedeckten stillen Reserven nur quotal möglich. Bei den Transferfällen I, V und X mit jeweils einer Reinvestition im Gesamthandsvermögen der Untergesellschaft hängen die quotalen Übertragungen von stillen Reserven nach § 6b EStG von der Beteiligungsquote der Obergesellschafter bzw. des Obergesellschafters an der Untergesellschaft in Abhängigkeit derer mittelbaren und ggf. auch unmittelbaren Beteiligung ab. In den Fällen I, V und X erhöhen sich allerdings die Beteiligungsquoten und damit jeweils die Höhe der anteiligen Reinvestitionskosten insoweit, wie die Übertragungen gegen Gewährung von Gesellschaftsrechten erfolgen. Bei den Transferfällen IV und VII mit einer Reinvestition im Sonderbetriebsvermögen eines Obergesellschafters bei der Untergesellschaft (Fall IV) bzw. einer Reinvestition im Sonderbetriebsvermögen der Obergesellschaft bei der Untergesellschaft (Fall VII) hängt die quotale Übertragung der aufgedeckten stille Reserven jeweils nur von der Beteiligungsquote des Obergesellschafters bei der Obergesellschaft ab.

Für drei von zehn Transferfällen, den Transferfällen III, VIII und IX, ist eine direkte steuerneutrale Übertragung von stillen Reserven aus dem Betriebsvermögen der Obergesellschaft auf ein Reinvestitionswirtschaftsgut im Betriebsvermögen der Untergesellschaft im Wege von § 6b EStG ausgeschlossen. Bei diesen Transferfällen sind die reinvestierenden Gesellschafter jeweils nicht an den aufgedeckten und zu übertragenden stillen Reserven beteiligt.

Die Ergebnisse der Prüfung der Anwendbarkeit von § 6b EStG auf die untersuchten downstream-Fälle werden durch die nachfolgende Abbildung nochmals zusammengefasst dargestellt:

downstream	Transfer eines / einer	Vermögensmäßige Zuordnung		Entgeltliche Übertragung des wirtschaftlichen Eigentums am Transfer-WG	Im Anwendungsbereich von § 6b EStG
	Einzel-WG				
Fall I	Einzel-WG von der OG auf die UG	Transfer-WG im: Reinvestitions-WG im:	GHV der OG GHV der UG	ja	ja (quotal, entsprechend der mittelbaren Beteiligungsquote der OGter an der UG)
Fall II	Einzel-WG innerhalb des Vermögens der OG	Transfer-WG im: Reinvestitions-WG im:	GHV der OG SBV der OG bei der UG	ja / nein	ja (bei entgeltlicher Übertragung des wirtschaftlichen Eigentums am Transfer-WG)
Fall III	Einzel-WG von der OG auf einen anderen UGter	Transfer-WG im: Reinvestitions-WG im:	GHV der OG SBV eines UGters bei der UG	ja	nein
Fall IV	Einzel-WG von der OG auf einen OGter	Transfer-WG im: Reinvestitions-WG im:	GHV der OG SBV eines OGters bei der UG	ja	ja (quotal, entsprechend der Beteiligungsquote des OGters an der OG)
Fall V	Einzel-WG von einem OGter auf die UG	Transfer-WG im: Reinvestitions-WG im:	SBV eines OGters bei der OG GHV der UG	ja	ja (quotal, entsprechend der mittelbaren Beteiligungsquote des OGters an der UG)
Fall VI	Einzel-WG innerhalb des Vermögens eines OGters	Transfer-WG im: Reinvestitions-WG im:	SBV eines OGters bei der OG SBV dieses OGters bei der UG	ja / nein	ja (bei entgeltlicher Übertragung des wirtschaftlichen Eigentums am Transfer-WG)
Fall VII	Einzel-WG von einem OGter auf die OG	Transfer-WG im: Reinvestitions-WG im:	SBV eines OGters bei der OG SBV der OG bei der UG	ja	ja (quotal, entsprechend der Beteiligungsquote des OGters an der OG)
Fall VIII	Einzel-WG von einem OGter auf einen anderen OGter	Transfer-WG im: Reinvestitions-WG im:	SBV eines OGters bei der OG SBV eines anderen OGters bei der UG	ja	nein
Fall IX	Einzel-WG von einem OGter auf einen UGter	Transfer-WG im: Reinvestitions-WG im:	SBV eines OGters bei der OG SBV eines UGters bei der UG	ja	nein
	Sachgesamtheit				
Fall X	Teilbetriebs (zum Zwischenwert oder gemeinen Wert im Wege von § 24 UmwStG bzw. im Wege der Veräußerung)	Transfer-WG im: Reinvestitions-WG im:	GHV der OG GHV der UG	ja	ja (quotal, entsprechend der mittelbaren Beteiligungsquote der OGter an der UG, nur bei begünstigten Reinvestitions-WG)

Abb. 12: Überblick über die Anwendbarkeit des § 6b EStG auf die untersuchten downstream-Transferfälle

4. Rechtsfolgen und bilanzielle Abbildung der Übertragungen von stillen Reserven nach § 6b EStG aus dem Betriebsvermögen der Obergesellschaft in das Betriebsvermögen der Untergesellschaft

4.1. Rechtsfolgen

Im Rahmen der vorherigen Ausführungen wurde bereits ausgeführt, dass für eine Übertragung von stillen Reserven nach § 6b EStG zunächst die stillen Reserven des Transferwirtschaftsguts durch eine entgeltliche Übertragung aufzudecken sind. Entsprechend der Ausführungen im Abschnitt A.III.2.1.3.1. dieses Kapitels hat der Steuerpflichtige die Wahl, den direkten Abzug der stillen Reserven von den Anschaffungs- oder Herstellungskosten des Reinvestitionsobjekts nach § 6b Abs. 1 EStG vorzunehmen, alternativ nach § 6b Abs. 3 S. 1 EStG die aufgedeckten begünstigten stillen Reserven im Wirtschaftsjahr der entgeltlichen Übertragung des Transferwirtschaftsguts in einer § 6b-Rücklage zu erfassen und den Abzug der stillen Reserven von den Anschaffungs- oder Herstellungskosten des Reinvestitionsobjekts nach § 6b Abs. 3 S. 2-4 EStG in einer späteren Periode zu nutzen oder auf eine steuerneutrale Übertragung nach § 6b EStG zu verzichten. Entscheidet sich der Mitunternehmer der doppelstöckigen Personengesellschaft die aufgedeckten stillen Reserven auf ein Reinvestitionswirtschaftsgut direkt oder nach zwischenzeitlicher Bildung einer § 6b-Rücklage zu übertragen, unterbleibt eine Besteuerung der aufgedeckten stillen Reserven. Insoweit bleibt die Übertragung von Betriebsvermögen auch ohne Auswirkungen auf ggf. bestehende einkommen- bzw. körperschaftsteuerrechtliche Verlustvorträge, die auf Ebene der unmittelbaren bzw. mittelbaren Mitunternehmer vorgetragen werden.

Analog zu den Rechtsfolgen von Transfers im Wege von § 6 Abs. 5 EStG wird bei den Fällen IV und VI aufgrund der Wertung des Reinvestitionswirtschaftsguts als Sonderbetriebsvermögen eines Obergesellschafters bei der Untergesellschaft ggf. eine Sonder-Mitunternehmerstellung des betreffenden Obergesellschafters bei der Untergesellschaft i. S. von § 15 Abs. 1 S. 1 Nr. 2 S. 2 EStG neu gegründet. Es sei denn, der betreffende Obergesellschafter hat nicht bereits vorher über Sonderbetriebsvermögen bei der Untergesellschaft verfügt und ist nicht zugleich unmittelbarer Mitunternehmer der Untergesellschaft.[551]

Falls im Fall V als Entgelt für die Übertragung des Veräußerungswirtschaftsguts des Obergesellschafters Gesellschaftsrechte an der Untergesellschaft gewährt werden, gründet der zuvor nur an der Obergesellschaft beteiligte Obergesellschafter – analog zu der Übertragung im Fall V im Wege von § 6 Abs. 5 EStG – eine unmittelbare Mitunternehmerstellung bei der Untergesellschaft. Durch die neu gegründete unmittelbare Mitunternehmerstellung und die Vorrangigkeit von § 15 Abs. 1 S. 1 Nr. 2 S. 1 EStG vor § 15 Abs. 1 S. 1 Nr. 2 S. 2 EStG entfällt bei bereits vorhandenem Sonderbetriebsvermögen des Obergesellschafters bei der Untergesellschaft die Sonder-Mitunternehmerstellung des Obergesellschafters bei der Untergesellschaft nach § 15 Abs. 1 S. 1 Nr. 2 S. 2 EStG.[552]

4.2. Bilanzielle Abbildung

4.2.1. Übertragungen ins Gesamthandsvermögen der Untergesellschaft

4.2.1.1. Fälle I und X – Übertragung von stillen Reserven aus dem Gesamthandsvermögen der Obergesellschaft auf ein Reinvestitionswirtschaftsgut im Gesamthandsvermögen der Untergesellschaft

4.2.1.1.1. Fall I – Veräußerung eines Einzelwirtschaftsguts von der Obergesellschaft an die Untergesellschaft

Die bilanzielle Abbildung einer Übertragung von stillen Reserven im Fall I im Wege von § 6b EStG wird auf Basis des folgenden Beispiels veranschaulicht.

<u>Beispiel zum Fall I:</u> *Entsprechend des in Abb. 2 dargestellten Grundfalls sind an der X-OHG die Gesellschafter A und B je zur Hälfte beteiligt, während die X-OHG neben dem Gesellschafter C an der Y-OHG ebenfalls zur Hälfte beteiligt ist. Beim denkbaren downstream-Fall I veräußert die Obergesellschaft ein durch § 6b EStG begünstigtes Wirtschaftsgut, ein Grundstück, ihres Gesamthandsvermögens an die Gesamthand der Untergesellschaft zu einem dem Teilwert entsprechenden*

---

551 Vgl. Kapitel 2 Abschnitt A.II.3.1.

552 Vgl. Kapitel 2 Abschnitt A.II.3.1.; HOTTMANN, J., in: ZIMMERMANN, R. U. A., Personengesellschaft, G Rn. 12-13.

Verkaufspreis von TEUR 300 bei einem Buchwert von TEUR 100. Die Obergesellschafter A und B sind bestrebt, soweit als möglich die durch die entgeltliche Übertragung aufgedeckten stillen Reserven auf das Reinvestitionswirtschaftsgut der Untergesellschaft zu übertragen. Ein aufgrund der lediglich hälftigen Beteiligung der Obergesellschaft an der Untergesellschaft verbleibender Teil der aufgedeckten stillen Reserven soll in eine § 6b-Rücklage eingestellt werden. Beim Beispiel wird davon ausgegangen, dass die Voraussetzungen des § 6b EStG vorliegen.

(1) Ausgangssituation, vor der entgeltlichen Übertragung:

X-OHG (in TEUR)

A		P	
Grundstücke	100	Eigenkapital	
Beteiligung Y-OHG	250	Kap.-Kto I: A	425
Bank	300	Kap.-Kto I: B	425
Sonstige Aktiva	200		
	850		850

Y-OHG (in TEUR)

A		P	
Bank	300	Eigenkapital	
Sonstige Aktiva	200	Kap.-Kto I: X-OHG	250
		Kap.-Kto I: C	250
	500		500

(2) Entgeltliche Übertragung und Bildung einer § 6b-Rücklage:

<u>Entgeltliche Übertragung</u>

Buchungssätze X-OHG:

Bank TEUR 300
an Grundstücke TEUR 100
an Sonstiger betrieblicher Ertrag TEUR 200

Buchungssätze Y-OHG:

Grundstücke TEUR 300
an Bank TEUR 300

<u>Bildung einer § 6b-Rücklage</u>

Buchungssätze X-OHG:

Sonstiger betrieblicher Aufwand TEUR 200
an § 6b-Rücklage TEUR 200

X-OHG (in TEUR)

A		P	
Grundstücke	0	Eigenkapital	
Beteiligung Y-OHG	250	Kap.-Kto I: A	425
Bank	600	Kap.-Kto I: B	425
Sonstige Aktiva	200	§ 6b-Rücklage	200
	1050		1050

Y-OHG (in TEUR)

A		P	
Grundstücke	300	Eigenkapital	
Bank	0	Kap.-Kto I: X-OHG	250
Sonstige Aktiva	200	Kap.-Kto I: C	250
	500		500

Die Veräußerung (entgeltliche Übertragung) des Grundstücks löst die Aufdeckung der stillen Reserven aus, es ist ein sonstiger betrieblicher Ertrag zu verbuchen. Der nach § 6b EStG begünstigte Veräußerungsgewinn entfällt im Beispiel je zur Hälfte auf die Obergesellschafter A und B. Bei der Bildung einer § 6b-Rücklage wird durch die Buchung „sonstiger betrieblicher Aufwand an § 6b-Rücklage“ der sonstige betriebliche Ertrag, d. h. der aus der Veräußerung entstandene Gewinn, wieder gemindert, ggf. in Abhängigkeit von der Höhe der gebildeten § 6b-

Rücklage in voller Höhe kompensiert.[553] Alternativ könnten die Obergesellschafter die aufgedeckten stillen Reserven direkt ohne vorherige Bildung einer § 6b-Rücklage auf ein begünstigtes Reinvestitionswirtschaftsgut im Wege von § 6b EStG übertragen, wobei der Veräußerungsgewinn durch die Buchung „sonstiger betrieblicher Aufwand an Kapital" anteilig neutralisiert werden könnte. Unterdessen könnten die verbliebenen stillen Reserven zur Vermeidung deren Besteuerung über eine § 6b-Rücklage erfasst werden.[554]

(3) Übertragung von aufgedeckten stillen Reserven der § 6b-Rücklage durch die Obergesellschafter auf das Reinvestitionswirtschaftsgut, das Grundstück, im Gesamthandsvermögen der Untergesellschaft:

Buchungssätze X-OHG:

§ 6b-Rücklage	TEUR 150		
		an Kapital A	TEUR 75
		an Kapital B	TEUR 75
Kapital A	TEUR 75		
Kapital B	TEUR 75		
		an Beteiligung Y-OHG	TEUR 150

Buchungssätze Ergänzungsbilanzen - für A und B:

Minderkapital A	TEUR 75		
		an Minderwert Grundstücke A	TEUR 75
Minderkapital B	TEUR 75		
		an Minderwert Grundstücke B	TEUR 75

X-OHG (in TEUR)

A		P	
Grundstücke	0	Eigenkapital	
Beteiligung Y-OHG	100	Kap.-Kto I: A	425
Bank	600	Kap.-Kto I: B	425
Sonstige Aktiva	200	§ 6b-Rücklage	50
	900		900

Y-OHG (in TEUR)

A		P	
Grundstücke	300	Eigenkapital	
Bank	0	Kap.-Kto I: X-OHG	250
Sonstige Aktiva	200	Kap.-Kto I: C	250
	500		500

(Fortsetzung nächste Seite)

---

553 Vgl. (in Bezug auf einstöckige Personengesellschaften) NIEHUS, U./WILKE, H., Personengesellschaften, S. 111-112; STRAHL, M., Übertragung, FR 2005, S. 799; BRÖDER, A., Übertragung, SteuerStud 2003, S. 141; HAEGER, B., § 6b-Rücklage, DB 1987, S. 446. Aufgrund der umgekehrten Maßgeblichkeit der Steuerbilanz für die Handelsbilanz ist nach §§ 6b Abs. 3, 5 Abs. 1 S. 2 EStG i. V. m. § 247 Abs. 3 HGB in der Handelbilanz ein mit der § 6b-Rücklage korrespondierender Sonderposten mit Rücklageanteil zu verbuchen; vgl. STRAHL, M., Übertragung, FR 2005, S. 799; KÖHLER, R., Sonderposten mit Rücklageanteil, StBP 1997, S. 253; HAEGER, B., § 6b-Rücklage, DB 1987, S. 445; R 6b.2 Abs. 1-2 EStR. Gemäß GLANEGGER ist das Wahlrecht des § 6b EStG jedoch in der Handelsbilanz auszuüben. Lediglich, wenn eine Handelsbilanz fehlt, „(...) entscheidet darüber die (...)" Steuerbilanz bzw. steuerliche Ergänzungs- oder Sonderbilanzen; GLANEGGER, P., in: SCHMIDT, L., EStG, § 6b Rn. 85 mit Verweis auf BFH v. 30.03.1989, IV R 72/88, BStBl. II 1989, S. 560, 561; BFH v. 25.04.1985, IV R 83/83, BStBl. II 1986, S. 350, 352-353; zweifelnd SCHÖN, W., § 6b EStG, S. 41-42. Falls der Steuerpflichtige aufgrund diverser nach § 6b EStG begünstigter Veräußerungen mehrere § 6b-Rücklagen gebildet hat, können diese in einem Passivposten zusammengefasst werden. Aufgrund § 6b Abs. 4 S. 1 Nr. 5 EStG muss dabei sichergestellt sein, dass die Bildung und Auflösung der § 6b-Rücklagen über die Buchführung nachvollzogen werden kann; vgl. SCHOOR, H. W., Bilanzierung von Rücklagen, StuB 2006, S. 505; KÖHLER, R., Sonderposten mit Rücklageanteil, StBP 1997, S. 251-252; BRÖDER, A., Übertragung, SteuerStud 2003, S. 141; R 6b.2 Abs. 3 EStR. Gemäß KÖHLER muss aufgrund der gesellschafterbezogenen Anwendung des § 6b EStG und aufgrund der Anforderung der Nachprüfbarkeit auch bei einer Zusammenfassung der § 6b-Rücklagen zu einem Passivposten in der Bilanz durch die Buchführung eine Zuordnung der gebildeten § 6b-Rücklagen auf die einzelnen Mitunternehmer in geeigneter Weise gewährleistet sein; KÖHLER, R., Sonderposten mit Rücklageanteil, StBP 1997, S. 252.

554 Vgl. (in Bezug auf einstöckige Personengesellschaften) NIEHUS, U./WILKE, H., Personengesellschaften, S. 113.

A	Ergänzungsbilanz der X-OHG bei der Y-OHG für A (in TEUR)		P
Minderkapital	75	Minderwert Grundstücke	75
	75		75

A	Ergänzungsbilanz der X-OHG bei der Y-OHG für B (in TEUR)		P
Minderkapital	75	Minderwert Grundstücke	75
	75		75

Da im vorliegenden Beispiel die aufgedeckten stillen Reserven weitestgehend auf ein Reinvestitionswirtschaftsgut im Gesamthandsvermögen der Untergesellschaft übertragen werden soll, ist in entsprechender Höhe ein Teil der § 6b-Rücklage über die Kapitalkonten der Obergesellschafter auszubuchen. Die anteiligen Reinvestitionskosten der Obergesellschafter betragen bei dem zu Grunde liegenden Beispiel aufgrund der mittelbaren Beteiligung über die Obergesellschaft jeweils 25 v. H. der Anschaffungskosten (insgesamt TEUR 300). Folglich können aufgedeckte stille Reserven in Höhe von jeweils maximal TEUR 75 auf das Reinvestitionswirtschaftsgut übertragen werden.[555] Die Übertragung der stillen Reserven auf das Reinvestitionswirtschaftsgut ist auch wie die Auflösung der § 6b-Rücklage erfolgsneutral zu verbuchen.[556] Auf Ebene der Untergesellschaft wird die Minderung der anteiligen Anschaffungskosten der Obergesellschafter am Reinvestitionswirtschaftsgut über die Erfassung entsprechender Minderwerte des Grundstücks in negativen Ergänzungsbilanzen der Obergesellschafter A und B erreicht.[557] Entsprechend der Ausführungen im Abschnitt A.II.3.2.2.4. dieses Kapitels zu den Transferfällen im Wege von § 6 Abs. 5 EStG sind die Ergänzungsbilanzen

[555] Vgl. (in Bezug auf einstöckige Personengesellschaften) KORN, K./STRAHL, M., Reinvestitionsrücklage, Stbg 2002, S. 304; STRAHL, M., Übertragung, FR 2005, S. 799; JACHMANN, M., § 6b EStG, DStZ 2002, S. 206; NIEHUS, U./WILKE, H., Personengesellschaften, S. 113; KLEIN, M., Kommanditgesellschaft, GStB 2006, S. 356-357; SCHNEIDER, E./SALZER, H., § 6b-Rücklage, SteuerStud 2006, S. 183-184; BERGSTEINER, S., Umstrukturierung, S. 164-165; R 6b.2 Abs. 8 S. 1 EStR; OFD ROSTOCK v. 22.12.1999, S 2139 – St 237, DStR 2000, S. 75.

[556] Vgl. (in Bezug auf einstöckige Personengesellschaften) STRAHL, M., Übertragung, FR 2005, S. 799; NIEHUS, U./WILKE, H., Personengesellschaften, S. 113; BRÖDER, A., Übertragung, SteuerStud 2003, S. 142; R 6b.2 Abs. 8 S. 1 EStR.

[557] Vgl. (in Bezug auf einstöckige Personengesellschaften) KORN, K./STRAHL, M., Reinvestitionsrücklage, Stbg 2002, S. 304; STRAHL, M., Übertragung, FR 2005, S. 799; JACHMANN, M., § 6b EStG, DStZ 2002, S. 206; NIEHUS, U./WILKE, H., Personengesellschaften, S. 113; KLEIN, M., Kommanditgesellschaft, GStB 2006, S. 356-357; SCHNEIDER, E./SALZER, H., § 6b-Rücklage, SteuerStud 2006, S. 183-184; BERGSTEINER, S., Umstrukturierung, S. 164-165; BFH v. 25.04.1985, IV R 83/83, BStBl. II 1986, S. 350, 352; R 6b.2 Abs. 8 S. 2 EStR; OFD ROSTOCK v. 22.12.1999, S 2139 – St 237, DStR 2000, S. 76.

über die Obergesellschaft bei der Untergesellschaft für die Obergesellschafter A und B zu führen.

Allerdings ist bei der Anwendung von § 6b EStG in Frage zu stellen, ob die Ergänzungsbilanz bei der Untergesellschaft nicht für die Obergesellschafter, sondern für die Obergesellschaft selbst zu führen ist. Schließlich erfordert § 6b EStG eine gesellschafterbezogene Anwendung[558], und unmittelbare sowie zivilrechtliche Gesellschafterin der Untergesellschaft ist die Obergesellschaft. Das personenbezogene, gesellschafterbezogene Verständnis bei Mitunternehmerschaften ist der Rechtsprechung zu § 6b EStG zu entnehmen.[559] Dieses Verständnis beruht aber darauf, dass derjenige durch § 6b EStG begünstigt werden soll, der den Veräußerungsgewinn hätte versteuern müssen.[560] Steuerpflichtige ist einkommensteuerrechtlich bei doppelstöckigen Personengesellschaften nicht die Obergesellschaft, sondern sind die Obergesellschafter, auch wenn die Obergesellschaft Gesellschafterin der Untergesellschaft ist. Dieses Verständnis wird auch durch den Wortlaut des § 6b EStG unterstützt. Demnach kann der „Steuerpflichtige“ durch § 6b EStG bestimmte aufgedeckte stille Reserven steuerneutral übertragen. Zusätzlich kann für die Erfassung der stillen Reserven in den Ergänzungsbilanzen über die Obergesellschaft bei der Untergesellschaft für die Obergesellschafter angeführt werden, dass die gesellschafterbezogene Anwendung im Schrifttum auch grundsätzlich dahingehend interpretiert wird, dass der Veräußernde (der entgeltlich Übertragende) gleich dem Reinvestierenden sein muss.[561] Veräußernde und entgeltlich Übertragende im Sinne von § 6b EStG sind bei entgeltlichen Übertragungen von Wirtschaftsgütern des Gesamthandsvermögens der Obergesellschaft aufgrund der gesellschafterbezogenen Anwendung des § 6b EStG auf

---

558 Vgl. GLANEGGER, P., in: SCHMIDT, L., EStG, § 6b Rn. 3; STRAHL, M., in: KORN, K. U. A., EStG, § 6b Rn. 3 (September 2002); RÄTKE, B., in: HERRMANN, C./HEUER, G./RAUPACH, A., EStG/KStG, § 15 EStG Rn. 685 (Mai 2004); KANZLER, H.-J., Reinvestitionsvergünstigung, FR 2002, S. 121.

559 Vgl. z. B. BFH v. 10.07.1980, IV R 136/77, BStBl. II 1981, S. 84, 86-87; BFH v. 25.04.1985, IV R 83/83, BStBl. II 1986, S. 350, 351-352; BFH v. 07.11.2000, VIII R 27/98, BFH/NV 2001, S. 262; (zur gesellschafterbezogenen Anwendung von § 7h EStG) BFH v. 17.07.2001, IX R 50/98, BStBl. II 2001, S. 760, 761.

560 Vgl. BFH v. 25.04.1985, IV R 83/83, BStBl. II 1986, S. 350, 352.

561 Vgl. BENECKE, A. Y., Umwandlung, S. 149; SELBMANN, D., Übertragung stiller Reserven, S. 55-56; GLANEGGER, P., in: SCHMIDT, L., EStG, § 6b Rn. 2. Dieser Grundsatz kann z. B. bei Erbschaften und Schenkungen, einer Übertragung im Wege von § 6 Abs. 3 EStG und einer Reinvestition aus einer § 6b-Rücklage, die durch den vorherigen Rechtsträger bzw. Gesellschafter gebildet wurde, durchbrochen werden; vgl. SELBMANN, D., Übertragung stiller Reserven, S. 56; GLANEGGER, P., in: SCHMIDT, L., EStG, § 6b Rn. 2.

Ebene der Obergesellschaft die Obergesellschafter. Durch die Erfassung der stillen Reserven in den Ergänzungsbilanzen auf Ebene der Untergesellschaft wird auch die weitere steuerliche Zuordnung der stillen Reserven zu den übertragenen Gesellschaftern erreicht und damit die Besteuerung der stillen Reserven bei denjenigen sichergestellt, bei denen diese auch entstanden waren, bei den Obergesellschaftern.[562] Eine Erfassung von stillen Reserven in einer Ergänzungsbilanz der Obergesellschaft bei der Untergesellschaft ohne eine Zuordnung zu dem übertragenden Obergesellschafter, kann außerdem bedeuten, dass ggf. auch andere Obergesellschafter, denen die stillen Reserven nicht zuzuordnen sind, an diesen stillen Reserven und folglich an deren Besteuerung im Realisationszeitpunkt beteiligt werden. Ein solches Vorgehen ist aufgrund der ggf. damit verbundenen fremdbestimmten Steuerwirkungen[563] nicht sachgerecht und gilt es zu vermeiden. Diese Argumentation in Verbindung mit den Ausführungen in Abschnitt A.II.3.2.2.4. dieses Kapitels zur Bildung von Ergänzungsbilanzen beim Erwerb eines Obergesellschaftsanteils lässt m. E. nur den Schluss zu, dass die Ergänzungsbilanzen im zu Grunde liegenden Fall durch die Obergesellschaft bei der Untergesellschaft für die Obergesellschafter zu führen sind.

Im Gegenzug zu der Übertragung der stillen Reserven ins Gesamthandsvermögen der Untergesellschaft ist aufgrund des spiegelbildlichen Ausweises der Beteiligung der Obergesellschaft an der Untergesellschaft in der Gesamthandsbilanz der Obergesellschaft der Beteiligungsansatz in Höhe der Summe der verbuchten Minderwerte zu reduzieren.[564] Die Reduzierung des Beteiligungsausweises ist über eine Minderung der Kapitalkonten der Obergesellschafter als Gegenbuchung zu verbuchen. Eine Reduzierung des Beteiligungsausweises ist auch folgerichtig, da durch die Übertragung der stillen Reserven auf ein Reinvestitionswirtschaftsgut der Untergesellschaft der bilanzielle Wert eines Wirtschaftsguts der Untergesellschaft reduziert wird. Schließlich spiegelt der Beteiligungswert bzw. -ausweis die Anteile der Obergesellschaft als Untergesellschafterin an den einzelnen Wirt-

562 Vgl. JACHMANN, M., § 6b EStG, DStZ 2002, S. 206.

563 Vgl. SÖFFING, A., Fremdbestimmte Steuerwirkungen, DStZ 1993, S. 587-588.

564 Falls eine an einer Personengesellschaft beteiligte Kapitalgesellschaft nach § 6b EStG begünstigte aufgedeckte stillen Reserven auf die Personengesellschaft überträgt, ist ebenfalls in Höhe der übertragenen stillen Reserven der Bilanzposten „Beteiligungen an Personengesellschaften“ zu mindern; vgl. OFD ROSTOCK v. 22.12.1999, S 2139 – St 237, DStR 2000, S. 76.

schaftsgütern der Untergesellschaft wieder.[565]

Falls die in der § 6b-Rücklage erfassten stillen Reserven nur durch einen Mitunternehmer, im vorliegenden Beispiel einen Obergesellschafter, auf ein Reinvestitionswirtschaftsgut im Wege von § 6b EStG übertragen werden, vertreten NIEHUS/ WILKE[566] die Auffassung, dass die § 6b-Rücklage in vollem Umfang erfolgsneutral unter Erhöhung der Kapitalkonten aller Mitunternehmer, Obergesellschafter, aufzulösen ist. Die nicht auf ein Reinvestitionswirtschaftsgut übertragenen stillen Reserven sind den Gesellschaftern jeweils anteilig in negativen Ergänzungsbilanzen zuzuordnen.

Abwandlung des Beispiels zum Fall I: Lediglich der Obergesellschafter A ist an einer Übertragung der auf der Ebene der Obergesellschaft aufgedeckten stillen Reserven auf das Reinvestitionswirtschaftsgut des Gesamthandsvermögens der Untergesellschaft interessiert:

(1) bis (2) Entsprechend des Ausgangsfalls

(3) Variante A: Übertragung von aufgedeckten stillen Reserven der § 6b-Rücklage durch den Obergesellschafter A auf das Reinvestitionswirtschaftsgut, das Grundstück, im Gesamthandsvermögen der Untergesellschaft unter vollständiger Auflösung der § 6b-Rücklage im Gesamthandsvermögen der Obergesellschaft:

- Übertragung der stillen Reserven durch den Obergesellschafter A -

Buchungssätze X-OHG:

§ 6b-Rücklage	TEUR 75		
		an Kapital A	TEUR 75
Kapital A	TEUR 37,5		
Kapital B	TEUR 37,5		
		an Beteiligung Y-OHG	TEUR 75

Buchungssätze Ergänzungsbilanz - für A:

Minderkapital	TEUR 75		
		an Minderwert Grundstücke	TEUR 75

- Auflösung der verbliebenen § 6b-Rücklage -

Buchungssätze X-OHG:

§ 6b-Rücklage	TEUR 125		
		an Kapital A	TEUR 25
		an Kapital B	TEUR 100

Buchungssätze Ergänzungsbilanz - für A:

Minderkapital	TEUR 25		
		an § 6b-Rücklage	TEUR 25

Buchungssätze Ergänzungsbilanz - für B:

Minderkapital	TEUR 100		
		an § 6b-Rücklage stücke	TEUR 100

---

565 Vgl. grundlegend zur Beteiligungsbilanzierung Kapitel 1 Abschnitt B.I.3.3.

566 NIEHUS, U./WILKE, H., Personengesellschaften, S. 111-112.

X-OHG (in TEUR)

A		P	
Grundstücke	0	Eigenkapital	
Beteiligung Y-OHG	175	Kap.-Kto I: A	487,5
Bank	600	Kap.-Kto I: B	487,5
Sonstige Aktiva	200	§ 6b-Rücklage	0
	975		975

Y-OHG (in TEUR)

A		P	
Grundstücke	300	Eigenkapital	
Bank	0	Kap.-Kto I: X-OHG	250
Sonstige Aktiva	200	Kap.-Kto I: C	250
	500		500

Ergänzungsbilanz für A bei der X-OHG (in TEUR)

A		P	
Minderkapital	25	§ 6b-Rücklage	25
	25		25

Ergänzungsbilanz der X-OHG bei der Y-OHG für A (in TEUR)

A		P	
Minderkapital	75	Minderwert Grundstücke	75
	75		75

Ergänzungsbilanz für B bei der X-OHG (in TEUR)

A		P	
Minderkapital	100	§ 6b-Rücklage	100
	100		100

Die vollständige Auflösung der § 6b-Rücklage unter Erfassung der verbliebenen § 6b-Rücklagen in negativen Ergänzungsbilanzen der Obergesellschafter ist erforderlich, da anderenfalls die Kapitalkonten ein verändertes Beteiligungsverhältnis der Obergesellschafter wiedergeben. Wie die nachfolgende Aufstellung zum zu Grunde liegenden Beispiel verdeutlicht, würde das Kapitalkonto des Obergesellschafters A einen Bestand von TEUR 462,5 und das Kapitalkonto des Obergesellschafters B einen Bestand von TEUR 387,5 ausweisen.

Fortsetzung des abgewandelten Beispiels:

(3) Variante B: Übertragung von aufgedeckten stillen Reserven der § 6b-Rücklage durch den Obergesellschafter A auf das Reinvestitionswirtschaftsgut, das Grundstück, im Gesamthandsvermögen der Untergesellschaft ohne Auflösung der verbliebenen § 6b-Rücklage im Gesamthandsvermögen der Obergesellschaft:

Buchungssätze X-OHG:

§ 6b-Rücklage	TEUR 75		
		an Kapital A	TEUR 75
Kapital A	TEUR 37,5		
Kapital B	TEUR 37,5		
		an Beteiligung Y-OHG	TEUR 75

Buchungssätze Ergänzungsbilanz - für A:

Minderkapital	TEUR 75		
		an Minderwert Grundstücke	TEUR 75

A	X-OHG (in TEUR)		P
Grundstücke	0	Eigenkapital	
Beteiligung Y-OHG	175	Kap.-Kto I: A	462,5
Bank	600	Kap.-Kto I: B	387,5
Sonstige Aktiva	200	§ 6b-Rücklage	125
	975		975

A	Y-OHG (in TEUR)		P
Grundstücke	300	Eigenkapital	
Bank	0	Kap.-Kto I: X-OHG	250
Sonstige Aktiva	200	Kap.-Kto I: C	250
	500		500

A	Ergänzungsbilanz der X-OHG bei der Y-OHG für A (in TEUR)		P
Minderkapital	75	Minderwert Grundstücke	75
	75		75

Insbesondere wenn sich die Stimm- und/oder Gewinnbezugsrechte der Mitunternehmer einer Mitunternehmerschaft nach den Ständen der Kapitalkonten I richten, liegt eine Erfassung der verbliebenen § 6b-Rücklage statt in der Gesamthandsbilanz in negativen Ergänzungsbilanzen der Obergesellschafter im Interesse der Mitunternehmer, die bislang auf eine Reinvestition der aufgedeckten stillen Reserven im Wege von § 6b EStG verzichtet haben.[567] Durch den Ausgangsfall des Beispiels wird aber deutlich, dass auf die vollständige Auflösung der verbliebenen § 6b-Rücklage und einer Erfassung dieser in negativen Ergänzungsbilanzen der Gesellschafter vor dem Hintergrund eines korrekten Ausweises der Kapitalkonten I verzichtet werden kann, soweit die Mitunternehmer die § 6b-Rücklage der Gesamthand in gleichem Umfang für Übertragungen von stillen Reserven im Wege von § 6b EStG verwenden. In diesem Fall erfahren die Kapitalkonten der Obergesellschafter eine Veränderung in gleicher Höhe.

Bei der bilanziellen Abbildung des abgewandelten Beispiels wird durch die Variante A deutlich, dass die Veränderung des Ausweises der Beteiligung der Obergesellschaft an der Untergesellschaft beiden Obergesellschaftern anteilig zugerechnet wird, obwohl nur ein Obergesellschafter, im Beispiel der Obergesellschafter A, stille Reserven ins Gesamthandsvermögen der Untergesellschaft im Wege von § 6b EStG überträgt. Eine solche Vorgehensweise ist damit zu begründen, dass die Übertragung von stillen Reserven keine Vermögensübertragung darstellt und damit die Beteiligungsverhältnisse unberührt bleiben. Die Obergesellschafter sind mit unveränderten Anteilen an den Wirtschaftsgütern der

567 Vgl. auch Kapitel 2 Abschnitt A.II.3.2.2.1.1.

Obergesellschaft und Untergesellschaft beteiligt. Eine etwaige Besteuerung der übertragenen stillen Reserven im Realisationszeitpunkt beim übertragenden Obergesellschafter wird durch die negative Ergänzungsbilanz auf Ebene der Untergesellschaft sichergestellt. Folglich ist bei einer Übertragung von stillen Reserven nach § 6b EStG ins Gesamthandsvermögen der Untergesellschaft wie im Ausgangsfall des Falls I eine Veränderung des Ausweises der Beteiligung der Obergesellschaft an der Untergesellschaft allen Obergesellschaftern anteilig zuzurechnen, um die Beteiligungsverhältnisse über die Kapitalkonten der Obergesellschafter weiterhin korrekt wiedergeben zu können.

4.2.1.1.2. Fall I – Übertragung des Einzelwirtschaftsguts von der Obergesellschaft auf die Untergesellschaft gegen Gewährung von Gesellschaftsrechten

Gegenstand dieses Abschnitts ist die bilanzielle Abbildung der Übertragung eines Einzelwirtschaftsguts von der Obergesellschaft auf die Untergesellschaft gegen Gewährung von Gesellschaftsrechten zunächst unter Buchwertfortführung gemäß § 6 Abs. 5 S. 3 Nr. 1 EStG. Auf Basis der sich anschließenden Aufdeckung der übertragenen stillen Reserven aufgrund von § 6 Abs. 5 S. 4-6 EStG wird eine Übertragung der stillen Reserven von den Obergesellschaftern auf die Untergesellschaft im Wege von § 6b EStG bilanziell abgebildet. Zur Veranschaulichung dient das folgende Beispiel, dass auf das Beispiel des vorherigen Abschnitts aufbaut.

<u>Abwandlung des Beispiels zum Fall I:</u> Die Ausgangssituation entspricht dem Beispiel im Abschnitt A.III.4.2.1.1.1. dieses Kapitels mit dem Unterschied, dass die Obergesellschaft das Wirtschaftsgut nicht veräußert, sondern an die Untergesellschaft gegen Gewährung von Gesellschaftsrechten überträgt. Die Wirtschaftsgutübertragung gegen Gewährung von Gesellschaftsrechten zum Buchwert erfolgt unter Übernahme des Teilwerts in der Gesamthandsbilanz der Y-OHG und einer Wertkorrektur in einer negativen Ergänzungsbilanz der X-OHG bei der Y-OHG. Die anschließende Aufdeckung der stillen Reserven beruht annahmegemäß auf § 6 Abs. 5 S. 4-6 EStG:

(1) Ausgangssituation, vor der entgeltlichen Übertragung – entspricht dem Fall I

(2) Entgeltliche Übertragung und Bildung einer § 6b-Rücklage:

<u>Übertragung nach § 6 Abs. 5 S. 3 Nr. 1 EStG unter Buchwertfortführung</u>

Buchungssätze X-OHG:

Beteiligung Y-OHG TEUR 100
<u>an</u> Grundstücke TEUR 100

Buchungssätze Y-OHG:

Grundstücke TEUR 300
<u>an</u> Kap.-Kto I: X-OHG TEUR 300

Buchungssätze Ergänzungsbilanz - für die X-OHG:

Minderkapital TEUR 200
<u>an</u> Minderwert Grundstücke TEUR 200

X-OHG (in TEUR)

A			P
Grundstücke	0	Eigenkapital	
Beteiligung Y-OHG	350	Kap.-Kto I: A	425
Bank	300	Kap.-Kto I: B	425
Sonstige Aktiva	200		
	850		850

Y-OHG (in TEUR)

A			P
Grundstücke	300	Eigenkapital	
Bank	300	Kap.-Kto I: X-OHG	550
Sonstige Aktiva	200	Kap.-Kto I: C	250
	800		800

Ergänzungsbilanz der X-OHG bei der Y-OHG (in TEUR)

A			P
Minderkapital	200	Minderwert Grundstücke	200
	200		200

<u>Aufdeckung der stillen Reserven aufgrund § 6 Abs. 5 S. 4-6 EStG</u>

Buchungssätze X-OHG:

Beteiligung Y-OHG TEUR 200
<u>an</u> Sonstiger betrieblicher Ertrag TEUR 200

Buchungssätze Ergänzungsbilanz - für die X-OHG:

Minderwert Grundstücke TEUR 200
<u>an</u> Minderkapital TEUR 200

<u>Bildung einer § 6b-Rücklage</u>

Buchungssätze X-OHG:

Sonstiger betrieblicher Aufwand TEUR 200
<u>an</u> § 6b-Rücklage TEUR 200

X-OHG (in TEUR)

A			P
Grundstücke	0	Eigenkapital	
Beteiligung Y-OHG	550	Kap.-Kto I: A	425
Bank	300	Kap.-Kto I: B	425
Sonstige Aktiva	200	§ 6b-Rücklage	200
	1050		1050

Y-OHG (in TEUR)

A			P
Grundstücke	300	Eigenkapital	
Bank	300	Kap.-Kto I: X-OHG	550
Sonstige Aktiva	200	Kap.-Kto I: C	250
	800		800

Ergänzungsbilanz der X-OHG bei der Y-OHG (in TEUR)

A			P
Minderkapital	0	Minderwert Grundstücke	0
	0		0

Die Übertragung von in der § 6b-Rücklage erfassten aufgedeckten stillen Reserven entspricht grundsätzlich der bilanziellen Abbildung wie im Fall der Veräußerung (vgl. Abschnitt A.III.4.2.1.1.1. dieses Kapitels). Unterschiede in der Höhe der

Bilanzausweise beruhen aber nicht auf unterschiedlichen Auswirkungen aus der bilanziellen Abbildung der Vorgänge aufgrund von § 6b EStG, sondern auf der Übertragung zunächst unter Buchwertfortführungszwang nach § 6 Abs. 5 S. 3 Nr. 1 EStG und der anschließenden Aufdeckung der stillen Reserven aufgrund § 6 Abs. 5 S. 4-6 EStG.

(3) Übertragung von aufgedeckten stillen Reserven der § 6b-Rücklage durch die Obergesellschafter auf das Reinvestitionswirtschaftsgut, das Grundstück, im Gesamthandsvermögen der Untergesellschaft:

Buchungssätze X-OHG:

§ 6b-Rücklage TEUR 200
an Kapital A TEUR 100
an Kapital B TEUR 100

Kapital A TEUR 100
Kapital B TEUR 100
an Beteiligung Y-OHG TEUR 200

Buchungssätze Ergänzungsbilanzen - für A und B:

Minderkapital A TEUR 100
an Minderwert Grundstücke A TEUR 100

Minderkapital B TEUR 100
an Minderwert Grundstücke B TEUR 100

X-OHG (in TEUR)

A		P	
Grundstücke	0	Eigenkapital	
Beteiligung Y-OHG	350	Kap.-Kto I: A	425
Bank	300	Kap.-Kto I: B	425
Sonstige Aktiva	200	§ 6b-Rücklage	0
	850		850

Y-OHG (in TEUR)

A		P	
Grundstücke	300	Eigenkapital	
Bank	300	Kap.-Kto I: X-OHG	550
Sonstige Aktiva	200	Kap.-Kto I: C	250
	800		800

Ergänzungsbilanz der X-OHG bei der Y-OHG für A (in TEUR)

A		P	
Minderkapital	100	Minderwert Grundstücke	100
	100		100

Ergänzungsbilanz der X-OHG bei der Y-OHG für B (in TEUR)

A		P	
Minderkapital	100	Minderwert Grundstücke	100
	100		100

Auffallend ist es, dass sich durch die vorherige Übertragung des Wirtschaftsguts gegen Gewährung von Gesellschaftsrechten die Beteiligung der Obergesellschaft an der Untergesellschaft erhöht, sich damit der mittelbare Anteil der Obergesellschafter an den Anschaffungskosten des Reinvestitionswirtschaftsguts und folglich die Höhe der übertragbaren stillen Reserven aus der § 6b-Rücklage auf das Reinvestitionswirtschaftsgut des Gesamthandsvermögens der Untergesellschaft erhöht. Da die Obergesellschaft im zu Grunde liegenden Beispiel nach der Gewährung von Gesellschaftsrechten zu 68,75 v. H. an der Untergesellschaft beteiligt ist, könnten die Obergesellschafter A und B im Wege von § 6b EStG zusammen stille Reserven in Höhe von TEUR 206,25 auf das Reinvestitionswirtschaftsgut steuerneutral übertragen. Im Gesamthandsvermögen der Obergesellschaft sind aber nur stille Reserven in Höhe von TEUR 200, die jeweils zu 50 v. H. auf A und B entfallen, in einer § 6b-Rücklage erfasst. Die § 6b-Rücklage wird durch die Übertragung vollständig aufgelöst.

4.2.1.1.3. Fall X – Übertragung von stillen Reserven im Rahmen der Übertragung eines Teilbetriebs der Obergesellschaft zum Zwischenwert bzw. gemeinen Wert auf ein Reinvestitionswirtschaftsgut im Gesamthandsvermögen der Untergesellschaft

Die bilanzielle Abbildung der Übertragung von stillen Reserven von einem begünstigten Transferwirtschaftsgut auf ein begünstigtes Reinvestitionswirtschaftsgut im Wege von § 6b EStG bei einer entgeltlichen Übertragung eines Teilbetriebs von der Obergesellschaft auf die Untergesellschaft zum Zwischenwert oder zum gemeinen Werten weist grundsätzlich keine Unterschiede zu den Ausführungen in den vorherigen Abschnitten auf. Unterschiede in den Bilanzausweisen beruhen auf der Übertragung entweder zum Zwischenwert oder gemeinen Wert unter Umständen gegen Gewährung von Gesellschaftsrechten. Außerdem werden mit einem Teilbetrieb nicht nur nach § 6b EStG begünstigte Wirtschaftsgüter übertragen. Da damit keine Besonderheiten und ggf. nur geringe Unterschiede in der bilanziellen Abbildung verbunden sind, wird bezüglich der bilanziellen Abbildung einer Übertragung von stillen Reserven auf ein Reinvestitionswirtschaftsgut im Gesamthandsvermögen der Untergesellschaft auf die Abschnitte A.III.4.2.1.1.1. und A.III.4.2.1.1.2. dieses Kapitels sowie zur bilanziellen Abbildung einer Übertragung eines Teilbetriebs von der Obergesellschaft auf die Untergesellschaft auf den Abschnitt A.IV.4.2. dieses Kapitels verwiesen.

4.2.1.2. Fall V – Übertragung von stillen Reserven aus dem Sonderbetriebsvermögen eines Obergesellschafters bei der Obergesellschaft auf ein Reinvestitionswirtschaftsgut im Gesamthandsvermögens der Untergesellschaft

Die bilanzielle Abbildung der Übertragung von stillen Reserven im Wege von § 6b EStG im Fall V soll anhand einer entgeltlichen Veräußerung eines Einzelwirtschaftsguts des Sonderbetriebsvermögens eines Obergesellschafters bei der Obergesellschaft an die Gesamthand der Untergesellschaft verdeutlicht werden.

<u>Beispiel zum Fall V:</u> Entsprechend des in Abb. 2 dargestellten Grundfalls sind an der X-OHG die Gesellschafter A und B je zur Hälfte beteiligt, während die X-OHG neben dem Gesellschafter C an der Y-OHG ebenfalls zur Hälfte beteiligt ist. Beim downstream-Fall V veräußert der Obergesellschafter ein durch § 6b EStG begünstigtes Wirtschaftsgut, ein Grundstück, seines Sonderbetriebsvermögens bei der Obergesellschaft an die Gesamthand der Untergesellschaft zu einem dem Teilwert entsprechenden Verkaufspreis von TEUR 300 bei einem Buchwert von TEUR 100. Der Obergesellschafter A ist bestrebt, soweit als möglich die durch die entgeltliche Übertragung aufgedeckten stillen Reserven auf das Reinvestitionswirtschaftsgut der Untergesellschaft zu übertragen. Ein aufgrund der lediglich hälftigen Beteiligung der Obergesellschaft an der Untergesellschaft verbleibender Teil der aufgedeckten stillen Reserven soll in eine § 6b-Rücklage eingestellt werden. Beim Beispiel wird davon ausgegangen, dass die Voraussetzungen des § 6b EStG vorliegen.

(1) Ausgangssituation, vor der entgeltlichen Übertragung:

X-OHG (in TEUR)

A			P
Grundstücke	100	Eigenkapital	
Beteiligung Y-OHG	250	Kap.-Kto I: A	425
Bank	300	Kap.-Kto I: B	425
Sonstige Aktiva	200		
	850		850

Y-OHG (in TEUR)

A			P
Bank	300	Eigenkapital	
Sonstige Aktiva	200	Kap.-Kto I: X-OHG	250
		Kap.-Kto I: C	250
	500		500

Sonderbilanz von A bei der X-OHG (in TEUR)

A			P
Grundstücke	100	Eigenkapital	100
	100		100

(2) Entgeltliche Übertragung und Bildung einer § 6b-Rücklage:

<u>Entgeltliche Übertragung</u>

Buchungssätze Sonderbilanz des A:

Bank	TEUR 300		
		<u>an</u> Grundstücke	TEUR 100
		<u>an</u> Sonstiger betrieblicher Ertrag	TEUR 200

Buchungssätze Y-OHG:

Grundstücke	TEUR 300		
		<u>an</u> Bank	TEUR 300

<u>Bildung einer § 6b-Rücklage</u>

Buchungssätze Sonderbilanz des A:

Sonstiger betrieblicher Aufwand	TEUR 200		
		<u>an</u> § 6b-Rücklage	TEUR 200

A	X-OHG (in TEUR)		P
Grundstücke	100	Eigenkapital	
Beteiligung Y-OHG	250	Kap.-Kto I: A	425
Bank	300	Kap.-Kto I: B	425
Sonstige Aktiva	200		
	850		850

A	Y-OHG (in TEUR)		P
Grundstücke	300	Eigenkapital	
Bank	0	Kap.-Kto I: X-OHG	250
Sonstige Aktiva	200	Kap.-Kto I: C	250
	500		500

A	Sonderbilanz von A bei der X-OHG (in TEUR)		P
Grundstücke	0	Eigenkapital	100
Bank	300	§ 6b-Rücklage	200
	300		300

(3) Übertragung von aufgedeckten stillen Reserven der § 6b-Rücklage durch den Obergesellschafter A auf das Reinvestitionswirtschaftsgut, das Grundstück, im Gesamthandsvermögen der Untergesellschaft:

Buchungssätze Sonderbilanz des A:

§ 6b-Rücklage	TEUR 75		
		an Eigenkapital	TEUR 75

Buchungssätze Ergänzungsbilanz - für A:

Minderkapital	TEUR 75		
		an Minderwert Grundstücke	TEUR 75

Buchungssätze X-OHG:

Kapital A	TEUR 37,5		
Kapital B	TEUR 37,5		
		an Beteiligung Y-OHG	TEUR 75

A	X-OHG (in TEUR)		P
Grundstücke	100	Eigenkapital	
Beteiligung Y-OHG	175	Kap.-Kto I: A	387,5
Bank	300	Kap.-Kto I: B	387,5
Sonstige Aktiva	200		
	775		775

A	Y-OHG (in TEUR)		P
Grundstücke	300	Eigenkapital	
Bank	0	Kap.-Kto I: X-OHG	250
Sonstige Aktiva	200	Kap.-Kto I: C	250
	500		500

A	Sonderbilanz von A bei der X-OHG (in TEUR)		P
Grundstücke	0	Eigenkapital	175
Bank	300	§ 6b-Rücklage	125
	300		300

A	Ergänzungsbilanz der X-OHG bei der Y-OHG für A (in TEUR)		P
Minderkapital	75	Minderwert Grundstücke	75
	75		75

Im Unterschied zum Fall I wird der Veräußerungsgewinn statt in der Gesamthandsbilanz der Obergesellschaft in der Sonderbilanz von A bei der Obergesellschaft realisiert. Falls A eine Besteuerung der aufgedeckten stillen Reserven vermeiden möchte, hat er die Wahl die aufgedeckten stillen Reserven in eine § 6b-Rücklage einzustellen oder direkt ggf. nur anteilig auf ein Reinvestitionswirtschaftsgut zu übertragen. Entscheidet sich A für die Erfassung einer § 6b-Rücklage, ist diese unter Neutralisierung des zuvor erfassten Veräußerungsgewinns in seiner Sonderbilanz bei der Obergesellschaft zu verbuchen.[568]

Die Übertragung der stillen Reserven auf ein Wirtschaftsgut des Gesamthandsvermögens der Untergesellschaft entspricht zunächst grundsätzlich der Vorgehensweise des abgewandelten Falls I – Variante A, dass lediglich ein Obergesellschafter stille Reserven überträgt.[569] Allerdings hat auch bei der Übertragung der stillen Reserven im Wege von § 6b EStG Auswirkung, dass die übertragenen stillen Reserven dem Sonderbetriebsvermögen des Obergesellschafters entstammen. Da die § 6b-Rücklage des A in seiner Sonderbilanz bei der Obergesellschaft eingestellt wurde, bleibt nach der Übertragung im Wege von § 6b EStG auf Ebene der Obergesellschaft eine vollständige Auflösung der verbliebenen § 6b-Rücklage unter Aufstellung einer Ergänzungsbilanz erspart. Durch die gesellschafterbezogene Erfassung der § 6b-Rücklage in der Sonderbilanz des A bleibt eine korrekte Zuordnung der § 6b-Rücklage und eine korrekte Wiedergabe der Beteiligungsverhältnisse in der Gesamthandsbilanz gewahrt.

Auf die Darstellung der Übertragung des Transferwirtschaftsguts gegen Gewährung von Gesellschaftsrechten zunächst unter Buchwertfortführung und anschließender Aufdeckung der stillen Reserven aufgrund § 6 Abs. 5 S. 4-6 EStG sowie Übertragung dieser im Wege von § 6b EStG wird verzichtet. Die Ausführungen zum Fall I im Abschnitt A.III.4.2.1.1.2. dieses Kapitels sind auf den Fall V und einer Übertragung gegen Gewährung von Gesellschaftsrechten zu übertragen. Die Übertragung des Transferwirtschaftsguts gegen Gesellschaftsrechte wirkt sich auf die Höhe der Bilanzausweise aus und gewährt dem Obergesellschafter unmittelbare Anteile an der Untergesellschaft. Die veränderten Anteilsverhältnisse an der Untergesellschaft führen zu einer erhöhten Übertragbarkeit von stillen Reserven

---

568 Vgl. (in Bezug auf einstöckige Personengesellschaften) BERGSTEINER, S., Umstrukturierung, S. 164; NIEHUS, U./WILKE, H., Personengesellschaften, S. 113; HOTTMANN, J., in: ZIMMERMANN, R. U. A., Personengesellschaft, B Rn. 259; SCHNEIDER, E./SALZER, H., § 6b-Rücklage, SteuerStud 2006, S. 184; KORN, K./STRAHL, M., Reinvestitionsrücklage, Stbg 2002, S. 303; BFH v. 25.01.2006, IV R 14/04, BStBl. II 2006, S. 418, 419. Da Sonderbetriebsvermögen eines Gesellschafters nicht Bestandteil des handelsrechtlichen Betriebsvermögen einer Personengesellschaft ist und für das Sonderbetriebsvermögen keine Handelsbilanz zu erstellen ist, ist der Grundsatz der umgekehrten Maßgeblichkeit nach §§ 6b Abs. 3, 5 Abs. 1 S. 2 EStG i. V. m. § 247 Abs. 3 HGB nicht zu beachten; vgl. HOTTMANN, J., in: ZIMMERMANN, R. U. A., Personengesellschaft, B Rn. 259; R 6b.2 Abs. 2 S. 2 EStR.

569 Vgl. Kapitel 2 Abschnitt A.III.4.2.1.1.1. Vgl. auch (in Bezug auf einstöckige Personengesellschaften) BERGSTEINER, S., Umstrukturierung, S. 164-165; NIEHUS, U./WILKE, H., Personengesellschaften, S. 113; SCHNEIDER, E./SALZER, H., § 6b-Rücklage, SteuerStud 2006, S. 184.

im Wege von § 6b EStG auf das Reinvestitionswirtschaftsgut im Gesamthandsvermögen der Untergesellschaft.

4.2.2. Übertragungen ins Sonderbetriebsvermögen der Obergesellschaft bei der Untergesellschaft

4.2.2.1. Fall II – Übertragung von stillen Reserven aus dem Gesamthandsvermögen der Obergesellschaft auf ein Reinvestitionswirtschaftsgut im Sonderbetriebsvermögen der Obergesellschaft bei der Untergesellschaft

Entsprechend der Ausführungen zur Untersuchung der Anwendbarkeit des § 6b EStG auf den Fall II[570] ist eine Anwendung von § 6b EStG ohne Zwischenschaltung eines anderen Rechtsträgers auf den Fall II nur möglich, wenn das Transferwirtschaftsgut von dem Reinvestitionswirtschaftsgut abweicht. Folglich liegt dem Beispiel zu Grunde, dass das Transferwirtschaftsgut an einen fremden Dritten veräußert wird.

<u>Beispiel zum Fall II:</u> *Die Struktur der doppelstöckigen Personengesellschaft entspricht der im Beispiel zum Fall I (vgl. Abschnitt A.III.4.2.1.1.1. dieses Kapitels). Die Obergesellschaft veräußert an einen fremden Dritten ein durch § 6b EStG begünstigtes Wirtschaftsgut, ein Grundstück, des Gesamthandsvermögens zu einem dem Teilwert entsprechenden Verkaufspreis von TEUR 300 bei einem Buchwert von TEUR 100. Die Obergesellschafter A und B streben an, soweit als möglich die durch die entgeltliche Übertragung aufgedeckten stillen Reserven auf ein entgeltlich erworbenes, begünstigtes Reinvestitionswirtschaftsgut der Obergesellschaft, ebenfalls ein Grundstück, mit Anschaffungskosten in Höhe TEUR 300 zu übertragen. Das Gebäude wird der Untergesellschaft gegen Entgelt zur Nutzung überlassen (Sonderbetriebsvermögen der Obergesellschaft bei der Untergesellschaft). Beim Beispiel wird davon ausgegangen, dass die Voraussetzungen des § 6b EStG vorliegen:*

---

570 Vgl. Kapitel 2 Abschnitt A.III.3.2.2.

(1) Ausgangssituation, vor der entgeltlichen Übertragung – entspricht dem Fall I

(2) Entgeltliche Übertragung, Bildung einer § 6b-Rücklage, Erwerb des Reinvestitionswirtschaftsguts und Umwidmung des Reinvestitionswirtschaftsguts in Sonderbetriebsvermögen:

Veräußerung an einen fremden Dritten

Buchungssätze X-OHG:

Bank TEUR 300
an Grundstücke TEUR 100
an Sonstiger betrieblicher Ertrag TEUR 200

Bildung einer § 6b-Rücklage

Buchungssätze X-OHG:

Sonstiger betrieblicher Aufwand TEUR 200
an § 6b-Rücklage TEUR 200

Erwerb des Reinvestitionswirtschaftsguts

Buchungssätze X-OHG:

Grundstücke TEUR 300
an Bank TEUR 300

Umwidmung des Reinvestitionswirtschaftsguts in Sonderbetriebsvermögen bei der Untergesellschaft

Buchungssätze X-OHG:

Beteiligung Y-OHG TEUR 300
an Grundstücke TEUR 300

Buchungssätze Sonderbilanz der X-OHG:

Grundstücke TEUR 300
an Eigenkapital TEUR 300

X-OHG (in TEUR)

A			P
Grundstücke	0	Eigenkapital	
Beteiligung Y-OHG	550	Kap.-Kto I: A	425
Bank	300	Kap.-Kto I: B	425
Sonstige Aktiva	200	§ 6b-Rücklage	200
	1050		1050

Y-OHG (in TEUR)

A			P
Bank	300	Eigenkapital	
Sonstige Aktiva	200	Kap.-Kto I: X-OHG	250
		Kap.-Kto I: C	250
	500		500

Sonderbilanz der X-OHG (in TEUR)

A			P
Grundstücke	300	Eigenkapital	300
	300		300

(3) Übertragung von aufgedeckten stillen Reserven der § 6b-Rücklage durch die Obergesellschafter auf das Reinvestitionswirtschaftsgut, das Grundstück, im Sonderbetriebsvermögen der Obergesellschaft bei der Untergesellschaft:

Buchungssätze X-OHG:

§ 6b-Rücklage TEUR 200
an Kapital A TEUR 100
an Kapital B TEUR 100

Kapital A TEUR 100
Kapital B TEUR 100
an Beteiligung Y-OHG TEUR 200

Buchungssätze Ergänzungsbilanzen - für A und B:

Minderkapital A TEUR 100
an Minderwert Grundstücke A TEUR 100

Minderkapital B TEUR 100
an Minderwert Grundstücke B TEUR 100

X-OHG (in TEUR)

A			P
Grundstücke	0	Eigenkapital	
Beteiligung Y-OHG	350	Kap.-Kto I: A	425
Bank	300	Kap.-Kto I: B	425
Sonstige Aktiva	200	§ 6b-Rücklage	0
	850		850

Y-OHG (in TEUR)

A			P
Bank	300	Eigenkapital	
Sonstige Aktiva	200	Kap.-Kto I: X-OHG	250
		Kap.-Kto I: C	250
	500		500

(Fortsetzung nächste Seite)

Sonderbilanz der X-OHG

A	(in TEUR)		P
Grundstücke	300	Eigenkapital	300
	300		300

Ergänzungsbilanz von A zum Sonderbetriebsvermögen der X-OHG bei der Y-OHG

A	(in TEUR)		P
Minderkapital	100	Minderwert Grundstücke	100
	100		100

Ergänzungsbilanz von B zum Sonderbetriebsvermögen der X-OHG bei der Y-OHG

A	(in TEUR)		P
Minderkapital	100	Minderwert Grundstücke	100
	100		100

Wie im Fall I sind Veräußerungsgewinn und § 6b-Rücklage im Gesamthandsvermögen der Obergesellschaft zu erfassen.[571] Abweichend zu Fall I wird die Reinvestition zunächst im Gesamthandsvermögen der Obergesellschaft vorgenommen. Durch die Umwidmung des Reinvestitionswirtschaftsguts zu Sonderbetriebsvermögen der Obergesellschaft bei der Untergesellschaft ist ein Transfer des Wirtschaftsguts in die Sonderbilanz der Obergesellschaft bei der Untergesellschaft unter Erhöhung des Beteiligungsansatzes vorzunehmen. Die Übertragung der stillen Reserven aus der § 6b-Rücklage auf das Reinvestitionswirtschaftsgut ähnelt grundsätzlich der im Fall I.[572] Die übertragenen stillen Reserven sind bei der Obergesellschaft auszubuchen und in negativen Ergänzungsbilanzen der Obergesellschafter jedoch in diesem Fall zum Sonderbetriebsvermögen der Obergesellschaft bei der Untergesellschaft zuzuordnen.[573] Da die Obergesellschafter zu jeweils 50 v. H. an den Anschaffungskosten des Reinvestitionswirtschaftsguts in Höhe von TEUR 300 beteiligt sind, kann die § 6b-Rücklage in Höhe von TEUR 200 vollständig aufgelöst werden. Daraus folgernd ist der Beteiligungsausweis der Obergesellschaft um TEUR 200 zu verringern.[574]

---

571 Vgl. Kapitel 2 Abschnitt A.III.4.2.1.1.1.

572 Vgl. Kapitel 2 Abschnitt A.III.4.2.1.1.1.

573 Bezüglich der Erfassung von anteiligen stillen Reserven in negativen Ergänzungsbilanzen für Obergesellschafter auf Ebene der Untergesellschaft wird auf die Argumentation in Kapitel 2 Abschnitt A.III.4.2.1.1.1. mit Verweis auf Kapitel 2 Abschnitte A.II.3.2.2.4.2. bis A.II.3.2.2.4.3. verwiesen. Die Ausführungen zur Erfassung von anteiligen stillen Reserven in negativen Ergänzungsbilanzen für Obergesellschafter auf Ebene der Untergesellschaft bei Übertragungen von stillen Reserven im Wege von § 6b EStG durch Obergesellschafter ins Gesamthandsvermögen der Untergesellschaft sind auf entsprechende Übertragungen ins Sonderbetriebsvermögen der Obergesellschaft bei der Untergesellschaft zu übertragen.

574 Vgl. Kapitel 2 Abschnitt A.III.4.2.1.1.1.

Alternativ könnte die Übertragung der stillen Reserven auf das Reinvestitionswirtschaftsgut direkt durch die Reduzierung der Anschaffungskosten wie bei einer Abschreibung erreicht werden.[575] Bei der Übertragung in das Betriebsvermögen eines Einzelunternehmers oder ein Sonderbetriebsvermögen, das nur einem Steuerpflichtigen zuzuordnen ist, erscheint dies auch sachgerecht. Bei der Übertragung in ein Gesamthandsvermögen oder ein Sonderbetriebsvermögen der Obergesellschaft bei der Untergesellschaft würde aber eine Zuordnung der übertragenen stillen Reserven auf die übertragenden Obergesellschafter durch die Erfassung in negativen Ergänzungsbilanzen entfallen. Dies hätte solange keine Auswirkungen, wie die Obergesellschafter stille Reserven entsprechend ihres Beteiligungsverhältnisses ins Sonderbetriebsvermögen der Obergesellschaft bei der Untergesellschaft übertragen, da das Sonderbetriebsvermögen der Obergesellschaft bei der Untergesellschaft den Obergesellschaftern anteilig, im Beispiel zu je 50 v. H., zuzurechnen ist. Bei einer Übertragung von stillen Reserven im Wege von § 6b EStG abweichend zu den Beteiligungsverhältnissen ist dagegen eine Verbuchung über eine negative Ergänzungsbilanz zu empfehlen, um die Zuordnung der stillen Reserven zu den übertragenen Obergesellschaftern zu erreichen und um fremdbestimmte Steuerwirkungen[576] zu vermeiden. Dies trifft insbesondere auf den Fall VII, einer Übertragung von stillen Reserven auf Sonderbetriebsvermögen der Obergesellschaft bei der Untergesellschaft durch lediglich einen Obergesellschafter, zu.

4.2.2.2. Fall VII – Übertragung von stillen Reserven aus dem Sonderbetriebsvermögen eines Obergesellschafters bei der Obergesellschaft auf ein Reinvestitionswirtschaftsgut im Sonderbetriebsvermögen der Obergesellschaft bei der Untergesellschaft

<u>Beispiel zum Fall VII:</u> Die Struktur der doppelstöckigen Personengesellschaft entspricht der im Beispiel zum Fall V (vgl. Abschnitt A.III.4.2.1.2. dieses Kapitels). Abweichend zu Fall V veräußert der Obergesellschafter A ein durch § 6b EStG begünstigtes Wirtschaftsgut, ein Grundstück, seines Sonderbetriebsvermögens

---

575 Vgl. GLANEGGER, P., in: SCHMIDT, L., EStG, § 6b Rn. 81.
576 Vgl. SÖFFING, A., Fremdbestimmte Steuerwirkungen, DStZ 1993, S. 587-588.

bei der Obergesellschaft an die Obergesellschaft zu einem dem Teilwert entsprechenden Verkaufspreis von TEUR 300 bei einem Buchwert von TEUR 100. Der Obergesellschafter A strebt an, soweit als möglich die durch die entgeltliche Übertragung aufgedeckten stillen Reserven auf das begünstigte Reinvestitionswirtschaftsgut der Obergesellschaft zu übertragen. Das Gebäude wird der Untergesellschaft gegen Entgelt zur Nutzung überlassen (Sonderbetriebsvermögen der Obergesellschaft bei der Untergesellschaft). Ein aufgrund der lediglich hälftigen Beteiligung von A an der Obergesellschaft verbleibender Teil der aufgedeckten stillen Reserven soll in eine § 6b-Rücklage eingestellt werden. Beim Beispiel wird davon ausgegangen, dass die Voraussetzungen des § 6b EStG vorliegen:

(1) Ausgangssituation, vor der entgeltlichen Übertragung – entspricht dem Fall V

(2) Entgeltliche Übertragung, Bildung einer § 6b-Rücklage, Erwerb des Reinvestitionswirtschaftsguts und Umwidmung des Reinvestitionswirtschaftsguts in Sonderbetriebsvermögen:

Entgeltliche Übertragung

Buchungssätze Sonderbilanz von A:

Bank TEUR 300
an Grundstücke TEUR 100
an Sonstiger betrieblicher Ertrag TEUR 200

Bildung einer § 6b-Rücklage

Buchungssätze Sonderbilanz von A:

Sonstiger betrieblicher Aufwand TEUR 200
an § 6b-Rücklage TEUR 200

Erwerb des Reinvestitionswirtschaftsguts

Buchungssätze X-OHG:

Grundstücke TEUR 300
an Bank TEUR 300

Umwidmung des Reinvestitionswirtschaftsguts in Sonderbetriebsvermögen bei der Untergesellschaft

Buchungssätze X-OHG:

Beteiligung Y-OHG TEUR 300
an Grundstücke TEUR 300

Buchungssätze Sonderbilanz der X-OHG:

Grundstücke TEUR 300
an Eigenkapital TEUR 300

X-OHG (in TEUR)

A		P	
Grundstücke	100	Eigenkapital	
Beteiligung Y-OHG	550	Kap.-Kto I: A	425
Bank	0	Kap.-Kto I: B	425
Sonstige Aktiva	200		
	850		850

Y-OHG (in TEUR)

A		P	
Bank	300	Eigenkapital	
Sonstige Aktiva	200	Kap.-Kto I: X-OHG	250
		Kap.-Kto I: C	250
	500		500

Sonderbilanz von A bei der X-OHG (in TEUR)

A		P	
Grundstücke	0	Eigenkapital	100
Bank	300	§ 6b-Rücklage	200
	300		300

Sonderbilanz der X-OHG (in TEUR)

A		P	
Grundstücke	300	Eigenkapital	300
	300		300

(3) Übertragung von aufgedeckten stillen Reserven der § 6b-Rücklage durch den Obergesellschafter A auf das Reinvestitionswirtschaftsgut, das Grundstück, im Sonderbetriebsvermögen der Obergesellschaft bei der Untergesellschaft:

Buchungssätze Sonderbilanz von A:

§ 6b-Rücklage TEUR 100
an Eigenkapital TEUR 100

Buchungssätze X-OHG:

Kapital A TEUR 50
Kapital B TEUR 50
an Beteiligung Y-OHG TEUR 100

Buchungssätze Ergänzungsbilanz - für A :

Minderkapital TEUR 100
an Minderwert Grundstücke TEUR 100

X OHG (in TEUR)

A		P	
Grundstücke	100	Eigenkapital	
Beteiligung Y-OHG	450	Kap.-Kto I: A	375
Bank	0	Kap.-Kto I: B	375
Sonstige Aktiva	200		
	750		750

Y OHG (in TEUR)

A		P	
Bank	300	Eigenkapital	
Sonstige Aktiva	200	Kap.-Kto I: X-OHG	250
		Kap.-Kto I: C	250
	500		500

Sonderbilanz von A bei der X-OHG (in TEUR)

A		P	
Grundstücke	0	Eigenkapital	200
Bank	300	§ 6b-Rücklage	100
	300		300

Sonderbilanz der X-OHG (in TEUR)

A		P	
Grundstücke	300	Eigenkapital	300
	300		300

Ergänzungsbilanz von A zum Sonderbetriebsvermögen der X-OHG bei der Y-OHG (in TEUR)

A		P	
Minderkapital	100	Minderwert Grundstücke	100
	100		100

Die Übertragung von stillen Reserven im Fall VII entspricht in Bezug auf die entgeltliche Übertragung dem Fall V und in Bezug auf die Übertragung der stillen Reserven auf ein Reinvestitionswirtschaftsgut im Sonderbetriebsvermögen der Obergesellschaft bei der Untergesellschaft dem Fall II. Wie im Fall V werden die stillen Reserven durch eine Veräußerung aus dem Sonderbetriebsvermögen eines einzelnen Obergesellschafters bei der Obergesellschaft alleinig durch diesen Obergesellschafter realisiert. Die aufgedeckten stillen Reserven werden in einer § 6b-Rücklage in dessen Sonderbilanz bei der Obergesellschaft erfasst.[577] Der Erwerb des Reinvestitionswirtschaftsguts durch die Gesamthand der Obergesellschaft und die anschließende Umwidmung in Sonderbetriebsvermögen stimmen mit der Reinvestition im Fall II überein.[578] Die anteiligen zu übertragenen

577 Vgl. Kapitel 2 Abschnitt A.III.4.2.1.2.
578 Vgl. Kapitel 2 Abschnitt A.III.4.2.2.1.

stillen Reserven sind aus der Sonderbilanz des Obergesellschafters auszubuchen. Da nur dieser Obergesellschafter stille Reserven auf das Reinvestitionswirtschaftsgut überträgt, erfolgt nur für diesen eine Zuordnung der übertragenen stillen Reserven über eine negative Ergänzungsbilanz dieses Obergesellschafters zum Sonderbetriebsvermögen der Obergesellschaft bei der Untergesellschaft. Durch die Übertragung der stillen Reserven auf das Reinvestitionswirtschaftsgut ist der Beteiligungsausweis der Obergesellschaft, nach der Erhöhung im Zuge der Umwidmung des Sonderbetriebsvermögens in Höhe der übertragenen stillen Reserven zu reduzieren.

Falls statt einer Veräußerung das Transferwirtschaftsgut gegen Gewährung von Gesellschaftsrechten zunächst unter Buchwertfortführung übertragen wird und anschließend aufgrund von § 6 Abs. 5 S. 4-6 EStG aufgedeckte stille Reserven im Wege von § 6b EStG übertragen werden, ist zu beachten, dass dem Obergesellschafter im Zuge der Wirtschaftsgutübertragung weitere Anteile an der Obergesellschaft gewährt werden. Durch die erhöhte Beteiligung des Obergesellschafters an der Obergesellschaft steigt der quotale Anteil des Obergesellschafters an den Reinvestitionskosten der Obergesellschaft und damit die Möglichkeit stille Reserven im Wege von § 6b EStG auf das Reinvestitionswirtschaftsgut im Sonderbetriebsvermögen der Obergesellschaft bei der Untergesellschaft zu übertragen. Die erhöhte Übertragung der stillen Reserven auf das Reinvestitionswirtschaftsgut hat eine Erhöhung des Minderwerts des Reinvestitionswirtschaftsguts in der negativen Ergänzungsbilanz und damit korrespondierend eine Verringerung des Beteiligungsausweises in der Gesamthandsbilanz der Obergesellschaft zum Ergebnis. In der Sonderbilanz des Obergesellschafters bei der Obergesellschaft ist entsprechend der Übertragung der stillen Reserven die § 6b-Rücklage unter Erhöhung des Eigenkapitals zu kürzen.

4.2.3. Übertragungen ins Sonderbetriebsvermögen eines Obergesellschafters bei der Untergesellschaft

4.2.3.1. Fall IV – Übertragung von stillen Reserven aus dem Gesamthandsvermögen der Obergesellschaft auf ein Reinvestitionswirtschaftsgut im Sonderbetriebsvermögen eines Obergesellschafters bei der Untergesellschaft

Im Fall IV sind die Veräußerung des Transferwirtschaftsguts und die Bildung der § 6b-Rücklage, wie das nachfolgende Beispiel zeigt, in einem ersten Schritt wie im Fall I bilanziell abzubilden.[579] Durch die anschließende Wertung des Reinvestitionswirtschaftsguts als Sonderbetriebsvermögen des Obergesellschafters bei der Untergesellschaft legt dieser das Wirtschaftsgut in dieses Sonderbetriebsvermögen ein. Der Obergesellschafter kann die auf ihn entfallenden stillen Reserven der § 6b-Rücklage auf das Reinvestitionswirtschaftsgut übertragen. Die § 6b-Rücklage ist entsprechender Höhe unter Erhöhung des Kapitalkontos des Obergesellschafters zu verringern.[580] Um eine korrekte Zuordnung der verbliebenen stillen Reserven zu den Obergesellschaftern zu gewährleisten, ist die § 6b-Rücklage in der Gesamthandsbilanz der Obergesellschaft vollständig aufzulösen. Die verbliebene § 6b-Rücklagen ist in negativen Ergänzungsbilanzen den Obergesellschaftern zuzuordnen.[581] Da im nachfolgenden Beispiel die § 6b-Rücklage nach der Übertragung nur auf den Obergesellschafter B entfällt, ist auch nur für diesen eine entsprechende negative Ergänzungsbilanz zur Erfassung der verbliebenen § 6b-Rücklage zu erstellen. Der Beteiligungsausweis in der Gesamthandsbilanz der Obergesellschaft bleibt unberührt. Im Sonderbetriebsvermögen des Obergesellschafters bei der Untergesellschaft sind die Anschaffungskosten für das Reinvestitionswirtschaftsgut unter entsprechender Reduzierung des Eigenkapitals zu reduzieren.[582]

---

579 Vgl. Kapitel 2 Abschnitt A.III.4.2.1.1.1.

580 Vgl. (in Bezug auf einstöckige Personengesellschaften) SCHNEIDER, E./SALZER, H., § 6b-Rücklage, SteuerStud 2006, S. 183.

581 Vgl. NIEHUS, U./WILKE, H., Personengesellschaften, S. 111-112. Darüber hinaus vgl. in Kapitel 2 Abschnitt A.III.4.2.1.1.1. die Ausführungen zum abgewandelten Fall I, denen die Übertragung stiller Reserven einer § 6b-Rücklage ebenfalls nur durch einen einzelnen Obergesellschafter zu Grunde liegt.

582 Vgl. GLANEGGER, P., in: SCHMIDT, L., EStG, § 6b Rn. 81.

Beispiel zum Fall IV: Die Struktur der doppelstöckigen Personengesellschaft entspricht der im Beispiel zum Fall I (vgl. Abschnitt A.III.4.2.1.1.1. dieses Kapitels). Abweichend zu Fall I veräußert die Obergesellschaft ein durch § 6b EStG begünstigtes Wirtschaftsgut, ein Grundstück, an den Obergesellschafter A zu einem dem Teilwert entsprechenden Verkaufspreis von TEUR 300 bei einem Buchwert von TEUR 100. A überlässt das Gebäude der Untergesellschaft gegen Entgelt zur Nutzung (Sonderbetriebsvermögen der Obergesellschaft bei der Untergesellschaft). Der Obergesellschafter A strebt an, soweit als möglich die durch die entgeltliche Übertragung aufgedeckten stillen Reserven auf das begünstigte Reinvestitionswirtschaftsgut zu übertragen. Ein aufgrund der lediglich hälftigen Beteiligung von A an der Obergesellschaft verbleibender Teil der aufgedeckten stillen Reserven soll in eine § 6b-Rücklage eingestellt werden. Beim Beispiel wird davon ausgegangen, dass die Voraussetzungen des § 6b EStG vorliegen:

(1) Ausgangssituation, vor der entgeltlichen Übertragung – entspricht dem Fall I

(2) Entgeltliche Übertragung und Bildung einer § 6b-Rücklage:

Entgeltliche Übertragung
Buchungssätze X-OHG:

Bank TEUR 300
an Grundstücke TEUR 100
an Sonstiger betrieblicher Ertrag TEUR 200

Bildung einer § 6b-Rücklage
Buchungssätze X-OHG:

Sonstiger betrieblicher Aufwand TEUR 200
an § 6b-Rücklage TEUR 200

Einlage des Reinvestitionswirtschaftsguts
Buchungssätze Sonderbilanz von A:

Grundstücke TEUR 300
an Eigenkapital TEUR 300

X-OHG (in TEUR)

A		P	
Grundstücke	0	Eigenkapital	
Beteiligung Y-OHG	250	Kap.-Kto I: A	425
Bank	600	Kap.-Kto I: B	425
Sonstige Aktiva	200	§ 6b-Rücklage	200
	1050		1050

Y-OHG (in TEUR)

A		P	
Bank	300	Eigenkapital	
Sonstige Aktiva	200	Kap.-Kto I: X-OHG	250
		Kap.-Kto I: C	250
	500		500

Sonderbilanz von A bei der Y-OHG (in TEUR)

A		P	
Grundstücke	300	Eigenkapital	300
	300		300

(3) Übertragung von aufgedeckten stillen Reserven der § 6b-Rücklage durch den Obergesellschafter A auf das Reinvestitionswirtschaftsgut, das Grundstück, in seinem Sonderbetriebsvermögen bei der Untergesellschaft:

Buchungssätze X-OHG:

§ 6b-Rücklage TEUR 100
an Kapital A TEUR 100

Buchungssätze Sonderbilanz von A:

Eigenkapital TEUR 100
an Grundstücke TEUR 100

- Auflösung der verbliebenen § 6b-Rücklage -
Buchungssätze X-OHG:

§ 6b-Rücklage TEUR 100
an Kapital B TEUR 100

Buchungssätze Ergänzungsbilanz - für B:

Minderkapital TEUR 100
an § 6b-Rücklage
TEUR 100

X-OHG (in TEUR)

A		P	
Grundstücke	0	Eigenkapital	
Beteiligung Y-OHG	250	Kap.-Kto I: A	525
Bank	600	Kap.-Kto I: B	525
Sonstige Aktiva	200	§ 6b-Rücklage	0
	1050		1050

Y-OHG (in TEUR)

A		P	
Bank	300	Eigenkapital	
Sonstige Aktiva	200	Kap.-Kto I: X-OHG	250
		Kap.-Kto I: C	250
	500		500

Ergänzungsbilanz für B bei der X-OHG (in TEUR)

A		P	
Minderkapital	100	§ 6b-Rücklage	100
	100		100

Sonderbilanz von A bei der Y-OHG (in TEUR)

A		P	
Grundstücke	200	Eigenkapital	200
	200		200

Falls statt einer Veräußerung das Transferwirtschaftsgut gegen Minderung von Gesellschaftsrechten zunächst unter Buchwertfortführung übertragen wird und anschließend aufgrund von § 6 Abs. 5 S. 4-6 EStG aufgedeckte stille Reserven im Wege von § 6b EStG übertragen werden, ist zu beachten, dass sich die Beteiligungsverhältnisse im Zuge der Wirtschaftsgutübertragung zu Ungunsten des Obergesellschafters verändern. Durch die verringerte Beteiligung des Obergesellschafters an der Obergesellschaft sinkt der Anteil an den aufgedeckten stillen Reserven der Obergesellschaft und damit die Möglichkeit stille Reserven im Wege von § 6b EStG auf das Reinvestitionswirtschaftsgut in seinem Sonderbetriebsvermögen bei der Untergesellschaft zu übertragen. Die Minderung der Anschaffungskosten und der Verlust in der Sonderbilanz des Obergesellschafters fallen entsprechend der geringeren Höhe der außerplanmäßigen AfA niedriger aus. Gegenläufig erhöhen sich aufgrund des erhöhten Anteils des Obergesellschafters B an den aufgedeckten stillen Reserven das für diesen in der negativen Ergänzungsbilanz bei der Obergesellschaft auszuweisende Minderkapital und die verbliebene § 6b-Rücklage.

4.2.3.2. Fall VI – Übertragung von stillen Reserven aus dem Sonderbetriebsvermögen eines Obergesellschafters bei der Obergesellschaft auf ein Reinvestitionswirtschaftsgut in seinem Sonderbetriebsvermögen bei der Untergesellschaft

Durch eine Übertragung von stillen Reserven nach § 6b EStG im Fall VI werden die Gesamthandsvermögen der Obergesellschaft und der Untergesellschaft nicht berührt. Die Veräußerung des Veräußerungswirtschaftsguts und die Bildung einer § 6b-Rücklage sind in der Sonderbilanz des Obergesellschafters bei der Obergesellschaft bilanziell abzubilden. Die entgeltliche Übertragung und die Bildung der § 6b-Rücklage entsprechen der bilanziellen Abbildung in den Fällen V und VII.[583] Die Wertung des Reinvestitionswirtschaftsguts als Sonderbetriebsvermögen der Untergesellschaft macht eine Einlage dieses Wirtschaftsguts in das Sonderbetriebsvermögen des Obergesellschafters bei der Untergesellschaft erforderlich. Die anschließende Übertragung der zuvor erfassten stillen Reserven durch den Obergesellschafter nach § 6b EStG auf das Reinvestitionswirtschaftsgut stimmt mit der Übertragung im Fall IV überein.[584] Im Sonderbetriebsvermögen bei der Untergesellschaft sind die übertragenen stillen Reserven von den Anschaffungskosten unter Reduzierung des Eigenkapitals in Abzug zu bringen. Die § 6b-Rücklage ist unter Erhöhung des Eigenkapitals – im Fall VI – im Sonderbetriebsvermögen auszubuchen. Da das Veräußerungs- und das Reinvestitionsobjekt alleinig dem Obergesellschafter zuzuordnen sind und im Beispiel die Anschaffungskosten die § 6b-Rücklage wertmäßig übersteigen, kann der Obergesellschafter die § 6b-Rücklage im Sonderbetriebsvermögen bei der Obergesellschaft unter Übertragung auf das Reinvestitionswirtschaftsgut im Sonderbetriebsvermögen bei der Untergesellschaft vollständig auflösen.

<u>Beispiel zum Fall VI:</u> *Die Struktur der doppelstöckigen Personengesellschaft entspricht der im Beispiel zum Fall V (vgl. Abschnitt A.III.4.2.1.2. dieses Kapitels). Abweichend zu Fall V veräußert der Obergesellschafter A ein durch § 6b EStG begünstigtes Wirtschaftsgut, ein Grundstück, seines Sonderbetriebsvermögens*

583 Vgl. Kapitel 2 Abschnitt A.III.4.2.1.2. und Abschnitt A.III.4.2.2.2.
584 Vgl. Kapitel 2 Abschnitt A.III.4.2.3.1.

bei der Obergesellschaft an einen fremden Dritten zu einem dem Teilwert entsprechenden Verkaufspreis von TEUR 300 bei einem Buchwert von TEUR 100. Der Obergesellschafter A strebt wie im Fall IV (vgl. Abschnitt A.III.4.2.3.1. dieses Kapitels) an, soweit als möglich die durch die entgeltliche Übertragung aufgedeckten stillen Reserven auf das begünstigte Reinvestitionswirtschaftsgut zu übertragen. Das Gebäude wird der Untergesellschaft gegen Entgelt zur Nutzung überlassen (Sonderbetriebsvermögen des Obergesellschafters bei der Untergesellschaft). Beim Beispiel wird davon ausgegangen, dass die Voraussetzungen des § 6b EStG vorliegen:

(1) Ausgangssituation, vor der entgeltlichen Übertragung – entspricht dem Fall V

(2) Entgeltliche Übertragung und Bildung einer § 6b-Rücklage:

Veräußerung an einen fremden Dritten

Buchungssätze Sonderbilanz von A:

Bank TEUR 300
an Grundstücke TEUR 100
an Sonstiger betrieblicher Ertrag TEUR 200

Einlage des Reinvestitionswirtschaftsguts

Buchungssätze Sonderbilanz von A:

Grundstücke TEUR 300
an Eigenkapital TEUR 300

Bildung einer § 6b-Rücklage

Buchungssätze Sonderbilanz von A:

Sonstiger betrieblicher Aufwand TEUR 200
an § 6b-Rücklage TEUR 200

X-OHG (in TEUR)

A		P	
Grundstücke	100	Eigenkapital	
Beteiligung Y-OHG	250	Kap.-Kto I: A	425
Bank	300	Kap.-Kto I: B	425
Sonstige Aktiva	200		
	850		850

Y-OHG (in TEUR)

A		P	
Bank	300	Eigenkapital	
Sonstige Aktiva	200	Kap.-Kto I: X-OHG	250
		Kap.-Kto I: C	250
	500		500

Sonderbilanz von A bei der X-OHG (in TEUR)

A		P	
Grundstücke	0	Eigenkapital	100
Bank	300	§ 6b-Rücklage	200
	300		300

Sonderbilanz von A bei der Y-OHG (in TEUR)

A		P	
Grundstücke	300	Eigenkapital	300
	300		300

(3) Übertragung von aufgedeckten stillen Reserven der § 6b-Rücklage durch den Obergesellschafter A auf das Reinvestitionswirtschaftsgut, das Grundstück, in seinem Sonderbetriebsvermögen bei der Untergesellschaft:

Buchungssätze Sonderbilanz von A:

§ 6b-Rücklage TEUR 200
an Eigenkapital TEUR 200

Buchungssätze Sonderbilanz von A:

Eigenkapital TEUR 200
an Grundstücke TEUR 200

X-OHG (in TEUR)

A		P	
Grundstücke	100	Eigenkapital	
Beteiligung Y-OHG	250	Kap.-Kto I: A	425
Bank	300	Kap.-Kto I: B	425
Sonstige Aktiva	200		
	850		850

Y-OHG (in TEUR)

A		P	
Bank	300	Eigenkapital	
Sonstige Aktiva	200	Kap.-Kto I: X-OHG	250
		Kap.-Kto I: C	250
	500		500

Sonderbilanz von A bei der X-OHG (in TEUR)

A		P	
Grundstücke	0	Eigenkapital	300
Bank	300	§ 6b-Rücklage	0
	300		300

Sonderbilanz von A bei der Y-OHG (in TEUR)

A		P	
Grundstücke	100	Eigenkapital	100
	100		100

4.3. Auswirkungen auf die Beteiligungsbilanzierung

Nur in den zuvor dargestellten Fällen IV und VI bleibt der Ausweis der Beteiligung der Obergesellschaft an der Untergesellschaft im Gesamthandsvermögen unberührt, da es sich jeweils um eine Übertragung ins Sonderbetriebsvermögen eines Obergesellschafters bei der Untergesellschaft handelt und da die Gesellschaftsrechte der Untergesellschaft unverändert bleiben.

Falls das Transferwirtschaftsgut an die Untergesellschaft veräußert wird, bleibt in den Fällen I, V und X der Beteiligungsausweis zunächst unverändert. Der Erwerb stellt sich im Gesamthandsvermögen der Untergesellschaft als Aktivtausch „Reinvestitionswirtschaftsgut an Bank" dar. Dem entgegen hat eine Übertragung des Transferwirtschaftsguts in den Fällen I, V und X gegen Gewährung von Gesellschaftsrechten zunächst eine Erhöhung des Beteiligungsausweises zur Konsequenz. Bei beiden Varianten bewirkt die anschließende Übertragung von stillen Reserven von Obergesellschaftern auf das Reinvestitionswirtschaftsgut im Gesamthandsvermögen der Untergesellschaft nach § 6b EStG, dass sich die Beteiligung der Obergesellschaft an der Untergesellschaft jeweils in Höhe der übertragenen stillen Reserven reduziert. Dies beruht auf dem spiegelbildlichen Ausweis der Beteiligung im Gesamthandsvermögen der Obergesellschaft, der spiegelbildlichen Wiedergabe des anteiligen Eigenkapitals der Obergesellschaft bei der Untergesellschaft bestehend aus dem Eigenkapital im Kapitalkonto in der Gesamthandsbilanz, in den Ergänzungsbilanzen und in der Sonderbilanz der

Obergesellschaft bei der Untergesellschaft.[585] Dies schließt m. E. die Ergänzungsbilanzen, die die Obergesellschaft bei der Untergesellschaft für die Obergesellschafter führt, ein.

Da der spiegelbildliche Ausweis der Beteiligung der Obergesellschaft an der Untergesellschaft wie bereits ausgeführt auch das Sonderbetriebsvermögen der Obergesellschaft bei der Untergesellschaft erfasst, erhöht sich in den Fällen II und VII der Beteiligungsausweis zunächst jeweils um die Anschaffungskosten des Reinvestitionswirtschaftsguts. Schließlich legt die Obergesellschaft dieses Wirtschaftsgut durch die Umwidmung als Sonderbetriebsvermögen der Obergesellschaft bei der Untergesellschaft in dieses Sonderbetriebsvermögen ein. Anschließend sind durch die Übertragung im Wege von § 6b EStG die Anschaffungskosten sowie das Eigenkapital im Sonderbetriebsvermögen der Obergesellschaft bei der Untergesellschaft und damit der Ausweis der Beteiligung im Gesamthandsvermögen der Obergesellschaft in Höhe der übertragenen stillen Reserven wieder zu reduzieren. Folglich erhöht sich der Beteiligungsausweis in Summe in Höhe des Buchwerts des Reinvestitionswirtschaftsguts im Sonderbetriebsvermögen bei der Untergesellschaft.

Durch die nachfolgende Abbildung werden Rechtsfolgen und die Auswirkungen auf den Ausweis der Beteiligung der Obergesellschaft an der Untergesellschaft aus den zu Grunde liegenden zehn downstream-Fällen nochmals veranschaulicht:

---

585 Vgl. Kapitel 1 Abschnitt B.I.3.3.2.

downstream	Im Anwendungsbereich von § 6b EStG	Rechtsfolgen: Steuerneutrale Übertragung von stillen Reserven	Rechtsfolgen: OGter: Gründung einer unmittelbaren Mitunternehmerstellung bei der UG	Rechtsfolgen: OGter: Gründung einer Sondermitunternehmerstellung bei der UG (§ 15 Abs. 1 S. 1 Nr. 2 S. 2 EStG)	Auswirkungen auf die Beteiligungsbilanzierung
Fall I	ja	quotal, entsprechend der mittelbaren Beteiligungsquote der OGter an der UG			Reduzierung des Beteiligungsausweises in Höhe der übertragenen stillen Reserven
Fall II	ja	bei entgeltlicher Übertragung des wirtschaftlichen Eigentums am Transfer-WG			Erhöhung des Beteiligungsausweises in Höhe des Buchwerts des Reinvestitions-WG im SBV der OG bei der UG nach Übertragung der stillen Reserven
Fall III	nein	nein			
Fall IV	ja	quotal, entsprechend der Beteiligungsquote des OGters an der OG		ggf. ja	keine Veränderungen
Fall V	ja	quotal, entsprechend der mittelbaren (und ggf. unmittelbaren) Beteiligungsquote des OGters an der UG	ggf. ja (bei Übertragung gegen Gewährung von Gesellschaftsrechten nach § 6 Abs. 5 S. 3 Nr. 2 Alt. 2 EStG und anschließender Aufdeckung stiller Reserven aufgrund § 6 Abs. 5 S. 4-6 EStG).		Reduzierung des Beteiligungsausweises in Höhe der übertragenen stillen Reserven
Fall VI	ja	bei entgeltlicher Übertragung des wirtschaftlichen Eigentums am Transfer-WG		ggf. ja	keine Veränderungen
Fall VII	ja	quotal, entsprechend der Beteiligungsquote des OGters an der OG			Erhöhung des Beteiligungsausweises in Höhe des Buchwerts des Reinvestitions-WG im SBV der OG bei der UG nach Übertragung der stillen Reserven
Fall VIII	nein	nein			
Fall IX	nein	nein			
Fall X	ja	quotal, entsprechend der mittelbaren Beteiligungsquote der OGter an der UG, nur bei begünstigten Reinvestitions-WG			Reduzierung des Beteiligungsausweises in Höhe der übertragenen stillen Reserven

Abb. 13: Rechtsfolgen aus den untersuchten downstream-Transferfällen bei Anwendbarkeit des § 6b EStG

5. Die Übertragung stiller Reserven gemäß § 6b EStG als Alternative zu Transfers von Einzelwirtschaftsgütern

Die nachfolgenden Ausführungen dienen der Darstellung, inwieweit entgeltliche Übertragungen von Transferwirtschaftsgütern in Verbindung mit der anschließenden Übertragung von aufgedeckten stillen Reserven im Wege von § 6b EStG eine Gestaltungsalternative bei Übertragungen von Einzelwirtschaftsgütern sein können. Steuerneutrale Übertragungen von Einzelwirtschaftsgütern unter Anwendung von § 6b EStG können ggf. dem Steuerpflichtigen als Alternative dienen, wenn eine Übertragung im Wege von § 6 Abs. 5 EStG ausgeschlossen ist oder nur unter Schwierigkeiten erreicht werden kann.[586] Dem Steuerpflichtigen können aber auch beide Normen, § 6b EStG und § 6 Abs. 5 EStG, als Übertragungsalternativen zur Verfügung stehen. Die Steuerpflichtigen müssen sich grundsätzlich vor dem Transfer für eine Transfervariante entscheiden und entsprechend den Transfervorgang gestalten. Eine solche Entscheidung setzt selbstverständlich die Kenntnis über die Anwendbarkeit der Alternativen, d. h. die Prüfung der jeweiligen Voraussetzungen, und die Kenntnis über die Rechtsfolgen voraus.

§ 6b EStG kann nur insoweit eine Alternative darstellen, als dass es sich um nach § 6b EStG begünstigte Transfer- und Reinvestitionswirtschaftsgüter handelt und die Voraussetzungen des § 6b EStG, z. B. die sechsjährige Vorbesitzzeit nach § 6b Abs. 4 Nr. 2 EStG, erfüllt sind. Zudem setzt § 6b EStG grundlegend die entgeltliche Übertragung des Transferwirtschaftsguts voraus.[587] Eine Anwendung von § 6 Abs. 5 EStG besitzt von § 6b EStG abweichende Voraussetzungen. Zudem tritt im Gegensatz zur Anwendung von § 6b EStG der Übernehmende bei Buchwertfortführungen nach § 6 Abs. 5 EStG bezüglich des Wirtschaftsguts in die Rechtsstellung des Abgebenden ein.[588] Außerdem knüpft § 6 Abs. 5 S. 3 EStG an die unentgeltliche Übertragung oder an die entgeltliche Übertragung gegen

---

586 Vgl. SCHMITT, M., Zweifelsfälle, Stbg 2003, S. 9; KORN, K./STRAHL, M., Reinvestitionsrücklage, Stbg 2002, S. 302.

587 Vgl. KORN, K./STRAHL, M., Reinvestitionsrücklage, Stbg 2002, S. 302 und Kapitel 2 Abschnitt A.III.2.

588 Vgl. Kapitel 2 Abschnitt A.II.3.1.

Gewährung bzw. Minderung von Gesellschaftsrechten und § 6 Abs. 5 S. 2 EStG an eine Überführung ohne Rechtsträgerwechsel an.[589]

Bei der Abwägung der Gestaltungsalternativen, einer Übertragung im Wege von § 6 Abs. 5 EStG oder § 6b EStG, ist außerdem zu berücksichtigen, dass § 6b EStG dem Steuerpflichtigen eine steuerneutrale Übertragung von stillen Reserven bei von dem Transferwirtschaftsgut abweichenden Reinvestitionswirtschaftsgütern aber auch bei Identität von Transferwirtschaftsgut und Reinvestitionswirtschaftsgut ermöglicht bzw. dem Steuerpflichtigen die Option lässt, die stillen Reserven vor einer steuerneutralen Übertragung oder steuerpflichtigen Aufdeckung in einer § 6b-Rücklage nach § 6b Abs. 3 S. 1 EStG einzustellen oder die stillen Reserven direkt aufzudecken.

Durch eine Anwendung von § 6b EStG kann ggf. sogar eine verunglückte direkte Übertragung nach § 6 Abs. 5 S. 3 EStG geheilt werden. Wie bereits zu den einzelnen downstream-Fällen I, IV, und V ausgeführt, kann § 6b EStG bei entgeltlichen Übertragungen gegen Gewährung bzw. Minderung von Gesellschaftsrechten, die zunächst unter Anwendung von § 6 Abs. 5 S. 3 EStG zu Buchwerten vollzogen werden, zum Einsatz kommen, wenn im Nachhinein die stillen Reserven auf Basis von § 6 Abs. 5 S. 4-6 EStG aufzudecken sind.[590] Eine Anwendung von § 6b EStG auf verunglückte unentgeltliche Übertragungen im Wege von § 6 Abs. 5 S. 3 EStG scheidet aufgrund der Unentgeltlichkeit aus.[591]

Falls durch eine Übertragung im Wege von § 6 Abs. 5 S. 3 EStG stille Reserven im Zuge des Übertragungsvorgangs auf einen anderen Gesellschafter überspringen bzw. die Beteiligungsverhältnisse verschoben werden, kann sich eine Übertragung im Wege von § 6b EStG ebenfalls als Alternative anbieten.[592] Auf diesem Kenntnisstand aufbauend sind bezüglich der einzelnen untersuchten Transferfälle darüber hinaus die folgenden Überlegungen zu berücksichtigen.

---

589 Vgl. Kapitel 2 Abschnitt A.II.1.

590 Vgl. Kapitel 2 Abschnitt A.III.2.1.1. sowie Kapitel 2 Abschnitt A.III.3.2.3.2., Abschnitt A.III.3.2.3.1., Abschnitt A.III.3.2.4. und Abschnitt A.III.3.2.5.

591 Vgl. Kapitel 2 Abschnitt A.III.2.1.1.

592 Vgl. SCHMITT, M., Zweifelsfälle, Stbg 2003, S. 10; KORN, K./STRAHL, M., Reinvestitionsrücklage, Stbg 2002, S. 303-305; STRAHL, M., in: KORN, K. U. A., EStG, § 6b Rn. 59.1 (September 2002).

Bei den Transferfällen II und VI kann sowohl durch die steuerneutrale Übertragung eines Transferwirtschaftsguts unter Anwendung von § 6b EStG als auch durch die Überführung des Transferwirtschaftsguts unter zwingender Buchwertübernahme nach § 6 Abs. 5 S. 2 EStG die vollständig steuerneutrale Übertragung des Einzelwirtschaftsguts erreicht werden.[593] Allerdings erfordert die Übertragung unter Anwendung von § 6b EStG im Gegensatz zur Übertragung im Wege von § 6 Abs. 5 S. 2 EStG aufgrund des fehlenden Rechtsträgerwechsels, dass das Transferwirtschaftsgut an einen fremden Dritten veräußert wird.[594] Knüpft der Steuerpflichtige seinen Transferwunsch aber an die gleichzeitige Identität von Transferwirtschaftsgut und Reinvestitionswirtschaftsgut ist die steuerneutrale Übertragung nur über eine Überführung im Wege von § 6 Abs. 5 S. 2 EStG zu erreichen.

Die Transferfälle I, IV und V sind ebenfalls durch beide Normen, § 6 Abs. 5 EStG und § 6b EStG, erfasst.[595] Eine steuerneutrale Übertragung von stillen Reserven im Wege von § 6b EStG ist bei den Transferfällen I, IV und V jedoch auf die anteiligen aufgedeckten stillen Reserven und/oder die anteiligen Reinvestitionskosten der Übertragenden begrenzt[596], während eine Übertragung im Wege von § 6 Abs. 5 S. 3 EStG jeweils vollständig steuerneutral durchzuführen ist.[597]

Da beim Transferfall VII eine direkte Übertragung eines Einzelwirtschaftguts nicht durch § 6 Abs. 5 EStG aber für den Fall der Übertragung gegen Gewährung von Gesellschaftsrechten oder gegen sonstiges Entgelt durch § 6b EStG erfasst ist,[598] kann die Übertragung unter Anwendung von § 6b EStG eine Alternative darstellen. Allerdings ist beim downstream-Fall VII eine Übertragung von stillen Reserven im Wege von § 6b EStG in der Höhe auf die anteiligen Anschaffungskosten des

---

593 Zur Prüfung der jeweiligen Anwendbarkeit der Normen vgl. Kapitel 2 Abschnitt A.II.2.2.2.2., Abschnitt A.II.2.2.2.6. und Abschnitt A.III.3.2.2.

594 Vgl. Kapitel 2 Abschnitt A.III.3.2.2.

595 Zur Prüfung der jeweiligen Anwendbarkeit der Normen vgl. Kapitel 2 Abschnitt A.II.2.2.2.1., Abschnitt A.II.2.2.2.4., Abschnitt A.II.2.2.2.5., Abschnitt A.III.3.2.3.2., Abschnitt A.II.3.2.3.4. und Abschnitt A.III.3.2.4.

596 Vgl. grundlegend Kapitel 2 Abschnitt A.III.2.2. sowie zu den einzelnen downstream-Fällen Kapitel 2 Abschnitt A.III.3.2.3.2., Abschnitt A.III.3.2.3.4. und Abschnitt A.III.3.2.4.

597 Vgl. grundlegend Kapitel 2 Abschnitt A.II.1.2.; KORN, K./STRAHL, M., Reinvestitionsrücklage, Stbg 2002, S. 305 sowie zu den einzelnen downstream-Fällen Kapitel 2 Abschnitt A.II.2.2.2.1., Abschnitt A.II.2.2.2.4. und Abschnitt A.II.2.2.2.5.

598 Zur Prüfung der jeweiligen Anwendbarkeit der Normen vgl. Kapitel 2 Abschnitt A.II.2.2.2.7. und Abschnitt A.III.3.2.5.

Obergesellschafters begrenzt.[599] Eine vollständig steuerneutrale Übertragung könnte unter Anwendung von § 6 Abs. 5 EStG im downstream-Fall VII nur durch einen Kettentransfer erreicht werden.[600] Bei einem Kettentransfer besteht aber für den Steuerpflichtigen das Risiko, dass die Teilschritte aufgrund einer möglichen Wertung als gestaltungsmissbräuchlicher Gesamtplan zu einem einheitlichen wirtschaftlichen Vorgang zusammenzufassen sind und dass die Buchwertübernahme nach § 6 Abs. 5 EStG daraufhin ausgeschlossen wird.[601] Falls ein Kettentransfer im downstream-Fall VII als gestaltungsmissbräuchlich gewertet wird und die erste Übertragung des Kettentransfers gegen Gewährung oder Minderung von Gesellschaftsrechten, d. h. entgeltlich, durchgeführt wurde, besteht m. E. die Möglichkeit, im Nachhinein die aufgedeckten stillen Reserven im Wege von § 6b EStG in Höhe der anteilig auf den Obergesellschafter entfallenden Reinvestitionskosten auf das Reinvestitionswirtschaftsgut im Sonderbetriebsvermögen der Obergesellschaft bei der Untergesellschaft steuerneutral zu übertragen. Während durch einen Kettentransfer beim downstream-Fall VII die Chance besteht die Übertragung im Wege von § 6 Abs. 5 EStG steuerneutral zu erreichen, reduziert sich durch die Übertragungsmöglichkeit nach § 6b EStG das Risiko aus diesem Kettentransfer insoweit, als dass bei einer Wertung als gestaltungsmissbräuchlicher Gesamtplan zumindest anteilig stille Reserven im Wege von § 6b EStG steuerneutral übertragen werden können.

Für die Fälle III, VIII und IX sind die direkte steuerneutrale Übertragung von Einzelwirtschaftsgütern nach § 6 Abs. 5 EStG[602] als auch die Übertragung von stillen Reserven im Wege von § 6b EStG ausgeschlossen.[603] Als Alternative bietet sich dem Steuerpflichtigen die Möglichkeit an, eine steuerneutrale Übertragung durch einen Kettentransfer unter Anwendung von § 6 Abs. 5 EStG durchzuführen.[604] Dies ist aber jeweils wie beim Fall VII mit dem Risiko verbunden, dass der jeweilige Kettentransfer aufgrund der Wertung als gestaltungsmissbräuchlicher Gesamtplan zu einem einheitlichen wirtschaftlichen Vorgang zusammenzufassen

---

599 Vgl. Kapitel 2 Abschnitt A.III.3.2.5.

600 Vgl. Kapitel 2 Abschnitt A.II.2.2.2.7.

601 Vgl. Kapitel 2 Abschnitt A.II.2.2.2.10.

602 Zur Prüfung der jeweiligen Anwendbarkeit von § 6 Abs. 5 EStG vgl. Kapitel 2 Abschnitt A.II.2.2.2.3., Abschnitt A.II.2.2.2.8. und Abschnitt A.II.2.2.2.9.

603 Zur Prüfung der jeweiligen Anwendbarkeit von § 6b EStG vgl. Kapitel 2 Abschnitt A.III.3.2.1.

604 Vgl. Kapitel 2 Abschnitt A.II.2.2.2.3., Abschnitt A.II.2.2.2.8. und Abschnitt A.II.2.2.2.9.

ist, für den die Buchwertübernahme nach § 6 Abs. 5 EStG ausgeschlossen ist. Falls in einem solchen Fall der Kettentransfer derart gestaltet ist, dass die erste Übertragung des Kettentransfers gegen Gewährung oder Minderung von Gesellschaftsrechten, d. h. entgeltlich, durchgeführt wurde, besteht m. E. die Möglichkeit, im Nachhinein die aufgedeckten stillen Reserven nach § 6b Abs. 3 S. 1 EStG in einer § 6b-Rücklage zu erfassen. Da in den Fällen III, VIII und IX eine Übertragung dieser stillen Reserven im Wege von § 6b EStG auf das jeweilige Reinvestitionswirtschaftsgut nicht möglich ist, bietet ein solches Vorgehen zumindest die Möglichkeit eine sofortige Besteuerung der stillen Reserven zu verhindern und die stillen Reserven im Wege von § 6b EStG auf ein abweichendes, begünstigtes Reinvestitionswirtschaftsgut zu übertragen.

Bislang wurde bei den Überlegungen zum Kettentransfer lediglich die Aneinanderkettung von Transfers im Wege von § 6 Abs. 5 EStG zu Grunde gelegt. Alternativ könnte ein Kettentransfer auch derart ausgestaltet, dass die Transferwege von § 6 Abs. 5 EStG und § 6b EStG bei der Gestaltung des Kettentransfers im Vorhinein kombiniert werden. Bei diesen Gestaltungsüberlegungen ist m. E. zu differenzieren, ob eine Übertragung im Wege von § 6b EStG dem Transfer im Wege von § 6 Abs. 5 EStG vorangestellt oder der Kettentransfer in umgekehrter Reihenfolge gestaltet wird. Bei dem erstgenannten Gestaltungsfall, d. h. eines Kettentransfers beginnend mit einer Übertragung unter Anwendung von § 6b EStG, hat der Steuerpflichtige insbesondere zu beachten, dass § 6b Abs. 4 Nr. 3 EStG die Zugehörigkeit des Reinvestitionswirtschaftsguts zum Anlagevermögen beim aufnehmenden Betriebsvermögen voraussetzt.[605] Diese Zugehörigkeit zum Anlagevermögen des aufnehmenden Betriebsvermögens könnte bei einem sich zeitnah anschließenden Transfer nach § 6 Abs. 5 EStG in Frage gestellt werden. Schließlich werden Wirtschaftsgüter nur als Anlagevermögen gewertet, wenn sie dazu bestimmt sind, dauernd dem Betrieb zu dienen.[606] Eine Wertung des Reinvestitionswirtschaftsguts als Umlaufvermögen wäre als Verstoß gegen die

---

605 Vgl. SELBMANN, D., Übertragung stiller Reserven, S. 22, 48, 198; STRAHL, M., in: KORN, K. U. A., EStG, § 6b Rn. 40-41 (September 2002).

606 Vgl. GLANEGGER, P., in: SCHMIDT, L., EStG, § 6 Rn. 23; SCHLENKER, A., in: BLÜMICH, EStG/KStG/GewStG, § 6b EStG Rn. 134 (Oktober 2003); (mit Verweis auf die ständige Rechtsprechung und in Anlehnung an § 247 Abs. 2 HGB) BFH v. 25.10.2001, IV R 47, 48/00, BStBl. II 2002, S. 289, 290; R 6.1 Abs. 1 S. 1 EStR.

Voraussetzungen von § 6b EStG zu werten und hätte eine steuerpflichtige Aufdeckung der übertragenen stillen Reserven zum Ergebnis.[607] Eine Übertragungsabsicht hat zwar noch nicht die Umwidmung des Reinvestitionswirtschaftsguts zu Umlaufvermögen zur Konsequenz.[608] Um aber eine solche Umwidmung des Reinvestitionswirtschaftsguts zu Umlaufvermögen aufgrund des sich anschließenden Transfers nach § 6 Abs. 5 EStG zu verhindern, sollte vor dem anschließenden Transfer eine angemessene Frist eingehalten werden.[609] Was in diesem Fall als angemessene Frist anzusehen ist, wird im Schrifttum unterschiedlich beurteilt. STRAHL[610] erachtet die Einhaltung einer einjährigen Frist und SELBMANN[611] eine Frist von sechs Monaten für notwendig. HEUER[612] erachtet eine Zugehörigkeit des Reinvestitionswirtschaftsguts bereits zum folgenden Bilanzstichtag als entbehrlich.

Bei einem Kettentransfer in umgekehrter Reihenfolge, zunächst einem Transfer im Wege von § 6 Abs. 5 EStG und einer anschließenden Übertragung unter Anwendung von § 6b EStG, hat der Steuerpflichtige zusätzlich zu differenzieren, ob der Transfer als Übertragung im Wege von § 6 Abs. 5 S. 3 EStG oder als Überführung im Wege von § 6 Abs. 5 S. 2 EStG vollzogen wird. Falls das Transferwirtschaftsgut in einem ersten Transferschritt im Wege von § 6 Abs. 5 S. 2 EStG überführt wird, kann grundsätzlich ohne besondere Einschränkungen aufgrund von § 6 Abs. 5 EStG eine Übertragung stiller Reserven im Wege von § 6b EStG folgen. Bei der Übertragung im Wege von § 6 Abs. 5 S. 3 EStG und anschließender entgeltlicher Übertragung des Transferwirtschaftsguts unter Anwendung von § 6b EStG hat der Steuerpflichtige aber die dreijährige Sperrfrist gemäß § 6 Abs. 5 S. 4 EStG zu beachten. Bei einer Übertragung innerhalb der dreijährigen Sperrfrist kommt die Aufdeckung und Besteuerung der stillen Reserven jedoch nicht zur Anwendung, wenn der Steuerpflichtige gemäß § 6 Abs. 5 S. 4 EStG die übertragenen stillen Reserven dem Übertragenden über eine Ergänzungsbilanz

607 Vgl. SELBMANN, D., Übertragung stiller Reserven, S. 198.

608 In Bezug auf eine Veräußerungsabsicht vgl. SCHLENKER, A., in: BLÜMICH, EStG/KStG/GewStG, § 6b EStG Rn. 135 (Oktober 2003); STRAHL, M., in: KORN, K. U. A., EStG, § 6b Rn. 39.1 (September 2002); BFH v. 25.10.2001, IV R 47, 48/00, BStBl. II 2002, S. 289, 290; BFH v. 26.11.1974, VIII R 61-62/73, BStBl. II 1975, S. 352, 353-354.

609 Vgl. STRAHL, M., in: KORN, K. U. A., EStG, § 6b Rn. 41 (Mai 2002); SELBMANN, D., Übertragung stiller Reserven, S. 198.

610 STRAHL, M., in: KORN, K. U. A., EStG, § 6b Rn. 41 (Mai 2002).

611 SELBMANN, D., Übertragung stiller Reserven, S. 198.

612 HEUER, G., in: HERRMANN, C./HEUER, G./RAUPACH, A., EStG/KStG, § 6b EStG Rn. 285 (Februar 1983).

zugeordnet hat.[613] Bei beiden Transfermöglichkeiten, der Übertragung und der Überführung nach § 6 Abs. 5 EStG, und einer anschließenden Anwendung von § 6b EStG ist ferner der vorauszusetzenden sechsjährigen Zugehörigkeit zum Anlagevermögen (§ 6b Abs. 4 Nr. 2 EStG) besondere Beachtung zu schenken. Durch einen Transfer im Wege von § 6 Abs. 5 EStG wird zwar nicht die sechsjährige Vorbesitzzeit unterbrochen[614], aber § 6b Abs. 4 Nr. 2 EStG setzt gleichzeitig im Zeitpunkt der entgeltlichen Übertragung eine Zugehörigkeit des Transferwirtschaftsguts zum Anlagevermögen beim abgebenden Betriebsvermögen voraus.[615] Wie bei der umgekehrten Übertragungsreihenfolge des Kettentransfers führt eine Übertragungsabsicht noch nicht zur Umwidmung des Transferwirtschaftsguts zu Umlaufvermögen.[616] Die Beachtung einer angemessenen Frist zwischen den einzelnen Transfers des Kettentransfers kann die Umwidmung des Transferwirtschaftsguts zu Umlaufvermögen aufgrund des womöglich zeitnahen vorangegangenen Transfers nach § 6 Abs. 5 EStG ebenfalls abwenden. Besteht ein Kettentransfer aus noch weiteren sich anschließenden Transfers, sind die vorstehenden Ausführungen entsprechend auf diese Transfers zu übertragen. Bei allen Kettentransfers kann allerdings entsprechend der Ausführungen in Kapitel 2 Abschnitt A.II.2.2.2.10. die Zusammenfassung der einzelnen Teilschritte zu einem einheitlichen wirtschaftlichen Vorgang drohen, soweit die Finanzverwaltung einen gestaltungsmissbräuchlichen Gesamtplan annimmt. Ggf. bietet sich aber auch hier die Möglichkeit an, im Nachhinein die aufgedeckten stillen Reserven nach § 6b Abs. 3 S. 1 EStG in einer § 6b-Rücklage zu erfassen und/oder auf ein anderes begünstigtes Reinvestitionswirtschaftsgut nach § 6b EStG zu übertragen. Dies setzt voraus, dass die stillen Reserven bei der Beurteilung des Kettentransfers als Gesamtplan aufgrund einer entgeltlichen Übertragung aufzudecken sind.

---

613 Vgl. Kapitel 2 Abschnitt A.II.3.3.

614 Vgl. BERGSTEINER, S., Umstrukturierung, S. 166; STRAHL, M., in: KORN, K. U. A., EStG, § 6b Rn. 39-41 (September 2002); MEYER, B./BALL, J., § 6b-Rücklagen, GStB 2004, S. 429; SELBMANN, D., Übertragung stiller Reserven, S. 209; GLANEGGER, P., in: SCHMIDT, L., EStG, § 6b Rn. 48; JACHMANN, M., § 6b EStG, DStZ 2002, S. 204; BFH v. 10.07.1980, IV R 136/77, BStBl. II 1981, S. 84, 89; BFH v. 10.07.1980, IV R 12/80, BStBl. II 1981, S. 90, 91. Vgl. zu Übertragungen im Wege von § 6 Abs. 5 S. 3 Nr. 3 EStG BERGSTEINER, S., Umstrukturierung, S. 166; BFH v. 24.03.1992, VIII R 48/90, BStBl. II 1993, S. 93, 95-96.

615 Vgl. STRAHL, M., in: KORN, K. U. A., EStG, § 6b Rn. 39-39.1 (September 2002); SELBMANN, D., Übertragung stiller Reserven, S. 22, 198.

616 In Bezug auf eine Veräußerungsabsicht vgl. STRAHL, M., in: KORN, K. U. A., EStG, § 6b Rn. 39.1 (September 2002); BFH v. 25.10.2001, IV R 47, 48/00, BStBl. II 2002, S. 289, 290; BFH v. 26.11.1974, VIII R 61-62/73, BStBl. II 1975, S. 352, 353-354.

Ebenfalls eine kombinierte Anwendung von § 6 Abs. 5 EStG und § 6b EStG kann bei teilentgeltlichen Übertragungen, z. B. unter Übertragung von Verbindlichkeiten, eine vollständig steuerneutrale Übertragung ermöglichen.[617]

Zusammengefasst betrachtet stellt § 6b EStG in Abhängigkeit vom Einzelfall eine Möglichkeit dar, um bei downstream-Transfers Übertragungen von Einzelwirtschaftsgütern innerhalb einer doppelstöckigen Personengesellschaft stille Reserven steuerneutral zu übertragen und kann damit eine in Abhängigkeit vom Einzelfall eine Alternative zu Übertragungen im Wege von § 6 Abs. 5 EStG sein. Zwar unterliegt eine Anwendung von § 6b EStG einerseits einigen Restriktionen (z. B. Anwendung begrenzt auf nur bestimmte Wirtschaftsgüter, sechsjährige Vorbesitzzeit, bei Personengesellschaften Übertragung in Abhängigkeit der quotalen Reinvestitionskosten und/oder Veräußerungskosten). Eine Anwendung von § 6b EStG bietet dem Steuerpflichtigen andererseits aber auch weitere Möglichkeiten stille Reserven steuerneutral zu übertragen, z. B.

- bei Übertragungen außerhalb des Anwendungsbereichs von § 6 Abs. 5 EStG wie Übertragungen im Wege der Veräußerung,
- bei kombinierten (teilentgeltlichen) Übertragungen im Wege von § 6 Abs. 5 und § 6b EStG,
- zur Vermeidung des Überspringens von stillen Reserven oder
- bei Übertragungen gegen Gewährung von Gesellschaftsrechten im Wege von § 6 Abs. 5 S. 3 EStG und der zwangsweisen nachträglichen Aufdeckung der stillen Reserven aufgrund § 6 Abs. 5 S. 4-6 EStG.

Bei den folgenden Transfers im Wege von § 6 Abs. 5 EStG kann § 6b EStG allerdings keine Alternative für einen Wirtschaftsguttransfer darstellen:

- Überführung eines Einzelwirtschaftsguts im Wege von § 6 Abs. 5 S. 2 EStG
- Unentgeltliche Übertragung im Wege von § 6 Abs. 5 S. 3 EStG
- Entgeltliche Übertragung gegen Gewährung oder Minderung von Gesellschaftsrechten unter Buchwertfortführungszwang des § 6 Abs. 5 S. 3 EStG

---

617 Vgl. Strahl, M., in: Korn, K. u. a., EStG, § 6b Rn. 59.1 (September 2002); Korn, K./Strahl, M., Reinvestitionsrücklage, Stbg 2002, S. 303; Schmitt, M., Zweifelsfälle, Stbg 2003, S. 9, 12-13.

IV. Die Einbringung von Betriebsvermögen (eines Teilbetriebs) der Obergesellschaft in die Untergesellschaft (§ 24 UmwStG)

1. Einführung

Umstrukturierungen von Personenhandelsgesellschaften, bei denen ganze Betriebe, Teilbetriebe oder Mitunternehmeranteile gegen Gewährung von Gesellschaftsrechten in Personengesellschaften eingebracht werden, fallen in den Anwendungsbereich von § 24 UmwStG.[618] § 24 UmwStG ist gemäß KORN[619] bei Umstrukturierungen von Personengesellschaften die wohl bedeutsamste ertragsteuerrechtliche Vorschrift. Durch § 24 UmwStG wird den Steuerpflichtigen bei Einbringungen in Personengesellschaften das Wahlrecht gewährt, die Wirtschaftsgüter der eingebrachten Sachgesamtheit mit dem Buchwert und damit ohne Aufdeckung von stillen Reserven oder einem höheren Wert, höchstens dem gemeinen Wert anzusetzen.[620] Diese gesetzliche Regelung fußt auf der Zielsetzung des Gesetzgebers, über das UmwStG betriebswirtschaftlich erwünschte und handelsrechtlich mögliche Umstrukturierungen nicht durch steuerliche Folgen zu behindern.[621]

Die Norm des § 24 UmwStG hat im Zuge der Neufassung des UmwStG durch das Gesetz über steuerliche Begleitmaßnahmen zur Einführung der Europäischen Gesellschaft und zur Änderung weiterer steuerlicher Vorschriften (SEStEG)[622] vom 07.12.2006 nur geringfügige Änderungen erfahren:

- Der gemeine Wert ersetzt den Teilwert als höchsten wählbaren Wertansatz.

---

618 Vgl. SAGASSER, B., in: SAGASSER, B./BULA, T./BRÜNINGER, T. R., Umwandlungen, H Rn. 9, 11; RÖHNER, J., Übertragung, S. 162; KUßMAUL, H./ZABEL, M., Unternehmensumstrukturierungen, S. 488; SCHMITT, J., in: SCHMITT, J./HÖRTNAGL, R./STRATZ, R.-C., UmwG/UmwStG, § 24 UmwStG Rn. 49.

619 KORN, K., Einbringung in Personengesellschaften, NWB 2007, F. 18, S. 4417.

620 Vgl. SAGASSER, B., in: SAGASSER, B./BULA, T./BRÜNINGER, T. R., Umwandlungen, H Rn. 9, 11; RÖHNER, J., Übertragung, S. 162; KUßMAUL, H./ZABEL, M., Unternehmensumstrukturierungen, S. 488.

621 Vgl. BT-DRS. 12/6885 v. 24.02.1994, S. 14.

622 BGBl. I 2007, S. 2782. Das UmwStG i. d. F. des SEStEG findet gemäß § 27 Abs. 1 UmwStG erstmals auf Umwandlungen und Einbringungen Anwendung, bei denen die Anmeldung zur Eintragung in das für die Wirksamkeit des jeweiligen Vorgangs maßgebende öffentliche Register nach dem 12.12.2006 erfolgt ist. Für Einbringungen, für deren Wirksamkeit keine Eintragung in ein öffentliches Register erforderlich ist, ist das UmwStG i. d. F. SEStEG erstmals anzuwenden, wenn das wirtschaftliche Eigentum an den eingebrachten Wirtschaftsgütern nach dem 12.12.2006 übergegangen ist.

- Die Wahl eines niedrigeren Wertansatzes als der gemeine Wert setzt einen entsprechenden Antrag voraus. Ohne Antrag, sind die eingebrachten Wirtschaftsgüter mit dem Höchstwertansatz anzusetzen.
- Das steuerliche Bewertungswahlrecht kann unabhängig von der handelsrechtlichen Bilanzierung erfolgen.
- Mit § 24 Abs. 5 UmwStG wurde eine Steuersicherungsvorschrift für zur eingebrachten Sachgesamtheit gehörende einbringungsgeborene Kapitalgesellschaftsanteile angefügt.[623]

Aufgrund dieser geringfügigen Änderungen und dem weiterhin zur Verfügung stehenden Wertansatzwahlrecht bleibt es bei inländischen Einbringungen in Personengesellschaften und damit bei dem betrachteten Untersuchungsgegenstand in Bezug auf das UmwStG dem Grunde nach bei dem bisherigen Rechtsstand.[624]

In diesem Abschnitt ist der Untersuchungsgegenstand auf die Einbringung eines Teilbetriebs der Obergesellschaft in die Untergesellschaft begrenzt. Bei der entgegengesetzten upstream-Einbringung ist neben der Einbringung eines Teilbetriebs die Einbringung des Betriebs der Untergesellschaft in die Obergesellschaft Gegenstand der Untersuchung. Schließlich wird eine Verschmelzung von Mutter- und Tochtergesellschaft i. d. R. im Wege eines upstream-merger, d. h. durch die Verschmelzung auf die Muttergesellschaft, und nicht in umgekehrter Übertragungsrichtung dem downstream-merger durchgeführt.[625]

Zunächst werden in dem nachfolgenden Abschnitt die relevanten Grundlagen des § 24 UmwStG verdeutlicht. Auf die anschließende Untersuchung der Anwendbarkeit des § 24 UmwStG auf die zu Grunde liegende Teilbetriebseinbringung folgt die Darstellung der sich daraus ergebenden Rechtsfolgen. Teilweise erfolgen aufgrund einer zusammenhängenden Grundlagendarstellung bereits Ausführungen mit Bezug auf die upstream-Einbringungen.

---

623 Vgl. LEY, U., Einbringung nach §§ 20, 24 UmwStG, FR 2007, S. 120-121; KORN, K., Einbringung in Personengesellschaften, NWB 2007, F. 18, S. 4417, 4439-4440.

624 Vgl. STRAHL, M., Steuerliche Änderungsgesetze zum Jahreswechsel 2006/2007, DStR 2006, S. 2196; RÖDDER, T./SCHUMACHER, A., Das SEStEG, DStR 2007, S. 376.

625 Vgl. SAGASSER, B./KÖDDERITZSCH, L., in: SAGASSER, B./BULA, T./BRÜNINGER, T. R., Umwandlungen, I Rn. 2.

2. Grundlagen

2.1. Anwendungsbereich des § 24 UmwStG – Ausgestaltung der Einbringung

Die Einbringung eines Betriebs, Teilbetriebs oder Mitunternehmeranteils gegen Gewährung von Gesellschaftsrechten ist ebenfalls wie die Übertragung eines einzelnen Wirtschaftsguts gegen Gewährung oder Minderung von Gesellschaftsrechten als ein tauschähnlicher Vorgang zu werten. Als ein solcher tauschähnlicher Vorgang würde eine Einbringung als spezieller Fall der Veräußerung grundsätzlich entsprechend der Regelungen des § 16 EStG zur Aufdeckung von stillen Reserven führen.[626] Allerdings ist bei derartigen Einbringungen eine Aufdeckung und Besteuerung der stillen Reserven über eine Anwendung von § 24 UmwStG grundsätzlich vermeidbar.[627] Im Unterschied zu § 6 Abs. 5 S. 2, 3 EStG findet § 24 UmwStG nicht auf die Übertragung von einzelnen Wirtschaftsgütern (bzw. eine Vielzahl von einzelnen Wirtschaftsgütern, die nicht die Voraussetzungen eines Betriebs bzw. Teilbetriebs erfüllen,) sondern nur auf die Einbringung eines Betriebs, Teilbetriebs oder Mitunternehmeranteils (Sachgesamtheiten) Anwendung.[628]

§ 24 UmwStG ist als spezielle steuerrechtliche Bewertungsvorschrift vorrangig vor einer Anwendung von § 6 bzw. § 16 EStG.[629] Im Gegensatz zum Buchwertfortführungszwang des § 6 Abs. 5 EStG bzw. des Ansatzes des Veräußerungspreises

---

626 Vgl. Niehus, U./Wilke, H., Personengesellschaften, S. 142; Korn, K., Einbringung in Personengesellschaften, NWB 2007, F. 18, S. 4418; Hoenck, P. H., Einbringung, NWB 2004, F. 18, S. 4069; Wacker, R., Einbringungstatbestände, NWB 1998, F. 18, S. 3602, 3613; m. w. N. Schmitt, J., in: Schmitt, J./Hörtnagl, R./Stratz, R.-C., UmwG/UmwStG, § 24 UmwStG Rn. 1-3; BFH v. 25.04.2006, VIII R 52/04, BStBl. II 2006, S. 847, 851; BFH v. 16.02.1996, I R 183/94, BStBl. II 1996, S. 342, 343; BFH v. 21.06.1994, VIII R 5/92, BStBl. II 1994, S. 856, 858; BFH v. 29.10.1987, IV R 93/85, BStBl. II 1988, S. 374, 376; BFH v. 23.01.1986, IV R 335/84, BStBl. II 1986, S. 623; BFH v. 25.01.1984, I R 183/81, BStBl. II 1984, S. 422, 423; BFH v. 15.07.1976, I R 17/74, BStBl. II 1976, S. 748, 749.

627 Vgl. Hoenck, P. H., Einbringung, NWB 2004, F. 18, S. 4070; Schmitt, J., in: Schmitt, J./Hörtnagl, R./Stratz, R.-C., UmwG/UmwStG, § 24 UmwStG Rn. 2.

628 Vgl. Crezelius, G., Gewährung, DB 2004, S. 397; Niehus, U./Wilke, H., Personengesellschaften, S. 142; Schmitt, J., in: Schmitt, J./Hörtnagl, R./Stratz, R.-C., UmwG/UmwStG, § 24 UmwStG Rn. 3-4.

629 Vgl. in Bezug auf die Vorrangigkeit von § 24 UmwStG gegenüber § 6 EStG Niehus, U./Wilke, H., Personengesellschaften, S. 142; Kerssenbrock, Graf O.-F./Rundshagen, H., Übertragung, BB 2004, S. 2495; Schmitt, J./Hörtnagl, R./Stratz, R.-C., UmwG/UmwStG, § 24 UmwStG Rn. 158; Widmann, S., in: Widmann, S./Mayer, D., Umwandlungsrecht, § 24 UmwStG Rn. 11.3 (September 2006), § 24 UmwStG Rn. 131 (August 2001); Glanegger, P., in: Schmidt, L., EStG, § 6 Rn. 18; Patt, J., in: Dötsch, E. u. a., Umwandlungssteuerrecht, § 24 UmwStG Rn. 81. Vgl. in Bezug auf die Vorrangigkeit von § 24 UmwStG gegenüber § 16 EStG Schmitt, J., in: Schmitt, J./Hörtnagl, R./Stratz, R.-C., UmwG/UmwStG, § 24 UmwStG Rn. 2-3; Glanegger, P., in: Schmidt, L., EStG, § 16 Rn. 203; Patt, J., in: Dötsch, E. u. a., Umwandlungssteuerrecht, § 24 UmwStG Rn. 81.

bei einer Anwendung von § 16 EStG gewährt § 24 UmwStG das Wahlrecht, die eingebrachten Wirtschaftsgüter der Sachgesamtheit mit dem bisherigen Buchwert oder im Wege einer Neubewertung mit dem gemeinen Wert oder einem zwischen Buchwert und gemeinen Wert liegenden Wert, dem sog. Zwischenwert, anzusetzen.[630] Dieses Wahlrecht wird durch den entsprechenden Wertansatz der übernehmenden Personengesellschaft ausgeübt.[631] Soweit die in § 24 UmwStG genannten Tatbestandsvoraussetzungen nicht erfüllt sind bzw. für die betreffenden Wirtschaftsgüter ein Wertansatz oberhalb des Buchwerts gewählt wird, macht die Umstrukturierung die Realisierung etwaiger stiller Reserven erforderlich. Dies ergibt sich aus dem ertragsteuerlichen Grundsatz der Steuersubjektidentität von stillen Reserven. Demnach sind stille Reserven grundsätzlich immer dann zu realisieren, soweit sie das Steuersubjekt verlassen, dem sie zuzuordnen sind.[632] Dieser Grundsatz kann aber durch eine Anwendung von § 6 Abs. 5 S. 3 oder § 6b EStG durchbrochen werden.

Für unentgeltliche Übertragungen einer Sachgesamtheit (Teilbetrieb, Betrieb oder Mitunternehmeranteil), d. h. Übertragungen ohne Gewährung eines Gegenwerts (z. B. ohne Gewährung von Gesellschaftsrechten), ist dagegen eine Anwendung von § 24 UmwStG ausgeschlossen. Stattdessen ist eine Anwendung von § 6 Abs. 3 EStG zu prüfen.[633]

§ 24 UmwStG findet bei Einbringungen im Wege der Einzelrechtsnachfolge und auf Vermögensübertragungen nach dem UmwG im Wege der Gesamtrechtsnachfolge bzw. partiellen Gesamtrechtsnachfolge Anwendung.[634] Die Einbringung einer Sachgesamtheit im Wege einer kombinierten Einzel- und Gesamtrechts-

---

630 Vgl. NIEHUS, U./WILKE, H., Personengesellschaften, S. 142; RÖHNER, J., Übertragung, S. 162.

631 Vgl. SAGASSER, B., in: SAGASSER, B./BULA, T./BRÜNINGER, T. R., Umwandlungen, H Rn. 11; RÖHNER, J., Übertragung, S. 162; KUßMAUL, H./ZABEL, M., Unternehmensumstrukturierungen, S. 488.

632 Vgl. RÖDDER, T., Unternehmensumwandlung, S. 254; SCHMITT, J., in: SCHMITT, J./HÖRTNAGL, R./STRATZ, R.-C., UmwG/UmwStG, § 24 UmwStG Rn. 2.

633 Vgl. BRANDENBERG, H. B., Mitunternehmeranteile, NWB 2001, F. 3, S. 11813; HOFFMANN, W.-D., Übertragung, GmbHR 2002, S. 236; SCHMITT, J., in: SCHMITT, J./HÖRTNAGL, R./STRATZ, R.-C., UmwG/UmwStG, § 24 UmwStG Rn. 3.

634 Vgl. SCHMITT, J., in: SCHMITT, J./HÖRTNAGL, R./STRATZ, R.-C., UmwG/UmwStG, § 24 UmwStG Rn. 3-4, 56, 58; WIDMANN, S., in: WIDMANN, S./MAYER, D., Umwandlungsrecht, § 24 UmwStG Rn. 98 (August 2001); BMF-SCHREIBEN v. 25.03.1998, IV B 7 – S 1978 – 21/98 / IV B 2 – S 1909 – 33/98, BStBl. I 1998, S. 268 Rn. 24.01. Vgl. zur Einzel- und (partiellen) Gesamtrechtsnachfolge auch Kapitel 1 Abschnitt B.II.2.

nachfolge ist auch möglich.[635] Dies macht der Gesetzgeber auch durch § 1 Abs. 3 UmwStG ausdrücklich deutlich. Allerdings bedarf es bei der Übertragung eines Teilbetriebs bzw. Betriebs im Wege der Einzelrechtsnachfolge einer Übertragung der betreffenden Wirtschaftsgüter in einem einheitlichen Vorgang.[636]

Eine Spaltung i. S. des UmwG (§§ 123-173 UmwG) ist die Aufteilung des Vermögens der aufzuspaltenden Gesellschaft auf mindestens zwei bestehende oder neu gegründete Gesellschaften (übernehmende Gesellschaften), wobei den Gesellschaftern der übertragenen Gesellschaft im Gegenzug Gesellschaftsrechte an den übernehmenden Gesellschaften gewährt werden. Die Spaltung ist in drei möglichen Formen, der Aufspaltung, der Abspaltung und der Ausgliederung umsetzbar.[637] Bei der Abspaltung (§ 123 Abs. 2 UmwG) geht nur ein Teil des Vermögens des weiterhin bestehenden übertragenden Rechtsträgers auf einen oder mehrere Rechtsträger über. Im Gegenzug erhalten die Gesellschafter des abspaltenden Rechtsträgers Anteile am übernehmenden Rechtsträger.[638] In Abweichung zur Abspaltung werden bei der Ausgliederung (§ 123 Abs. 3 UmwG) im Gegenzug zu der Übertragung von Betriebsvermögen die Anteile an dem übernehmenden Rechtsträger nicht den Gesellschaftern des übertragenden Rechtsträgers sondern dem übertragenden Rechtsträger selbst gewährt.[639] Eine Aufspaltung (§ 123 Abs. 1 UmwG) kommt bei der vorliegenden Fallkonstellation nicht in Betracht, da mit der Teilbetriebsübertragung auf die Untergesellschaft nicht die Auflösung der Obergesellschaft einhergehen soll. Schließlich wird bei einer Aufspaltung des übertragenden Rechtsträgers das Betriebsvermögens auf mindestens zwei andere schon bestehende oder neu gegründete Rechtsträger gegen Gewährung von Gesellschaftsanteilen an dem übernehmenden Rechtsträger an die Anteilsinhaber des übertragenden Rechtsträgers unter Auflösung ohne Ab-

---

635 Vgl. PATT, J./RASCHE, R., Steuerliche Rückwirkung, FR 1996, S. 370-371; SCHMITT, J., in: SCHMITT, J./HÖRTNAGL, R./STRATZ, R.-C., UmwG/UmwStG, § 24 UmwStG Rn. 57, 59; BMF-SCHREIBEN v. 25.03.1998, IV B 7 – S 1978 – 21/98 / IV B 2 – S 1909 – 33/08, BStBl. I 1998, S. 268 Rn. 24.07.

636 Vgl. SCHMITT, J., in: SCHMITT, J./HÖRTNAGL, R./STRATZ, R.-C., UmwG/UmwStG, § 24 UmwStG Rn. 56; PATT, J., in: DÖTSCH, E. U. A., Umwandlungssteuerrecht, § 24 UmwStG Rn. 103 i. V. m. § 20 UmwStG Rn. 163.

637 Vgl. KUßMAUL, H./ZABEL, M., Unternehmensumstrukturierungen, S. 486; FORST, P./FRINGS, T., Spaltung, EStB 2003, S. 442.

638 Vgl. SAGASSER, B., in: SAGASSER, B./BULA, T./BRÜNINGER, T. R., Umwandlungen, B Rn. 6; HARITZ, D./BÄRWALDT, R., in: MÜLLER, W./HOFFMANN, W.-D., Personengesellschaften, § 9 Rn. 521; SCHULZE ZUR WIESCHE, D., Spaltungs- und Ausgliederungsvorgänge, DStZ 2004, S. 366.

639 Vgl. SAGASSER, B., in: SAGASSER, B./BULA, T./BRÜNINGER, T. R., Umwandlungen, B Rn. 7; SCHULZE ZUR WIESCHE, D., Spaltungs- und Ausgliederungsvorgänge, DStZ 2004, S. 367.

wicklung des übertragenden Rechtsträgers übertragen.[640]

Bei Einbringungen eines Teilbetriebs, Betriebs bzw. Mitunternehmeranteils in die Untergesellschaft bzw. entgegengesetzt in die Obergesellschaft im Wege der Gesamtrechtsnachfolge nach dem UmwG, d. h. im Wege der Spaltung bzw. Verschmelzung ist zu beachten, dass die Anforderungen und die Anwendungsbereiche von § 24 UmwStG in Bezug auf Spaltungen und Verschmelzungen nicht deckungsgleich mit denen des UmwG sind. Entsprechend der h. M.[641] im Fachschrifttum fallen alle drei im UmwG erfassten Spaltungsformen in den Anwendungsbereich von § 24 UmwStG.[642] Dies macht auch das UmwStG in § 1 Abs. 3 UmwStG i. d. F. des SEStEG ausdrücklich deutlich. Durch § 1 Abs. 3 UmwStG i. d. F. des SEStEG werden u. a. Einbringungsvorgänge im Wege der Gesamtrechtsnachfolge – Verschmelzungen und Spaltungen (Aufspaltungen, Abspaltungen und Ausgliederungen i. S. von § 2 und § 123 Abs. 1, 2 und 3 UmwG) – und Einbringungsvorgänge von Betriebsvermögen im Wege der Einzelrechtsnachfolge erstmals ausdrücklich dem Anwendungsbereich von § 24 UmwStG zugeordnet[643], obwohl gemäß WIDMANN[644] § 24 UmwStG bereits aufgrund seines Wortlauts auf die in § 1 Abs. 3 Nr. 1 bis 4 UmwStG aufgezählten Umstrukturierungsvorgänge Anwendung findet. Entsprechend bedeutet § 1 Abs. 3 UmwStG i. d. F. des SEStEG auch keine Rechtsänderung.[645]

---

640 Vgl. SAGASSER, B., in: SAGASSER, B./BULA, T./BRÜNINGER, T. R., Umwandlungen, B Rn. 5; HARITZ, D./BÄRWALDT, R., in: MÜLLER, W./HOFFMANN, W.-D., Personengesellschaften, § 9 Rn. 521; SCHULZE ZUR WIESCHE, D., Spaltungs- und Ausgliederungsvorgänge, DStZ 2004, S. 366. Zu weiteren Ausführungen zu den Regelungen des UmwG in Bezug auf Spaltungen (z. B. Voraussetzungen und Ablauf) vgl. BALLREICH, H., Umwandlungsrecht, S. 44-48; HARITZ, D./BÄRWALDT, R., in: MÜLLER, W./ HOFFMANN, W.-D., Personengesellschaften, § 9 Rn. 430-493.

641 Vgl. KORN, K., Einbringung in Personengesellschaften, NWB 2007, F. 18, S. 4418-4419, 4420, 4422-4423; WIDMANN, S., in: WIDMANN, S./MAYER, D., Umwandlungsrecht, § 24 UmwStG Rn. 98, 117.6 (August 2001); SCHMITT, J., in: SCHMITT, J./HÖRTNAGL, R./STRATZ, R.-C., UmwG/UmwStG, § 24 UmwStG Rn. 18, 20, 24, 273; PATT, J., in: DÖTSCH, E. U. A., Umwandlungssteuerrecht, § 24 UmwStG Rn. 105; WOLFF, N., in: BLÜMICH, EStG/KStG/GewStG, § 24 UmwStG Rn. 14 (März 1996); (einschränkend bezüglich der Realteilung) ENGL, R. L., in: WIDMANN, S./MAYER, D., Umwandlungsrecht, Anhang 10 Rn. 373-381 (April 2000); HOTTMANN, J., in: ZIMMERMANN, R. U. A., Personengesellschaft, M Rn. 18-20. Die Finanzverwaltung erachtet von den drei im UmwG kodifizierten Spaltungsmöglichkeiten nur für die Ausgliederung eine Anwendung von § 24 UmwStG für möglich; vgl. BMF-SCHREIBEN V. 25.03.1998, IV B 7 – S 1978 – 21/98 / IV B 2 – S 1909 – 33/98, BStBl. I 1998, S. 268 Rn. 24.01 ebenso KERSSENBROCK, GRAF O.-F./RUNDSHAGEN, H., Übertragung, BB 2004, S. 2491; SCHULZE ZUR WIESCHE, D., Spaltungs- und Ausgliederungsvorgänge, DStZ 2004, S. 366-371.

642 Da die Aufspaltung i. S. des UmwG nicht Untersuchungsgegenstand ist, wird auf die Abgrenzung von Realteilungen nach § 16 Abs. 3 S. 2-4 EStG zu Einbringungen im Wege von § 24 UmwStG verzichtet.

643 Vgl. DÖTSCH, E./PUNG, A., Änderungen des UmwStG, DB 2006, S. 2772; LEY, U., Einbringung nach §§ 20, 24 UmwStG, FR 2007, S. 121.

644 WIDMANN, S., in: WIDMANN, S./MAYER, D., Umwandlungsrecht, § 1 UmwStG Rn. 174 (Februar 2007).

645 Vgl. KORN, K., Einbringung in Personengesellschaften, NWB 2007, F. 18, S. 4418.

2.2. Begriffe i. S. des § 24 UmwStG

2.2.1. Einbringender

Als Einbringende einer betrieblichen Sachgesamtheit i. S. von § 24 UmwStG können natürliche Personen, Körperschaften, Personenvereinigungen oder eine Vermögensmasse sowie Mitunternehmerschaften in Betracht kommen.[646] Ob der Mitunternehmer einer Personengesellschaft oder diese selber Einbringende i. S. von § 24 UmwStG sein kann, ist aber umstritten.

Der Finanzverwaltung[647] und einem Teil des Schrifttums[648] zufolge sind stets und damit undifferenziert in Bezug auf die Ausgestaltung des Einbringungsvorgangs die Mitunternehmer einer Personengesellschaft und nicht die Personengesellschaft selbst Einbringende i. S. von § 24 UmwStG. Die Finanzverwaltung stützt ihre Auffassung auf das BFH-Urteil I R 184/94 v. 16.02.1996[649]. Der BFH hat allerdings seine Auffassung, dass die Mitunternehmer einer Personengesellschaft und nicht die Personengesellschaft selbst Einbringende i. S. von § 20 UmwStG sind, ohne Angabe von Gründen für den Fall gefasst, dass es sich bei der Übertragung des gesamten Vermögens einer Personengesellschaft auf eine GmbH nicht um die Einbringung eines Betriebs i. S. von § 20 UmwStG sondern um die Einbringung sämtlicher Anteile der Personengesellschaft handeln würde.

Eine Übertragung dieser Auffassung des BFH durch die Finanzverwaltung auf sämtliche Einbringungsvorgänge im Wege der §§ 20 und 24 UmwStG ist m. E.

---

646 Vgl. KORN, K., Einbringung in Personengesellschaften, NWB 2007, F. 18, S. 4425 HOENCK, P. H., Einbringung, NWB 2004, F. 18, S. 4071; SCHMITT, J., in: SCHMITT, J./HÖRTNAGL, R./STRATZ, R.-C., UmwG/UmwStG, § 24 UmwStG Rn. 92; WOLFF, N., in: BLÜMICH, EStG/KStG/GewStG, § 24 UmwStG Rn. 17 (Mai 1996). Nach § 1 Abs. 4 S. 2 UmwStG ist bei Einbringungen im Wege von § 24 UmwStG der Wohnsitz bzw. Sitz des Einbringenden für eine Anwendung von § 24 UmwStG ohne Bedeutung; vgl. DAMAS, J.-P., Das neue Umwandlungssteuerrecht, DStZ 2007, S. 140; LEY, U., Einbringung nach §§ 20, 24 UmwStG, FR 2007, S. 121; SCHMITT, J., in: SCHMITT, J./HÖRTNAGL, R./STRATZ, R.-C., UmwG/UmwStG, § 24 UmwStG Rn. 110.

647 Vgl. BMF-SCHREIBEN v. 25.03.1998, IV B 7 – S 1978 – 21/98 / IV B 2 – S 1909 – 33/98, BStBl. I 1998, S. 268 Rn. 24.04 i. V. m. 20.05.

648 Vgl. PATT, J., in: DÖTSCH, E. U. A., Umwandlungssteuerrecht, § 24 UmwStG Rn. 112. Vgl. (mit Verweis auf die Auffassung der Finanzverwaltung im BMF-SCHREIBEN v. 25.03.1998, IV B 7 – S 1978 – 21/98 / IV B 2 – S 1909 – 33/98, BStBl. I 1998, S. 268 Rn. 24.04 i. V. m. 20.05) KORN, K., Einbringung in Personengesellschaften, NWB 2007, F. 18, S. 4425; HOTTMANN, J., in: ZIMMERMANN, R. U. A., Personengesellschaft, M Rn. 17, 20. Vgl. (der Auffassung der Finanzverwaltung im BMF-SCHREIBEN v. 25.03.1998, IV B 7 – S 1978 – 21/98 / IV B 2 – S 1909 – 33/98, BStBl. I 1998, S. 268 Rn. 24.04 i. V. m. 20.05 entsprechend) SCHULZE ZUR WIESCHE, D., in: BORDEWIN, A./BRANDT, J., EStG, § 24 UmwStG Rn. 5 (Juni 2006).

649 BFH v. 16.02.1996, I R 183/94, BStBl. II 1996, S. 342.

nicht differenziert genug und kann die Vielfalt der Einbringungsmöglichkeiten der §§ 20, 24 UmwStG nicht abdecken. Entsprechend der Auffassung der Finanzverwaltung[650] wäre auch im Fall der Ausgliederung von Vermögen, z. B. der Einbringung eines Teilbetriebs der Obergesellschaft in die Untergesellschaft unter Gewährung von Gesellschaftsechten an der aufnehmenden Personengesellschaft an die einbringende Personengesellschaft, nicht die einbringende Obergesellschaft selbst, sondern wären deren Gesellschafter Einbringende i. S. von § 24 UmwStG, obwohl gemäß § 123 Abs. 3 UmwG bei der Ausgliederung die Anteile an dem übernehmenden Rechtsträger nicht den Gesellschaftern des übertragenden Rechtsträgers sondern dem übertragenden Rechtsträger, im Beispiel der Obergesellschaft, selbst gewährt werden. Insbesondere vor dem Hintergrund, dass eine Personengesellschaft selbständiges Subjekt der Gewinnermittlung ist und auch die mitunternehmerische Beteiligung einer Personengesellschaft an einer anderen Personengesellschaft anerkannt ist,[651] kann m. E. auch die Mitunternehmerschaft selbst in Abhängigkeit der Ausgestaltung der Umstrukturierung Einbringende i. S. von § 24 UmwStG sein.[652] Zudem ist diese einschränkende Auffassung der Finanzverwaltung nicht dem Wortlaut des § 24 UmwStG zu entnehmen.[653] Wer Einbringender ist, bestimmt sich vielmehr in Abhängigkeit der Ausgestaltung der Umstrukturierung. Da es sich bei der Einbringung i. S. von § 24 UmwStG um einen tauschähnlichen Vorgang handelt, bestimmt sich die Person des Einbringenden danach, wem für die Einbringung eines Betriebs, Teilbetriebs oder Mitunternehmeranteils als Gegenleistung Gesellschaftsrechte an der aufnehmenden Gesellschaft gewährt werden.[654] Dabei kann eine Mitunternehmerschaft

---

650 Vgl. BMF-SCHREIBEN v. 25.03.1998, IV B 7 – S 1978 – 21/98 / IV B 2 – S 1909 – 33/98, BStBl. I 1998, S. 268 Rn. 24.04 i. V. m. 20.05.

651 Vgl. KERSSENBROCK, GRAF O.-F./RUNDSHAGEN, H., Übertragung, BB 2004, S. 2493; SCHMITT, J., in: SCHMITT, J./HÖRTNAGL, R./STRATZ, R.-C., UmwG/UmwStG, § 24 UmwStG Rn. 97; PATT, J., Einbringung, DStR 1995, S. 1084-1085; FRIEDERICHS, K., in: HARITZ, D./BENKERT, M., UmwStG, § 20 Rn. 14; BFH v. 25.02.1991, GrS 7/89, BStBl. II 1991, S. 691, 697. Vgl. auch Kapitel 1 Abschnitt B.I.1.

652 Gl. A. KERSSENBROCK, GRAF O.-F./RUNDSHAGEN, H., Übertragung, BB 2004, S. 2493-2495; SCHULZE ZUR WIESCHE, D., Personengesellschaft, DStZ 1998, S. 825-826, 828; SCHMITT, J., in: SCHMITT, J./HÖRTNAGL, R./STRATZ, R.-C., UmwG/UmwStG, § 24 UmwStG Rn. 97, § 20 UmwStG Rn. 189; (ähnlich) SCHLÖßER, R. W., in: HARITZ, D./BENKERT, M., UmwStG, § 24 Rn. 38; WIDMANN, S., in: WIDMANN, S./MAYER, D., Umwandlungsrecht, § 20 UmwStG Rn. 427 (Dezember 1986), § 24 UmwStG Rn. 92, 93.1 (August 2001); BFH v. 21.06.1994, VIII R 5/92, BStBl. II 1994, S. 856; 858. In Bezug auf die entsprechende Fragestellung bei Einbringungen im Wege von § 20 UmwStG gl. A. BENECKE, A. Y., Umwandlung, S. 48; PATT, J., Einbringung, DStR 1995, S. 1084, 1090; FRIEDERICHS, K., in: HARITZ, D./BENKERT, M., UmwStG, § 20 Rn. 14.

653 Vgl. KERSSENBROCK, GRAF O.-F./RUNDSHAGEN, H., Übertragung, BB 2004, S. 2493.

654 Vgl. (in Bezug auf Einbringungen im Wege von § 20 UmwStG) BENECKE, A. Y., Umwandlung, S. 48; SCHULZE ZUR WIESCHE, D., Personengesellschaft, DStZ 1998, S. 825.

aber nur Einbringende sein, soweit diese nicht durch die Einbringung erlischt. Anderenfalls treten die Gesellschafter der Mitunternehmerschaft als Einbringende auf.[655]

Demzufolge ist bei der Ausgliederung i. S. des UmwG und einem Fortbestand der gespaltenen Mitunternehmerschaft[656] wie auch bei der Einbringung eines Teilbetriebs bzw. Betriebs im Wege der Einzelrechtsübertragung[657] die Personengesellschaft selbst die Einbringende bzw. sind bei der Verschmelzung i. S. des UmwG[658] und bei der Abspaltung i. S. des UmwG[660] die Mitunternehmer einer Personengesellschaft die Einbringenden i. S. von § 24 UmwStG. Auch bei der Einbringung von Mitunternehmeranteilen[660] oder Teilen von Mitunternehmeranteilen, von Wirtschaftsgütern des Sonderbetriebsvermögens oder Betrieben oder Teilbetrieben des Sonderbetriebsvermögens eines Mitunternehmers[661] sind die

---

655 Vgl. WIDMANN, S., in: WIDMANN, S./MAYER, D., Umwandlungsrecht, § 20 UmwStG Rn. 427 (Dezember 1986), § 24 UmwStG Rn. 93 (August 2001); KLINGBERG, D., in: BLÜMICH, EStG/KStG/GewStG, § 20 UmwStG Rn. 30 (März 2005); WOLFF, N., in: BLÜMICH, EStG/KStG/GewStG, § 24 UmwStG Rn. 17 (Mai 1996); (zur Verschmelzung) RÖDDER, T., Umstrukturierungen, StbJb 1994/1995, S. 309. Wohl a. A. SCHLÖßER, R. W., in: HARITZ, D./BENKERT, M., UmwStG, § 24 Rn. 38.

656 Gl. A. SCHULZE ZUR WIESCHE, D., Personengesellschaft, DStZ 1998, S. 825-826, 828; SCHLÖßER, R. W., in: HARITZ, D./BENKERT, M., UmwStG, § 24 Rn. 42; KLINGBERG, D., in: BLÜMICH, EStG/KStG/GewStG, § 20 UmwStG Rn. 30 (März 2005); WOLFF, N., in: BLÜMICH, EStG/KStG/GewStG, § 24 UmwStG Rn. 17 (Mai 1996); WIDMANN, S., in: WIDMANN, S./MAYER, D., Umwandlungsrecht, § 24 UmwStG Rn. 93.1 (August 2001).

657 Gl. A. SCHULZE ZUR WIESCHE, D., Personengesellschaft, DStZ 1998, S. 825-826, 828. Die Finanzverwaltung erachtet dem entgegen eine zivilrechtlich anzuerkennende Einbringung eines Teilbetriebs stattdessen als Einbringung durch die Mitunternehmer der einbringenden Personengesellschaft; vgl. BMF-SCHREIBEN v. 25.03.1998, IV B 7 – S 1978 – 21/98 / IV B 2 – S 1909 – 33/98, BStBl. I 1998, S. 268 Rn. 24.04 i. V. m. 20.05. Diese Auffassung birgt die Problematik, in welchem Umfang Sonderbetriebsvermögen als wesentliche Betriebsgrundlage für die Anwendbarkeit von § 24 UmwStG in die aufnehmende Personengesellschaft einzubringen ist. Das Sonderbetriebsvermögen als wesentliche Betriebsgrundlage eines Teilbetriebs kann zu dem Sonderbetriebsvermögen als wesentliche Betriebsgrundlage eines Teil-Mitunternehmeranteils differieren; vgl. (ausführlich) m. w. N. ROGALL, M., Sonderbetriebsvermögen, DB 2005, S. 410-414; RÖHNER, J., Übertragung, S. 169-173.

658 Gl. A. SCHLÖßER, R. W., in: HARITZ, D./BENKERT, M., UmwStG, § 24 Rn. 39; SCHMITT, J., in: Schmitt, J./HÖRTNAGL, R./STRATZ, R.-C., UmwG/UmwStG, § 24 UmwStG Rn. 98; PATT, J., in: DÖTSCH, E. U. A., Umwandlungssteuerrecht, § 24 UmwStG Rn. 28, 112; SCHULZE ZUR WIESCHE, D., in: BORDEWIN, A./BRANDT, J., EStG, § 24 UmwStG Rn. 20 (Juni 2006); KLINGBERG, D., in: BLÜMICH, EStG/KStG/GewStG, § 20 UmwStG Rn. 28, 30 (März 2005); WOLFF, N., in: BLÜMICH, EStG/KStG/GewStG, § 24 UmwStG Rn. 17 (Mai 1996); WIDMANN, S., in: WIDMANN, S./MAYER, D., Umwandlungsrecht, § 24 UmwStG Rn. 93-93.1 (August 2001).

659 Gl. A. LANGE, J., Personengesellschaften, Rn. 2612; SAGASSER, B./FAHRENBERG, J., in: SAGASSER, B./BULA, T./BRÜNINGER, T. R., Umwandlungen, P Rn. 3; RÖDDER, T., Umstrukturierungen, StbJb 1994/1995, S. 310; SCHLÖßER, R. W., in: HARITZ, D./BENKERT, M., UmwStG, § 24 Rn. 41; KLINGBERG, D., in: BLÜMICH, EStG/KStG/GewStG, § 20 UmwStG Rn. 30 (März 2005); WOLFF, N., in: BLÜMICH, EStG/KStG/GewStG, § 24 UmwStG Rn. 17 (Mai 1996); WIDMANN, S., in: WIDMANN, S./MAYER, D., Umwandlungsrecht, § 24 UmwStG Rn. 93.1 (August 2001).

660 Vgl. FASOLD, F., Buchwertfortführung, S. 34; SCHULZE ZUR WIESCHE, D., Personengesellschaft, DStZ 1998, S. 825-826, 828; SCHLÖßER, R. W., in: HARITZ, D./BENKERT, M., UmwStG, § 24 Rn. 43. Vgl. auch zur Einbringung eines Mitunternehmeranteils im Wege von § 20 UmwStG SCHMITT, J., in: SCHMITT, J./HÖRTNAGL, R./STRATZ, R.-C., UmwG/UmwStG, § 20 UmwStG Rn. 189; BFH v. 16.02.1996, I R 183/94, BStBl. II 1996, S. 342, 344.

661 Vgl. SCHMITT, J., in: SCHMITT, J./HÖRTNAGL, R./STRATZ, R.-C., UmwG/UmwStG, § 20 UmwStG Rn. 189.

jeweiligen Mitunternehmer der Personengesellschaft die Einbringenden. Aufbauend auf diese Ausführungen hat die Prüfung der Voraussetzungen von § 24 UmwStG in Bezug auf den jeweiligen Einbringenden in Abhängigkeit von der Ausgestaltung des jeweiligen Einbringungsvorgangs zu erfolgen[662] und ist nicht entsprechend der Auffassung der Finanzverwaltung[663] gesellschafterbezogen durchzuführen.

Bei Einbringungen in die Untergesellschaft bzw. bei entgegengesetzter Übertragungsrichtung in die Obergesellschaft einer doppelstöckigen Personengesellschaft ist zu beachten, dass es sich jeweils um eine Einbringung in eine bereits existierende Mitunternehmerschaft handelt. Bei Einbringungen von Betriebsvermögen im Wege von § 24 UmwStG in eine existente Mitunternehmerschaft werden steuerlich zwei Einbringungsvorgänge ausgelöst, da durch diesen Einbringungsvorgang die Mitunternehmerschaft der aufnehmenden Personengesellschaft erweitert wird. Im Zuge der Erweiterung der Mitunternehmerschaft werden neben dem eigentlichen Einbringungsgegenstand die Mitunternehmeranteile der Alt-Gesellschafter ebenfalls im Wege von § 24 UmwStG in eine steuerlich „neue“ erweiterte Mitunternehmerschaft eingebracht.[664]

2.2.2. Einbringung einer Sachgesamtheit

Zivilrechtlich und steuerrechtlich ist der Begriff der Einbringung nicht definiert. Eine Einbringung i. S. von § 24 UmwStG setzt voraus, dass die zur betreffenden Sachgesamtheit gehörenden Wirtschaftsgüter in das mitunternehmerische Betriebsvermögen der aufnehmenden Personengesellschaft transferiert werden. Folglich ist eine Einbringung in eine Personengesellschaft gegeben, wenn die Wirtschaftsgüter zivilrechtlich oder wirtschaftlich in das Gesamthandsvermögen oder teilweise

---

662 Gl. A. SCHULZE ZUR WIESCHE, D., Personengesellschaft, DStZ 1998, S. 826.

663 Vgl. BMF-SCHREIBEN v. 25.03.1998, IV B 7 – S 1978 – 21/98 / IV B 2 – S 1909 – 33/98, BStBl. I 1998, S. 268 Rn. 24.04 i. V. m. 20.05. Gl. A. (mit Verweis auf das zuvor genannte BMF-SCHREIBEN v. 25.03.1998) KORN, K., Einbringung in Personengesellschaften, NWB 2007, F. 18, S. 4425.

664 Vgl. SCHLÖßER, R. W., in: HARITZ, D./BENKERT, M., UmwStG, § 24 Rn. 47; WIDMANN, S., in: WIDMANN, S./MAYER, D., Umwandlungsrecht, § 24 UmwStG Rn. 107 (August 2001); BFH v. 25.04.2006, VIII R 52/04, BStBl. II 2006, S. 847, 850; (entsprechend, jedoch zur Verschmelzung einer Personengesellschaft auf eine andere bestehende Personengesellschaft) HARITZ, D./BÄRWALDT, R., in: MÜLLER, W./HOFFMANN, W.-D., Personengesellschaften, § 9 Rn. 387.

in das Gesamthandsvermögen und in das Sonderbetriebsvermögen transferiert werden.[665] Eine Anwendung von § 24 UmwStG i. d. F. des SEStEG ist wie bisher auf die Einbringungsgegenstände Betrieb, Teilbetrieb oder Mitunternehmeranteil begrenzt.[666] Die Übertragung von Einzelwirtschaftsgütern losgelöst von der Einbringung einer Sachgesamtheit fällt folglich nicht in den Anwendungsbereich von § 24 UmwStG.[667] Auf Seiten der Übertragenden müssen die Wirtschaftsgüter einem Betriebsvermögen entstammen, auf Seiten der aufnehmenden Personengesellschaft müssen die Wirtschaftsgüter in das Betriebsvermögen und dabei zumindest auch in das Gesamthandsvermögen gelangen.[668] Die Begriffe Betrieb, Teilbetrieb oder Mitunternehmeranteil sind im UmwStG nicht definiert. Stattdessen kommen die allgemeinen ertragsteuerlichen Begriffsverständnisse zur Verwendung. Diese wurden insbesondere auch zur Anwendung von § 16 EStG entwickelt.[669]

Ein Betrieb ist steuerrechtlich eine selbständige Organisationseinheit von sachlichen und persönlichen Mitteln in Form einer Sachgesamtheit. Diese Sachgesamtheit dient einer gewerblichen, land- und forstwirtschaftlichen oder selbständigen Tätigkeit.[670] Gemäß der tätigkeitsorientierten Definition in § 15

---

665 Vgl. FASOLD, F., Buchwertfortführung, S. 30; SCHMITT, J., in: SCHMITT, J./HÖRTNAGL, R./STRATZ, R.-C., UmwG/UmwStG, § 24 UmwStG Rn. 46; SCHLÖßER, R. W., in: HARITZ, D./BENKERT, M., UmwStG, § 24 Rn. 10; SCHULZE ZUR WIESCHE, D., in: BORDEWIN, A./BRANDT, J., EStG, § 24 UmwStG Rn. 51 (Mai 2002); WOLFF, N., in: BLÜMICH, EStG/KStG/GewStG, § 24 UmwStG Rn. 24 (Mai 1996); BMF-SCHREIBEN v. 25.03.1998, IV B 7 – S 1978 – 21/98 / IV B 2 – S 1909 – 33/98, BStBl. I 1998, S. 268 Rn. 24.06; OFD HANNOVER v. 06.04.2006, S 1978c – 56 – StO 243, NWB 2006, F. 1, S. 160; BAYERISCHES LANDESAMT FÜR STEUERN v. 06.03.2006, S 1978c – 6 St32/St33, FR 2006, S. 391; BFH v. 26.01.1994, III R 39/91, BStBl. II 1994, S. 458, 460.

666 Vgl. DÖTSCH, E./PUNG, A., Änderungen des UmwStG, DB 2006, S. 2772; KORN, K., Einbringung in Personengesellschaften, NWB 2007, F. 18, S. 4423; SCHMITT, J., in: SCHMITT, J./HÖRTNAGL, R./STRATZ, R.-C., UmwG/UmwStG, § 24 UmwStG Rn. 49.

667 Vgl. FORST, P./FRINGS, T., Spaltung, EStB 2003, S. 443; SCHMITT, J., in: SCHMITT, J./HÖRTNAGL, R./STRATZ, R.-C., UmwG/UmwStG, § 24 UmwStG Rn. 82.

668 Vgl. SCHMITT, J., in: SCHMITT, J./HÖRTNAGL, R./STRATZ, R.-C., UmwG/UmwStG, § 24 UmwStG Rn. 49; SCHLÖßER, R. W., in: HARITZ, D./BENKERT, M., UmwStG, § 24 Rn. 10; WOLFF, N., in: BLÜMICH, EStG/KStG/GewStG, § 24 UmwStG Rn. 1 (März 2002). Neben gewerblichen Betriebsvermögen kann es sich somit auch um land- und forstwirtschaftliche oder freiberufliche Betriebsvermögen handeln; vgl. SCHMITT, J., in: SCHMITT, J./HÖRTNAGL, R./STRATZ, R.-C., UmwG/UmwStG, § 24 UmwStG Rn. 49; SCHULZE ZUR WIESCHE, D., in: BORDEWIN, A./BRANDT, J., EStG, § 24 UmwStG Rn. 5a, 6 (Juni 2006); SCHLÖßER, R. W., in: HARITZ, D./BENKERT, M., UmwStG, § 24 Rn. 16; m. w. N. WIDMANN, S., in: WIDMANN, S./MAYER, D., Umwandlungsrecht, § 24 UmwStG Rn. 4.2 (September 2006). PATT schließt eine Einbringung auch in das Sonderbetriebsvermögen mit Verweis auf die abschließende Aufzählung von § 1 Abs. 3 UmwStG aus; vgl. PATT, J., in: DÖTSCH, E. U. A., Umwandlungssteuerrecht, § 24 UmwStG Rn. 16, 19, 44.

669 Vgl. KORN, K., Einbringung in Personengesellschaften, NWB 2007, F. 18, S. 4423; STAHL, R., in: KORN, K. U. A., EStG, § 16 Rn. 61-69 (März 2005).

670 Vgl. NIEHUS, U./WILKE, H., Personengesellschaften, S. 143; FASOLD, F., Buchwertfortführung, S. 31-32; FRIEDERICHS, K., in: HARITZ, D./BENKERT, M., UmwStG, § 20 Rn. 53.

Abs. 2 EStG ist ein Betrieb eine mit Gewinnerzielungsabsicht unternommene, selbständige und nachhaltige Tätigkeit unter Beteiligung am allgemeinen wirtschaftlichen Verkehr.[671]

Ein Teilbetrieb ist ein organisatorisch geschlossener, mit einer gewissen Selbständigkeit ausgestatteter Teil eines Gesamtbetriebs, der für sich betrachtet alle Merkmale eines Betriebs i. S. des EStG erfüllt und für sich lebensfähig ist.[672] Darauf aufbauend dienen die folgenden Indizien als Abgrenzungskriterien für einen Teilbetrieb: Selbständiges Auftreten des Betriebsteils in der Art eines selbständigen Zweigbetriebs, eigenes Personal innerhalb des Gesamtbetriebs, eigenes Inventar bzw. Anlagevermögen, gesonderte Buchführung, Möglichkeit eigener Preisgestaltung, eigene Einkaufsbeziehungen, räumliche Trennung vom Hauptbetrieb, eigener Kundenstamm, Unterscheidbarkeit der am Markt angebotenen Leistungen.[673] Da ein Teilbetrieb eine nur gewisse Selbständigkeit gegenüber dem Hauptbetrieb voraussetzt, müssen die Indizien nicht in gleichem Maße gegeben sein.[674] Zudem unterliegen die Indizien in Abhängigkeit vom jeweiligen Geschäftsfeld (z. B. Fertigung, Handel oder Dienstleistung) einer unterschiedlichen Gewichtung.[675] Davon unabhängig gilt auch – entsprechend § 16 Abs. 1 S. 1 Nr. 1 S. 2 EStG – eine zum steuerlichen Betriebsvermögen gehörende 100 v. H.-Beteili-

---

671 Vgl. SCHMITT, J., in: SCHMITT, J./HÖRTNAGL, R./STRATZ, R.-C., UmwG/UmwStG, § 20 UmwStG Rn. 7, § 24 UmwStG Rn. 64.

672 Vgl. STAHL, R., in: KORN, K. U. A., EStG, § 16 Rn. 62, 68 (März 2005); ROGALL, M., Sonderbetriebsvermögen, DB 2005, S. 410; NIEHUS, U./WILKE, H., Personengesellschaften, S. 143; HAGEMANN, J. U. A., SEStEG, NWB 2007, Sonderheft 1, S. 34; RÖDDER, T./BECKMANN, K., Teilbetriebsverständnis, DStR 1999, S. 751; WACKER, R., in: SCHMIDT, L., EStG, § 16 Rn. 143; SCHMITT, J., in: SCHMITT, J./HÖRTNAGL, R./STRATZ, R.-C., UmwG/UmwStG, § 20 UmwStG Rn. 65, § 24 UmwStG Rn. 66; BENKERT, M., in: HARITZ, D./BENKERT, M., UmwStG, Einf. Rn. 364-373; SCHLÖßER, R. W., in: HARITZ, D./BENKERT, M., UmwStG, § 24 Rn. 15; R 16 Abs. 3 EStR. Vgl. zur ständigen BFH-Rechtsprechung BFH v. 09.11.2000, IV R 60/99, BStBl. II 2001, S. 101; BFH v. 18.10.1999, GrS 2/98, BStBl. II 2000, S. 123, 126-127; BFH v. 18.06.1998, IV R 56/97, BStBl. II 1998, S. 735, 736; BFH v. 10.03.1998, VIII R 31/95, BFH/NV 1998, S. 1209, 1209-1210; BFH v. 12.11.1997, XI R 24/97, BFH/NV 1998, S. 690, 691; BFH v. 13.02.1996, VIII R 39/92, BStBl. II 1996, S. 409, 410; BFH v. 29.04.1993, IV R 88/92, BFH/NV 1994, S. 694, 695; BFH v. 12.04.1989, I R 105/85, BStBl. II 1989, S. 653, 654; BFH v. 14.03.1989, I R 75/85, BFH/NV 1991, S. 291, 292; BFH v. 23.11.1988, X R 1/86, BStBl. II 1989, S. 376, 378; BFH v. 12.09.1979, I R 146/76, BStBl. II 1980, S. 51, 53. Zur Abgrenzung zum Teilbetriebs i. S. der Fusionsrichtlinie vgl. m. w. N. WIDMANN, S., in: WIDMANN, S./MAYER, D., Umwandlungsrecht, § 20 UmwStG Rn. R 5 (April 2007)

673 Vgl. (jeweils mit entsprechenden Verweisen zur ergangenen Finanzrechtsprechung) STAHL, R., in: KORN, K. U. A., EStG, § 16 Rn. 62 (März 2005); KOFMANN, S./GÖTZ, A., Teilbetriebsvoraussetzungen, SteuerStud 2007, S. 221-223.

674 Vgl. STAHL, R., in: KORN, K. U. A., EStG, § 16 Rn. 62 (März 2005); BFH v. 29.04.1993, IV R 88/92, BFH/NV 1994, S. 694, 695; BFH v. 17.01.1991, IV R 12/89, BStBl. II 1991, S. 566, 567-568; BFH v. 12.09.1979, I R 146/76, BStBl. II 1980, S. 51, 53; FG BADEN-WÜRTTEMBERG v. 14.11.1998, 2 K 94/96 – rkr., EFG 1999, S. 605.

675 Vgl. STAHL, R., in: KORN, K. U. A., EStG, § 16 Rn. 62 (März 2005); BFH v. 29.04.1993, IV R 88/92, BFH/NV 1994, S. 694, 695-696; BFH v. 12.09.1979, I R 146/76, BStBl. II 1980, S. 51, 53; FG BADEN-WÜRTTEMBERG v. 14.11.1998, 2 K 94/96 – rkr., EFG 1999, S. 605.

gung an einer Kapitalgesellschaft weiterhin als Teilbetrieb.[676]

Der Mitunternehmeranteil ist die mitunternehmerische Beteiligung einer natürlichen Person, juristischen Person oder Personengesellschaft an einer Mitunternehmerschaft und umfasst die gesellschaftsrechtliche Mitgliedschaft bei der Mitunternehmerschaft einschließlich des dinglichen Anteils am Gesamthandsvermögen und das etwaige Sonderbetriebsvermögen des betreffenden Mitunternehmers.[677]

Die Einbringung einer Sachgesamtheit macht es erforderlich, dass sämtliche wesentlichen Betriebsgrundlagen des Teilbetriebs, Betriebs bzw. Mitunternehmeranteils in die aufnehmende Personengesellschaft einzubringen sind.[678] Dies schließt bei Mitunternehmerschaften neben dem Gesamthandsvermögen bei Teilbetriebs- oder Betriebseinbringungen bzw. neben dem Mitunternehmeranteil bei Einbringungen von Mitunternehmeranteilen das Sonderbetriebsvermögen ein.[679] Die Zu-

---

676 Vgl. KORN, K., Einbringung in Personengesellschaften, NWB 2007, F. 18, S. 4424; LEY, U., Einbringung nach §§ 20, 24 UmwStG, FR 2007, S. 121; HOENCK, P. H., Einbringung, NWB 2004, F. 18, S. 4071; BAUERNSCHMITT, I./BLÖCHLE, D., SEStEG, BB 2007, S. 747; BT-DRS. 16/2710 v. 25.09.2006, S. 50; KNEIP, C., Reorganisation, INF 1999, S. 399; NIEHUS, U./WILKE, H., Personengesellschaften, S. 143; MAITERTH, R./MÜLLER, H., Umwandlung, S. 157, 162; SCHMITT, J., in: SCHMITT, J./HÖRTNAGL, R./STRATZ, R.-C., UmwG/UmwStG, § 24 UmwStG Rn. 55, 75-81; SCHULZE ZUR WIESCHE, D., in: BORDEWIN, A./BRANDT, J., EStG, § 24 UmwStG Rn. 12 (Juni 2006); SCHLÖẞER, R. W., in: HARITZ, D./BENKERT, M., UmwStG, § 24 Rn. 22; PATT, J., in: DÖTSCH, E. U. A., Umwandlungssteuerrecht, § 24 UmwStG Rn. 95-98; WIDMANN, S., in: WIDMANN, S./MAYER, D., Umwandlungsrecht, § 24 UmwStG Rn. 12 (September 2006); BMF-SCHREIBEN V. 25.03.1998, IV B 7 – S 1978 – 21/98 / IV B 2 – S 1909 – 33/98, BStBl. I 1998, S. 268 Rn. 24.03. Diese Auffassung wird auch durch § 15 Abs. 1 S. 3 UmwStG deutlich, auch wenn es dieser ausdrücklichen Nennung im UmwStG aufgrund der ertragsteuerlichen Begriffsauslegung mit Bezug auf das EStG nicht bedurft hätte; vgl. HOENCK, P. H., Einbringung, NWB 2004, F. 18, S. 4071.

677 Vgl. SCHMITT, J., in: SCHMITT, J./HÖRTNAGL, R./STRATZ, R.-C., UmwG/UmwStG, § 20 UmwStG Rn. 107, § 24 UmwStG Rn. 68; FASOLD, F., Buchwertfortführung, S. 32; m. w. N. WACKER, R., in: SCHMIDT, L., EStG, § 16 Rn. 404, 407; SCHULZE ZUR WIESCHE, D., in: BORDEWIN, A./BRANDT, J., EStG, § 24 UmwStG Rn. 52-53 (Mai 2002).

678 Vgl. BEHRENS, S./SCHMITT, R., Einbringungen, FR 2002, S. 549; REICHE, F., Wesentliche Betriebsgrundlagen, DStR 2006, S. 1205; KORN, K., Einbringung in Personengesellschaften, NWB 2007, F. 18, S. 4423; NIEHUS, U./WILKE, H., Personengesellschaften, S. 143; HAGEMANN, J. U. A., SEStEG, NWB 2007, Sonderheft 1, S. 34; FASOLD, F., Buchwertfortführung, S. 32; SCHMITT, J., in: SCHMITT, J./HÖRTNAGL, R./STRATZ, R.-C., UmwG/UmwStG, § 20 UmwStG Rn. 67, § 24 UmwStG Rn. 65-67; WIDMANN, S., in: WIDMANN, S./MAYER, D., Umwandlungsrecht, § 24 UmwStG Rn. 6.8 (September 2006); BMF-SCHREIBEN v. 25.03.1998, IV B 7 – S 1978 – 21/98 / IV B 2 – S 1909 – 33/98, BStBl. I 1998, S. 268 Rn. 24.04 i. V. m. 20.08; (mit weiteren Ausführungen zum Begriff der wesentlichen Betriebsgrundlage) BMF-SCHREIBEN v. 16.08.2000, IV C 2 – S 1909 – 23/00, BStBl. I 2000, S. 1253; BFH v. 13.04.2007, IV B 81/06, BFH/NV 2007, S. 1939, 1940; BFH v. 16.02.1996, I R 183/94, BStBl. II 1996, S. 342, 343.

679 Vgl. KORN, K., Einbringung in Personengesellschaften, NWB 2007, F. 18, S. 4423; ROGALL, M., Sonderbetriebsvermögen, DB 2005, S. 410-411; SCHMITT, J., in: SCHMITT, J./HÖRTNAGL, R./STRATZ, R.-C., UmwG/UmwStG, § 20 UmwStG Rn. 12, 55, § 24 UmwStG Rn. 65-67, 70; SCHULZE ZUR WIESCHE, D., in: BORDEWIN, A./BRANDT, J., EStG, § 24 UmwStG Rn. 52 (Mai 2002); BMF-SCHREIBEN v. 25.03.1998, IV B 7 – S 1978 – 21/98 / IV B 2 – S 1909 – 33/98, BStBl. I 1998, S. 268 Rn. 20.08; BFH v. 13.04.2007, IV B 81/06, BFH/NV 2007, S. 1939, 1940; BFH v. 16.02.1996, I R 183/94, BStBl. II 1996, S. 342, 343. Vgl. weiterführend zur Einordnung von Sonderbetriebsvermögen als wesentliche Betriebsgrundlage m. w. N. ROGALL, M., Sonderbetriebsvermögen, DB 2005, S. 411-412.

rückbehaltung von nicht wesentlichen Betriebsgrundlagen schränkt die Anwendbarkeit von § 24 UmwStG auf die einzubringende Sachgesamtheit nicht ein.[680]

Da der Begriff der wesentlichen Betriebsgrundlage normspezifisch auszulegen ist, differiert die Auslegung in Bezug auf § 16 EStG von der in Bezug auf § 24 UmwStG.[681] Bei Einbringungen i. S. des § 24 UmwStG wird ein funktionales Verständnis des Wesentlichkeitsbegriffs zu Grunde gelegt. So ist ein Wirtschaftsgut für einen Betrieb wesentlich, wenn es aufgrund seiner Funktion und der betrieblichen Zweckbestimmung für die Fortführung des Teilbetriebs bzw. Betriebs benötigt wird und dem Wirtschaftsgut ein besonderes wirtschaftliches Gewicht für den Teilbetrieb bzw. Betrieb zukommt. Die Höhe der stillen Reserven ist irrelevant, wodurch ein funktional unbedeutendes Wirtschaftsgut mit hohen stillen Reserven, ohne eine Anwendung von § 24 UmwStG zu gefährden, zurückbehalten werden kann.[682] Auch die Gesetzesbegründung zu § 20 UmwStG i. d. F. des SEStEG macht deutlich, dass bei Einbringungen eine funktionale Betrachtungsweise zu Grunde zu legen ist. So wird in der Gesetzesbegründung ausgeführt, dass bei der Beurteilung der Zugehörigkeit eines Wirtschaftsguts als wesentliche Betriebsgrundlage zu einem Teilbetrieb eine funktionale Betrachtungsweise maßgeblich

---

680 Vgl. SCHMITT, J., in: SCHMITT, J./HÖRTNAGL, R./STRATZ, R.-C., UmwG/UmwStG, § 24 UmwStG Rn. 86; SCHULZE ZUR WIESCHE, D., in: BORDEWIN, A./BRANDT, J., EStG, § 24 UmwStG Rn. 48, 52 (Mai 2002).

681 Vgl. REICHE, F., Wesentliche Betriebsgrundlagen, DStR 2006, S. 1206; NIEHUS, U./WILKE, H., Personengesellschaften, S. 143; KORN, K., Einbringung in Personengesellschaften, NWB 2007, F. 18, S. 4423; RÖDDER, T./BECKMANN, K., Teilbetriebsverständnis, DStR 1999, S. 751; HÖRGER, H./SCHULZ, A., Wesentliche Betriebsgrundlage, DStR 1998, S. 233; BLUMERS, W., Wesentliche Betriebsgrundlagen, DB 1995, S. 496-497; DÜLL, A./FUHRMANN, G./EBERHARD, M., Übertragung, DStR 2001, S. 1778; SCHMITT, J., in: SCHMITT, J./HÖRTNAGL, R./STRATZ, R.-C., UmwG/UmwStG, § 20 UmwStG Rn. 5-6; WACKER, R., in: SCHMIDT, L., EStG, § 16 Rn. 100, 141; BFH v. 02.10.1997, IV R 84/96, BStBl. II 1998, S. 104, 105. Vgl. zu Einbringungen im Wege von § 20 UmwStG HERLINGHAUS, A., Sacheinbringungen nach dem SEStEG, FR 2007, S. 287; SCHMITT, J., in: SCHMITT, J./HÖRTNAGL, R./STRATZ, R.-C., UmwG/UmwStG, § 20 UmwStG Rn. 6; FRIEDERICHS, K., in: HARITZ, D./BENKERT, M., UmwStG, § 20 Rn. 55-60; PATT, J., in: DÖTSCH, E. U. A., Umwandlungssteuerrecht, § 20 UmwStG Rn. 41-45; BMF-SCHREIBEN v. 16.08.2000, IV C 2 – S 1909 – 23/00, BStBl. I 2000, S. 1253.

682 Vgl. REICHE, F., Wesentliche Betriebsgrundlagen, DStR 2006, S. 1206; ROGALL, M., Sonderbetriebsvermögen, DB 2005, S. 410; HÖRGER, H./SCHULZ, A., Wesentliche Betriebsgrundlage, DStR 1998, S. 233; BLUMERS, W., Wesentliche Betriebsgrundlagen, DB 1995, S. 496-497; RÖDDER, T./BECKMANN, K., Teilbetriebsverständnis, DStR 1999, S. 751; PATT, J./RASCHE, R., Wesentliche Betriebsgrundlage, FR 2000, S. 1328-1332; KORN, K., Einbringung in Personengesellschaften, NWB 2007, F. 18, S. 4423; NIEHUS, U./WILKE, H., Personengesellschaften, S. 143; HOENCK, P. H., Einbringung, NWB 2004, F. 18, S. 4071. Vgl. auch (mit Bezug auf § 20 UmwStG) HERLINGHAUS, A., Sacheinbringungen nach dem SEStEG, FR 2007, S. 287; SCHMITT, J., in: SCHMITT, J./HÖRTNAGL, R./STRATZ, R.-C., UmwG/UmwStG, § 20 UmwStG Rn. 5-6, 67, 123, § 24 UmwStG Rn. 65-66, 70; PATT, J., in: DÖTSCH, E. U. A., Umwandlungssteuerrecht, § 20 UmwStG Rn. 41, 43; SCHLÖßER, R. W., in: HARITZ, D./BENKERT, M., UmwStG, § 24 Rn. 15; FRIEDERICHS, K., in: HARITZ, D./BENKERT, M., UmwStG, § 20 Rn. 55-60; BFH v. 02.10.1997, IV R 84/96, BStBl. II 1998, S. 104, 105; BMF-SCHREIBEN v. 16.08.2000, IV C 2 – S 1909 – 23/00, BStBl. I 2000, S. 1253.

ist.[683] Dieses Verständnis zur Zugehörigkeit von Wirtschaftsgütern als wesentliche Betriebsgrundlagen zu einem Betrieb oder Teilbetrieb ist m. E. auch auf Einbringungen im Wege des § 24 UmwStG übertragbar.

Neben der funktionalen Bedeutung erfolgt bei einer Anwendung von § 16 EStG eine Wertung eines Wirtschaftsguts als wesentliche Betriebsgrundlage gerade auch aufgrund des Vorhandenseins erheblicher stiller Reserven, weil es Sinn und Zweck von § 16 EStG ist, eine geringere Steuerbelastung aus der Aufdeckung und Besteuerung von stillen Reserven zu erreichen (quantitative Betrachtungsweise).[684] Allerdings erachtet die Finanzverwaltung Wirtschaftsgüter mit nicht unerheblichen stillen Reserven auch als wesentlich, soweit eine Einbringung im Wege von § 24 UmwStG zum gemeinen Wert erfolgen soll und der Einbringende die Anwendung der Begünstigungsnormen §§ 16, 34 EStG anstrebt.[685] In diesem Fall erachten auch NIEHUS/WILKE[686] eine am Normzweck des § 16 EStG ausgerichtete Wertung als wesentliche Betriebsgrundlage als geboten.[687]

Eine Anwendung von § 24 UmwStG ist ausgeschlossen, soweit wesentliche Betriebsgrundlagen mit Ausnahme der zuvor genannten Sonderbetriebsvermögen nicht mit der Sachgesamtheit in die aufnehmende Mitunternehmerschaft eingebracht werden.[688] Soweit wesentliche Betriebsgrundlagen nicht mit eingebracht werden, sind die Anforderungen an die Einbringung eines Betriebs, eines Teilbetriebs bzw. Mitunternehmeranteils nicht erfüllt und damit der in § 24 UmwStG

---

683 Vgl. BT-DRS. 16/2710 v. 25.09.2006, S. 42.

684 Vgl. ROGALL, M., Sonderbetriebsvermögen, DB 2005, S. 410; HÖRGER, H./SCHULZ, A., Wesentliche Betriebsgrundlage, DStR 1998, S. 233; HOENCK, P. H., Einbringung, NWB 2004, F. 18, S. 4071; NIEHUS, U./WILKE, H., Personengesellschaften, S. 143; DÜLL, A./FUHRMANN, G./EBERHARD, M., Übertragung, DStR 2001, S. 1778; WACKER, R., in: SCHMIDT, L., EStG, § 16 Rn. 100-101; BMF-SCHREIBEN v. 16.08.2000, IV C 2 – S 1909 – 23/00, BStBl. I 2000, S. 1253; BFH v. 02.10.1997, IV R 84/96, BStBl. II 1998, S. 104, 105; BFH v. 13.02.1996, VIII R 39/92, BStBl. II 1996, S. 409, 412.

685 Vgl. BMF-SCHREIBEN v. 16.08.2000, IV C 2 – S 1909 – 23/00, BStBl. I 2000, S. 1253.

686 NIEHUS, U./WILKE, H., Personengesellschaften, S. 143.

687 BLUMERS kann ebenfalls dahingehend interpretiert werden; vgl. BLUMERS, W., Wesentliche Betriebsgrundlagen, DB 1995, S. 496-497.

688 Vgl. HOENCK, P. H., Einbringung, NWB 2004, F. 18, S. 4071; KORN, K., Einbringung in Personengesellschaften, NWB 2007, F. 18, S. 4423-4424; MAITERTH, R./MÜLLER, H., Umwandlung, S. 161; KÖHLER, S., in: KRÜGER, D. U. A., Unternehmensform, S. 488, 495; SCHLÖßER, R. W., in: HARITZ, D./BENKERT, M., UmwStG, § 24 Rn. 17; SCHMITT, J., in: SCHMITT, J./HÖRTNAGL, R./STRATZ, R.-C., UmwG/UmwStG, § 24 UmwStG Rn. 87; BMF-SCHREIBEN v. 25.03.1998, IV B 7 – S 1978 – 21/98 / IV B 2 – S 1909 – 33/98, BStBl. I 1998, S. 268 Rn. 24.04 i. V. m. 20.09. Zu der Problematik der Übertragung von wesentlichen Betriebsgrundlagen im Vorfeld einer Teilbetriebs- bzw. Betriebseinbringung in eine Personengesellschaft vor dem Hintergrund der Anwendbarkeit von § 24 UmwStG mit kritischer Stellungnahme zur Finanzverwaltungsauffassung und BFH-Rechtrechtsprechung vgl. m. w. N. BEHRENS, S./SCHMITT, R., Einbringungen, FR 2002, S. 550-558.

vorausgesetzte Tausch zwischen einem Betrieb bzw. Teilbetrieb gegen neue Anteile der aufnehmenden Personengesellschaft nicht gegeben.[689] Die Versagung von § 24 UmwStG für die übertragende Sachgesamtheit käme bereits zum Tragen, wenn nur ein Mitunternehmer der übertragenden Personengesellschaft das als wesentliche Betriebsgrundlage der übertragenden Sachgesamtheit zurückbehält und nicht in das Betriebsvermögen der aufnehmenden Personengesellschaft einbringt.[690]

Soweit dagegen Wirtschaftsgüter, die der einzubringenden Sachgesamtheit zuzurechnen sind, nicht in das Gesamthandsvermögen der aufnehmenden Mitunternehmerschaft eingebracht werden, sondern stattdessen durch eine entsprechende Nutzungsüberlassung durch die einbringenden Mitunternehmer oder aus anderen Gründen Sonderbetriebsvermögen bei der aufnehmenden Mitunternehmerschaft werden sollen, gelten diese ebenfalls als i. S. von § 24 UmwStG mit eingebracht. Schließlich ist Sonderbetriebsvermögen Betriebsvermögen der Mitunternehmerschaft. Die zivilrechtliche Zurückbehaltung von Wirtschaftsgütern einer Sachgesamtheit führt in einem solchen Fall grundsätzlich nicht zum Ausschluss der Anwendung von § 24 UmwStG.[691] Eine ausschließliche Übertragung der Wirtschaftsgüter der Sachgesamtheit ins Sonderbetriebsvermögen fällt aber nicht in den Anwendungsbereich von § 24 UmwStG, da in diesem Zuge die Einbringenden nicht Mitunternehmer der aufnehmenden Gesellschaft werden, Ihnen keine

---

689 Vgl. BEHRENS, S./SCHMITT, R., Einbringungen, FR 2002, S. 550; BFH v. 16.02.1996, I R 183/94, BStBl. II 1996, S. 342, 343; (zu § 20 UmwStG) BFH v. 13.04.2007, IV B 81/06, BFH/NV 2007, S. 1939, 1940.

690 Vgl. KERSSENBROCK, GRAF O.-F./RUNDSHAGEN, H., Übertragung, BB 2004, S. 2495.

691 Vgl. KORN, K., Einbringung in Personengesellschaften, NWB 2007, F. 18, S. 4423; NIEHUS, U./WILKE, H., Personengesellschaften, S. 143; REICHE, F., Wesentliche Betriebsgrundlagen, DStR 2006, S. 1205; ROGALL, M., Sonderbetriebsvermögen, DB 2005, S. 411; KNEIP, C., Reorganisation, INF 1999, S. 399-400; MAITERTH, R./MÜLLER, H., Umwandlung, S. 159, 161; SCHMITT, J., in: SCHMITT, J./HÖRTNAGL, R./STRATZ, R.-C., UmwG/UmwStG, § 24 UmwStG Rn. 46; WIDMANN, S., in: WIDMANN, S./MAYER, D., Umwandlungsrecht, § 24 UmwStG Rn. 6 (September 2006); SCHULZE ZUR WIESCHE, D., in: BORDEWIN, A./BRANDT, J., EStG, § 24 UmwStG Rn. 51 (Mai 2002); BFH v. 21.06.1994, VIII R 5/92, BStBl. II 1994, S. 856, 859; BFH v. 26.01.1994, III R 39/91, BStBl. II 1994, S. 458, 460; OFD HANNOVER v. 06.04.2006, S 1978 c – 56 – StO 243, NWB 2006, F. 1, S. 160; BAYERISCHES LANDESAMT FÜR STEUERN v. 06.03.2006, S 1978c – 6 St32/St33, FR 2006, S. 391; BMF-SCHREIBEN v. 25.03.1998, IV B 7 – S 1978 – 21/98 / IV B 2 – S 1909 – 33/98, BStBl. I 1998, S. 268 Rn. 24.06. Vgl. ausführlich zur Verschaffung des wirtschaftlichen Eigentums als ausreichendes Kriterium für Einbringungen (im Wege von § 20 UmwStG) statt der Verschaffung des zivilrechtlichen Eigentums HERLINGHAUS, A., Sacheinbringungen nach dem SEStEG, FR 2007, S. 287-290. Gl. A. FRIEDERICHS, K., in: HARITZ, D./BENKERT, M., UmwStG, § 20 Rn. 112; SCHMITT, J., in: SCHMITT, J./HÖRTNAGL, R./STRATZ, R.-C., UmwG/UmwStG, § 20 UmwStG Rn. 12. A. A. PATT, J., in: DÖTSCH, E. U. A., Umwandlungssteuerrecht, § 24 UmwStG Rn. 14, 16, 19, 44; BMF-SCHREIBEN v. 25.03.1998, IV B 7 – S 1978 – 21/98 / IV B 2 – S 1909 – 33/98, BStBl. I 1998, S. 268 Rn. 20.08.

Gesellschaftsrechte an der aufnehmenden Gesellschaft gewährt werden.[692]

Bei Einbringungen von Teil-Mitunternehmeranteilen ist zu beachten, dass als wesentliche Betriebsgrundlage zu wertende Sonderbetriebsvermögen des Mitunternehmers für die Anwendbarkeit von § 24 UmwStG entsprechend dem Bruchteil des Mitunternehmeranteils in das Betriebsvermögen der aufnehmenden Personengesellschaft einzubringen ist.[693]

Im Zusammenhang mit der Beurteilung von Sonderbetriebsvermögen als wesentliche Betriebsgrundlage eines Teilbetriebs stellt sich vor dem Hintergrund der vorherigen Darstellungen die Frage, wie die Anforderungen von § 24 UmwStG erfüllt werden können, wenn ein Wirtschaftsgut nicht nur als wesentliche Betriebsgrundlage des einzubringenden Teilbetriebs sondern im Zuge einer gemeinschaftlichen Nutzung dieses Wirtschaftsgut auch als wesentliche Betriebsgrundlage eines anderen Teilbetriebs der übertragenden Personengesellschaft zu werten ist (z. B. bei der Nutzung von Grundstücken und Gebäuden).[694] Die Finanzverwaltung erachtet dies als Spaltungshindernis mit der Begründung, dass keine Teilbetriebe vorliegen könnten.[695] Dagegen hat der BFH eine vergleichbare Teilbetriebsveräußerung nicht daran scheitern lassen, dass keine Teilbetriebe bestehen würden sondern nur daran, dass eine wesentliche Betriebsgrundlage nicht mitveräußert wurde.[696] Das Vorliegen mehrerer Teilbetriebe wurde seitens der BFH-Rechtsprechung auch nicht explizit gefordert.[697] ROGALL[698] leitet darauf aufbauend und in Anlehnung an Fälle der Teilbetriebsveräußerung folgende Möglichkeiten ab, bei

---

692 Vgl. ROGALL, M., Sonderbetriebsvermögen, DB 2005, S. 411; STRAUCH, R., Umwandlungs(steuer)recht, SteuerStud 2006, S. 613; SCHMITT, J., in: SCHMITT, J./HÖRTNAGL, R./STRATZ, R.-C., UmwG/UmwStG, § 24 UmwStG Rn. 31, 47, 107; SCHULZE ZUR WIESCHE, D., in: BORDEWIN, A./BRANDT, J., EStG, § 24 UmwStG Rn. 30, 38 (Juni 2006); FG DÜSSELDORF v. 30.04.2003, 16 K 2934/01 E – rkr., EFG 2003, S. 1180, 1181. Vgl. zur Gewährung von Gesellschaftsrechten als Voraussetzung für eine Anwendung von § 24 UmwStG Kapitel 2 Abschnitt A.IV.2.2.4. Eine Aufdeckung und Besteuerung von etwaigen stillen Reserven wird ggf. durch einen Transfer zu Buchwerten im Wege von § 6 Abs. 3 bzw. Abs. 5 EStG vermieden; vgl. SCHMITT, J., in: SCHMITT, J./HÖRTNAGL, R./STRATZ, R.-C., UmwG/UmwStG, § 24 UmwStG Rn. 47

693 Vgl. ROGALL, M., Sonderbetriebsvermögen, DB 2005, S. 411-412; PATT, J., in: DÖTSCH, E. U. A., Umwandlungssteuerrecht, § 24 UmwStG Rn. 94 i. V. m. § 20 UmwStG Rn. 143-144; SCHMITT, J./HÖRTNAGL, R./STRATZ, R.-C., UmwG/UmwStG, § 20 UmwStG Rn. 127, § 24 UmwStG Rn. 71; WIDMANN, S., in: WIDMANN, S./MAYER, D., Umwandlungsrecht, § 24 UmwStG Rn. 10.1 (September 2006).

694 Vgl. KUTT, F., Übertragung des wirtschaftlichen Eigentums, DB 2006, S. 1133; ROGALL, M., Sonderbetriebsvermögen, DB 2005, S. 411.

695 Vgl. BMF-SCHREIBEN v. 25.03.1998, IV B 7 – S 1978 – 21/98 / IV B 2 – S 1909 – 33/98, BStBl. I 1998, S. 268 Rn. 15.07.

696 Vgl. BFH v. 13.02.1996, VIII R 39/92, BStBl. II 1996, S. 409, 411.

697 Vgl. ROGALL, M., Sonderbetriebsvermögen, DB 2005, S. 411.

698 ROGALL, M., Sonderbetriebsvermögen, DB 2005, S. 411.

Teilbetriebseinbringungen und gemeinschaftlicher Nutzung wesentlicher Betriebsgrundlagen dennoch eine Einbringung im Wege von § 24 UmwStG zu erreichen:

- Das gemeinschaftlich genutzte Wirtschaftsgut ist zivilrechtlich entsprechend der Nutzung zu teilen und der entsprechende Teil des Wirtschaftsguts mit dem Teilbetrieb einzubringen.[699]
- An dem gemeinschaftlich genutzten Wirtschaftsgut ist ein Bruchteilseigentum einzuräumen und mit dem Teilbetrieb einzubringen.[700]
- Das gemeinschaftlich genutzte Wirtschaftsgut ist vollständig mit dem Teilbetrieb einzubringen, um der Anforderung, dass alle wesentlichen Betriebsgrundlagen des Teilbetriebs einzubringen sind, entsprechen zu können.[701]

Zudem besteht auf Basis neuerer Auffassung der Finanzverwaltung die Möglichkeit, das Eigentum an dem vom Teilbetrieb genutzten Teil der wesentlichen Betriebsgrundlage bzw. die wesentliche Betriebsgrundlage insgesamt wirtschaftlich unter Beachtung der allgemeinen bilanzsteuerrechtlichen Grundsätze auf die aufnehmende Personengesellschaft im Wege von § 24 UmwStG zu übertragen.[702]

Falls es sich entgegen der vorherigen Ausführungen nicht um die Übertragung einer betrieblichen Sachgesamtheit handelt bzw. wesentliche Betriebsgrundlagen der Sachgesamtheit nicht mit dieser auf die aufnehmende Personengesellschaft übertragen werden und folglich jeweils die Übertragung bzw. Einbringung nicht in den Anwendungsbereich von § 24 UmwStG fällt, verbleibt für die einzelnen Wirtschaftsgüter der Sachgesamtheit ggf. die Möglichkeit, diese im Wege von § 6 Abs. 5 EStG auf die aufnehmende Personengesellschaft zu übertragen[703] bzw. im Zuge einer entgeltlichen Übertragung eine Besteuerung von aufgedeckten stillen

---

699 Gl. A. PATT, J., in: DÖTSCH, E. U. A., Umwandlungssteuerrecht, § 20 UmwStG Rn. 110.

700 Gl. A. PATT, J., in: DÖTSCH, E. U. A., Umwandlungssteuerrecht, § 20 UmwStG Rn. 110.

701 Gl. A. PATT, J., in: DÖTSCH, E. U. A., Umwandlungssteuerrecht, § 20 UmwStG Rn. 110; REICHE, F., Wesentliche Betriebsgrundlagen, DStR 2006, S. 1207.

702 Vgl. OFD HANNOVER v. 06.04.2006, S 1978c – 56 – StO 243, NWB 2006, F. 1, S. 160; BAYERISCHES LANDESAMT FÜR STEUERN v. 06.03.2006, S 1978c – 6 St32/St33, FR 2006, S. 391. Vgl. ausführlich zur Übertragung des wirtschaftlichen Eigentums KUTT, F., Übertragung des wirtschaftlichen Eigentums, DB 2006, S. 1132-1135.

703 Vgl. KERSSENBROCK, GRAF O.-F./RUNDSHAGEN, H., Übertragung, BB 2004, S. 2495; BEHRENS, S./SCHMITT, R., Einbringungen, FR 2002, S. 550; SCHMITT, J., in: SCHMITT, J./HÖRTNAGL, R./STRATZ, R.-C., UmwG/UmwStG, § 24 UmwStG Rn. 87 sowie Kapitel 2 Abschnitt A.II.

Reserven durch die Anwendung von § 6b EStG zu vermeiden[704]. Anderenfalls unterliegen die etwaig aufzudeckenden stillen Reserven der übertragenen Wirtschaftsgüter der Besteuerung.[705]

2.2.3. Aufnehmende Personengesellschaft

Gemäß des Wortlauts des § 24 Abs. 1 UmwStG setzt die Anwendung von § 24 UmwStG voraus, dass der Einbringende im Zuge der Einbringung zwingend Mitunternehmer der aufnehmenden Personengesellschaft wird. Daraus ist abzuleiten, dass die übernehmende Personengesellschaft, in die die Sachgesamtheit eingebracht wird, eine Mitunternehmerschaft sein muss.[706] Folglich kommen als aufnehmende Personengesellschaft insbesondere Personengesellschaften mit betrieblichen Einkünften aus Gewerbebetrieb, selbständiger Arbeit oder Land- und Forstwirtschaft in der Rechtsform einer OHG, KG, GbR und Partnerschaftsgesellschaft in Betracht.[707]

2.2.4. Gegen Gewährung von Gesellschaftsrechten

Wie bereits im vorherigen Abschnitt ausgeführt, ist die Anwendung von § 24 UmwStG davon abhängig, dass gemäß § 24 Abs. 1 UmwStG im Zuge der Einbringung der „(...) Einbringende Mitunternehmer (...)“ der übernehmenden Gesellschaft wird, d. h. diesem eine Mitunternehmerstellung gewährt wird. Nach h. M.[708] ist für die Entfaltung einer mitunternehmerischen Beteiligung voraus-

---

704 Vgl. Kapitel 2 Abschnitt A.III.; BMF-SCHREIBEN v. 25.03.1998, IV B 7 – S 1978 – 21/98 / IV B 2 – S 1909 – 33/98, BStBl. I 1998, S. 268 Rn. 24.04 i. V. m. 20.38.

705 Vgl. ROGALL, M., Sonderbetriebsvermögen, DB 2005, S. 410; BEHRENS, S./SCHMITT, R., Einbringungen, FR 2002, S. 550; HOENCK, P. H., Einbringung, NWB 2004, F. 18, S. 4069; BMF-SCHREIBEN v. 25.03.1998, IV B 7 – S 1978 – 21/98 / IV B 2 – S 1909 – 33/98, BStBl. I 1998, S. 268 24.04 i. V. m. 20.09.

706 Vgl. z. B. SCHMITT, J., in: SCHMITT, J./HÖRTNAGL, R./STRATZ, R.-C., UmwG/UmwStG, § 24 UmwStG Rn. 105; WIDMANN, S., in: WIDMANN, S./MAYER, D., Umwandlungsrecht, § 24 UmwStG Rn. 87 (August 2001).

707 Vgl. (auch zu weiteren Rechtsformen aufnehmender Mitunternehmerschaften) SCHMITT, J., in: SCHMITT, J./HÖRTNAGL, R./STRATZ, R.-C., UmwG/UmwStG, § 24 UmwStG Rn. 105, 110; WIDMANN, S., in: WIDMANN, S./MAYER, D., Umwandlungsrecht, § 24 UmwStG Rn. 87 (August 2001).

708 Vgl. KORN, K., Einbringung in Personengesellschaften, NWB 2007, F. 18, S. 4426; DAMAS, J.-P., Das neue Umwandlungssteuerrecht, DStZ 2007, S. 140; KERSSENBROCK, GRAF O.-F./RUNDSHAGEN, H., Übertragung, BB 2004, S. 2490; WOLFF, N., in: BLÜMICH, EStG/KStG/GewStG, § 24 UmwStG Rn. 25 (Juni 1995); HARITZ, D./BÄRWALDT, R., in: MÜLLER, W./HOFFMANN, W.-D., Personengesellschaften, § 9 Rn. 383; SCHMITT, J., in: SCHMITT, J./HÖRTNAGL, R./STRATZ, R.-C., UmwG/UmwStG, § 24 UmwStG Rn. 112, 114; BMF-SCHREIBEN v. 25.03.1998, IV B 7 – S 1978 – 21/98 / IV B 2 – S 1909 – 33/98, BStBl. I 1998, S. 268 Rn. 24.08.

zusetzen, dass dem Einbringenden als Gegenleistung für die Einbringung einer Sachgesamtheit Gesellschaftsrechte an der übernehmenden Gesellschaft gewährt werden. Dies schließt die Gewährung von Gesellschaftsrechten an einen einbringenden neuen Gesellschafter und auch einen einbringenden Alt-Gesellschafter ein. Folglich wird bereits durch die Gewährung von einzelnen Gesellschaftsrechten als auch durch die Aufstockung der Gesellschaftsrechte, d. h. die Gewährung zusätzlicher Gesellschaftsrechte, an einen Alt-Gesellschafter der Voraussetzung der Gewährung einer Mitunternehmerstellung entsprochen.[709]

Zur Einordnung einer Gegenleistung als Gewährung von Gesellschaftsrechten in Abhängigkeit der Verbuchung auf den Gesellschaftskonten wird an dieser Stelle auf die Ausführungen zur Übertragung von Einzelwirtschaftsgütern gegen Gewährung von Gesellschaftsrechten im Wege von § 6 Abs. 5 EStG verwiesen, da die Ausführungen auf die Gewährung von Gesellschaftsrechten bei Einbringungen im Wege von § 24 UmwStG übertragbar sind (vgl. Kapitel 2 Abschnitt A.II.1.4.2.1. sowie zur Abgrenzung zur unentgeltlichen Übertragung bzw. Veräußerung Kapitel 2 Abschnitt 1.4.3. bzw. Abschnitt A.II.1.4.2.2.).[710]

Da dem Wortlaut der Norm nichts anderes zu entnehmen ist, reicht für eine Anwendung von § 24 UmwStG eine Einräumung einer Mitunternehmerstellung in noch so geringem Umfang aus.[711] Es ist auch nicht vorauszusetzen, dass als Gegenleistung für eine Einbringung ausschließlich Gesellschaftsrechte gewährt werden. Demzufolge ist neben der Gewährung der Gesellschaftsrechte die Leistung

---

709 Vgl. HOENCK, P. H., Einbringung, NWB 2004, F. 18, S. 4073; KORN, K., Einbringung in Personengesellschaften, NWB 2007, F. 18, S. 4426; KERSSENBROCK, GRAF O.-F./RUNDSHAGEN, H., Übertragung, BB 2004, S. 2490; MAITERTH, R./MÜLLER, H., Umwandlung, S. 163; SCHMITT, J., Umwandlungen, DStR 2004, S. 936; m. w. N. SCHMITT, J., in: SCHMITT, J./HÖRTNAGL, R./STRATZ, R.-C., UmwG/UmwStG, § 24 UmwStG Rn. 4, 113, 123; m. w. N. WIDMANN, S., in: WIDMANN, S./MAYER, D., Umwandlungsrecht, § 24 UmwStG Rn. 92, 95 (August 2001); BMF-SCHREIBEN v. 25.03.1998, IV B 7 – S 1978 – 21/98 / IV B 2 – S 1909 – 33/98, BStBl. I 1998, S. 268 Rn. 24.02.

710 Vgl. auch SCHULZE ZUR WIESCHE, D., in: BORDEWIN, A./BRANDT, J., EStG, § 24 UmwStG Rn. 5e (Juni 2006); KORN, K., Einbringung in Personengesellschaften, NWB 2007, F. 18, S. 4426-4427; HARITZ, D./ BÄRWALDT, R., in: MÜLLER, W./HOFFMANN, W.-D., Personengesellschaften, § 9 Rn. 384; BMF-SCHREIBEN v. 25.03.1998, IV B 7 – S 1978 – 21/98 / IV B 2 – S 1909 – 33/98, BStBl. I 1998, S. 268 Rn. 24.08-24.12a; BFH v. 25.04.2006, VIII R 52/04, BStBl. II 2006, S. 847, 851; BFH v. 21.09.2000, IV R 54/99, BStBl. II 2001, S. 178, 180.

711 Vgl. FASOLD, F., Buchwertfortführung, S. 35; WIDMANN, S., in: WIDMANN, S./MAYER, D., Umwandlungsrecht, § 24 UmwStG Rn. 101.3 (August 2001); SCHMITT, J., in: SCHMITT, J./HÖRTNAGL, R./STRATZ, R.-C., UmwG/UmwStG, § 24 UmwStG Rn. 113, 127; WOLFF, N., in: BLÜMICH, EStG/KStG/GewStG, § 24 UmwStG Rn. 25 (Juni 1995); SCHLÖßER, R. W., in: HARITZ, D./BENKERT, M., UmwStG, § 24 Rn. 60.

von Zuzahlungen oder anderen Nebenleistungen denkbar.[712] Aufgrund der zu differenzierenden Gegenleistungen und der sich daraus ergebenden Einordnung der Einbringung ist es fraglich, ob eine Übertragung im Wege von § 24 UmwStG uneingeschränkt möglich ist, wenn dem Einbringenden neben der Gewährung von Gesellschaftsrechten ein weiteres Entgelt, z. B. durch die Gutschrift auf einem Darlehens-, Verrechnungs- oder Privatkonto jeweils ohne Kapitalcharakter, gutgeschrieben wird. Die h. M.[713] beurteilt ein solches Entgelt als Teilentgelt und schließt insoweit eine Anwendung von § 24 UmwStG aus.[714]

Im Unterschied zu teilentgeltlichen Übertragungen von Einzelwirtschaftsgütern im Wege von § 6 Abs. 5 EStG ist für die Gewinnermittlung bei Einbringungen im Wege von § 24 UmwStG nicht die Trennungstheorie sondern die sog. Einheitstheorie zu Grunde zu legen.[715] Gemäß der Einheitstheorie wird lediglich die Nettogröße des übertragenen Vermögens betrachtet. Demnach entsteht im Zuge der Einbringung nur ein steuerlicher Gewinn, wenn die Gegenleistung insgesamt unabhängig von der vorherigen Einordnung das steuerliche Buchkapital überschreitet, d. h.

---

712 Vgl. FASOLD, F., Buchwertfortführung, S. 35; WIDMANN, S., in: WIDMANN, S./MAYER, D., Umwandlungsrecht, § 24 UmwStG Rn. 101.3 (August 2001); SCHLÖßER, R. W., in: HARITZ, D./BENKERT, M., UmwStG, § 24 Rn. 61; BFH v. 08.12.1994, IV R 82/92, BStBl. II 1995, S. 599, 600; BFH v. 23.06.1981, VIII R 138/80, BStBl. II 1982, S. 622, 623.

713 Vgl. KORN, K., Einbringung in Personengesellschaften, NWB 2007, F. 18, S. 4426-4427; DAMAS, J.-P., Das neue Umwandlungssteuerrecht, DStZ 2007, S. 140; CREZELIUS, G., Gewährung, DB 2004, S. 398; SCHMITT, J., in: SCHMITT, J./HÖRTNAGL, R./STRATZ, R.-C., UmwG/UmwStG, § 24 UmwStG Rn. 132; WOLFF, N., in: BLÜMICH, EStG/KStG/GewStG, § 24 UmwStG Rn. 29 (Juni 1995); (m. E. nicht eindeutig) WIDMANN, S., in: WIDMANN, S./MAYER, D., Umwandlungsrecht, § 24 UmwStG Rn. 101.3 (August 2001); BMF-SCHREIBEN v. 25.03.1998, IV B 7 – S 1978 – 21/98 / IV B 2 – S 1909 – 33/98, BStBl. I 1998, S. 268 Rn. 24.08; BFH v. 21.09.2000, IV R 54/99, BStBl. II 2001, S. 178, 180-181

714 Allerdings ist zu beachten, dass im Falle der Zuzahlung (neben den gewährten Mitunternehmeranteilen an der aufnehmenden Personengesellschaft) nicht in das Betriebsvermögen sondern in das Privatvermögen des Einbringenden, die Einbringung in einen gesonderten steuerrechtlichen Tatbestand der Veräußerung von Eigentumsanteilen vor der Einbringung und eine begünstigte Einbringung von Betriebsvermögen zu gliedern ist. Der Einbringende erwirtschaftet zunächst einen Gewinn und bringt sodann die ihm verbliebenen Eigentumsanteile für eigene Rechnung sowie die veräußerten Eigentumsanteile für Rechnung des zuzahlenden Gesellschafters in das Betriebsvermögen der Personengesellschaft ein; vgl. SCHMITT, J., in: SCHMITT, J./HÖRTNAGL, R./STRATZ, R.-C., UmwG/UmwStG, § 24 UmwStG Rn. 133, 137; WOLFF, N., in: BLÜMICH, EStG/KStG/GewStG, § 24 UmwStG Rn. 31 (Juni 1995); MAITERTH, R./MÜLLER, H., Umwandlung, S. 175-177; WACKER, R., Einbringungstatbestände, NWB 1998, F. 18, S. 3616-3617; BMF-SCHREIBEN v. 25.03.1998, IV B 7 – S 1978 – 21/98 / IV B 2 – S 1909 – 33/98, BStBl. I 1998, S. 268 Rn. 24.09; BFH v. 18.10.1999, GrS 2/98, BStBl. II 2000, S. 123, 124; BFH v. 23.06.1981, VIII R 138/80, BStBl. II 1982, S. 622, 623; BFH v. 08.12.1994, IV R 82/92, BStBl. II 1995, S. 599, 600.

715 Vgl. MÜLLER, A., in: WIDMANN, S./MAYER, D., Umwandlungsrecht, § 24 UmwStG Rn. 32 (September 2006); FORST, P./FRINGS, T., Spaltung, EStB 2003, S. 444; KORN, K., Einbringung in Personengesellschaften, NWB 2007, F. 18, S. 4427; SCHMITT, M., Zweifelsfälle, Stbg 2003, S. 4; KORN, K./STRAHL, M., in: KORN, K. U. A., EStG, § 6 Rn. 107 (Dezember 2005); WACKER, R., in: SCHMIDT, L., EStG, § 16 Rn. 58; BFH v. 22.09.1994, IV R 61/93, BStBl. II 1995, S. 367, 371; BFH v. 16.12.1992, XI R 34/92, BStBl. II 1993, S. 436, 437; BFH v. 10.07.1986, IV R 12/81, BStBl. II 1986, S. 811, 814. Vgl. zur Anwendung der Trennungstheorie die Ausführungen zu teilentgeltlichen Übertragungen von Einzelwirtschaftsgütern im Wege von § 6 Abs. 5 S. 3 EStG Kapitel 2 Abschnitt A.II.1.4.4.

wenn die Summe der Gutschriften auf den Kapitalkonten und andere Gegenleistungen die steuerlichen Buchwerte der zur Sachgesamtheit gehörenden Wirtschaftsgüter übersteigen.[716] Zur eingebrachten Sachgesamtheit (unmittelbar) zugehörige Verbindlichkeiten, die im Zuge der Einbringung übertragen werden, stellen folglich kein gesondertes Entgelt dar.[717]

2.3. Bewertungswahlrecht gemäß § 24 Abs. 2 UmwStG

Wie bereits dargelegt, gewährt § 24 UmwStG für das eingebrachte Betriebsvermögen ein Bewertungswahlrecht, soweit eine betriebliche Sachgesamtheit in Form eines Betriebs, Teilbetriebs oder Mitunternehmeranteils in eine Mitunternehmerschaft unter Gewährung von Gesellschaftsrechten an dieser eingebracht wird. Für Einzelwirtschaftsgüter des Sonderbetriebsvermögens, die als wesentliche Betriebsgrundlage der einzubringenden Sachgesamtheit zu werten sind und folglich mit dieser im Wege von § 24 UmwStG in die aufnehmende Personengesellschaft einzubringen sind, kommt das Bewertungswahlrecht des § 24 UmwStG ebenfalls zum Tragen.[718] Das Wertansatzwahlrecht ist in § 24 Abs. 2 UmwStG kodifiziert. Nach § 24 Abs. 2 S. 1 UmwStG sind die mit der Sachgesamtheit eingebrachten Wirtschaftsgüter in der Bilanz einschließlich der Ergänzungsbilanzen der aufnehmenden Personengesellschaft grundsätzlich mit dem gemeinen Wert (mit Ausnahme von nach § 6a EStG zu bewertenden Pensionsrückstellungen) anzusetzen.[719] Da die Wertsansätze auf Basis von § 24 UmwStG

---

716 Vgl. RÖHRIG, A., Verbindlichkeiten, EStB 2001, S. 224; KORN, K., Einbringung in Personengesellschaften, NWB 2007, F. 18, S. 4427; KORN, K./STRAHL, M., in: KORN, K. U. A., EStG, § 6 Rn. 107 (Dezember 2005); WACKER, R., in: SCHMIDT, L., EStG, § 16 Rn. 58; BFH v. 18.10.1999, GrS 2/98, BStBl. II 2000, S. 123, 125; BFH v. 22.09.1994, IV R 61/93, BStBl. II 1995, S. 367, 371; BFH v. 16.12.1992, XI R 34/92, BStBl. II 1993, S. 436, 437; BFH v. 10.07.1986, IV R 12/81, BStBl. II 1986, S. 811, 814.

717 Vgl. FORST, P./FRINGS, T., Spaltung, EStB 2003, S. 444; SCHMITT, M., Zweifelsfälle, Stbg 2003, S. 4; MÜLLER, A., in: WIDMANN, S./MAYER, D., Umwandlungsrecht, § 24 UmwStG Rn. 32 (September 2006).

718 Vgl. KERSSENBROCK, GRAF O.-F./RUNDSHAGEN, H., Übertragung, BB 2004, S. 2494-2495, 2497; PATT, J., in: DÖTSCH, E. U. A., Umwandlungssteuerrecht, § 24 UmwStG Rn. 113, 117; SCHLÖßER, R. W., in: HARITZ, D./BENKERT, M., UmwStG, § 24 Rn. 82; SCHMITT, J., in: SCHMITT, J./HÖRTNAGL, R./STRATZ, R.-C., UmwG/UmwStG, § 24 UmwStG Rn. 148, 159.

719 Vgl. DÖTSCH, E./PUNG, A., Änderungen des UmwStG, DB 2006, S. 2772; LEY, U., Einbringung nach §§ 20, 24 UmwStG, FR 2007, S. 121; KORN, K., Einbringung in Personengesellschaften, NWB 2007, F. 18, S. 4428. Die Bewertung von Pensionsrückstellungen nach § 6a EStG statt mit dem gemeinen Wert dient der Vermeidung von Aufwand, der durch eine Neubewertung der ggf. nach § 6a EStG unterbewerteten Pensionsrückstellungen entstehen könnte; vgl. DAMAS, J.-P., Das neue Umwandlungssteuerrecht, DStZ 2007, S. 130. Allerdings werden etwaige stille Lasten aus Pensionsrückstellungen ggf. durch einen entsprechend niedrigeren Geschäfts- oder Firmenwert einbezogen; vgl. OTT, H., SEStEG, INF 2007, S. 100; SCHAFLITZL, A./WIDMAYER, G., SEStEG, BB 2006, Beilage Nr. 8, S. 39.

vorrangig sind, haben die Bewertungsgrenzen des § 6 EStG mit den maximalen Anschaffungs- und Herstellungskosten keine Bedeutung.[720]

Aufgrund fehlender besonderer steuerlicher Regelung ist die Ermittlung eines gemeinen Werts (auch für das Ertragsteuerrecht) anhand der Regelungen des Bewertungsgesetzes (BewG), zu ermitteln.[721] Gemäß § 9 Abs. 2 BewG bestimmt sich der gemeine Wert nach dem Preis, „(...) der im gewöhnlichen Geschäftsverkehr nach der Beschaffenheit des Wirtschaftsguts bei einer Veräußerung zu erzielen wäre. Dabei sind alle Umstände, die den Preis beeinflussen, zu berücksichtigen. Ungewöhnliche oder persönliche Verhältnisse sind nicht zu berücksichtigen." Der gemeine Wert entspricht i. d. R. dem Verkehrswert und wird in der Praxis regelmäßig aufgrund fehlender vergleichbarer Verkaufsfälle gemäß § 162 AO geschätzt.[722] Der Ansatz des gemeinen Werts schließt dabei auch den Ansatz eines Geschäfts- oder Firmenwerts und den Ansatz etwaiger selbst geschaffener, nicht entgeltlich erworbener immaterieller Wirtschaftsgüter ein. Zudem sind beim Ansatz des gemeinen Werts ggf. vorhandene steuerfreie Rücklagen aufzulösen.[723] Für das eingebrachte Betriebsvermögen ist der gemeine Wert die Wertobergrenze.[724]

Von der Regelbewertung kann abgewichen, wenn die aufnehmende Personen-

---

720 Vgl. HOENCK, P. H., Einbringung, NWB 2004, F. 18, S. 4078; WIDMANN, S., in: WIDMANN, S./MAYER, D., Umwandlungsrecht, § 24 UmwStG Rn. 130 (August 2001); SCHLÖßER, R. W., in: HARITZ, D./BENKERT, M., UmwStG, § 24 Rn. 91.

721 Vgl. KORN, K., Einbringung in Personengesellschaften, NWB 2007, F. 18, S. 4431; PRINZ, U., SEStEG und Bilanzrecht, StuB 2007, S. 128; DILLER, M./GROTTKE, M., Gemeiner Wert, SteuerStud 2007, S. 69; HAGEMANN, J. U. A., SEStEG, NWB 2007, Sonderheft 1, S. 13; PATT, J., in: DÖTSCH, E. U. A., Umwandlungssteuerrecht, § 24 UmwStG Rn. 114.

722 Vgl. LEY, U., Einbringung nach §§ 20, 24 UmwStG, FR 2007, S. 112; KORN, K., Einbringung in Personengesellschaften, NWB 2007, F. 18, S. 4431-4432; BFH v. 02.02.1990, III R 173/86, BStBl. II 1990, S. 497, 499.

723 Vgl. KORN, K., Einbringung in Personengesellschaften, NWB 2007, F. 18, S. 4431; LEY, U., Einbringung nach §§ 20, 24 UmwStG, FR 2007, S. 113; RÖDDER, T./SCHUMACHER, A., Das kommende SEStEG, DStR 2006, S. 1527; HAGEMANN, J. U. A., SEStEG, NWB 2007, Sonderheft 1, S. 12-13; PRINZ, U., SEStEG und Bilanzrecht, StuB 2007, S. 128; DILLER, M./GROTTKE, M., Gemeiner Wert, SteuerStud 2007, S. 71; MAITERTH, R./MÜLLER, H., Umwandlung, S. 170; NIEHUS, U./WILKE, H., Personengesellschaften, S. 155; WIDMANN, S., in: WIDMANN, S./MAYER, D., Umwandlungsrecht, § 24 UmwStG Rn. 165 (August 2001); SCHMITT, J., in: SCHMITT, J./HÖRTNAGL, R./STRATZ, R.-C., UmwG/UmwStG, § 24 UmwStG Rn. 186, 243; SCHULZE ZUR WIESCHE, D., in: BORDEWIN, A./BRANDT, J., EStG, § 24 UmwStG Rn. 145 (Juni 2006); SCHLÖßER, R. W., in: HARITZ, D./BENKERT, M., UmwStG, § 24 Rn. 107, 150; BMF-SCHREIBEN v. 25.03.1998, IV B 7 – S 1978 – 21/98 / IV B 2 – S 1909 – 33/98, BStBl. I 1998, S. 268 Rn. 24.15 und Rn. 24.04 i. V. m. 22.11.

724 Vgl. SCHLÖßER, R. W., in: HARITZ, D./BENKERT, M., UmwStG, § 24 Rn. 105; BMF-SCHREIBEN v. 25.03.1998, IV B 7 – S 1978 – 21/98 / IV B 2 – S 1909 – 33/98, BStBl. I 1998, S. 268 Rn. 24.04 i. V. m. 22.11.

gesellschaft entsprechend § 24 Abs. 2 S. 2 UmwStG einen Antrag stellt, die eingebrachten Wirtschaftsgüter zum Buchwert oder mit einem zwischen Buchwert und gemeinen Wert liegenden Wert, dem sog. Zwischenwert, anzusetzen. Dieses Wertansatzwahlrecht ist an die Voraussetzung gebunden, dass das Besteuerungsrecht der Bundesrepublik Deutschland hinsichtlich der Besteuerung des eingebrachten Betriebsvermögens gesichert ist, d. h. dieses nicht ausgeschlossen oder beschränkt wird.[725] Der Buchwert ist gemäß § 1 Abs. 5 Nr. 4 UmwStG der Wert, der sich nach den steuerlichen Vorschriften über die Gewinnermittlung in einer für den steuerlichen Übertragungsstichtag aufzustellenden Steuerbilanz ergibt oder ergäbe. Der Buchwert bildet die Wertuntergrenze für eingebrachte Betriebsvermögen.[726] Für die Ausübung des Wertansatzwahlrechts ist gemäß § 24 Abs. 2 und 3 UmwStG der Wertansatz des eingebrachten Betriebsvermögens in der Gesamthandsbilanz, Ergänzungsbilanzen und etwaigen Sonderbilanzen der aufnehmenden Personengesellschaft maßgeblich.[727] Das durch die aufnehmende Personengesellschaft auszuübende Wertansatzwahlrecht bezieht sich auch auf Wirtschaftsgüter, die in Sonderbetriebsvermögen der aufnehmenden Personengesellschaft eingebracht werden.[728]

Der Antrag auf einen Wertansatz unterhalb des gemeinen Werts ist spätestens bis zur erstmaligen Abgabe der steuerlichen Schlussbilanz bei dem für die Besteuerung der übernehmenden Gesellschaft zuständigen Finanzamt zu stellen (§ 24 Abs. 2 S. 3 i. V. m. § 20 Abs. 2 S. 3 UmwStG).[729] Da der Antrag unwiderruflich ist und nicht mehr geändert werden kann, sowie das Wertansatzwahlrecht und der Antrag durch die übernehmende Personengesellschaft erfolgen, kann es für den

---

725 Vgl. BILITEWSKI, A., SEStEG, FR 2007, S. 61; KORN, K., Einbringung in Personengesellschaften, NWB 2007, F. 18, S. 4428; LEY, U., Einbringung nach §§ 20, 24 UmwStG, FR 2007, S. 121; PATT, J., in: DÖTSCH, E. U. A., Umwandlungssteuerrecht, § 24 UmwStG Rn. 115; MAITERTH, R./MÜLLER, H., Umwandlung, S. 159; SCHULZE ZUR WIESCHE, D., in: BORDEWIN, A./BRANDT, J., EStG, § 24 UmwStG Rn. 141 (November 1998).

726 Vgl. SCHMITT, J., in: SCHMITT, J./HÖRTNAGL, R./STRATZ, R.-C., UmwG/UmwStG, § 24 UmwStG Rn. 157; BMF-SCHREIBEN v. 25.03.1998, IV B 7 – S 1978 – 21/98 / IV B 2 – S 1909 – 33/98, BStBl. I 1998, S. 268 Rn. 24.04 i. V. m. 20.23.

727 Vgl. KORN, K., Einbringung in Personengesellschaften, NWB 2007, F. 18, S. 4428; FELCHNER, J./WENDLAND, J., UmwStG i. d. F. des SEStEG, SteuerStud 2007, S. 172; SCHMITT, J., in: SCHMITT, J./HÖRTNAGL, R./STRATZ, R.-C., UmwG/UmwStG, § 24 UmwStG Rn. 148, 161, 162; PATT, J., in: DÖTSCH, E. U. A., Umwandlungssteuerrecht, § 24 UmwStG Rn. 116.

728 Vgl. PATT, J., in: DÖTSCH, E. U. A., Umwandlungssteuerrecht, § 24 UmwStG Rn. 116; SCHLÖßER, R. W., in: HARITZ, D./BENKERT, M., UmwStG, § 24 Rn. 84; SCHMITT, J., in: SCHMITT, J./HÖRTNAGL, R./STRATZ, R.-C., UmwG/UmwStG, § 24 UmwStG Rn. 148; BFH v. 25.04.2006, VIII R 52/04, BStBl. II 2006, S. 847, 852; BFH v. 26.01.1994, III R 39/91, BStBl. II 1994, S. 458, 461.

729 Vgl. KORN, K., Einbringung in Personengesellschaften, NWB 2007, F. 18, S. 4428.

Einbringenden ratsam sein, seinen Einfluss auf die Erstellung der Steuerbilanzen, Gewinnfeststellungserklärungen und auf den ggf. zustellenden Antrag auf einen niedrigeren Wertansatz für das eingebrachte Betriebsvermögen zu wahren.[730] Dies könnte der Einbringende durch entsprechende vertragliche Regelungen in den Umstrukturierungsverträgen erreichen. Zwar können für den Einbringenden bei einem Wertansatz abweichend von der vertraglichen Regelung dennoch ungewollte steuerliche Konsequenzen drohen. Diese könnten aber auf Basis einer entsprechenden vertraglichen Regelung durch einen zivilrechtlichen Schadensersatzanspruch ausgeglichen werden.[731]

Für mehrere voneinander abzugrenzende, eingebrachte Sachgesamtheiten (z. B. für mehrere Betriebe, Teilbetriebe oder Mitunternehmeranteile) kann das in § 24 Abs. 2 UmwStG kodifizierte Bewertungswahlrecht für die einzelnen Sachgesamtheiten unterschiedlich ausgeübt werden.[732] Der gewählte Wertansatz ist aber je Sachgesamtheit für alle eingebrachten Wirtschaftsgüter einschließlich eingebrachtem Sonderbetriebsvermögen des Einbringenden bei der übernehmenden Personengesellschaft einheitlich auszuüben.[733] Lediglich die Bewertung des selbst geschaffenen Geschäfts- oder Firmenwerts ist beim Zwischenwertansatz von

---

730 Vgl. KORN, K., Einbringung in Personengesellschaften, NWB 2007, F. 18, S. 4428; WIDMANN, S., in: WIDMANN, S./MAYER, D., Umwandlungsrecht, § 20 UmwStG Rn. 660 (November 1991); BMF-SCHREIBEN v. 25.03.1998, IV B 7 – S 1978 – 21/98 / IV B 2 – S 1909 – 33/98, BStBl. I 1998, S. 268 Rn. 24.04 i. V. m. 20.32-20.33; BFH v. 25.04.2006, VIII R 52/04, BStBl. II 2006, S. 847, 852.

731 Vgl. KORN, K., Einbringung in Personengesellschaften, NWB 2007, F. 18, S. 4428; FORST, P./FRINGS, T., Spaltung, EStB 2003, S. 444; HARITZ, D./BÄRWALDT, R., in: MÜLLER, W./HOFFMANN, W.-D., Personengesellschaften, § 9 Rn. 386; MAITERTH, R./MÜLLER, H., Umwandlung, S. 165; WOLFF, N., in: BLÜMICH, EStG/KStG/GewStG, § 24 UmwStG Rn 26 (Juni 1995); SCHMITT, J., in: SCHMITT, J./HÖRTNAGL, R./STRATZ, R.-C., UmwG/UmwStG, § 24 UmwStG Rn. 148, 162; WIDMANN, S., in: WIDMANN, S./MAYER, D., Umwandlungsrecht, § 20 UmwStG Rn. 660 (November 1991), § 24 UmwStG Rn. 127 (August 2001).

732 Vgl. KORN, K., Einbringung in Personengesellschaften, NWB 2007, F. 18, S. 4432; SCHMITT, J., in: SCHMITT, J./HÖRTNAGL, R./STRATZ, R.-C., UmwG/UmwStG, § 20 UmwStG Rn. 237, § 24 UmwStG Rn. 148, 172; SCHLÖßER, R. W., in: HARITZ, D./BENKERT, M., UmwStG, § 24 Rn. 96; KLINGBERG, D., in: BLÜMICH, EStG/KStG/GewStG, § 20 UmwStG Rn. 85 (März 2005); WIDMANN, S., in: WIDMANN, S./MAYER, D., Umwandlungsrecht, § 20 UmwStG Rn. 671-672 (November 1991), § 24 UmwStG Rn. 128, 140 (August 2001). Vgl. (jedoch mit Bezug auf § 20 UmwStG) SCHULZE ZUR WIESCHE, D., Personengesellschaft, DStZ 1998, S. 827; PATT, J., Einbringung, DStR 1995, S. 1082, 1083. SCHULZE ZUR WIESCHE teilt diese Auffassung insoweit nicht, als dass eine Einbringung von mehreren Mitunternehmeranteilen wirtschaftlich eine Einbringung eines Betriebs darstellt; vgl. SCHULZE ZUR WIESCHE, D., in: BORDEWIN, A./BRANDT, J., EStG, § 24 UmwStG Rn. 152 (November 1998).

733 Vgl. MAITERTH, R./MÜLLER, H., Umwandlung, S. 164; KORN, K., Einbringung in Personengesellschaften, NWB 2007, F. 18, S. 4432; SCHMITT, J., in: SCHMITT, J./HÖRTNAGL, R./STRATZ, R.-C., UmwG/UmwStG, § 20 UmwStG Rn. 237, § 24 UmwStG Rn. 148, 169; SCHLÖßER, R. W., in: HARITZ, D./BENKERT, M., UmwStG, § 24 Rn. 96; SCHULZE ZUR WIESCHE, D., in: BORDEWIN, A./BRANDT, J., EStG, § 24 UmwStG Rn. 148 (November 1998); KLINGBERG, D., in: BLÜMICH, EStG/KStG/GewStG, § 20 UmwStG Rn. 85 (März 2005); WIDMANN, S., in: WIDMANN, S./MAYER, D., Umwandlungsrecht, § 20 UmwStG Rn. 671 (November 1991), § 24 UmwStG Rn. 140 (August 2001); BFH v. 25.04.2006, VIII R 52/04, BStBl. II 2006, S. 847, 852; BFH v. 04.05.2004, XI R 7/03, BStBl. II 2004, S. 893, 894; BFH v. 21.06.1994, VIII R 5/92, BStBl. II 1994, S. 856, 859; BFH v. 26.01.1994, III R 39/91, BStBl. II 1994, S. 458, 461.

diesem Grundsatz ausgeschlossen. Ein solcher selbst geschaffener Geschäfts- oder Firmenwert ist gemäß der Finanzverwaltung erst aufzustocken, wenn nach der Aufstockung aller übrigen Wirtschaftsgüter auf den gemeinen Wert noch eine Differenz bis zu dem gewünschten Zwischenwertansatz für das eingebrachte Betriebsvermögen verbleibt.[734]

2.4. Zeitpunkt der Einbringung und Rückbeziehung

Der steuerliche Einbringungszeitpunkt ist der Zeitpunkt, an dem die einzubringende Sachgesamtheit tatsächlich auf die aufnehmende Personengesellschaft übergegangen ist, folglich wenn das Eigentum oder zumindest das wirtschaftliche Eigentum an den Wirtschaftsgütern der einzubringenden Sachgesamtheit auf die aufnehmende Personengesellschaft bzw. in das Sonderbetriebsvermögen bei der aufnehmenden Personengesellschaft übergegangen ist.[735] Der Zeitpunkt, ab dem die Wirtschaftsgüter der Sachgesamtheit auf Rechnung der aufnehmenden Personengesellschaft geführt werden, dient als wesentlicher Anhaltspunkt für diesen Übergang.[736]

Von diesem Grundsatz abweichend gewährt § 24 Abs. 4 2. Hs. i. V. m. § 20 Abs. 5 und 6 UmwStG für Einbringungen im Wege der (partiellen) Gesamtrechtsnachfolge ein Rückbeziehungswahlrecht, demzufolge der ertragsteuerliche Einbringungszeitpunkt unter Beachtung der Regelungen des § 20 Abs. 5 und 6 UmwStG bis zu acht Monate zurückbezogen werden kann.[737] Gemäß § 24 Abs. 4

---

[734] Vgl. BMF-Schreiben v. 25.03.1998, IV B 7 – S 1978 – 21/98 / IV B 2 – S 1909 – 33/98, BStBl. I 1998, S. 268 Rn. 24.04 i. V. m. 22.08. Vgl. auch Korn, K., Einbringung in Personengesellschaften, NWB 2007, F. 18, S. 4430; Ley, U., Ergänzungsbilanzen, KÖSDI 2001, S. 12991; Maiterth, R./Müller, H., Umwandlung, S. 169; (kritisch) Klingberg, D., in: Blümich, EStG/KStG/GewStG, § 20 UmwStG Rn. 83-84 (März 2005); (kritisch) Schmitt, J., in: Schmitt, J./Hörtnagl, R./Stratz, R.-C., UmwG/UmwStG, § 24 UmwStG Rn. 181 i. V. m. § 20 UmwStG Rn. 319.

[735] Vgl. Maiterth, R./Müller, H., Umwandlung, S. 174; Schmitt, J., in: Schmitt, J./Hörtnagl, R./Stratz, R.-C., UmwG/UmwStG, § 24 UmwStG Rn. 48, 140; Widmann, S., in: Widmann, S./Mayer, D., Umwandlungsrecht, § 24 UmwStG Rn. 118 (August 2001); Klingberg, D., in: Blümich, EStG/KStG/GewStG, § 20 UmwStG Rn. 108 (März 2005); BMF-Schreiben v. 25.03.1998, IV B 7 – S 1978 – 21/98 / IV B 2 – S 1909 – 33/98, BStBl. I 1998, S. 268 Rn. 24.15 und Rn. 20.18.

[736] Vgl. Schmitt, J., in: Schmitt, J./Hörtnagl, R./Stratz, R.-C., UmwG/UmwStG, § 24 UmwStG Rn. 140; Schlößer, R. W., in: Haritz, D./Benkert, M., UmwStG, § 24 Rn. 74; Widmann, S., in: Widmann, S./Mayer, D., Umwandlungsrecht, § 24 UmwStG Rn. 118 (August 2001).

[737] Vgl. Korn, K., Einbringung in Personengesellschaften, NWB 2007, F. 18, S. 4438-4439; Schmitt, J., in: Schmitt, J./Hörtnagl, R./Stratz, R.-C., UmwG/UmwStG, § 24 UmwStG Rn. 48, 141, 144, 146.

2. Hs. UmwStG i. V. m. § 20 Abs. 5 S. 2 und 3 UmwStG sind jedoch innerhalb des Rückwirkungszeitraums durch den Einbringenden getätigte Entnahmen und Einlagen hinsichtlich des Einkommens und des Gewerbeertrags von der steuerlichen Rückbeziehung ausgenommen.[738] Die ertragsteuerliche Rückwirkung setzt gemäß § 24 Abs. 4 2. Hs. i. V. m. § 20 Abs. 5 S. 1 UmwStG einen entsprechenden Antrag der aufnehmenden Personengesellschaft voraus.[739]

Auf diese Weise kann der steuerrechtliche Einbringungszeitpunkt in Übereinstimmung mit dem handelsrechtlichen Umwandlungsstichtag ausgeübt werden, da für diesen ebenfalls eine bis zu achtmonatige Rückwirkungsmöglichkeit besteht. Gemäß § 17 Abs. 2 UmwG darf die der Anmeldung beim Handelsregister beigefügte Schlussbilanz höchstens auf einen acht Monate vor der Handelsregistereintragung liegenden Stichtag aufgestellt sein.[740]

Davon abweichend ist durch § 24 UmwStG für Einbringungen im Wege der Einzelrechtsnachfolge keine Rückbeziehung vorgesehen, so dass auf den tatsächlichen Vollzug der Einbringung abzustellen ist.[741] Eine Rückbeziehung für eine nur kurze Zeitspanne von maximal sechs Wochen wird indessen bei der Einbringung im Wege der Einzelrechtsnachfolge toleriert, soweit dies der technischen Vereinfachung der Besteuerung dient.[742] Allerdings kann eine Einbringung im Wege der

---

738 Vgl. HOENCK, P. H., Einbringung, NWB 2004, F. 18, S. 4073; SCHMITT, J., in: SCHMITT, J./HÖRTNAGL, R./STRATZ, R.-C., UmwG/UmwStG, § 24 UmwStG Rn. 145. Entgegen des Gesetzeswortlauts a. A. PATT, J., in: DÖTSCH, E. U. A., Umwandlungssteuerrecht, § 24 UmwStG Rn. 171; WIDMANN, S., in: WIDMANN, S./MAYER, D., Umwandlungsrecht, § 24 UmwStG Rn. 126 (August 2001).

739 Vgl. KORN, K., Einbringung in Personengesellschaften, NWB 2007, F. 18, S. 4438-4439; SCHMITT, J., in: SCHMITT, J./HÖRTNAGL, R./STRATZ, R.-C., UmwG/UmwStG, § 24 UmwStG Rn. 147; KLINGBERG, D., in: BLÜMICH, EStG/KStG/GewStG, § 20 UmwStG Rn. 110 (März 2005).

740 Vgl. DAMAS, J.-P., Das neue Umwandlungssteuerrecht, DStZ 2007, S. 130, 141; KLINGBERG, D., in: BLÜMICH, EStG/KStG/GewStG, § 20 UmwStG Rn. 111 (März 2005).

741 Vgl. HOENCK, P. H., Einbringung, NWB 2004, F. 18, S. 4073; MAITERTH, R./MÜLLER, H., Umwandlung, S. 160; SCHMITT, J., in: SCHMITT, J./HÖRTNAGL, R./STRATZ, R.-C., UmwG/UmwStG, § 24 UmwStG Rn. 48; WIDMANN, S., in: WIDMANN, S./MAYER, D., Umwandlungsrecht, § 24 UmwStG Rn. 118 (August 2001). Bei Einbringungen im Wege der Einzelrechtsnachfolge lehnt die Finanzverwaltung eine Rückwirkung im Wege der Billigkeit entsprechend wie bei der Gesamtrechtsnachfolge ab; vgl. BMF-SCHREIBEN v. 25.03.1998, IV B 7 – S 1978 – 21/98 / IV B 2 – S 1909 – 33/98, BStBl. I 1998, S. 268 Rn. 24.07.

742 Vgl. (für eine Rückbeziehung von maximal vier bis sechs Wochen) SCHMITT, J., in: SCHMITT, J./HÖRTNAGL, R./STRATZ, R.-C., UmwG/UmwStG, § 24 UmwStG Rn. 141; (differenzierend, dabei für eine Rückbeziehung von deutlich unter 8 Monaten) PATT, J., in: DÖTSCH, E. U. A., Umwandlungssteuerrecht, § 24 UmwStG Rn. 160; (für eine Rückbeziehung von maximal einem Monat) WIDMANN, S., in: WIDMANN, S./MAYER, D., Umwandlungsrecht, § 24 UmwStG Rn. 118 (August 2001); (für eine Rückbeziehung von maximal drei Monaten) SCHLÖßER, R. W., in: HARITZ, D./BENKERT, M., UmwStG, § 24 Rn. 76. Der BFH hat in einem Urteil v. 21.03.2002 eine Rückbeziehung von höchstens drei Monaten als nicht zu lange beurteilt; vgl. BFH v. 21.03.2002, IV R 1/01, BFH/NV 2002, S. 1083, 1085. Vgl. auch BFH v. 18.09.1984, VIII R 119/81, BStBl. II 1985, S. 55, 57.

Einzelrechtsnachfolge, soweit es sich um eine Einbringung im Wege einer Kombination aus Gesamtrechtsnachfolge und Einzelrechtsnachfolge handelt, an der steuerlichen Rückwirkung i. S. des UmwStG teilnehmen.[743]

[743] Vgl. HOENCK, P. H., Einbringung, NWB 2004, F. 18, S. 4074; KORN, K., Einbringung in Personengesellschaften, NWB 2007, F. 18, S. 4439; PATT, J./RASCHE, R., Steuerliche Rückwirkung, FR 1996, S. 370-371; SCHMITT, J., in: SCHMITT, J./HÖRTNAGL, R./STRATZ, R.-C., UmwG/UmwStG, § 24 UmwStG Rn. 48, 142; SCHLÖßER, R. W., in: HARITZ, D./BENKERT, M., UmwStG, § 24 Rn. 77; PATT, J., in: DÖTSCH, E. U. A., Umwandlungssteuerrecht, § 24 UmwStG Rn. 165; WIDMANN, S., in: WIDMANN, S./MAYER, D., Umwandlungsrecht, § 24 UmwStG Rn. 120.3 (August 2001); BMF-SCHREIBEN v. 25.03.1998, IV B 7 – S 1978 – 21/98 / IV B 2 – S 1909 – 33/98, BStBl. I 1998, S. 268 Rn. 24.07.

3. Anwendbarkeit des § 24 UmwStG auf die Einbringung eines Teilbetriebs der Obergesellschaft in die Untergesellschaft

Die Einbringung eines Teilbetriebs der Obergesellschaft in das Betriebsvermögen der Untergesellschaft gegen Gewährung von Gesellschaftsrechten kann auf Basis der Ausführungen im Abschnitt A.IV.2.1. dieses Kapitels als eine Einbringung im Wege der Einzelrechtsnachfolge oder gemäß des UmwG im Wege der partiellen Gesamtrechtsnachfolge ausgestaltet sein. Damit bieten sich im Detail für den angestrebten downstream-Transfer eines Teilbetriebs der Obergesellschaft ins Betriebsvermögen der Untergesellschaft die folgenden Möglichkeiten an:

- Eine Einbringung eines Teilbetriebs der Obergesellschaft im Wege der partiellen Gesamtrechtsnachfolge, auf Basis des UmwG
  - im Wege der Abspaltung (§ 123 Abs. 2 UmwG) des Teilbetriebs von der Obergesellschaft und der Einbringung des Teilbetriebs ins Betriebsvermögen der Untergesellschaft unter Gewährung von Gesellschaftsrechten der Untergesellschaft an die Obergesellschafter oder
  - im Wege der Ausgliederung (§ 123 Abs. 3 UmwG) des Teilbetriebs aus dem Betriebsvermögen der Obergesellschaft und der Einbringung des Teilbetriebs ins Betriebsvermögen der Untergesellschaft unter Gewährung von Gesellschaftsrechten der Untergesellschaft an die Obergesellschaft selbst,
- eine Einbringung eines Teilbetriebs der Obergesellschaft durch Einzelübertragungen der Wirtschaftsgüter des Teilbetriebs außerhalb der Regelungen des UmwG im Wege der Einzelrechtsnachfolge unter Gewährung von Gesellschaftsrechten der Untergesellschaft an die Obergesellschaft oder
- eine Einbringung eines Teilbetriebs der Obergesellschaft im Wege einer kombinierten Einzel- und partiellen Gesamtrechtsnachfolge, d. h. im Wege einer Kombination der zuvor genannten Einbringungsmöglichkeiten (z. B. bei der Übertragung von Gesamthandsvermögen der Obergesellschaft im Wege der Ausgliederung oder Abspaltung (partielle Gesamtrechtsnachfolge) ins Gesamthandsvermögen der Untergesellschaft und der gleichzeitigen Einbringung von Betriebsvermögen der Obergesellschaft ins Sonderbetriebsvermögen bei der Untergesellschaft im Wege der Einzelrechtsnachfolge).

Zunächst ist für eine Anwendung von § 24 UmwStG vorauszusetzen, dass es sich bei dem Einbringungsgegenstand um einen entsprechend Abschnitt A.IV.2.2.2. dieses Kapitels im Betriebsvermögen der Obergesellschaft abgrenzbaren Teilbetrieb handelt. Als Einbringende kommen aufbauend auf den Ausführungen im Abschnitt A.IV.2.2.1. dieses Kapitels sowohl die Obergesellschafter als auch die Obergesellschaft selbst als Einbringende i. S. von § 24 UmwStG in Betracht. Schließlich kann es sich bei den Einbringenden i. S. von § 24 UmwStG um natürliche Personen, Körperschaften, Personenvereinigungen oder eine Vermögensmasse sowie um Mitunternehmerschaften selbst oder deren Mitunternehmer handeln. Wer Einbringender ist, hängt von der Ausgestaltung des Einbringungsvorgangs ab und bestimmt sich danach, wem die Gesellschaftsrechte an der Untergesellschaft, der Obergesellschaft oder deren Gesellschaftern, als Gegenleistung für die Einbringung des Teilbetriebs der Obergesellschaft gewährt werden.[744] Für den Leistungsaustausch (i. S. von § 24 UmwStG) zwischen Einbringenden und aufnehmender Untergesellschaft muss der aus dem Betriebsvermögen der Obergesellschaft stammende Teilbetrieb in das Betriebsvermögen der Untergesellschaft und in diesem Zuge zumindest auch in das Gesamthandsvermögen der Untergesellschaft eingebracht werden.[745] Dagegen wäre eine Anwendung von § 24 UmwStG ausgeschlossen, wenn der Teilbetrieb der Obergesellschaft nicht (zumindest auch) in das Gesamthandsvermögen der Untergesellschaft sondern ausschließlich in das Sonderbetriebsvermögen der Obergesellschaft bzw. der Obergesellschafter bei der Untergesellschaft übertragen wird. Der „Gegenleistung" der Untergesellschaft in Form der Gewährung von Gesellschaftsrechten würde in diesem Fall keine Leistung der Obergesellschaft gegenüberstehen. Es würde sich nicht um einen tauschähnlichen Vorgang handeln.[746]

---

744 Vgl. Kapitel 2 im Abschnitt A.IV.2.2.1.

745 Vgl. Kapitel 2 im Abschnitt A.IV.2.2.2 und SCHMITT, J., in: SCHMITT, J./HÖRTNAGL, R./STRATZ, R.-C., UmwG/UmwStG, § 24 UmwStG Rn. 49; WOLFF, N., in: BLÜMICH, EStG/KStG/GewStG, § 24 UmwStG Rn. 1 (März 2002).

746 Vgl. Kapitel 2 im Abschnitt A.IV.2.2.2 und ROGALL, M., Sonderbetriebsvermögen, DB 2005, S. 411; STRAUCH, R., Umwandlungs(steuer)recht, SteuerStud 2006, S. 613; SCHMITT, J., in: SCHMITT, J./ HÖRTNAGL, R./STRATZ, R.-C., UmwG/UmwStG, § 24 UmwStG Rn. 31, 47, 107; SCHULZE ZUR WIESCHE, D., in: BORDEWIN, A./BRANDT, J., EStG, § 24 UmwStG Rn. 30, 38 (Juni 2006); FG DÜSSELDORF v. 30.04.2003, 16 K 2934/01 E – rkr., EFG 2003, S. 1180, 1181. Eine Aufdeckung und Besteuerung von etwaigen stillen Reserven könnte stattdessen ggf. durch einen Transfer zu Buchwerten im Wege von § 6 Abs. 3 bzw. Abs. 5 EStG vermieden werden; vgl. SCHMITT, J., in: SCHMITT, J./HÖRTNAGL, R./STRATZ, R.-C., UmwG/UmwStG, § 24 UmwStG Rn. 47.

Die weitere wesentliche Voraussetzung für eine Anwendung von § 24 UmwStG, dass die aufnehmende Personengesellschaft als Mitunternehmerschaft zu werten ist, ist bei der Untergesellschaft bereits aufgrund des Bestands einer doppelstöckigen Personengesellschaft gegeben. So ist es bereits Voraussetzung für eine doppelstöckige Personengesellschaft, dass die Obergesellschaft Mitunternehmerin der Mitunternehmerschaft Untergesellschaft ist.[747] Damit steht der Gewährung einer im gleichen Zuge vorauszusetzenden Mitunternehmerstellung des Einbringenden bei der Untergesellschaft ebenfalls nichts entgegen. Ob die Gewährung neuer Anteile einer Mitunternehmerstellung des Einbringenden gleichzusetzen ist, hängt allerdings von der Ausgestaltung der Gesellschafterstellung des Einbringenden bei der Untergesellschaft ab. In Abhängigkeit des Einbringungsvorgangs sind entweder der Obergesellschaft als bereits vorhandene Alt-Mitunternehmerin der Untergesellschaft zusätzliche Gesellschaftsrechte zu gewähren oder die einbringenden Obergesellschafter müssen, soweit diese Obergesellschafter nicht bereits vor der Einbringung an der Untergesellschaft unmittelbar beteiligt waren, eine unmittelbare mitunternehmerische Beteiligung an der Untergesellschaft gründen. Dabei steht eine bestehende (Sonder-)Mitunternehmerstellung einer Einbringung durch einen Obergesellschafter in die Untergesellschaft auch nicht entgegen.[748] Eine (Sonder-)Mitunternehmerstellung beruhend auf der mittelbaren Beteiligung des Obergesellschafters an der Untergesellschaft tritt vielmehr hinter die neu gegründete unmittelbare Beteiligung des Obergesellschafters an der Untergesellschaft zurück. Schließlich ist die unmittelbare Beteiligung und damit § 15 Abs. 1 S. 1 Nr. 2 S. 1 EStG vorrangig vor § 15 Abs. 1 S. 1 Nr. 2 S. 2 EStG.[749]

Der Anwendbarkeit von § 24 UmwStG auf die Einbringung eines Teilbetriebs steht auch nicht entgegen, dass im Zuge der Einbringung in die „bereits existierende" Untergesellschaft, die Alt-Untergesellschafter im Wege von § 24 UmwStG ihre Anteile an der Untergesellschaft in eine steuerlich „neue" erweiterte Untergesellschaft einbringen. Für die Obergesellschaft und deren Obergesellschafter

747 Vgl. Kapitel 1 Abschnitt B.I.2.
748 Vgl. WIDMANN, S., in: WIDMANN, S./MAYER, D., Umwandlungsrecht, § 24 UmwStG Rn. 101.6 (August 2001); RÖDDER, T., Umstrukturierungen, StbJb 1994/1995, S. 306.
749 Vgl. HOTTMANN, J., in: ZIMMERMANN, R. U. A., Personengesellschaft, G Rn. 12-13.

hat dies zur Konsequenz, dass die Obergesellschaft, soweit diese für die Einbringung des Teilbetriebs als Einbringende i. S. von § 24 UmwStG zu werten ist, den Teilbetrieb und ihren Mitunternehmeranteil an der Untergesellschaft jeweils im Wege von § 24 UmwStG in die „neue“ erweiterte Untergesellschaft einbringt. Falls stattdessen die Obergesellschafter für die Einbringung des Teilbetriebs Einbringende i. S. von § 24 UmwStG sind, bringen die Obergesellschafter den Teilbetrieb und die Obergesellschaft ihren Mitunternehmeranteil an der Untergesellschaft jeweils im Wege von § 24 UmwStG in die „neue“ erweiterte Untergesellschaft ein.[750]

[750] Vgl. Kapitel 2 Abschnitt A.IV.2.2.1.

4. Rechtsfolgen und bilanzielle Abbildung der Einbringung von Betriebsvermögen der Obergesellschaft in die Untergesellschaft im Wege von § 24 UmwStG

4.1. Rechtsfolgen

4.1.1. Steuerliche Konsequenzen für den Einbringenden

Dem durch die aufnehmende Personengesellschaft gewählten Wertansatz kommt eine mehrfache Bedeutung zu.[751] Zunächst ist der gewählte Wertansatz Ausdruck der Anschaffungskosten des Einbringenden für die neu erhaltenen Personengesellschaftsanteile. Daneben bildet der gewählte Wertansatz den Ausgangswert für die künftige steuerliche Gewinnermittlung bei der aufnehmenden Personengesellschaft (Gegenstand der Ausführungen im nachfolgenden Abschnitt A.IV.4.1.2. dieses Kapitels).[752] Darüber hinaus gilt der für das eingebrachte Betriebsvermögen gewählte Wertansatz in der Bilanz der aufnehmenden Personengesellschaft einschließlich Sonder- und Ergänzungsblianzen für den Einbringenden als Veräußerungspreis (§ 24 Abs. 3 S. 1 UmwStG) und bestimmt, soweit ein über dem Buchwert liegender Wertansatz gewählt wird, die Höhe des steuerpflichtigen Einbringungsgewinns, Veräußerungsgewinns i. S. von § 16 Abs. 2 EStG.[753] Da dem Wertansatz diese mehrfache Bedeutung zukommt und da der Wertansatz durch die aufnehmende Personengesellschaft gewählt wird, ist es wie bereits ausgeführt insbesondere aus Sicht des Einbringenden zu empfehlen, in einem Einbringungsvertrag den zu wählenden Wertansatz festzulegen.

---

751 Vgl. KORN, K., Einbringung in Personengesellschaften, NWB 2007, F. 18, S. 4418; HOENCK, P. H., Einbringung, NWB 2004, F. 18, S. 4076; KLINGBERG, D., in: BLÜMICH, EStG/KStG/GewStG, § 20 UmwStG Rn. 82 (März 2005); WIDMANN, S., in: WIDMANN, S./MAYER, D., Umwandlungsrecht, § 24 UmwStG Rn. 128 (August 2001) i. V. m. § 20 UmwStG Rn. 659 (November 1991).

752 Vgl. KORN, K., Einbringung in Personengesellschaften, NWB 2007, F. 18, S. 4418; HOENCK, P. H., Einbringung, NWB 2004, F. 18, S. 4076; FELCHNER, J./WENDLAND, J., UmwStG i. d. F. des SEStEG, SteuerStud 2007, S. 170, 172; SCHMITT, J., in: SCHMITT, J./HÖRTNAGL, R./STRATZ, R.-C., UmwG/UmwStG, § 24 UmwStG Rn. 148; KLINGBERG, D., in: BLÜMICH, EStG/KStG/GewStG, § 20 UmwStG Rn. 82 (März 2005); WIDMANN, S., in: WIDMANN, S./MAYER, D., Umwandlungsrecht, § 24 UmwStG Rn. 128 (August 2001) i. V. m. § 20 UmwStG Rn. 659 (November 1991).

753 Vgl. KORN, K., Einbringung in Personengesellschaften, NWB 2007, F. 18, S. 4418; HOENCK, P. H., Einbringung, NWB 2004, F. 18, S. 4074, 4076; NIEHUS, U./WILKE, H., Personengesellschaften, S. 148; MAITERTH, R./MÜLLER, H., Umwandlung, S. 172; FELCHNER, J./WENDLAND, J., UmwStG i. d. F. des SEStEG, SteuerStud 2007, S. 172; SCHULZE ZUR WIESCHE, D., in: BORDEWIN, A./BRANDT, J., EStG, § 24 UmwStG Rn. 5a (Juni 2006), Rn. 207 (Mai 2002); WOLFF, N., in: BLÜMICH, EStG/KStG/GewStG, § 24 UmwStG Rn. 3 (März 2002); SCHMITT, J., in: SCHMITT, J./HÖRTNAGL, R./STRATZ, R.-C., UmwG/UmwStG, § 24 UmwStG Rn. 148, 233; KLINGBERG, D., in: BLÜMICH, EStG/KStG/GewStG, § 20 UmwStG Rn. 82 (März 2005).

Zur Ermittlung der Ergebniswirkung des Einbringungsvorgangs für den Einbringenden hat die übertragende Personengesellschaft auf Basis des von der aufnehmenden Personengesellschaft gewählten Wertansatzes nach allgemeinen steuerrechtlichen Gewinnermittlungsgrundsätzen eine Einbringungsbilanz zu erstellen.[754] Soweit die übernehmende Personengesellschaft das eingebrachte Betriebsvermögen in der Gesamthandsbilanz einschließlich der Ergänzungs- und Sonderbilanzen der Mitunternehmer mit den Buchwerten aus der bisherigen Bilanzierung ansetzt, entspricht der Veräußerungspreis den bisherigen Buchwerten. Mit anderen Worten die aufnehmende Personengesellschaft übernimmt die eingebrachten Wirtschaftsgüter mit den Steuerbilanzwerten des Einbringenden im Zeitpunkt der Einbringung. Folglich unterbleibt eine Aufdeckung der in den eingebrachten Wirtschaftsgütern ruhenden stillen Reserven, und der Einbringungsvorgang ist auf dieser Basis ergebnisneutral. Eine Besteuerung der übertragenen stillen Reserven wird vermieden.[755] Für die eingebrachten und nicht aufgedeckten stillen Reserven wird ein Besteuerungsaufschub gewährt.[756]

Bei einem Ansatz der eingebrachten Wirtschaftsgüter mit dem gemeinen Wert sind alle eingebrachten stillen Reserven aufzudecken.[757] Der Veräußerungsgewinn ergibt sich aus der Differenz zwischen gemeinen Wert und dem Buchwert der eingebrachten Wirtschaftsgüter.[758] Entfällt der Einbringungsgewinn unmittelbar oder mittelbar über eine Personengesellschaftsbeteiligung, z. B. über die Obergesellschaft, auf eine natürliche Person sind gemäß § 24 Abs. 3 S. 2 UmwStG auf diesen Veräußerungsgewinn grundsätzlich die steuerlichen Begünstigungen nach

---

754 Vgl. Schmitt, J., in: Schmitt, J./Hörtnagl, R./Stratz, R.-C., UmwG/UmwStG, § 24 UmwStG Rn. 173; Schulze zur Wiesche, D., in: Bordewin, A./Brandt, J., EStG, § 24 UmwStG Rn. 143 (November 1998); Schlößer, R. W., in: Haritz, D./Benkert, M., UmwStG, § 24 Rn. 99.

755 Vgl. Bilitewski, A., SEStEG, FR 2007, S. 61; Niehus, U./Wilke, H., Personengesellschaften, S. 150, 157; Maiterth, R./Müller, H., Umwandlung, S. 165; Schmitt, J., in: Schmitt, J./Hörtnagl, R./Stratz, R.-C., UmwG/UmwStG, § 24 UmwStG Rn. 173, 241; Klingberg, D., in: Blümich, EStG/KStG/GewStG, § 20 UmwStG Rn. 81 (März 2005); Schulze zur Wiesche, D., in: Bordewin, A./Brandt, J., EStG, § 24 UmwStG Rn. 143 (November 1998).

756 Vgl. Niehus, U./Wilke, H., Personengesellschaften, S. 150, 157; Felchner, J./Wendland, J., UmwStG i. d. F. des SEStEG, SteuerStud 2007, S. 164; Hoenck, P. H., Einbringung, NWB 2004, F. 18, S. 4070.

757 Vgl. Schmitt, J., in: Schmitt, J./Hörtnagl, R./Stratz, R.-C., UmwG/UmwStG, § 24 UmwStG Rn. 186; Schlößer, R. W., in: Haritz, D./Benkert, M., UmwStG, § 24 Rn. 110, 148, 150; Schulze zur Wiesche, D., in: Bordewin, A./Brandt, J., EStG, § 24 UmwStG Rn. 145 (Juni 2006). Von der Obergesellschaft zurückbehaltene für den übertragenen Teilbetrieb unwesentliche Wirtschaftsgüter unterliegen nicht der Besteuerung, da diese weiterhin dem Betriebsvermögen der Obergesellschaft zuzuordnen sind; vgl. BMF-Schreiben v. 25.03.1998, IV B 7 – S 1978 – 21/98 / IV B 2 – S 1909 – 33/98, BStBl. I 1998, S. 268 Rn. 24.04 i. V. m. 20.10.

758 Vgl. Bilitewski, A., SEStEG, FR 2007, S. 61; Niehus, U./Wilke, H., Personengesellschaften, S. 158.

§§ 16 Abs. 4, 34 Abs. 1 und Abs. 3 EStG anzuwenden.[759] Eine Anwendung dieser steuerlichen Begünstigungen (§§ 16 Abs. 4, 34 Abs. 1 und Abs. 3 EStG) ist jedoch ausgeschlossen, soweit auf Veräußererseite und auf Erwerberseite dieselben Personen Unternehmer oder Mitunternehmer sind und gemäß § 24 Abs. 3 S. 3 UmwStG i. V. m. § 16 Abs. 2 S. 3 EStG der Einbringungsgewinn als laufender und nicht als begünstigter Gewinn zu werten ist[760] sowie gemäß § 24 Abs. 3 S. 2 UmwStG für den Fall, dass es sich um die Einbringung lediglich eines Teils eines Mitunternehmeranteils handelt.[761] Eine Anwendung von § 34 Abs. 1 und 3 EStG ist gemäß § 24 Abs. 3 S. 2 2.Hs. UmwStG insoweit ausgeschlossen, als dass ein Teil des Einbringungsgewinns der Anwendung des Halbeinkünfteverfahrens unterliegt.[762] Ebenso besteht ein Ausschluss für die steuerliche Begünstigung nach § 34 Abs. 1 und 3 EStG, wenn auf einen Teil der aufgedeckten stillen Reserven die steuerlichen Übertragungsmöglichkeiten des § 6b EStG angewandt werden (§ 34 Abs. 1 S. 4, Abs. 3 S. 6 EStG).[763]

---

759 Vgl. KORN, K., Einbringung in Personengesellschaften, NWB 2007, F. 18, S. 4434; NIEHUS, U./WILKE, H., Personengesellschaften, S. 158; HOENCK, P. H., Einbringung, NWB 2004, F. 18, S. 4070, 4075; SCHMITT, J., in: SCHMITT, J./HÖRTNAGL, R./STRATZ, R.-C., UmwG/UmwStG, § 24 UmwStG Rn. 239. Ein erzielter Einbringungsgewinn ist der Einkunftsart zuzuordnen, nach der das eingebrachte Betriebsvermögen besteuert wurde; vgl. SCHMITT, J., in: SCHMITT, J./HÖRTNAGL, R./STRATZ, R.-C., UmwG/UmwStG, § 24 UmwStG Rn. 239; SCHLÖßER, R. W., in: HARITZ, D./BENKERT, M., UmwStG, § 24 Rn. 146; PATT, J., in: DÖTSCH, E. U. A., Umwandlungssteuerrecht, § 24 UmwStG Rn. 141.

760 Vgl. (mit weiteren Ausführungen und m. w. N.) SCHMITT, J., in: SCHMITT, J./HÖRTNAGL, R./STRATZ, R.-C., UmwG/UmwStG, § 24 UmwStG Rn. 244 sowie Rn. 245-247; KORN, K., Einbringung in Personengesellschaften, NWB 2007, F. 18, S. 4435; HOENCK, P. H., Einbringung, NWB 2004, F. 18, S. 4075; WOLFF, N., in: BLÜMICH, EStG/KStG/GewStG, § 24 UmwStG Rn. 3 (März 2002). Dies gilt auch für zur Nutzung überlassenes und zu einem über dem Buchwert eingebrachtes Sonderbetriebsvermögen; vgl. KORN, K., Einbringung in Personengesellschaften, NWB 2007, F. 18, S. 4435; SCHULZE ZUR WIESCHE, D., in: BORDEWIN, A./BRANDT, J., EStG, § 24 UmwStG Rn. 226 (Mai 2002); BFH v. 21.09.2000, IV R 54/99, BStBl. II 2001, S. 178, 181. Zum Hintergrund dieser Regelung (Vermeidung des sog. Aufstockungsmodells) vgl. HOENCK, P. H., Einbringung, NWB 2004, F. 18, S. 4075; BMF-SCHREIBEN v. 25.03.1998, IV B 7 – S 1978 – 21/98 / IV B 2 – S 1909 – 33/98, BStBl. I 1998, S. 268 Rn. 24.16; SCHMITT, J., in: SCHMITT, J./HÖRTNAGL, R./STRATZ, R.-C., UmwG/UmwStG, § 24 UmwStG Rn. 244; BT-DRS. 12/7945 v. 15.06.1994, S. 65.

761 Vgl. KORN, K., Einbringung in Personengesellschaften, NWB 2007, F. 18, S. 4434; WIDMANN, S., in: WIDMANN, S./MAYER, D., Umwandlungsrecht, § 24 UmwStG Rn. 9.1 (September 2006); SCHULZE ZUR WIESCHE, D., in: BORDEWIN, A./BRANDT, J., EStG, § 24 UmwStG Rn. 226a (Mai 2002).

762 Vgl. KORN, K., Einbringung in Personengesellschaften, NWB 2007, F. 18, S. 4435; WOLFF, N., in: BLÜMICH, EStG/KStG/GewStG, § 24 UmwStG Rn. 3 (März 2002); SCHMITT, J., in: SCHMITT, J./HÖRTNAGL, R./STRATZ, R.-C., UmwG/UmwStG, § 24 UmwStG Rn. 240; SCHULZE ZUR WIESCHE, D., in: BORDEWIN, A./BRANDT, J., EStG, § 24 UmwStG Rn. 211a (Mai 2002). Damit soll vermieden werden, dass eine zum eingebrachten Betriebsvermögen gehörende Kapitalgesellschaftsbeteiligung, deren anteiliger Einbringungsgewinn bereits nach § 3 Nr. 40 S. 1 Buchstabe b i. V. m. § 3c Abs. 2 EStG bereits hälftig steuerbefreit ist, nochmals nach § 34 EStG steuerlich begünstigt wird; vgl. BT-DRS. 14/7344 v. 08.11.2001, S. 11; WOLFF, N., in: BLÜMICH, EStG/KStG/GewStG, § 24 UmwStG Rn. 34 (März 2002).

763 Vgl. SCHMITT, J., in: SCHMITT, J./HÖRTNAGL, R./STRATZ, R.-C., UmwG/UmwStG, § 24 UmwStG Rn. 238, 244; PATT, J., in: DÖTSCH, E. U. A., Umwandlungssteuerrecht, § 24 UmwStG Rn. 137.

Im Falle der Übernahme des eingebrachten Betriebsvermögens zum Zwischenwert, realisiert, der Einbringende entsprechend wie bei der Einbringung zum gemeinen Wert in Höhe der Differenz zwischen Zwischenwert und dem bisherigen Buchwert einen Veräußerungsgewinn i. S. von § 16 Abs. 2 EStG. Aufgrund der nur teilweisen Aufdeckung der übertragenen stillen Reserven stellt ein solcher Veräußerungsgewinn einen laufenden Gewinn dar, der gemäß § 24 Abs. 3 S. 2 UmwStG nicht nach § 16 Abs. 4 und § 34 Abs. 1 bzw. Abs. 3 EStG begünstigt ist.[764] Für die nicht aufgedeckten übertragenen stillen Reserven wird wie bei Einbringungen zum Buchwert ein Besteuerungsaufschub gewährt.[765]

Einbringungskosten, d. h. mit dem Einbringungsvorgang entstehende Kosten, die den Einbringenden belasten, können grundsätzlich sofort als Betriebsausgaben vom Einbringungsgewinn in Abzug gebracht werden (z. B. Rechtsberatungs- und Steuerberatungskosten).[766] Lediglich den Einbringungsgewinn übersteigende Kosten, z. B. bei Einbringungen zu Buchwerten, sind als zusätzliche Anschaffungskosten der gewährten Anteile anzusetzen.[767] Soweit der Einbringungsvorgang objektbezogene Kosten verursacht, z. B. beim Einbringungsvorgang anfallende Grunderwerbsteuer, sind diese als zusätzliche Anschaffungskosten der eingebrachten Wirtschaftsgüter zu aktivieren und können nicht als Betriebsausgaben sofort zum Abzug gebracht werden.[768]

Die gewerbesteuerliche Belastung eines Einbringungsgewinns ist von der Person des Einbringenden abhängig. Aufgrund der Wertung eines Einbringungsgewinns als Veräußerungsgewinn zählt bei natürlichen Personen und Personengesell-

---

764 Vgl. NIEHUS, U./WILKE, H., Personengesellschaften, S. 162; HOENCK, P. H., Einbringung, NWB 2004, F. 18, S. 4070, 4075, 4078; SCHMITT, J., in: SCHMITT, J./HÖRTNAGL, R./STRATZ, R.-C., UmwG/UmwStG, § 24 UmwStG Rn. 242, 250.

765 Vgl. NIEHUS, U./WILKE, H., Personengesellschaften, S. 150; FELCHNER, J./WENDLAND, J., UmwStG i. d. F. des SEStEG, SteuerStud 2007, S. 164; HOENCK, P. H., Einbringung, NWB 2004, F. 18, S. 4070.

766 Vgl. KORN, K., Einbringung in Personengesellschaften, NWB 2007, F. 18, S. 4434; SCHMITT, J., in: SCHMITT, J./HÖRTNAGL, R./STRATZ, R.-C., UmwG/UmwStG, § 24 UmwStG Rn. 238 mit Verweis auf § 20 Rn. 349; WIDMANN, S., in: WIDMANN, S./MAYER, D., Umwandlungsrecht, § 24 UmwStG Rn. 244 (August 2001).

767 Vgl. SCHMITT, J., in: SCHMITT, J./HÖRTNAGL, R./STRATZ, R.-C., UmwG/UmwStG, § 24 UmwStG Rn. 238 mit Verweis auf § 20 Rn. 349; WIDMANN, S., in: WIDMANN, S./MAYER, D., Umwandlungsrecht, § 24 UmwStG Rn. 244 (August 2001) mit Verweis auf § 20 UmwStG Rn. 771, 772 (November 1991).

768 Vgl. SCHMITT, J., in: SCHMITT, J./HÖRTNAGL, R./STRATZ, R.-C., UmwG/UmwStG, § 24 UmwStG Rn. 238 mit Verweis auf § 20 Rn. 349; WIDMANN, S., in: WIDMANN, S./MAYER, D., Umwandlungsrecht, § 24 UmwStG Rn. 245 (August 2001); PATT, J., in: DÖTSCH, E. U. A., Umwandlungssteuerrecht, § 23 UmwStG Rn. 29; BMF-SCHREIBEN v. 25.03.1998, IV B 7 – S 1978 – 21/98 / IV B 2 – S 1909 – 33/98, BStBl. I 1998, S. 268 Rn. 24.04 i. V. m. 22.01.

schaften unabhängig davon, ob die Einbringung zum Zwischenwert oder gemeinen Wert vollzogen wird, der Einbringungsgewinn nicht zum Gewerbeertrag i. S. von § 7 GewStG.[769] Dies gilt auch für einen nach § 24 Abs. 3 S. 3 UmwStG i. V. m. § 16 Abs. 2 S. 3 EStG als laufender Gewinn zu wertender Einbringungsgewinn.[770] Schließlich stellt die Einbringung als tauschähnlicher Vorgang einen speziellen Fall der Veräußerung dar.[771] Zudem ist analog bei einer Einbringung zum Zwischenwert der Einbringungsgewinn zwar ebenfalls als laufender Gewinn zu werten, aber dieser dennoch nicht bei der Ermittlung des Gewerbeertrags einzubeziehen.[772]

Bei einer Kapitalgesellschaft als Einbringende fließt dagegen der Einbringungsgewinn stets in den Gewerbeertrag i. S. von § 7 GewStG ein, da deren Tätigkeit gemäß § 2 Abs. 2 S. 1 GewStG stets und in vollem Umfang als Gewerbebetrieb gilt.[773] Dieser Grundsatz wird jedoch durchbrochen, soweit der Einbringungsgewinn nach § 8b Abs. 2 KStG steuerbefreit ist, da diese Steuerbefreiung auch im Rahmen der Ermittlung des Gewerbeertrags Berücksichtigung findet (§ 7 S. 4 2. Hs. GewStG).[774] Diese Besteuerungsgrundsätze zur Kapitalgesellschaft als Einbringende gelten aufgrund von § 7 S. 2 Nr. 1 GewStG insoweit auch für den Fall der Einbringung durch eine Personengesellschaft, als dass bei der Einbringung eines Betriebs oder Teilbetriebs der Einbringungsgewinn auf eine Kapitalgesellschaft als Mitunternehmerin der einbringenden Personengesellschaft entfällt.[775]

---

769 Vgl. WIDMANN, S., in: WIDMANN, S./MAYER, D., Umwandlungsrecht, § 24 UmwStG Rn. 272-272.1 (August 2001) i. V. m. § 20 UmwStG Rn. 1139 (November 1995); SCHMITT, J., in: SCHMITT, J./HÖRTNAGL, R./STRATZ, R.-C., UmwG/UmwStG, § 24 UmwStG Rn. 253; SCHLÖßLER, R. W., in: HARITZ, D./BENKERT, M., UmwStG, § 24 Rn. 159; PATT, J., in: DÖTSCH, E. U. A., Umwandlungssteuerrecht, § 24 UmwStG Rn. 152, Rn. 157 i. V. m. § 20 UmwStG Rn. 289.

770 Vgl. SCHMITT, J., in: SCHMITT, J./HÖRTNAGL, R./STRATZ, R.-C., UmwG/UmwStG, § 24 UmwStG Rn. 253; m. w. N. PATT, J., in: DÖTSCH, E. U. A., Umwandlungssteuerrecht, § 24 UmwStG Rn. 153, im Widerspruch zu Rn. 157; SCHLÖßLER, R. W., in: HARITZ, D./BENKERT, M., UmwStG, § 24 Rn. 4, 161. Vgl. auch BFH v. 20.04.1995, IV R 7/93, BStBl. II 1995, S. 708, 709; BFH v. 29.10.1987, IV R 93/85, BStBl. II 1988, S. 374, 376-377. A. A. BMF-SCHREIBEN v. 25.03.1998, IV B 7 – S 1978 – 21/98 / IV B 2 – S 1909 – 33/98, BStBl. I 1998, S. 268 Rn. 24.17, BFH v. 15.06.2004, VIII R 7/01, BStBl. II 2004, S. 754, 754-757.

771 Vgl. KORN, K., in: CARLÉ, D. U. A., Umwandlungen, S. 210-211. Vgl. auch Kapitel 2 Abschnitt A.IV.2.1.

772 Vgl. WACKER, R., Einbringungstatbestände, NWB 1998, F. 18, S. 3616; BFH v. 20.04.1995, IV R 7/93, BStBl. II 1995, S. 708, 709; BFH v. 29.10.1987, IV R 93/85, BStBl. II 1988, S. 374, 376-377.

773 Vgl. NIEHUS, U./WILKE, H., Personengesellschaften, S. 160-161; SCHMITT, J., in: SCHMITT, J./HÖRTNAGL, R./STRATZ, R.-C., UmwG/UmwStG, § 24 UmwStG Rn. 256; WIDMANN, S., in: WIDMANN, S./MAYER, D., Umwandlungsrecht, § 24 UmwStG Rn. 272-272.1 (August 2001) i. V. m. § 20 UmwStG Rn. 1139 (November 1995).

774 Vgl. SCHMITT, J., in: SCHMITT, J./HÖRTNAGL, R./STRATZ, R.-C., UmwG/UmwStG, § 24 UmwStG Rn. 256; PATT, J., in: DÖTSCH, E. U. A., Umwandlungssteuerrecht, § 24 UmwStG Rn. 156.

775 Vgl. NIEHUS, U./WILKE, H., Personengesellschaften, S. 160-161.

Einkommensteuerliche bzw. körperschaftsteuerliche Verlustvorträge der unmittelbaren und mittelbaren Mitunternehmer werden durch die Einbringung im Wege von § 24 UmwStG systembedingt grundsätzlich nicht berührt, da bei Personengesellschaften ein solcher Verlustvortrag in der Besteuerungssphäre des Gesellschafters vorgetragen wird.[776] Allerdings bietet eine Einbringung oberhalb des Buchwerts (zum Zwischenwert oder zum gemeinen Wert) und der Realisierung eines Einbringungsgewinns die Möglichkeit, vorhandene Verlustvorträge im Rahmen der in § 10d Abs. 2 EStG geregelten Mindestbesteuerung zu nutzen, zum Abzug zu bringen.[777] Falls ein im Zuge der Einbringung realisierter Einbringungsgewinn der Gewerbesteuer unterliegt, bietet sich ggf. auch die Möglichkeit nach § 10a GewStG – unter Beachtung der Mindestbesteuerungsregelung in § 10a S. 1, 2 GewStG[778] – für den Abzug eines gewerbesteuerlichen Verlustvortrags. Dies gilt insbesondere für den Fall, dass der gewerbesteuerliche Verlustvortrag im Zuge der Einbringung untergeht (vgl. zum gewerbesteuerlichen Verlustvortrag Kapitel 2 Abschnitt A.V.1.).[779]

Bei einer doppelstöckigen Personengesellschaft kann die Einbringung eines Teilbetriebs der Obergesellschaft in das Betriebsvermögen der Untergesellschaft ggf. die Gründung einer (Sonder-)Mitunternehmerstellung nach § 15 Abs. 1 S. 1 Nr. 2 S. 2 EStG zur Folge haben, sofern Wirtschaftsgüter des Teilbetriebs (neben der Einbringung ins Gesamthandsvermögen der Untergesellschaft) als Sonderbetriebsvermögen des Obergesellschafters bei der Untergesellschaft zu werten sind. Dabei kann die (Sonder-)Mitunternehmerstellung aber nur insoweit bestehen, als dass der Obergesellschafter lediglich mittelbar an der Untergesellschaft beteiligt ist und der nur mittelbar an der Untergesellschaft beteiligte Obergesellschafter im Zuge der Einbringung keine Gesellschaftsrechte an der Untergesellschaft erhält und die Obergesellschaft als Einbringende i. S. von § 24 UmwStG zu werten ist (z. B. bei der Einbringung eines Teilbetriebs im Wege der Ausgliederung i. S. des

---

776 Vgl. Hoffmann, W.-D., Anwachsung, GmbH-StB 2006, S. 310; Schwedhelm, R., Unternehmensumwandlung, Rn. 1985; Patt, J., in: Dötsch, E. u. a., Umwandlungssteuerrecht, § 24 UmwStG Rn. 191.

777 Vgl. Hoenck, P. H., Einbringung, NWB 2004, F. 18, S. 4078; Widmann, S., in: Widmann, S./Mayer, D., Umwandlungsrecht, § 24 UmwStG Rn. 132 (August 2001) i. V. m. § 20 UmwStG Rn. 721 (November 1991).

778 Vgl. Güroff, G., in: Glanegger, P./Güroff, G./Selder, J., GewStG, § 10a Rn. 24; Kleinheisterkamp, T., in: Lenski, E./Steinberg, W., GewStG, § 10a Rn. 231 (Juli 2006).

779 Vgl. Widmann, S., in: Widmann, S./Mayer, D., Umwandlungsrecht, § 24 UmwStG Rn. 132 (August 2001) i. V. m. § 20 UmwStG Rn. 720 (November 1991).

UmwG oder bei der Einbringung eines Teilbetriebs im Wege der Einzelrechtsübertragung).[780] Soweit eine (Sonder-)Mitunternehmerstellung gemäß § 15 Abs. 1 S. 1 Nr. 2 S. 2 EStG bereits vor der Einbringung bestand, wird diese (Sonder-)Mitunternehmerstellung durch eine derartige Einbringung durch die Obergesellschaft als Einbringende auch nicht berührt.

Falls im Zuge der Einbringung nicht der Obergesellschaft selbst sondern deren Obergesellschaftern Gesellschaftsrechte an der Untergesellschaft gewährt werden (z. B. bei der Einbringung eines Teilbetriebs im Wege der Abspaltung i. S. des UmwG),[781] hat die gewährte unmittelbare Beteiligung der Obergesellschafter an der Untergesellschaft Vorrang vor einer Anwendung von § 15 Abs. 1 S. 1 Nr. 2 S. 2 EStG. Eine (Sonder-)Mitunternehmerstellung eines Obergesellschafters bei der Untergesellschaft ist ausgeschlossen. Eine Umqualifizierung von eingebrachten Wirtschaftsgütern als Sonderbetriebsvermögen der Obergesellschafter bei der Untergesellschaft basiert stattdessen auf der unmittelbaren Beteiligung der Obergesellschafter an der Untergesellschaft nach § 15 Abs. 1 S. 1 Nr. 2 S. 1 EStG.[782] Verfügt ein Obergesellschafter bereits vor der Einbringung in das Betriebsvermögen der Untergesellschaft gegen Gewährung von Gesellschaftsrechten an die Obergesellschafter über eine (Sonder-)Mitunternehmerstellung gemäß § 15 Abs. 1 S. 1 Nr. 2 S. 2 EStG, tritt diese im Zuge der Einbringung hinter eine gewährte unmittelbare Beteiligung des Obergesellschafters zurück, so dass eine Wertung des Sonderbetriebsvermögens ebenso aus § 15 Abs. 1 S. 1 Nr. 2 S. 1 EStG folgt. Der Obergesellschafter verfügt weiterhin über Sonderbetriebsvermögen bei der Untergesellschaft.

4.1.2. Steuerliche Konsequenzen für die aufnehmende Personengesellschaft

Für die Fortführung der Wertansätze der eingebrachten Wirtschaftsgüter, folglich für die künftige Gewinnermittlung der aufnehmenden Personengesellschaft ist der

---

780 Vgl. Kapitel 2 Abschnitt A.IV.2.2.1.

781 Vgl. Kapitel 2 Abschnitt A.IV.2.2.1.

782 Zur Vorrangigkeit von § 15 Abs. 1 S. 1 Nr. 2 S. 1 EStG vor § 15 Abs. 1 S. 1 Nr. 2 S. 2 EStG vgl. HOTTMANN, J., in: ZIMMERMANN, R. U. A., Personengesellschaft, G Rn. 12-13.

Verweis von § 24 Abs. 4 UmwStG auf eine entsprechende Anwendung von § 23 Abs. 1, 3, 4 und 6 UmwStG maßgeblich. Die sich daraus ergebenden unterschiedlichen steuerlichen Konsequenzen sind von dem durch die aufnehmende Personengesellschaft gewählten Wertansatz abhängig.[783]

Bei Ansatz des eingebrachten Betriebsvermögens mit dem Buchwert tritt die aufnehmende Personengesellschaft, die Untergesellschaft, in die Rechtsstellung der übertragenden Personengesellschaft ein (§ 23 Abs. 1 i. V. m. § 12 Abs. 3 1. Hs. UmwStG).[784] Der Eintritt in die steuerliche Rechtsstellung der übertragenden Personengesellschaft bedeutet insbesondere die Übernahme der Bewertung der eingebrachten Wirtschaftsgüter, die Fortführung der AfA und bereits vorhandener Ergänzungsbilanzen sowie die Übernahme von den steuerlichen Gewinn mindernden Rücklagen.[785] Der Verweis von § 24 Abs. 4 UmwStG auf eine entsprechende Anwendung von § 23 Abs. 1 UmwStG gewährt darüber hinaus beim Buchwertansatz der aufnehmenden Personengesellschaft eine Anrechnung von Vorbesitzzeiten der eingebrachten Wirtschaftsgüter (§ 23 Abs. 1 i. V. m. § 4 Abs. 2 S. 3 UmwStG). Dies kann für eine spätere Anwendung von § 6b EStG von Bedeutung sein.[786]

Gemäß § 23 Abs. 3 i. V. m. § 12 Abs. 3 1. Hs. UmwStG erfolgt beim Zwischenwertansatz wie beim Buchwertansatz ein Eintritt der aufnehmenden Personengesellschaft in die steuerliche Rechtsstellung der übertragenden Personengesellschaft jedoch unter den Zwischenwert berücksichtigenden Maßgaben.[787] Die zum

---

783 Vgl. SCHMITT, J., in: SCHMITT, J./HÖRTNAGL, R./STRATZ, R.-C., UmwG/UmwStG, § 24 UmwStG Rn. 261.

784 Vgl. KORN, K., Einbringung in Personengesellschaften, NWB 2007, F. 18, S. 4433; HOENCK, P. H., Einbringung, NWB 2004, F. 18, S. 4076-4077; SCHMITT, J., in: SCHMITT, J./HÖRTNAGL, R./STRATZ, R.-C., UmwG/UmwStG, § 24 UmwStG Rn. 262; WIDMANN, S., in: WIDMANN, S./MAYER, D., Umwandlungsrecht, § 22 UmwStG Rn. 21 (August 2000); BMF-SCHREIBEN v. 25.03.1998, IV B 7 – S 1978 – 21/98 / IV B 2 – S 1909 – 33/98, BStBl. I 1998, S. 268 Rn. 24.04 i. V. m. 22.06.

785 Vgl. KORN, K., Einbringung in Personengesellschaften, NWB 2007, F. 18, S. 4433; HAGEMANN, J. U. A., SEStEG, NWB 2007, Sonderheft 1, S. 44; STRAUCH, R., Umwandlungs(steuer)recht, SteuerStud 2006, S. 617; HOENCK, P. H., Einbringung, NWB 2004, F. 18, S. 4077; SCHMITT, J., in: SCHMITT, J./HÖRTNAGL, R./STRATZ, R.-C., UmwG/UmwStG, § 24 UmwStG Rn. 262, 265; WIDMANN, S., in: WIDMANN, S./MAYER, D., Umwandlungsrecht, § 22 UmwStG Rn. 21 (August 2000); BMF-SCHREIBEN v. 25.03.1998, IV B 7 – S 1978 – 21/98 / IV B 2 – S 1909 – 33/98, BStBl. I 1998, S. 268 Rn. 24.04 i. V. m. 22.06.

786 Vgl. HOENCK, P. H., Einbringung, NWB 2004, F. 18, S. 4077; SCHMITT, J., in: SCHMITT, J./HÖRTNAGL, R./STRATZ, R.-C., UmwG/UmwStG, § 24 UmwStG Rn. 263; BMF-SCHREIBEN v. 25.03.1998, IV B 7 – S 1978 – 21/98 / IV B 2 – S 1909 – 33/98, BStBl. I 1998, S. 268 Rn. 24.04 i. V. m. 22.07.

787 Vgl. HOENCK, P. H., Einbringung, NWB 2004, F. 18, S. 4077; SCHMITT, J., in: SCHMITT, J./HÖRTNAGL, R./STRATZ, R.-C., UmwG/UmwStG, § 24 UmwStG Rn. 262, 268; WIDMANN, S., in: WIDMANN, S./MAYER, D., Umwandlungsrecht, § 22 UmwStG Rn. 233 (August 2000).

Buchwertansatz ausgeführten Grundsätze zum Eintritt in die steuerliche Rechtsstellung der übertragenden Personengesellschaft gelten mit Ausnahme von besonderen Maßgaben zur AfA, die in § 23 Abs. 3 Nr. 1 und 2 UmwStG normiert sind.[788] Im Falle der linearen AfA (§ 7 Abs. 1, 4, 5, und 6 EStG) ergibt sich die AfA-Bemessungsgrundlage aus den bisherigen Buchwerten vermehrt um die Aufstockungsbeträge aus dem Zwischenwertansatz. Bei der degressiven AfA (§ 7 Abs. 2 EStG) tritt zum Einbringungszeitpunkt an die Stelle des Buchwerts der für das betreffende Wirtschaftsgut gewählte Wertansatz (Zwischenwert).[789] Eine Anrechnung von Vorbesitzzeiten der eingebrachten Wirtschaftsgüter durch die aufnehmende Personengesellschaft wie beim Buchwertansatz ist beim Zwischenwertansatz nicht möglich, da in § 23 Abs. 3 UmwStG ein entsprechender Verweis auf § 4 Abs. 2 S. 3 UmwStG fehlt.[790]

Bei Ansatz des eingebrachten Betriebsvermögens mit dem gemeinen Wert ist gemäß § 23 Abs. 4 UmwStG zu differenzieren, ob die Einbringung im Wege der Gesamtrechtsnachfolge oder im Wege der Einzelrechtsnachfolge erfolgt.[791] Falls die einzubringenden Wirtschaftsgüter im Wege der Einzelrechtsnachfolge auf die aufnehmende Personengesellschaft übergehen, gelten die eingebrachten Wirtschaftsgüter zum Einbringungszeitpunkt als angeschafft.[792] Die aufnehmende Personengesellschaft tritt nicht in die steuerliche Rechtsstellung der übertragenden Personengesellschaft ein, stattdessen kommt das Anschaffungsprinzip zur Anwendung.[793] Die AfA auf die eingebrachten Wirtschaftsgüter ist auf Basis des gemeinen Werts neu zu ermitteln (§ 23 Abs. 4 1. Hs. UmwStG).[794] Für den Fall der

---

788 Vgl. HOENCK, P. H., Einbringung, NWB 2004, F. 18, S. 4077.

789 Vgl. KORN, K., Einbringung in Personengesellschaften, NWB 2007, F. 18, S. 4433.

790 Vgl. HOENCK, P. H., Einbringung, NWB 2004, F. 18, S. 4078; SCHMITT, J., in: SCHMITT, J./HÖRTNAGL, R./STRATZ, R.-C., UmwG/UmwStG, § 24 UmwStG Rn. 268; BMF-SCHREIBEN v. 25.03.1998, IV B 7 – S 1978 – 21/98 / IV B 2 – S 1909 – 33/98, BStBl. I 1998, S. 268 Rn. 24.04 i. V. m. 22.09; BFH v. 26.02.1992, I R 7/91, BStBl. II 1992, S. 988, 989.

791 Vgl. KORN, K., Einbringung in Personengesellschaften, NWB 2007, F. 18, S. 4433-4434; HOENCK, P. H., Einbringung, NWB 2004, F. 18, S. 4078; BMF-SCHREIBEN v. 25.03.1998, IV B 7 – S 1978 – 21/98 / IV B 2 – S 1909 – 33/98, BStBl. I 1998, S. 268 Rn. 24.04 i. V. m. 22.13.

792 Vgl. KORN, K., Einbringung in Personengesellschaften, NWB 2007, F. 18, S. 4433-4434; HOENCK, P. H., Einbringung, NWB 2004, F. 18, S. 4078; SCHMITT, J., in: SCHMITT, J./HÖRTNAGL, R./STRATZ, R.-C., UmwG/UmwStG, § 24 UmwStG Rn. 269; WIDMANN, S., in: WIDMANN, S./MAYER, D., Umwandlungsrecht, § 22 UmwStG Rn. 390 (August 2000); BMF-SCHREIBEN v. 25.03.1998, IV B 7 – S 1978 – 21/98 / IV B 2 – S 1909 – 33/98, BStBl. I 1998, S. 268 Rn. 24.04 i. V. m. 22.15.

793 Vgl. HOENCK, P. H., Einbringung, NWB 2004, F. 18, S. 4078; SCHMITT, J., in: SCHMITT, J./HÖRTNAGL, R./STRATZ, R.-C., UmwG/UmwStG, § 24 UmwStG Rn. 269.

794 Vgl. KORN, K., Einbringung in Personengesellschaften, NWB 2007, F. 18, S. 4433-4434; HOENCK, P. H., Einbringung, NWB 2004, F. 18, S. 4078.

Einbringung von Wirtschaftsgütern im Wege der Gesamtrechtsnachfolge ist entsprechend wie beim Zwischenwertansatz zu verfahren. § 23 Abs. 3 UmwStG gilt entsprechend (§ 23 Abs. 4 2. Hs. UmwStG), sodass die aufnehmende Personengesellschaft unter den Maßgaben wie beim Zwischenwertansatz in die steuerliche Rechtsstellung der übertragenden Personengesellschaft eintritt.[795] Durch den fehlenden Verweis in § 23 Abs. 3 und 4 UmwStG auf § 4 Abs. 2 S. 3 UmwStG können auch beim Ansatz des gemeinen Werts wie beim Zwischenwertansatz für die eingebrachten Wirtschaftsgüter keine Vorbesitzzeiten angerechnet werden.[796]

Der Verweis von § 24 Abs. 4 i. V. m. § 23 Abs. 6 UmwStG auf § 6 Abs. 1 und 3 UmwStG findet nur Anwendung, wenn bei dem Vermögensübergang der Einbringung im Wege von § 24 UmwStG infolge von Konfusion Forderungen und Verbindlichkeiten zwischen der übertragenden Personengesellschaft und der aufnehmenden Personengesellschaft erlöschen oder Rückstellungen aufzulösen sind.[797] Soweit dies der Fall ist, wird der aufnehmenden Personengesellschaft durch § 6 Abs. 1 S. 1 UmwStG die Option gewährt, einen daraus entstehenden Gewinn (einen sog. Einbringungsfolgegewinn[798]) in eine den steuerlichen Gewinn mindernde Rücklage einzustellen. In den nachfolgenden drei Wirtschaftsjahren ist diese Rücklage wiederum mit mindestens je einem Drittel gewinnerhöhend aufzulösen (§ 6 Abs. 1 S. 2 UmwStG).[799] Allerdings ist in den nach dem Einbringungszeitpunkt folgenden fünf Jahren zu beachten, dass diese Option gemäß § 6 Abs. 3 S. 1 UmwStG[800] rückwirkend entfällt, soweit die aufnehmende Personengesellschaft den eingebrachten Betrieb in eine Kapitalgesellschaft einbringt oder ohne

---

795 Vgl. KORN, K., Einbringung in Personengesellschaften, NWB 2007, F. 18, S. 4434; HOENCK, P. H., Einbringung, NWB 2004, F. 18, S. 4078; SCHMITT, J., in: SCHMITT, J./HÖRTNAGL, R./STRATZ, R.-C., UmwG/UmwStG, § 24 UmwStG Rn. 270; WIDMANN, S., in: WIDMANN, S./MAYER, D., Umwandlungsrecht, § 22 UmwStG Rn. 225 (August 2000); BMF-SCHREIBEN v. 25.03.1998, IV B 7 – S 1978 – 21/98 / IV B 2 – S 1909 – 33/98, BStBl. I 1998, S. 268 Rn. 24.04 i. V. m. 22.13.

796 Vgl. HOENCK, P. H., Einbringung, NWB 2004, F. 18, S. 4078; BFH v. 26.02.1992, I R 7/91, BStBl. II 1992, S. 988, 989.

797 Vgl. WIDMANN, S., in: WIDMANN, S./MAYER, D., Umwandlungsrecht, § 6 UmwStG Rn. 1 (März 2000); HOENCK, P. H., Einbringung, NWB 2004, F. 18, S. 4077; STRAUCH, R., Umwandlungs(steuer)recht, SteuerStud 2006, S. 616-617; SCHMITT, J., in: SCHMITT, J./HÖRTNAGL, R./STRATZ, R.-C., UmwG/UmwStG, § 24 UmwStG Rn. 271.

798 Vgl. KORN, K., Einbringung in Personengesellschaften, NWB 2007, F. 18, S. 4434; STRAUCH, R., Umwandlungs(steuer)recht, SteuerStud 2006, S. 616-617.

799 Vgl. HOENCK, P. H., Einbringung, NWB 2004, F. 18, S. 4077; SCHMITT, J., in: SCHMITT, J./HÖRTNAGL, R./STRATZ, R.-C., UmwG/UmwStG, § 24 UmwStG Rn. 271.

800 § 6 Abs. 3 UmwStG i. d. F. des SEStEG entspricht dem bisherigen § 26 Abs. 1 UmwStG a. F.

triftigen Grund veräußert oder aufgibt.

Abgesehen von der Regelung gemäß § 24 Abs. 4 i. V. m. § 23 Abs. 6 und § 6 Abs. 3 S. 1 UmwStG begründet eine Einbringung im Wege von § 24 UmwStG im Gegensatz zu § 6 Abs. 5 S. 3 EStG keine zu beachtenden steuerlichen Behaltefristen.[801] Eine nachträgliche Verfügung über das übernommene Betriebsvermögen kann damit grundsätzlich erfolgen, ohne dass dadurch der auf Basis von § 24 UmwStG gewählte Wertansatz gefährdet wird. Lediglich die steuerlichen Behaltefristen, die durch den Eintritt in die steuerliche Rechtsstellung der übertragenden Personengesellschaft übernommen wurden, müssen von der aufnehmenden Personengesellschaft zur Vermeidung ungewünschter steuerlicher Konsequenzen beachtet werden. Durch die Einbringung (im Wege von § 24 UmwStG) selbst kann aber bereits eine steuerliche Behaltefrist verletzt werden, z. B. die steuerliche Behaltefrist gemäß § 6 Abs. 5 S. 6 EStG (vgl. Kapitel 2 Abschnitt A.II.3.4.).[802]

Eine weitere Einschränkung für den im Wege von § 24 UmwStG gewählten Wertansatz könnte sich dadurch ergeben, als dass die durchgeführte Umstrukturierung im Zusammenhang mit einem weiteren Umstrukturierungsschritt auf Basis der Gesamtplanrechtsprechung als gestaltungsmissbräuchlich i. S. von § 42 AO gewertet wird (vgl. zur Gesamtplanrechtsprechung Kapitel 2 Abschnitt A.II.2.2.2.10).[803]

4.1.3. Einbringungsgewinn bei nachträglicher Veräußerung miteingebrachter Kapitalgesellschaftsanteile (§ 24 Abs. 5 UmwStG)

Für den Fall, dass zum eingebrachten Betriebsvermögen einer Sachgesamtheit Anteile an Kapitalgesellschaften (Körperschaften, Personenvereinigungen oder Vermögensmassen) gehören, diese Einbringung zum Buchwert oder Zwischenwert vorgenommen wird und der Einbringende unmittelbar oder mittelbar eine natürliche Person, d. h. keine durch § 8b Abs. 2 KStG begünstigte Person, ist, muss darüber hinaus der im Zuge der Anpassungen durch das SEStEG angefügte

801 Vgl. KERSSENBROCK, GRAF O.-F./RUNDSHAGEN, H., Übertragung, BB 2004, S. 2493.
802 Vgl. SCHMITT, J., in: SCHMITT, J./HÖRTNAGL, R./STRATZ, R.-C., UmwG/UmwStG, § 24 UmwStG Rn. 177.
803 Vgl. KERSSENBROCK, GRAF O.-F./RUNDSHAGEN, H., Übertragung, BB 2004, S. 2493.

§ 24 Abs. 5 UmwStG (eine neue Steuersicherungsvorschrift) beachtet werden.[804] In einem solchen Fall unterliegt gemäß § 24 Abs. 5 UmwStG ein Gewinn aus der Veräußerung dieser Kapitalgesellschaftsanteile (oder aus einem gemäß § 22 Abs. 1 S. 6 Nr. 1 bis 5 UmwStG[805] der Veräußerung gleichgestellten Tatbestand) unter entsprechender Anwendung von § 22 Abs. 2, 3 und 5 bis 7 UmwStG insoweit der Besteuerung, als an der aufnehmenden Personengesellschaft eine nach § 8b Abs. 2 KStG begünstigte Person, d. h. eine Kapitalgesellschaft, beteiligt ist, innerhalb von sieben Jahren nach dem Einbringungszeitpunkt die miteingebrachten Kapitalgesellschaftsanteile durch die Mitunternehmerschaft veräußert werden und der erzielte Veräußerungsgewinn auf diese nach § 8b Abs. 2 KStG begünstigte Person entfällt.[806] Dies träfe z. B. auf den Fall zu, dass zum in die Untergesellschaft eingebrachten Teilbetrieb GmbH-Anteile mit stillen Reserven gehören, der von der Obergesellschaft eingebrachte Teilbetrieb im Wege von § 24 UmwStG zum Buch- oder Zwischenwert eingebracht wird, Einbringende lediglich natürliche Personen sind und diese GmbH-Anteile innerhalb von sieben Jahren nach dem Einbringungszeitpunkt durch die Untergesellschaft, an deren Vermögen eine GmbH beteiligt ist, veräußert werden.[807]

4.2. Bilanzielle Abbildung

Der bilanziellen Abbildung der Einbringung bei der aufnehmenden Personen-

---

804 Die Einführung des § 24 Abs. 5 UmwStG wurde aufgrund des Wegfalls des § 8b Abs. 4 S. 1 Nr. 2 KStG a. F. durch das SEStEG notwendig. Damit dient § 24 Abs. 5 UmwStG der Sicherung der nachträglichen Besteuerung; vgl. BENECKE, A./SCHNITGER, A., Neuregelung des UmwStG, IStR 2007, S. 27; DÖTSCH, E./PUNG, A., Änderungen des UmwStG, DB 2006, S. 2772; KORN, K., Einbringung in Personengesellschaften, NWB 2007, F. 18, S. 4439.

805 Vgl. zur Erläuterung BAUERNSCHMITT, I./BLÖCHLE, D., SEStEG, BB 2007, S. 748 und S. 745-746.

806 Vgl. BAUERNSCHMITT, I./BLÖCHLE, D., SEStEG, BB 2007, S. 748; DAMAS, J.-P., Das neue Umwandlungssteuerrecht, DStZ 2007, S. 140-141; HAGEMANN, J. U. A., SEStEG, NWB 2007, Sonderheft 1, S. 44; KORN, K., Einbringung in Personengesellschaften, NWB 2007, F. 18, S. 4439-4440; LEY, U., Einbringung nach §§ 20, 24 UmwStG, FR 2007, S. 121; RÖDDER, T./SCHUMACHER, A., Das SEStEG, DStR 2007, S. 376. Vgl. ausführlich zu den Konsequenzen von ausgewählten, sich an die Einbringung im Wege von § 24 UmwStG anschließenden Umstrukturierungen BAUERNSCHMITT, I./BLÖCHLE, D., SEStEG, BB 2007, S. 748-751. RÖDDER/SCHUMACHER befürworten eine teleologische Reduzierung von § 24 Abs. 5 UmwStG dahingehend, dass eine Anwendung von § 24 Abs. 5 UmwStG insoweit nicht notwendig sein sollte, als die nicht aufgedeckten stillen Reserven der eingebrachten Kapitalgesellschaftsanteile über die Erstellung einer Ergänzungsbilanz dem Einbringenden, d. h. der natürlichen Person, die nicht nach § 8b Abs. 2 KStG begünstigt ist, zugeordnet werden; vgl. RÖDDER, T./SCHUMACHER, A., Das SEStEG, DStR 2007, S. 376.

807 Vgl. (zur Einbringung in eine einstöckige Personengesellschaft) KORN, K., Einbringung in Personengesellschaften, NWB 2007, F. 18, S. 4439-4440; DAMAS, J.-P., Das neue Umwandlungssteuerrecht, DStZ 2007, S. 141; DÖTSCH, E./PUNG, A., Änderungen des UmwStG, DB 2006, S. 2772.

gesellschaft kommt durch den damit zum Ausdruck gebrachten Ansatz für das eingebrachte Betriebsvermögen entscheidende Bedeutung bei der Einbringung im Wege von § 24 UmwStG zu. Der gewählte Wertansatz ergibt sich aus den tatsächlichen Wertansätzen für das eingebrachte Betriebsvermögen in der Gesamthandsbilanz einschließlich der Ergänzungsbilanzen und den Sonderbilanzen der Mitunternehmer der aufnehmenden Personengesellschaft.[808] Zu diesem Zweck sind entsprechende Bilanzen durch die aufnehmende Personengesellschaft auf den Einbringungszeitpunkt aufzustellen.[809] Für die Wiedergabe des gewählten Wertansatzes gibt § 24 UmwStG keine spezielle bilanzielle Darstellung vor.[810]

Für eine Einbringung ins Gesamthandsvermögen zu Buchwerten stehen mehrere Möglichkeiten zur bilanziellen Abbildung in den Steuerbilanzen der aufnehmenden Personengesellschaft zur Verfügung. Dabei ist zu beachten, dass die Einbringung eines Teilbetriebs der Obergesellschaft in die Untergesellschaft entsprechend der Ausführungen in Kapitel 2 Abschnitt A.IV.2.2.1. zwei Einbringungsvorgänge im Wege von § 24 UmwStG auslöst, die Einbringung des Teilbetriebs und die Einbringung der Mitunternehmeranteile der Untergesellschafter in die „neue" erweiterte Untergesellschaft.

Soweit im Zuge der Einbringung der Mitunternehmeranteile der Alt-Gesellschafter in die „neue" erweiterte Personengesellschaft (die „neue" Untergesellschaft) für das Betriebsvermögen der „alten" Personengesellschaft (der „alten" Untergesellschaft) die Buchwerte ohne die Aufstellung von Ergänzungsbilanzen angesetzt

---

808 Vgl. HOENCK, P. H., Einbringung, NWB 2004, F. 18, S. 4076, 4077; SCHMITT, J., in: SCHMITT, J./HÖRTNAGL, R./STRATZ, R.-C., UmwG/UmwStG, § 24 UmwStG Rn. 148, 161, 162; PATT, J., in: DÖTSCH, E. U. A., Umwandlungssteuerrecht, § 24 UmwStG Rn. 116; BFH v. 08.12.1994, IV R 82/92, BStBl. II 1995, S. 599, 600; BMF-SCHREIBEN v. 25.03.1998, IV B 7 – S 1978 – 21/98 / IV B 2 – S 1909 – 33/98, BStBl. I 1998, S. 268 Rn. 24.13. Der Grundsatz der Maßgeblichkeit der Handelsbilanz für die Steuerbilanz kommt bei Umstrukturierungen im Wege von § 24 UmwStG nicht zur Anwendung; vgl. DÖTSCH, E./PUNG, A., Änderungen des UmwStG, DB 2006, S. 2706; BILITEWSKI, ANDREA, SEStEG, FR 2007, S. 62. Dies entspricht dem Rechtsstand bereits vor Umsetzung des SEStEG vgl. SAGASSER, B., in: SAGASSER, B./BULA, T./BRÜNINGER, T. R., Umwandlungen, L Rn. 62; SCHLÖßER, R. W., in: HARITZ, D./BENKERT, M., UmwStG, § 24 Rn. 92; SCHMITT, J., Umwandlungen, DStR 2004, S. 937; SCHMITT, J., in: SCHMITT, J./HÖRTNAGL, R./STRATZ, R.-C., UmwG/UmwStG, § 24 UmwStG Rn. 156; DÖTSCH, E./PUNG, A., Änderungen des UmwStG, DB 2006, S. 2706.

809 Vgl. SCHULZE ZUR WIESCHE, D., in: BORDEWIN, A./BRANDT, J., EStG, § 24 UmwStG Rn. 139 (November 1998); (differenzierend) MAITERTH, R./MÜLLER, H., Umwandlung, S. 185.

810 Vgl. LEY, U., Ergänzungsbilanzen, KÖSDI 2001, S. 12990; SCHMITT, J., in: SCHMITT, J./HÖRTNAGL, R./STRATZ, R.-C., UmwG/UmwStG, § 24 UmwStG Rn. 188; SCHLÖßER, R. W., in: HARITZ, D./BENKERT, M., UmwStG, § 24 Rn. 101.

werden, gelten für die Einbringung des Teilbetriebs der Obergesellschaft die folgenden Ausführungen:

- Entweder die aufnehmende Personengesellschaft übernimmt die Buchwerte der eingebrachten Wirtschaftsgüter des Teilbetriebs in der Gesamthandsbilanz ohne Erfassung ggf. eingebrachter stiller Reserven in Ergänzungsbilanzen,[811]
- oder in der Gesamthandsbilanz erfolgt ein Ansatz der eingebrachten Wirtschaftsgüter des Teilbetriebs zum gemeinen Wert und aufgedeckte stille Reserven werden in negativen Ergänzungsbilanzen den Einbringenden zur Herabsetzung auf den in Summe auszuweisenden Buchwert zugeordnet,[812]
- oder die eingebrachten Wirtschaftsgüter des Teilbetriebs werden unter Vornahme einer Kapitalkontenanpassung unter Erfassung aufgedeckter stiller Reserven in Ergänzungsbilanzen in der Gesamthandsbilanz zum gemeinen Wert angesetzt.[813]

Zur Abwägung dieser bilanziellen Darstellungsmöglichkeiten können die Ausführungen zu der Aufstellung von Ergänzungsbilanzen mit oder ohne Kapitalkontenanpassung bei Übertragungen im Wege von § 6 Abs. 5 EStG entsprechend auf den betrachteten Einbringungsfall übertragen werden (vgl. Kapitel 2 Abschnitt A.II.3.2.2.1.1.).[814] Demzufolge wird eine korrekte Zurechnung von eingebrachten stillen Reserven durch den Ansatz des gemeinen Werts in der Gesamthandsbilanz

---

811 Vgl. MAITERTH, R./MÜLLER, H., Umwandlung, S. 166; NIEHUS, U./WILKE, H., Personengesellschaften, S. 150. Allerdings hat diese Bilanzierungsmethode zur Folge, dass etwaig eingebrachte stille Reserven den Einbringenden nicht korrekt zugeordnet werden können und auf die anderen Gesellschafter der aufnehmenden Personengesellschaft entsprechend der Beteiligungsverhältnisse überspringen; vgl. NIEHUS, U./WILKE, H., Personengesellschaften, S. 151.

812 Vgl. LEY, U., Ergänzungsbilanzen, KÖSDI 2001, S. 12990; NIEHUS, U., Ergänzungsbilanzen, StuW 2002, S. 117; NIEHUS, U./WILKE, H., Personengesellschaften, S. 152; MAITERTH, R./MÜLLER, H., Umwandlung, S. 165-166, 167; SCHOOR, H. W., Ergänzungsbilanzen, StBP 2006, S. 255; KELLERSMANN, D., Einbringung, DB 1997, S. 2048; SCHMITT, J., in: SCHMITT, J./HÖRTNAGL, R./STRATZ, R.-C., UmwG/UmwStG, § 24 UmwStG Rn. 189; WACKER, R., in: SCHMIDT, L., EStG, § 15 Rn. 472; SCHLÖßER, R. W., in: HARITZ, D./BENKERT, M., UmwStG, § 24 Rn. 101, 119; BFH v. 08.12.1994, IV R 82/92, BStBl. II 1995, S. 599, 600; BMF-SCHREIBEN v. 25.03.1998, IV B 7 – S 1978 – 21/98 / IV B 2 – S 1909 – 33/98, BStBl. I 1998, S. 268 Rn. 24.14.

813 Vgl. LEY, U., Ergänzungsbilanzen, KÖSDI 2001, S. 12990. Vgl. zur Kapitalkontenanpassung und Ansatz der eingebrachten Wirtschaftsgüter in der Gesamthandsbilanz zu Buchwerten NIEHUS, U., Ergänzungsbilanzen, StuW 2002, S. 117; NIEHUS, U./WILKE, H., Personengesellschaften, S. 153-154; MAITERTH, R./MÜLLER, H., Umwandlung, S. 167-168; SCHOOR, H. W., Ergänzungsbilanzen, StBP 2006, S. 255; KELLERSMANN, D., Einbringung, DB 1997, S. 2047-2048; SCHMITT, J., in: SCHMITT, J./HÖRTNAGL, R./STRATZ, R. C., UmwG/UmwStG, § 24 UmwStG Rn. 189, 228; WACKER, R., in: SCHMIDT, L., EStG, § 15 Rn. 472; SCHLÖßER, R. W., in: HARITZ, D./BENKERT, M., UmwStG, § 24 Rn. 101, 118; BFH v. 25.04.2006, VIII R 52/04, BStBl. II 2006, S. 847, 852-853; BMF-SCHREIBEN v. 25.03.1998, IV B 7 – S 1978 – 21/98 / IV B 2 – S 1909 – 33/98, BStBl. I 1998, S. 268 Rn. 24.14.

814 Vgl. auch LEY, U., Ergänzungsbilanzen, KÖSDI 2001, S. 12990-12991, 12995.

unter korrespondierender Aufstellung von negativen Ergänzungsbilanzen erreicht, wenn in den bereits vorhandenen Wirtschaftsgütern der aufnehmenden Personengesellschaft keine stillen Reserven ruhen bzw. durch den Ansatz des gemeinen Werts in der Gesamthandsbilanz unter korrespondierender Aufstellung von negativen Ergänzungsbilanzen und gleichzeitiger Kapitalkontenanpassung, wenn in den bereits vorhandenen Wirtschaftsgütern der aufnehmenden Personengesellschaft stille Reserven enthalten sind.

Alternativ kann bei einer Einbringung ins Gesamthandsvermögen zu Buchwerten eine korrekte Wiedergabe der Gesellschaftsrechte gewährleistet werden, soweit in der Gesamthandsbilanz die eingebrachten Wirtschaftsgüter des Teilbetriebs und die Wirtschaftsgüter der „alten“ Personengesellschaft (der „alten“ Untergesellschaft) unter Aufstockung der Kapitalkonten aller Untergesellschafter zum gemeinen Wert angesetzt werden und zur Erreichung des angestrebten Buchwertansatzes die jeweiligen stillen Reserven der Wirtschaftsgüter über negative Ergänzungsbilanzen der Untergesellschafter abgebildet werden. Da diese Möglichkeit der bilanziellen Darstellung den Einbringungsvorgang übersichtlich und zudem korrekt wiedergibt, ist diese Möglichkeit m. E. zu bevorzugen.

Diese Grundsätze zur bilanziellen Darstellung gelten entsprechend auch bei Einbringungen zu Zwischenwerten.[815] Die zum Zwischenwertansatz erforderliche Aufstockung der Buchwerte des eingebrachten Betriebsvermögens ist in der Gesamthandsbilanz einschließlich Ergänzungsbilanzen und Sonderbilanzen der Gesellschafter gleichmäßig und mit einem einheitlichen Vomhundertsatz vorzunehmen, mit anderen Worten, der Aufstockungsbetrag (die Differenz zwischen Buchwert und Zwischenwert des eingebrachten Betriebsvermögens) ist gleichmäßig auf das eingebrachte Betriebsvermögen zu verteilen.[816] Gleichmäßig hat zur

---

815 Vgl. KORN, K., Einbringung in Personengesellschaften, NWB 2007, F. 18, S. 4430; NIEHUS, U., Ergänzungsbilanzen, StuW 2002, S. 117; NIEHUS, U./WILKE, H., Personengesellschaften, S. 156; LEY, U., Ergänzungsbilanzen, KÖSDI 2001, S. 12991.

816 Vgl. KORN, K., Einbringung in Personengesellschaften, NWB 2007, F. 18, S. 4433; NIEHUS, U./WILKE, H., Personengesellschaften, S. 156; SCHMITT, J., in: SCHMITT, J./HÖRTNAGL, R./STRATZ, R.-C., UmwG/UmwStG, § 24 UmwStG Rn. 170, 179 i. V. m. § 20 UmwStG Rn. 315; SCHLÖßER, R. W., in: HARITZ, D./BENKERT, M., UmwStG, § 24 Rn. 102, 104; WIDMANN, S., in: WIDMANN, S./MAYER, D., Umwandlungsrecht, § 24 UmwStG Rn. 164 (August 2001) i. V. m. § 20 UmwStG Rn. 953 (November 1995); KLINGBERG, D., in: BLÜMICH, EStG/KStG/GewStG, § 20 UmwStG Rn. 83 (März 2005); BMF-SCHREIBEN v. 25.03.1998, IV B 7 – S 1978 – 21/98 / IV B 2 – S 1909 – 33/98, BStBl. I 1998, S. 268 Rn. 24.04 i. V. m. 22.08.

Folge, dass eine gezielte unterschiedliche Aufstockung zur höheren Aufstockung von schnell abschreibbaren Wirtschaftsgütern unzulässig ist.[817] Der Vomhundertsatz entspricht dem Verhältnis des aufzustockenden Betrags (d. h. dem Unterschied zwischen dem Buchwert des eingebrachten Betriebsvermögens und dem von der aufnehmenden Personengesellschaft gewählten Zwischenwert) zum Gesamtbetrag der eingebrachten stillen Reserven. Folglich müssen zunächst die gesamten stillen Reserven des eingebrachten Betriebsvermögens festgestellt werden.[818] Anschließend sind die in positiven und negativen Wirtschaftsgütern ruhenden stillen Reserven sowie steuerfreie Rücklagen um den Vomhundertsatz aufzulösen, die Buchwerte entsprechend aufzustocken, um den angestrebten Zwischenwertansatz dieser Wirtschaftsgüter und steuerfreien Rücklagen zu erreichen.[819] Dabei haben grundsätzlich das Anlagevermögen einschließlich selbst geschaffener immaterieller Wirtschaftsgüter und der Geschäfts- oder Firmenwert als auch das Umlaufvermögen Berücksichtigung zu finden.[820] Allerdings ist gemäß der Finanzverwaltung ein selbst geschaffener Geschäfts- oder Firmenwert erst aufzustocken, soweit alle übrigen eingebrachten Wirtschaftsgüter mit dem gemeinen Wert angesetzt sind und zu dem angestrebten Zwischenwertansatz für die Sachgesamtheit noch eine Differenz verbleibt. Der Geschäfts- oder Firmenwert ist dann insoweit aufzustocken, bis der insgesamt angestrebte Zwischenwertansatz erreicht ist.[821]

---

817 Vgl. KORN, K., Einbringung in Personengesellschaften, NWB 2007, F. 18, S. 4433; SCHMITT, J., in: SCHMITT, J./HÖRTNAGL, R./STRATZ, R.-C., UmwG/UmwStG, § 24 UmwStG Rn. 170; KLINGBERG, D., in: BLÜMICH, EStG/KStG/GewStG, § 20 UmwStG Rn. 83 (März 2005); BFH v. 10.07.2002, I R 79/01, BStBl. II 2002, S. 784, 785; BFH v. 24.05.1984, I R 166/78, BStBl. II 1984, S. 747, 750-751.

818 Vgl. NIEHUS, U./WILKE, H., Personengesellschaften, S. 156; SCHMITT, J., in: Schmitt, J./HÖRTNAGL, R./STRATZ, R.-C., UmwG/UmwStG, § 24 UmwStG Rn. 180; SCHLÖßER, R. W., in: HARITZ, D./BENKERT, M., UmwStG, § 24 Rn. 104; KLINGBERG, D., in: BLÜMICH, EStG/KStG/GewStG, § 20 UmwStG Rn. 83 (März 2005); BMF-Schreiben v. 25.03.1998, IV B 7 – S 1978 – 21/98 / IV B 2 – S 1909 – 33/98, BStBl. I 1998, S. 268 Rn. 24.04 i. V. m. 22.08.

819 Vgl. SCHMITT, J., in: SCHMITT, J./HÖRTNAGL, R./STRATZ, R.-C., UmwG/UmwStG, § 24 UmwStG Rn. 182 i. V. m. § 20 UmwStG Rn. 316, 320; PATT, J., in: DÖTSCH, E. U. A., Umwandlungssteuerrecht, § 20 UmwStG Rn. 207; WIDMANN, S., in: WIDMANN, S./MAYER, D., Umwandlungsrecht, § 24 UmwStG Rn. 164 (August 2001) i. V. m. § 20 UmwStG Rn. 955 (November 1995); BMF-SCHREIBEN v. 25.03.1998, IV B 7 – S 1978 – 21/98 / IV B 2 – S 1909 – 33/98, BStBl. I 1998, S. 268 Rn. 24.04 i. V. m. 22.08.

820 Vgl. NIEHUS, U./WILKE, H., Personengesellschaften, S. 156; SCHMITT, J., in: SCHMITT, J./HÖRTNAGL, R./STRATZ, R.-C., UmwG/UmwStG, § 24 UmwStG Rn. 180 i. V. m. § 20 UmwStG Rn. 319; SCHLÖßER, R. W., in: HARITZ, D./BENKERT, M., UmwStG, § 24 Rn. 102; BMF-SCHREIBEN v. 25.03.1998, IV B 7 – S 1978 – 21/98 / IV B 2 – S 1909 – 33/98, BStBl. I 1998, S. 268 Rn. 24.04 i. V. m. 22.08.

821 Vgl. BMF-SCHREIBEN v. 25.03.1998, IV B 7 – S 1978 – 21/98 / IV B 2 – S 1909 – 33/98, BStBl. I 1998, S. 268 Rn. 24.04 i. V. m. 22.08. Vgl. auch KORN, K., Einbringung in Personengesellschaften, NWB 2007, F. 18, S. 4430; LEY, U., Ergänzungsbilanzen, KÖSDI 2001, S. 12991; MAITERTH, R./MÜLLER, H., Umwandlung, S. 169; (kritisch) KLINGBERG, D., in: BLÜMICH, EStG/KStG/GewStG, § 20 UmwStG Rn. 83-84 (März 2005); (kritisch) SCHMITT, J., in: SCHMITT, J./HÖRTNAGL, R./STRATZ, R.-C., UmwG/UmwStG, § 24 UmwStG Rn. 181 i. V. m. § 20 UmwStG Rn. 319.

Eine Einbringung ins Gesamthandsvermögen zum gemeinen Wert kann durch einen Ansatz der gemeinen Werte in der Gesamthandsbilanz der aufnehmenden Personengesellschaft ohne Aufstellung von Ergänzungsbilanzen bilanziell umgesetzt werden.[822] Alternativ kann der Ansatz des gemeinen Werts durch eine Bilanzierung der eingebrachten Wirtschaftsgüter zu einem unter dem gemeinen Wert liegenden Wert, zum Buchwert bzw. Zwischenwert, in der Gesamthandsbilanz und durch einen darauf abgestimmten Wertausgleich in positiven Ergänzungsbilanzen erreicht werden.[823] Allerdings liegt ein Ansatz der eingebrachten Wirtschaftsgüter zum gemeinen Wert im Gesamthandsvermögen im Interesse des bzw. der Einbringenden, soweit die Gesellschaftsrechte der Mitunternehmer der aufnehmenden Personengesellschaft auf Basis der Kapitalkonten I ermittelt werden und in dem eingebrachten Betriebsvermögen stille Reserven ruhen. Mit einem Ansatz zu Buch- bzw. Zwischenwerten in der Gesamthandsbilanz korrespondiert eine geringere Gutschrift auf den Kapitalkonten der Einbringenden und daran anknüpfend geringere Gesellschaftsrechte als im Falle eines Ansatzes des eingebrachten Betriebsvermögens im Gesamthandsvermögen zum gemeinen Wert.[824] Diese Ausführungen gelten für den Ansatz der eingebrachten Sachgesamtheit der Obergesellschaft und des Betriebsvermögens der „alten“ Personengesellschaft (der „alten“ Untergesellschaft) und damit für die Einbringenden und die Altgesellschafter der aufnehmenden Personengesellschaft.

Die Realisierung eines durch Zuzahlungen entstehenden Veräußerungsgewinns kann unabhängig vom gewählten Wertansatz nicht durch die Aufstellung von negativen Ergänzungsbilanzen vermieden werden.[825]

Falls im Zuge der Einbringung Gesamthandsvermögen der Obergesellschaft in Sonderbetriebsvermögen der Obergesellschaft bei der Untergesellschaft

---

822 Vgl. NIEHUS, U./WILKE, H., Personengesellschaften, S. 155; HOENCK, P. H., Einbringung, NWB 2004, F. 18, S. 4079-4080.

823 Vgl. MAITERTH, R./MÜLLER, H., Umwandlung, S. 172.

824 Vgl. Kapitel 2 Abschnitt A.II.3.2.2.1.1.

825 Vgl. KORN, K., Einbringung in Personengesellschaften, NWB 2007, F. 18, S. 4436; DAMAS, J.-P., Das neue Umwandlungssteuerrecht, DStZ 2007, S. 140; SCHMITT, J., in: SCHMITT, J./HÖRTNAGL, R./STRATZ, R.-C., UmwG/UmwStG, § 24 UmwStG Rn. 189; BFH v. 21.09.2000, IV R 54/99, BStBl. II 2001, S. 178, 180, 181; BFH v. 18.10.1999, GrS 2/98, BStBl. II 2000, S. 123, 124; BFH v. 08.12.1994, IV R 82/92, BStBl. II 1995, S. 599, 600; BMF-SCHREIBEN v. 25.03.1998, IV B 7 – S 1978 – 21/98 / IV B 2 – S 1909 – 33/98, BStBl. I 1998, S. 268 Rn. 24.10.

umzuqualifizieren ist, entsteht eine Bilanzierungskonkurrenz. Entweder ist das im Eigentum der Obergesellschaft stehende Wirtschaftsgut weiterhin in der Gesamthandsbilanz der Obergesellschaft zu bilanzieren, oder das Wirtschaftsgut ist durch die Umqualifizierung als Sonderbetriebsvermögen der Obergesellschaft bei der Untergesellschaft in einer Sonderbilanz auf der Ebene der Untergesellschaft zu bilanzieren. Diese Bilanzierungskonkurrenz ist dahingehend zu lösen, dass entsprechend der Ausführungen in Kapitel 2 Abschnitt A.II.3.2.1. das betreffende Betriebsvermögen nach der Umwidmung zum Sonderbetriebsvermögen nicht mehr in der Gesamthandsbilanz der Obergesellschaft, sondern in der Sonderbilanz der Obergesellschaft bei der Untergesellschaft zu bilanzieren ist.[826]

Der Ausweis der Beteiligung der Obergesellschaft an der Untergesellschaft ist nur durch die Einbringung eines Teilbetriebs der Obergesellschaft in die Untergesellschaft berührt, soweit im Gegenzug der Obergesellschaft selbst und nicht deren Gesellschafter Gesellschaftsrechte an der Untergesellschaft gewährt werden. Die daraus folgenden Auswirkungen einer solchen Teilbetriebseinbringung auf den Ausweis der Beteiligung der Obergesellschaft an der Untergesellschaft sind davon abhängig, ob auf Ebene der Obergesellschaft die Wirtschaftsgüter des Teilbetriebs der Obergesellschaft ausschließlich aus dem Gesamthandsvermögen der Obergesellschaft stammen oder ob auch Sonderbetriebsvermögen der Obergesellschafter bei der Obergesellschaft zum Teilbetrieb zählt und ob der Teilbetrieb auf Ebene der Untergesellschaft ausschließlich ins Gesamthandsvermögen der Untergesellschaft oder zusätzlich auch Teile des Teilbetriebs auch in das Sonderbetriebsvermögen der Obergesellschaft oder der Obergesellschafter bei der Untergesellschaft eingebracht wird bzw. werden. Aus den verschiedenen Einbringungsmöglichkeiten resultieren die nachfolgenden Auswirkungen auf die Gesamthandsbilanz der Obergesellschaft, soweit die Obergesellschaft als Alt-Untergesellschafterin ihren Anteil an der Untergesellschaft in die „neue“ erweiterte Mitunternehmerschaft Untergesellschaft im Wege von § 24 UmwStG zu Buchwerten einbringt. Die Einbuchung der eingebrachten Wirtschaftsgüter mit dem von der Untergesellschaft gewählten Wertansatz im

826 Vgl. auch WIDMANN, S., in: WIDMANN, S./MAYER, D., Umwandlungsrecht, § 24 UmwStG Rn. 243 (August 2001).

Betriebsvermögen der Untergesellschaft bildet jeweils den Ausgangspunkt der nachfolgenden Ausführungen:

1. Der einzubringende Teilbetrieb umfasst ausschließlich Wirtschaftsgüter des Gesamthandsvermögens der Obergesellschaft.
   a. Einbringung eines Teilbetriebs ausschließlich in das Gesamthandsvermögen der Untergesellschaft:
   In der Gesamthandsbilanz der Obergesellschaft Ausbuchung der Wirtschaftsgüter des Gesamthandsvermögens mit dem von der Untergesellschaft gewählten Wertansatz und im Gegenzug Erhöhung des Beteiligungsausweises um den kumulierten Wert des eingebrachten Betriebsvermögens, d. h. in entsprechender Höhe.
   b. Einbringung eines Teilbetriebs in das Gesamthandsvermögen der Untergesellschaft und in das Sonderbetriebsvermögen der Obergesellschaft bei der Untergesellschaft:
   In der Gesamthandsbilanz der Obergesellschaft Ausbuchung der Wirtschaftsgüter des Gesamthandsvermögens mit dem von der Untergesellschaft gewählten Wertansatz und im Gegenzug Erhöhung des Beteiligungsausweises um den kumulierten Wert des eingebrachten Betriebsvermögens, d. h. in entsprechender Höhe, da der Beteiligungsausweis gemäß der Spiegelbildmethode auch das Sonderbetriebsvermögen der Obergesellschaft bei der Untergesellschaft erfasst.
   c. Einbringung eines Teilbetriebs in das Gesamthandsvermögen der Untergesellschaft und in das Sonderbetriebsvermögen eines Obergesellschafters bei der Untergesellschaft:
   In der Gesamthandsbilanz der Obergesellschaft Ausbuchung der Wirtschaftsgüter des Gesamthandsvermögens mit dem von der Untergesellschaft gewählten Wertansatz und im Gegenzug Erhöhung des Beteiligungsausweises um den kumulierten Wert der bei der der Obergesellschaft ausgebuchten Wirtschaftsgüter reduziert um den kumulierten Wert der in das Sonderbetriebsvermögen des Obergesellschafters bei der Untergesellschaft eingebrachten Wirtschaftsgüter. Im Gegenzug Reduzierung des Kapitalkontos des Obergesellschafters, der Gesamthandsvermögen in sein Sonderbetriebsvermögen bei der Untergesellschaft einbringt, in Höhe des

für das Sonderbetriebsvermögen gewählten Wertansatzes.

2. Der einzubringende Teilbetrieb umfasst Wirtschaftsgüter des Gesamthandsvermögens der Obergesellschaft und Sonderbetriebsvermögen eines Obergesellschafters bei der Obergesellschaft.
   a. Einbringung eines Teilbetriebs in das Gesamthandsvermögen der Untergesellschaft:
      In der Gesamthandsbilanz der Obergesellschaft Ausbuchung der Wirtschaftsgüter des Gesamthandsvermögens mit dem von der Untergesellschaft gewählten Wertansatz und im Gegenzug Erhöhung des Beteiligungsausweises um den kumulierten Wert dieser Wirtschaftsgüter zuzüglich des kumulierten Werts des eingebrachten Sonderbetriebsvermögens. In diesem Zuge Erhöhung des Kapitalkontos des Obergesellschafters, der sein Sonderbetriebsvermögen bei der Obergesellschaft in das Betriebsvermögen der Untergesellschaft einbringt, in Höhe des dafür gewählten Wertansatzes.
   b. Einbringung eines Teilbetriebs in das Gesamthandsvermögen der Untergesellschaft und in das Sonderbetriebsvermögen der Obergesellschaft bei der Untergesellschaft:
      In der Gesamthandsbilanz der Obergesellschaft Ausbuchung der Wirtschaftsgüter des Gesamthandsvermögens mit dem von der Untergesellschaft gewählten Wertansatz und im Gegenzug Erhöhung des Beteiligungsausweises um den kumulierten Wert dieser Wirtschaftsgüter zuzüglich des kumulierten Werts des eingebrachten Sonderbetriebsvermögens. In diesem Zuge Erhöhung des Kapitalkontos des Obergesellschafters, der sein Sonderbetriebsvermögen bei der Obergesellschaft in das Betriebsvermögen der Untergesellschaft einbringt, in Höhe des dafür gewählten Wertansatzes.
   c. Einbringung eines Teilbetriebs in das Gesamthandsvermögen der Untergesellschaft und Umwidmung des Sonderbetriebsvermögens des Obergesellschafters in Sonderbetriebsvermögen dieses Obergesellschafters bei der Untergesellschaft:
      In der Gesamthandsbilanz der Obergesellschaft Ausbuchung der Wirtschaftsgüter des Gesamthandsvermögens mit dem von der Untergesellschaft gewählten Wertansatz und im Gegenzug Erhöhung des Beteiligungsausweises um den kumulierten Wert dieser Wirtschaftsgüter, d. h. in entsprechender Höhe. Die Umwidmung des Sonderbetriebsvermögens des

Obergesellschafters in Sonderbetriebsvermögen des Obergesellschafters bei der Untergesellschaft berührt die Gesamthandsbilanzen von Obergesellschaft und Untergesellschaft nicht.

Diese Ausführungen sind bezüglich des Beteiligungsausweises der Obergesellschaft insoweit anzupassen, als dass für den in die „neue" erweitere Untergesellschaft eingebrachten Mitunternehmeranteil der Alt-Untergesellschafterin Obergesellschaft ein Ansatz zum Zwischenwert oder gemeinen Wert gewählt wird. Bei einem Ansatz oberhalb des Buchwerts ist der Ausweis der Beteiligung der Obergesellschaft an der Untergesellschaft in Höhe der in diesem Zuge aufgedeckten stillen Reserven zu erhöhen.

Falls anstatt der Obergesellschaft die Obergesellschafter Einbringende i. S. von § 24 UmwStG sind und im Zuge der Einbringung Gesellschaftsrechte an der Untergesellschaft erhalten, bleibt der Beteiligungsausweis der Obergesellschaft unverändert, soweit die Obergesellschaft als Alt-Untergesellschafterin ihren Anteil an der Untergesellschaft in die „neue" erweiterte Mitunternehmerschaft Untergesellschaft im Wege von § 24 UmwStG zu Buchwerten einbringt. Falls für den Mitunternehmeranteil der Alt-Untergesellschafterin Obergesellschaft ein Ansatz zum Zwischenwert oder gemeinen Wert gewählt wird, ist der Ausweis der Beteiligung der Obergesellschaft an der Untergesellschaft in Höhe der in diesem Zuge aufgedeckten stillen Reserven zu erhöhen. Jeweils hat die Einbringung eines Teilbetriebs der Obergesellschaft durch die Obergesellschafter in die Untergesellschaft zur Konsequenz, dass die Kapitalkonten der einbringenden Obergesellschafter bei der Obergesellschaft um den Betrag zu reduzieren sind, mit dem die übernehmende Untergesellschaft den eingebrachten Teilbetrieb ansetzt.[827]

---

[827] Vgl. BALLREICH, H., Umwandlungsrecht, S. 64.

5. Kriterien für die Wahl des Wertansatzes

Falls in dem einzubringenden Betriebsvermögen stille Reserven ruhen, kann durch § 24 UmwStG und die Wahl des Buchwertansatzes für das eingebrachte Betriebsvermögen der ertragsteuerlichen Zielsetzung entsprochen werden, die Aufdeckung und Besteuerung stiller Reserven zu vermeiden. Es entsteht kein Einbringungsgewinn.[828] Der Vorteil des Einbringenden, dass die Aufdeckung und Besteuerung von etwaigen stillen Reserven vermieden wird, korrespondiert mit dem Nachteil der aufnehmenden Personengesellschaft und deren Mitunternehmern, dass das AfA-Volumen der zum Buchwert eingebrachten Wirtschaftsgüter für die aufnehmende Personengesellschaft gleich bleibt und somit ggf. niedriger als bei einem höheren Wertansatz ist.[829] Bei der Abwägung der Wahl des Wertansatzes, der Einbringung zum Buchwert oder zu einem höheren Wert, ist das durch einen höheren Wertansatz ggf. entstehende AfA-Potenzial einzubeziehen. Vor der Zielsetzung einer schnellen Nutzung von zusätzlichem AfA-Potenzial erscheint ein Buchwertansatz für das eingebrachte Betriebsvermögen insoweit ratsam, als dass umfangreiche stille Reserven des eingebrachten Betriebsvermögens in nicht abnutzbaren Wirtschaftsgütern (z. B. Grundstücken) oder in Wirtschaftsgütern mit langer betrieblicher Nutzungsdauer (z. B. Gebäuden, Geschäfts- oder Firmenwert, langlebige Wirtschaftsgütern) ruhen.[830] Darüber hinaus kann es im Hinblick auf eine spätere Anwendung von § 6b EStG von Bedeutung sein, dass nur beim Buchwertansatz gemäß § 24 Abs. 4 UmwStG i. V. m. § 23 Abs. 1 und § 4 Abs. 2 S. 3 UmwStG der aufnehmenden Personengesellschaft die Vorbesitzzeiten der eingebrachten Wirtschaftsgüter angerechnet werden.[831]

Ein Ansatz des eingebrachten Betriebsvermögens mit dem gemeinen Wert hat die Aufdeckung und Besteuerung ggf. eingebrachter stiller Reserven zur Konsequenz

---

828 Vgl. Niehus, U./Wilke, H., Personengesellschaften, S. 150, 157; Maiterth, R./Müller, H., Umwandlung, S. 165; Schmitt, J., in: Schmitt, J./Hörtnagl, R./Stratz, R.-C., UmwG/UmwStG, § 24 UmwStG Rn. 173, 241; Klingberg, D., in: Blümich, EStG/KStG/GewStG, § 20 UmwStG Rn. 81 (März 2005).

829 Vgl. Hoenck, P. H., Einbringung, NWB 2004, F. 18, S. 4077; Klingberg, D., in: Blümich, EStG/KStG/GewStG, § 20 UmwStG Rn. 81 (März 2005).

830 Vgl. Hoenck, P. H., Einbringung, NWB 2004, F. 18, S. 4077; Widmann, S., in: Widmann, S./Mayer, D., Umwandlungsrecht, § 24 UmwStG Rn. 132 (August 2001).

831 Vgl. Hoenck, P. H., Einbringung, NWB 2004, F. 18, S. 4077; Schmitt, J., in: Schmitt, J./Hörtnagl, R./Stratz, R.-C., UmwG/UmwStG, § 24 UmwStG Rn. 263; BMF-Schreiben v. 25.03.1998, IV B 7 – S 1978 – 21/98 / IV B 2 – S 1909 – 33/98, BStBl. I 1998, S. 268 Rn. 24.04 i. V. m. 22.07.

und steht damit der Zielsetzung gerade dies zu vermeiden entgegen.[832] Ein Ansatz zum gemeinen Wert bietet im Falle der Realisierung eines Einbringungsgewinns aber die Möglichkeit bestehende einkommensteuerliche bzw. körperschaftsteuerliche Verlustvorträge im Rahmen der in § 10d Abs. 2 EStG geregelten Mindestbesteuerung zu nutzen.[833] Falls ein im Zuge der Einbringung realisierter Einbringungsgewinn der Gewerbesteuer unterliegt, bietet sich auf Basis von § 10a GewStG ggf. die Möglichkeit zur Nutzung eines gewerbesteuerlichen Verlustvortrags. Bei dieser Überlegung ist auch zu berücksichtigen, dass der gewerbesteuerliche Verlustvortrag im Zuge der Einbringung ggf. unter gehen kann.[834] Für einen Ansatz des gemeinen Werts ist es zudem von Vorteil, wenn umfangreiche aufgedeckte stille Reserven auf geringwertige Wirtschaftsgüter oder Wirtschaftsgüter mit kurzen Nutzungsdauern entfallen, wodurch das durch den Ansatz des gemeinen Werts entstandene AfA-Potenzial schnell durch AfA genutzt werden kann.[835] Bei der Abwägung der Bewertungsansätze ist zudem zu berücksichtigen, dass ein unmittelbar oder mittelbar über eine Personengesellschaftsbeteiligung auf eine natürliche Person entfallender Einbringungsgewinn vorbehaltlich der Ausnahmeregelungen (§ 24 Abs. 3 S. 2 und 3 EStG und § 34 Abs. 1 S. 4, Abs. 3 S. 6 EStG) nach §§ 16 Abs. 4, 34 Abs. 1 und Abs. 3 EStG steuerlich begünstigt ist (§ 24 Abs. 3 S. 2 UmwStG).[836]

Die zum Ansatz des gemeinen Werts für das eingebrachte Betriebsvermögen aufgezeigte Möglichkeit zur Nutzung von einkommensteuerlichen bzw. körperschaftsteuerlichen Verlustvorträgen sowie gewerbesteuerlichen Verlustvorträgen besteht auch beim Zwischenwertansatz und der Realisierung von stillen Reserven,

---

832 Vgl. SCHMITT, J., in: SCHMITT, J./HÖRTNAGL, R./STRATZ, R.-C., UmwG/UmwStG, § 24 UmwStG Rn. 186; SCHLÖßER, R. W., in: HARITZ, D./BENKERT, M., UmwStG, § 24 Rn. 110, 148, 150; SCHULZE ZUR WIESCHE, D., in: BORDEWIN, A./BRANDT, J., EStG, § 24 UmwStG Rn. 145 (Juni 2006).

833 Vgl. HOENCK, P. H., Einbringung, NWB 2004, F. 18, S. 4078; WIDMANN, S., in: WIDMANN, S./MAYER, D., Umwandlungsrecht, § 24 UmwStG Rn. 132 (August 2001) i. V. m. § 20 UmwStG Rn. 721 (November 1991).

834 Vgl. WIDMANN, S., in: WIDMANN, S./MAYER, D., Umwandlungsrecht, § 24 UmwStG Rn. 132 (August 2001) i. V. m. § 20 UmwStG Rn. 720 (November 1991).

835 Vgl. HOENCK, P. H., Einbringung, NWB 2004, F. 18, S. 4079; WIDMANN, S., in: WIDMANN, S./MAYER, D., Umwandlungsrecht, § 24 UmwStG Rn. 132 (August 2001).

836 Vgl. KORN, K., Einbringung in Personengesellschaften, NWB 2007, F. 18, S. 4434; NIEHUS, U./WILKE, H., Personengesellschaften, S. 158; HOENCK, P. H., Einbringung, NWB 2004, F. 18, S. 4070, 4075, 4079; SCHMITT, J., in: SCHMITT, J./HÖRTNAGL, R./STRATZ, R.-C., UmwG/UmwStG, § 24 UmwStG Rn. 239; WIDMANN, S., in: WIDMANN, S./MAYER, D., Umwandlungsrecht, § 24 UmwStG Rn. 132 (August 2001).

d. h. der Realisierung eines Einbringungsgewinns.[837] Damit ist der Zwischenwertansatz aber nicht mit der Zielsetzung vereinbar, die Aufdeckung und Besteuerung eingebrachter stiller Reserven zu vermeiden. Zudem entsteht beim Zwischenwertansatz und der daraus folgenden Aufdeckung und Besteuerung etwaiger stiller Reserven laufender Gewinn, der nicht wie beim Ansatz des gemeinen Werts gemäß § 24 Abs. 3 S. 2 UmwStG nach § 16 Abs. 4 und § 34 Abs. 1 bzw. Abs. 3 EStG begünstigt ist.[838]

---

837 Vgl. HOENCK, P. H., Einbringung, NWB 2004, F. 18, S. 4078; WIDMANN, S., in: WIDMANN, S./MAYER, D., Umwandlungsrecht, § 24 UmwStG Rn. 132 (August 2001) i. V. m. § 20 UmwStG Rn. 720, 721 (November 1991).

838 Vgl. NIEHUS, U./WILKE, H., Personengesellschaften, S. 162; HOENCK, P. H., Einbringung, NWB 2004, F. 18, S. 4070, 4075, 4078; SCHMITT, J., in: SCHMITT, J./HÖRTNAGL, R./STRATZ, R.-C., UmwG/UmwStG, § 24 UmwStG Rn. 242, 250; WIDMANN, S., in: WIDMANN, S./MAYER, D., Umwandlungsrecht, § 24 UmwStG Rn. 132 (August 2001).

V. Weitere ertragsteuerliche Auswirkungen aus der Umstrukturierung doppelstöckiger Personengesellschaften

1. Auswirkungen der untersuchten Umstrukturierungen auf die gewerbesteuerlichen Verlustvorträge (§ 10a GewStG)

1.1. Einführung

Neben der Vermeidung der Aufdeckung und Besteuerung von stillen Reserven zählt die Vermeidung des Untergangs von Verlustvorträgen, so auch die Vermeidung des Untergangs von gewerbesteuerlichen Verlustvorträgen zu den Zielsetzungen im Rahmen einer Umstrukturierung. Nachfolgend ist zu untersuchen, ob durch die untersuchten Umstrukturierungen ein etwaiger gewerbesteuerlicher Verlustvortrag und damit ökonomisch wertvolles Verlustabzugspotenzial aufgrund einer Umstrukturierung verloren geht. Bei der Umstrukturierung doppelstöckiger Personengesellschaften ist für den Erhalt bestehender gewerbesteuerlicher Verlustvorträge im Anwendungsbereich von § 10a GewStG zu prüfen, ob Unternehmensidentität und Unternehmeridentität der verlustvortragenden Gewerbebetriebe, Personengesellschaften trotz Umstrukturierung weiterhin gegeben sind. Soweit die Unternehmeridentität und Unternehmensidentität der verlustvortragenden Gewerbebetriebe im Zuge der Umstrukturierung gewahrt bleiben, kann ein bestehender gewerbesteuerlicher Verlustvortrag weiterhin zum Abzug gebracht werden.[839] Soweit die übertragende als auch die aufnehmende Personengesellschaft einen gewerbesteuerlichen Verlust vortragen, sind diese Kriterien für beide Personengesellschaften, d. h. für Obergesellschaft und Untergesellschaft, zu prüfen. Für Einbringungen im Wege von § 24 UmwStG beinhaltet das UmwStG dabei keine besonderen Regelungen für die Übernahme eines gewerbesteuerlichen Verlustvortrags, der einem eingebrachten Teilbetrieb bzw. Betrieb zuzurechnen ist.[840]

---

839 Vgl. DAMAS, J.-P., Das neue Umwandlungssteuerrecht, DStZ 2007, S. 141; STEGEMANN, D., Umwandlung, INF 2004, S. 787; HERZIG, N./FÖRSTER, G./FÖRSTER, U., Verlustvortrag, DStR 1996, S. 1025; SCHMITT, J., in: SCHMITT, J./HÖRTNAGL, R./STRATZ, R.-C., UmwG/UmwStG, § 24 UmwStG Rn. 258; SCHLÖßER, R. W., in: HARITZ, D./BENKERT, M., UmwStG, § 24 Rn. 162; HARITZ, D./BÄRWALDT, R., in: MÜLLER, W./HOFFMANN, W.-D., Personengesellschaften, § 9 Rn. 406; Abschnitt 66 Abs. 1 S. 3 GewStR; GÜROFF, G., in: GLANEGGER, P./GÜROFF, G./SELDER, J., GewStG, § 10a Rn. 2; TWICKEL, D. v., in: BLÜMICH, EStG/KStG/GewStG, § 10a GewStG Rn. 1, 56 (April 2007); KLEINHEISTERKAMP, T., in: LENSKI, E./STEINBERG, W., GewStG, § 10a Rn. 17 (Juli 2006). Vgl. aus der ständigen BFH-Rechtsprechung BFH v. 16.04.2002, VIII R 16/01, BFH/NV 2003, S. 81, 81-82;; BFH v. 03.05.1993, GrS 3/92, BStBl. II 1993, S. 616, 620; BFH v. 14.12.1989, IV R 117/88, BStBl. II 1990, S. 436, 436-437.

840 Vgl. STEGEMANN, D., Umwandlung, INF 2004, S. 787; SCHMITT, J., in: SCHMITT, J./HÖRTNAGL, R./STRATZ, R.-C., UmwG/UmwStG, § 24 UmwStG Rn. 258.

Im Anschluss an die Darstellung der Grundlagen zu Unternehmensidentität und Unternehmeridentität wird in den einzelnen Abschnitten jeweils auf die Auswirkungen auf vorhandene gewerbesteuerliche Verlustvorträge aus den einzelnen downstream-Transfers von Wirtschaftsgütern im Wege von § 6 Abs. 5 S. 2 und 3 EStG, downstream-Transfers von Wirtschaftsgütern unter Übertragung stiller Reserven im Wege von § 6b EStG sowie Einbringungen eines Teilbetriebs der Obergesellschaft in die Untergesellschaft im Wege von § 24 UmwStG eingegangen. Gegenstand der Untersuchungen sind jeweils die direkten Transfers, die entsprechend der Ausführungen der Abschnitte A.II., A.III. und A.IV. dieses Kapitels im Anwendungsbereich der steuerlichen Begünstigungsnormen § 6 Abs. 5 S. 2 und 3 EStG, § 6b EStG bzw. § 24 UmwStG liegen.

1.2. Unternehmensidentität

1.2.1. Grundlagen

Die für den gewerbesteuerlichen Verlustabzug vorauszusetzende Unternehmensidentität ist gegeben, wenn der Gewerbebetrieb, dem der gewerbesteuerliche Verlust entstanden ist, mit dem Gewerbebetrieb wirtschaftlich identisch (gleich) ist, der den gewerbesteuerlichen Verlustvortrag zum Abzug bringt.[841] Als Gewerbebetrieb ist gemäß § 2 Abs. 1 S. 2 GewStG i. V. m. § 15 Abs. 2 EStG die ausgeübte gewerbliche Tätigkeit zu verstehen.[842] Die Identität der gewerblichen Betätigung ist anhand des Gesamtbilds der Verhältnisse unter Berücksichtigung der Verkehrsanschauung zu beurteilen. Es muss ein sachlicher, insbesondere wirtschaftlicher, organisatorischer und finanzieller Zusammenhang zwischen dem Gewerbebetrieb

---

841 Vgl. HERZIG, N./FÖRSTER, G./FÖRSTER, U., Verlustvortrag, DStR 1996, S. 1025; GÜROFF, G., in: GLANEGGER, P./GÜROFF, G./SELDER, J., GewStG, § 10a Rn. 6; TWICKEL, D. V., in: BLÜMICH, EStG/KStG/GewStG, § 10a GewStG Rn. 64 (April 2007); KLEINHEISTERKAMP, T., in: LENSKI, E./STEINBERG, W., GewStG, § 10a Rn. 18 (Juli 2006); STEGEMANN, D., Umwandlung, INF 2004, S. 787; Abschnitt 67 Abs. 1 S. 1 GewStR; BFH v. 14.09.1993, VIII R 84/90, BStBl. II 1994, S. 764, 766-767; BFH v. 03.05.1993, GrS 3/92, BStBl. II 1993, S. 616, 620; BFH v. 14.12.1989, IV R 117/88, BStBl. II 1990, S. 436, 436-437. Die Unternehmensidentität ist aufgrund des Objektsteuercharakters der GewSt für eine Verlustverrechnung nach § 10a GewStG vorauszusetzen; vgl. mit Verweisen auf die BFH-Rechtsprechung TWICKEL, D. V., in: BLÜMICH, EStG/KStG/GewStG, § 10a GewStG Rn. 65 (April 2007); KLEINHEISTERKAMP, T., in: LENSKI, E./STEINBERG, W., GewStG, § 10a Rn. 18 (Juli 2006); GÜROFF, G., in: GLANEGGER, P./GÜROFF, G./SELDER, J., GewStG, § 10a Rn. 6; STEGEMANN, D., Umwandlung, INF 2004, S. 787.

842 Vgl. GÜROFF, G., in: GLANEGGER, P./GÜROFF, G./SELDER, J., GewStG, § 10a Rn. 6; STEGEMANN, D., Umwandlung, INF 2004, S. 787; Abschnitt 67 Abs. 1 S. 2 GewStR; BFH v. 14.09.1993, VIII R 84/90, BStBl. II 1994, S. 764, 767; BFH v. 26.08.1993, IV R 133/90, BStBl. II 1995, S. 791, 792.

im Verlustentstehungsjahr zu dem im Verlustverrechnungsjahr bestehen.[843] Wesentliche Kriterien für diese Beurteilung sind die Art der gewerblichen Betätigung, der Kunden- und Lieferantenkreis, die Geschäftsleitung, die Arbeitnehmerschaft, die Betriebsstätten sowie die Zusammensetzung und der Umfang des Anlagevermögens.[844] Dabei gilt bei Personengesellschaften (abgeleitet aus § 15 Abs. 3 EStG), dass mehrere, auch sachlich jeweils selbständige Tätigkeiten als ein einziger Gewerbebetrieb zu betrachten sind. Auf dieser Basis bleibt bei einer Personengesellschaft die Unternehmensidentität auch erhalten, wenn eine von mehreren Tätigkeiten aufgegeben wird oder verschiedene Tätigkeiten nacheinander ausgeübt werden.[845]

Betriebsbedingte und auch strukturelle Anpassungen des Gewerbebetriebs an veränderte wirtschaftliche Bedingungen stehen der Annahme der Unternehmensidentität grundsätzlich nicht entgegen.[846] Dies schließt die Veräußerung eines Betriebsgrundstücks, die örtliche Verlagerung des Gewerbebetriebs und Veränderungen in Umfang und Finanzierung des Anlagevermögens ein.[847]

---

843 Vgl. TWICKEL, D. V., in: BLÜMICH, EStG/KStG/GewStG, § 10a GewStG Rn. 65 (April 2007); KLEINHEISTERKAMP, T., in: LENSKI, E./STEINBERG, W., GewStG, § 10a Rn. 19 (Juli 2006); GÜROFF, G., in: GLANEGGER, P./GÜROFF, G./SELDER, J., GewStG, § 10a Rn. 6; STEGEMANN, D., Umwandlung, INF 2004, S. 787; Abschnitt 67 Abs. 1 S. 3-4 GewStR; BFH v. 16.04.2002, VIII R 16/01, BFH/NV 2003, S. 81, 82; BFH v. 15.03.1994, XI R 60/89, BFH/NV 1994, S. 899, 900; BFH v. 27.01.1994, IV R 137/91, BStBl. II 1994, S. 477, 478; BFH v. 14.09.1993, VIII R 84/90, BStBl. II 1994, S. 764, 767; BFH v. 12.01.1983, IV R 177/80, BStBl. II 1983, S. 425, 426.

844 Vgl. TWICKEL, D. V., in: BLÜMICH, EStG/KStG/GewStG, § 10a GewStG Rn. 66 (April 2007); GÜROFF, G., in: GLANEGGER, P./GÜROFF, G./SELDER, J., GewStG, § 10a Rn. 6; KLEINHEISTERKAMP, T., in: LENSKI, E./STEINBERG, W., GewStG, § 10a Rn. 20 (Juli 2006); Abschnitt 67 Abs. 1 S. 3 GewStR; BFH v. 16.04.2002, VIII R 16/01, BFH/NV 2003, S. 81, 82; BFH v. 27.01.1994, IV R 137/91, BStBl. II 1994, S. 477, 478; BFH v. 14.09.1993, VIII R 84/90, BStBl. II 1994, S. 764, 767; BFH v. 12.01.1983, IV R 177/80, BStBl. II 1983, S. 425, 426.

845 Vgl. GÜROFF, G., in: GLANEGGER, P./GÜROFF, G./SELDER, J., GewStG, § 10a Rn. 9; TWICKEL, D. V., in: BLÜMICH, EStG/KStG/GewStG, § 10a GewStG Rn. 72 (April 2007); KLEINHEISTERKAMP, T., in: LENSKI, E./STEINBERG, W., GewStG, § 10a Rn. 26 (Juli 2006); GÜNTHER, K.-H., Gewerbesteuerlicher Verlustabzug, GStB 2007, S. 282; ZERHUSEN, S., Verlustvortrag, INF 2006, S. 737-738; STEGEMANN, D., Umwandlung, INF 2004, S. 787; BETHMANN, G., Gewerbesteuerliche Verlustkompensation, StuW 1979, S. 339; BFH v. 15.03.1994, XI R 60/89, BFH/NV 1994, S. 899, 900. A. A. FG BADEN-WÜRTTEMBERG v. 16.06.2005, 3 K 210/00 – Rev. eingelegt (BFH IV R 86/05, altes Aktenzeichen VIII R 50/05), EFG 2005, S. 1794, 1795-1796.

846 Vgl. GÜROFF, G., in: GLANEGGER, P./GÜROFF, G./SELDER, J., GewStG, § 10a Rn. 6; TWICKEL, D. V., in: BLÜMICH, EStG/KStG/GewStG, § 10a GewStG Rn. 67 (April 2007); KLEINHEISTERKAMP, T., in: LENSKI, E./STEINBERG, W., GewStG, § 10a Rn. 22 (Juli 2006); STEGEMANN, D., Umwandlung, INF 2004, S. 787; BETHMANN, G., Gewerbesteuerliche Verlustkompensation, StuW 1979, S. 339; Abschnitt 67 Abs. 1 S. 6 GewStR; BFH v. 16.04.2002, VIII R 16/01, BFH/NV 2003, S. 81, 82; BFH v. 14.09.1993, VIII R 84/90, BStBl. II 1994, S. 764, 767; BFH v. 12.01.1983, IV R 177/80, BStBl. II 1983, S. 425, 426.

847 Vgl. GÜROFF, G., in: GLANEGGER, P./GÜROFF, G./SELDER, J., GewStG, § 10a Rn. 6; KLEINHEISTERKAMP, T., in: LENSKI, E./STEINBERG, W., GewStG, § 10a Rn. 22-23 (Juli 2006); BFH v. 16.04.2002, VIII R 16/01, BFH/NV 2003, S. 81, 82; BFH v. 12.01.1983, IV R 177/80, BStBl. II 1983, S. 425, 426.

1.2.2. Transfers von Wirtschaftgütern im Wege von § 6 Abs. 5 S. 2 und 3 EStG sowie Transfers von Wirtschaftsgütern unter Übertragung stiller Reserven im Wege von § 6b EStG

Darauf aufbauend haben Transfers von Wirtschaftgütern im Wege von § 6 Abs. 5 S. 2 und 3 EStG sowie Transfers von Wirtschaftsgütern unter Übertragung stiller Reserven im Wege von § 6b EStG als betriebsbedingte bzw. strukturelle Anpassungen grundsätzlich keine Veränderung des Gesamtbilds der Verhältnisse und damit bei wirtschaftlicher Betrachtungsweise keinen Verlust der Unternehmensidentität zur Folge. Es sei denn, dass im Zuge der Transfers der sachliche, insbesondere wirtschaftliche, organisatorische und finanzielle Zusammenhang zwischen dem Gewerbebetrieb im Verlustentstehungsjahr und dem im Verlustverrechnungsjahr verloren gehen würde. Dies gilt sowohl für das Betriebsvermögen der abgebenden als auch für das Betriebsvermögen der aufnehmenden Personengesellschaft.

1.2.3. Einbringung eines Betriebs bzw. Teilbetriebs im Wege von § 24 UmwStG in eine bereits bestehende Personengesellschaft

Bei der Einbringung eines Betriebs bzw. Teilbetriebs in eine bereits bestehende Personengesellschaft, z. B. die Einbringung eines Teilbetriebs der Obergesellschaft in die Untergesellschaft, reicht es für den Erhalt der Unternehmensidentität des eingebrachten Teilbetriebs bzw. Betriebs aus, dass die Identität des eingebrachten Teilbetriebs bzw. Betriebs innerhalb der Gesamttätigkeit der aufnehmenden Personengesellschaft gewahrt bleibt. Dies setzt die Fortsetzung der gewerblichen Betätigung im Rahmen der aufnehmenden Personengesellschaft in wirtschaftlicher, organisatorischer und finanzieller Hinsicht voraus.[848] Dabei ist es für die Wahrung der Unternehmensidentität nicht notwendig, dass der eingebrachte

---

[848] Vgl. KLEINHEISTERKAMP, T., in: LENSKI, E./STEINBERG, W., GewStG, § 10a Rn. 35, 41 (Juli 2006); GÜROFF, G., in: GLANEGGER, P./GÜROFF, G./SELDER, J., GewStG, § 10a Rn. 9; SCHMITT, J., in: SCHMITT, J./ HÖRTNAGL, R./STRATZ, R.-C., UmwG/UmwStG, § 24 UmwStG Rn. 258; STEGEMANN, D., Umwandlung, INF 2004, S. 788; Abschnitt 67 Abs. 2 S. 3-4 GewStR; BFH v. 16.04.2002, VIII R 16/01, BFH/NV 2003, S. 81, 82; BFH v. 26.08.1993, IV R 133/90, BStBl. II 1995, S. 791, 792-793; BFH v. 14.09.1993, VIII R 84/90, BStBl. II 1994, S. 764, 767. Vgl. zur Einbringung eines Betriebs im Wege der Verschmelzung TWICKEL, D. V., in: BLÜMICH, EStG/KStG/GewStG, § 10a GewStG Rn. 73 (April 2007); BORDEWIN, A., Gewerbeverlust, DStR 1995, S. 317.

Betrieb bzw. Teilbetrieb bei der aufnehmenden Personengesellschaft als Teilbetrieb zu werten ist bzw. dass der eingebrachte Betrieb bzw. Teilbetrieb dem entstandenen Gesamtbetrieb der aufnehmenden Personengesellschaft das Gepräge gibt.[849] Im Zuge der Einbringung eines Teilbetriebs ist m. E. aber grundlegend für den Übergang eines gewerbesteuerlichen Verlustvortrags vorauszusetzen, dass diesem Teilbetrieb aus der Buchführung ein anteiliger gewerbesteuerlicher Verlustvortrag sachlich zugeordnet werden kann.[850]

Ein bei der übertragenden Personengesellschaft verbleibender gewerbesteuerlicher Verlustvortrag und ein bei der aufnehmenden Personengesellschaft bereits vorhandener gewerbesteuerlicher Verlustvortrag, z. B. bei der Einbringung eines Teilbetriebs der Obergesellschaft in die Untergesellschaft, gehen jeweils insoweit nicht unter, als dass die Unternehmensidentität für die jeweiligen Betriebe der übertragenden bzw. aufnehmenden Personengesellschaft nicht durch die Einbringung des Betriebs bzw. Teilbetriebs berührt werden. Eine Beurteilung der jeweiligen Unternehmensidentität hat auf Basis der in Abschnitt A.V.1.2.1. dieses Kapitels dargestellten Grundlagen zu erfolgen.[851]

Für die übertragende Personengesellschaft ist es dabei von Bedeutung, dass die Unternehmensidentität auch bei Aufgabe einer von mehreren Tätigkeiten erhalten bleibt.[852] Da die Unternehmensidentität einer Personengesellschaft auch bei der Ausübung verschiedener Tätigkeiten gegeben sein kann, steht die Aufnahme

---

849 Vgl. KLEINHEISTERKAMP, T., in: LENSKI, E./STEINBERG, W., GewStG, § 10a Rn. 35 (Juli 2006); HOFFMANN, W.-D., Anwachsung, GmbH-StB 2006, S. 310; SCHMITT, J., in: SCHMITT, J./HÖRTNAGL, R./STRATZ, R.-C., UmwG/UmwStG, § 24 UmwStG Rn. 258; STEGEMANN, D., Umwandlung, INF 2004, S. 787-788; HERZIG, N./FÖRSTER, G./FÖRSTER, U., Verlustvortrag, DStR 1996, S. 1028, 1029; SCHIFFERS, J., Umstrukturierung, GmbH-StB 2003, S. 356; Abschnitt 67 Abs. 2 S. 3-4 GewStR; BFH v. 16.04.2002, VIII R 16/01, BFH/NV 2003, S. 81, 82; BFH v. 27.01.1994, IV R 137/91, BStBl. II 1994, S. 477, 478; BFH v. 14.09.1993, VIII R 84/90, BStBl. II 1994, S. 764, 767. Vgl. zur Einbringung eines Betriebs im Wege der Verschmelzung TWICKEL, D. V., in: BLÜMICH, EStG/KStG/GewStG, § 10a GewStG Rn. 73 (April 2007); BORDEWIN, A., Gewerbeverlust, DStR 1995, S. 317.

850 Vgl. analog zum Übergang eines Teilbetriebs im Zuge einer Realteilung GÜROFF, G., in: GLANEGGER, P./GÜROFF, G./SELDER, J., GewStG, § 10a Rn. 9; KLEINHEISTERKAMP, T., in: LENSKI, E./STEINBERG, W., GewStG, § 10a Rn. 40 (Juli 2006); HERZIG, N./FÖRSTER, G./FÖRSTER, U., Verlustvortrag, DStR 1996, S. 1030; BORDEWIN, A., Gewerbeverlust, DStR 1995, S. 317; DERS., Verlustabzug, DStR 1994, S. 679; STÖCKER, E. E., Anmerkung zum BFH-Urteil vom 05.09.1990 X R 20/89, DStZ 1991, S. 61; Abschnitt 67 Abs. 2 S. 8, Abschnitt 68 Abs. 3 S. 7 Nr. 7 S. 2 GewStR; BFH v. 14.09.1993, VIII R 84/90, BStBl. II 1994, S. 764, 767; BFH v. 05.09.1990, X R 20/89, BStBl. II 1991, S. 25, 27.

851 Vgl. STEGEMANN, D., Umwandlung, INF 2004, S. 787; (zur aufnehmenden Personengesellschaft) KLEINHEISTERKAMP, T., in: LENSKI, E./STEINBERG, W., GewStG, § 10a Rn. 41-42 (Juli 2006).

852 Vgl. GÜROFF, G., in: GLANEGGER, P./GÜROFF, G./SELDER, J., GewStG, § 10a Rn. 9; STEGEMANN, D., Umwandlung, INF 2004, S. 787; BETHMANN, G., Gewerbesteuerliche Verlustkompensation, StuW 1979, S. 339; BFH v. 15.03.1994, XI R 60/89, BFH/NV 1994, S. 899, 900.

einer weiteren Tätigkeit im Zuge der Teilsbetriebseinbringung der Unternehmensidentität der aufnehmenden Personengesellschaft nicht entgegen.[853] Zudem kann bei der übertragenden und der aufnehmenden Personengesellschaft jeweils berücksichtigt werden, dass betriebsbedingte und auch strukturelle Anpassungen eines Gewerbebetriebs an veränderte wirtschaftliche Bedingungen grundsätzlich mit der Wahrung der Unternehmensidentität vereinbar sind.[854]

1.3. Unternehmeridentität

1.3.1. Grundlagen

Unternehmeridentität setzt voraus, dass der Unternehmer, der einen gewerbesteuerlichen Verlustvortrag zum Abzug bringt, auch derjenige sein muss der diesen Verlust mit dem betreffenden Gewerbebetrieb erwirtschaftet hat. So muss der betreffende Gewerbebetrieb (Teilbetrieb, Betrieb) im Verlustentstehungsjahr und im Jahr des Abzugs des Verlustvortrags denselben Rechtsträgern zugeordnet sein.[855] Diese für den Abzug eines gewerbesteuerlichen Verlustvortrags vorauszusetzende Unternehmeridentität ist grundlegend aus § 10a S. 7 i. V. m. § 2 Abs. 5 GewStG abzuleiten. Soweit der Gewerbebetrieb im Ganzen auf einen anderen Unternehmer übergeht, geht ein gewerbesteuerlicher Verlustvortrag unter.[856] Dies

---

853 Vgl. GÜROFF, G., in: GLANEGGER, P./GÜROFF, G./SELDER, J., GewStG, § 10a Rn. 9; TWICKEL, D. V., in: BLÜMICH, EStG/KStG/GewStG, § 10a GewStG Rn. 72 (April 2007); KLEINHEISTERKAMP, T., in: LENSKI, E./STEINBERG, W., GewStG, § 10a Rn. 26 (Juli 2006); STEGEMANN, D., Umwandlung, INF 2004, S. 787; BETHMANN, G., Gewerbesteuerliche Verlustkompensation, StuW 1979, S. 339.

854 Vgl. GÜROFF, G., in: GLANEGGER, P./GÜROFF, G./SELDER, J., GewStG, § 10a Rn. 6; TWICKEL, D. V., in: BLÜMICH, EStG/KStG/GewStG, § 10a GewStG Rn. 67 (April 2007); KLEINHEISTERKAMP, T., in: LENSKI, E./STEINBERG, W., GewStG, § 10a Rn. 22 (Juli 2006); STEGEMANN, D., Umwandlung, INF 2004, S. 787; SCHIFFERS, J., Umstrukturierung, GmbH-StB 2003, S. 356; BETHMANN, G., Gewerbesteuerliche Verlustkompensation, StuW 1979, S. 339; Abschnitt 67 Abs. 1 S. 6 GewStR; BFH v. 16.04.2002, VIII R 16/01, BFH/NV 2003, S. 81, 82; BFH v. 14.09.1993, VIII R 84/90, BStBl. II 1994, S. 764, 767; BFH v. 12.01.1983, IV R 177/80, BStBl. II 1983, S. 425, 426.

855 Vgl. TWICKEL, D. V., in: BLÜMICH, EStG/KStG/GewStG, § 10a GewStG Rn. 79 (April 2007); GÜROFF, G., in: GLANEGGER, P./GÜROFF, G./SELDER, J., GewStG, § 10a Rn. 12; KLEINHEISTERKAMP, T., in: LENSKI, E./STEINBERG, W., GewStG, § 10a Rn. 45 (Juli 2006); STEGEMANN, D., Umwandlung, INF 2004, S. 787; HERZIG, N./FÖRSTER, G./FÖRSTER, U., Verlustvortrag, DStR 1996, S. 1025; BORDEWIN, A., Gewerbeverlust, DStR 1995, S. 314; Abschnitt 68 Abs. 1 S. 1 GewStR; BFH v. 03.05.1993, GrS 3/92, BStBl. II 1993, S. 616, 620; BFH v. 14.12.1989, IV R 117/88, BStBl. II 1990, S. 436, 436-437.

856 Vgl. TWICKEL, D. V., in: BLÜMICH, EStG/KStG/GewStG, § 10a GewStG Rn. 79 (April 2007); GÜROFF, G., in: GLANEGGER, P./GÜROFF, G./SELDER, J., GewStG, § 10a Rn. 12; KLEINHEISTERKAMP, T., in: LENSKI, E./STEINBERG, W., GewStG, § 10a Rn. 44, 46 (Juli 2006); BFH v. 07.12.1993, VIII R 160/86, BStBl. II 1994, S. 331, 332; BFH v. 14.09.1993, VIII R 84/90, BStBl. II 1994, S. 764, 767; BFH v. 03.05.1993, GrS 3/92, BStBl. II 1993, S. 616, 620.

gilt auch für den Fall, dass der neue Unternehmer den Gewerbebetrieb unverändert fortführt.[857]

Diese auch für Mitunternehmerschaften vorauszusetzende Unternehmeridentität wird nunmehr auch durch die S. 4 und 5 des § 10a GewStG, die im Zuge der Anpassungen durch das JStG 2007[858] in den § 10a GewStG eingefügt wurden, deutlich.[859] Bei Mitunternehmerschaften sind die einzelnen Mitunternehmer die Träger des Rechts, einen gewerbesteuerlichen Verlustvortrag der Mitunternehmerschaft zum Abzug zu bringen.[860] Um diesem Recht insbesondere bei Veränderungen der Gesellschafterstruktur durch Gesellschafterausscheiden, Gesellschafterbeitritt bzw. Veränderung der Beteiligungsverhältnisse gerecht zu werden, setzt der gewerbesteuerliche Verlustabzug eine (grundsätzlich) gesellschafterbezogene Berechnung voraus.[861] Zunächst ist den Gesellschaftern auf Basis eines negativen Gewerbeertrags ein gewerbesteuerlicher Verlustvortrag zuzuordnen. Für die Verrechnung eines gewerbesteuerlichen Verlustvortrags (unter Beachtung der Mindestbesteuerungsregelung in § 10a S. 1 und 2 GewStG[862]) ist ein in nachfolgenden Perioden entstehender positiver Gewerbeertrag ebenfalls den Gesellschaftern zuzuordnen. Die Zuordnung negativer als auch positiver Gewerbeerträge (jeweils einschließlich der Ergebnisse aus Ergänzungs- und Sonderbilanzen) sowie die Verteilung des Höchstbetrags der Mindestbesteuerungsregelung in § 10a S. 1 GewStG erfolgen unter Maßgabe der in den jeweiligen Jahren gültigen allgemei-

---

857 Vgl. KLEINHEISTERKAMP, T., in: LENSKI, E./STEINBERG, W., GewStG, § 10a Rn. 45 (Juli 2006); Abschnitt 68 Abs. 1 S. 2 GewStR; BFH v. 03.05.1993, GrS 3/92, BStBl. II 1993, S. 616, 620.

858 BGBl. I 2006 S. 2878.

859 Vgl. TWICKEL, D. V., in: BLÜMICH, EStG/KStG/GewStG, § 10a GewStG Rn. 79, 81 (April 2007).

860 Vgl. HERZIG, N./FÖRSTER, G./FÖRSTER, U., Verlustvortrag, DStR 1996, S. 1025; TWICKEL, D. V., in: BLÜMICH, EStG/KStG/GewStG, § 10a GewStG Rn. 81 (April 2007); ZERHUSEN, S., Verlustvortrag, INF 2006, S. 738; STEGEMANN, D., Umwandlung, INF 2004, S. 787; BFH v. 03.05.1993, GrS 3/92, BStBl. II 1993, S. 616, 620, 625.

861 Vgl. TWICKEL, D. V., in: BLÜMICH, EStG/KStG/GewStG, § 10a GewStG Rn. 83 (April 2007). Vgl. zum Rechtsstand vor Einfügung der S. 4 und 5 in § 10a GewStG durch das JStG 2007 HERZIG, N./FÖRSTER, G./FÖRSTER, U., Verlustvortrag, DStR 1996, S. 1025; BORDEWIN, A., Gewerbeverlust, DStR 1995, S. 315; BRANDENBERG, H. B., Verlustabzug, JbFSt 1995/96, S. 317-318; KLEINHEISTERKAMP, T., in: LENSKI, E./STEINBERG, W., GewStG, § 10a Rn. 234-241 (Juli 2006); GÜROFF, G., in: GLANEGGER, P./GÜROFF, G./SELDER, J., GewStG, § 10a Rn. 15; BFH v. 17.01.2006, VIII R 96/04, BFH/NV 2006, S. 885, 886; BFH v. 06.09.2000, IV R 69/99, BStBl. II 2001, S. 731, 732; BFH v. 31.08.1999, VIII B 74/99, BStBl. II 1999, S. 794-795; BFH v. 15.03.1994, XI R 60/89, BFH/NV 1994, S. 899, 900; BFH v. 16.02.1994, XI R 50/88, BStBl. II 1994, S. 364, 365; BFH v. 14.12.1989, IV R 117/88, BStBl. II 1990, S. 436, 437, 439.

862 Vgl. GÜROFF, G., in: GLANEGGER, P./GÜROFF, G./SELDER, J., GewStG, § 10a Rn. 24; KLEINHEISTERKAMP, T., in: LENSKI, E./STEINBERG, W., GewStG, § 10a Rn. 231 (Juli 2006).

nen Gewinnverteilungsschlüssel.[863] Dies ist durch § 10a S. 4 GewStG nunmehr im Gesetz festgeschrieben. Damit reagierte der Gesetzgeber auf die Rechtsprechung des BFH[864], da der BFH in der Vergangenheit davon abweichend eine strikte gesellschafterbezogene Zurechnung der Verlustanteile zwar nach dem Gewinnverteilungsschlüssel aber unter Berücksichtigung von Sonderbetriebseinnahmen und Sonderbetriebsausgaben der Mitunternehmer für geboten hielt. Mit Hinweis auf Praktikabilitätsgründe und die Streitanfälligkeit von diesbezüglichen Feststellungen hat der Gesetzgeber davon abweichend ausschließlich den allgemeinen Gewinnverteilungsschlüssel als Maßstab zur Zurechnung von gewerbesteuerlichen Verlusten – entsprechend der Auffassung der Finanzverwaltung[865] – im § 10a GewStG festgeschrieben.[866] Aus der ausschließlichen Maßgeblichkeit des allgemeinen Gewinnverteilungsschlüssels folgend bleiben Sonderbetriebseinnahmen und Sonderbetriebsausgaben bei dieser Zurechnung unberücksichtigt. Auch Vorabvergütungen sind gemäß § 10a S. 4 2. Hs. GewStG bei dieser Zurechnung ausdrücklich nicht einzubeziehen. Demzufolge bleiben Sonderbetriebseinnahmen und Sonderbetriebsausgaben sowie Vorabvergütungen bei der Zurechnung von positiven und negativen Gewerbeerträgen zu den Mitunternehmern und damit bei

---

863 Vgl. TWICKEL, D. V., in: BLÜMICH, EStG/KStG/GewStG, § 10a GewStG Rn. 83 (April 2007); EISGRUBER, T., Verlustnutzung, DStZ 2007, S. 634-635; GÜNTHER, K.-H., Gewerbesteuerlicher Verlustabzug, GStB 2007, S. 283; Abschnitt 68 Abs. 3 GewStR. Vgl. zum Rechtsstand vor Einfügung der S. 4 und 5 in § 10a GewStG durch das JStG 2007 KLEINHEISTERKAMP, T., in: LENSKI, E./STEINBERG, W., GewStG, § 10a Rn. 231, 234 (Juli 2006); HERZIG, N./FÖRSTER, G./FÖRSTER, U., Verlustvortrag, DStR 1996, S. 1025; BORDEWIN, A., Gewerbeverlust, DStR 1995, S. 315; ORTH, M., Gewerbeverlustvortrag, DB 1994, S. 1313; SÖFFING, G., Fehlbetragsbeschluß, DB 1994, S. 751; BENECKE, A. Y., Umwandlung, S. 176; BFH v. 19.04.2007, IV R 4/06, BFH/NV 2007, S. 1780, 1785; BFH v. 17.01.2006, VIII R 96/04, BFH/NV 2006, S. 885, 886; BFH v. 06.09.2000, IV R 69/99, BStBl. II 2001, S. 731, 732-733; BFH v. 16.02.1994, XI R 50/88, BStBl. II 1994, S. 364, 365. Die aus dieser gesellschafterbezogenen Verlustverrechnung resultierenden Ergebnisse sind anschließend zum einheitlichen Gewerbeertrag der Personengesellschaft zusammenzurechnen; vgl. KLEINHEISTERKAMP, T., in: LENSKI, E./STEINBERG, W., GewStG, § 10a Rn. 234 (Juli 2006); ZERHUSEN, S., Verlustvortrag, INF 2006, S. 738; HERZIG, N./FÖRSTER, G./FÖRSTER, U., Verlustvortrag, DStR 1996, S. 1025; BFH v. 17.01.2006, VIII R 96/04, BFH/NV 2006, S. 885, 886; BFH v. 06.09.2000, IV R 69/99, BStBl. II 2001, S. 731, 732; BFH v. 31.08.1999, VIII B 74/99, BStBl. II 1999, S. 794; BFH v. 16.02.1994, XI R 50/88, BStBl. II 1994, S. 364, 365.

864 Vgl. BFH v. 17.01.2006, VIII R 96/04, BFH/NV 2006, S. 885, 886; BFH v. 16.02.1994, XI R 50/88, BStBl. II 1994, S. 364, 365.

865 Vgl. Abschnitt 68 Abs. 3 GewStR; GLEICHLAUTENDE LÄNDERERLASSE DER OBERSTEN FINANZBEHÖRDEN DER LÄNDER, U. A. FINANZMINISTERIUM BADEN-WÜRTTEMBERG v. 16.12.1996, 3 – G 1427/6, BStBl. I 1996, S. 1392, 1392-1393.

866 Vgl. BT-DRS. 16/3368 v. 09.11.2006, S. 22; TWICKEL, D. V., in: BLÜMICH, EStG/KStG/GewStG, § 10a GewStG Rn. 15, 83 (April 2007); EISGRUBER, T., Verlustnutzung, DStZ 2007, S. 634-635; GÜNTHER, K.-H., Gewerbesteuerlicher Verlustabzug, GStB 2007, S. 282. Die gemäß § 36 Abs. 9 GewStG (i. d. F. des JStG 2007) rückwirkende Einführung der S. 4 und 5 des § 10a GewStG für Erhebungszeiträume vor 2007 ist aufgrund der den S. 4 und 5 des § 10a GewStG entgegenstehenden bereits ergangenen BFH-Rechtsprechung verfassungsrechtlich bedenklich; vgl. TWICKEL, D. V., in: BLÜMICH, EStG/KStG/GewStG, § 10a GewStG Rn. 15 (April 2007); BFH v. 19.04.2007, IV R 4/06, BFH/NV 2007, S. 1780, 1786-1792; BT-DRS. 16/3368 v. 09.11.2006, S. 22; BFH v. 17.01.2006, VIII R 96/04, BFH/NV 2006, S. 885, 886; BFH v. 16.02.1994, XI R 50/88, BStBl. II 1994, S. 364, 365.

der Verrechnung eines gewerbesteuerlichen Verlustvortrags unberücksichtigt.[867] Damit steht das in § 10a S. 4 und 5 GewStG festgeschriebene Vorgehen einer verursachungsgerechten Zuordnung entgegen und kann insbesondere bei Sonderbetriebseinnahmen bzw. Sonderbetriebsausgaben einzelner unmittelbarer bzw. mittelbarer Mitunternehmer ungerechte Ergebnisse entweder zu Gunsten oder zum Nachteil der anderen Mitunternehmer und damit zwangsläufig fremdbestimmte Steuerwirkungen[868] unter den Mitunternehmern aus der Gewerbesteuerbelastung zur Konsequenz haben.[869]

Bei doppelstöckigen Personengesellschaften stellt sich bei der Zuordnung von negativen bzw. positiven Gewerbeerträgen der Untergesellschaft die Frage, ob diese der Obergesellschaft als unmittelbare Untergesellschafterin oder den Obergesellschaftern als mittelbare Gesellschafter der Untergesellschaft anteilig zuzurechnen sind. Eine Zurechnung zu den nur mittelbar beteiligten Obergesellschaftern scheidet aber grundsätzlich aus, da die Obergesellschafter entsprechend der BFH-Rechtsprechung[870] lediglich bezogen auf Sondervergütungen und das Sonderbetriebsvermögen, d. h. als (Sonder-)Mitunternehmer, den unmittelbar beteiligten Mitunternehmern gleichgestellt sind. Eine generelle Gleichstellung von mittelbaren und unmittelbaren Mitunternehmern wird vom BFH ausdrücklich abgelehnt.[871] Die (Sonder)-Mitunternehmerschaft eines Obergesellschafters bei der Untergesellschaft tritt lediglich neben die anerkannte Mitunternehmerstellung der Obergesellschaft bei der Untergesellschaft.[872] Die Obergesellschaft entfaltet eine gewerbesteuerliche Abschirmwirkung gegenüber ihren Gesellschaftern[873] und ist als Mitunternehmerin der Untergesellschaft Trägerin des

---

867 Vgl. TWICKEL, D. V., in: BLÜMICH, EStG/KStG/GewStG, § 10a GewStG Rn. 83 (April 2007).

868 Vgl. zum Begriff der fremdbestimmten Steuerwirkung SÖFFING, A., Fremdbestimmte Steuerwirkungen, DStZ 1993, S. 587-588.

869 Vgl. KLEINHEISTERKAMP, T., in: LENSKI, E./STEINBERG, W., GewStG, § 10a Rn. 236 (Juli 2006); TWICKEL, D. V., in: BLÜMICH, EStG/KStG/GewStG, § 10a GewStG Rn. 83 (April 2007); HERZIG, N./FÖRSTER, G./FÖRSTER, U., Verlustvortrag, DStR 1996, S. 1029.

870 BFH v. 06.09.2000, IV R 69/99, BStBl. II 2001, S. 731; BFH v. 31.08.1999, VIII B 74/99, BStBl. II 1999, S. 794.

871 Vgl. BFH v. 06.09.2000, IV R 69/99, BStBl. II 2001, S. 731, 733; BFH v. 31.08.1999, VIII B 74/99, BStBl. II 1999, S. 794, 795. Vgl. auch WACKER, R., in: SCHMIDT, L., EStG, § 15 Rn. 612; BEHRENS, S./QUATMANN, A., Einbringung, DStR 2002, S. 483. A. A. BODDEN, G., Mitunternehmer, FR 2002, S. 564.

872 Vgl. KERSSENBROCK, GRAF O.-F./RUNDSHAGEN, H., Übertragung, BB 2004, S. 2491; BENECKE, A. Y., Umwandlung, S. 43; BFH v. 25.02.1991, GrS 7/89, BStBl. II 1991, S. 691, 697; BFH v. 06.09.2000, IV R 69/99, BStBl. II 2001, S. 731, 733.

873 Vgl. HERZIG, N./FÖRSTER, G./FÖRSTER, U., Verlustvortrag, DStR 1996, S. 1031; SCHMIDT, L., in: FS MOXTER, A., Gewinnermittlung, S. 1124-1125.

Rechts auf den gewerbesteuerlichen Verlustabzug der Untergesellschaft, soweit dieser anteilig auf sie entfällt.[874] Folglich hat ein Gesellschafterwechsel bei der Obergesellschaft keine Auswirkungen auf die Unternehmeridentität bei der Untergesellschaft und damit keine Auswirkungen auf den gewerbesteuerlichen Verlustabzug der Untergesellschaft.[875]

1.3.2. Veränderungen im Gesellschafterbestand

Wechsel im Gesellschafterbestand oder Änderungen der Beteiligungsverhältnisse haben aufgrund der gesellschafterbezogenen Verrechnung eines gewerbesteuerlichen Verlustvortrags ggf. Einschränkungen bei der Verrechnung eines gewerbesteuerlichen Verlustvortrags zur Konsequenz.[876] Beim Ausscheiden eines Gesellschafters aus einer Personengesellschaft bedeutet dies trotz fortbestehender Unternehmensidentität, dass auf Basis der gesellschafterbezogenen Verrechnung eines gewerbesteuerlichen Verlustvortrags ein auf den ausscheidenden Gesellschafter anteilig entfallender gewerbesteuerlicher Verlustvortrag untergeht. In Bezug auf die verbleibenden Gesellschafter ist die Unternehmeridentität weiterhin gegeben, so dass diese verbleibenden Gesellschafter die auf sie entfallenden Anteile am gewerbesteuerlichen Verlustvortrag weiterhin zum Abzug bringen können.[877]

---

874 Vgl. KLEINHEISTERKAMP, T., in: LENSKI, E./STEINBERG, W., GewStG, § 10a Rn. 51 (Juli 2006); BFH v. 26.06.1996, VIII R 41/95, BStBl. II 1997, S. 179, 180-181; BFH v. 03.05.1993, GrS 3/92, BStBl. II 1993, S. 616, 622. A. A. BORDEWIN, A., Gewerbesteuerlicher Verlustabzug, DStR 1996, S. 1595-1596.

875 Vgl. KLEINHEISTERKAMP, T., in: LENSKI, E./STEINBERG, W., GewStG, § 10a Rn. 53 (Juli 2006); GÜROFF, G., in: GLANEGGER, P./GÜROFF, G./SELDER, J., GewStG, § 10a Rn. 19; TWICKEL, D. V., in: BLÜMICH, EStG/KStG/GewStG, § 10a GewStG Rn. 89 (April 2007); BORDEWIN, A., Gewerbeverlust, DStR 1995, S. 318; BENECKE, A. Y., Umwandlung, S. 175-176; BFH v. 06.09.2000, IV R 69/99, BStBl. II 2001, S. 731, 732; BFH v. 13.11.1984, VIII R 312/82, BStBl. II 1985, S. 334, 335-336. A. A. WINGLER, E., Gewerbesteuerliche Verlustnutzung, BB 1998, S. 2090.

876 Vgl. KLEINHEISTERKAMP, T., in: LENSKI, E./STEINBERG, W., GewStG, § 10a Rn. 69, 75 (Juli 2006); Abschnitt 68 Abs. 3 S. 7 Nr. 8 GewStR.

877 Vgl. HERZIG, N./FÖRSTER, G./FÖRSTER, U., Verlustvortrag, DStR 1996, S. 1026; ZERHUSEN, S., Verlustvortrag, INF 2006, S. 738; PYSZKA, T., Gewinnermittlung, DStR 1995, S. 1825; BORDEWIN, A., Verlustabzug, DStR 1994, S. 679; BORDEWIN, A., Gewerbeverlust, DStR 1995, S. 316; ORTH, M., Gewerbeverlustvortrag, DB 1994, S. 1313-1314; SÖFFING, G., Fehlbetragsbeschluß, DB 1994, S. 751; GÜROFF, G., in: GLANEGGER, P./GÜROFF, G./SELDER, J., GewStG, § 10a Rn. 18; KLEINHEISTERKAMP, T., in: LENSKI, E./STEINBERG, W., GewStG, § 10a Rn. 70 (Juli 2006); TWICKEL, D. V., in: BLÜMICH, EStG/KStG/GewStG, § 10a GewStG Rn. 88 (April 2007); Abschnitt 66 Abs. 5 S. 2 und Abschnitt 68 Abs. 3 S. 7 Nr. 1 GewStR; BFH v. 06.09.2000, IV R 69/99, BStBl. II 2001, S. 731, 732-733; BFH v. 31.08.1999, VIII B 74/99, BStBl. II 1999, S. 794-795; BFH v. 26.06.1996, VIII R 41/95, BStBl. II 1997, S. 179, 180-181; BFH v. 12.06.1996, IV B 133/95, BStBl. II 1997, S. 82, 83-85; BFH v. 26.08.1993, IV R 133/90, BStBl. II 1995, S. 791, 793; BFH v. 03.05.1993, GrS 3/92, BStBl. II 1993, S. 616, 625; BFH v. 14.12.1989, IV R 117/88, BStBl. II 1990, S. 436, 438-439.

Ein Gesellschafterbeitritt in eine bestehende Personengesellschaft hat keine Auswirkungen auf einen vorhandenen gewerbesteuerlichen Verlustvortrag und dessen zukünftige Abzugsfähigkeit, da die Alt-Gesellschafter weiterhin als Mitunternehmer an der Personengesellschaft beteiligt sind und der gewerbesteuerliche Verlustvortrag den Alt-Gesellschaftern im Verlustentstehungsjahr anteilig zugerechnet wurde. Zukünftige positive Gewerbeerträge entfallen jedoch anteilig auch auf den neuen Gesellschafter, so dass die auf die Alt-Gesellschafter entfallenden Anteile am gewerbesteuerlichen Verlustvortrag nur mit den auf die Alt-Gesellschafter entfallenden positiven Gewerbeerträgen verrechnet werden können. Folglich verbleibt auch bei maximalem Abzug des auf die Alt-Gesellschafter entfallenden gewerbesteuerlichen Verlustvortrags entsprechend des Anteils des neuen Gesellschafters am Gewerbeertrag ein positiver Gewerbeertrag.[878] Ein derartiger Gesellschafterbeitritt auf Ebene der Untergesellschaft ist bei der Einbringung von Einzelwirtschaftsgütern aus dem Sonderbetriebsvermögen eines Obergesellschafters bei der Obergesellschaft in das Gesamthandsvermögen der Untergesellschaft gegen Gewährung von Gesellschaftsrechten der Untergesellschaft an den übertragenden Obergesellschafter (downstream-Fall V im Wege von § 6 Abs. 5 S. 3 EStG Nr. 2 Alt. 2 EStG) gegeben, soweit der übertragende Obergesellschafter nicht bereits vorher an der Untergesellschaft unmittelbar beteiligt war.

Eine Reduzierung der Beteiligung eines Gesellschafters hat keine Auswirkungen auf den gesellschafterbezogenen bereits vorhandenen gewerbesteuerlichen Verlustvortrag, da es für die Ermittlung und Zuordnung auf die Höhe des Gewinnverteilungsschlüssels, somit die Beteiligungsverhältnisse im Verlustentstehungsjahr ankommt. Zudem ist dieser Gesellschafter zwar unter reduzierter Beteiligung aber weiterhin an der Personengesellschaft beteiligt. Es ist Unternehmeridentität aber nicht Beteiligungsidentität für die Verrechnung eines gewerbesteuerlichen Verlustabzugs vorauszusetzen. Der gewerbesteuerliche

---

[878] Vgl. HERZIG, N./FÖRSTER, G./FÖRSTER, U., Verlustvortrag, DStR 1996, S. 1026; ZERHUSEN, S., Verlustvortrag, INF 2006, S. 738; PYSZKA, T., Gewerbesteuerlicher Verlustvortrag, DStR 1997, S. 1074; SÖFFING, G., Fehlbetragsbeschluß, DB 1994, S. 751; ORTH, M., Gewerbeverlustvortrag, DB 1994, S. 1314; KLEINHEISTERKAMP, T., in: LENSKI, E./STEINBERG, W., GewStG, § 10a Rn. 71 (Juli 2006); TWICKEL, D. V., in: BLÜMICH, EStG/KStG/GewStG, § 10a GewStG Rn. 88 (April 2007); Abschnitt 68 Abs. 3 S. 7 Nr. 2 GewStR; BFH v. 27.01.1994, IV R 137/91, BStBl. II 1994, S. 477, 479; BFH v. 14.09.1993, VIII R 84/90, BStBl. II 1994, S. 764, 768; BFH v. 03.05.1993, GrS 3/92, BStBl. II 1993, S. 616, 625. A. A. WEßLING, J., Stufenweiser Gesellschafterwechsel, INF 1997, S. 167-168.

Verlustvortrag geht nicht, auch nicht anteilig durch die Reduzierung einer Beteiligung verloren. Dem geringer beteiligten Gesellschafter sind aber im Zuge der Verrechnung des gewerbesteuerlichen Verlustvortrags von einem zukünftigen positiven Gewerbeertrag geringere Gewinn- und damit Gewerbeertragsanteile zuzurechnen. Folglich kann der verbleibende Verlustvortrag entsprechend nur mit geringeren anteiligen positiven Gewerbeerträgen verrechnet werden.[879] Die Reduzierung der Beteiligung eines Gesellschafters korrespondiert mit der Erhöhung der Beteiligung eines neuen Gesellschafters oder der anderen Alt-Gesellschafter.

Handelt es sich um eine Übertragung von Gesellschaftsrechten auf einen neuen Gesellschafter kann der auf die Alt-Gesellschafter entfallende gewerbesteuerliche Verlustvortrag nur insoweit mit zukünftigen positiven Gewerbeerträgen verrechnet werden, soweit diese nach dem veränderten Gewinnverteilungsschlüssel auf die Alt-Gesellschafter entfallen. Die Ausführungen zum Gesellschafterbeitritt gelten entsprechend. Ein positiver Gewerbeertrag verbleibt trotz Abzug eines gewerbesteuerlichen Verlustvortrags zumindest in Höhe des Anteils des neuen Gesellschafters am Gewerbeertrag.[880]

Eine Erhöhung der Beteiligung von Gesellschaftsrechten von Alt-Gesellschaftern stellt stattdessen nur eine Beteiligungsverschiebung dar. Die von der Beteiligungsverschiebung unberührten bereits vorhandenen gewerbesteuerlichen Verlustvorträge sind mit einem positiven Gewerbeertrag und zwar grundsätzlich mit dem gesamten Betrag verrechenbar, da alle Gesellschafter, denen der gewerbesteuerliche Verlustvortrag zuzurechnen ist, weiterhin an der Personengesellschaft beteiligt sind.[881] Allerdings ist bei der Verrechnung des auf Basis des alten Gewinnverteilungsschlüssels den Gesellschaftern zuzurechnenden gewerbe-

---

879 Vgl. HERZIG, N./FÖRSTER, G./FÖRSTER, U., Verlustvortrag, DStR 1996, S. 1028; ZERHUSEN, S., Verlustvortrag, INF 2006, S. 737-738; BORDEWIN, A., Gewerbeverlust, DStR 1995, S. 316; BFH v. 17.01.2006, VIII R 96/04, BFH/NV 2006, S. 885, 887. Vgl. analog zum schrittweisen Ausscheiden eines Gesellschafters bzw. zur Übertragung eines Teils eines Mitunternehmeranteils HERZIG, N./FÖRSTER, G./FÖRSTER, U., Verlustvortrag, DStR 1996, S. 1026-1027, 1028; KLEINHEISTERKAMP, T., in: LENSKI, E./STEINBERG, W., GewStG, § 10a Rn. 72 (Juli 2006); PYSZKA, T., Gewinnermittlung, DStR 1995, S. 1824-1825. A. A. WEßLING, J., Gewerbeverlustvortrag, INF 1995, S. 490.

880 Vgl. HERZIG, N./FÖRSTER, G./FÖRSTER, U., Verlustvortrag, DStR 1996, S. 1028; BORDEWIN, A., Gewerbeverlust, DStR 1995, S. 316.

881 Vgl. HERZIG, N./FÖRSTER, G./FÖRSTER, U., Verlustvortrag, DStR 1996, S. 1028.

steuerlichen Verlustvortrags eine abweichende Zurechnung festzustellen als bei dem positiven auf Basis des neuen Gewinnverteilungsschlüssels zuzurechnenden Gewerbeertrags. Folglich kann ein auf den veränderten Beteiligungsverhältnissen beruhender veränderter Gewinnverteilungsschlüssel zu einer Beschränkung der gesellschafterbezogen zu ermittelnden Verlustverrechnung führen.[882] Eine entsprechende Reduzierung der Beteiligungsrechte eines einzelnen Obergesellschafters unter korrespondierender Verschiebung der Beteiligungsrechte und damit des Gewinnverteilungsschlüssels zu Gunsten der anderen Obergesellschafter wird durch eine Übertragung eines Wirtschaftsguts beim downstream-Fall IV gegen Minderung der Gesellschaftsrechte des übertragenden Obergesellschafters ausgelöst. Beim downstream-Fall IV überträgt ein einzelner Obergesellschafter ein Wirtschaftsgut des Gesamthandsvermögens der Obergesellschaft im Wege von § 6 Abs. 5 S. 3 Nr. 2 Alt. 2 EStG in sein Sonderbetriebsvermögen bei der Untergesellschaft.

Eine Beteiligungsverschiebung tritt auch ein, wenn die Beteiligungsrechte eines Gesellschafters z. B. aufgrund der Übertragung eines Wirtschaftsguts oder Einbringung eines Betriebs bzw. Teilbetriebs jeweils gegen Gewährung von Gesellschaftsrechten unter gleich bleibender Beteiligung der Mitgesellschafter erhöht werden. Der Gewinnverteilungsschlüssel erfährt in Abhängigkeit von der Erhöhung der Beteiligungsrechte des Übertragenden bzw. Einbringenden zu dessen Gunsten eine Anpassung. Ein solches Ergebnis wird erzielt, wenn die Obergesellschaft als Untergesellschafterin ein Wirtschaftsgut ihres Gesamthandsvermögens in das Gesamthandsvermögen der Untergesellschaft gegen Gewährung von weiteren Gesellschaftsrechten im Wege von § 6 Abs. 5 S. 3 Nr. 1 EStG überträgt (downstream-Fall I).

Die Übertragungen von Wirtschaftsgütern im Wege von § 6 Abs. 5 S. 3 EStG gegen Gewährung bzw. Minderung von Gesellschaftsrechten in den downstream-Transferfällen I, IV und V haben jeweils keine Auswirkungen auf den Bestand eines gewerbesteuerlichen Verlustvortrags bei Obergesellschaft und Untergesellschaft. Die Gewährung bzw. Minderung von Gesellschaftsrechten hat jeweils aber

---

882 Vgl. HERZIG, N./FÖRSTER, G./FÖRSTER, U., Verlustvortrag, DStR 1996, S. 1028.

eine Anpassung der Beteiligungsverhältnisse und damit des allgemeinen Gewinnverteilungsschlüssels zur Konsequenz, die sich auf die Verrechnung der vorhandenen gewerbesteuerlichen Verlustvorträge mit zukünftigen positiven Gewerbeerträgen auswirkt.

Da bei unentgeltlichen Wirtschaftsgutübertragungen im Wege von § 6 Abs. 5 S. 3 EStG in den downstream-Transferfällen I, IV und V sowie bei Wirtschaftsgutüberführungen im Wege von § 6 Abs. 5 S. 2 EStG in den downstream-Fällen II und VI die Beteiligungsrechte und damit die allgemeinen Gewinnverteilungsschlüssel von Obergesellschaft und Untergesellschaft nicht berührt werden, haben diese Transfers auch keine Auswirkungen auf den Bestand und die Verrechnung von gewerbesteuerlichen Verlustvorträgen bei Obergesellschaft und Untergesellschaft. Dabei bleiben auch Veränderungen im Sonderbetriebsvermögen bei Obergesellschaft und/oder Untergesellschaft aufgrund der in § 10a S. 4 und 5 GewStG normierten Anknüpfung der Zurechnung und Verrechnung eines gewerbesteuerlichen Verlustvortrags an den allgemeinen Gewinnverteilungsschlüssel ohne Auswirkungen.[883]

Die nachfolgende Übersicht verdeutlicht nochmals die Auswirkungen von Wirtschaftsguttransfers im Wege von § 6 Abs. 5 S. 2 bzw. 3 EStG auf die gewerbesteuerlichen Verlustvorträge von Obergesellschaft und Untergesellschaft unter Anwendung der gesellschafterbezogenen Zurechnung und Verrechnung der gewerbesteuerlichen Verlustvorträge unter Maßgabe des allgemeinen Gewinnverteilungsschlüssels nach § 10a GewStG:

[883] Vgl. Kapitel 2 Abschnitt A.V.1.3.1.

downstream	**Transfer von einem WG** (Überführung bzw. Übertragung)	**Im Anwendungsbereich von**	**Auswirkungen auf den GewSt-lichen Verlustvortrag (VV) nach § 10a GewStG - bei gewahrter Unternehmensidentität - in Abhängigkeit von der UNeridentität** auf Ebene der OG	auf Ebene der UG
			Übertragung gg Gewährung von GR bei der UG:	
Fall I	aus dem GHV der OG ins GHV der UG	§ 6 Abs. 5 S. 3 Nr. 1 EStG	Keine Auswirkungen auf die Beteiligungsrechte = Keine Auswirkungen auf den allg. Gewinnverteilungsschlüssel = Keine Auswirkungen auf die Abziehbarkeit des GewSt-lichen VV	- Abziehbarkeit des GewSt-lichen VV bleibt gewahrt - Erhöhung der Beteiligungsrechte der OG bei der UG unter Verschiebung des allg. Gewinnverteilungsschlüssels zu Gunsten der OG
Fall II	aus dem GHV der OG ins SBV der OG bei der UG	§ 6 Abs. 5 S. 2 EStG	Keine Auswirkungen auf die Beteiligungsrechte = Keine Auswirkungen auf den allg. Gewinnverteilungsschlüssel = Keine Auswirkungen auf die Abziehbarkeit des GewSt-lichen VV	Keine Auswirkungen auf die Beteiligungsrechte = Keine Auswirkungen auf den allg. Gewinnverteilungsschlüssel = Keine Auswirkungen auf die Abziehbarkeit des GewSt-lichen VV
			Übertragung gg Minderung von GR bei der OG:	
Fall IV	aus dem GHV der OG ins SBV eines OGters bei der UG	§ 6 Abs. 5 S. 3 Nr. 2 Alt. 2 EStG	- Abziehbarkeit des GewSt-lichen VV bleibt gewahrt - Reduzierung der Beteiligungsrechte des übertragenden OGters unter Verschiebung des allg. Gewinnverteilungsschlüssels zu Gunsten der anderen OGter	Keine Auswirkungen auf die Beteiligungsrechte = Keine Auswirkungen auf den allg. Gewinnverteilungsschlüssel = Keine Auswirkungen auf die Abziehbarkeit des GewSt-lichen VV
			Übertragung gg Gewährung von GR bei der UG:	
Fall V	aus dem SBV eines OGters bei der OG ins GHV der UG	§ 6 Abs. 5 S. 3 Nr. 2 Alt. 2 EStG	Keine Auswirkungen auf die Beteiligungsrechte = Keine Auswirkungen auf den allg. Gewinnverteilungsschlüssel = Keine Auswirkungen auf die Abziehbarkeit des GewSt-lichen VV	Gesellschafterbeitritt des OGters, soweit nicht bereits auch schon zuvor UGter: - Abziehbarkeit des GewSt-lichen VV bleibt gewahrt - Verrechnung des GewSt-lichen VV nur mit den Anteilen der Alt-UGter an einem zukünftigen postiven Gewerbeertrag
Fall VI	aus dem SBV eines OGters bei der OG ins SBV dieses OGters bei der UG	§ 6 Abs. 5 S. 2 EStG	Keine Auswirkungen auf die Beteiligungsrechte = Keine Auswirkungen auf den allg. Gewinnverteilungsschlüssel = Keine Auswirkungen auf die Abziehbarkeit des GewSt-lichen VV	Keine Auswirkungen auf die Beteiligungsrechte = Keine Auswirkungen auf den allg. Gewinnverteilungsschlüssel = Keine Auswirkungen auf die Abziehbarkeit des GewSt-lichen VV

Abb. 14: Auswirkungen von downstream-Wirtschaftsguttransfers im Wege von § 6 Abs. 5 S. 2 bzw. 3 EStG auf gewerbesteuerliche Verlustvorträge von Obergesellschaft und Untergesellschaft nach § 10a GewStG

Im Zuge einer Übertragung stiller Reserven im Wege von § 6b EStG innerhalb einer doppelstöckigen Personengesellschaft ist der Gesellschafterbestand und damit der für die gesellschafterbezogene Ermittlung eines gewerbesteuerlichen Verlustabzugs maßgebende Gewinnverteilungsschlüssel nur insoweit berührt, als dass die zu übertragenden stillen Reserven im Zuge eines Transfers von Wirtschaftsgütern gegen Gewährung bzw. Minderung von Gesellschaftsrechten bei der aufnehmenden bzw. abgebenden Mitunternehmerschaft aufgedeckt werden (vgl. Kapitel 2 Abschnitte A.III.3.2.3., A.III.3.2.4. und A.III.3.2.5.). Übertragungen gegen sonstiges Entgelt haben keinen Einfluss auf den Gesellschafterbestand und daraus folgend die Unternehmeridentität der Obergesellschaft bzw. Untergesellschaft. Ein bestehender gewerbesteuerlicher Verlustvortrag steht bei gewahrter Unternehmensidentität unverändert den betreffenden Gesellschaftern als Verlustabzugspotenzial zur Verfügung.

Falls der Gesellschafterbestand unterjährig, d. h. zwischen zwei Bilanzstichtagen, Veränderungen erfährt, ist der Gewerbeertrag des betreffenden Erhebungszeitraums für die gesellschafterbezogene Verrechnung in einen vor und einen nach Anpassung des Gesellschafterbestands erzielten anteiligen Gewerbeertrag aufzuteilen. Aus Praktikabilitätsgründen kann diese Aufteilung zeitanteilig vorgenommen werden, vorausgesetzt dies führt nicht zu offenkundig falschen Ergebnissen.[884]

1.3.3. Einbringung eines Betriebs bzw. Teilbetriebs im Wege von § 24 UmwStG in eine bereits bestehende Personengesellschaft

Aufgrund der gesellschafterbezogenen Verrechnung eines gewerbesteuerlichen Verlustvortrags ist in Bezug auf einen eingebrachten Betrieb bzw. Teilbetrieb die Unternehmeridentität nicht gegeben, wenn die Mitunternehmer der übertragenden Personengesellschaft nicht an der aufnehmenden Personengesellschaft beteiligt sind. Folglich geht ein bestehender gewerbesteuerlicher Verlustvortrag in diesem Zuge insoweit verloren, als dass die Mitunternehmer der übertragenden Personengesellschaft, denen der gewerbesteuerliche Verlustvortrag anteilig zuzurechnen ist, nicht an der aufnehmenden Personengesellschaft beteiligt sind.[885]

Im Umkehrschluss bedeutet dies, dass bei einer Einbringung eines Betriebs bzw. Teilbetriebs einer Personengesellschaft im Wege von § 24 UmwStG die Unter-

---

[884] Vgl. Kleinheisterkamp, T., in: Lenski, E./Steinberg, W., GewStG, § 10a Rn. 242 (Juli 2006); Zerhusen, S., Verlustvortrag, INF 2006, S. 738; OFD Kiel v. 06.01.2000, G 1421 A – St 261, DStR 2000, S. 823.

[885] Vgl. Güroff, G., in: Glanegger, P./Güroff, G./Selder, J., GewStG, § 10a Rn. 18; Kleinheisterkamp, T., in: Lenski, E./Steinberg, W., GewStG, § 10a Rn. 60 (Juli 2006); Twickel, D. v., in: Blümich, EStG/KStG/GewStG, § 10a GewStG Rn. 82 (April 2007); BFH v. 03.05.1993, GrS 3/92, BStBl. II 1993, S. 616, 620-621, 625-627.

nehmeridentität insoweit gewahrt ist, als die Gesellschafter der übertragenden Personengesellschaft im Anschluss an die Einbringung an der aufnehmenden Personengesellschaft beteiligt sind.[886] Folglich muss bei Einbringungen eines Betriebs bzw. Teilbetriebs einer Personengesellschaft, so auch bei der Einbringung eines Teilbetriebs der Obergesellschaft in die Untergesellschaft einer doppelstöckigen Personengesellschaft, differenziert werden, wem im Zuge der Einbringung als Gegenleistung Gesellschaftsrechte an der aufnehmenden Personengesellschaft gewährt werden. Bei Einbringungen im Wege der Ausgliederung i. S. des UmwG und bei Einbringungen durch Einzelübertragungen der Wirtschaftsgüter des Betriebs bzw. Teilbetriebs außerhalb der Regelungen des UmwG werden als Gegenleistung der übertragenden Personengesellschaft selbst Gesellschaftsrechte an der aufnehmenden Personengesellschaft gewährt.[887] Soweit die Obergesellschafter nicht auch unmittelbar an der Untergesellschaft beteiligt sind, besteht aufgrund der fehlenden Beteiligung an der aufnehmenden Personengesellschaft keine Unternehmeridentität mehr. Ein beim eingebrachten Betrieb bzw. Teilbetrieb bestehender gewerbesteuerlicher Verlustvortrag kann aufgrund der gesellschafterbezogenen Verrechnung nicht mehr genutzt werden und geht unter.[888]

Da bei einer Einbringung im Wege der Abspaltung i. S. des UmwG eines Teilbetriebs der Obergesellschaft den Obergesellschaftern als Gegenleistung Gesellschaftsrechte an der aufnehmenden Untergesellschaft gewährt werden,[889] sind die Obergesellschafter, denen der gewerbesteuerliche Verlustvortrag bei der

---

886 Vgl. KLEINHEISTERKAMP, T., in: LENSKI, E./STEINBERG, W., GewStG, § 10a Rn. 66 (Juli 2006); ZERHUSEN, S., Verlustvortrag, INF 2006, S. 740; HERZIG, N./FÖRSTER, G./FÖRSTER, U., Verlustvortrag, DStR 1996, S. 1028-1030; BORDEWIN, A., Gewerbeverlust, DStR 1995, S. 317-318; SCHMITT, J., in: SCHMITT, J./HÖRTNAGL, R./STRATZ, R.-C., UmwG/UmwStG, § 24 UmwStG Rn. 258; SCHLÖßER, R. W., in: HARITZ, D./BENKERT, M., UmwStG, § 24 Rn. 162; Abschnitt 66 Abs. 4 S. 3 und Abschnitt 68 Abs. 3 S. 7 Nr. 5 S. 1 GewStR; BFH v. 16.02.1994, XI R 50/88, BStBl. II 1994, S. 364, 365; BFH v. 27.01.1994, IV R 137/91, BStBl. II 1994, S. 477, 479; BFH v. 14.09.1993, VIII R 84/90, BStBl. II 1994, S. 764, 768; BFH v. 03.05.1993, GrS 3/92, BStBl. II 1993, S. 616, 625-627. Vgl. analog zur Einbringung eines Einzelunternehmens in eine Personengesellschaft GÜROFF, G., in: GLANEGGER, P./GÜROFF, G./SELDER, J., GewStG, § 10a Rn. 17; BORDEWIN, A., Gewerbeverlust, DStR 1995, S. 315; DERS., Verlustabzug, DStR 1994, S. 679; zweifelnd MEYER-SCHARENBERG, D., Gewerbeverlust, DStR 1992, S. 855-856; BFH v. 03.05.1993, GrS 3/92, BStBl. II 1993, S. 616, 625-626; BFH v. 14.12.1989, IV R 117/88, BStBl. II 1990, S. 436, 438; BFH v. 12.01.1978, IV R 26/73, BStBl. II 1978, S. 348, 351-352.

887 Vgl. Kapitel 2 Abschnitt A.IV.2.2.1.

888 Vgl. KLEINHEISTERKAMP, T., in: LENSKI, E./STEINBERG, W., GewStG, § 10a Rn. 66 i. V. m. Rn. 60, 63 (Juli 2006); BFH v. 03.05.1993, GrS 3/92, BStBl. II 1993, S. 616, 620-621, 625-627.

889 Vgl. Kapitel 2 Abschnitt A.IV.2.2.1.

übertragenden Personengesellschaft entstanden und anteilig zuzurechnen war, auch an der aufnehmenden Untergesellschaft beteiligt. Die für die gewerbesteuerliche Verlustverrechnung vorauszusetzende Unternehmeridentität bleibt insoweit vollumfänglich gewahrt. Der gewerbesteuerliche Verlustvortrag des eingebrachten Betriebs bzw. Teilbetriebs kann mit zukünftigen positiven Gewerbeerträgen der aufnehmenden Untergesellschaft gesellschafterbezogen, d. h. anteilig unter Maßgabe des allgemeinen Gewinnverteilungsschlüssels der aufnehmenden Untergesellschaft, verrechnet werden.[890] Folglich kann ein gewerbesteuerlicher Verlustvortrag des eingebrachten Betriebs bzw. Teilbetriebs nur mit dem anteiligen positiven Gewerbeertrag verrechnet werden, der auf Gesellschafter der aufnehmenden Untergesellschafter entfällt, die bereits an der übertragenden Obergesellschaft beteiligt waren.[891]

Die Einbringung eines Betriebs bzw. Teilbetriebs einer Personengesellschaft wirkt sich nicht nur auf die Unternehmeridentität des eingebrachten Betriebs bzw. Teilbetriebs sondern ggf. auch auf die Unternehmeridentitäten der übertragenden und aufnehmenden Personengesellschaften aus. Daher sind die Ausführungen zu Veränderungen im Gesellschafterbestand im vorherigen Abschnitt entsprechend zu beachten. Im Zuge der Einbringung eines Teilbetriebs der Obergesellschaft in die Untergesellschaft im Wege von § 24 UmwStG ist dabei erneut zu unterscheiden, wem im Zuge der Einbringung als Gegenleistung Gesellschaftsrechte an der aufnehmenden Untergesellschaft gewährt werden. Da bei Einbringungen im Wege der Ausgliederung i. S. des UmwG und bei Einbringungen durch Einzelüber-

---

890 Vgl. KLEINHEISTERKAMP, T., in: LENSKI, E./STEINBERG, W., GewStG, § 10a Rn. 66 i. V. m. Rn. 63 (Juli 2006); (zur Verschmelzung) HERZIG, N./FÖRSTER, G./FÖRSTER, U., Verlustvortrag, DStR 1996, S. 1030; BORDEWIN, A., Gewerbeverlust, DStR 1995, S. 315; GSCHWENDTNER, H., Verlustausgleich, DStR 1994, S. 1111; Abschnitt 68 Abs. 3 S. 7 Nr. 5 S. 1 GewStR; BFH v. 27.01.1994, IV R 137/91, BStBl. II 1994, S. 477, 479; BFH v. 14.09.1993, VIII R 84/90, BStBl. II 1994, S. 764, 768; BFH v. 03.05.1993, GrS 3/92, BStBl. II 1993, S. 616, 625-627. Vgl. analog zum Übergang von Teilbetrieben im Zuge einer Realteilung GÜROFF, G., in: GLANEGGER, P./GÜROFF, G./SELDER, J., GewStG, § 10a Rn. 16; TWICKEL, D. v., in: BLÜMICH, EStG/KStG/GewStG, § 10a GewStG Rn. 85 (April 2007); HERZIG, N./FÖRSTER, G./FÖRSTER, U., Verlustvortrag, DStR 1996, S. 1030; STÖCKER, E. E., Anmerkung zum BFH-Urteil vom 05.09.1990 X R 20/89, DStZ 1991, S. 61; BFH v. 05.09.1990, X R 20/89, BStBl. II 1991, S. 25, 27.

891 Vgl. KLEINHEISTERKAMP, T., in: LENSKI, E./STEINBERG, W., GewStG, § 10a Rn. 66 i. V. m. Rn. 63 (Juli 2006); ZERHUSEN, S., Verlustvortrag, INF 2006, S. 740; (zur Verschmelzung) HERZIG, N./FÖRSTER, G./FÖRSTER, U., Verlustvortrag, DStR 1996, S. 1030; BORDEWIN, A., Gewerbeverlust, DStR 1995, S. 315, 317-318; DERS., Verlustabzug, DStR 1994, S. 679; BFH v. 27.01.1994, IV R 137/91, BStBl. II 1994, S. 477, 479; BFH v. 03.05.1993, GrS 3/92, BStBl. II 1993, S. 616, 625-627. Vgl. analog zur Einbringung eines Einzelunternehmens in eine Personengesellschaft GÜROFF, G., in: GLANEGGER, P./GÜROFF, G./SELDER, J., GewStG, § 10a Rn. 17; TWICKEL, D. v., in: BLÜMICH, EStG/KStG/GewStG, § 10a GewStG Rn. 86 (April 2007); Abschnitt 68 Abs. 2 S. 1 und 2 GewStR; BFH v. 03.05.1993, GrS 3/92, BStBl. II 1993, S. 616, 625-626; BFH v. 12.01.1978, IV R 26/73, BStBl. II 1978, S. 348, 351-352.

tragungen der Wirtschaftsgüter des Betriebs bzw. Teilbetriebs außerhalb der Regelungen des UmwG als Gegenleistung der übertragenden Obergesellschaft selbst Gesellschaftsrechte an der aufnehmenden Personengesellschaft gewährt werden,[892] hat dies bei der aufnehmenden Personengesellschaft (der Untergesellschaft) eine Verschiebung der Beteiligungsverhältnisse zur Konsequenz. Aus dieser Verschiebung der Beteiligungsverhältnisse resultiert eine Anpassung des für die Verrechnung eines gewerbesteuerlichen Verlustvortrags maßgeblichen allgemeinen Gewinnverteilungsschlüssels der Untergesellschaft zu Gunsten der Obergesellschaft als Untergesellschafterin.[893] Auf Ebene der übertragenden Obergesellschaft hat eine Einbringung über diese Wege jeweils keine Auswirkungen auf den Gesellschafterbestand. Die Unternehmeridentität bleibt jeweils unberührt.[894]

Falls stattdessen bei einer Einbringung im Wege der Abspaltung i. S. des UmwG eines Teilbetriebs der Obergesellschaft den Obergesellschaftern als Gegenleistung Gesellschaftsrechte an der aufnehmenden Untergesellschaft gewährt werden und die Obergesellschafter nicht bereits zuvor unmittelbar an der Untergesellschaft beteiligt waren,[895] entsprechen die Auswirkungen auf Ebene der Untergesellschaft denen eines Gesellschafterbeitritts. Ein bei der aufnehmenden Personengesellschaft vorhandener gewerbesteuerlicher Verlustvortrag kann den Alt-Untergesellschaftern zwar weiterhin anteilig zugerechnet werden. Zukünftige positive Gewerbeerträge entfallen aber anteilig auch auf die neuen Gesellschafter (die Obergesellschafter), so dass die auf die Alt-Untergesellschafter entfallenden Anteile am gewerbesteuerlichen Verlustvortrag nur mit den auf die Alt-Untergesellschafter entfallenden positiven Gewerbeerträgen verrechnet werden können (vgl. Abschnitt A.V.1.3.2. dieses Kapitels). Auf Ebene der Obergesellschaft ist zu beachten, dass die Gesellschaftsrechte der Obergesellschafter an der Obergesellschaft im Zuge der Einbringung reduziert werden. Soweit die Obergesellschafter entsprechend ihres Beteiligungsverhältnisses an der Obergesellschaft an der Einbringung beteiligt sind, sind die Beteiligungsverhältnisse und damit der

---

892 Vgl. Kapitel 2 Abschnitt A.IV.2.2.1.

893 Vgl. Kapitel 2 Abschnitt A.V.1.3.2.

894 Vgl. zur Ausgliederung eines Teilbetriebs einer Obergesellschaft auf die Untergesellschaft im Wege von § 24 UmwStG STEGEMANN, D., Umwandlung, INF 2004, S. 787.

895 Vgl. Kapitel 2 Abschnitt A.IV.2.2.1.

allgemeine Gewinnverteilungsschlüssel der Obergesellschaft in gleichem Maße anzupassen. Demzufolge hat die Einbringung auf Ebene der übertragenden Obergesellschaft insoweit keine Auswirkungen auf die Unternehmeridentität.

2. Auswirkungen der untersuchten Umstrukturierungen auf einen Zinsvortrag i. S. von § 4h Abs. 1 S. 2 EStG

2.1. Einführung

Mit dem Unternehmensteuerreformgesetz (UntStRefG) 2008[896] hat der Gesetzgeber mit § 4h EStG die sog. Zinsschranke eingeführt. Als Bestandteil der Gewinnermittlungsvorschriften ist § 4h EStG bei der Ermittlung betrieblicher, im Inland steuerpflichtiger Gewinne von natürlichen Personen, Mitunternehmerschaften und Körperschaften anzuwenden. Die Zinsschranke bedeutet eine Einschränkung des Abzugs von Zinsenaufwendungen als Betriebsausgaben.[897] Zinsaufwendungen, die der Abzugsbeschränkung der Zinsschranke unterliegen, sind nach § 4h Abs. 1 S. 2 EStG in nachfolgende Wirtschaftsjahre vorzutragen. Dieser Zinsvortrag kann ggf. in späteren Wirtschaftsjahren zur Gewinnminderung im Rahmen der Regelungen des § 4h EStG genutzt werden.[898]

Der Zinsvortrag unterliegt grundsätzlich keiner zeitlichen Beschränkung.[899] Allerdings ist bei den untersuchten Umstrukturierungsmaßnahmen zu beachten, dass ein nicht verbrauchter Zinsvortrag gemäß § 4h Abs. 5 S. 1 und 2 EStG bei Aufgabe oder Übertragung des Betriebs insgesamt und beim Ausscheiden eines Mitunternehmers aus einer Personengesellschaft quotal untergeht sowie ein nicht verbrauchter Zinsvortrag gemäß § 24 Abs. 6 UmwStG i. V. m. § 20 Abs. 9 UmwStG bei der Einbringung eines Betriebs in eine Personengesellschaft nicht auf die aufnehmende Personengesellschaft übergeht.[900] Damit stellt sich die Frage, inwieweit sich die einzelnen Umstrukturierungen, im vorliegenden Fall die Transfers von Wirtschaftsgütern im Wege von § 6 Abs. 5 S. 2 und 3 EStG, die Transfers von Wirtschaftsgütern unter Übertragung stiller Reserven im Wege von

---

896 BGBl. I 2007, S. 1912.

897 Vgl. Förster, G., in: Breithecker, V. u. a., UntStRefG, § 4h EStG Rn. 1, 6-7, 46; Grotherr, S., Zinsschranke, IWB 2007, F. 3, S. 1495-1496. Gemäß § 52 Abs. 12d EStG findet § 4h EStG erstmals auf Wirtschaftsjahre Anwendung, die nach dem 25.05.2007 beginnen und nicht vor dem 01.01.2008 enden.

898 Vgl. Förster, G., in: Breithecker, V. u. a., UntStRefG, § 4h EStG Rn. 1, 59; Korn, K./Strahl, M., in: Korn, K. u. a., EStG, Aktuelles – Änderungen des EStG durch die UntStRef 2008 Rn. 15, 42 (Juli 2007); Rödder, T., Unternehmensteuerreformgesetz, DStR 2007, Beihefter zu Heft 40, S. 8; Köhler, S., in: Höreth, U./Ortmann-Babel, M., Unternehmensteuerreform 2008, II.D. Rn. 27.

899 Vgl. Förster, G., in: Breithecker, V. u. a., UntStRefG, § 4h EStG Rn. 1; Grotherr, S., Zinsschranke, IWB 2007, F. 3, S. 1490, 1503; Hallerbach, D., Zinsschranke, StuB 2007, S. 294.

900 Vgl. Förster, G., in: Breithecker, V. u. a., UntStRefG, § 4h EStG Rn. 1, 21, 167-169.

§ 6b EStG sowie Einbringungen von Teilbetrieben bzw. Betrieben im Wege von § 24 UmwStG, auf den Bestand eines Zinsvortrags bei Obergesellschaft bzw. Untergesellschaft auswirken. Diese Untersuchung erfolgt vor der Zielsetzung, den Untergang ggf. vorhandener Zinsvorträge i. S. von § 4h Abs. 1 S. 2 EStG der doppelstöckigen Personengesellschaft im Zuge der Umstrukturierung zu vermeiden, damit diese in späteren Wirtschaftsjahren ggf. zur Gewinnminderung im Rahmen der Regelungen des § 4h EStG genutzt werden können.

2.2. Betriebsbezogenheit, unternehmerbezogene Zurechnung und Verrechnung eines Zinsvortrags

Da in § 4h Abs. 1 EStG auf den Betrieb Bezug genommen wird, kann aus dem Gesetzeswortlaut abgeleitet werden, dass Zinsschranke und Zinsvortrag betriebsbezogene Größe darstellen. Die Norm dient der Beschränkung des Abzugs von Zinsaufwendungen „eines Betriebs“.[901] Da eine Mitunternehmerschaft selbst Subjekt der Gewinnerzielung und Gewinnermittlung ist,[902] ist die Zinsschranke bei der Gewinnermittlung der Mitunternehmerschaft anzuwenden.[903] Dabei ist zu Grunde zu legen, dass sich das Betriebsvermögen einer Mitunternehmerschaft aus Gesamthandsvermögen und Sonderbetriebsvermögen der Mitunternehmer zusammensetzt.[904]

---

901 Vgl. KORN, K./STRAHL, M., in: KORN, K. U. A., EStG, Aktuelles – Änderungen des EStG durch die UntStRef 2008 Rn. 6 (Juli 2007); FÖRSTER, G., in: BREITHECKER, V. U. A., UntStRefG, § 4h EStG Rn. 51; GROTHERR, S., Zinsschranke, IWB 2007, F. 3, S. 1498; KÖHLER, S., Zinsschranke, DStR 2007, S. 598, 603; NEUMANN, S., Zinsschranke, EStB 2007, S. 293. Der Betriebsbegriff ist in § 4h EStG nicht definiert. Folglich dürfte der ertragsteuerlich (zu § 16 EStG sowie §§ 20 und 24 UmwStG) entwickelte allgemeine Betriebsbegriff zu Grunde zu legen sein. Während Einzelunternehmer mehrere Betriebe haben können, verfügen Mitunternehmerschaften und Kapitalgesellschaften nur über einen Betrieb; vgl. KORN, K./STRAHL, M., in: KORN, K. U. A., EStG, Aktuelles – Änderungen des EStG durch die UntStRef 2008 Rn. 6 (Juli 2007); GROTHERR, S., Zinsschranke, IWB 2007, F. 3, S. 1498; HALLERBACH, D., Zinsschranke, StuB 2007, S. 290; KÖHLER, S., Zinsschranke, DStR 2007, S. 598; MIDDENDORF, O./STEGEMANN, D., Zinsschranke, INF 2007, S. 305, 306; BT-DRS. 16/4835 v. 27.03.2007, S. 1; SCHMITT, J., in: SCHMITT, J./HÖRTNAGL, R./STRATZ, R.-C., UmwG/UmwStG, § 20 UmwStG Rn. 7, § 24 UmwStG Rn. 64.

902 Vgl. WACKER, R., in: SCHMIDT, L., EStG, § 15 Rn. 407; BFH v. 26.11.1996, VIII R 42/94, BStBl. II 1998, S. 328, 329; BFH v. 03.07.1995, GrS 1/93, BStBl. II 1995, S. 617, 621; BFH v. 25.02.1991, GrS 7/89, BStBl. II 1991, S. 691, 699; BFH v. 25.06.1984, GrS 4/82, BStBl. II 1984, S. 751, 761-764.

903 Vgl. FÖRSTER, G., in: BREITHECKER, V. U. A., UntStRefG, § 4h EStG Rn. 53.

904 Vgl. FÖRSTER, G., in: BREITHECKER, V. U. A., UntStRefG, § 4h EStG Rn. 53; KORN, K./STRAHL, M., in: KORN, K. U. A., EStG, Aktuelles – Änderungen des EStG durch die UntStRef 2008 Rn. 27 (Juli 2007); HAHNE, K. D., Zinsschranke, DStR 2007, S. 1949; RÖDDER, T., Unternehmensteuerreformgesetz, DStR 2007, Beihefter zu Heft 40, S. 7; NEUMANN, S., Zinsschranke, EStB 2007, S. 293; WAGNER, T./FISCHER, H., Zinsschranke, BB 2007, S. 1811; WACKER, R., in: SCHMIDT, L., EStG, § 15 Rn. 480; BFH v. 18.12.2001, VIII R 27/00, BStBl. II 2002, S. 733, 735-736; BFH v. 19.10.2000, IV R 73/99, BStBl. II 2001, S. 335, 336.

Die Betriebsbezogenheit der Zinsschranke wird außerdem durch § 4h Abs. 5 S. 1 EStG deutlich, da gemäß § 4h Abs. 5 S. 1 EStG ein bestehender Zinsvortrag bei Aufgabe des Betriebs untergeht. § 4h Abs. 5 S. 1 EStG bestimmt aber auch einen Untergang des Zinsvortrags für den Fall der Übertragung des Betriebs. Damit ist dem § 4h EStG neben der Betriebsbezogenheit ein Bezug zum Unternehmer, bei Mitunternehmerschaften zu den Mitunternehmern zu entnehmen. Dies erinnert an die Unternehmens- und die Unternehmeridentität, die beim gewerbesteuerlichen Verlustvortrag vorauszusetzen sind.[905]

Entsprechend der Untersuchungsergebnisse zum gewerbesteuerlichen Verlustvortrag stehen Transfers von Wirtschaftgütern im Wege von § 6 Abs. 5 S. 2 und 3 EStG, Transfers von Wirtschaftsgütern unter Übertragung stiller Reserven im Wege von § 6b EStG und die Einbringung eines Teilbetriebs bzw. Betriebs im Wege von § 24 UmwStG der zu wahrenden Unternehmensidentität, Betriebsbezogenheit grundsätzlich nicht entgegen, so dass Zinsvorträge von Obergesellschaft und Untergesellschaft in Bezug auf die Betriebsbezogenheit nicht durch die downstream-Umstrukturierungen gefährdet sind.[906]

Die Berechnung der Zinsschranke und damit die Zurechnung und Verrechnung von Zinsvorträgen ist im Gesetz nicht normiert. Bei Mitunternehmerschaften entsprechen m. E. die Berechnung der Zinsschranke und damit die Zurechnung und Verrechnung von Zinsvorträgen der gesellschafterbezogenen Zurechnung und Verrechnung von Gewerbeerträgen und gewerbesteuerlichen Verlustvorträgen unter Maßgabe des allgemeinen Gewinnverteilungsschlüssels nach § 10a GewStG. Eine gesellschafterbezogene Berechnung unter Maßgabe des allgemeinen Gewinnverteilungsschlüssels, folglich der Beteiligungsquote, ist aus verschiedenen Überlegungen abzuleiten.[907]

---

905 Vgl. Kapitel 2 Abschnitte A.V.1.1.

906 Vgl. zur Wahrung der Unternehmensidentität Kapitel 2 Abschnitt A.V.1.2.

907 Wohl gl. A. KORN, K./STRAHL, M., in: KORN, K. U. A., EStG, Aktuelles – Änderungen des EStG durch die UntStRef 2008 Rn. 27 (Juli 2007). Grundlegend in Bezug auf eine gesellschafterbezogene Anwendung von § 4h EStG gl. A. FÖRSTER, G., in: BREITHECKER, V. U. A., UntStRefG, § 4h EStG Rn. 54; HAHNE, K. D., Zinsschranke, DStR 2007, S. 1949; HALLERBACH, D., Zinsschrankenregelung, StuB 2007, S. 487, 488; WAGNER, T./FISCHER, H., Zinsschranke, BB 2007, S. 1812.

Die für den Abzug eines gewerbesteuerlichen Verlustvortrags vorauszusetzende Unternehmeridentität wird grundlegend aus § 10a S. 7 i. V. m. § 2 Abs. 5 GewStG abgeleitet. Demnach geht ein gewerbesteuerlicher Verlustvortrag unter, wenn ein Gewerbebetrieb im Ganzen auf einen anderen Unternehmer übergeht.[908] Vergleichbar bestimmt § 4h Abs. 5 S. 1 EStG einen Untergang eines nicht verbrauchten Zinsvortrags bei Übertragung eines Betriebs. Folglich sind m. E. die Grundsätze der Unternehmeridentität von § 10a GewStG auf eine im Rahmen von § 4h EStG vorauszusetzende Unternehmeridentität zu übertragen. Aus der beim gewerbesteuerlichen Verlustvortrag vorauszusetzenden Unternehmeridentität wird für Mitunternehmerschaften abgeleitet, dass die einzelnen Mitunternehmer die Träger des Rechts sind, einen gewerbesteuerlichen Verlustvortrag der Mitunternehmerschaft zum Abzug zu bringen.[909] Diese Ableitung aus der Unternehmeridentität bedeutet für § 4h EStG, dass die einzelnen Mitunternehmer die Träger des Rechts auf einen Zinsvortrag sind.[910]

Um diesem Recht insbesondere bei Veränderungen der Gesellschafterstruktur gerecht zu werden, setzt der gewerbesteuerliche Verlustabzug eine (grundsätzlich) gesellschafterbezogene Berechnung voraus.[911] Dies ergibt sich auch aus § 10a S. 4 und 5 GewStG. Dabei geben S. 4 und 5 des § 10a GewStG vor, dass bei der gesellschafterbezogenen Berechnung die Zurechnung positiver und negativer Gewerbeerträge und die Verrechnung eines gewerbesteuerlichen Verlustvortrags

---

908 Vgl. TWICKEL, D. V., in: BLÜMICH, EStG/KStG/GewStG, § 10a GewStG Rn. 79 (April 2007); GÜROFF, G., in: GLANEGGER, P./GÜROFF, G./SELDER, J., GewStG, § 10a Rn. 12; KLEINHEISTERKAMP, T., in: LENSKI, E./STEINBERG, W., GewStG, § 10a Rn. 44, 46 (Juli 2006); BFH v. 07.12.1993, VIII R 160/86, BStBl. II 1994, S. 331, 332; BFH v. 14.09.1993, VIII R 84/90, BStBl. II 1994, S. 764, 767; BFH v. 03.05.1993, GrS 3/92, BStBl. II 1993, S. 616, 620.

909 Vgl. HERZIG, N./FÖRSTER, G./FÖRSTER, U., Verlustvortrag, DStR 1996, S. 1025; TWICKEL, D. V., in: BLÜMICH, EStG/KStG/GewStG, § 10a GewStG Rn. 81 (April 2007); ZERHUSEN, S., Verlustvortrag, INF 2006, S. 738; STEGEMANN, D., Umwandlung, INF 2004, S. 787; BFH v. 03.05.1993, GrS 3/92, BStBl. II 1993, S. 616, 620, 625.

910 A. A. mit Verweis auf die Betriebsbezogenheit von § 4h EStG SCHADEN, M./KÄSHAMMER, D., in: HÖRETH, U./ORTMANN-BABEL, M., Unternehmensteuerreform 2008, II.D. Rn. 115.

911 Vgl. TWICKEL, D. V., in: BLÜMICH, EStG/KStG/GewStG, § 10a GewStG Rn. 83 (April 2007). Vgl. zum Rechtsstand vor Einfügung der S. 4 und 5 in § 10a GewStG durch das JStG 2007 HERZIG, N./FÖRSTER, G./FÖRSTER, U., Verlustvortrag, DStR 1996, S. 1025; BORDEWIN, A., Gewerbeverlust, DStR 1995, S. 315; BRANDENBERG, H. B., Verlustabzug, JbFSt 1995/96, S. 317-318; KLEINHEISTERKAMP, T., in: LENSKI, E./STEINBERG, W., GewStG, § 10a Rn. 234-241 (Juli 2006); GÜROFF, G., in: GLANEGGER, P./GÜROFF, G./SELDER, J., GewStG, § 10a Rn. 15; BFH v. 17.01.2006, VIII R 96/04, BFH/NV 2006, S. 885, 886; BFH v. 06.09.2000, IV R 69/99, BStBl. II 2001, S. 731, 732; BFH v. 31.08.1999, VIII B 74/99, BStBl. II 1999, S. 794-795; BFH v. 15.03.1994, XI R 60/89, BFH/NV 1994, S. 899, 900; BFH v. 16.02.1994, XI R 50/88, BStBl. II 1994, S. 364, 365; BFH v. 14.12.1989, IV R 117/88, BStBl. II 1990, S. 436, 437, 439.

unter Maßgabe des allgemeinen Gewinnverteilungsschlüssels vorzunehmen ist.[912] Eine den S. 4 und 5 des § 10a GewStG unmittelbar entsprechende Regelung ist § 4h EStG nicht zu entnehmen. Allerdings bestimmt § 4h Abs. 5 S. 2 EStG im Rahmen der betriebsbezogenen Zinsschranke bei Mitunternehmerschaften eine gesellschafterbezogene Berechnung unter Maßgabe der Beteiligungsquote der Mitunternehmer bei der Ermittlung des untergehenden Zinsvortrags eines ausscheidenden Mitunternehmers.[913] Diese Vorgehensweise entspricht der Zurechnung und Verrechnung eines gewerbesteuerlichen Verlustvortrags zu den Mitunternehmern unter Maßgabe des allgemeinen Gewinnverteilungsschlüssels, d. h. der Beteiligungsquote der Mitunternehmer, abgeleitet aus der vorauszusetzenden Unternehmeridentität und präzisiert durch die S. 4 und 5 des § 10a GewStG. Diese einander entsprechende Vorgehensweise bei der Ermittlung eines Zinsvortrags mit der Ermittlung eines gewerbesteuerlichen Vortrags ist auch der Gesetzesbegründung der Bundesregierung zum UntStRefG 2008 zu entnehmen: „Der Zinsvortrag wird betriebsbezogen ermittelt und festgestellt. Er geht mit der Aufgabe oder Übertragung des Betriebs unter. Bei Ausscheiden eines Mitunternehmers geht der Zinsvortrag entsprechend der Grundsätze zu § 10a GewStG anteilig unter."[914]

Unklar ist es, ob diese für den Fall des Ausscheidens eines Mitunternehmers vorgegebene gesellschafterbezogene Berechnung unter Maßgabe der Beteiligungsquote auch über diesen Fall hinaus auf andere Veränderungen im Gesellschafterbestand bei der Zurechnung und Verrechnung eines Zinsvortrags anzuwenden ist. Dem Gesetzeswortlaut ist dies nicht zu entnehmen. Für eine Ausweitung der Zurechnung und Verrechnung über den im Gesetz normierten Fall des ausscheidenden Mitunternehmers spricht eine verursachungsgerechte Zurechnung und Verrechnung von Zinsaufwendungen und Zinsvorträgen.[915]

---

912 Vgl. Kapitel 2 Abschnitt A.V.1.3.1. sowie TWICKEL, D. V., in: BLÜMICH, EStG/KStG/GewStG, § 10a GewStG Rn. 83 (April 2007); EISGRUBER, T., Verlustnutzung, DStZ 2007, S. 634-635; GÜNTHER, K.-H., Gewerbesteuerlicher Verlustabzug, GStB 2007, S. 282.

913 Vgl. FÖRSTER, G., in: BREITHECKER, V. U. A., UntStRefG, § 4h EStG Rn. 172; GROTHERR, S., Zinsschranke, IWB 2007, F. 3, S. 1505; DÖRR, I./GEIBEL, S./FEHLING, D., Zinsschranke, NWB 2007, F. 4, S. 5205.

914 BT-DRS. 16/4841 v. 27.03.2007, S. 87.

915 Vgl. auch FÖRSTER, G., in: BREITHECKER, V. U. A., UntStRefG, § 4h EStG Rn. 54, 172-173; zweifelnd KORN, K./STRAHL, M., in: KORN, K. U. A., EStG, Aktuelles – Änderungen des EStG durch die UntStRef 2008 Rn. 43 (Juli 2007).

Eine verursachungsgerechte Berechnung würde grundsätzlich aber auch ggf. abweichend von der Maßgabe der Beteiligungsquote eine mitunternehmerbezogene Berechnung unter Berücksichtigung der Zinsaufwendungen von Mitunternehmern aus deren Sonderbilanzergebnissen erfordern.[916] Schließlich könnte durch eine verursachungsgerechte Zuordnung von Zinsaufwendungen zu den einzelnen Mitunternehmern einschließlich derer im Sonderbilanzergebnis eine korrekte gesellschafterbezogene Ermittlung von Zinsvorträgen erreicht werden und fremdbestimmte Steuerwirkungen[917] unter den Mitunternehmern vermieden werden.[918]

Dies dürfte aber wohl nicht der Intention des Gesetzgebers entsprechen, da dieser sein Verständnis einer gesellschafterbezogenen Zurechnung und Verrechnung unter Maßgabe der Beteiligungsquote bzw. des allgemeinen Gewinnverteilungsschlüssels durch § 10a S. 4 und 5 GewStG bzw. durch § 4h Abs. 5 S. 2 EStG zum Ausdruck bringt. Für diese Auffassung des Gesetzgebers spricht auch der Verweis auf eine entsprechende Anwendung der Grundsätze des § 10a GewStG in der Gesetzesbegründung zu § 4h Abs. 5 S. 2 EStG.[919] Zu § 10a GewStG hatte der Gesetzgeber seine Auffassung schließlich auch erst vor kurzem mit der Einfügung der S. 4 und 5 in den § 10a GewStG durch das JStG 2007[920] mit dem Hinweis auf Praktikabilitätsgründe und die Streitanfälligkeit von diesbezüglichen Feststellungen deutlich gemacht.[921] Dabei stellte diese Einfügung der S. 4 und 5 in den § 10a GewStG durch das JStG 2007 eine Reaktion des Gesetzgebers auf die Recht-

---

916 Vgl. WAGNER, T./FISCHER, H., Zinsschranke, BB 2007, S. 1812; HAHNE, K. D., Zinsschranke, DStR 2007, S. 1949; HALLERBACH, D., Zinsschrankenregelung, StuB 2007, S. 487, 488. Vergleichbar vertritt FÖRSTER die Auffassung, dass eine Zurechnung von Zinsaufwendungen und Verrechnung von Zinsvorträgen grundsätzlich nach den Bestimmungen des Gesellschaftsvertrags erfolgen sollte. Beim Fehlen solcher Bestimmungen sollte die Zurechnung von Zinsaufwendungen und Verrechnung von Zinsvorträgen nicht nach der Beteiligungsquote sondern verursachungsgerecht orientiert an den Umfängen der Zinsaufwendungen in der Gesamthandsbilanz und den Sonderbilanzen vorgenommen werden; vgl. FÖRSTER, G., in: BREITHECKER, V. U. A., UntStRefG, § 4h EStG Rn. 54.

917 Vgl. zum Begriff der fremdbestimmten Steuerwirkung SÖFFING, A., Fremdbestimmte Steuerwirkungen, DStZ 1993, S. 587-588.

918 Vgl. auch KORN, K./STRAHL, M., in: KORN, K. U. A., EStG, Aktuelles – Änderungen des EStG durch die UntStRef 2008 Rn. 27, 56 (Juli 2007); RÖDDER, T., Unternehmensteuerreformgesetz, DStR 2007, Beihefter zu Heft 40, S. 7; SCHADEN, M./KÄSHAMMER, D., in: HÖRETH, U./ORTMANN-BABEL, M., Unternehmensteuerreform 2008, II.D. Rn. 121; HAHNE, K. D., Zinsschranke, DStR 2007, S. 1949; HALLERBACH, D., Zinsschrankenregelung, StuB 2007, S. 487, 488; MIDDENDORF, O./STEGEMANN, D., Zinsschranke, INF 2007, S. 305, 307.

919 Vgl. FÖRSTER, G., in: BREITHECKER, V. U. A., UntStRefG, § 4h EStG Rn. 173.

920 BGBl. I 2006 S. 2878.

921 Vgl. BT-DRS. 16/3368 v. 09.11.2006, S. 22.

sprechung des BFH[922] dar.[923] Der BFH hielt in der Vergangenheit abweichend von einer am allgemeinen Gewinnverteilungsschlüssel orientierten Zurechnung und Verrechnung der gewerbesteuerlichen Verlustvorträge eine strikte gesellschafterbezogene Zurechnung nach dem Gewinnverteilungsschlüssel aber unter Berücksichtigung von Sonderbetriebseinnahmen und Sonderbetriebsausgaben der Mitunternehmer und damit eine verursachungsgerechte Zurechnung für geboten. Dennoch passte der Gesetzgeber entgegen dieser Auffassung des BFH § 10a GewStG durch die Einfügung der S. 4 und 5 durch das JStG 2007 an. Dabei verleiht der Gesetzgeber der Anpassung des § 10a GewStG durch die rückwirkende Einführung der S. 4 und 5 des § 10a GewStG auch für Erhebungszeiträume vor 2007 zusätzliche Bedeutung (§ 36 Abs. 9 GewStG).

Eine grundsätzlich verursachungsrechte Zurechnung und Verrechnung von Zinsaufwendungen und Zinsvorträgen zu den Mitunternehmern unter Beachtung von Zinsaufwendungen der Sonderbilanzergebnisse wäre erstrebenswert, steht m. E. aber nicht mit der Intention des Gesetzgebers im Einklang und hätte eine uneinheitliche Zurechnung für den Fall zur Konsequenz, dass ein Mitunternehmer aus einer Personengesellschaft ausscheidet. Schließlich normiert § 4h Abs. 5 S. 2 EStG eindeutig, dass beim Ausscheiden eines Mitunternehmers aus einer Personengesellschaft der Zinsvortrag anteilig entsprechend der Beteiligungsquote des Ausscheidenden untergeht. Die Auswirkungen von Zinsaufwendungen aus vorjährigen Sonderbilanzergebnissen des Ausscheidenden auf einen Zinsvortrag der Personengesellschaft werden bei dieser Maßgabe folglich nur entsprechend der Beteiligungsquote des Ausscheidenden berücksichtigt. Daraus folgend geht ein Zinsvortrag, der auf Zinsaufwendungen aus vorjährigen Sonderbilanzergebnissen des Ausscheidenden beruht, nur anteilig mit dem Ausscheiden des Mitunternehmers entsprechend der Beteiligungsquote des Ausscheidenden unter. Bei einer nachfolgenden verursachungsgerechten Berechnung der Zinsschranke für die verbleibenden Gesellschafter kann dieser auf den ausscheidenden Gesellschafter entfallende aber nicht im Zuge des Ausscheidens untergegangene Zins-

922 Vgl. BFH v. 17.01.2006, VIII R 96/04, BFH/NV 2006, S. 885, 886; BFH v. 16.02.1994, XI R 50/88, BStBl. II 1994, S. 364, 365.

923 Vgl. BT-Drs. 16/3368 v. 09.11.2006, S. 22; Twickel, D. v., in: Blümich, EStG/KStG/GewStG, § 10a GewStG Rn. 15, 83 (April 2007); Günther, K.-H., Gewerbesteuerlicher Verlustabzug, GStB 2007, S. 283.

vortrag nicht durch die verbleibenden Mitunternehmer zur zukünftigen Gewinnminderung im Rahmen der Regelungen des § 4h EStG genutzt werden. Eine solche differenzierende uneinheitliche Vorgehensweise erscheint m. E. nicht sachgerecht.

Für doppelstöckige Personengesellschaften hat die mitunternehmerbezogene Berechnung von Zinsschranke und Zinsvorträgen zur Konsequenz, dass die Obergesellschaft in Bezug auf die Untergesellschaft entsprechend wie beim gewerbesteuerlichen Verlustvortrag eine Abschirmwirkung gegenüber ihren Gesellschaftern entfaltet. Die Obergesellschaft ist als Mitunternehmerin der Untergesellschaft Trägerin des Rechts auf den Zinsvortrag, der der Obergesellschaft entsprechend deren Beteiligungsquote zuzurechnen ist.[924] Da ein Gesellschafterwechsel bei der Obergesellschaft keine Auswirkungen auf die Beteiligungsquote der Untergesellschaft hat, bleibt ein Gesellschafterwechsel bei der Obergesellschaft ohne Auswirkungen auf die Unternehmeridentität bei der Untergesellschaft und damit auf den Zinsvortrag der Untergesellschaft.[925]

2.3. Transfers von Wirtschaftgütern im Wege von § 6 Abs. 5 S. 2 und 3 EStG sowie Transfers von Wirtschaftsgütern unter Übertragung stiller Reserven im Wege von § 6b EStG

Eine gesellschafterbezogene Zurechnung und Verrechnung von Zinsvorträgen entsprechend der Zurechnung und Verrechnung eines gewerbesteuerlichen Verlustvortrags bedeutet, dass sich die Auswirkungen aus den Transfers von Wirtschaftgütern im Wege von § 6 Abs. 5 S. 2 und 3 EStG sowie Transfers von Wirtschaftsgütern unter Übertragung stiller Reserven im Wege von § 6b EStG auf gewerbesteuerliche Verlustvorträge und auf Zinsvorträge bei Obergesellschaft bzw. Untergesellschaft einander grundsätzlich entsprechen. Die Ergebnisse zum gewerbesteuerlichen Verlustvortrag sind folglich auf den Zinsvortrag zu übertragen. Grundlegend hat dies die folgenden Konsequenzen:

---

924 Vgl. KORN, K./STRAHL, M., in: KORN, K. U. A., EStG, Aktuelles – Änderungen des EStG durch die UntStRef 2008 Rn. 27, 43 (Juli 2007); HAHNE, K. D., Zinsschranke, DStR 2007, S. 1949. Vgl. auch zum gewerbesteuerlichen Verlustvortrag Kapitel 2 Abschnitt A.V.1.3.1.

925 Vgl. zum gewerbesteuerlichen Verlustvortrag Kapitel 2 Abschnitt A.V.1.3.1.

- Beim Gesellschafterbeitritt bleibt ein Zinsvortrag der aufnehmenden Personengesellschaft vollumfänglich bestehen, kann aber nur noch insoweit mit dem steuerlichen EBITDA[926] verrechnet werden, als dass dieses unter Maßgabe der Beteiligungsquote auf die Alt-Untergesellschafter entfällt.[927]
- Bei der Verschiebung der Beteiligungsverhältnisse durch die Reduzierung bzw. Erhöhung der Beteiligung der Gesellschaftsrechte eines einzelnen Gesellschafters, d. h. durch Gewährung bzw. Minderung von Gesellschaftsrechten dieses Gesellschafters, bleibt ein Zinsvortrag der vortragenden Gesellschaft vollumfänglich bestehen, ist aber zukünftig unter Maßgabe der angepassten Beteiligungsverhältnisse zu verrechnen.

Die downstream-Wirtschaftsguttransfers im Wege von § 6 Abs. 5 S. 2 bzw. 3 EStG wirken sich wie folgt auf die nicht verbrauchten Zinsvorträge i. S. von § 4h Abs. 1 S. 2 EStG von Obergesellschaft und Untergesellschaft unter Anwendung der gesellschafterbezogenen Zurechnung und Verrechnung unter Maßgabe der Beteiligungsquote aus:

---

926 Vgl. zum steuerlichen EBITDA FÖRSTER, G., in: BREITHECKER, V. U. A., UntStRefG, § 4h EStG Rn. 47-50.
927 Vgl. FÖRSTER, G., in: BREITHECKER, V. U. A., UntStRefG, § 4h EStG Rn. 173.

downstream	Transfer von einem WG (Überführung bzw. Übertragung)	Im Anwendungsbereich von	Auswirkungen auf den Zinsvortrag (ZV) i. S. von § 4h Abs. 1 S. 2 EStG - bei gewährter Betriebsbezogenheit - in Abhängigkeit von der UNeridentität: auf Ebene der OG	auf Ebene der UG
			Übertragung gg Gewährung von GR bei der UG:	
Fall I	aus dem GHV der OG ins GHV der UG	§ 6 Abs. 5 S. 3 Nr. 1 EStG	Keine Auswirkungen auf die Beteiligungsrechte = Keine Auswirkungen auf die Beteiligunsquote = Keine Auswirkungen auf die Abziehbarkeit des ZV	- Abziehbarkeit des ZV bleibt gewahrt - Erhöhung der Beteiligungsrechte der OG bei der UG unter Verschiebung der Beteiligungsquote zu Gunsten der OG
Fall II	aus dem GHV der OG ins SBV der OG bei der UG	§ 6 Abs. 5 S. 2 EStG	Keine Auswirkungen auf die Beteiligungsrechte = Keine Auswirkungen auf die Beteiligunsquote = Keine Auswirkungen auf die Abziehbarkeit des ZV	Keine Auswirkungen auf die Beteiligungsrechte = Keine Auswirkungen auf die Beteiligunsquote = Keine Auswirkungen auf die Abziehbarkeit des ZV
			Übertragung gg Minderung von GR bei der OG:	
Fall IV	aus dem GHV der OG ins SBV eines OGters bei der UG	§ 6 Abs. 5 S. 3 Nr. 2 Alt. 2 EStG	- Abziehbarkeit des ZV bleibt gewahrt - Reduzierung der Beteiligungsrechte des übertragenden OGters unter Verschiebung der Beteiligungsquote zu Gunsten der anderen OGter	Keine Auswirkungen auf die Beteiligungsrechte = Keine Auswirkungen auf die Beteiligunsquote = Keine Auswirkungen auf die Abziehbarkeit des ZV
			Übertragung gg Gewährung von GR bei der UG:	
Fall V	aus dem SBV eines OGters bei der OG ins GHV der UG	§ 6 Abs. 5 S. 3 Nr. 2 Alt. 2 EStG	Keine Auswirkungen auf die Beteiligungsrechte = Keine Auswirkungen auf die Beteiligunsquote = Keine Auswirkungen auf die Abziehbarkeit des ZV	Gesellschafterbeitritt des OGters, soweit nicht bereits auch schon zuvor UGter: - Abziehbarkeit des ZV bleibt gewahrt - Verrechnung des ZV nur mit den Anteilen der Alt-UGter an einem zukünftigen steuerlichen EBITDA
Fall VI	aus dem SBV eines OGters bei der OG ins SBV dieses OGters bei der UG	§ 6 Abs. 5 S. 2 EStG	Keine Auswirkungen auf die Beteiligungsrechte = Keine Auswirkungen auf die Beteiligunsquote = Keine Auswirkungen auf die Abziehbarkeit des ZV	Keine Auswirkungen auf die Beteiligungsrechte = Keine Auswirkungen auf die Beteiligunsquote = Keine Auswirkungen auf die Abziehbarkeit des ZV

Abb. 15: Auswirkungen von downstream-Wirtschaftsguttransfers im Wege von § 6 Abs. 5 S. 2 bzw. 3 EStG auf Zinsvorträge i. S. von § 4h Abs. 1 S. 2 EStG von Obergesellschaft und Untergesellschaft

Entsprechend der Ausführungen zum gewerbesteuerlichen Verlustvortrag wird im Zuge der Übertragung stiller Reserven im Wege von § 6b EStG innerhalb einer doppelstöckigen Personengesellschaft der Gesellschafterbestand und damit die Beteiligungsquote, die für die Berechnung der Zinsschranke und Zinsvorträge maßgeblich ist, nur insoweit berührt, als dass die zu übertragenden stillen Reserven im Zuge eines Transfers von Wirtschaftsgütern gegen Gewährung bzw. Minderung von Gesellschaftsrechten bei der aufnehmenden bzw. abgebenden Mitunternehmerschaft aufgedeckt werden (vgl. auch Kapitel 2 Abschnitte A.III.3.2.3., A.III.3.2.4. und A.III.3.2.5.). Da Übertragungen gegen sonstiges Entgelt sich nicht auf den Gesellschafterbestand auswirken, haben diese keinen Einfluss auf den Bestand und die Verrechnung etwaiger Zinsvorträge von Obergesellschaft und Untergesellschaft.[928]

2.4. Einbringung eines Betriebs bzw. Teilbetriebs im Wege von § 24 UmwStG in eine Personengesellschaft

Gemäß § 24 Abs. 6 i. V. m. § 20 Abs. 9 UmwStG[929] geht ein nicht verbrauchter Zinsvortrag i. S. von § 4h Abs. 1 S. 2 EStG bei der Einbringung eines Betriebs in eine Personengesellschaft nicht auf die aufnehmende Personengesellschaft über.[930] Damit bringt der Gesetzgeber zum Ausdruck, dass bei Einbringungen im Wege von § 24 UmwStG ein Zinsvortrag des eingebrachten Betriebs unabhängig von der Unternehmeridentität, d. h. auch bei Wahrung der Unternehmeridentität, untergeht. § 24 Abs. 6 i. V. m. § 20 Abs. 9 UmwStG verdrängt als spezielle Norm die aus § 4h Abs. 5 S. 1 und 2 EStG resultierende allgemeine Bestimmung zum Untergang eines Zinsvortrags, folglich die Anknüpfung an die aus § 4h Abs. 5 S. 1 und 2 EStG resultierende Unternehmeridentität.[931]

Es ist aber fraglich, ob diese verdrängende Wirkung des § 24 Abs. 6 i. V. m. § 20 Abs. 9 UmwStG auch insgesamt bei Einbringungen im Wege von § 24 UmwStG anzuwenden ist. Der Wortlaut des § 24 Abs. 6 i. V. m. § 20 Abs. 9 UmwStG erfasst lediglich die Einbringung eines Betriebs. Die Einbringung eines Teilbetriebs und eines Mitunternehmer(teil-)anteils in eine Personengesellschaft im Wege von § 24 UmwStG bleiben in § 24 Abs. 6 i. V. m. § 20 Abs. 9 UmwStG unerwähnt. Eine Auslegung der Norm dahingehend, dass § 24 Abs. 6 i. V. m. § 20 Abs. 9 UmwStG als spezielle Norm die aus § 4h Abs. 5 S. 1 und 2 EStG resultierende

---

928 Vgl. Kapitel 2 Abschnitt A.V.1.3.2.

929 Diese Anpassung des § 24 UmwStG ist gemäß § 27 Abs. 5 UmwStG erstmals auf Einbringungen anzuwenden, bei denen die Anmeldung zur Eintragung in das für das für die Wirksamkeit des jeweiligen Vorgangs maßgebende öffentliche Register nach dem 31.12.2007 erfolgt ist. Für Einbringungen, deren Wirksamkeit keine Eintragung in ein öffentliches Register voraussetzt, ist diese Anpassung des § 24 UmwStG erstmals anzuwenden, wenn das wirtschaftliche Eigentum an den eingebrachten Wirtschaftsgütern nach dem 31.12.2007 übergegangen ist.

930 Vgl. FÖRSTER, G., in: BREITHECKER, V. U. A., UntStRefG, § 4h EStG Rn. 21, § 24 UmwStG Rn. 1.

931 Vgl. FÖRSTER, G., in: BREITHECKER, V. U. A., UntStRefG, § 24 UmwStG Rn. 4 i. V. m. § 20 UmwStG Rn. 4. Vgl. zur Unternehmeridentität basierend auf § 4h Abs. 5 S. 1 und 2 EStG auch Kapitel 2 Abschnitt A.V.2.2.

Unternehmeridentität bei Einbringungen im Wege von § 24 UmwStG insgesamt verdrängt, hat zur Konsequenz, dass die Grundsätze der Unternehmeridentität auch nicht bei einer Einbringung eines Teilbetriebs oder eines Mitunternehmer(teil-)anteils in eine Personengesellschaft im Wege von § 24 UmwStG zu Grunde zu legen sind. Da § 24 Abs. 6 i. V. m. § 20 Abs. 9 UmwStG keine Auswirkungen auf einen Zinsvortrag bei der Einbringung eines Mitunternehmer(teil-)anteils und bei der Einbringung eines Teilbetriebs zu entnehmen sind, wird folglich der Zinsvortrag der (abgebenden) Personengesellschaft durch den Einbringungsvorgang nicht berührt.[932] Durch diese Vorgehensweise wäre eine einheitliche Behandlung der Einbringungsvarianten des § 24 UmwStG gewährleistet. Da zudem bei der Einbringung eines Mitunternehmer(teil-)anteils der Betrieb bzw. bei der Einbringung eines Teilbetriebs der verbleibende Betrieb der Personengesellschaft erhalten bleibt, folglich die Betriebsbezogenheit des Zinsvortrags der Personengesellschaft gewahrt bleibt, erscheint m. E. eine solche Auslegung von § 24 Abs. 6 i. V. m. § 20 Abs. 9 UmwStG sachgerecht.[933]

Darauf aufbauend hat die Einbringung eines Teilbetriebs der Obergesellschaft in die Untergesellschaft im Wege von § 24 UmwStG unabhängig von der Ausgestaltung der Einbringung, d. h. unabhängig von der Person des Einbringenden, keine Auswirkungen auf den Zinsvortrag der Obergesellschaft.

Veränderungen des Gesellschafterbestands der aufnehmenden Personengesellschaft sind aber auf Basis der gesellschafterbezogenen Berechnung der Zinsschranke und Zinsvorträge gemäß Kapitel 2 Abschnitt A.V.2.2. und entsprechend der Ausführungen zum gewerbesteuerlichen Verlustvortrag in Kapitel 2 Abschnitt A.V.1.3.3. zu berücksichtigen. Folglich hat die downstream-Einbringung im Wege der Abspaltung i. S. des UmwG eines Teilbetriebs der Obergesellschaft gegen Gewährung von Gesellschaftsrechten an die Obergesellschafter einen Gesellschafterbeitritt durch diese insoweit zur Konsequenz, als dass die

---

932 Gl. A. zur Einbringung eines Teilbetriebs FÖRSTER, G., in: BREITHECKER, V. U. A., UntStRefG, § 4h EStG Rn. 21, 171, § 24 UmwStG Rn. 3; SCHADEN, M./KÄSHAMMER, D., in: HÖRETH, U./ORTMANN-BABEL, M., Unternehmensteuerreform 2008, II.D. Rn. 132-133. Gl. A. zur Einbringung eines Mitunternehmeranteils FÖRSTER, G., in: BREITHECKER, V. U. A., UntStRefG, § 24 UmwStG Rn. 4 i. V. m. § 20 UmwStG Rn. 4.

933 Gl. A. FÖRSTER, G., in: BREITHECKER, V. U. A., UntStRefG, § 4h EStG Rn. 21, § 24 UmwStG Rn. 3, § 24 UmwStG Rn. 4 i. V. m. § 20 UmwStG Rn. 4.

Obergesellschafter nicht bereits vorher an der Untergesellschaft unmittelbar beteiligt waren. Ein vorhandener Zinsvortrag der Untergesellschaft bleibt zwar vollumfänglich bestehen, kann aber nur noch insoweit mit dem steuerlichen EBITDA verrechnet werden, als dass dieses unter Maßgabe der Beteiligungsquote auf die Alt-Untergesellschafter entfällt.[934] Da bei Einbringungen eines Teilbetriebs der Obergesellschaft in die Untergesellschaft im Wege der Ausgliederung i. S. des UmwG bzw. durch Einzelübertragungen der Wirtschaftsgüter außerhalb der Regelungen des UmwG jeweils der einbringenden Obergesellschaft selbst Gesellschaftsrechte an der aufnehmenden Untergesellschaft gewährt werden, hat dies bei der Untergesellschaft eine Verschiebung der Beteiligungsverhältnisse zur Konsequenz. Folglich bleibt ein Zinsvortrag der Untergesellschaft insgesamt erhalten, ist aber zukünftig unter Maßgabe der angepassten Beteiligungsverhältnisse zu verrechnen.[935]

934 Vgl. zum Gesellschafterbeitritt FÖRSTER, G., in: BREITHECKER, V. U. A., UntStRefG, § 4h EStG Rn. 173.
935 Vgl. zum gewerbesteuerlichen Verlustvortrag Kapitel 2 Abschnitt A.V.1.3.3.

3. Auswirkungen der untersuchten Umstrukturierungen auf die Thesaurierungsbegünstigung bzw. Nachversteuerung nach § 34a EStG

3.1. Einführung

Im Rahmen des UntStRefG 2008[936] hat der Gesetzgeber für Einzelunternehmen und Personengesellschaften, die Einkünfte aus Land- und Forstwirtschaft, Gewerbebetrieb oder selbständige Arbeit erzielen und ihren Gewinn nach § 4 Abs. 1 S. 1, § 5 EStG ermitteln, mit § 34a EStG die sog. Thesaurierungsbegünstigung für nicht entnommene Gewinne eingeführt.[937] Ein nicht entnommener Gewinn entspricht der Differenz zwischen dem nach § 4 Abs. 1 S. 1, § 5 EStG ermittelten Gewinn und dem positiven Saldo der Entnahmen und Einlagen des Wirtschaftsjahres (§ 34a Abs. 2 EStG). Dabei ist bei Mitunternehmerschaften der Ergebnisanteil der einzelnen Mitunternehmer bestehend aus dem anteiligen Steuerbilanzergebnis zzgl. Ergänzungs- und Sonderbilanzergebnisse zu Grunde zu legen.[938]

§ 34a EStG ermöglicht als Tarifvorschrift eine Sondertarifierung für im zu versteuernden Einkommen enthaltene, nicht entnommene bilanzielle Gewinne natürlicher Personen. Dazu werden auf Antrag des Steuerpflichtigen im zu versteuernden Einkommen enthaltene, nicht entnommene bilanzielle Gewinne ganz oder teilweise mit einem ermäßigten Steuersatz von 28,25 v. H. zzgl. SolZ versteuert (§ 34a Abs. 1 EStG).[939] Da ein solcher Antrag gemäß § 34a Abs. 1 S. 2

---

936 BGBl. I 2007, S. 1912.

937 Vgl. KORN, K./STRAHL, M., in: KORN, K. U. A., EStG, Aktuelles – Änderungen des EStG durch die UntStRef 2008 Rn. 99 (Juli 2007); LEY, U., Unternehmensteuerreform 2008, KÖSDI 2007, S. 15738. Gemäß § 52 Abs. 48 EStG ist § 34a EStG erstmals auf den Veranlagungszeitraum 2008 anzuwenden. Auf eine etwaige Kirchensteuerbelastung wird in diesem Abschnitt nicht eingegangen.

938 Vgl. KALIGIN, T., in: LADEMANN, F., EStG, § 34a Rn. 25 (Juli 2007); KORN, K./STRAHL, M., in: KORN, K. U. A., EStG, Aktuelles – Änderungen des EStG durch die UntStRef 2008 Rn. 105 (Juli 2007); HEY, J., Sondertarifierung, DStR 2007, S. 927; DÖRFLER, H./GRAF, R. W./REICHL, A., Personenunternehmen, DStR 2007, S. 647; GRÜTZNER, D., Steuerliche Entlastung thesaurierter Gewinne, StuB 2007, S. 447; LEY, U., Unternehmensteuerreform 2008, KÖSDI 2007, S. 15752.

939 Vgl. LEY, U., Unternehmensteuerreform 2008, KÖSDI 2007, S. 15740, 15744; KALIGIN, T., in: LADEMANN, F., EStG, § 34a Rn. 12 (Juli 2007); KORN, K./STRAHL, M., in: KORN, K. U. A., EStG, Aktuelles – Änderungen des EStG durch die UntStRef 2008 Rn. 99 (Juli 2007); ORTMANN-BABEL, M./ZIPFEL, L., Thesaurierungsbegünstigung, BB 2007, S. 2209; RÖDDER, T., Unternehmensteuerreformgesetz, DStR 2007, Beihefter zu Heft 40, S. 4; BT-DRS. 16/4841 v. 27.03.2007, S. 109. Ausgenommen von der Sondertarifierung des § 34a EStG sind Gewinne, für die der Freibetrag nach § 16 Abs. 4 EStG oder die Steuerermäßigung nach § 34 Abs. 3 in Anspruch genommen wird, oder Gewinne aus Carried Interests (= erfolgsabhängige Tätigkeitsvergütungen) i. S. von § 18 Abs. 1 Nr. 4 EStG, die von vermögensverwaltenden Wagniskapitalgesellschaften gezahlt wurden (§ 34a Abs. 1 S. 1 2. HS. EStG); vgl. BT-DRS. 16/4841 v. 27.03.2007, S. 109.

EStG für jeden Betrieb oder Mitunternehmeranteil für jeden Veranlagungszeitraum gesondert beim jeweils zuständigen Finanzamt zu stellen ist, handelt es sich um ein betriebs- und personenbezogenes Wahlrecht,[940] das bei Mitunternehmerschaften mitunternehmeranteilsbezogen und nicht gesellschaftsbezogen entschieden wird.[941] Dies setzt bei Mitunternehmerschaften eine mitunternehmeranteilsbezogene Ermittlung und entsprechende mitunternehmeranteilsbezogene Aufzeichnungen voraus.[942] Zudem macht es eine mitunternehmeranteilsbezogene Auslegung des Entnahme- und des Einlagebegriffs erforderlich.[943]

Bei Inanspruchnahme der Thesaurierungsbegünstigung entsteht ein nachversteuerungspflichtiger Betrag. Für den betreffenden Veranlagungszeitraum ist dies der durch den Sondertarif begünstigte Betrag abzüglich die darauf entfallende ESt zzgl. SolZ.[944] Der nachversteuerungspflichtige Betrag wird in nachfolgende Veranlagungszeiträume fortgeschrieben, indem dieser unter Maßgabe der Regelungen des § 34a EStG vermindert oder erhöht wird. Der nachversteuerungspflichtige Betrag ist darauf basierend jährlich für jeden Betrieb bzw. Mitunternehmeranteil gesondert festzustellen (§ 34a Abs. 3 EStG).[945]

Die sog. Nachversteuerung ist vorzunehmen, soweit zum Ende des vorangegangenen Veranlagungszeitraums ein nachversteuerpflichtiger Betrag festgestellt wurde und soweit sich in einem nachfolgenden Wirtschaftsjahr ein sog. Nach-

---

940 Vgl. Kaligin, T., in: Lademann, F., EStG, § 34a Rn. 11, 12 (Juli 2007); Ley, U., Unternehmensteuerreform 2008, KÖSDI 2007, S. 15744; Kessler, W./Ortmann-Babel, M./Zipfel, L., Unternehmensteuerreform, BB 2007, S. 527; Ortmann-Babel, M./Zipfel, L., Thesaurierungsbegünstigung, BB 2007, S. 2209; BT-Drs. 16/4841 v. 27.03.2007, S. 109.

941 Vgl. Kaligin, T., in: Lademann, F., EStG, § 34a Rn. 12 (Juli 2007); Korn, K./Strahl, M., in: Korn, K. u. a., EStG, Aktuelles – Änderungen des EStG durch die UntStRef 2008 Rn. 100, 105 (Juli 2007); Hey, J., Sondertarifierung, DStR 2007, S. 927; Kessler, W./Ortmann-Babel, M./Zipfel, L., Unternehmensteuerreform, BB 2007, S. 527; Ortmann-Babel, M./Zipfel, L., Thesaurierungsbegünstigung, BB 2007, S. 2209; Thiel, J./Sterner, I., Entlastung der Personenunternehmen, DB 2007, S. 1104; BT-Drs. 16/4841 v. 27.03.2007, S. 109. Ein Mitunternehmer kann den Antrag nur stellen, wenn sein Anteil am bilanziell ermittelten Gewinn mehr als 10 v. H. beträgt oder 10.000 EUR übersteigt (§ 34a Abs. 1 S. 3 EStG).

942 Vgl. Korn, K./Strahl, M., in: Korn, K. u. a., EStG, Aktuelles – Änderungen des EStG durch die UntStRef 2008 Rn. 107 (Juli 2007); Ley, U., Unternehmensteuerreform 2008, KÖSDI 2007, S. 15753; Kaligin, T., in: Lademann, F., EStG, § 34a Rn. 11, 51 (Juli 2007); Thiel, J./Sterner, I., Entlastung der Personenunternehmen, DB 2007, S. 1102, 1104; BT-Drs. 16/4841 v. 27.03.2007, S. 109.

943 Vgl. Ley, U., Unternehmensteuerreform 2008, KÖSDI 2007, S. 15753; Thiel, J./Sterner, I., Entlastung der Personenunternehmen, DB 2007, S. 1102-1103.

944 Vgl. Kaligin, T., in: Lademann, F., EStG, § 34a Rn. 33 (Juli 2007); Ley, U., Unternehmensteuerreform 2008, KÖSDI 2007, S. 15740; Thiel, J./Sterner, I., Entlastung der Personenunternehmen, DB 2007, S. 1103; BT-Drs. 16/4841 v. 27.03.2007, S. 111.

945 Vgl. Kaligin, T., in: Lademann, F., EStG, § 34a Rn. 34, 52 (Juli 2007); Ortmann-Babel, M./Zipfel, L., Thesaurierungsbegünstigung, BB 2007, S. 2212.

versteuerungsbetrag ergibt. Ein Nachversteuerungsbetrag entsteht bei einer Überentnahme, d. h. wenn der positive Saldo der Entnahmen und Einlagen eines nachfolgenden Wirtschaftsjahres den nach § 4 Abs. 1 S. 1, § 5 EStG ermittelten Gewinn übersteigt.[946] Demzufolge kommt die Nachversteuerung zur Anwendung, wenn in einem vorausgegangenen Wirtschaftsjahr die Thesaurierungsbegünstigung des § 34a EStG in Anspruch genommen wurde, im vorangegangenen Veranlagungszeitraum ein nachversteuerungspflichtiger Betrag festgestellt wurde und in einem nachfolgenden Jahr eine Überentnahme getätigt wird.[947] Maximale Bemessungsgrundlage der Nachversteuerung und damit maximale Höhe des Nachversteuerungsbetrags bildet dabei der zum vorangegangenen Veranlagungszeitraum festgestellte nachversteuerungspflichtige Betrag. Dies ist § 34a EStG zwar nicht zu entnehmen, entspricht aber dem Sinn und Zweck des Nachversteuerungsbetrags. Schließlich gibt der nachversteuerungspflichtige Betrag vor Korrektur um die bereits darauf gezahlte ESt zzgl. SolZ die Summe der Beträge wieder, die in den vorangegangenen Veranlagungszeiträumen dem Sondertarif unterworfen wurden.[948] Der Nachversteuerungsbetrag ist mit einem Steuersatz von 25,00 v. H. zzgl. SolZ zu versteuern (§ 34a Abs. 4 EStG).[949] Bei der anschließenden Feststellung des verbliebenen nachversteuerungspflichtigen Betrags ist der nachversteuerungspflichtige Betrag des vorherigen Veranlagungszeitraums um den der Besteuerung unterworfenen Nachversteuerungsbetrag zu kürzen.[950] Die nachfolgende Untersuchung erfolgt vor der grundlegenden Zielsetzung, eine solche Nachversteuerung im Zuge der Umstrukturierung einer doppelstöckigen Personengesellschaft zu vermeiden, um die Steuerbelastung aus der Nachversteuerung soweit wie möglich in die Zukunft verlagern zu können.

---

946 Vgl. BREITHECKER, V., in: BREITHECKER, V. U. A., UntStRefG, § 34a EStG Rn. 14; KORN, K./STRAHL, M., in: KORN, K. U. A., EStG, Aktuelles – Änderungen des EStG durch die UntStRef 2008 Rn. 108 (Juli 2007); LEY, U., Unternehmensteuerreform 2008, KÖSDI 2007, S. 15738, 15747.

947 Vgl. KORN, K./STRAHL, M., in: KORN, K. U. A., EStG, Aktuelles – Änderungen des EStG durch die UntStRef 2008 Rn. 110 (Juli 2007); LEY, U., Unternehmensteuerreform 2008, KÖSDI 2007, S. 15747.

948 Vgl. LEY, U., Unternehmensteuerreform 2008, KÖSDI 2007, S. 15746, 15747, 1748; KALIGIN, T., in: LADEMANN, F., EStG, § 34a Rn. 35 (Juli 2007); BREITHECKER, V., in: BREITHECKER, V. U. A., UntStRefG, § 34a EStG Rn. 14; ORTMANN-BABEL, M./ZIPFEL, L., Thesaurierungsbegünstigung, BB 2007, S. 2212; BT-DRS. 16/4841 v. 27.03.2007, S. 111.

949 Vgl. LEY, U., Unternehmensteuerreform 2008, KÖSDI 2007, S. 15738; KALIGIN, T., in: LADEMANN, F., EStG, § 34a Rn. 35 (Juli 2007); KORN, K./STRAHL, M., in: KORN, K. U. A., EStG, Aktuelles – Änderungen des EStG durch die UntStRef 2008 Rn. 108 (Juli 2007).

950 Vgl. KALIGIN, T., in: LADEMANN, F., EStG, § 34a Rn. 34 (Juli 2007); LEY, U., Unternehmensteuerreform 2008, KÖSDI 2007, S. 15748; BT-DRS. 16/4841 v. 27.03.2007, S. 111.

Weitere Regelungen zur Nachversteuerung sind den Abs. 5 bis 7 des § 34a EStG zu entnehmen. Demnach ist z. B. eine Nachversteuerung vorzunehmen, wenn ein Betrieb oder Mitunternehmeranteil veräußert wird (§ 34a Abs. 6 S. 1 Nr. 1 EStG), wenn ein Betrieb oder Mitunternehmeranteil im Wege von § 20 UmwStG in eine Kapitalgesellschaft eingebracht wird, wenn der Gewinn nicht mehr nach § 4 Abs. 1 S. 1, § 5 ermittelt oder der Steuerpflichtige eine Nachversteuerung beantragt.

Für die betrachteten Umstrukturierungen sind die Abs. 5 und 7 des § 34a EStG von Bedeutung. § 34a Abs. 5 EStG betrifft die Nachversteuerung bei Transfers von Wirtschaftsgütern im Anwendungsbereich von § 6 Abs. 5 S. 1 bis 3 EStG und § 34a Abs. 7 S. 2 EStG die Nachversteuerung bei einer Einbringung eines Betriebs oder Mitunternehmeranteils in eine Personengesellschaft im Wege von § 24 UmwStG.

Eine zeitliche Vorgabe, auf deren Basis die Nachversteuerung ausgelöst wird, ist in § 34a EStG nicht enthalten, so dass die nachversteuerungspflichtigen Beträge abgesehen von den in § 34a EStG normierten Fällen zeitlich unbegrenzt vorgetragen werden können.

Eine Übertragung stiller Reserven im Wege von § 6b EStG im Zuge des entgeltlichen Transfers von Wirtschaftsgütern gegen sonstiges Entgelt, d. h. nicht gegen Gesellschaftsrechte, berührt aufgrund der fehlenden Wertung als Entnahme bzw. Einlage die Anwendung von § 34a EStG nur insoweit, als die Aufdeckung und Besteuerung von stillen Reserven über eine Anwendung von § 6b EStG nicht vollständig vermieden werden kann.[951] Bei einer Anwendung von § 6b EStG im Zuge eines Transfers von Wirtschaftsgütern gegen Gewährung bzw. Minderung von Gesellschaftsrechten bei der aufnehmenden bzw. abgebenden Mitunternehmerschaft (vgl. Kapitel 2 Abschnitte A.III.3.2.3., A.III.3.2.4. und A.III.3.2.5.) sind die Wirtschaftsguttransfers zudem als Entnahme bzw. Einlage bei der Anwendung von § 34a EStG einzubeziehen.

951 Vgl. KORN, K./STRAHL, M., in: KORN, K. U. A., EStG, Aktuelles – Änderungen des EStG durch die UntStRef 2008 Rn. 116 (Juli 2007).

3.2. Besonderheiten der Nachversteuerung

3.2.1. Transfers von Wirtschaftgütern im Wege von § 6 Abs. 5 S. 1 bis 3 EStG

Ein Transfer eines Wirtschaftsguts im Wege von § 6 Abs. 5 S. 1 bis 3 EStG löst gemäß § 34a Abs. 5 S. 1 EStG grundsätzlich eine Nachversteuerung nach den Regelungen des § 34a Abs. 4 EStG aus, soweit zum Ende des vorangegangenen Veranlagungszeitraums ein nachversteuerpflichtiger Betrag festgestellt wurde und soweit im betreffenden Wirtschaftsjahr ein Nachversteuerungsbetrag entsteht. Dabei ist der Transfer beim abgebenden Betrieb in Höhe des Buchwerts des transferierten Wirtschaftsguts als Entnahme und beim aufnehmenden Betrieb als Einlage zu berücksichtigen.[952] Aufgrund der mitunternehmeranteilsbezogenen Ermittlung des § 34a EStG tritt eine Nachversteuerung aber nur ein, wenn durch einen Transfer zwei verschiedene Betriebsvermögen betroffen sind. Übertragungen zwischen Gesamthandsvermögen und Sonderbetriebsvermögen einer Personengesellschaft, d. h. innerhalb des Betriebsvermögens einer Personengesellschaft, lösen keine Nachversteuerung aus.[953]

Der Grundsatz der Nachversteuerung kann bei Transfers im Wege von § 6 Abs. 5 S. 1 bis 3 EStG durchbrochen werden, wenn der Steuerpflichtige, bei Mitunternehmerschaften der jeweilige Mitunternehmer, einen Antrag stellt, den nachversteuerungspflichtigen Betrag in Höhe des Buchwerts des transferierten Wirtschaftsguts auf den übernehmenden Betrieb bzw. Mitunternehmeranteil zu übertragen. Dabei ist der zu übertragende nachversteuerungspflichtige Betrag in der Höhe auf den Nachversteuerungsbetrags begrenzt, den der Transfer, die Entnahme des Wirtschaftsguts ausgelöst hätte (§ 34a Abs. 5 S. 2 EStG).[954]

---

952 Vgl. Grützner, D., Steuerliche Entlastung thesaurierter Gewinne, StuB 2007, S. 447; Korn, K./Strahl, M., in: Korn, K. u. a., EStG, Aktuelles – Änderungen des EStG durch die UntStRef 2008 Rn. 115 (Juli 2007); Thiel, J./Sterner, I., Entlastung der Personenunternehmen, DB 2007, S. 1103. Ley, U., Unternehmensteuerreform 2008, KÖSDI 2007, S. 15749; (zur Entnahme) Breithecker, V., in: Breithecker, V. u. a., UntStRefG, § 34a EStG Rn. 16; (zur Entnahme) Kaligin, T., in: Lademann, F., EStG, § 34a Rn. 39 (Juli 2007); (zur Entnahme) Ortmann-Babel, M./Zipfel, L., Thesaurierungsbegünstigung, BB 2007, S. 2213; (zur Entnahme) BT-Drs. 16/4841 v. 27.03.2007, S. 112.

953 Vgl. Kessler, W./Ortmann-Babel, M./Zipfel, L., in: Höreth, U./Ortmann-Babel, M., Unternehmensteuerreform 2008, II.A. Rn. 101; Korn, K./Strahl, M., in: Korn, K. u. a., EStG, Aktuelles – Änderungen des EStG durch die UntStRef 2008 Rn. 105, 115 (Juli 2007); Ley, U., Unternehmensteuerreform 2008, KÖSDI 2007, S. 15749, 15753; Thiel, J./Sterner, I., Entlastung der Personenunternehmen, DB 2007, S. 1102-1103.

954 Vgl. Ley, U., Unternehmensteuerreform 2008, KÖSDI 2007, S. 15749.

Folglich ist bei Personengesellschaften und einem Transfer zwischen verschiedenen Betriebsvermögen im Wege von § 6 Abs. 5 S. 1 bis 3 EStG der mitunternehmeranteilsbezogen ermittelte nachversteuerungspflichtige Betrag des betreffenden Mitunternehmers bei der abgebenden Mitunternehmerschaft unter dieser Maßgabe zu verringern und bei der aufnehmenden Personengesellschaft entsprechend zu erhöhen. Dies resultiert aus der mitunternehmeranteilsbezogenen Anwendung des § 34a EStG.[955]

3.2.2. Einbringung eines Betriebs bzw. Teilbetriebs im Wege von § 24 UmwStG in eine Personengesellschaft

Gemäß § 34a Abs. 7 S. 2 EStG geht bei der Einbringung eines Betriebs oder Mitunternehmeranteils in eine Mitunternehmerschaft im Wege von § 24 UmwStG zu Buchwerten der für den eingebrachten Betrieb oder Mitunternehmeranteil festgestellte nachversteuerungspflichtige Betrag auf den neuen Mitunternehmeranteil über. Im Umkehrschluss bedeutet dies, dass eine Einbringung zu Werten oberhalb des Buchwerts unter den Voraussetzungen von § 34a Abs. 4 EStG zu einer Nachversteuerung führt.

Allerdings fehlt für Teilbetriebseinbringungen im § 34a EStG eine entsprechende Regelung. Daraus kann abgeleitet werden, dass für diese Teilbetriebseinbringungen und somit für die untersuchten Teilbetriebseinbringung im Wege von § 24 UmwStG keine Ausnahme von der grundsätzlichen Nachversteuerung besteht und anteilig ein nachversteuerungspflichtiger Betrag in Höhe des Buchwerts des eingebrachten Teilbetriebs nicht auf den neuen Mitunternehmeranteil übergehen kann.[956] Der bei der abgebenden Mitunternehmerschaft insgesamt verbliebene nachversteuerungspflichtige Betrag ist im Falle der Nachversteuerung entsprechend zu kürzen.[957] Die fehlende Möglichkeit, eine Nachversteuerung im Falle der Teilbetriebseinbringung zu Buchwerten im Wege von § 24 UmwStG durch eine Sonderregelung im § 34a EStG zu vermeiden, steht nicht in Einklang mit den

---

955 Vgl. LEY, U., Unternehmensteuerreform 2008, KÖSDI 2007, S. 15747, 15749; KALIGIN, T., in: LADEMANN, F., EStG, § 34a Rn. 40 (Juli 2007).

956 Vgl. KALIGIN, T., in: LADEMANN, F., EStG, § 34a Rn. 46 (Juli 2007); LEY, U., Unternehmensteuerreform 2008, KÖSDI 2007, S. 15751.

957 Vgl. LEY, U., Unternehmensteuerreform 2008, KÖSDI 2007, S. 15751.

Sonderreglungen des § 34a Abs. 5 S. 2 bzw. Abs. 7 EStG zu Transfers von Wirtschaftsgütern nach § 6 Abs. 5 S. 1 bis 3 EStG und zur Einbringung eines Betriebs oder Mitunternehmeranteils. Ein Grund für diese unterschiedliche Behandlung ist auch nicht ersichtlich.[958]

3.3. Besonderheiten bei doppelstöckigen Personengesellschaften und Auswirkungen der downstream-Umstrukturierungen im Wege von § 6 Abs. 5 S. 2 und 3 EStG, § 24 UmwStG

Bei doppelstöckigen Personengesellschaften ist gemäß Kapitel 1 Abschnitt B.I.1. zu beachten, dass ein Obergesellschafter lediglich bezogen auf Sondervergütungen und das Sonderbetriebsvermögen als Mitunternehmer, d. h. nur als (Sonder-)Mitunternehmer, der Untergesellschaft anerkannt ist.[959] Als (Sonder-)Mitunternehmer bei der Untergesellschaft tritt der Obergesellschafter lediglich neben die anerkannte Mitunternehmerstellung der Obergesellschaft bei der Untergesellschaft.[960]

Für die Sondertarifierung des § 34a EStG ist zu berücksichtigen, dass der der Obergesellschaft zuzurechnende einheitlich und gesondert festgestellte Gewinnanteil an der Untergesellschaft bestehend aus anteiligem Steuerbilanzergebnis zzgl. Ergänzungs- und Sonderbilanzergebnisse bei der Untergesellschaft Teil des Steuerbilanzergebnisses der Obergesellschaft ist und somit in die anteiligen Steuerbilanzergebnisse der Obergesellschafter bei der Obergesellschaft einfließt.[961] Eine vorherige Anwendung von § 34a EStG auf den anteilig auf die Obergesellschaft entfallenden Gewinnanteil scheidet aus. § 34a EStG ist ausschließlich beim Einkommensteuersubjekt und damit bei den Obergesellschaftern anzuwen-

---

958 Vgl. KALIGIN, T., in: LADEMANN, F., EStG, § 34a Rn. 46 (Juli 2007).

959 Vgl. BFH v. 06.09.2000, IV R 69/99, BStBl. II 2001, S. 731, 733; BFH v. 31.08.1999, VIII B 74/99, BStBl. II 1999, S. 794, 795; WACKER, R., in: SCHMIDT, L., EStG, § 15 Rn. 612; BEHRENS, S./QUATMANN, A., Einbringung, DStR 2002, S. 483.

960 Vgl. BFH v. 25.02.1991, GrS 7/89, BStBl. II 1991, S. 691, 697; BFH v. 06.09.2000, IV R 69/99, BStBl. II 2001, S. 731, 733; KERSSENBROCK, GRAF O.-F./RUNDSHAGEN, H., Übertragung, BB 2004, S. 2491; BENECKE, A. Y., Umwandlung, S. 43.

961 Vgl. LEY, U., Unternehmensteuerreform 2008, KÖSDI 2007, S. 15754; THIEL, J./STERNER, I., Entlastung der Personenunternehmen, DB 2007, S. 1104; BFH v. 26.01.1995, IV R 23/93, BStBl. II 1995, S. 467, 469; OFD CHEMNITZ v. 05.02.1998, S 2241 a – 8/1 – St 31, DB 1998, S. 903-904.

den, soweit diese natürliche Personen sind. Für die Anwendung von § 34a EStG sind auch nur die Entnahmen und Einlagen des jeweiligen Obergesellschafters und nicht der Obergesellschaft maßgebend.[962] Auf Basis der mitunternehmeranteilsbezogenen Anwendung des § 34a EStG besteht folglich für einen Obergesellschafter das Wahlrecht, § 34a EStG für nicht entnommene Gewinne seines Mitunternehmeranteils bei der Obergesellschaft und davon unabhängig für nicht entnommene Gewinne seines etwaigen (Sonder-)Mitunternehmeranteils bei der Untergesellschaft auszuüben.[963]

Vor diesem Hintergrund und auf Basis einer mitunternehmeranteilsbezogenen Auslegung des Entnahme- und Einlagebegriffs hat der Vermögenstransfer zwischen dem Gesamthandsvermögen der Obergesellschaft und dem Gesamthandsvermögen der Untergesellschaft sowie zwischen dem Gesamthandsvermögen der Obergesellschaft und dem Sonderbetriebsvermögen der Obergesellschaft bei der Untergesellschaft grundsätzlich keine Auswirkungen auf die Anwendung von § 34a EStG. Schließlich bleibt das bilanzielle Vermögen der Obergesellschaft in Summe unverändert, da im Gegenzug zur Ausbuchung des transferierten Betriebsvermögens der Ausweis der Beteiligung der Obergesellschaft an der Untergesellschaft in entsprechender Höhe erhöht wird.[964] Dies trifft auf die downstream-Transfers I und II im Wege von § 6 Abs. 5 S. 3 Nr. 1 EStG bzw. § 6 Abs. 5 S. 2 EStG sowie die downstream-Einbringung eines Teilbetriebs der Obergesellschaft in die Untergesellschaft im Wege von § 24 UmwStG, soweit der Obergesellschaft selbst im Gegenzug Gesellschaftsrechte an der Untergesellschaft gewährt werden (so bei Einbringungen im Wege der Ausgliederung i. S. des UmwG und bei Einbringungen durch Einzelübertragungen der Wirtschaftsgüter des Teilbetriebs außerhalb der Regelungen des UmwG), zu.[965]

Davon abweichend lösen aber downstream-Vermögenstransfers zwischen dem

---

962 Vgl. Ley, U., Unternehmensteuerreform 2008, KÖSDI 2007, S. 15754; Thiel, J./Sterner, I., Entlastung der Personenunternehmen, DB 2007, S. 1105.

963 Vgl. Thiel, J./Sterner, I., Entlastung der Personenunternehmen, DB 2007, S. 1104-1105.

964 Vgl. Ley, U., Unternehmensteuerreform 2008, KÖSDI 2007, S. 15754; Rödder, T., Unternehmensteuerreformgesetz, DStR 2007, Beihefter zu Heft 40, S. 4; Thiel, J./Sterner, I., Entlastung der Personenunternehmen, DB 2007, S. 1105.

965 Vgl. Kapitel 2 Abschnitt A.IV.2.2.1. Vgl. zur Einbringung im Wege von § 24 UmwStG Ley, U., Unternehmensteuerreform 2008, KÖSDI 2007, S. 15751.

Gesamthandsvermögen der Obergesellschaft und dem Sonderbetriebsvermögen eines Obergesellschafters bei der Untergesellschaft, zwischen dem Sonderbetriebsvermögen eines Obergesellschafters bei der Obergesellschaft und dem Gesamthandsvermögen der Untergesellschaft sowie zwischen dem Sonderbetriebsvermögen eines Obergesellschafters bei der Obergesellschaft und dem Sonderbetriebsvermögen dieses Obergesellschafters bei der Untergesellschaft aufgrund der mitunternehmeranteilsbezogenen Ermittlung (zum Mitunternehmeranteil bei der Obergesellschaft bzw. zum (Sonder-)Mitunternehmeranteil bei der Untergesellschaft) Entnahmen und Einlagen i. S. von § 34a EStG aus. Folglich fließen bei den downstream-Transferfällen IV, V und VI im Wege von § 6 Abs. 5 S. 3 Nr. 2 Alt. 2 EStG bzw. § 6 Abs. 5 S. 2 EStG grundsätzlich die dadurch bewirkten Entnahmen und Einlagen in Höhe des Buchwerts der transferierten Wirtschaftsgüter mitunternehmeranteilsbezogen in die Berechnung der Nachversteuerungsbeträge und/oder in die Ermittlung der nachversteuerungspflichtigen Beträge ein. Dies entspricht der Vorgabe des § 34a Abs. 5 S. 1 EStG.

Entsprechend des Abschnitts A.V.3.2.1. dieses Kapitels kann durch § 34a Abs. 5 S. 2 EStG der Grundsatz der Nachversteuerung bei den downstream-Transfers IV, V und VI im Wege von § 6 Abs. 5 S. 3 Nr. 2 Alt. 2 EStG bzw. § 6 Abs. 5 S. 2 EStG durchbrochen werden, wenn der betreffende Obergesellschafter, einen Antrag stellt, unter Maßgabe von § 34a Abs. 5 S. 2 EStG den nachversteuerungspflichtigen Betrag in Höhe des Buchwerts des transferierten Wirtschaftsguts auf den übernehmenden Mitunternehmeranteil bzw. (Sonder-)Mitunternehmeranteil zu übertragen. Bei den downstream-Transfers I und II im Wege von § 6 Abs. 5 S. 3 Nr. 1 EStG bzw. § 6 Abs. 5 S. 2 EStG hat § 34a Abs. 5 S. 2 EStG keine Bedeutung, da diese sich nicht auf die Anwendung von § 34a EStG auswirken.

Falls der Einbringung eines Teilbetriebs der Obergesellschaft in die Untergesellschaft im Wege von § 24 UmwStG eine Abspaltung i. S. des UmwG zu Grunde liegt, werden im Zuge der Einbringung den Obergesellschaftern Gesellschaftsrechte an der Untergesellschaft gewährt und die Obergesellschafter damit gleichzeitig an Ober- und Untergesellschaft unmittelbar beteiligt. Damit hat die Teilbetriebseinbringung aufgrund der mitunternehmeranteilsbezogenen Anwendung des § 34a EStG für die Obergesellschafter auf Ebene der Obergesellschaft eine

Entnahme und auf Ebene der Untergesellschaft eine Einlage i. S. von § 34a EStG zur Konsequenz. Da eine Teilbetriebseinbringung im Wege von § 24 UmwStG nicht von der Ausnahmeregelung des § 34a Abs. 7 S. 2 EStG erfasst wird, fließt die Teilbetriebseinbringung in die Feststellung eines nachversteuerungspflichtigen Betrags bzw. eines Nachversteuerungsbetrags ein und löst ggf. bei den Obergesellschaftern eine Nachversteuerung aus.

B. Zusammenfassende Übersicht der durch § 6 Abs. 5 S. 2 und 3 EStG, § 6b EStG und § 24 UmwStG begünstigten downstream-Übertragungsmöglichkeiten

Die nachfolgende Übersicht dient der Zusammenfassung der downstream-Übertragungsmöglichkeiten, die im Wege von § 6 Abs. 5 S. 2 bzw. 3 EStG, § 6b EStG bzw. § 24 UmwStG einen Vermögenstransfer innerhalb der doppelstöckigen Personengesellschaft ermöglichen. Dabei wird in der Zusammenfassung auf die Erreichung der zu Grunde liegenden ertragsteuerlichen Zielsetzungen und auf weitere Besonderheiten der jeweiligen Übertragungsmöglichkeiten eingegangen:

Begünstigte downstream-Übertragungsmöglichkeiten	Vermeidung der Aufdeckung und Besteuerung von stillen Reserven	Schnelle Nutzung von zusätzlichem AfA-Potenzial	Vermeidung des Untergangs ESt- bzw. KSt-licher Verlustvorträge (VV)
Transfers von Wirtschaftsgütern im Wege von § 6 Abs. 5 S. 2 bzw. 3 EStG			
Fall I: Aus dem GHV der OG ins GHV der UG gg Gewährung von GR oder unentgeltlich	voll durch die BW-fortführung gemäß § 6 Abs. 5 S. 3 Nr. 1 EStG	kein zusätzliches AfA-Potenzial	kein Untergang von ESt- bzw. KSt-lichen VV, die auf Ebene der unmittelbaren bzw. mittelbaren Mitunternehmer vorgetragen werden
Fall II: Aus dem GHV der OG ins SBV der OG bei der UG	voll durch die BW-fortführung gemäß § 6 Abs. 5 S. 2 EStG		
Fall IV: Aus dem GHV der OG ins SBV eines OGters bei der UG gg Gewährung von GR oder unentgeltlich	voll durch die BW-führung gemäß § 6 Abs. 5 S. 3 Nr. 2 Alt. 2 EStG		
Fall V: Aus dem SBV eines OGters bei der OG ins GHV der UG gg Gewährung von GR oder unentgeltlich	voll durch die BW-fortführung gemäß § 6 Abs. 5 S. 3 Nr. 2 Alt. 2 EStG		
Fall VI: Aus dem SBV eines OGters bei der OG ins SBV dieses OGters bei der UG	voll durch die BW-fortführung gemäß § 6 Abs. 5 S. 2 EStG		
Transfers von Wirtschaftsgütern unter Übertragung stiller Reserven im Wege von § 6b EStG	Transfer gegen Entgelt / Nur bei begünstigten Veräußerungs- und Reinvestitionswirtschaftsgütern		
Fall I: Transfer-WG im GHV der OG Reinvestitions-WG im GHV der UG	quotal, entsprechend der mittelbaren Beteiligungsquote der OGter an der UG	zusätzliches AfA-Potenzial entsprechend der Beteiligungsquote der UGter ohne OG	kein Untergang von ESt- bzw. KSt-lichen VV, die auf Ebene der unmittelbaren bzw. mittelbaren Mitunternehmer vorgetragen werden
Fall II: Transfer-WG im GHV der OG Reinvestitions-WG im SBV der OG bei der UG	voll bei entgeltlicher Übertragung des wirtschaftlichen Eigentums am Transfer-WG	kein zusätzliches AfA-Potenzial	
Fall IV: Transfer-WG im GHV der OG Reinvestitions-WG im SBV eines OGters bei der UG	quotal, entsprechend der Beteiligungsquote des OGters an der OG	zusätzliches AfA-Potenzial entsprechend der Beteiligungsquote der anderen OGter	
Fall V: Transfer-WG im SBV eines OGters bei der OG Reinvestitions-WG im GHV der UG	quotal, entsprechend der mittelbaren Beteiligungsquote des OGters an der UG	zusätzliches AfA-Potenzial entsprechend der Beteiligungsquote der anderen UGter	
Fall VI: Transfer-WG im SBV eines OGters bei der OG Reinvestitions-WG im SBV dieses OGters bei der UG	voll bei entgeltlicher Übertragung des wirtschaftlichen Eigentums am Transfer-WG	kein zusätzliches AfA-Potenzial	
Fall VII: Transfer-WG im SBV eines OGters bei der OG Reinvestitions-WG im SBV der OG bei der UG	quotal, entsprechend der Beteiligungsquote des OGters an der OG	zusätzliches AfA-Potenzial entsprechend der Beteiligungsquote der anderen OGter	
Fall X: Im Zuge einer Einbringung nach § 24 UmwStG Transfer-WG im GHV der OG Reinvestitions-WG im GHV der UG	*wie Fall I*	*wie Fall I*	
Einbringung eines Teilbetriebs der OG in die UG nach § 24 UmwStG			
im Wege der Abspaltung eines Teilbetriebs der OG (§ 123 Abs. 2 UmwG) und Einbringung des Teilbetriebs in die UG gg Gewährung von GR der UG an die OGter	voll bei Wahl des BW-Ansatzes gemäß § 24 Abs. 2 S. 2 UmwStG teilweise bei Wahl des ZW-Ansatzes gemäß § 24 Abs. 2 S. 2 UmwStG nein bei Wahl des GW-Ansatzes gemäß § 24 Abs. 2 S. 1 UmwStG (bei bei der Aufdeckung und Besteuerung aufgedeckter stiller Reserven ist in Bezug auf eine Anwendung der §§ 16 Abs. 4, 34 Abs. 1 und 3 EStG § 24 Abs. 3 S. 2-3 UmwStG zu beachten)	BW-Ansatz: Kein zusätzliches AfA-Potenzial ZW-Ansatz: Unter Maßgabe von § 23 Abs. 3 Nr. 1 und 2 UmwStG zusätzliches AfA-Potenzial GW-Ansatz: Bei Gesamtrechtsnachfolge unter Maßgabe von § 23 Abs. 3 Nr. 1 und 2 UmwStG zusätzliches AfA-Potenzial, bei Einzelrechtsnachfolge unabhängig von § 23 Abs. 3 Nr. 1 und 2 UmwStG zusätzliches AfA-Potenzial	kein Untergang von ESt- bzw. KSt-lichen VV, die auf Ebene der unmittelbaren bzw. mittelbaren Mitunternehmer vorgetragen werden
im Wege der Ausgliederung eines Teilbetriebs der OG (§ 123 Abs. 3 UmwG) und Einbringung des Teilbetriebs in die UG gg Gewährung von GR der UG an die OG selbst			
durch Einzelübertragungen der WG eines Teilbetriebs der OG außerhalb der Regelungen des UmwG in die UG gg Gewährung von GR der UG an die OG selbst			

Abb. 16: Zusammenfassende Übersicht der durch § 6 Abs. 5 S. 2 und 3 EStG, § 6b EStG und § 24 UmwStG begünstigten downstream-Übertragungsmöglichkeiten (Teil I von IV)

Begünstigte downstream-Übertragungsmöglichkeiten		Vermeidung des Untergangs GewSt-licher Verlustvorträge (VV) auf Ebene der OG		auf Ebene der UG	beim eingebrachten Teilbetrieb
Transfers von Wirtschaftsgütern im Wege von § 6 Abs. 5 S. 2 bzw. 3 EStG					
Fall I: Aus dem GHV der OG ins GHV der UG gg Gewährung von GR oder unentgeltlich	bei gewahrter Unternehmensidentität	UNeridentität bleibt unberührt, keine Auswirkungen auf die Abziehbarkeit des GewSt-lichen VV	bei gewahrter Unternehmensidentität	Veränderung der UNeridentität bei Übertragung gg Gewährung von GR, Abziehbarkeit des GewSt-lichen VV bleibt dennoch gewahrt	
Fall II: Aus dem GHV der OG ins SBV der OG bei der UG		UNeridentität bleibt unberührt, keine Auswirkungen auf die Abziehbarkeit des GewSt-lichen VV		UNeridentität bleibt unberührt, keine Auswirkungen auf die Abziehbarkeit des GewSt-lichen VV	
Fall IV: Aus dem GHV der OG ins SBV eines OGters bei der UG gg Gewährung von GR oder unentgeltlich		Veränderung der UNeridentität bei Übertragung gg Minderung von GR, Abziehbarkeit des GewSt-lichen VV bleibt dennoch gewahrt		UNeridentität bleibt unberührt, keine Auswirkungen auf die Abziehbarkeit des GewSt-lichen VV	
Fall V: Aus dem SBV eines OGters bei der OG ins GHV der UG gg Gewährung von GR oder unentgeltlich		UNeridentität bleibt unberührt, keine Auswirkungen auf die Abziehbarkeit des GewSt-lichen VV		Veränderung der UNeridentität bei Übertragung gg Gewährung von GR, Abziehbarkeit des GewSt-lichen VV bleibt dennoch gewahrt	
Fall VI: Aus dem SBV eines OGters bei der OG ins SBV dieses OGters bei der UG		UNeridentität bleibt unberührt, keine Auswirkungen auf die Abziehbarkeit des GewSt-lichen VV		UNeridentität bleibt unberührt, keine Auswirkungen auf die Abziehbarkeit des GewSt-lichen VV	
Transfers von Wirtschaftsgütern unter Übertragung stiller Reserven im Wege von § 6b EStG					
Fall I: Transfer-WG im GHV der OG Reinvestitions-WG im GHV der UG (Transfer gegen Entgelt)	bei gewahrter Unternehmensidentität	UNeridentität bleibt unberührt, keine Auswirkungen auf die Abziehbarkeit des GewSt-lichen VV	bei gewahrter Unternehmensidentität	Veränderung der UNeridentität bei Übertragung gg Gewährung von GR, Abziehbarkeit des GewSt-lichen VV bleibt dennoch gewahrt	
Fall II: Transfer-WG im GHV der OG Reinvestitions-WG im SBV der OG bei der UG		UNeridentität bleibt unberührt, keine Auswirkungen auf die Abziehbarkeit des GewSt-lichen VV		UNeridentität bleibt unberührt, keine Auswirkungen auf die Abziehbarkeit des GewSt-lichen VV	
Fall IV: Transfer-WG im GHV der OG Reinvestitions-WG im SBV eines OGters bei der UG		Veränderung der UNeridentität bei Übertragung gg Minderung von GR, Abziehbarkeit des GewSt-lichen VV bleibt dennoch gewahrt		UNeridentität bleibt unberührt, keine Auswirkungen auf die Abziehbarkeit des GewSt-lichen VV	
Fall V: Transfer-WG im SBV eines OGters bei der OG Reinvestitions-WG im GHV der UG		UNeridentität bleibt unberührt, keine Auswirkungen auf die Abziehbarkeit des GewSt-lichen VV		Veränderung der UNeridentität bei Übertragung gg Gewährung von GR, Abziehbarkeit des GewSt-lichen VV bleibt dennoch gewahrt	
Fall VI: Transfer-WG im SBV eines OGters bei der OG Reinvestitions-WG im SBV dieses OGters bei der UG		UNeridentität bleibt unberührt, keine Auswirkungen auf die Abziehbarkeit des GewSt-lichen VV		UNeridentität bleibt unberührt, keine Auswirkungen auf die Abziehbarkeit des GewSt-lichen VV	
Fall VII: Transfer-WG im SBV eines OGters bei der OG Reinvestitions-WG im SBV der OG bei der UG		UNeridentität bleibt unberührt, keine Auswirkungen auf die Abziehbarkeit des GewSt-lichen VV		UNeridentität bleibt unberührt, keine Auswirkungen auf die Abziehbarkeit des GewSt-lichen VV	
Fall X: Im Zuge einer Einbringung nach § 24 UmwStG Transfer-WG im GHV der OG Reinvestitions-WG im GHV der UG		*entsprechend der Ausführungen zur Teilbetriebseinbringung nach § 24 UmwStG*			
Einbringung eines Teilbetriebs der OG in die UG nach § 24 UmwStG					
im Wege der Abspaltung eines Teilbetriebs der OG (§ 123 Abs. 2 UmwG) und Einbringung des Teilbetriebs in die UG gg Gewährung von GR der UG an die OGter	bei gewahrter Unternehmensidentität	UNeridentität bleibt unberührt, somit keine Auswirkungen auf die Abziehbarkeit des verbleibenden GewSt-lichen VV	bei gewahrter Unternehmensidentität	Veränderung der UNeridentität aufgrund der Übertragung gg Gewährung von GR, Abziehbarkeit des bereits vorhandenen GewSt-lichen VV bleibt dennoch gewahrt	bei gewahrter Unternehmensidentität: UNeridentität bleibt unberührt, somit bleibt die Abziehbarkeit des GewSt-lichen VV gewahrt
im Wege der Ausgliederung eines Teilbetriebs der OG (§ 123 Abs. 3 UmwG) und Einbringung des Teilbetriebs in die UG gg Gewährung von GR der UG an die OG selbst					soweit die OGter nur mittelbar an der UG beteiligt sind, Verlust der UNeridentität und damit Untergang eines GewSt-lichen VV
durch Einzelübertragungen der WG eines Teilbetriebs der OG außerhalb der Regelungen des UmwG in die UG gg Gewährung von GR der UG an die OG selbst					

Abb. 16: Zusammenfassende Übersicht der durch § 6 Abs. 5 S. 2 und 3 EStG, § 6b EStG und § 24 UmwStG begünstigten downstream-Übertragungsmöglichkeiten (Teil II von IV)

Begünstigte downstream-Übertragungsmöglichkeiten		Vermeidung des Untergangs von Zinsvorträgen (ZV) i. S. von § 4h Abs. 1 S. 2 EStG				Vermeidung der Nachversteuerung gemäß § 34a EStG
			auf Ebene der OG		auf Ebene der UG	
Transfers von Wirtschaftsgütern im Wege von § 6 Abs. 5 S. 2 bzw. 3 EStG						
Fall I: Aus dem GHV der OG ins GHV der UG gg Gewährung von GR oder unentgeltlich		bei gewahrter Unternehmensidentität	UNeridentität bleibt unberührt, keine Auswirkungen auf die Abziehbarkeit des ZV	bei gewahrter Unternehmensidentität	Veränderung der UNeridentität bei Übertragung gg Gewährung von GR, Abziehbarkeit des ZV bleibt dennoch gewahrt	aufgrund der mitunternehmeranteilsbezogenen Ermittlung keine Auswirkungen auf die Anwendung von § 34a EStG
Fall II: Aus dem GHV der OG ins SBV der OG bei der UG			UNeridentität bleibt unberührt, keine Auswirkungen auf die Abziehbarkeit des ZV		UNeridentität bleibt unberührt, keine Auswirkungen auf die Abziehbarkeit des ZV	
Fall IV: Aus dem GHV der OG ins SBV eines OGters bei der UG gg Gewährung von GR oder unentgeltlich			Veränderung der UNeridentität bei Übertragung gg Minderung von GR, Abziehbarkeit des ZV bleibt dennoch gewahrt		UNeridentität bleibt unberührt, keine Auswirkungen auf die Abziehbarkeit des ZV	im Zuge der mitunternehmeranteilsbezogenen Ermittlung Entnahmen und Einlagen i. S. von § 34a EStG in Höhe der Buchwerte der transferierten WG, aber Möglichkeit der Vermeidung einer Nachversteuerung über § 34a Abs. 5 S. 2 EStG
Fall V: Aus dem SBV eines OGters bei der OG ins GHV der UG gg Gewährung von GR oder unentgeltlich			UNeridentität bleibt unberührt, keine Auswirkungen auf die Abziehbarkeit des ZV		Veränderung der UNeridentität bei Übertragung gg Gewährung von GR, Abziehbarkeit des ZV bleibt dennoch gewahrt	
Fall VI: Aus dem SBV eines OGters bei der OG ins SBV dieses OGters bei der UG			UNeridentität bleibt unberührt, keine Auswirkungen auf die Abziehbarkeit des ZV		UNeridentität bleibt unberührt, keine Auswirkungen auf die Abziehbarkeit des ZV	
Transfers von Wirtschaftsgütern unter Übertragung stiller Reserven im Wege von § 6b EStG						
Fall I: Transfer-WG im GHV der OG Reinvestitions-WG im GHV der UG	Transfer gegen Entgelt	bei gewahrter Unternehmensidentität	UNeridentität bleibt unberührt, keine Auswirkungen auf die Abziehbarkeit des ZV	bei gewahrter Unternehmensidentität	Veränderung der UNeridentität bei Übertragung gg Gewährung von GR, Abziehbarkeit des ZV bleibt dennoch gewahrt	auch bei bei Übertragung gg Gewährung von GR aufgrund der mitunternehmeranteilsbezogenen Ermittlung grundsätzlich keine Auswirkungen auf die Anwendung von § 34a EStG, ggf. eine Ergebniswirkung
Fall II: Transfer-WG im GHV der OG Reinvestitions-WG im SBV der OG bei der UG			UNeridentität bleibt unberührt, keine Auswirkungen auf die Abziehbarkeit des ZV		UNeridentität bleibt unberührt, keine Auswirkungen auf die Abziehbarkeit des ZV	
Fall IV: Transfer-WG im GHV der OG Reinvestitions-WG im SBV eines OGters bei der UG			Veränderung der UNeridentität bei Übertragung gg Minderung von GR, Abziehbarkeit des ZV bleibt dennoch gewahrt		UNeridentität bleibt unberührt, keine Auswirkungen auf die Abziehbarkeit des ZV	bei bei Übertragung gg Gewährung bzw. Minderung von GR im Zuge der mitunternehmeranteilsbezogenen Ermittlung Entnahmen und Einlagen i. S. von § 34a EStG in Höhe der Teilwerte der transferierten WG, ggf. eine Ergebniswirkung
Fall V: Transfer-WG im SBV eines OGters bei der OG Reinvestitions-WG im GHV der UG			UNeridentität bleibt unberührt, keine Auswirkungen auf die Abziehbarkeit des ZV		Veränderung der UNeridentität bei Übertragung gg Gewährung von GR, Abziehbarkeit des ZV bleibt dennoch gewahrt	
Fall VI: Transfer-WG im SBV eines OGters bei der OG Reinvestitions-WG im SBV dieses OGters bei der UG			UNeridentität bleibt unberührt, keine Auswirkungen auf die Abziehbarkeit des ZV		UNeridentität bleibt unberührt, keine Auswirkungen auf die Abziehbarkeit des ZV	grundsätzlich keine Auswirkungen auf die Anwendung von § 34a EStG, ggf. eine Ergebniswirkung
Fall VII: Transfer-WG im SBV eines OGters bei der OG Reinvestitions-WG im SBV der OG bei der UG			UNeridentität bleibt unberührt, keine Auswirkungen auf die Abziehbarkeit des ZV		UNeridentität bleibt unberührt, keine Auswirkungen auf die Abziehbarkeit des ZV	
Fall X: Im Zuge einer Einbringung nach § 24 UmwStG Transfer-WG im GHV der OG Reinvestitions-WG im GHV der UG		*entsprechend der Ausführungen zur Teilbetriebseinbringung nach § 24 UmwStG*				*entsprechend der Ausführungen zur Teilbetriebseinbringung nach § 24 UmwStG*
Einbringung eines Teilbetriebs der OG in die UG nach § 24 UmwStG						
im Wege der Abspaltung eines Teilbetriebs der OG (§ 123 Abs. 2 UmwG) und Einbringung des Teilbetriebs in die UG gg Gewährung von GR der UG an die OGter		bei gewahrter Unternehmensidentität	im Zuge der Einbringung wird der ZV nicht anteilig auf die UG übertragen UNeridentität bleibt unberührt, somit keine Auswirkungen auf die Abziehbarkeit eines vorhandenen ZV	bei gewahrter Unternehmensidentität	Veränderung der UNeridentität aufgrund der Übertragung gg Gewährung von GR, Abziehbarkeit eines vorhandenen ZV bleibt dennoch gewahrt	im Zuge der mitunternehmeranteilsbezogenen Ermittlung Entnahmen und Einlagen i. S. von § 34a EStG in Höhe des BW, ZW bzw. GW der transferierten WG, ggf. eine Ergebniswirkung aus einem ZW- bzw. GW-Ansatz
im Wege der Ausgliederung eines Teilbetriebs der OG (§ 123 Abs. 3 UmwG) und Einbringung des Teilbetriebs in die UG gg Gewährung von GR der UG an die OG selbst						grundsätzlich keine Auswirkungen auf die Anwendung von § 34a EStG, ggf. eine Ergebniswirkung aus einem ZW- bzw. GW-Ansatz
durch Einzelübertragungen der WG eines Teilbetriebs der OG außerhalb der Regelungen des UmwG in die UG gg Gewährung von GR der UG an die OG selbst						

Abb. 16: Zusammenfassende Übersicht der durch § 6 Abs. 5 S. 2 und 3 EStG, § 6b EStG und § 24 UmwStG begünstigten downstream-Übertragungsmöglichkeiten (Teil III von IV)

Begünstigte downstream-Übertragungsmöglichkeiten	Eintritt in die Rechtsstellung des Übertragenden	OGter: Gründung einer unmittelbaren Mitunternehmerstellung bei der UG	(Sonder-)Mitunternehmerstellung eines OGter bei der UG	Zu beachtende Besonderheiten
Transfers von Wirtschaftsgütern im Wege von § 6 Abs. 5 S. 2 bzw. 3 EStG				
Fall I: Aus dem GHV der OG ins GHV der UG gg Gewährung von GR oder unentgeltlich	ja			Anrechnung von Vorbesitzzeiten Sperrfrist gemäß § 6 Abs. 5 S. 4 EStG Missbrauchsregelung gemäß § 6 Abs. 5 S. 5, 6 EStG
Fall II: Aus dem GHV der OG ins SBV der OG bei der UG	ohne Rechtsträgerwechsel			Anrechnung von Vorbesitzzeiten
Fall IV: Aus dem GHV der OG ins SBV eines OGters bei der UG gg Gewährung von GR oder unentgeltlich	ja		ggf. Gründung einer (Sonder-)Mitunternehmerstellung	Anrechnung von Vorbesitzzeiten Sperrfrist gemäß § 6 Abs. 5 S. 4 EStG Missbrauchsregelung gemäß § 6 Abs. 5 S. 5, 6 EStG
Fall V: Aus dem SBV eines OGters bei der OG ins GHV der UG gg Gewährung von GR oder unentgeltlich	ja	ggf. ja bei Übertragung gg Gewährung von GR		Anrechnung von Vorbesitzzeiten Sperrfrist gemäß § 6 Abs. 5 S. 4 EStG Missbrauchsregelung gemäß § 6 Abs. 5 S. 5, 6 EStG
Fall VI: Aus dem SBV eines OGters bei der OG ins SBV dieses OGters bei der UG	ohne Rechtsträgerwechsel		ggf. Gründung einer (Sonder-)Mitunternehmerstellung	Anrechnung von Vorbesitzzeiten
Transfers von Wirtschaftsgütern unter Übertragung stiller Reserven im Wege von § 6b EStG				
Fall I: Transfer-WG im GHV der OG Reinvestitions-WG im GHV der UG	Transfer gegen Entgelt ohne Eintritt in eine Rechtsstellung			Alternativ Möglichkeit zur Bildung einer Rücklage nach § 6b Abs. 3 S. 1 EStG (unter Beachtung der Reinvestitionsfristen gemäß § 6b Abs. 3 S. 2-5 EStG)
Fall II: Transfer-WG im GHV der OG Reinvestitions-WG im SBV der OG bei der UG				
Fall IV: Transfer-WG im GHV der OG Reinvestitions-WG im SBV eines OGters bei der UG			ggf. Gründung einer (Sonder-)Mitunternehmerstellung	
Fall V: Transfer-WG im SBV eines OGters bei der OG Reinvestitions-WG im GHV der UG		ggf. ja bei Übertragung gg Gewährung von GR und Aufdeckung stiller Reserven aufgrund § 6 Abs. 5 S. 4-6 EStG		
Fall VI: Transfer-WG im SBV eines OGters bei der OG Reinvestitions-WG im SBV dieses OGters bei der UG			ggf. Gründung einer (Sonder-)Mitunternehmerstellung	
Fall VII: Transfer-WG im SBV eines OGters bei der OG Reinvestitions-WG im SBV der OG bei der UG				
Fall X: Im Zuge einer Einbringung nach § 24 UmwStG Transfer-WG im GHV der OG Reinvestitions-WG im GHV der UG	*entsprechend der Ausführungen zur Teilbetriebseinbringung nach § 24 UmwStG*			
Einbringung eines Teilbetriebs der OG in die UG nach § 24 UmwStG				
im Wege der Abspaltung eines Teilbetriebs der OG (§ 123 Abs. 2 UmwG) und Einbringung des Teilbetriebs in die UG gg Gewährung von GR der UG an die OGter	BW-Ansatz: Eintritt in die Rechtsstellung der OG ZW-Ansatz: Eintritt in die Rechtsstellung der OG unter Maßgabe von § 23 Abs. 3 i. V. m. § 12 Abs. 3 1. Hs. UmwStG GW-Ansatz: Bei Gesamtrechtsnachfolge Eintritt in die Rechtsstellung der OG unter Maßgabe von § 23 Abs. 3 i. V. m. § 12 Abs. 3 1. Hs. UmwStG, bei Einzelrechtsnachfolge kein Eintritt in die Rechtsstellung der OG	ggf. ja	aufgrund der nun auch unmittelbaren Beteiligung der OGter an der UG ergibt sich eine Wertung von SBV aus § 15 Abs. 1 S. 1 Nr. 2 S. 1 EStG	BW-Ansatz: Anrechnung von Vorbesitzzeiten ZW- und GW-Ansatz: Keine Anrechnung von Vorbesitzzeiten Option zur Rücklagenbildung für einen Einbringungsfolgegewinn gemäß § 24 Abs. 4 i. V. m. § 23 Abs. 6, § 6 Abs. 1 und 3 UmwStG BW- bzw. ZW-Ansatz: Beachtung von § 24 Abs. 5 UmwStG zur Veräußerung miteingebrachter Kapitalgesellschaftsanteile
im Wege der Ausgliederung eines Teilbetriebs der OG (§ 123 Abs. 3 UmwG) und Einbringung des Teilbetriebs in die UG gg Gewährung von GR der UG an die OG selbst			ggf. Gründung einer (Sonder-)Mitunternehmerstellung	
durch Einzelübertragungen der WG eines Teilbetriebs der OG außerhalb der Regelungen des UmwG in die UG gg Gewährung von GR der UG an die OG selbst				

Abb. 16: Zusammenfassende Übersicht der durch § 6 Abs. 5 S. 2 und 3 EStG, § 6b EStG und § 24 UmwStG begünstigten downstream-Übertragungsmöglichkeiten (Teil IV von IV)

Kapitel 3: Übertragungen von Wirtschaftsgütern aus dem Betriebsvermögen der Untergesellschaft in das Betriebsvermögen der Obergesellschaft (upstream-Übertragungen)

A. Ertragsteuerliche Konsequenzen

I. Überblick

Gegenstand des Kapitels 3 sind Übertragungen von Wirtschaftsgütern aus dem Betriebsvermögen der Untergesellschaft in das Betriebsvermögen der Obergesellschaft (upstream-Übertragungen). Dem Kapitel 3 liegt grundsätzlich die gleiche Vorgehensweise zu Grunde wie dem Kapitel 2. Wesentlicher Unterschied ist die Übertragungsrichtung des zu übertragenden Vermögens. Dabei wird grundsätzlich nur noch auf Grundlagen der jeweiligen Rechtsnormen eingegangen, soweit aus der entgegengesetzten Übertragungsrichtung Unterschiede resultieren. Allerdings wird im Rahmen der Untersuchungen zur Anwendung von § 24 UmwStG nicht nur wie bei der downstream-Übertragungsrichtung die Einbringung eines Teilbetriebs betrachtet, sondern es werden auch die Einbringung eines Betriebs der Untergesellschaft in die Obergesellschaft im Wege von § 24 UmwStG und alternativ die Anwachsung der Untergesellschaft an die Obergesellschaft untersucht.

Den Untersuchungen zu Wirtschaftsguttransfers im Wege von § 6 Abs. 5 S. 2 und 3 EStG, zu Übertragungen stiller Reserven gemäß § 6b EStG und zur Einbringung von Betriebsvermögen der Untergesellschaft in die Obergesellschaft im Wege von § 24 UmwStG bzw. im Wege der Anwachsung schließen sich im Abschnitt V. die Untersuchungen zu den Auswirkungen der Umstrukturierungen auf die gewerbesteuerlichen Verlustvorträge (§ 10a GewStG), auf Zinsvorträge (§ 4h EStG) und auf die Thesaurierungsbegünstigung (§ 34a EStG) an. Im Abschnitt B. des Kapitels 2 werden die durch § 6 Abs. 5 S. 2 und 3 EStG, § 6b EStG und § 24 UmwStG begünstigten Übertragungsmöglichkeiten und die Anwachsung in einer Übersicht zusammengefasst.

II. Die Übertragung von einzelnen Wirtschaftsgütern (§ 6 Abs. 5 EStG)

1. Anwendbarkeit des § 6 Abs. 5 EStG auf Übertragungen von Einzelwirtschaftsgütern aus dem Betriebsvermögen der Untergesellschaft in das Betriebsvermögen der Obergesellschaft

1.1. Zu untersuchende Transferfälle

Für den Transfer von Einzelwirtschaftsgütern des Betriebsvermögens (Gesamthands- oder Sonderbetriebsvermögen) der Untergesellschaft in das Betriebsvermögen (Gesamthands- oder Sonderbetriebsvermögen) der Obergesellschaft sind die folgenden neun Übertragungen in Erwägung zu ziehen. Dabei ist bei den upstream-Transferfällen II und VII aufgrund des fehlenden Rechtsträgerwechsels eine Überführung im Wege von § 6 Abs. 5 S. 2 EStG zu prüfen. Da die sonstigen upstream-Transferfälle mit einem Rechtsträgerwechsel verbunden sind, ist bei diesen Transferfällen eine Übertragung zu Buchwerten von der Anwendbarkeit des § 6 Abs. 5 S. 3 EStG abhängig:

upstream	**Transfer von einem WG** (Überführung bzw. Übertragung)	**Vermögensmäßige Zuordnung**	**Rechtsträger-wechsel**
Fall I	von der UG auf die OG	aus dem GHV der UG ins GHV der OG	ja
Fall II	innerhalb des Vermögens der OG	aus dem SBV der OG bei der UG ins GHV der OG	nein
Fall III	von einem UGter auf die OG	aus dem SBV eines UGters bei der UG ins GHV der OG	ja
Fall IV	von einem OGter auf die OG	aus dem SBV eines OGters bei der UG ins GHV der OG	ja
Fall V	von der UG auf einen OGter	aus dem GHV der UG ins SBV eines OGters bei der OG	ja
Fall VI	innerhalb des Vermögens eines OGters	aus dem SBV eines OGters bei der UG ins SBV dieses OGters bei der OG	nein
Fall VII	von der OG auf einen OGter	aus dem SBV der OG bei der UG ins SBV eines OGters bei der OG	ja
Fall VIII	von einem OGter auf einen anderen OGter	aus dem SBV eines OGters bei der UG ins SBV eines anderen OGters bei der OG	ja
Fall IX	von einem UGter auf einen OGter	aus dem SBV eines UGters bei der UG ins SBV eines OGters bei der OG	ja

Abb. 17: Zu untersuchende Transferfälle von Einzelwirtschaftsgütern aus dem Betriebsvermögen der Untergesellschaft in das Betriebsvermögen der Obergesellschaft (upstream-Übertragungen bzw. -Überführungen)

Die Untersuchung der Anwendbarkeit der S. 2 und 3 des § 6 Abs. 5 EStG auf die zuvor dargestellten Transferfälle aus dem Betriebsvermögen der Untergesellschaft in das Betriebsvermögen der Obergesellschaft baut auf die Untersuchungen der entgegengesetzten downstream-Transfers in Kapitel 2 Abschnitt A.II.2. auf. So ist auch bei den upstream-Transfers grundlegend zu beachten, dass § 6 Abs. 5 EStG einen präzisen, nicht beispielhaften Katalog von Transferfällen aufzählt, so dass der Katalog enumerativen, abschließenden Charakter besitzt.[966] Weitere, nicht ausdrücklich genannte Transferfälle werden durch den Buchwertfortführungszwang des § 6 Abs. 5 EStG nicht erfasst.[967]

Für die nachfolgenden Untersuchungen ist es von besonderer Bedeutung, dass sich die zu untersuchenden downstream-Transfers lediglich in Bezug auf die Übertragungsrichtung von den entgegengesetzten bereits in Kapitel 2 Abschnitt A.II. untersuchten downstream-Transfers unterscheiden und dass der Katalog der in § 6 Abs. 5 S. 2 sowie S. 3 Nr. 1 und Nr. 2 EStG erfassten Transferfälle ebenfalls jeweils die entgegengesetzten Übertragungen einschließt. Dies wird besonders durch das mehrfach in der Norm eingefügte „und umgekehrt" deutlich. Als Konsequenz müsste dies bedeuten, dass die Transfers, die beim downstream-Transfer durch § 6 Abs. 5 EStG erfasst sind, entsprechend auch beim upstream-Transfer dem Buchwertfortführungszwang von § 6 Abs. 5 EStG unterliegen. Vor diesem Hintergrund wird nachfolgend auf die Ausführungen und Ergebnisse zu den downstream-Transfers im Wege von § 6 Abs. 5 EStG aufgebaut. Grundlegende, sich nicht nur auf die speziellen Einzelfälle beziehende Ergebnisse der einzelnen Transfermöglichkeiten, werden dabei grundsätzlich nicht nochmals bei den folgenden Transfermöglichkeiten dargestellt.

---

[966] Vgl. Kapitel 2 Abschnitt A.II.2.2.1. sowie FÖRSTER, G., Übertragung, StbJb 2004/2005, S. 248; KORN, K., Buchwertfortführung, KÖSDI 2002, S. 13275; BRANDENBERG, H. B., Personengesellschaft, Stbg 2004, S. 70; DERS., in: SÖFFING, G., Mitunternehmer, S. 249; KRAFT, G./TRÜBENBACH, K., Übertragungsmöglichkeiten, StB 2004, S. 337; IDW, Umstrukturierung, FN-IDW 2004, Beiheft zu Heft 5, Rn. 77, 138; RÖHNER, J., Übertragung, S. 137; GRÜTZNER, D., Überführung, StuB 2002, S. 327; SCHULZE ZUR WIESCHE, D., Übertragung, DStZ 2002, S. 744; STRAHL, M., Gesamtplanrechtsprechung, FR 2004, S. 932; WENDT, M., Übertragung, FR 2002, S. 57-58.

[967] Vgl. Kapitel 2 Abschnitt A.II.2.2.1. sowie BRANDENBERG, H. B., in: SÖFFING, G., Mitunternehmer, S. 251; KORN, K., Buchwertfortführung, KÖSDI 2002, S. 13275; KORN, K./STRAHL, M., in: KORN, K. U. A., EStG, § 6 Rn. 494.5 (Juni 2007); EHMKE, T., in: BLÜMICH, EStG/KStG/GewStG, § 6 EStG Rn. 1347 (März 2004); RÖHNER, J., Übertragung, S. 137; SCHMITT, M., Zweifelsfälle, Stbg 2003, S. 2-3; FICHTELMANN, H., Schwestergesellschaften, EStB 2002, S. 184; SCHULZE ZUR WIESCHE, D., Übertragung, DStZ 2002, S. 744; STRAHL, M., Gesamtplanrechtsprechung, FR 2004, S. 932.

1.2. Prüfung der Anwendbarkeit des § 6 Abs. 5 EStG auf die zu untersuchenden Überführungen bzw. Übertragungen

1.2.1. Fall I – Übertragungen von Einzelwirtschaftsgütern aus dem Gesamthandsvermögen der Untergesellschaft ins Gesamthandsvermögen der Obergesellschaft

Der Transfer von Einzelwirtschaftsgütern aus dem Gesamthandsvermögen der Obergesellschaft in das Gesamthandsvermögen der Untergesellschaft fällt entsprechend des entgegengesetzten downstream-Transferfalls I aufgrund des Rechtsträgerwechsels und der Wertung als Übertragung in den Anwendungsbereich des § 6 Abs. 5 S. 3 EStG. In Bezug auf das Transferwirtschaftsgut ist die Untergesellschaft übertragender Rechtsträger und die Obergesellschaft übernehmender Rechtsträger.[968] Soweit bei einer unentgeltlichen Übertragung oder einer gegen Gewährung bzw. Minderung von Gesellschaftsrechten die Besteuerung der stillen Reserven sichergestellt ist, unterliegt der upstream-Transferfall I aufbauend auf den Ausführungen in Kapitel 2 Abschnitt A.II.2.2.2.1. der Anwendung von § 6 Abs. 5 S. 3 Nr. 1 EStG.[969] Dabei fällt eine Übertragung gegen Gewährung von Gesellschaftsrechten auch in den Anwendungsbereich von § 6 Abs. 5 S. 3 Nr. 1 EStG, wenn die Mitunternehmerstellung der übertragenden Untergesellschaft bei der übernehmenden Obergesellschaft durch die Übertragung des Transferwirtschaftsguts gegen Gewährung von Gesellschaftsrechten erst gegründet wird. Schließlich ist dem Wortlaut des § 6 Abs. 5 S. 3 EStG nicht explizit zu entnehmen, dass § 6 Abs. 5 S. 3 EStG nur bei Übertragungen von bereits

---

968 Vgl. Kapitel 2 Abschnitt A.II.2.2.2.1. sowie KRAFT, G./TRÜBENBACH, K., Übertragungsmöglichkeiten, StB 2004, S. 339; IDW, Umstrukturierung, FN-IDW 2004, Beiheft zu Heft 5, Rn. 137; WENDT, M., Übertragung, FR 2002, S. 57; MEYER, H., Übertragung, S. 205; GLANEGGER, P., in: SCHMIDT, L., EStG, § 6 Rn. 532; RÄTKE, B., in: HERRMANN, C./HEUER, G./RAUPACH, A., EStG/KStG, § 15 EStG Rn. 681-682 (Mai 2004).

969 Gl. A. RÄTKE, B., in: HERRMANN, C./HEUER, G./RAUPACH, A., EStG/KStG, § 15 EStG Rn. 681-682 (Mai 2004); GLANEGGER, P., in: SCHMIDT, L., EStG, § 6 Rn. 532; WACKER, R., in: SCHMIDT, L., EStG, § 15 Rn. 618; KORN, K./STRAHL, M., in: KORN, K. U. A., EStG, § 6 Rn. 505 (Juni 2007); WERNDL, J., in: KIRCHHOF, P./SÖHN, H./MELLINGHOFF, R., EStG, § 6 Rn. L 69 (Oktober 2004); IDW, Umstrukturierung, FN-IDW 2004, Beiheft zu Heft 5, Rn. 135-137; MEYER, H., Übertragung, S. 205; (auf dem Rechtsstand des StSenkG) MITSCH, B./GRÜTER, G., Übertragung, INF 2000, S. 624. A. A. (ohne Begründung und auf dem Rechtsstand des StSenkG) SCHNITTER, G., Doppelgesellschaft, EStB 2001, S. 193.

beteiligten Mitunternehmern Anwendung findet.[970] Dabei ist es zu beachten, dass mit einer Beteiligung der Untergesellschaft an der Obergesellschaft ein wechselseitiges Beteiligungsverhältnis zwischen Obergesellschaft und Untergesellschaft entsteht.

1.2.2. Fall II – Überführungen von Einzelwirtschaftsgütern aus dem Sonderbetriebsvermögen der Obergesellschaft bei der Untergesellschaft ins Gesamthandsvermögen der Obergesellschaft

Der Wirtschaftguttransfer ist wie im upstream-Fall II durch eine veränderte Zweckwidmung des Transferwirtschaftsguts zu erreichen. Zum Beispiel entzieht die Obergesellschaft ein zuvor an die Untergesellschaft vermietetes Wirtschaftsgut (Sonderbetriebsvermögen der Obergesellschaft bei der Untergesellschaft) durch Aufhebung des Mietvertrags der Nutzung durch die Untergesellschaft. Das Wirtschaftsgut ist ab dem Überführungszeitpunkt als Gesamthandsvermögen der Obergesellschaft zu werten.[971] Dabei ist das Verfügungsrecht über das Wirtschaftsgut vor und nach der Übertragung unverändert der Obergesellschaft zuzuordnen. Aufgrund des fehlenden Rechtsträgerwechsels stellt der upstream-Transfer II aufbauend auf die Ausführungen zu den downstream-Transferfällen II und VI[972] sowie der Ausführungen im Kapitel 2 Abschnitt A.II.1.3. ebenfalls eine Überführung dar. Da die Obergesellschaft im vorliegenden Fall ein Wirtschaftsgut ihres Sonderbetriebsvermögens bei der Untergesellschaft in ihr Gesamthandsvermögen (Betriebsvermögen) überführt, ist bei Sicherstellung der Besteuerung der stillen Reserven auch im upstream-Fall II der Transfer nach § 6 Abs. 5 S. 2 Alt. 1 EStG zwingend zum Buchwert durchzuführen.[973]

---

970 Vgl. in Bezug auf Übertragungen im Wege von § 6 Abs. 5 S. 3 Nr. 1 EStG KRAFT, G./TRÜBENBACH, K., Übertragungsmöglichkeiten, StB 2004, S. 339; EHMKE, T., in: BLÜMICH, EStG/KStG/GewStG, § 6 EStG Rn. 1319a (März 2004); WINKELJOHANN, N./STEGEMANN, D., Gesellschafterbeitritt, DB 2003, S. 2033. Vgl. auch NIEHUS, U./WILKE, H., in: HERRMANN, C./HEUER, G./RAUPACH, A., EStG/KStG, § 6 EStG Rn. 1445a (Oktober 2004), 1451b, 1452 (Mai 2006); KORN, K./STRAHL, M., in: KORN, K. U. A., EStG, § 6 Rn. 501 (Juni 2007); FISCHER, P., in: KIRCHHOF, P., EStG, § 6 Rn. 188a.

971 Vgl. zur entgegengesetzten Umwidmung RÄTKE, B., in: HERRMANN, C./HEUER, G./RAUPACH, A., EStG/KStG, § 15 EStG Rn. 680 (Mai 2004).

972 Vgl. Kapitel 2 Abschnitt A.II.2.2.2.2. und Abschnitt A.II.2.2.2.6.

973 Vgl. WACKER, R., in: SCHMIDT, L., EStG, § 15 Rn. 618; RÄTKE, B., in: HERRMANN, C./HEUER, G./RAUPACH, A., EStG/KStG, § 15 EStG Rn. 681 (Mai 2004); KORN, K./STRAHL, M., in: KORN, K. U. A., EStG, § 6 Rn. 505 (Juni 2007); MITSCH, B./GRÜTER, G., Übertragung, INF 2000, S. 624.

1.2.3. Fall III – Übertragungen von Einzelwirtschaftsgütern aus dem Sonderbetriebsvermögen eines Untergesellschafters bei der Untergesellschaft ins Gesamthandsvermögen der Obergesellschaft

Ein Transfer im upstream-Fall III stellt aufgrund des mit dem Transfer verbundenen Rechtsträgerwechsels eine Übertragung dar. Für eine direkte Übertragung ist im upstream-Fall III die Anwendbarkeit von § 6 Abs. 5 S. 3 Nr. 2 Alt. 2 EStG zu prüfen. Eine Übertragung im Wege von § 6 Abs. 5 S. 3 Nr. 2 Alt. 2 EStG setzt entsprechend der Ausführungen zum downstream-Fall IV[974] ein Beteiligungsverhältnis zwischen dem übertragenden Mitunternehmer und der „anderen Mitunternehmerschaft" voraus. Daher ist eine unentgeltliche Übertragung von vornherein auszuschließen, soweit der Untergesellschafter nicht zugleich an Unter- und Obergesellschaft beteiligt ist. Für den Fall der Übertragung gegen Gewährung von Gesellschaftsrechten ist das Schrifttum zweigeteilt. Entsprechend der Ausführungen zum downstream-Fall IV[975] vertritt ein Teil des Schrifttums[976] die Auffassung, dass es bei Übertragungen im Wege von § 6 Abs. 5 S. 3 EStG ausreichend ist, wenn eine Beteiligung, die der Übertragung zu Grunde liegt, durch die Übertragung des Wirtschaftsguts gegen Gewährung von Gesellschaftsrechten, erst gegründet wird. Dem ist in Bezug auf Übertragungen im Wege von § 6 Abs. 5 S. 3 Nr. 1 EStG auch zuzustimmen.[977] Da im Gegensatz zu § 6 Abs. 5 S. 3 Nr. 1 EStG dem Wortlaut des § 6 Abs. 5 S. 3 Nr. 2 EStG aber zu entnehmen ist, dass bereits vor der Übertragung eine Beteiligung des übertragenden Mitunternehmers vorauszusetzen ist[978], ist einer fehlenden Differenzierung zwischen § 6 Abs. 5 S. 3 Nr. 1 und Nr. 2 EStG nicht zuzustimmen und für den upstream-Fall III auch für die

---

974 Vgl. Kapitel 2 Abschnitt A.II.2.2.2.4.

975 Vgl. Kapitel 2 Abschnitt A.II.2.2.2.4.

976 Vgl. NIEHUS, U./WILKE, H., in: HERRMANN, C./HEUER, G./RAUPACH, A., EStG/KStG, § 6 EStG Rn. 1445a (Oktober 2004), 1451b, 1452 (Mai 2006); KORN, K./STRAHL, M., in: KORN, K. U. A., EStG, § 6 Rn. 501 (Juni 2007); GLANEGGER, P., in: SCHMIDT, L., EStG, § 6 Rn. 664; FISCHER, P., in: KIRCHHOF, P., EStG, § 6 Rn. 188a; WENDT, M., Übertragung, FR 2002, S. 63.

977 Gl. A. KRAFT, G./TRÜBENBACH, K., Übertragungsmöglichkeiten, StB 2004, S. 339; EHMKE, T., in: BLÜMICH, EStG/KStG/GewStG, § 6 EStG Rn. 1319a (März 2004); WINKELJOHANN, N./STEGEMANN, D., Gesellschafterbeitritt, DB 2003, S. 2033.

978 Vgl. KRAFT, G./TRÜBENBACH, K., Übertragungsmöglichkeiten, StB 2004, S. 339; SCHULZE ZUR WIESCHE, D., Übertragung, DStZ 2002, S. 743. Ohne Aussage zu § 6 Abs. 5 S. 3 Nr. 2 EStG EHMKE, T., in: BLÜMICH, EStG/KStG/GewStG, § 6 EStG Rn. 1319a, 1330-1335 (März 2004); WINKELJOHANN, N./STEGEMANN, D., Gesellschafterbeitritt, DB 2003, S. 2033.

direkte Übertragung gegen Gewährung von Gesellschaftsrechten eine Buchwertübernahme im Wege von § 6 Abs. 5 S. 3 Nr. 2 Alt. 2 EStG auszuschließen.

Stattdessen könnte die Übertragung zu Buchwerten evtl. durch einen Kettentransfer erreicht werden. Soweit die Besteuerung der stillen Reserven jeweils gewährleistet ist, könnte das Transferwirtschaftsgut in einem ersten Schritt aus dem Sonderbetriebsvermögen des Untergesellschafters nach § 6 Abs. 5 S. 3 Nr. 1 EStG zu Buchwerten ins Gesamthandsvermögen der Untergesellschaft und in einem zweiten Schritt entsprechend des upstream-Falls I[979] ins Gesamthandsvermögen der Obergesellschaft ebenfalls zu Buchwerten übertragen werden. Bei einem Kettentransfer besteht aber entsprechend der Ausführungen im Kapitel 2 Abschnitt A.II.2.2.2.10. das Risiko, dass der Kettentransfer als gestaltungsmissbräuchlicher Gesamtplan gewertet wird. Da der in einem solchen Fall zu einem einheitlichen wirtschaftlichen Vorgang zusammengefasste Transfer nicht in den Anwendungsbereich von § 6 Abs. 5 EStG fällt, ist die Buchwertübernahme im Wege von § 6 Abs. 5 EStG ausgeschlossen.

1.2.4. Fall IV – Übertragungen von Einzelwirtschaftsgütern aus dem Sonderbetriebsvermögen eines Obergesellschafters bei der Untergesellschaft ins Gesamthandsvermögen der Obergesellschaft

Der Transfer eines Einzelwirtschaftsguts vom übertragenden Obergesellschafter auf die übernehmende Obergesellschaft ist aufgrund des Rechtsträgerwechsels eine Übertragung. Entsprechend des Wortlauts des § 6 Abs. 5 S. 3 Nr. 2 Alt. 2 EStG ist ein Transfer bei Sicherstellung der Besteuerung der stillen Reserven zwingend unter Buchwertübernahme vorzunehmen, soweit das Einzelwirtschaftsgut unentgeltlich oder gegen Gewährung oder Minderung von Gesellschaftsrechten aus dem Sonderbetriebsvermögen eines Mitunternehmers in das Gesamthandsvermögen einer anderen Mitunternehmerschaft, an der er beteiligt ist, übertragen wird. Demzufolge und aufbauend auf die Argumentation zum

[979] Vgl. Kapitel 3 Abschnitt A.II.1.2.1.

entgegengesetzten downstream-Fall IV[980] ist somit eine Übertragung im upstream-Fall IV nach 6 Abs. 5 S. 3 Nr. 2 Alt. 2 EStG zwingend zum Buchwert vorzunehmen.[981]

1.2.5. Fall V – Übertragungen von Einzelwirtschaftsgütern aus dem Gesamthandsvermögen der Untergesellschaft ins Sonderbetriebsvermögen eines Obergesellschafters bei der Obergesellschaft

Da auch beim upstream-Fall V der Transfer eines Einzelwirtschaftsguts mit einem Rechtsträgerwechsel verbunden ist, handelt es sich um eine Übertragung, die in den Anwendungsbereich von § 6 Abs. 5 S. 3 EStG fällt. Eine Übertragung zu Buchwerten erfolgt in Abhängigkeit von der Anwendbarkeit des § 6 Abs. 5 S. 3 Nr. 2 Alt. 2 EStG. Der Obergesellschafter ist ggf. nur mittelbar an dem Gesamthandsvermögen der Untergesellschaft beteiligt. Entsprechend der Ausführungen zum downstream-Fall V[982] sowie zum downstream-Fall IV[983] ist für die nach § 6 Abs. 5 S. 3 Nr. 2 Alt. 2 EStG vorausgesetzte Beteiligung die lediglich mittelbare Beteiligung des Obergesellschafters an der Untergesellschaft unabhängig von einer möglichen Sonder-Mitunternehmerstellung des Obergesellschafters bei der Untergesellschaft ausreichend. Damit fällt der upstream-Fall V in den Anwendungsbereich von § 6 Abs. 5 S. 3 Nr. 2 Alt. 2 EStG, so dass bei Sicherstellung der Besteuerung der stillen Reserven die Buchwertübernahme zwingend ist.[984]

---

980 Vgl. Kapitel 2 Abschnitt A.II.2.2.2.4.

981 Gl. A. NIEHUS, U./WILKE, H., in: HERRMANN, C./HEUER, G./RAUPACH, A., EStG/KStG, § 6 EStG Rn. 1452b-1456a (Mai 2006).

982 Vgl. Kapitel 2 Abschnitt A.II.2.2.2.5.

983 Vgl. Kapitel 2 Abschnitt A.II.2.2.2.4.

984 Gl. A. KLOSTER, A./KLOSTER, L., Restrukturierung, GmbHR 2002, S. 728-729; KORN, K./STRAHL, M., in: KORN, K. U. A., EStG, § 6 Rn. 505 (Juni 2007); BERGSTEINER, S., Umstrukturierung, S. 121; FN-IDW 2004, Beiheft zu Heft 5, Rn. 97. GLANEGGER setzt dagegen eine (Sonder-)Mitunternehmerstellung des Obergesellschafters bei der Untergesellschaft voraus; vgl. GLANEGGER, P., in: SCHMIDT, L., EStG, § 6 Rn. 532. A. A. aufgrund der fehlenden unmittelbaren Beteiligung des Obergesellschafters an der Untergesellschaft RÄTKE, B., in: HERRMANN, C./HEUER, G./RAUPACH, A., EStG/KStG, § 15 EStG Rn. 683 (Mai 2004); WERNDL, J., in: KIRCHHOF, P./SÖHN, H./MELLINGHOFF, R., EStG, § 6 Rn. L 68 (Oktober 2004). Wie bereits beim downstream-Fall V ist die Auffassung, dass die Buchwerte fortzuführen sind, wenn Wirtschaftsgüter des eigenen Betriebsvermögens eines Obergesellschafters ins Gesamthandsvermögen der Untergesellschaft übertragen werden, m. E. auf den upstream-Fall V übertragbar. Schließlich besteht neben der entgegengesetzten Übertragungsrichtung nur der Unterschied, dass statt eigenem Betriebsvermögen des Obergesellschafters Sonderbetriebsvermögen des Obergesellschafters Gegenstand der Übertragung ist; vgl. WACKER, R., in: SCHMIDT, L., EStG, § 15 Rn. 618; IDW, Umstrukturierung, FN-IDW 2004, Beiheft zu Heft 5, Rn. 95-97; BRANDENBERG, H. B., Personengesellschaftsbesteuerung, DStZ 2002, S. 556; DERS., in: SÖFFING, G., Mitunternehmer, S. 249.

Falls der Obergesellschafter nur an der Obergesellschaft unmittelbar beteiligt ist, ist beim upstream-Fall V die Besonderheit zu beachten, dass lediglich eine unentgeltliche Übertragung möglich ist. Während eine Übertragung gegen Gewährung von Gesellschaftsrechten am Sonderbetriebsvermögen des Obergesellschafters auszuschließen ist, scheidet eine Übertragung gegen Minderung von Gesellschaftsrechten an der Untergesellschaft aufgrund der fehlenden gesellschaftsrechtlichen Beteiligung des Obergesellschafters an der Untergesellschaft aus.

1.2.6. Fall VI – Überführungen von Einzelwirtschaftsgütern aus dem Sonderbetriebsvermögen eines Obergesellschafters bei der Untergesellschaft ins Sonderbetriebsvermögen dieses Obergesellschafters bei der Obergesellschaft

Bei einem Wirtschaftsguttransfer aus dem Sonderbetriebsvermögen eines Obergesellschafters bei der Untergesellschaft ins Sonderbetriebsvermögen dieses Obergesellschafters bei der Obergesellschaft verbleibt das Verfügungsrecht über das Transferwirtschaftsgut beim Obergesellschafter. Daher erfolgt wie beim entgegengesetzten downstream-Fall II der Transfer ohne Rechtsträgerwechsel, so dass dieser Transfer als Überführung zu werten ist.[985] Wie bei den downstream-Fällen II[986] und VI[987] sowie dem upstream-Fall II[988] wird dieser Transfer durch eine Nutzungsänderung, z. B. durch eine veränderte Vermietung eines Wirtschaftsguts statt zuvor an die Untergesellschaft ab dem Überführungszeitpunkt an die Obergesellschaft, vollzogen. Soweit die Besteuerung der stillen Reserven sichergestellt ist, fällt diese Überführung zwischen verschiedenen Sonderbetriebsvermögen desselben Steuerpflichtigen in den Anwendungsbereich von § 6 Abs. 5 S. 2 Alt. 2 EStG.[989]

---

985 Vgl. Kapitel 2 Abschnitt A.II.2.2.2.2.

986 Vgl. Kapitel 2 Abschnitt A.II.2.2.2.2.

987 Vgl. Kapitel 2 Abschnitt A.II.2.2.2.6.

988 Vgl. Kapitel 3 Abschnitt A.II.1.2.2.

989 Gl. A. MITSCH, B./GRÜTER, G., Übertragung, INF 2000, S. 624; RÄTKE, B., in: HERRMANN, C./HEUER, G./RAUPACH, A., EStG/KStG, § 15 EStG Rn. 681 (Mai 2004); HOTTMANN, J., in: ZIMMERMANN, R. U. A., Personengesellschaft, G Rn. 31. A. A. WERNDL, J., in: KIRCHHOF, P./SÖHN, H./MELLINGHOFF, R., EStG, § 6 Rn. L 68 (Oktober 2004).

1.2.7. Fall VII – Übertragungen von Einzelwirtschaftsgütern aus dem Sonderbetriebsvermögen der Obergesellschaft bei der Untergesellschaft ins Sonderbetriebsvermögen eines Obergesellschafters bei der Obergesellschaft

Der upstream-Fall VII bedeutet in Bezug auf das Transferwirtschaftsgut wiederum einen Rechtsträgerwechsel, so dass es sich um eine Übertragung handelt. Da eine direkte Übertragung im upstream-Fall VII wie beim entgegengesetzten down-stream-Fall VII[990] nicht durch den abschließenden Katalog des § 6 Abs. 5 S. 3 EStG eingeschlossen ist, ist eine Buchwertfortführung auf Basis von § 6 Abs. 5 EStG ausgeschlossen.[991]

Lediglich im Wege eines Kettentransfers kann im upstream-Fall VII eine Übertragung zu Buchwerten nach § 6 Abs. 5 EStG erreicht werden. Allerdings steht eine solche Übertragung unter dem Vorbehalt, dass der Kettentransfer durch die Finanzverwaltung als gestaltungsmissbräuchlicher Gesamtplan beurteilt wird und eine Übertragung zu Buchwerten versagt wird (vgl. Kapitel 2 Abschnitt A.II.2.2.2.10.). Ein solcher Kettentransfer könnte sich z. B. in die folgenden Schritte gliedern. Zunächst könnte das Transferwirtschaftsgut wie beim upstream-Fall II[992] im Wege von § 6 Abs. 6 S. 2 Alt. 1 EStG aus dem Sonderbetriebsvermögen der Obergesellschaft bei der Untergesellschaft ins Gesamthandsvermögen der Obergesellschaft überführt werden. Die anschließende Übertragung ins Sonderbetriebsvermögen eines Obergesellschafters bei der Obergesellschaft wäre nach § 6 Abs. 5 S. 3 Nr. 2 Alt. 1 EStG zu Buchwerten vorzunehmen. Dabei ist für die Buchwertfortführung jeweils die Besteuerung der stillen Reserven sicherzustellen.

---

990 Vgl. Kapitel 2 Abschnitt A.II.2.2.2.7.

991 Gl. A. RÄTKE, B., in: HERRMANN, C./HEUER, G./RAUPACH, A., EStG/KStG, § 15 EStG Rn. 683 (Mai 2004); (wohl auch) MITSCH, B./GRÜTER, G., Übertragung, INF 2000, S. 624; WERNDL, J., in: KIRCHHOF, P./SÖHN, H./MELLINGHOFF, R., EStG, § 6 Rn. L 68 (Oktober 2004). A. A. HOTTMANN, J., in: ZIMMERMANN, R. U. A., Personengesellschaft, G Rn. 30; (wohl auch) HOFFMANN, W.-D., Transfer, GmbHR 2002, S. 133.

992 Vgl. Kapitel 3 Abschnitt A.II.1.2.2.

1.2.8. Fall VIII – Übertragungen von Einzelwirtschaftsgütern aus dem Sonderbetriebsvermögen eines Obergesellschafters bei der Untergesellschaft ins Sonderbetriebsvermögen eines anderen Obergesellschafters bei der Obergesellschaft

Auch der upstream-Fall VIII bedeutet aufgrund des Rechtsträgerwechsels zwischen den Obergesellschaftern eine Übertragung. Die upstream-Fälle VII[993] und VIII unterscheiden sich nur in Bezug auf die Person des übertragenden Rechtsträgers. Da auch der upstream-Fall VIII nicht durch den abgeschlossenen Transferkatalog des § 6 Abs. 5 S. 3 EStG erfasst ist, ist eine Buchwertübernahme im Anwendungsbereich von § 6 Abs. 5 S. 3 EStG ausgeschlossen (vgl. zur Begründung auch die Ausführungen zum entgegengesetzten downstream-Fall VIII).[994]

Ein Kettentransfer wäre im upstream-Fall VIII bei Sicherstellung der Besteuerung der stillen Reserven durch eine Überführung des Transferwirtschaftsguts aus dem Sonderbetriebsvermögen eines Obergesellschafters in sein Sonderbetriebsvermögen bei der Obergesellschaft wie beim upstream-Fall VI[995] nach § 6 Abs. 5 S. 2 Alt. 2 EStG und die anschließende unentgeltliche Übertragung ins Sonderbetriebsvermögen eines anderen Obergesellschafters bei der Obergesellschaft im Wege von § 6 Abs. 5 S. 3 Nr. 3 EStG denkbar. Bei einem Kettentransfer droht aber wie bereits ausgeführt das Risiko, dass der Kettentransfer als gestaltungsmissbräuchlich gewertet wird und folglich eine Buchwertübernahme nach § 6 Abs. 5 EStG nicht in Betracht kommt (vgl. Kapitel 2 Abschnitt A.II.2.2.2.10.).

---

993 Vgl. Kapitel 3 Abschnitt A.II.1.2.7.

994 Gl. A. Rätke, B., in: Herrmann, C./Heuer, G./Raupach, A., EStG/KStG, § 15 EStG Rn. 683 (Mai 2004); (wohl auch) Mitsch, B./Grüter, G., Übertragung, INF 2000, S. 624. A. A. Hottmann, J., in: Zimmermann, R. u. a., Personengesellschaft, G Rn. 30; Wacker, R., in: Schmidt, L., EStG, § 15 Rn. 675; Kraft, G./Trübenbach, K., Übertragungsmöglichkeiten, StB 2004, S. 340; Kloster, A./Kloster, L., Restrukturierung, GmbHR 2002, S. 718. Vgl. auch die Argumentation in Kapitel 2 Abschnitt A.II.2.2.2.8.

995 Vgl. Kapitel 3 Abschnitt A.II.1.2.6.

1.2.9. Fall IX – Übertragungen von Einzelwirtschaftsgütern aus dem Sonderbetriebsvermögen eines Untergesellschafters bei der Untergesellschaft ins Sonderbetriebsvermögen eines Obergesellschafters bei der Obergesellschaft

Der upstream-Fall IX unterscheidet sich von den upstream-Fällen VII und VIII nur bezüglich der Person des übertragenden Rechtsträgers. Auch in diesem Fall handelt es sich aufgrund des Rechtsträgerwechsels um eine Übertragung. Entsprechend der Ausführungen zum upstream-Fall VIII[996] und den Ausführungen zu den downstream-Fällen VIII[997] und IX[998] ist auch der upstream-Fall IX nicht durch den abschließenden Katalog des § 6 Abs. 5 EStG eingeschlossen.[999]

Auch in diesem Fall kommt eine Übertragung des Transferwirtschaftsguts unter Anwendung von § 6 Abs. 5 EStG nur im Wege eines Kettentransfers in Betracht. Auch im upstream-Fall IX besteht das Risiko, dass der Kettentransfer als gestaltungsmissbräuchlich beurteilt wird und dass eine Buchwertübernahme im Wege von § 6 Abs. 5 EStG daraufhin auszuschließen ist (vgl. Kapitel 2 Abschnitt A.II.2.2.2.10.). Ein solcher Kettentransfer könnte, soweit die Besteuerung der stillen Reserven sichergestellt ist, durch zunächst die unentgeltliche Übertragung aus dem Sonderbetriebsvermögen eines Untergesellschafters ins Sonderbetriebsvermögen eines Obergesellschafters bei der Untergesellschaft im Wege von § 6 Abs. 5 S. 3 Nr. 3 EStG und anschließend eine Überführung ins Sonderbetriebsvermögen dieses Obergesellschafters bei der Obergesellschaft wie beim upstream-Fall VI[1000] nach § 6 Abs. 5 S. 2 EStG realisiert werden.

---

996 Vgl. Kapitel 3 Abschnitt A.II.1.2.8

997 Vgl. Kapitel 2 Abschnitt A.II.2.2.2.8.

998 Vgl. Kapitel 2 Abschnitt A.II.2.2.2.9.

999 Gl. A. WACKER, R., in: SCHMIDT, L., EStG, § 15 Rn. 618; KORN, K./STRAHL, M., in: KORN, K. U. A., EStG, § 6 Rn. 505.1 (Juni 2007); RÄTKE, B., in: HERRMANN, C./HEUER, G./RAUPACH, A., EStG/KStG, § 15 EStG Rn. 683 (Mai 2004); WERNDL, J., in: KIRCHHOF, P./SÖHN, H./MELLINGHOFF, R., EStG, § 6 Rn. L 68-69 (Oktober 2004). A. A. HOFFMANN, W.-D., Transfer, GmbHR 2002, S. 133; HOTTMANN, J., in: ZIMMERMANN, R. U. A., Personengesellschaft, G Rn. 30.

1000 Vgl. Kapitel 3 Abschnitt A.II.1.2.6.

1.3. Zusammenfassender Überblick über die Anwendbarkeit des § 6 Abs. 5 EStG auf die zu untersuchenden Transferfälle

Bei fünf der neun upstream-Fälle ist m. E. eine direkte Übertragung auf Basis von § 6 Abs. 5 EStG innerhalb einer doppelstöckigen Personengesellschaft zu Buchwerten zwingend. Durch die nachfolgende Aufstellung in Abb. 18 wird aber auch offensichtlich, dass bei den upstream-Fällen III, VII, VIII und IX ein direkter Transfer nicht durch den abschließenden Katalog des § 6 Abs. 5 EStG erfasst ist und dass demzufolge ein direkter Transfer zu Buchwerten im Wege von § 6 Abs. 5 EStG ausgeschlossen ist. Bei den upstream-Fällen III, VII, VIII und IX könnte sich den Steuerpflichtigen anstatt eines direkten Transfers ein verketteter Transfer zur Vermeidung der Aufdeckung und Besteuerung stiller Reserven als Alternative anbieten. Kettentransfers bergen allerdings das Risiko, dass unter Umständen ein Transfer auf Basis der Gesamtplanrechtsprechung als gestaltungsmissbräuchlich i. S. von § 42 AO gewertet wird und eine Anwendung von § 6 Abs. 5 EStG auf den zusammengefassten einheitlichen wirtschaftlichen Vorgang ausgeschlossen ist. Aber wie bereits bei den downstream-Fällen ausgeführt, ist eine derartige Beurteilung vom jeweiligen Einzelfall abhängig (vgl. Kapitel 2 Abschnitt A.II.2.2.2.10.).

upstream	**Transfer von einem WG** (Überführung bzw. Übertragung)	**Vermögensmäßige Zuordnung**	**Rechtsträger-wechsel**	**Im Anwendungs-bereich von**
Fall I	von der UG auf die OG	aus dem GHV der UG ins GHV der OG	ja	§ 6 Abs. 5 S. 3 Nr. 1 EStG
Fall II	innerhalb des Vermögens der OG	aus dem SBV der OG bei der UG ins GHV der OG	nein	§ 6 Abs. 5 S. 2 EStG
Fall III	von einem UGter auf die OG	aus dem SBV eines UGters bei der UG ins GHV der OG	ja	- (als Alternative ein verketteter Transfer)
Fall IV	von einem OGter auf die OG	aus dem SBV eines OGters bei der UG ins GHV der OG	ja	§ 6 Abs. 5 S. 3 Nr. 2 Alt. 2 EStG
Fall V	von der UG auf einen OGter	aus dem GHV der UG ins SBV eines OGters bei der OG	ja	§ 6 Abs. 5 S. 3 Nr. 2 Alt. 2 EStG, unentgeltlich
Fall VI	innerhalb des Vermögens eines OGters	aus dem SBV eines OGters bei der UG ins SBV dieses OGters bei der OG	nein	§ 6 Abs. 5 S. 2 EStG
Fall VII	von der OG auf einen OGter	aus dem SBV der OG bei der UG ins SBV eines OGters bei der OG	ja	- (als Alternative ein verketteter Transfer)
Fall VIII	von einem OGter auf einen anderen OGter	aus dem SBV eines OGters bei der UG ins SBV eines anderen OGters bei der OG	ja	(als Alternative ein verketteter Transfer)
Fall IX	von einem UGter auf einen OGter	aus dem SBV eines UGters bei der UG ins SBV eines OGters bei der OG	ja	- (als Alternative ein verketteter Transfer)

Abb. 18: Überblick über die Anwendbarkeit des § 6 Abs. 5 EStG auf die untersuchten upstream-Transferfälle (Übertragungen bzw. Überführungen)

2. Rechtsfolgen aus Übertragungen von einzelnen Wirtschaftsgütern aus dem Betriebsvermögen der Untergesellschaft in das Betriebsvermögen der Obergesellschaft

2.1. Rechtsfolgen

Die grundlegenden Ausführungen zu den Rechtsfolgen bei downstream-Transfers[1001] von Einzelwirtschaftsgütern sind auf die upstream-Transfers übertragbar. Folglich sind bei den Transfers im Anwendungsbereich von § 6 Abs. 5 S. 2 oder 3 EStG aufgrund der Verweise auf § 6 Abs. 5 S. 1 EStG das überführte und das übertragende Wirtschaftsgut jeweils (zwingend) mit dem Buchwert anzusetzen.[1002] Dieser Buchwertansatz ist für den abgebenden und den übernehmenden Rechtsträger zwingend.[1003] Da das Wirtschaftsgut somit bei dem abgebenden Gesamthands- bzw. Sonderbetriebsvermögen der Obergesellschaft mit dem Buchwert auszubuchen und bei dem übernehmenden Gesamthands- bzw. Sonderbetriebsvermögen der Untergesellschaft mit dem Buchwert einzubuchen ist, unterbleibt die Aufdeckung und Besteuerung etwaiger stiller Reserven.[1004] Zudem tritt der übernehmende Rechtsträger bei Buchwertfortführung bezüglich des Wirtschaftsguts auch ansonsten in die Rechtsstellung des abgebenden Rechtsträgers ein.[1005] Bei sonstigen entgeltlichen, teil- oder mischentgeltlichen Transfers sind auf die entgeltlichen Teile des Transfers die allgemeinen Grundsätze für Veräußerungen anzuwenden. Damit sind etwaige stille Reserven entsprechend aufzudecken (vgl. Kapitel 2 Abschnitt A.II.1.4.). Soweit Entnahmen bzw. Einlagen nicht durch den Anwendungsbereich des § 6 Abs. 5 EStG erfasst sind, sind stille

---

1001 Vgl. grundlegend Kapitel 2 Abschnitt A.II.3.1.

1002 Vgl. WENDT, M., Übertragung, FR 2002, S. 59; KORN, K., Buchwertfortführung, KÖSDI 2002, S. 13274; EHMKE, T., in: BLÜMICH, EStG/KStG/GewStG, § 6 EStG Rn. 1290, 1312 (März 2004); NIEHUS, U./WILKE, H., in: HERRMANN, C./HEUER, G./RAUPACH, A., EStG/KStG, § 6 EStG Rn. 1457b, 1458a (Mai 2006); WERNDL, J., in: KIRCHHOF, P./SÖHN, H./MELLINGHOFF, R., EStG, § 6 Rn. L 31 (Oktober 2004).

1003 Vgl. KORN, K., Buchwertfortführung, KÖSDI 2002, S. 13274; NIEHUS, U./WILKE, H., in: HERRMANN, C./HEUER, G./RAUPACH, A., EStG/KStG, § 6 EStG Rn. 1458b (Mai 2006); FREIKAMP, G., Bewertung, BB 2001, S. 2620.

1004 Vgl. GLANEGGER, P., in: SCHMIDT, L., EStG, § 6 Rn. 515, 531, 544; NIEHUS, U./WILKE, H., in: HERRMANN, C./HEUER, G./RAUPACH, A., EStG/KStG, § 6 EStG Rn. 1458b (Mai 2006).

1005 Vgl. KORN, K., Buchwertfortführung, KÖSDI 2002, S. 13278; KLOSTER, A./KLOSTER, L., Restrukturierung, GmbHR 2002, S. 718; RÖHNER, J., Übertragung, S. 134; GLANEGGER, P., in: SCHMIDT, L., EStG, § 6 Rn. 515; FISCHER, P., in: KIRCHHOF, P., EStG, § 6 Rn. 100, OFD Kiel v. 22.08.2001, S 2139 A – St 232, DB 2001, S. 2373; NIEHUS, U./WILKE, H., in: HERRMANN, C./HEUER, G./RAUPACH, A., EStG/KStG, § 6 EStG Rn. 1458b (Mai 2006); EHMKE, T., in: BLÜMICH, EStG/KStG/GewStG, § 6 EStG Rn. 1290, 1312 (März 2004).

Reserven aufgrund des gebotenen Teilwertansatzes (§ 6 Abs. 1 Nr. 4 S. 1 und § 6 Abs. 1 Nr. 5 EStG) aufzudecken.[1006]

Für den zwingenden Buchwertansatz ist durch den Verweis auf § 6 Abs. 5 S. 1 EStG die Besteuerung stiller Reserven sicherzustellen. Folglich scheidet eine Anwendung von § 6 Abs. 5 S. 2 und 3 EStG aus, soweit das betreffende Wirtschaftsgut in ein Betriebsvermögen transferiert wird, das nicht unbeschränkt der deutschen Ertragbesteuerung unterliegt.[1007]

Die grundlegenden Rechtsfolgen von § 6 Abs. 5 S. 2 oder 3 EStG stehen zudem unter dem Vorbehalt der Missbrauchsregelungen in § 6 Abs. 5 S. 4-6 EStG (vgl. dazu die Ausführungen in Kapitel 2 Abschnitt A.II.3.3. und Abschnitt A.II.3.4.)

Da es auch Gegenstand der upstream-Transfers ist, Einzelwirtschaftsgüter gegen Gewährung bzw. Minderung von Gesellschaftsrechten zu übertragen, können die untersuchten Transfers unter Umständen auch Auswirkungen auf die Beteiligungsstruktur der doppelstöckigen Personengesellschaft haben. Dies findet besondere Beachtung im Falle der upstream-Transfers I. So könnte beim upstream-Fall I und einer Übertragung gegen Gewährung von Gesellschaftsrechten eine unmittelbare Beteiligung der Untergesellschaft an der Obergesellschaft gegründet werden und damit ein wechselseitiges Beteiligungsverhältnis zwischen Obergesellschaft und Untergesellschaft entstehen. Falls dagegen die Übertragung gegen Minderung von Gesellschaftsrechten der Obergesellschaft an der Untergesellschaft erfolgt, wäre die wechselseitige Beteiligung verhindert. Allerdings würde sich dadurch der Anteil der Obergesellschaft an der Untergesellschaft verringern.

In Bezug auf die Mitunternehmerstellungen innerhalb der doppelstöckigen Personengesellschaft ist darüber hinaus bei den upstream-Transfers IV, VI und VIII zu beachten, dass durch den Transfer von Sonderbetriebsvermögen eines Ober-

---

1006 Vgl. HOFFMANN, W.-D., in: BITZ, H./PUST, H., EStG, § 6 Rn. 1120 (August 2005); NIEHUS, U./WILKE, H., in: HERRMANN, C./HEUER, G./RAUPACH, A., EStG/KStG, § 6 EStG Rn. 1443 (Oktober 2004); RÖHNER, J., Übertragung, S. 120, 126.

1007 Vgl. KORN, K./STRAHL, M., in: KORN, K. U. A., EStG, § 6 Rn. 491-492 (Juni 2007); EHMKE, T., in: BLÜMICH, EStG/KStG/GewStG, § 6 EStG Rn. 1291 (März 2004); WENDT, M., Übertragung, FR 2002, S. 59; KLOSTER, A./KLOSTER, L., Restrukturierung, GmbHR 2002, S. 718-719; NIEHUS, U./WILKE, H., in: HERRMANN, C./HEUER, G./RAUPACH, A., EStG/KStG, § 6 EStG Rn. 1449-1449f (Oktober 2004).

gesellschafters bei der Untergesellschaft ggf. die (Sonder-)Mitunternehmerstellung i. S. von § 15 Abs. 1 S. 1 Nr. 2 S. 2 EStG aufgegeben wird. Dies wäre der Fall, soweit der lediglich mittelbar an der Untergesellschaft beteiligte Obergesellschafter nicht über weiteres Sonderbetriebsvermögen bei der Untergesellschaft verfügt.

Der Transfer eines einzelnen Wirtschaftsguts zum Buchwert im Wege von § 6 Abs. 5 EStG hat keine Auswirkungen auf ggf. vorhandene, auf Ebene der unmittelbaren bzw. mittelbaren Mitunternehmer vorgetragene einkommensteuerliche bzw. körperschaftsteuerlichen Verlustvorträge.

2.2. Besonderheiten der Bilanzierung

2.2.1. Auswirkungen auf die Beteiligungsbilanzierung

Wie bereits bei den downstream-Transfers haben nur die upstream-Transfers I, II, V und VII Auswirkungen auf den Ansatz der Beteiligung der Obergesellschaft an der Untergesellschaft.[1008]

Der upstream-Fall I ist entgegengesetzt zu den Ausführungen zum downstream-Fall I[1009] abzubilden, soweit die Übertragung gegen Minderung von Gesellschaftsrechten oder im Falle der Unentgeltlichkeit gegen Minderung eines gesellschafterbezogenen Kapital-/Rücklagenkontos (z. B. das Kapitalkonto II) der Obergesellschaft, das weder Gesellschaftsrechte ausweist noch als Darlehenskonto zu werten ist, bzw. gegen Minderung der gesamthänderisch gebundenen Rücklage durchgeführt wird. Folglich ist bei solchen Übertragungen gegen Minderung von Gesellschaftsrechten und bei solchen Übertragungen gegen Minderung eines gesellschafterbezogenen Kapital-/Rücklagenkontos der Beteiligungsansatz aufgrund der Ausbuchungen im Gesamthandsvermögen der Untergesellschaft in Höhe des Buchwerts des übertragenen Wirtschaftsguts zu kürzen, während das Wirtschaftsgut zu diesem Buchwert auf der Aktivseite der Gesamthandsbilanz der Obergesellschaft einzubuchen ist. Bei unentgeltlicher Übertragung und Minderung

---

[1008] Vgl. Kapitel 2 Abschnitt A.II.3.2.1.
[1009] Vgl. Kapitel 2 Abschnitt A.II.3.2.1.

der gesamthänderisch gebundenen Rücklage auf Ebene der Untergesellschaft ist der Beteiligungsansatz aufbauend auf die Ausführungen zum downstream-Fall I nur um den Anteil des Kürzungsbetrags der Rücklage, der auf die Obergesellschaft entfällt, zu verringern.

Der Beteiligungsausweis bleibt dagegen beim upstream-Fall I unverändert, wenn ein Wirtschaftsgut gegen Gewährung von Gesellschaftsrechten der Obergesellschaft an die Untergesellschaft übertragen wird. Zwar ist das zu übertragene Wirtschaftsgut aus dem Gesamthandsvermögen der Untergesellschaft auszubuchen, gleichzeitig aber im Wege des Aktivtauschs die Beteiligung der Untergesellschaft an der Obergesellschaft in entsprechender Höhe einzubuchen. Eine unentgeltliche Übertragung gegen Erhöhung eines gesamthänderisch gebundenen oder gesellschafterbezogenen Rücklagenkontos auf Ebene der Obergesellschaft kommt nur in Betracht, soweit bereits vor der Übertragung die Untergesellschaft an der Obergesellschaft beteiligt war. Aber auch eine solche Übertragung würde sich nicht auf den Beteiligungsansatz der Obergesellschaft, sondern auf den Beteiligungsansatz der Untergesellschaft auswirken.

Der upstream-Fall II ist ebenfalls entgegengesetzt zu den Ausführungen zum downstream-Fall II[1010] abzubilden. Zunächst ist auf Ebene der Untergesellschaft das Transferwirtschaftsgut aus dem Sonderbetriebsvermögen der Obergesellschaft bei der Untergesellschaft über Reduzierung des Sonderbilanzeigenkapitals auszubuchen. Da die spiegelbildliche Wiedergabe des anteiligen Eigenkapitals der Obergesellschaft bei der Untergesellschaft auch das Eigenkapital in der Sonderbilanz der Obergesellschaft bei der Untergesellschaft umfasst, verringert sich im Gegenzug der Beteiligungsausweis auf Ebene der Obergesellschaft in entsprechender Höhe. Folglich ist der Transfer im Gesamthandsvermögen der Obergesellschaft als Aktivtausch „Wirtschaftsgut an Beteiligung" zu verbuchen.

Falls beim upstream-Fall VII der Wirtschaftsgut-Transfer zu Buchwerten entsprechend der Ausführungen im Abschnitt A.II.1.2.7. dieses Kapitels durch einen Kettentransfer erreicht wird, sind wie bereits bei den downstream-Fällen die Über-

---

[1010] Vgl. Kapitel 2 Abschnitt A.II.3.2.1.

legungen zum Beteiligungsausweis beim upstream-Fall II auch auf den upstream-Fall VII übertragbar. Hintergrund dessen ist es, dass wie bei den downstream-Fällen ein Schritt des Kettentransfers, in diesem Fall der erste Schritt, durch eine Überführung des Wirtschaftsguts wie beim upstream-Fall II, d. h. durch die Übertragung aus dem Sonderbetriebsvermögen der Obergesellschaft bei der Untergesellschaft ins Gesamthandsvermögen der Obergesellschaft unter Anwendung von § 6 Abs. 5 S. 2 Alt. 1 EStG, erreicht wird. Der zweite Schritt des Kettentransfers hat keine Auswirkungen auf die Beteiligungsbilanzierung.

Beim upstream-Fall V ist, soweit der übernehmende Obergesellschafter nur an der Obergesellschaft unmittelbar beteiligt ist, zu berücksichtigen, dass entsprechend der Ausführungen in Abschnitt A.II.1.2.5. dieses Kapitels eine Übertragung nur unentgeltlich durchführbar ist und dass diese unentgeltliche Übertragung gegen Minderung der gesamthänderisch gebundenen Rücklage der Untergesellschaft vorzunehmen ist. Da diese gesamthänderisch gebundene anteilig der Obergesellschaft zuzurechnen ist, ist diese Rücklagenminderung, soweit sie anteilig auf die Obergesellschaft entfällt, entsprechend spiegelbildlich über eine Reduzierung des Beteiligungsausweises der Obergesellschaft abzubilden.

Besondere Rechtsfolgen und Auswirkungen auf die Beteiligungsbilanzierung aus den zu Grunde liegenden neun Transferfällen werden durch die folgende Abbildung nochmals dargelegt:

upstream	Transfer im Anwendungsbereich von	Rechtsfolgen				Auswirkungen auf die Beteiligungsbilanzierung
		Buchwertfortführung, Eintritt in die Rechtsstellung des Abgebenden	OGter: Aufgabe der Sondermitunternehmerstellung bei der UG (§ 15 Abs. 1 S. 1 Nr. 2 S. 2 EStG)	OG: Reduzierung des Anteils der OG an der UG	UG: Gründung einer unmittelbaren Mitunternehmerstellung bei der OG	
Fall I	§ 6 Abs. 5 S. 3 Nr. 1 EStG	ja		ggf. ja (bei der Übertragung gegen Minderung von Gesellschaftsrechten der OG an der UG)	ggf. ja (bei der Übertragung gegen Gewährung von Gesellschaftsrechten)	Unentgeltliche Übertragung/Übertragung gegen Minderung von Gesellschaftsrechten: Lediglich ein Aktivtausch im GHV der OG durch die Einbuchung des WG ins GHV der OG und die gegenläufige spiegelbildliche Wiedergabe des Beteiligungsausweises und damit des bei der UG aus dem GHV ausgebuchten anteiligen Eigenkapitals
Fall II	§ 6 Abs. 5 S. 2 EStG	ja				Lediglich ein Aktivtausch im GHV der OG durch die Einbuchung des WG ins GHV der OG und die gegenläufige spiegelbildliche Wiedergabe des Beteiligungsausweises und damit des bei der UG aus dem SBV ausgebuchten WG/Eigenkapitals
Fall III	- (als Alternative ein verketteter Transfer)	ggf. ja bei einem verketteten Transfer				Erhöhung von Aktiva der OG durch die Einbuchung des WG ins GHV der OG, wobei der Beteiligungsausweis an der UG im GHV der OG unverändert bleibt
Fall IV	§ 6 Abs. 5 S. 3 Nr. 2 Alt. 2 EStG	ja	ggf. ja			
Fall V	§ 6 Abs. 5 S. 3 Nr. 2 Alt. 2 EStG, unentgeltlich	ja				Reduzierung des GHV der UG durch Ausbuchung des WG des OGters; der Ausweis der Beteiligung der OG an der UG reduziert sich bei unentgeltlicher Übertragung in Höhe des bei der UG ausgebuchten anteiligen Eigenkapitals
Fall VI	§ 6 Abs. 5 S. 2 EStG	ja	ggf. ja			keine Veränderung im Gesamthandsbereich der OG und der UG und keine Veränderung bezüglich der Beteiligungsbilanzierung bei der OG
Fall VII	- (als Alternative ein verketteter Transfer)	ggf. ja bei einem verketteten Transfer				Reduzierung des Beteiligungsausweises an der UG im GHV der OG durch die Ausbuchung des WG aus dem SBV der OG bei der UG und die spiegelbildliche Wiedergabe dessen über den Beteiligungsausweis
Fall VIII	- (als Alternative ein verketteter Transfer)	ggf. ja bei einem verketteten Transfer	ggf. ja			keine Veränderung im Gesamthandsbereich der OG und der UG und keine Veränderung bezüglich der Beteiligungsbilanzierung bei der OG
Fall IX	- (als Alternative ein verketteter Transfer)	ggf. ja bei einem verketteten Transfer				

Abb. 19: Rechtsfolgen aus den untersuchten upstream-Transferfällen (Übertragungen bzw. Überführungen) bei Anwendbarkeit des § 6 Abs. 5 EStG

2.2.2. Erstellung von Ergänzungsbilanzen

Wie bereits zu den downstream-Transfers im Wege von § 6 Abs. 5 EStG in Kapitel 2 Abschnitt A.II.3.2.2. ausgeführt, kann durch die Aufstellung von Ergänzungsbilanzen zum Gesamthandsvermögen, Ergänzungsbilanzen zu Sonderbilanzen, spezielle Gewinnverteilungsabreden oder äquivalente buchtechnische Verfahren bei einer Übertragung i. S. von § 6 Abs. 5 S. 3 EStG das Überspringen von stillen Reserven verhindert werden.[1011]

Für die upstream-Fälle II und VI wirft dies wie auch bereits bei den downstream-Fällen II und VI keine Probleme auf und erfordert keine gesonderte Zuordnung der stillen Reserven zu den Überführenden, da bei diesen Transfers ohne Rechtsträgerwechsel die Wirtschaftsgüter die Vermögenssphäre des Überführenden jeweils nicht verlassen. Zwar wird für die betreffenden Einzelwirtschaftsgüter die steuerrechtliche und wirtschaftliche Zuordnung zu einem Betriebsvermögen bzw. Sonderbetriebsvermögen geändert, zivilrechtlich sind die Einzelwirtschaftsgüter aber weiterhin dem bisherigen Rechtsträger zuzurechnen.[1012]

Bei den sonstigen upstream-Transfers, Übertragungen im Wege von § 6 Abs. 5 S. 3 EStG, springen durch den Transfer auf die Gesamthand der Obergesellschaft bzw. ins Sonderbetriebsvermögen eines Obergesellschafters bei der Obergesellschaft, soweit die stillen Reserven den Übertragenden nicht durch geeignete Steuerbilanztechniken zugeordnet werden, stille Reserven auf andere Steuerpflichtige über. Die Zuordnung der übertragenden stillen Reserven zum Übertragenden ist auch aufgrund der Missbrauchsregelung des § 6 Abs. 5 S. 4 EStG zu beachten, um bei Veräußerungen oder Entnahmen innerhalb der dreijährigen Sperrfrist eine Aufdeckung und Besteuerung der übertragenen stillen Reserven vermeiden zu können. Dabei sind die Ausführungen im Rahmen der downstream-Transfers für Übertragungen in ein Gesamthandsvermögen und in ein Sonderbetriebsvermögen entsprechend auf die upstream-Übertragungen zu übertragen.[1013]

[1011] Vgl. NIEHUS, U., Ergänzungsbilanzen, StuW 2002, S. 117; GLANEGGER, P., in: SCHMIDT, L., EStG, § 6 Rn. 544; WENDT, M., Änderung des § 6 Abs. 5 EStG, EStB 2002, S. 140; LEY, U./STRAHL, M., Jahreswechsel 2001/2002, DStR 2001, S. 2006.

[1012] Vgl. Kapitel 2 Abschnitt A.II.3.2.2.3.

[1013] Vgl. Kapitel 2 Abschnitt A.II.3.2.2.1. und Abschnitt A.II.3.2.2.2.

Folglich ist bezüglich der grundlegenden Fragestellungen nach der Erstellung von positiven oder negativen Ergänzungsbilanzen, mit oder ohne Kapitalkontenanpassung bei Übertragungen in ein Gesamthandsvermögen sowie bezüglich der Möglichkeiten, stille Reserven zum Übertragenden bei Übertragungen in ein Sonderbetriebsvermögen zuzuordnen, auf die Ausführungen zu den downstream-Übertragungen zu verweisen.

III. Die Übertragung stiller Reserven gemäß § 6b EStG

1. Anwendbarkeit des § 6b EStG auf Vermögensübertragungen aus dem Betriebsvermögen der Untergesellschaft in das Betriebsvermögen der Obergesellschaft

1.1. Gesellschafterbezogene Ermittlung der Vorbesitzzeiten (§ 6b Abs. 4 Nr. 2 EStG) bei doppelstöckigen Personengesellschaften

Wie bereits in Kapitel 2 Abschnitt A.III.2.3. bis A.III.2.4. ausgeführt, sind durch die gesellschafterbezogene Anwendung die Anwendungsvoraussetzungen des § 6b EStG jeweils für jeden beteiligten Gesellschafter einzeln zu prüfen. Entsprechend ist auch die sechsjährige Vorbesitzzeit (§ 6b Abs. 4 Nr. 1 EStG) gesellschafterbezogen zu ermitteln. Bei downstream-Übertragungen von stillen Reserven nach § 6b EStG ist dies mit keinen Besonderheiten verbunden, da die innerhalb der Vermögenssphäre der Obergesellschaft bzw. der Obergesellschafter zu erfüllenden Anwendungsvoraussetzungen keine Abweichung zu Übertragungen bei einstöckigen Personengesellschaften aufweisen.

Bei upstream-Übertragungen von stillen Reserven nach § 6b EStG ist sich das Schrifttum nicht einig, ob bei Übertragungen von stillen Reserven aus Wirtschaftsgütern des Gesamthandsvermögens der Untergesellschaft aufgrund der gesellschafterbezogenen Anwendung des § 6b EStG eine Prüfung der Anwendungsvoraussetzungen lediglich bei den unmittelbar an der Untergesellschaft beteiligten Gesellschaftern vorzunehmen ist oder ob die Anwendungsvoraussetzungen bei allen Gesellschaftern der doppelstöckigen Personengesellschaft, einschließlich der nur mittelbar an der Untergesellschaft beteiligten Obergesellschafter zu prüfen sind. Die wohl h. M.[1014] ist der Auffassung, dass die Voraussetzungen des § 6b EStG bei entgeltlichen Übertragungen von Wirtschaftsgütern des Gesamthands-

---

[1014] Vgl. RÄTKE, B., in: HERRMANN, C./HEUER, G./RAUPACH, A., EStG/KStG, § 15 EStG Rn. 685 (Mai 2004); HOTTMANN, J., in: ZIMMERMANN, R. U. A., Personengesellschaft, G Rn. 35; SCHLENKER, A., in: BLÜMICH, EStG/KStG/GewStG, § 6b EStG Rn. 151 (Oktober 2003); HEGER, K., in: KIRCHHOF, P./SÖHN, H./ MELLINGHOFF, R., EStG, § 6b Rn. B 146 (Oktober 2003); (zweifelnd) SCHMIDT, L., Gewinnermittlung, S. 1123-1124; HALLERBACH, D., in: SÖFFING, G., Mitunternehmer, S. 336; LEBERFINGER, S., Doppelstöckige Mitunternehmerschaft, DStR 1992, S. 388; SÖFFING, G., § 6b EStG, BB 1986, S. 710; BORDEWIN, A., in: FS SCHMIDT, L., Personengesellschaft, S. 421, 430-431; SCHOOR, H. W., Gewinnübertragung, FR 1997, S. 252; BFH v. 07.11.2000, VIII R 27/98, BFH/NV 2001, S. 262; BFH v. 10.07.1980, IV R 136/77, BStBl. II 1981, S. 84, 86-88.

vermögens der Untergesellschaft aufgrund der gesellschafterbezogenen Anwendung durch jeden einzelnen Mitunternehmer der doppelstöckigen Personengesellschaft, d. h. der unmittelbaren Untergesellschafter und der lediglich mittelbar an der Untergesellschaft beteiligten Obergesellschafter, zu erfüllen sind. Damit wäre eine Übertragung von stillen Reserven nach § 6b EStG insoweit quotal, d. h. bezogen auf den mittelbaren Anteil eines Obergesellschafters an dem entgeltlich zu übertragenden Wirtschaftsgut der Untergesellschaft, ausgeschlossen, als dass innerhalb der sechsjährigen Vorbesitzzeit ein entgeltlicher Wechsel dieses mittelbar beteiligten Obergesellschafters oder eine entgeltliche Änderung der Beteiligungsverhältnisse dieses Obergesellschafters vollzogen wurde. Demnach ist eine steuerneutrale Übertragung von Wirtschaftsgütern der Untergesellschaft nach § 6b EStG nur insoweit möglich, als dass für jeden einzelnen Mitunternehmer der doppelstöckigen Personengesellschaft die sechsjährige Vorbesitzzeit gemäß § 6b Abs. 4 Nr. 2 EStG gegeben ist. Dies kann bei komplexen doppelstöckigen bzw. mehrstöckigen Personengesellschaften insbesondere bei vielfältigen Umstrukturierungen die Ermittlung der Anwendungsvoraussetzungen des § 6b EStG erheblich erschweren und kaum überschaubar werden lassen.

Dagegen werten GLANEGGER[1015] und BENECKE[1016] ohne die Ausführung einer Begründung jeweils einen Gesellschafterwechsel bei der Obergesellschaft einer doppelstöckigen Obergesellschaft nicht als schädlich bei der Ermittlung der sechsjährigen Vorbesitzzeit in Bezug auf ein entgeltlich zu übertragenes Wirtschaftsgut der Untergesellschaft. Zur Prüfung der sechsjährigen Vorbesitzzeit nach § 6b Abs. 4 Nr. 2 EStG wird stattdessen lediglich auf das unmittelbare Beteiligungsverhältnis der Obergesellschaft an der Untergesellschaft abgestellt. WELBERS[1017] teilt diese Auffassung und begründet dies mit einem Hinweis auf die praktischen Schwierigkeiten bei der Ermittlung der Vorbesitzzeiten der lediglich mittelbar an der Untergesellschaft beteiligten Gesellschafter.

Rein praktische Erwägungen können m. E. bei dieser Überlegung nicht überzeugen. Vielmehr ist es m. E. von Bedeutung, dass das Gesetz eine gesell-

---

1015 GLANEGGER, P., in: SCHMIDT, L., EStG, § 6b Rn. 47.
1016 BENECKE, A. Y., Umwandlung, S. 151 mit Verweis auf GLANEGGER, P., in: SCHMIDT, L., EStG, § 6b Rn. 47.
1017 WELBERS, H., in: LADEMANN, F., EStG, § 6b Rn. 92j (Juli 2002).

schafterbezogene Anwendung von § 6b EStG vorgibt und dass die gesellschafterbezogene Anwendung von § 6b EStG keine Begünstigung der Personengesellschaft, sondern die Reinvestitionen der einzelnen Gesellschafter durch die steuerneutrale Übertragung aufgedeckter stiller Reserven zum Gegenstand hat. Zudem erwirbt vergleichsweise der Erwerber bei einem Erwerb eines Obergesellschaftsanteils aus wirtschaftlicher und steuerrechtlicher Sicht Anteile an den einzelnen Wirtschaftsgütern der Obergesellschaft und über diese auch Anteile an den einzelnen Wirtschaftsgütern der Untergesellschaft sowie Anteile an den Wirtschaftsgütern, die die Obergesellschaft der Untergesellschaft zur Nutzung überlassen hat (Sonderbetriebsvermögen der Obergesellschaft bei der Untergesellschaft)[1018]. Dabei sind die auf die Wirtschaftsgüter der Untergesellschaft entfallenden stillen Reserven für eine korrekte steuerliche Zuordnung dieser und der sich daraus ergebenden Ergebniswirkungen entsprechend der Ausführungen in Kapitel 2 Abschnitt A.II.3.2.2.4. in einer Ergänzungsbilanz der Obergesellschaft bei der Untergesellschaft für den Obergesellschafter zu erfassen.

Folglich ist Wirtschaftsgütern der Obergesellschaft und einer angestrebten downstream-Übertragung von stillen Reserven nach § 6b EStG die Ermittlung der Vorbesitzzeiten und damit die Erfüllung dieser folglich noch überschaubarer und verhältnismäßig einfacher als bei entgegengesetzten upstream-Verschiebungen von stillen Reserven von der Untergesellschaft auf die Obergesellschaft.

1.2. Anwendbarkeit des § 6b EStG auf Vermögensübertragungen aus dem Betriebsvermögen der Untergesellschaft in das Betriebsvermögen der Obergesellschaft

1.2.1. Zu untersuchende Transferfälle

Aufgrund der Vielgestaltigkeit der Übertragungsmöglichkeiten innerhalb doppelstöckiger Personengesellschaften, d. h. der entgeltlichen Übertragung von Wirtschaftsgütern aus der Vermögenssphäre der Untergesellschaft und die Reinvestitionsmöglichkeiten in der Vermögenssphäre der Obergesellschaft, sind

---

[1018] Vgl. Schmidt, L., in: FS Moxter, A., Gewinnermittlung, S. 1119-1121; sowie Kapitel 1 Abschnitt B.I.3.1.

die nachfolgenden Übertragungsfälle Gegenstand der Prüfung der Anwendbarkeit von § 6b EStG:

upstream	Transfer eines / einer	Vermögensmäßige Zuordnung		Entgeltliche Übertragung des wirtschaftlichen Eigentums am Transfer-WG
	Einzel-WG			
Fall I	Einzel-WG von der UG auf die OG	Transfer-WG im: Reinvestitions-WG im:	GHV der UG GHV der OG	ja
Fall II	Einzel-WG innerhalb des Vermögens der OG	Transfer-WG im: Reinvestitions-WG im:	SBV der OG bei der UG GHV der OG	ja / nein
Fall III	Einzel-WG von einem UGter auf die OG	Transfer-WG im: Reinvestitions-WG im:	SBV eines UGters bei der UG GHV der OG	ja
Fall IV	Einzel-WG von einem OGter auf die OG	Transfer-WG im: Reinvestitions-WG im:	SBV eines OGters bei der UG GHV der OG	ja
Fall V	Einzel-WG von der UG auf einen OGter	Transfer-WG im: Reinvestitions-WG im:	GHV der UG SBV eines OGters bei der OG	ja
Fall VI	Einzel-WG innerhalb des Vermögens eines OGters	Transfer-WG im: Reinvestitions-WG im:	SBV eines OGters bei der UG SBV dieses OGters bei der OG	ja / nein
Fall VII	Einzel-WG von der OG auf einen OGter	Transfer-WG im: Reinvestitions-WG im:	SBV der OG bei der UG SBV eines OGters bei der OG	ja
Fall VIII	Einzel-WG von einem OGter auf einen anderen OGter	Transfer-WG im: Reinvestitions-WG im:	SBV eines OGters bei der UG SBV eines anderen OGters bei der OG	ja
Fall IX	Einzel-WG von einem UGter auf einen OGter	Transfer-WG im: Reinvestitions-WG im:	SBV eines UGters bei der UG SBV eines OGters bei der OG	ja
	Sachgesamtheit			
Fall X	Betriebs bzw. Teilbetriebs (zum Zwischenwert oder gemeinen Wert im Wege von § 24 UmwStG bzw. im Wege der Veräußerung)	Transfer-WG im: Reinvestitions-WG im:	GHV der UG GHV der OG	ggf. ja

Abb. 20: Zu untersuchende Übertragungen stiller Reserven im Wege von § 6b EStG aus dem Betriebsvermögen der Untergesellschaft in das Betriebsvermögen der Obergesellschaft (upstream-Übertragungen)

Um den Vergleich von Übertragungen stiller Reserven im Wege von § 6b EStG mit den Transferfällen im Wege von § 6 Abs. 5 EStG als auch eine Übertragung der Untersuchungsergebnisse aus den downstream-Übertragungen zu vereinfachen, ist die vorstehende Aufstellung der zu untersuchenden upstream-Übertragungen an die Fälle und deren Reihenfolge der upstream-Übertragungen im Wege von § 6 Abs. 5 EStG sowie der downstream-Übertragungen im Wege von § 6 Abs. 5 EStG und § 6b EStG angelehnt. Der Anwendungsprüfung liegt auch eine entsprechende Vorgehensweise wie bei den downstream-Übertragungen im Wege von § 6b EStG zu Grunde. Gegenstand der Transferfälle mit Übertragungen von Einzelwirtschaftsgütern sind jeweils begünstigte Veräußerungs- und Reinvestitionswirtschaftsgüter gemäß § 6b Abs. 1 EStG.

Der Katalog der zu untersuchenden Übertragungen wurde im upstream-Fall X um die Übertragung eines Betriebs zum Zwischenwert oder gemeinen Wert im Wege von § 24 UmwStG erweitert.

1.2.2. Prüfung der Anwendbarkeit des § 6b EStG auf die zu untersuchenden Transferfälle

1.2.2.1. Anwendbarkeit von § 6b EStG in Abhängigkeit von der Übertragung stiller Reserven des entgeltlich übertragenen Wirtschaftsguts auf ein davon abweichendes Reinvestitionswirtschaftsgut (Fälle II und VI)

Wie bei den downstream-Fällen II und VI sind bei den upstream-Fällen II und VI die entgeltlich Übertragenden und die Reinvestierenden sowie ggf. gleichzeitig die Transferwirtschaftsgüter und Reinvestitionswirtschaftsgüter identisch. Ohne Zwischenschaltung eines anderen Rechtsträgers ist in einer solchen Konstellation bei den upstream-Fällen II und VI eine Veräußerung, eine entgeltliche Übertragung der Transferwirtschaftsgüter und damit eine Übertragung des wirtschaftlichen Eigentums an diesen Wirtschaftsgütern nicht gegeben.[1019] Die Wirtschaftsgüter sind gemäß § 6 Abs. 5 S. 2 EStG zwingend zum Buchwert zu überführen (vgl. Abschnitt A.II.1.2.2. und A.II.1.2.6. dieses Kapitels).

Bei den upstream-Fällen II und VI ist eine Übertragung der stillen Reserven von den Transfer-Wirtschaftsgütern auf die Reinvestitionswirtschaftsgüter nach § 6b EStG entsprechend wie bei der entgegengesetzten Übertragungsrichtung nur möglich, wenn die Transferwirtschaftsgüter an einen bzw. auf einen anderen Rechtsträger veräußert bzw. entgeltlich übertragen werden. Falls die stillen Reserven des Transferwirtschaftsguts des Sonderbetriebsvermögens der Obergesellschaft bei der Untergesellschaft im Fall II bzw. des Transferwirtschaftsguts des Sonderbetriebsvermögens eines Obergesellschafters bei der Untergesellschaft im Fall VI durch eine entgeltliche Übertragung, Veräußerung auf einen anderen Rechtsträger aufgedeckt werden, können bei Erfüllung der sonstigen

[1019] Vgl. Kapitel 2 Abschnitt A.III.2.1.1. sowie JACHMANN, M., § 6b EStG, DStZ 2002, S. 209; RÖHNER, J., Übertragung, S. 227; SELBMANN, D., Übertragung stiller Reserven, S. 204; BRÖDER, A., Übertragung, SteuerStud 2003, S. 139; R 6b.1 Abs. 1 S. 4 EStR.

Voraussetzungen des § 6b EStG die aufgedeckten stillen Reserven steuerneutral im Fall II durch die Obergesellschafter und im Fall VI durch den Obergesellschafter übertragen werden. Im Fall II ist somit eine steuerneutrale Übertragung der stillen Reserven durch die Obergesellschafter auf ein Reinvestitionswirtschaftsgut des Gesamthandsvermögens der Obergesellschaft[1020] und im Fall VI durch den betreffenden Obergesellschafter auf ein Reinvestitionswirtschaftsgut seines Sonderbetriebsvermögens bei der Obergesellschaft möglich. Folglich ist eine Übertragung der stillen Reserven von den Transfer-Wirtschaftsgütern auf die Reinvestitionswirtschaftsgüter nach § 6b EStG nur möglich, wenn die Transferwirtschaftsgüter an einen bzw. auf einen anderen Rechtsträger veräußert bzw. entgeltlich übertragen werden.

1.2.2.2. Übertragung von stillen Reserven eines Einzelwirtschaftsguts des Gesamthandsvermögens der Untergesellschaft auf ein Reinvestitionswirtschaftsgut des Betriebsvermögens der Obergesellschaft

1.2.2.2.1. Grundlagen

Für die Transferfälle I, V und X ist jeweils bei der entgeltlichen Übertragung bzw. Veräußerung eines Wirtschaftsguts des Gesamthandsvermögens der Untergesellschaft in Frage zu stellen, ob eine durch § 6b EStG steuerneutrale Reinvestition der anteilig auf die Obergesellschaft entfallenden aufgedeckten stillen Reserven durch die Obergesellschaft als Untergesellschafterin erfolgt oder ob diese Reinvestition auch durch die lediglich mittelbar beteiligten Obergesellschafter möglich ist. Falls dem Begriff der gesellschafterbezogenen Anwendung des § 6b EStG eine enge Auslegung zu Grunde zu legen ist, ist eine Reinvestition der im Gesamthandsvermögen der Untergesellschaft aufgedeckten stillen Reserven nur durch die Obergesellschaft als die unmittelbare und zivilrechtliche Gesellschafterin der Untergesellschaft von § 6b EStG gedeckt.

Um aber ein einheitliches Verständnis und eine einheitliche Vorgehensweise bei downstream- und upstream-Übertragungen nach § 6b EStG zu erreichen, sollte

[1020] Vgl. RÄTKE, B., in: HERRMANN, C./HEUER, G./RAUPACH, A., EStG/KStG, § 15 EStG Rn. 685 (Mai 2004); R 6b.2 Abs. 7 S. 1 Nr. 2 EStR.

wie bei den entgegengesetzten downstream-Transferfällen I, V und X[1021] eine Reinvestition der anteilig auf die Obergesellschaft entfallenden stillen Reserven durch die lediglich mittelbar beteiligten Obergesellschafter erfolgen können. Die aufgedeckten stillen Reserven aus dem übertragenen Wirtschaftsgut des Gesamthandsvermögens der Untergesellschaft sind mittelbar auch den Obergesellschaftern zuzurechnen. Schließlich erwirbt ein neuer Obergesellschafter mit dem Erwerb eines Obergesellschaftsanteils nicht nur den Gesellschaftsanteil an der Obergesellschaft. Aus wirtschaftlicher und steuerrechtlicher Sicht erwirbt dieser Anteile an den Wirtschaftsgütern des Gesamthandsvermögens der Obergesellschaft und darüber auch Anteile an den Wirtschaftsgütern des Gesamthandsvermögens der Untergesellschaft sowie Anteile an den Wirtschaftsgütern des Sonderbetriebsvermögens der Obergesellschaft bei der Untergesellschaft.[1022]

Zudem kann auf die Argumentation zu den downstream-Fällen I, V und X[1023] zurückgegriffen werden. So ist auch bei den upstream-Transferfällen I, V und X die steuerneutrale Übertragung von stillen Reserven durch einen lediglich mittelbar beteiligten Gesellschafter dem Gesetzeswortlaut des § 6b EStG nicht zu entnehmen. Solche Übertragungen sind aber auch nicht durch den Gesetzeswortlaut ausgeschlossen. Ebenso die Voraussetzung, dass der entgeltlich Übertragende gleich dem Reinvestierenden ist, ist bei den upstream-Transferfällen I, V und X und einer Reinvestition durch die lediglich mittelbar beteiligten Obergesellschafter erfüllt. Die Obergesellschafter sind vor der Übertragung als auch danach an den stillen Reserven beteiligt.[1024] Außerdem entspricht auch eine solche Vorgehensweise m. E. der Intention des Gesetzgebers.[1025]

Für den upstream-Fall V hätte eine enge Auslegung der gesellschafterbezogenen Anwendung des § 6b EStG und der Reinvestitionsmöglichkeit der im Gesamthandsvermögen der Untergesellschaft aufgedeckten stillen Reserven nur durch die Obergesellschaft außerdem die Nichtanwendbarkeit von § 6b EStG auf die Reinvestition des Obergesellschafters in sein Sonderbetriebsvermögen bei der

---

1021 Vgl. Kapitel 2 Abschnitt A.III.3.2.3.
1022 Vgl. Kapitel 1 Abschnitt B.I.3.1.
1023 Vgl. Kapitel 2 Abschnitt A.III.3.2.3.1.
1024 Vgl. Kapitel 2 Abschnitt A.III.2.2.
1025 Vgl. Kapitel 2 Abschnitt A.III.1.

Obergesellschaft zur Konsequenz. Aber auch in Bezug auf den Transferfall V sollte m. E. auf Basis der vorstehenden Argumentation die Reinvestitionsmöglichkeit durch einen Obergesellschafter begrenzt auf die mittelbar auf ihn entfallenden stillen Reserven des Gesamthandsvermögens der Untergesellschaft anerkannt werden. Zudem sollte, wenn eine Übertragung der anteiligen stillen Reserven des Obergesellschafters in der downstream-Übertragungsrichtung wie im downstream-Fall V nach § 6b EStG steuerneutral möglich ist, dies auch bei der entgegengesetzten Übertragungsrichtung möglich sein.[1026]

Zwar ist eine Reinvestition der im Gesamthandsvermögen der Untergesellschaft aufgedeckten stillen Reserven durch die Obergesellschaft als unmittelbare und zivilrechtliche Gesellschafterin der Untergesellschaft von § 6b EStG gedeckt und vertretbar. Als Alternative liegt m. E. auch eine steuerneutrale Reinvestition von aufgedeckten stillen Reserven des Gesamthandsvermögens der Untergesellschaft durch die lediglich mittelbar beteiligten Gesellschafter im Anwendungsbereich von § 6b EStG. Ein solches Vorgehen würde auch mit der gesellschafterbezogenen Ermittlung der Voraussetzungen von § 6b EStG bei Übertragungen innerhalb doppelstöckiger Personengesellschaften übereinstimmen und bei Nichterfüllung der Voraussetzungen des § 6b EStG durch einzelne mittelbar beteiligte Obergesellschafter die bilanzielle Abbildung vereinfachen (vgl. Abschnitt A.III.1.1. dieses Kapitels).

Falls bei den upstream-Fällen I und X an dem Vermögen der Untergesellschaft neben der Obergesellschaft noch weitere Untergesellschafter beteiligt sind, ist eine durch § 6b EStG begünstigte rechtsträgerübergreifende Reinvestition im Gesamthandsvermögen der Obergesellschaft für diese grundsätzlich ausgeschlossen. Es sei denn, diese wären zugleich auch an der Obergesellschaft beteiligt (vgl. dazu die Ausführungen zu den upstream-Fällen III, VIII, IX in Kapitel 3 Abschnitt A.III.1.2.2.6.). Eine solche unmittelbare Beteiligung würde in den Fällen I und X durch die Übertragung gegen Gewährung von Gesellschaftsrechten aber gegründet werden. Falls eine Beteiligung an der Obergesellschaft dagegen nicht gegeben ist, können alternativ diese Untergesellschafter ihre anteiligen aufge-

---

[1026] Vgl. Kapitel 2 Abschnitt A.III.3.2.3.4.

deckten stillen Reserven im Wege von § 6b EStG auf andere Reinvestitionswirtschaftsgüter, die diesen zuzurechnen sind, übertragen oder § 6b-Rücklagen (§ 6b Abs. 3 S. 1 EStG) bilden.[1027]

Die Transferfälle I und X sehen eine Reinvestition der anteiligen stillen Reserven im Gesamthandsvermögen der Obergesellschaft vor. Da durch die gesellschafterbezogene Anwendung des § 6b EStG die Entscheidung über die steuerneutrale Übertragung der aufgedeckten stillen Reserven jeweils den einzelnen Gesellschaftern obliegt, wird bei diesen Fällen ein entsprechendes gleichlautendes Interesse der Obergesellschafter angenommen.

1.2.2.2.2. Fall I – Übertragung von stillen Reserven eines Einzelwirtschaftsguts des Gesamthandsvermögens der Untergesellschaft auf ein Reinvestitionswirtschaftsgut im Gesamthandsvermögen der Obergesellschaft

Grundlegend ist bezüglich des upstream-Falls I auf den entgegengesetzten downstream-Fall I zu verweisen.[1028] Folglich ist zunächst zu differenzieren, ob das Entgelt in Gewährung von Gesellschaftsrechten oder sonstigem Entgelt gewährt wird.

Eine Anwendung von § 6b EStG ist zunächst auszuschließen, wenn eine Übertragung eines Wirtschaftsguts des Gesamthandsvermögens der Untergesellschaft auf ein Reinvestitionswirtschaftsgut im Gesamthandsvermögen der Obergesellschaft gegen Gewährung von Gesellschaftsrechten an der Obergesellschaft bzw. Minderung von Gesellschaftsrechten an der Untergesellschaft erfolgt. Dies hätte grundsätzlich die zwangsweise Buchwertfortführung nach § 6 Abs. 5 S. 3 Nr. 1 EStG zum Ergebnis.[1029] Lediglich die Aufdeckung der stillen Reserven aus dieser Übertragung durch § 6 Abs. 5 S. 4-6 EStG würde eine Anwendung von § 6b EStG ermöglichen.

Darüber hinaus ist eine Anwendung von § 6b EStG beim upstream-Fall I

[1027] Vgl. Kapitel 2 Abschnitt A.III.2.1.3.1.
[1028] Vgl. Kapitel 2 Abschnitt A.III.3.2.3.2.
[1029] Vgl. Kapitel 3 Abschnitt A.II.1.2.1.

darstellbar, wenn das Wirtschaftsgut gegen sonstiges Entgelt in das Gesamthandsvermögen der Obergesellschaft übertragen wird oder wenn das Wirtschaftsgut der Untergesellschaft veräußert wird und die stillen Reserven im Wege von § 6b EStG auf ein abweichendes Reinvestitionswirtschaftsgut im Gesamthandsvermögen der Obergesellschaft übertragen werden.

Falls im Rahmen der Übertragung gegen sonstiges Entgelt sich die Obergesellschaft bzw. die Obergesellschafter für eine Übertragung der aufgedeckten stillen Reserven auf das Reinvestitionswirtschaftsgut im Gesamthandsvermögen der Obergesellschaft unter Anwendung von § 6b EStG entscheiden, ist die Übertragung der stillen Reserven insgesamt auf die Höhe des anteiligen Veräußerungsgewinns der Obergesellschaft begrenzt. Erfolgt die Übertragung der stillen Reserven nicht durch die Obergesellschaft, sondern durch die einzelnen Obergesellschafter, hätte dies zur Konsequenz, dass jeder Obergesellschafter den auf ihn entfallenden quotalen Veräußerungsgewinn aus dem Wirtschaftsgut des Gesamthandsvermögens der Untergesellschaft begrenzt auf die Höhe seiner quotalen Reinvestitionskosten am Wirtschaftsgut im Gesamthandsvermögen der Obergesellschaft übertragen kann. Die Besteuerung der restlichen aufgedeckten stillen Reserven ist von der Nutzung der Reinvestitionsmöglichkeiten von § 6b EStG durch die weiteren Untergesellschafter neben der Obergesellschaft abhängig. Bei der Übertragung gegen Gewährung von Gesellschaftsrechten kann eine Besteuerung der aufgedeckten stillen Reserven allerdings sogar vollständig durch die Übertragung der aufgedeckten stillen Reserven vermieden werden. Dies setzt voraus, dass alle Obergesellschafter einschließlich der Untergesellschaft als „neue Obergesellschafterin" bzw. deren Gesellschafter die auf sie anteilig entfallenden aufgedeckten stillen Reserven auf das Reinvestitionswirtschaftsgut im Gesamthandsvermögen der Obergesellschaft im Wege von § 6b EStG übertragen.

1.2.2.2.3. Fall X – Übertragung von stillen Reserven im Rahmen der Übertragung eines Teilbetriebs bzw. Betriebs der Untergesellschaft zum Zwischenwert bzw. gemeinen Wert auf ein Reinvestitionswirtschaftsgut im Gesamthandsvermögen der Obergesellschaft

Da eine Anwendung von § 6b EStG an die Aufdeckung von stillen Reserven anknüpft, ist entsprechend der Ausführungen in Kapitel 2 Abschnitt A.III.3.2.3.3. bei der Einbringung eines Betriebs bzw. Teilbetriebs der Untergesellschaft in die Obergesellschaft zu Buchwerten gegen Gewährung von Gesellschaftsrechten nach § 24 UmwStG eine Anwendung von § 6b EStG aufgrund der fehlenden Aufdeckung von stillen Reserven von vornherein ausgeschlossen. Eine Übertragung von stillen Reserven nach § 6b EStG ist bei einer entgeltlichen Übertragung eines Betriebs bzw. Teilbetriebs nur möglich, wenn der Betrieb bzw. Teilbetrieb gemäß § 24 UmwStG zu einem über dem Buchwert liegenden Wert (zum Zwischenwert bzw. gemeinen Wert) unter Aufdeckung von stillen Reserven gegen Gewährung bzw. Minderung von Gesellschaftsrechten übertragen wird[1030] oder wenn die Untergesellschaft den Betrieb bzw. Teilbetrieb an die Obergesellschaft veräußert.

Allen genannten Übertragungen im Wege von § 6b EStG ist gemein, dass die Obergesellschaft bzw. die Obergesellschafter die jeweils durch § 6b EStG begünstigten anteiligen aufgedeckten stillen Reserven[1031] nur bis zur Höhe der quotalen Reinvestitionskosten auf die Reinvestitionswirtschaftsgüter übertragen können.[1032] Entsprechend der Ausführungen zum upstream-Fall I kann bei der Übertragung gegen Gewährung von Gesellschaftsrechten eine Besteuerung der aufgedeckten stillen Reserven sogar vollständig durch Übertragungen im Wege von § 6b EStG vermieden werden, wenn alle Obergesellschafter einschließlich der Untergesellschaft bzw. deren Gesellschafter als „neue Obergesellschafter" – je nach Ausgestaltung des Einbringungsvorgangs[1033] – die auf sie anteilig entfallenden aufgedeckten stillen Reserven auf das Reinvestitionswirtschaftsgut im Gesamthandsvermögen der Obergesellschaft im Wege von § 6b EStG übertragen.[1034] Die nicht übertragenen aufgedeckten stillen Reserven können durch die Bildung einer Rücklage nach § 6b Abs. 3 S. 1 EStG und eine spätere Übertragung oder alternativ durch die direkte Übertragung auf ein weiteres Reinvestitionswirtschaftsgut des jeweiligen Gesellschafters im Wege von § 6b EStG der Besteuerung entzogen werden.[1035]

1030 Vgl. in Bezug auf Einbringungen im Wege von § 24 UmwStG GLANEGGER, P., in: SCHMIDT, L., EStG, § 6b Rn. 69.
1031 Vgl. zu den begünstigten Veräußerungsobjekten Kapitel 2 Abschnitt A.III.2.1.2.
1032 Vgl. Kapitel 2 Abschnitt A.III.2.2.
1033 Vgl. Kapitel 3 Abschnitte A.IV.1.2. und A.IV.1.3.
1034 Vgl. Kapitel 3 Abschnitt A.III.1.2.2.2.2.
1035 Vgl. Kapitel 2 Abschnitt A.III.2.1.3.1.

1.2.2.2.4. Fall V – Übertragung von stillen Reserven eines Einzelwirtschaftsguts des Gesamthandsvermögens der Untergesellschaft auf ein Reinvestitionswirtschaftsgut im Sonderbetriebsvermögen eines Obergesellschafters bei der Obergesellschaft

Beim Fall V, der Übertragung von stillen Reserven eines Einzelwirtschaftsguts des Gesamthandsvermögens der Untergesellschaft auf ein Reinvestitionswirtschaftsgut im Sonderbetriebsvermögen eines Obergesellschafters bei der Obergesellschaft, kann eine entgeltliche Übertragung abweichend zum entgegengesetzten downstream-Fall V nicht als eine Übertragung gegen Gewährung bzw. Minderung von Gesellschaftsrechten, sondern nur gegen sonstiges Entgelt ausgestaltet sein. Eine Gewährung von Gesellschaftsrechten am Sonderbetriebsvermögen des Obergesellschafters bei der Obergesellschaft ist auszuschließen. Aber auch eine Übertragung gegen Minderung von Gesellschaftsrechten der Untergesellschaft scheidet aus, wenn der Obergesellschafter nicht zugleich unmittelbarer Gesellschafter der Untergesellschaft ist.[1036]

Im Falle einer entgeltlichen Übertragung unter Aufdeckung der stillen Reserven kann sich der Obergesellschafter entscheiden, die auf ihn anteilig entfallenden aufgedeckten stillen Reserven unter Anwendung von § 6b EStG auf das Reinvestitionswirtschaftsgut in seinem Sonderbetriebsvermögen bei der Obergesellschaft zu übertragen. Dabei kann der Anteil der aufgedeckten stillen Reserven aufgrund der nur mittelbaren Beteiligung an der Untergesellschaft unter Umständen sehr gering sein.

Die restlichen aufgedeckten stillen Reserven sind für eine Anwendung von § 6b EStG den sonstigen Obergesellschaftern und den sonstigen Untergesellschaftern neben der Obergesellschaft zuzuordnen. Die Entscheidung einer Anwendung von § 6b EStG zur Vermeidung der sofortigen Besteuerung der aufgedeckten stillen Reserven obliegt jedem Einzelnen.

1036 Vgl. Kapitel 3 Abschnitt A.II.1.2.5.

1.2.2.3. Fall IV – Übertragung von stillen Reserven eines Einzelwirtschaftsguts des Sonderbetriebsvermögens eines Obergesellschafters bei der Untergesellschaft auf ein Reinvestitionswirtschaftsgut im Gesamthandsvermögen der Obergesellschaft

Eine Reinvestition von aufgedeckten stillen Reserven nach § 6b EStG zur Vermeidung deren sofortiger Besteuerung ist im Fall IV, der Übertragung von stillen Reserven eines Wirtschaftsguts des Sonderbetriebsvermögens eines Obergesellschafters bei der Untergesellschaft auf ein Reinvestitionswirtschaftsgut im Gesamthandsvermögen der Obergesellschaft, anteilig entsprechend der Beteiligungsquote des Obergesellschafters an der Obergesellschaft grundsätzlich möglich (Übertragung bis zur Höhe der quotalen Reinvestitionskosten).[1037] Die Voraussetzung einer entgeltlichen Übertragung ist erfüllt, wenn die zwangsweise Buchwertfortführung nach § 6 Abs. 5 S. 3 Nr. 2 Alt. 2 EStG[1038] bei einer Übertragung gegen Gewährung von Gesellschaftsrechten durch § 6 Abs. 5 S. 4-6 EStG durchbrochen wird oder wenn die Übertragung gegen sonstiges Entgelt durchgeführt wird.

Für die restlichen aufgedeckten stillen Reserven, die dem Obergesellschafter aus seinem Sonderbetriebsvermögen bei der Untergesellschaft zuzurechnen sind, besteht ebenfalls die Möglichkeit deren sofortige Besteuerung durch die Übertragungsmöglichkeiten von § 6b EStG auf weitere Reinvestitionswirtschaftsgüter bzw. durch die Bildung einer § 6b-Rücklage zu vermeiden.

1.2.2.4. Fall VII – Übertragung von stillen Reserven eines Einzelwirtschaftsguts des Sonderbetriebsvermögens der Obergesellschaft bei der Untergesellschaft auf ein Reinvestitionswirtschaftsgut des Sonderbetriebsvermögens eines Obergesellschafters bei der Obergesellschaft

Da für den Fall VII, der Übertragung eines Einzelwirtschaftsguts des Sonder-

[1037] Vgl. HOTTMANN, J., in: ZIMMERMANN, R. U. A., Personengesellschaft, G Rn. 32; Kapitel 2 Abschnitt A.III.2.2.
[1038] Vgl. Kapitel 3 Abschnitt A.II.1.2.4.

betriebsvermögens der Obergesellschaft bei der Untergesellschaft ins Sonderbetriebsvermögen eines Obergesellschafters bei der Obergesellschaft, eine entgeltliche Übertragung gegen Gewährung oder Minderung von Gesellschaftsrechten wie im upstream-Fall V nicht in Frage kommt, ist eine Anwendung von § 6b EStG auf die Übertragung gegen sonstiges Entgelt begrenzt. Der Obergesellschafter kann bei einer solchen Übertragung die quotal auf ihn entfallenden aufgedeckten stillen Reserven auf sein Reinvestitionswirtschaftsgut in seinem Sonderbetriebsvermögen der Obergesellschaft übertragen (Übertragung des quotalen Veräußerungsgewinns).[1039]

Ob die restlichen aufgedeckten stillen Reserven, die aufgrund der gesellschafterbezogenen Anwendung von § 6b EStG den sonstigen Obergesellschaftern zuzuordnen sind, der sofortigen Besteuerung zu unterwerfen sind, ist von der Nutzung der Übertragungsmöglichkeiten nach § 6b EStG durch diese sonstigen Obergesellschafter abhängig.

1.2.2.5. Von der Anwendung des § 6b EStG ausgeschlossene Transferfälle (Fälle III, VIII und IX)

Entsprechend der Ausführungen zu den downstream-Fällen III, VIII und IX in Kapitel 2 Abschnitt A.III.3.2.1. ist eine durch § 6b EStG begünstigte rechtsträgerübergreifende Reinvestition ausgeschlossen, wenn der Reinvestierende zuvor nicht an den stillen Reserven beteiligt war oder der Veräußernde anschließend nicht an dem Reinvestitionswirtschaftsgut beteiligt ist. Schließlich setzt § 6b EStG für eine Übertragung von stillen Reserven voraus, dass der Reinvestierende jeweils gleich dem (entgeltlich) Übertragenden ist (vgl. Kapitel 2 Abschnitt A.III.2.2.).[1040] Demzufolge können die stillen Reserven bei den Fällen III, VIII und IX nicht nach § 6b EStG übertragen werden.

Die Fälle VIII und IX betreffen eine entgeltliche Übertragung eines Wirtschaftsguts des Sonderbetriebsvermögens eines Obergesellschafters bzw. Untergesellschaf-

---

[1039] Vgl. Kapitel 2 Abschnitt A.III.2.2.

[1040] Vgl. BENECKE, A. Y., Umwandlung, S. 149; SELBMANN, D., Übertragung stiller Reserven, S. 55-56; GLANEGGER, P., in: SCHMIDT, L., EStG, § 6b Rn. 2.

ters bei der Untergesellschaft bei einer anschließenden Reinvestition durch einen anderen einzelnen Gesellschafter der doppelstöckigen Personengesellschaft, im Fall VIII durch einen „anderen" Obergesellschafter und im Fall IX durch einen Obergesellschafter jeweils ins Sonderbetriebsvermögen dieser bei der Obergesellschaft.[1041] Schließlich sind nicht nur Übertragungen von stillen Reserven zwischen Wirtschaftsgütern des Sonderbetriebsvermögens verschiedener Mitunternehmer derselben Mitunternehmerschaft, sondern auch zwischen Sonderbetriebsvermögen verschiedener Mitunternehmer von der Ebene der Obergesellschaft auf die der Untergesellschaft und umgekehrt nicht von dem Anwendungsbereich des § 6b EStG erfasst.

Da der Untergesellschafter nicht – weder mittelbar noch unmittelbar – an der Obergesellschaft beteiligt ist und das Wirtschaftsgut nach der Übertragung im Wege der Veräußerung zum Gesamthandsvermögen der Obergesellschaft zählt, ist eine Übertragung der stillen Reserven nach § 6b EStG auch für den Fall III ausgeschlossen.

1.2.3. Zusammenfassender Überblick über die Anwendbarkeit des § 6b EStG auf die zu untersuchenden Transferfälle

Die vorherige Prüfung zur Anwendbarkeit von § 6b EStG ergibt lediglich bei den upstream-Fällen II, III, VI, VIII und IX ein den entgegengesetzten downstream-Fällen entsprechendes Ergebnis. Die upstream-Fälle II und VI ermöglichen wie die entgegengesetzten downstream-Fälle eine vollständige steuerneutrale Übertragung der stillen Reserven. Aber auch hier ist aufgrund des fehlenden Rechtsträgerwechsels vorauszusetzen, dass das Transfer-Wirtschaftsgut von dem Reinvestitionswirtschaftsgut abweicht. Folglich stellen die Transferfälle II und VI bei Übertragungen im Wege von § 6b EStG erneut nur eine Alternative zu einer Vermögensüberführung im Wege von § 6 Abs. 5 S. 2 EStG dar, soweit es die Zielsetzung der Steuerpflichtigen ist, eine steuerneutrale Übertragung der stillen

[1041] Vgl. Rätke, B., in: Herrmann, C./Heuer, G./Raupach, A., EStG/KStG, § 15 EStG Rn. 685 (Mai 2004); Glanegger, P., in: Schmidt, L., EStG, § 6b Rn. 6; Welbers, H., in: Lademann, F., EStG, § 6b Rn. 22 (Juli 2002).

Reserven unabhängig von der Identität des Reinvestitionswirtschaftsguts zu erreichen.

Bei den upstream-Fällen III, VIII und IX ist wie bereits bei den entgegengesetzten downstream-Fällen eine direkte steuerneutrale Übertragung von stillen Reserven von der Anwendung des § 6b EStG ausgeschlossen. Die reinvestierenden Gesellschafter (upstream-Fälle VIII und IX) sind bei diesen Transferfällen nicht an den aufgedeckten und zu übertragenden stillen Reserven bzw. der Untergesellschafter (upstream-Fall III) nicht an der reinvestierenden Obergesellschaft beteiligt.

Bei den upstream-Fällen I und X ist bei der Übertragung im Wege der Veräußerung bzw. gegen Gewährung von Gesellschaftsrechten eine steuerneutrale Übertragung der bei der entgeltlichen Übertragung des Transferwirtschaftsguts aufgedeckten stillen Reserven aufgrund der gesellschafterbezogenen Anwendung des § 6b EStG ggf. nur quotal entsprechend der mittelbaren Beteiligungsquote der Obergesellschafter bzw. des Obergesellschafters an der Untergesellschaft möglich. Falls stattdessen das Transferwirtschaftsgut in den upstream-Fällen I und X gegen Gewährung von Gesellschaftsrechten an die Untergesellschaft bzw. die Untergesellschafter, die neben der Obergesellschaft an der Untergesellschaft beteiligt sind, übertragen wird, besteht durch die veränderten Beteiligungsverhältnisse der Obergesellschaft die Möglichkeit, im Wege von § 6b EStG weitere unter Umständen alle aufgedeckten stillen Reserven des Transferwirtschaftsguts auf das Reinvestitionswirtschaftsgut zu übertragen.

Die upstream-Fälle IV und VII ermöglichen mit einer Reinvestition im Gesamthandsvermögen der Obergesellschaft (Fall IV) bzw. einer Reinvestition im Sonderbetriebsvermögen eines Obergesellschafters bei der Obergesellschaft (Fall VII) jeweils nur eine quotale Übertragung der aufgedeckten stillen Reserven entsprechend der Beteiligungsquote des Obergesellschafters bei der Obergesellschaft.

Da beim upstream-Fall V das Transferwirtschaftsgut aus dem Gesamthandsvermögen der Untergesellschaft stammt, ist die Übertragung von stillen Reserven nach § 6b EStG ebenfalls nur quotal möglich, in diesem Fall begrenzt auf die mittelbare Beteiligungsquote des Obergesellschafters bei der Untergesellschaft.

Zudem weist der upstream-Fall V als Besonderheit auf, dass eine Übertragung des Transferwirtschaftsguts nicht gegen Gewährung bzw. Minderung von Gesellschaftsrechten, sondern nur gegen sonstiges Entgelt durchgeführt werden kann.

Die nachfolgende Abbildung gibt die Ergebnisse der Prüfung der Anwendbarkeit von § 6b EStG auf die untersuchten upstream-Fälle nochmals zusammengefasst wieder:

upstream	**Transfer eines / einer**	**Vermögensmäßige Zuordnung**		Entgeltliche Übertragung des wirtschaftlichen Eigentums am Transfer-WG	Im Anwendungsbereich von § 6b EStG
	Einzel-WG				
Fall I	Einzel-WG von der UG auf die OG	Transfer-WG im: Reinvestitions-WG im:	GHV der UG GHV der OG	ja	ja (quotal, entsprechend der mittelbaren Beteiligungsquote der OGter an der UG; zusätzlich bei Übertragung des Transfer-WG gegen Gewährung von Gesellschaftsrechten der OG an die UG, entsprechend der Beteiligungsquote der anderen UGter - neben der OG - an der UG)
Fall II	Einzel-WG innerhalb des Vermögens der OG	Transfer-WG im: Reinvestitions-WG im:	SBV der OG bei der UG GHV der OG	ja / nein	ja (bei entgeltlicher Übertragung des wirtschaftlichen Eigentums am Transfer-WG)
Fall III	Einzel-WG von einem UGter auf die OG	Transfer-WG im: Reinvestitions-WG im:	SBV eines UGters bei der UG GHV der OG	ja	nein
Fall IV	Einzel-WG von einem OGter auf die OG	Transfer-WG im: Reinvestitions-WG im:	SBV eines OGters bei der UG GHV der OG	ja	ja (quotal, entsprechend der Beteiligungsquote des OGters an der OG)
Fall V	Einzel-WG von der UG auf einen OGter	Transfer-WG im: Reinvestitions-WG im:	GHV der UG SBV eines OGters bei der OG	ja	ja (quotal, entsprechend der mittelbaren Beteiligungsquote des OGters an der UG)
Fall VI	Einzel-WG innerhalb des Vermögens eines OGters	Transfer-WG im: Reinvestitions-WG im:	SBV eines OGters bei der UG SBV dieses OGters bei der OG	ja / nein	ja (bei entgeltlicher Übertragung des wirtschaftlichen Eigentums am Transfer-WG)
Fall VII	Einzel-WG von der OG auf einen OGter	Transfer-WG im: Reinvestitions-WG im:	SBV der OG bei der UG SBV eines OGters bei der OG	ja	ja (quotal, entsprechend der Beteiligungsquote des OGters an der OG)
Fall VIII	Einzel-WG von einem OGter auf einen anderen OGter	Transfer-WG im: Reinvestitions-WG im:	SBV eines OGters bei der UG SBV eines anderen OGters bei der OG	ja	nein
Fall IX	Einzel-WG von einem UGter auf einen OGter	Transfer-WG im: Reinvestitions-WG im:	SBV eines UGters bei der UG SBV eines OGters bei der OG	ja	nein
	Sachgesamtheit				
Fall X	Betriebs bzw. Teilbetriebs (zum Zwischenwert oder gemeinen Wert im Wege von § 24 UmwStG bzw. im Wege der Veräußerung)	Transfer-WG im: Reinvestitions-WG im:	GHV der UG GHV der OG	ja	ja (ggf. quotal, entsprechend der Beteiligungsquote der OGter an der UG; zusätzlich bei Übertragung des Transfer-WG gegen Gewährung von Gesellschaftsrechten der OG an die UG, entsprechend der Beteiligungsquote der anderen UGter - neben der OG - an der UG, nur bei begünstigten Reinvestitions-WG)

Abb. 21: Überblick über die Anwendbarkeit des § 6b EStG auf die untersuchten upstream-Transferfälle

2. Rechtsfolgen und bilanzielle Abbildung der Übertragungen von stillen Reserven nach § 6b EStG aus dem Betriebsvermögen der Untergesellschaft in das Betriebsvermögen der Obergesellschaft

2.1. Rechtsfolgen

Die grundlegenden, in Kapitel 2 Abschnitt A.III.4.1. zu den downstream-Übertragungen dargelegten Rechtsfolgen des § 6b EStG gelten auch für die gegenläufigen upstream-Übertragungen von stillen Reserven innerhalb doppelstöckiger Personengesellschaften. Demnach hat der durch § 6b EStG begünstigte Steuerpflichtige das Wahlrecht, die stillen Reserven direkt von den Anschaffungs- oder Herstellungskosten des Reinvestitionsobjekts nach § 6b Abs. 1 EStG abzuziehen, alternativ nach § 6b Abs. 3 S. 1 EStG die aufgedeckten begünstigten stillen Reserven im Wirtschaftsjahr der entgeltlichen Übertragung des Transferwirtschaftsguts in einer § 6b-Rücklage zu erfassen und den Abzug der stillen Reserven von den Anschaffungs- oder Herstellungskosten des Reinvestitionsobjekts nach § 6b Abs. 3 S. 2-4 EStG in einer späteren Periode zu nutzen oder auf eine steuerneutrale Übertragung nach § 6b EStG zu verzichten. Folglich kann der Steuerpflichtige durch die Nutzung der steuerneutralen Übertragungsmöglichkeiten nach § 6b EStG die Besteuerung von aufgedeckten stillen Reserven vermeiden.[1042] Insoweit hat eine Übertragung von Betriebsvermögen auch keine Auswirkungen auf evtl. vorhandene einkommen- bzw. körperschaftsteuerrechtliche Verlustvorträge, die auf Ebene der unmittelbaren bzw. mittelbaren Mitunternehmer vorgetragen werden.

Falls in den Fällen IV und VI der Obergesellschafter nicht über weiteres Sonderbetriebsvermögen bei der Untergesellschaft verfügt, gibt der Obergesellschafter im Zuge der entgeltlichen Übertragung seines Sonderbetriebsvermögens bei der Untergesellschaft ins Betriebsvermögen der Obergesellschaft seine Sonder-Mitunternehmerstellung bei der Untergesellschaft (§ 15 Abs. 1 S. 1 Nr. 2 S. 2 EStG) auf.

[1042] Vgl. auch Kapitel 2 Abschnitt A.III.2.1.3.1.

Im Fall X und der Einbringung eines Teilbetriebs der Untergesellschaft sowie im Fall I wird, soweit die Übertragung des Transferwirtschaftsguts gegen Gewährung von Gesellschaftsrechten der Obergesellschaft an die Untergesellschaft erfolgt, eine Beteiligung der Untergesellschaft an der Obergesellschaft gegründet. Folglich würde zwischen Obergesellschaft und Untergesellschaft ein wechselseitiges Beteiligungsverhältnis entstehen. Ein solches wechselseitiges Beteiligungsverhältnis und auch die Einbringung gegen Gewährung von Gesellschaftsrechten der Obergesellschaft an die neben der Obergesellschaft bestehenden Untergesellschafter im Fall X bieten die Möglichkeit, stille Reserven eines Transferwirtschaftsguts des Gesamthandsvermögens der Untergesellschaft durch die Obergesellschafter und die neben der Obergesellschaft bestehenden Untergesellschafter vollständig im Wege von § 6b EStG, d. h. in vollem Umfang steuerneutral, auf ein Reinvestitionswirtschaftsgut im Gesamthandsvermögen der Obergesellschaft zu übertragen.

2.2. Bilanzielle Abbildung

2.2.1. Vorgehensweise

Die nachfolgenden Abschnitte verdeutlichen anhand von Beispielen die bilanzielle Abbildung der Anwendung von § 6b EStG auf Übertragungen von im Wege einer Veräußerung aufgedeckten stillen Reserven. Bei den upstream-Transferfällen wird auf im Rahmen der downstream-Transferfälle eingegangene buchungstechnische Grundlagen nicht mehr eingegangen. Vielmehr sollen durch die nachfolgenden Ausführungen Besonderheiten, die aus der bilanziellen Abbildung von upstream-Übertragungen im Wege von § 6b EStG innerhalb einer doppelstöckigen Personengesellschaft resultieren, aufgezeigt werden. Da Übertragungen von stillen Reserven nach § 6b EStG bei Übertragungen des Transferwirtschaftsguts gegen Gewährung bzw. Minderung von Gesellschaftsrechten nur geringfügige Abweichungen bei der bilanziellen Abbildung zu Übertragungen von stillen Reserven im Wege der Veräußerung aufweisen, wird in den nachfolgenden Abschnitten nur zu Besonderheiten ohne eine Darstellung anhand von Beispielen Stellung genommen.

2.2.2. Übertragungen ins Gesamthandsvermögen der Obergesellschaft

2.2.2.1. Fall I – Übertragung von stillen Reserven aus dem Gesamthandsvermögen der Untergesellschaft auf ein Reinvestitionswirtschaftsgut im Gesamthandsvermögen der Obergesellschaft

Beispiel zum Fall I: Entsprechend des in Abb. 2 dargestellten Grundfalls sind an der X-OHG die Gesellschafter A und B je zur Hälfte beteiligt, während die X-OHG neben dem Gesellschafter C an der Y-OHG ebenfalls zur Hälfte beteiligt ist. Beim denkbaren upstream-Fall I veräußert die Untergesellschaft ein durch § 6b EStG begünstigtes Wirtschaftsgut, ein Grundstück, ihres Gesamthandsvermögens an die Gesamthand der Obergesellschaft zu einem dem Teilwert entsprechenden Verkaufspreis von TEUR 300 bei einem Buchwert von TEUR 100. Die Obergesellschafter A und B sind bestrebt, soweit als möglich die durch die entgeltliche Übertragung aufgedeckten stillen Reserven auf das Reinvestitionswirtschaftsgut der Obergesellschaft zu übertragen. Ein aufgrund der lediglich hälftigen Beteiligung der Obergesellschaft an der Untergesellschaft verbleibender Teil der aufgedeckten stillen Reserven soll in eine § 6b-Rücklage eingestellt werden. Beim Beispiel wird davon ausgegangen, dass die Voraussetzungen des § 6b EStG vorliegen.

Bei der bilanziellen Abbildung des Beispiels zum Fall I ist zu differenzieren, ob die Übertragung der aufgedeckten stillen Reserven im Wege von § 6b EStG durch die Obergesellschafter oder durch die Obergesellschaft als Gesamthand erfolgt. Nachfolgend wird zunächst die bilanzielle Abbildung der Übertragung der stillen Reserven durch die Obergesellschafter veranschaulicht.

(1) Ausgangssituation, vor der entgeltlichen Übertragung:

X-OHG (in TEUR)

A		P	
Grundstücke	0	Eigenkapital	
Beteiligung Y-OHG	200	Kap.-Kto I: A	500
Bank	600	Kap.-Kto I: B	500
Sonstige Aktiva	200		
	1000		1000

Y-OHG (in TEUR)

A		P	
Grundstücke	100	Eigenkapital	
Bank	100	Kap.-Kto I: X-OHG	200
Sonstige Aktiva	200	Kap.-Kto I: C	200
	400		400

(2) Entgeltliche Übertragung und Bildung einer § 6b-Rücklage:

Entgeltliche Übertragung

Buchungssätze X-OHG:

Grundstücke TEUR 300
an Bank TEUR 300

Buchungssätze Y-OHG:

Bank TEUR 300
an Grundstücke TEUR 100
an Sonstiger betrieblicher Ertrag TEUR 200

Bildung einer § 6b-Rücklage

Buchungssätze Y-OHG:

Sonstiger betrieblicher Aufwand TEUR 200
an Kapital X-OHG TEUR 100
an Kapital C TEUR 100

Buchungssätze Ergänzungsbilanz - für A:

Minderkapital TEUR 50
an § 6b-Rücklage TEUR 50

Buchungssätze Ergänzungsbilanz - für B:

Minderkapital TEUR 50
an § 6b-Rücklage TEUR 50

Buchungssätze Ergänzungsbilanz - für C:

Minderkapital TEUR 100
an § 6b-Rücklage TEUR 100

X-OHG (in TEUR)

A		P	
Grundstücke	300	Eigenkapital	
Beteiligung Y-OHG	200	Kap.-Kto I: A	500
Bank	300	Kap.-Kto I: B	500
Sonstige Aktiva	200		
	1000		1000

Y-OHG (in TEUR)

A		P	
Grundstücke	0	Eigenkapital	
Bank	400	Kap.-Kto I: X-OHG	300
Sonstige Aktiva	200	Kap.-Kto I: C	300
	600		600

Ergänzungsbilanz der X-OHG bei der Y-OHG für A (in TEUR)

A		P	
Minderkapital	50	§ 6b-Rücklage	50
	50		50

Ergänzungsbilanz der X-OHG bei der Y-OHG für B (in TEUR)

A		P	
Minderkapital	50	§ 6b-Rücklage	50
	50		50

Ergänzungsbilanz für C bei der Y-OHG (in TEUR)

A		P	
Minderkapital	100	§ 6b-Rücklage	100
	100		100

(3) Übertragung von aufgedeckten stillen Reserven der § 6b-Rücklage durch die Obergesellschafter auf das Reinvestitionswirtschaftsgut, das Grundstück, im Gesamthandsvermögen der Obergesellschaft:

Buchungssätze Ergänzungsbilanz - für A:

Minderkapital TEUR 50
an Minderwert Grundstücke 50

Buchungssätze Ergänzungsbilanz - für A:

§ 6b-Rücklage TEUR 50
an Minderkapital TEUR 50

Buchungssätze Ergänzungsbilanz - für B:

Minderkapital TEUR 50
an Minderwert Grundstücke 50

Buchungssätze X-OHG:

Beteiligung Y-OHG TEUR 100
an Kapital A TEUR 50
an Kapital B TEUR 50

Buchungssätze Ergänzungsbilanz - für B:

§ 6b-Rücklage TEUR 50
an Minderkapital TEUR 50

X-OHG (in TEUR)

A			P
Grundstücke	300	Eigenkapital	
Beteiligung Y-OHG	300	Kap.-Kto I: A	550
Bank	300	Kap.-Kto I: B	550
Sonstige Aktiva	200		
	1100		1100

Y-OHG (in TEUR)

A			P
Grundstücke	0	Eigenkapital	
Bank	400	Kap.-Kto I: X-OHG	300
Sonstige Aktiva	200	Kap.-Kto I: C	300
	600		600

Ergänzungsbilanz für A bei der X-OHG (in TEUR)

A			P
Minderkapital	50	Minderwert Grundstücke	50
	50		50

Ergänzungsbilanz der X-OHG bei der Y-OHG für A (in TEUR)

A			P
Minderkapital	0	§ 6b-Rücklage	0
	0		0

Ergänzungsbilanz für B bei der X-OHG (in TEUR)

A			P
Minderkapital	50	Minderwert Grundstücke	50
	50		50

Ergänzungsbilanz der X-OHG bei der Y-OHG für A (in TEUR)

A			P
Minderkapital	0	§ 6b-Rücklage	0
	0		0

Ergänzungsbilanz für C bei der Y-OHG (in TEUR)

A			P
Minderkapital	100	§ 6b-Rücklage	100
	100		100

Die aufgedeckten stillen Reserven entfallen im Beispiel zu jeweils 25 v. H. auf die Obergesellschafter A und B sowie zu 50 v. H. auf den Untergesellschafter C. Der im Zuge der Veräußerung im Gesamthandsvermögen der Untergesellschaft realisierte sonstige betriebliche Ertrag kann durch die Bildung einer § 6b-Rücklage neutralisiert werden. Entscheiden sich die Steuerpflichtigen für die Bildung von § 6b-Rücklagen, sind die durch § 6b EStG begünstigten stillen Reserven in negativen Ergänzungsbilanzen der mittelbar beteiligten Obergesellschafter und der sonstigen Untergesellschafter, die neben der Obergesellschaft an der Untergesellschaft beteiligt sind, jeweils auf Ebene der Untergesellschaft zu erfassen.[1043] Dabei sind entsprechend der Ausführungen in Kapitel 2 Abschnitt A.III.4.2.1.1.1. die negativen Ergänzungsbilanzen der Obergesellschafter über die Obergesellschaft bei der Untergesellschaft zu führen. Alternativ wäre es auch möglich, die § 6b-

1043 Vgl. (in Bezug auf einstöckige Personengesellschaften) NIEHUS, U./WILKE, H., Personengesellschaften, S. 111-112; BRÖDER, A., Übertragung, SteuerStud 2003, S. 141.

Rücklage zunächst zusammengefasst in der Gesamthandsbilanz der Untergesellschaft zu führen. Um aber eine Zuordnung der § 6b-Rücklage zu den durch § 6b EStG begünstigten Gesellschaftern, insbesondere den Obergesellschaftern zu erreichen, werden die § 6b-Rücklagen direkt in den o. g. negativen Ergänzungsbilanzen erfasst.

Im Zuge der Übertragung der in den § 6b-Rücklagen erfassten stillen Reserven durch die Obergesellschafter auf das Reinvestitionswirtschaftsgut im Gesamthandsvermögen der Obergesellschaft, sind in Höhe der übertragenen stillen Reserven die § 6b-Rücklagen unter Minderung des Minderkapitals aus den negativen Ergänzungsbilanzen der Obergesellschafter auf Ebene der Untergesellschaft auszubuchen. Da im Beispiel die Reinvestitionskosten im Gesamthandsvermögen der Obergesellschaft je zur Hälfte auf die Obergesellschafter A und B entfallen, können die auf Ebene der Untergesellschaft in den § 6b-Rücklagen erfassten stillen Reserven vollständig auf das Reinvestitionswirtschaftsgut im Gesamthandsvermögen der Obergesellschaft übertragen werden. Die negativen Ergänzungsbilanzen der Obergesellschafter sind vollständig aufzulösen. Auf Ebene der Obergesellschaft wird die Minderung der anteiligen Reinvestitionskosten der Obergesellschafter über die Erfassung von Minderwerten in entsprechender Höhe in negativen Ergänzungsbilanzen der Obergesellschafter bei der Obergesellschaft erreicht.[1044]

Bezüglich des Ausweises der Beteiligung der Obergesellschaft an der Untergesellschaft in der Gesamthandsbilanz der Obergesellschaft ist festzustellen, dass bei der Bildung der § 6b-Rücklagen für die Obergesellschafter in entsprechender Höhe zwar das Kapitalkonto der Obergesellschaft bei der Untergesellschaft erhöht wird. Allerdings wird diese Erhöhung des Kapitalkontos der Obergesellschaft durch die zu erfassenden Minderkapitalien der Obergesellschafter in den negativen Ergänzungsbilanzen auf Ebene der Untergesellschaft neutralisiert. Im Beispiel macht erst die Übertragung der stillen Reserven auf das Reinvestitionswirt-

---

[1044] Vgl. (in Bezug auf einstöckige Personengesellschaften) Korn, K./Strahl, M., Reinvestitionsrücklage, Stbg 2002, S. 304; Strahl, M., Übertragung, FR 2005, S. 799; Jachmann, M., § 6b EStG, DStZ 2002, S. 206; Niehus, U./Wilke, H., Personengesellschaften, S. 113; Schneider, E./Salzer, H., § 6b-Rücklage, SteuerStud 2006, S. 183-184; Bergsteiner, S., Umstrukturierung, S. 164; BFH v. 25.04.1985, IV R 83/83, BStBl. II 1986, S. 350, 352; OFD Rostock v. 22.12.1999, S 2139 – St 237, DStR 2000, S. 76.

schaftsgut im Gesamthandsvermögen der Obergesellschaft und die Minimierung der Minderkapitalien im Zuge der Auflösung der § 6b-Rücklagen eine Anpassung des Beteiligungsausweises in der Gesamthandsbilanz der Obergesellschaft notwendig. Der Beteiligungsausweis ist in Höhe der übertragenen stillen Reserven bzw. der aufgelösten Minderkapitalien (im Beispiel für A und B jeweils TEUR 50) zu erhöhen.

Nachfolgend wird der zuvor dargestellten bilanziellen Abbildung der Übertragung von stillen Reserven im Wege von § 6b EStG durch die Obergesellschafter die bilanzielle Abbildung der Übertragung von stillen Reserven im Wege von § 6b EStG durch die Gesamthand der Obergesellschaft gegenübergestellt:

(1) Entsprechend des Ausgangsfalls

(2) Entgeltliche Übertragung und Bildung einer § 6b-Rücklage:

Entgeltliche Übertragung

Buchungssätze X-OHG:

Grundstücke TEUR 300
an Bank TEUR 300

Buchungssätze Y-OHG:

Bank TEUR 300
an Grundstücke TEUR 100
an Sonstiger betrieblicher Ertrag TEUR 200

Bildung einer § 6b-Rücklage

Buchungssätze Y-OHG:

Sonstiger betrieblicher Aufwand TEUR 200
an Kapital X-OHG TEUR 100
an Kapital C TEUR 100

Buchungssätze Ergänzungsbilanz - X-OHG:

Minderkapital TEUR 100
an § 6b-Rücklage TEUR 100

Buchungssätze Ergänzungsbilanz - für C:

Minderkapital TEUR 100
an § 6b-Rücklage TEUR 100

X-OHG (in TEUR)

A		P	
Grundstücke	300	Eigenkapital	
Beteiligung Y-OHG	200	Kap.-Kto I: A	500
Bank	300	Kap.-Kto I: B	500
Sonstige Aktiva	200		
	1000		1000

Y-OHG (in TEUR)

A		P	
Grundstücke	0	Eigenkapital	
Bank	400	Kap.-Kto I: X-OHG	300
Sonstige Aktiva	200	Kap.-Kto I: C	300
	600		600

(Fortsetzung nächste Seite)

A	Ergänzungsbilanz der X-OHG bei der Y-OHG (in TEUR)		P
Minderkapital	100	§ 6b-Rücklage	100
	100		100

A	Ergänzungsbilanz für C bei der Y-OHG (in TEUR)		P
Minderkapital	100	§ 6b-Rücklage	100
	100		100

(3) Übertragung von aufgedeckten stillen Reserven der § 6b-Rücklage durch die Obergesellschaft auf das Reinvestitionswirtschaftsgut, das Grundstück, im Gesamthandsvermögen der Obergesellschaft:

Buchungssätze X-OHG:

Kapital A TEUR 50
Kapital B TEUR 50
an Grundstücke TEUR 100

Beteiligung Y-OHG TEUR 100
an Kapital A TEUR 50
an Kapital B TEUR 50

Buchungssätze Ergänzungsbilanz - X-OHG:

§ 6b-Rücklage TEUR 100
an Minderkapital TEUR 100

A	X-OHG (in TEUR)		P
Grundstücke	200	Eigenkapital	
Beteiligung Y-OHG	300	Kap.-Kto I: A	500
Bank	300	Kap.-Kto I: B	500
Sonstige Aktiva	200		
	1000		1000

A	Y-OHG (in TEUR)		P
Grundstücke	0	Eigenkapital	
Bank	400	Kap.-Kto I: X-OHG	300
Sonstige Aktiva	200	Kap.-Kto I: C	300
		§ 6b-Rücklage	0
	600		600

A	Ergänzungsbilanz der X-OHG bei der Y-OHG (in TEUR)		P
Minderkapital	0	§ 6b-Rücklage	0
	0		0

A	Ergänzungsbilanz für C bei der Y-OHG (in TEUR)		P
Minderkapital	100	§ 6b-Rücklage	100
	100		100

Schon bei der Bildung der § 6b-Rücklage wird deutlich, dass durch die vorstehende bilanzielle Abbildung eine Zuordnung der § 6b-Rücklage zu den Obergesellschaftern fehlt. Dies wäre aber insbesondere für den Fall interessant, dass nicht alle Obergesellschafter die Voraussetzungen, z. B. in Bezug auf die Vorbesitzzeit nach § 6b Abs. 4 Nr. 2 EStG, erfüllen. Zwar stehen sicherlich auch für diesen Fall Alternativen für eine korrekte bilanzielle Abbildung zur Verfügung. Eine korrekte Zuordnung kann aber stattdessen bereits durch die zuvor dargestellte Erfassung der § 6b-Rücklagen in den negativen Ergänzungsbilanzen der durch § 6b EStG begünstigten Gesellschafter auf Ebene der Untergesellschaft erreicht werden. Außerdem wird auch nach der Übertragung der stillen Reserven auf ein

Reinvestitionswirtschaftsgut im Gesamthandsvermögen der Obergesellschaft im Wege von § 6b EStG eine Zuordnung der übertragenen stillen Reserven durch die Erfassung der Minderwerte in negativen Ergänzungsbilanzen der Obergesellschafter auf Ebene der Obergesellschaft erreicht. Folglich erscheint die Übertragung von stillen Reserven im Wege von § 6b EStG durch die Obergesellschafter im Vergleich zu der durch die Gesamthand der Obergesellschaft in Bezug auf die bilanzielle Abbildung übersichtlicher und vereinfacht die Zuordnung der übertragbaren und übertragenen stillen Reserven. Zudem steht die bilanzielle Abbildung der Übertragung von stillen Reserven im Wege von § 6b EStG durch die Obergesellschafter mit der gesellschafterbezogenen Ermittlung der Voraussetzungen von § 6b EStG im Einklang.

Die Übertragung des Transferwirtschaftsguts aus dem Gesamthandsvermögen der Untergesellschaft ins Gesamthandsvermögen der Obergesellschaft anstatt im Wege der Veräußerung als Übertragung gegen Minderung von Gesellschaftsrechten der Obergesellschaft an der Untergesellschaft nach § 6 Abs. 5 S. 3 Nr. 1 EStG kann aufgrund von § 6 Abs. 5 S. 4-6 EStG eine Aufdeckung von stillen Reserven zum Ergebnis haben. Für eine Anwendung von § 6b EStG ist im Vergleich zur Veräußerung bei der Übertragung gegen Minderung von Gesellschaftsrechten zu beachten, dass der Anteil der Obergesellschafter an den aufgedeckten stillen Reserven durch die Minderung der Gesellschaftsrechte gesunken ist und sich gegenläufig die anteiligen stillen Reserven der sonstigen Untergesellschafter neben der Obergesellschaft erhöhen. Folglich können die Obergesellschafter auch nur stille Reserven in entsprechend geringerer Höhe auf das Reinvestitionswirtschaftsgut im Gesamthandsvermögen der Obergesellschaft steuerneutral im Wege von § 6b EStG übertragen.

Falls stattdessen die Übertragung des Wirtschaftsguts gegen Gewährung von Gesellschaftsrechten an der Obergesellschaft erfolgt und die stillen Reserven der zunächst steuerneutralen Übertragung (§ 6 Abs. 5 S. 3 Nr. 1 EStG) aufgrund § 6 Abs. 5 S. 4-6 EStG aufzudecken sind, bleiben die Beteiligungsverhältnisse an der Untergesellschaft und damit die Zuordnung der aufgedeckten stillen Reserven unverändert. Allerdings muss bei der Übertragung der stillen Reserven nach § 6b EStG auf ein Reinvestitionswirtschaftsgut im Gesamthandsvermögen der Obergesellschaft berücksichtigt werden, dass zwischen Obergesellschaft und Untergesellschaft ein wechselseitiges Beteiligungsverhältnis entstanden ist. Damit können die aufgedeckten, nach § 6b EStG begünstigten stillen Reserven in vollem Umfang durch die Obergesellschafter und die Untergesellschafter, die neben den Obergesellschaftern an der Obergesellschaft (mittelbar) beteiligt sind, entsprechend ihrer Anteile an den Reinvestitionskosten auf das Reinvestitionswirtschaftsgut im Gesamthandsvermögen der Obergesellschaft übertragen werden.

2.2.2.2. Fall X – Übertragung von stillen Reserven im Rahmen der Übertragung eines Teilbetriebs oder Betriebs der Untergesellschaft zum Zwischenwert bzw. gemeinen Wert auf ein Reinvestitionswirtschaftsgut im Gesamthandsvermögen der Obergesellschaft

Bei der bilanziellen Abbildung einer Übertragung von stillen Reserven von einem begünstigten Transferwirtschaftsgut auf ein begünstigtes Reinvestitionswirtschaftsgut im Wege von § 6b EStG bei einer entgeltlichen Übertragung eines Teilbetriebs oder Betriebs von der Untergesellschaft auf die Obergesellschaft zum Zwischenwert oder gemeinen Wert bestehen grundsätzlich keine Unterschiede zu einer Übertragung stiller Reserven nach § 6b EStG im Fall I. Abweichungen in den Bilanzausweisen können aus der Übertragung entweder zum Zwischenwert oder gemeinen Wert unter Umständen gegen Gewährung von Gesellschaftsrechten sowie im Fall der Anwachsung resultieren. Zudem werden mit einem Betrieb bzw. Teilbetrieb nicht nur nach § 6b EStG begünstigte Wirtschaftsgüter übertragen. Da dies aber keine Besonderheiten und ggf. nur geringe Unterschiede in der bilanziellen Abbildung aufweist, wird bezüglich der bilanziellen Abbildung einer Übertragung von stillen Reserven auf ein Reinvestitionswirtschaftsgut im Gesamthandsvermögen der Obergesellschaft auf den Abschnitt A.III.2.2.2.1. dieses Kapitels sowie zur bilanziellen Abbildung einer Übertragung eines Teilbetriebs bzw. Betriebs von der Untergesellschaft auf die Obergesellschaft auf den Abschnitt A.IV.2.3. dieses Kapitels i. V. m. Kapitels 2 Abschnitt A.IV.4.2. verwiesen.

2.2.2.3. Fall II – Übertragung von stillen Reserven aus dem Sonderbetriebsvermögen der Obergesellschaft bei der Untergesellschaft auf ein Reinvestitionswirtschaftsgut im Gesamthandsvermögen der Obergesellschaft

Bei dem Beispiel zum upstream-Fall II findet wie beim entgegengesetzten downstream-Fall II Berücksichtigung, dass eine Anwendung von § 6b EStG bei der zu Grunde liegenden Konstellation davon abhängt, dass das Transferwirtschaftsgut und das Reinvestitionswirtschaftsgut voneinander abweichen.[1045] Um die Anwendung von § 6b EStG verdeutlichen zu können, wird das Transferwirtschaftsgut im Beispiel an einen fremden Dritten veräußert.

Beispiel zum Fall II: *Entsprechend des in Abb. 2 dargestellten Grundfalls sind an der X-OHG die Gesellschafter A und B je zur Hälfte beteiligt, während die X-OHG neben dem Gesellschafter C an der Y-OHG ebenfalls zur Hälfte beteiligt ist. Beim upstream-Fall II veräußert die Obergesellschaft ein durch § 6b EStG begünstigtes Wirtschaftsgut, ein Grundstück, des Sonderbetriebsvermögens der Obergesellschaft bei der Untergesellschaft an einen fremden Dritten zu einem dem Teilwert entsprechenden Verkaufspreis von TEUR 300 bei einem Buchwert von TEUR 100. Die Obergesellschafter A und B streben an, soweit als möglich die durch die entgeltliche Übertragung aufgedeckten stillen Reserven auf ein entgeltlich erworbenes, begünstigtes Reinvestitionswirtschaftsgut der Obergesellschaft, ebenfalls ein Grundstück, mit Anschaffungskosten in Höhe TEUR 300 zu übertragen. Das erworbene Gebäude ist Bestandteil des Gesamthandsvermögens der Obergesellschaft. Beim Beispiel wird davon ausgegangen, dass die Voraussetzungen des § 6b EStG vorliegen:*

[1045] Vgl. Kapitel 2 Abschnitt A.III.4.2.2.1. und Kapitel 3 Abschnitt A.III.1.2.2.1.

(1) Ausgangssituation, vor der entgeltlichen Übertragung:

A	X-OHG (in TEUR)		P
Grundstücke	0	Eigenkapital	
Beteiligung Y-OHG	300	Kap.-Kto I: A	550
Bank	600	Kap.-Kto I: B	550
Sonstige Aktiva	200		
	1100		1100

A	Y-OHG (in TEUR)		P
Grundstücke	100	Eigenkapital	
Bank	100	Kap.-Kto I: X-OHG	200
Sonstige Aktiva	200	Kap.-Kto I: C	200
	400		400

A	Sonderbilanz der X-OHG (in TEUR)		P
Grundstücke	100	Eigenkapital	100
	100		100

(2) Entgeltliche Übertragung, Bildung einer § 6b-Rücklage und Erwerb des Reinvestitionswirtschaftsguts:

Veräußerung an einen fremden Dritten

Buchungssätze Sonderbilanz der X-OHG:

Bank TEUR 300
an Grundstücke TEUR 100
an Sonstiger betrieblicher Ertrag TEUR 200

Bildung einer § 6b-Rücklage

Buchungssätze Sonderbilanz der X-OHG:

Sonstiger betrieblicher Aufwand TEUR 200
an § 6b-Rücklage TEUR 200

Erwerb des Reinvestitionswirtschaftsguts

Buchungssätze X-OHG:

Grundstücke TEUR 300
an Bank TEUR 300

A	X-OHG (in TEUR)		P
Grundstücke	300	Eigenkapital	
Beteiligung Y-OHG	300	Kap.-Kto I: A	550
Bank	300	Kap.-Kto I: B	550
Sonstige Aktiva	200		
	1100		1100

A	Y-OHG (in TEUR)		P
Grundstücke	100	Eigenkapital	
Bank	100	Kap.-Kto I: X-OHG	200
Sonstige Aktiva	200	Kap.-Kto I: C	200
	400		400

A	Sonderbilanz der X-OHG (in TEUR)		P
Grundstücke	0	Eigenkapital	100
Bank	300	§ 6b-Rücklage	200
	300		300

(3) Übertragung von aufgedeckten stillen Reserven der § 6b-Rücklage durch die Obergesellschafter auf das Reinvestitionswirtschaftsgut, das Grundstück, im Gesamthandsvermögen der Obergesellschaft:

Übertragung der stillen Reserven durch die Obergesellschafter A und B

Buchungssätze Ergänzungsbilanz - für A:

Minderkapital TEUR 100
an Minderwert Grundstücke TEUR 100

Buchungssätze Sonderbilanz der X-OHG:

§ 6b-Rücklage TEUR 200
an Eigenkapital TEUR 200

Buchungssätze Ergänzungsbilanz - für B:

Minderkapital TEUR 100
 an Minderwert Grundstücke TEUR 100

Buchungssätze X-OHG:

Beteiligung Y-OHG TEUR 200
 an Kapital A TEUR 100
 an Kapital B TEUR 100

X-OHG (in TEUR)

A		P	
Grundstücke	300	Eigenkapital	
Beteiligung Y-OHG	500	Kap.-Kto I: A	650
Bank	300	Kap.-Kto I: B	650
Sonstige Aktiva	200		
	1300		1300

Y-OHG (in TEUR)

A		P	
Grundstücke	100	Eigenkapital	
Bank	100	Kap.-Kto I: X-OHG	200
Sonstige Aktiva	200	Kap.-Kto I: C	200
	400		400

Ergänzungsbilanz für A bei der X-OHG (in TEUR)

A		P	
Minderkapital	100	Minderwert Grundstücke	100
	100		100

Sonderbilanz der X-OHG (in TEUR)

A		P	
Grundstücke	0	Eigenkapital	300
Bank	300	§ 6b-Rücklage	0
	300		300

Ergänzungsbilanz für B bei der X-OHG (in TEUR)

A		P	
Minderkapital	100	Minderwert Grundstücke	100
	100		100

<u>*Entnahme des Sonderbetriebsvermögens der Obergesellschaft bei der Untergesellschaft*</u>

Buchungssätze X-OHG:

Bank TEUR 300
 an Kapital A TEUR 150
 an Kapital B TEUR 150

Kapital A TEUR 150
Kapital B TEUR 150
 an Beteiligung Y-OHG TEUR 300

Buchungssätze Sonderbilanz der X-OHG:

Eigenkapital TEUR 300
 an Bank TEUR 300

X-OHG (in TEUR)

A		P	
Grundstücke	300	Eigenkapital	
Beteiligung Y-OHG	200	Kap.-Kto I: A	650
Bank	600	Kap.-Kto I: B	650
Sonstige Aktiva	200		
	1300		1300

Y-OHG (in TEUR)

A		P	
Grundstücke	100	Eigenkapital	
Bank	100	Kap.-Kto I: X-OHG	200
Sonstige Aktiva	200	Kap.-Kto I: C	200
	400		400

Ergänzungsbilanz für A bei der X-OHG (in TEUR)

A		P	
Minderkapital	100	Minderwert Grundstücke	100
	100		100

Ergänzungsbilanz für B bei der X-OHG (in TEUR)

A		P	
Minderkapital	100	Minderwert Grundstücke	100
	100		100

Die Besteuerung der im Sonderbetriebsvermögen der Obergesellschaft bei der Untergesellschaft aufgedeckten stillen Reserven wird im Beispiel durch die Bildung einer § 6b-Rücklage in der Sonderbilanz der Obergesellschaft bei der Untergesellschaft verhindert.[1046] Die Veräußerung und die Bildung der § 6b-Rücklage wirken sich nicht auf den Ansatz der Beteiligung an der Untergesellschaft in der Gesamthandsbilanz der Obergesellschaft aus. Der Beteiligungsansatz ist erst im Zuge der Übertragung der stillen Reserven nach § 6b EStG auf ein Reinvestitionswirtschaftsgut im Gesamthandsvermögen der Obergesellschaft zu erhöhen, da in der Sonderbilanz der Obergesellschaft bei der Untergesellschaft die § 6b-Rücklage unter Erhöhung des dort ausgewiesenen Eigenkapitals aufzulösen ist.[1047] Die Übertragung dieser stillen Reserven – entsprechend der Ausführungen in Abschnitt A.III.1.2.2.1. dieses Kapitels – durch die Obergesellschafter auf das Reinvestitionswirtschaftsguts wird durch den anteiligen Ausweis eines Minderwerts des Reinvestitionswirtschaftsguts in negativen Ergänzungsbilanzen der Obergesellschafter bei der Obergesellschaft erreicht. Abgesehen von der Höhe der übertragbaren stillen Reserven stimmt diese Vorgehensweise mit der im Fall I überein.[1048]

Da die Sonderbilanz der Obergesellschaft bei der Untergesellschaft im Anschluss an die Auflösung der § 6b-Rücklage auf der Aktivseite lediglich Bankguthaben und auf der Passivseite lediglich das Eigenkapital ausweist und das Bankguthaben nicht nach § 15 Abs. 1 S. 1 Nr. 2 S. 1 EStG als Sonderbetriebsvermögen zu werten ist, ist die Sonderbilanz unter Entnahme des Bankguthabens aufzulösen. Das Bankguthaben wird in die Gesamthandsbilanz der Obergesellschaft eingelegt. Gleichzeitig ist in Höhe des ausgebuchten Sonderbilanzeigenkapitals der Ansatz der Beteiligung der Obergesellschaft an der Untergesellschaft zu reduzieren. Dies bedeutet im Ganzen im Vergleich zur Ausgangssituation eine Kürzung des Beteiligungsausweises in Höhe des Buchwerts des Veräußerungsobjekts.

[1046] Vgl. (in Bezug auf einstöckige Personengesellschaften) SCHNEIDER, E./SALZER, H., § 6b-Rücklage, SteuerStud 2006, S. 184; BFH v. 25.01.2006, IV R 14/04, BStBl. II 2006, S. 418, 419.

[1047] Vgl. (in Bezug auf einstöckige Personengesellschaften) BERGSTEINER, S., Umstrukturierung, S. 164; NIEHUS, U./WILKE, H., Personengesellschaften, S. 113; SCHNEIDER, E./SALZER, H., § 6b-Rücklage, SteuerStud 2006, S. 184; KORN, K./STRAHL, M., Reinvestitionsrücklage, Stbg 2002, S. 303.

[1048] Vgl. Kapitel 3 Abschnitt A.III.2.2.2.1.

2.2.2.4. Fall IV – Übertragung von stillen Reserven aus dem Sonderbetriebsvermögen eines Obergesellschafters bei der Untergesellschaft auf ein Reinvestitionswirtschaftsgut im Gesamthandsvermögen der Obergesellschaft

Beispiel zum Fall IV: Entsprechend des in Abb. 2 dargestellten Grundfalls sind an der X-OHG die Gesellschafter A und B je zur Hälfte beteiligt, während die X-OHG neben dem Gesellschafter C an der Y-OHG ebenfalls zur Hälfte beteiligt ist. Beim upstream-Fall IV veräußert der Obergesellschafter A ein durch § 6b EStG begünstigtes Wirtschaftsgut, ein Grundstück, seines Sonderbetriebsvermögens bei der Untergesellschaft an die Gesamthand der Obergesellschaft zu einem dem Teilwert entsprechenden Verkaufspreis von TEUR 300 bei einem Buchwert von TEUR 100. Der Obergesellschafter A strebt an, soweit als möglich die durch die entgeltliche Übertragung aufgedeckten stillen Reserven auf das begünstigte Reinvestitionswirtschaftsgut zu übertragen. Ein aufgrund der lediglich hälftigen Beteiligung von A an der Obergesellschaft verbleibender Teil der aufgedeckten stillen Reserven soll in eine § 6b-Rücklage eingestellt werden. Beim Beispiel wird davon ausgegangen, dass die Voraussetzungen des § 6b EStG vorliegen:

(1) Ausgangssituation, vor der entgeltlichen Übertragung

X-OHG (in TEUR)

A			P
Grundstücke	0	Eigenkapital	
Beteiligung Y-OHG	200	Kap.-Kto I: A	500
Bank	600	Kap.-Kto I: B	500
Sonstige Aktiva	200		
	1000		1000

Y-OHG (in TEUR)

A			P
Grundstücke	100	Eigenkapital	
Bank	100	Kap.-Kto I: X-OHG	200
Sonstige Aktiva	200	Kap.-Kto I: C	200
	400		400

Sonderbilanz von A bei der Y-OHG (in TEUR)

A			P
Grundstücke	100	Eigenkapital	100
	100		100

(2) Entgeltliche Übertragung und Bildung einer § 6b-Rücklage:

Entgeltliche Übertragung

Buchungssätze X-OHG:

Grundstücke TEUR 300
an Bank TEUR 300

Buchungssätze Sonderbilanz von A:

Bank TEUR 300
an Grundstücke TEUR 100
an Sonstiger betrieblicher Ertrag TEUR 200

Bildung einer § 6b-Rücklage

Buchungssätze Sonderbilanz von A:

Sonstiger betrieblicher Aufwand TEUR 200
an § 6b-Rücklage TEUR 200

X-OHG (in TEUR)

A		P	
Grundstücke	300	Eigenkapital	
Beteiligung Y-OHG	200	Kap.-Kto I: A	500
Bank	300	Kap.-Kto I: B	500
Sonstige Aktiva	200		
	1000		1000

Y-OHG (in TEUR)

A		P	
Grundstücke	100	Eigenkapital	
Bank	100	Kap.-Kto I: X-OHG	200
Sonstige Aktiva	200	Kap.-Kto I: C	200
	400		400

Sonderbilanz von A bei der Y-OHG (in TEUR)

A		P	
Grundstücke	0	Eigenkapital	100
Bank	300	§ 6b-Rücklage	200
	300		300

(3) Übertragung von aufgedeckten stillen Reserven der § 6b-Rücklage durch den Obergesellschafter A auf das Reinvestitionswirtschaftsgut, das Grundstück, im Gesamthandsvermögen der Obergesellschaft:

Buchungssätze Ergänzungsbilanz - für A:

Minderkapital TEUR 150
an § 6b-Rücklage 150

Buchungssätze Sonderbilanz von A:

§ 6b-Rücklage TEUR 150
an Eigenkapital TEUR 150

X-OHG (in TEUR)

A		P	
Grundstücke	300	Eigenkapital	
Beteiligung Y-OHG	200	Kap.-Kto I: A	500
Bank	300	Kap.-Kto I: B	500
Sonstige Aktiva	200		
	1000		1000

Y-OHG (in TEUR)

A		P	
Grundstücke	100	Eigenkapital	
Bank	100	Kap.-Kto I: X-OHG	200
Sonstige Aktiva	200	Kap.-Kto I: C	200
	400		400

Ergänzungsbilanz für A bei der X-OHG (in TEUR)

A		P	
Minderkapital	150	§ 6b-Rücklage	150
	150		150

Sonderbilanz von A bei der Y-OHG (in TEUR)

A		P	
Grundstücke	0	Eigenkapital	250
Bank	300	§ 6b-Rücklage	50
	300		300

Wie im Fall II sind die durch die Veräußerung des Sonderbetriebsvermögens auf Ebene der Untergesellschaft aufgedeckten stillen Reserven über eine § 6b-Rücklage in der Sonderbilanz auf Ebene der Untergesellschaft, in diesem Fall des Obergesellschafters, zu passivieren.[1049] Die Übertragung dieser stillen Reserven durch den einzelnen Obergesellschafter auf das Reinvestitionswirtschaftsguts wird durch den Ausweis eines Minderwerts des Reinvestitionswirtschaftsguts in einer negativen Ergänzungsbilanz des übertragenen Obergesellschafters bei der Ober-

[1049] Vgl. Kapitel 3 Abschnitt A.III.2.2.2.3.

gesellschaft erreicht. Im Unterschied zu den Fällen I und II überträgt lediglich ein Obergesellschafter stille Reserven auf das Reinvestitionswirtschaftsgut im Gesamthandsvermögen der Obergesellschaft.[1050] Da die Übertragung der stillen Reserven auf die anteiligen Reinvestitionskosten des Obergesellschafters, im Beispiel 50 v. H. von TEUR 300, begrenzt ist, verbleibt in der § 6b-Rücklage im Sonderbetriebsvermögen auf Ebene der Untergesellschaft ein Restbetrag. Da die durch § 6b EStG begünstigten stillen Reserven dem Sonderbetriebsvermögen eines einzelnen Obergesellschafters entstammen, bleibt der Ausweis der Beteiligung der Obergesellschaft an der Untergesellschaft insgesamt, d. h. durch die entgeltliche Übertragung des Transferwirtschaftsguts, durch die Bildung der § 6b-Rücklage und die Übertragung der stillen Reserven, unberührt.

Falls die stillen Reserven des Transferwirtschaftsguts nicht durch eine Veräußerung, sondern im Anschluss an eine zunächst steuerneutrale Übertragung gegen Gewährung von Gesellschaftsrechten der Obergesellschaft (§ 6 Abs. 5 S. 3 Nr. 2 Alt. 2 EStG) aufgrund von § 6 Abs. 5 S. 4-6 EStG aufgedeckt werden und anschließend die aufgedeckten stillen Reserven nach § 6b EStG übertragen werden, weicht die bilanzielle Abbildung im Vergleich zum Veräußerungsfall bezüglich der Höhe der übertragbaren stillen Reserven ab. Durch die Übertragung gegen Gewährung von Gesellschaftsrechten hat sich der Anteil des Obergesellschafters an der Obergesellschaft und damit der Anteil an den Reinvestitionskosten des Obergesellschafters im Gesamthandsvermögen der Obergesellschaft erhöht.

2.2.3. Übertragungen ins Sonderbetriebsvermögen eines Obergesellschafters bei der Obergesellschaft

2.2.3.1. Fall V – Übertragung von stillen Reserven aus dem Gesamthandsvermögen der Untergesellschaft auf ein Reinvestitionswirtschaftsgut im Sonderbetriebsvermögen eines Obergesellschafters bei der Obergesellschaft

Beispiel zum Fall V: Die Struktur der doppelstöckigen Personengesellschaft ent-

---

[1050] Vgl. Kapitel 3 Abschnitt A.III.2.2.2.1. und Abschnitt A.III.2.2.2.3.

spricht der im Beispiel zum Fall I (vgl. Abschnitt A.III.2.2.2.1. dieses Kapitels). Abweichend zu Fall I veräußert die Untergesellschaft ein durch § 6b EStG begünstigtes Wirtschaftsgut, ein Grundstück, an den Obergesellschafter A zu einem dem Teilwert entsprechenden Verkaufspreis von TEUR 300 bei einem Buchwert von TEUR 100. A überlässt das Gebäude der Obergesellschaft gegen Entgelt zur Nutzung (Sonderbetriebsvermögen des Obergesellschafters bei der Obergesellschaft). Der Obergesellschafter A strebt an, soweit als möglich die durch die entgeltliche Übertragung aufgedeckten stillen Reserven auf das begünstigte Reinvestitionswirtschaftsgut zu übertragen. Der verbleibende Teil der aufgedeckten stillen Reserven, der anteilig in Höhe von 25 v. H. dem Obergesellschafter B und in Höhe von 50 v. H. dem Untergesellschafter C zuzurechnen ist, soll in § 6b-Rücklagen eingestellt werden. Beim Beispiel wird davon ausgegangen, dass die Voraussetzungen des § 6b EStG vorliegen:

(1) Ausgangssituation, vor der entgeltlichen Übertragung – entspricht dem Fall I

(2) Entgeltliche Übertragung und Bildung einer § 6b-Rücklage:

Einlage des Reinvestitionswirtschaftsguts

Buchungssätze Sonderbilanz von A:

Grundstücke TEUR 300
an Eigenkapital TEUR 300

Entgeltliche Übertragung

Buchungssätze Y-OHG:

Bank TEUR 300
an Grundstücke TEUR 100
an Sonstiger betrieblicher Ertrag TEUR 200

Bildung einer § 6b-Rücklage

Buchungssätze Y-OHG:

Sonstiger betrieblicher Aufwand TEUR 200
an Kapital X-OHG TEUR 100
an Kapital C TEUR 100

Buchungssätze Ergänzungsbilanz - für A:

Minderkapital TEUR 50
an § 6b-Rücklage TEUR 50

Buchungssätze Ergänzungsbilanz - für B:

Minderkapital TEUR 50
an § 6b-Rücklage TEUR 50

Buchungssätze Ergänzungsbilanz - für C:

Minderkapital TEUR 100
an § 6b-Rücklage TEUR 100

X-OHG (in TEUR)

A		P	
Grundstücke	0	Eigenkapital	
Beteiligung Y-OHG	200	Kap.-Kto I: A	500
Bank	600	Kap.-Kto I: B	500
Sonstige Aktiva	200		
	1000		1000

Y-OHG (in TEUR)

A		P	
Grundstücke	0	Eigenkapital	
Bank	400	Kap.-Kto I: X-OHG	300
Sonstige Aktiva	200	Kap.-Kto I: C	300
	600		600

(Fortsetzung nächste Seite)

A	Sonderbilanz von A bei der X-OHG (in TEUR)		P
Grundstücke	300	Eigenkapital	300
	300		300

A	Ergänzungsbilanz der X-OHG bei der Y-OHG für A (in TEUR)		P
Minderkapital	50	§ 6b-Rücklage	50
	50		50

A	Ergänzungsbilanz der X-OHG bei der Y-OHG für B (in TEUR)		P
Minderkapital	50	§ 6b-Rücklage	50
	50		50

A	Ergänzungsbilanz für C bei der Y-OHG (in TEUR)		P
Minderkapital	100	§ 6b-Rücklage	100
	100		100

(3) Übertragung von aufgedeckten stillen Reserven der § 6b-Rücklage durch den Obergesellschafter A auf das Reinvestitionswirtschaftsgut, das Grundstück, in seinem Sonderbetriebsvermögen bei der Obergesellschaft:

Buchungssätze Sonderbilanz des A:

Eigenkapital TEUR 50
an Grundstücke TEUR 50

Buchungssätze X-OHG:

Beteiligung Y-OHG TEUR 50
an Kapital A TEUR 25
an Kapital B TEUR 25

Buchungssätze Ergänzungsbilanz - für A:

§ 6b-Rücklage TEUR 50
an Minderkapital TEUR 50

A	X-OHG (in TEUR)		P
Grundstücke	0	Eigenkapital	
Beteiligung Y-OHG	250	Kap.-Kto I: A	525
Bank	600	Kap.-Kto I: B	525
Sonstige Aktiva	200		
	1050		1050

A	Y-OHG (in TEUR)		P
Grundstücke	0	Eigenkapital	
Bank	400	Kap.-Kto I: X-OHG	300
Sonstige Aktiva	200	Kap.-Kto I: C	300
	600		600

A	Sonderbilanz von A bei der X-OHG (in TEUR)		P
Grundstücke	250	Eigenkapital	250
	250		250

A	Ergänzungsbilanz der X-OHG bei der Y-OHG für A (in TEUR)		P
Minderkapital	0	§ 6b-Rücklage	0
	0		0

A	Ergänzungsbilanz der X-OHG bei der Y-OHG für B (in TEUR)		P
Minderkapital	50	§ 6b-Rücklage	50
	50		50

A	Ergänzungsbilanz für C bei der Y-OHG (in TEUR)		P
Minderkapital	100	§ 6b-Rücklage	100
	100		100

Die Veräußerung des Transferwirtschaftsguts und die Bildung der § 6b Rücklagen für die Obergesellschafter und den weiteren Untergesellschaftern neben der Obergesellschaft sind entsprechend wie beim upstream-Fall I auf Ebene der Untergesellschaft bilanziell abzubilden.[1051] Da im zu Grunde liegenden Beispiel ein

1051 Vgl. Kapitel 3 Abschnitt A.III.2.2.2.1.

einzelner Obergesellschafter anstrebt, die stillen Reserven, die diesem über eine negative Ergänzungsbilanz auf Ebene der Untergesellschaft zugeordnet sind, auf ein Reinvestitionswirtschaftsgut in seinem Sonderbetriebsvermögen bei der Obergesellschaft zu übertragen, ist die § 6b-Rücklage unter Reduzierung des Minderkapitals aufzulösen. Auf Ebene der Obergesellschaft werden der Ansatz des Reinvestitionswirtschaftsguts und das Eigenkapital in der Sonderbilanz dieses Obergesellschafters entsprechend gekürzt.[1052] Im gleichen Zuge ist aufgrund der Minderung des Minderkapitals des Obergesellschafters in der negativen Ergänzungsbilanz auf Ebene der Untergesellschaft der Ansatz der Beteiligung der Obergesellschaft an der Untergesellschaft in gleicher Höhe aufzustocken. Folglich erhöht sich der Beteiligungsausweis in Höhe der übertragenen stillen Reserven.

Wie im abgewandelten downstream-Fall I Variante A[1053] wird bei der bilanziellen Abbildung deutlich, dass die Veränderung des Ausweises der Beteiligung der Obergesellschaft an der Untergesellschaft allen Obergesellschaftern anteilig zuzurechnen ist und über die Kapitalkonten aller Obergesellschaft zu berücksichtigen ist, obwohl nur ein Obergesellschafter, im Beispiel der Obergesellschafter A, stille Reserven aus dem Gesamthandsvermögen der Untergesellschaft im Wege von § 6b EStG überträgt. Diese Vorgehensweise ist damit begründet, dass die Übertragung von stillen Reserven keine Vermögensübertragung darstellt und damit die Beteiligungsverhältnisse unberührt bleiben. Die Obergesellschafter sind mit unveränderten Anteilen an den Wirtschaftsgütern der Obergesellschaft und Untergesellschaft beteiligt. Eine etwaige Besteuerung der aufgedeckten stillen Reserven im Realisationszeitpunkt bei den Obergesellschaftern wird durch die Sonderbilanz für A auf Ebene der Obergesellschaft und die negative Ergänzungsbilanz für B auf Ebene der Untergesellschaft sichergestellt. Folglich ist bei einer Übertragung von stillen Reserven nach § 6b EStG aus dem Gesamthandsvermögen der Untergesellschaft eine Veränderung des Ausweises der Beteiligung der Obergesellschaft an der Untergesellschaft allen Obergesellschaftern anteilig zuzurechnen, um die Beteiligungsverhältnisse über die Kapitalkonten der Obergesellschafter weiterhin korrekt wiedergeben zu können.

[1052] Vgl. GLANEGGER, P., in: SCHMIDT, L., EStG, § 6b Rn. 81.
[1053] Vgl. Kapitel 2 Abschnitt A.III.4.2.1.1.1.

2.2.3.2. Fall VI – Übertragung von stillen Reserven aus dem Sonderbetriebsvermögen eines Obergesellschafters bei der Untergesellschaft auf ein Reinvestitionswirtschaftsgut seines Sonderbetriebsvermögens bei der Obergesellschaft

Im upstream-Fall VI bleiben wie im gegenläufigen downstream-Fall VI bei der Übertragung von stillen Reserven nach § 6b EStG die Gesamthandsvermögen der Obergesellschaft und der Untergesellschaft unverändert. Die Veräußerung des Veräußerungswirtschaftsguts und die Bildung der § 6b-Rücklage sind in der Sonderbilanz des Obergesellschafters bei der Untergesellschaft bilanziell abzubilden. Diese bilanzielle Abbildung entspricht der zum upstream-Fall IV.[1054] Abweichend zum Fall IV reinvestiert der Obergesellschafter in ein Wirtschaftsgut, dass als Sonderbetriebsvermögen der Obergesellschaft zu werten ist und damit ins Sonderbetriebsvermögen des Obergesellschafters bei der Obergesellschaft einzulegen ist. Die anschließende Übertragung der stillen Reserven durch den Obergesellschafter im Wege von § 6b EStG auf das Reinvestitionswirtschaftsgut ist wie im upstream-Fall V bilanziell abzubilden.[1055] Folglich sind im Sonderbetriebsvermögen bei der Obergesellschaft die übertragenen stillen Reserven von den Anschaffungskosten unter Reduzierung des Eigenkapitals in Abzug zu bringen. Gleichzeitig ist – wiederum wie im Fall IV – auf Ebene der Untergesellschaft die § 6b-Rücklage unter Erhöhung des Eigenkapitals im Sonderbetriebsvermögen auszubuchen. Die Sonderbilanz weist nach der Auflösung der § 6b-Rücklage auf der Aktivseite lediglich Bankguthaben und auf der Passivseite lediglich das Eigenkapital aus. Da das Bankguthaben nicht nach § 15 Abs. 1 S. 1 Nr. 2 S. 1 EStG als Sonderbetriebsvermögen zu werten ist, ist die Sonderbilanz unter Entnahme des Bankguthabens aufzulösen. Da die Auflösung der Sonderbilanz des Obergesellschafters bei der Untergesellschaft keine bilanziellen Besonderheiten und Auswirkungen aufweist, wurde im Beispiel auf deren Abbildung verzichtet.

Beispiel zum Fall VI: *Die Struktur der doppelstöckigen Personengesellschaft*

[1054] Vgl. Kapitel 3 Abschnitt A.III.2.2.2.4.
[1055] Vgl. Kapitel 3 Abschnitt A.III.2.2.3.1.

entspricht der im Beispiel zum Fall IV (vgl. Abschnitt A.III.2.2.2.4. dieses Kapitels). Abweichend zu Fall IV veräußert der Obergesellschafter A ein durch § 6b EStG begünstigtes Wirtschaftsgut, ein Grundstück, seines Sonderbetriebsvermögens bei der Untergesellschaft an einen fremden Dritten zu einem dem Teilwert entsprechenden Verkaufspreis von TEUR 300 bei einem Buchwert von TEUR 100. Der Obergesellschafter A strebt wie im Fall V (vgl. Abschnitt A.III.2.2.3.1. dieses Kapitels) an, soweit als möglich die durch die entgeltliche Übertragung aufgedeckten stillen Reserven auf ein begünstigtes Reinvestitionswirtschaftsgut, ein Gebäude, zu übertragen. Der Obergesellschafter A überlässt das Gebäude der Obergesellschaft gegen Entgelt zur Nutzung (Sonderbetriebsvermögen des Obergesellschafters A bei der Obergesellschaft). Beim Beispiel wird davon ausgegangen, dass die Voraussetzungen des § 6b EStG vorliegen:

(1) Ausgangssituation, vor der entgeltlichen Übertragung – entspricht dem Fall IV

(2) Entgeltliche Übertragung und Bildung einer § 6b-Rücklage:

Einlage des Reinvestitionswirtschaftsguts

Buchungssätze Sonderbilanz von A:

Grundstücke TEUR 300
an Bank TEUR 300

Veräußerung an einen fremden Dritten

Buchungssätze Sonderbilanz von A:

Bank TEUR 300
an Grundstücke TEUR 100
an Sonstiger betrieblicher Ertrag TEUR 200

Bildung einer § 6b-Rücklage

Buchungssätze Sonderbilanz von A:

Sonstiger betrieblicher Aufwand TEUR 200
an § 6b-Rücklage TEUR 200

X-OHG (in TEUR)

A		P	
Grundstücke	0	Eigenkapital	
Beteiligung Y-OHG	200	Kap.-Kto I: A	500
Bank	600	Kap.-Kto I: B	500
Sonstige Aktiva	200		
	1000		1000

Y-OHG (in TEUR)

A		P	
Grundstücke	100	Eigenkapital	
Bank	100	Kap.-Kto I: X-OHG	200
Sonstige Aktiva	200	Kap.-Kto I: C	200
	400		400

Sonderbilanz von A bei der X-OHG (in TEUR)

A		P	
Grundstücke	300	Eigenkapital	300
	300		300

Sonderbilanz von A bei der Y-OHG (in TEUR)

A		P	
Grundstücke	0	Eigenkapital	100
Bank	300	§ 6b-Rücklage	200
	300		300

(3) Übertragung von aufgedeckten stillen Reserven der § 6b-Rücklage durch den Obergesellschafter A auf das Reinvestitionswirtschaftsgut, das Grundstück, in seinem Sonderbetriebsvermögen bei der Obergesellschaft:

Buchungssätze Sonderbilanz von A:

Eigenkapital TEUR 200
an Grundstücke TEUR 200

Buchungssätze Sonderbilanz von A:

§ 6b-Rücklage TEUR 200
an Eigenkapital TEUR 200

X-OHG (in TEUR)

A			P
Grundstücke	0	Eigenkapital	
Beteiligung Y-OHG	200	Kap.-Kto I: A	500
Bank	600	Kap.-Kto I: B	500
Sonstige Aktiva	200		
	1000		1000

Y-OHG (in TEUR)

A			P
Grundstücke	100	Eigenkapital	
Bank	100	Kap.-Kto I: X-OHG	200
Sonstige Aktiva	200	Kap.-Kto I: C	200
	400		400

Sonderbilanz von A bei der X-OHG (in TEUR)

A			P
Grundstücke	100	Eigenkapital	100
	100		100

Sonderbilanz von A bei der Y-OHG (in TEUR)

A			P
Grundstücke	0	Eigenkapital	300
Bank	300	§ 6b-Rücklage	0
	300		300

2.2.3.3. Fall VII – Übertragung von stillen Reserven aus dem Sonderbetriebsvermögen der Obergesellschaft bei der Untergesellschaft auf ein Reinvestitionswirtschaftsgut im Sonderbetriebsvermögen eines Obergesellschafters bei der Obergesellschaft

Beispiel zum Fall VII: Die Struktur der doppelstöckigen Personengesellschaft entspricht der im Beispiel zum Fall II (vgl. Abschnitt A.III.2.2.2.3. dieses Kapitels). Abweichend zu Fall II veräußert die Obergesellschaft ein durch § 6b EStG begünstigtes Wirtschaftsgut, ein Grundstück, ihres Sonderbetriebsvermögens bei der Untergesellschaft an den Obergesellschafter A zu einem dem Teilwert entsprechenden Verkaufspreis von TEUR 300 bei einem Buchwert von TEUR 100. Der Obergesellschafter A strebt wie in den Fällen V und VI (vgl. Abschnitt A.III.2.2.3.1. und A.III.2.2.3.2. jeweils dieses Kapitels) an, soweit als möglich die durch die entgeltliche Übertragung aufgedeckten stillen Reserven auf das begünstigte Reinvestitionswirtschaftsgut zu übertragen. Der Obergesellschafter A überlässt das Gebäude der Obergesellschaft gegen Entgelt zur Nutzung (Sonderbetriebsvermögen des Obergesellschafters A bei der Obergesellschaft). Ein aufgrund der lediglich hälftigen Beteiligung von A an der Obergesellschaft verbleibender Teil der aufgedeckten stillen Reserven soll in eine § 6b-Rücklage eingestellt werden. Beim Beispiel wird davon ausgegangen, dass die Voraussetzungen des § 6b EStG vorliegen:

(1) Ausgangssituation, vor der entgeltlichen Übertragung – entspricht dem Fall II

(2) Entgeltliche Übertragung und Bildung einer § 6b-Rücklage:

<u>Entgeltliche Übertragung</u>

Buchungssätze Sonderbilanz der X-OHG:

Bank TEUR 300
an Grundstücke TEUR 100
an Sonstiger betrieblicher Ertrag TEUR 200

<u>Bildung einer § 6b-Rücklage</u>

Buchungssätze Sonderbilanz der X-OHG:

Sonstiger betrieblicher Aufwand TEUR 200
an § 6b-Rücklage TEUR 200

<u>Einlage des Reinvestitionswirtschaftsguts</u>

Buchungssätze Sonderbilanz von A:

Grundstücke TEUR 300
an Eigenkapital TEUR 300

X-OHG (in TEUR)

A		P	
Grundstücke	0	Eigenkapital	
Beteiligung Y-OHG	300	Kap.-Kto I: A	550
Bank	600	Kap.-Kto I: B	550
Sonstige Aktiva	200		
	1100		1100

Y-OHG (in TEUR)

A		P	
Grundstücke	100	Eigenkapital	
Bank	100	Kap.-Kto I: X-OHG	200
Sonstige Aktiva	200	Kap.-Kto I: C	200
	400		400

Sonderbilanz von A bei der X-OHG (in TEUR)

A		P	
Grundstücke	300	Eigenkapital	300
	300		300

Sonderbilanz der X-OHG (in TEUR)

A		P	
Grundstücke	0	Eigenkapital	100
Bank	300	§ 6b-Rücklage	200
	300		300

(3) Übertragung von aufgedeckten stillen Reserven der § 6b-Rücklage durch den Obergesellschafter A auf das Reinvestitionswirtschaftsgut, das Grundstück, in seinem Sonderbetriebsvermögen bei der Obergesellschaft:

<u>Übertragung der stillen Reserven durch den Obergesellschafter A</u>

Buchungssätze Sonderbilanz von A:

Eigenkapital TEUR 100
an Grundstücke TEUR 100

Buchungssätze X-OHG:

Beteiligung Y-OHG TEUR 100
an Kapital A TEUR 50
an Kapital B TEUR 50

Buchungssätze Sonderbilanz der X-OHG:

§ 6b-Rücklage TEUR 100
an Eigenkapital TEUR 100

- Auflösung der verbliebenen § 6b-Rücklage -

Buchungssätze Sonderbilanz der X-OHG:

§ 6b-Rücklage TEUR 100
an Eigenkapital TEUR 100

Buchungssätze Ergänzungsbilanz - für B:

Minderkapital TEUR 100
an § 6b-Rücklage TEUR 100

X-OHG (in TEUR)

A		P	
Grundstücke	0	Eigenkapital	
Beteiligung Y-OHG	400	Kap.-Kto I: A	600
Bank	600	Kap.-Kto I: B	600
Sonstige Aktiva	200		
	1200		1200

Y-OHG (in TEUR)

A		P	
Grundstücke	100	Eigenkapital	
Bank	100	Kap.-Kto I: X-OHG	200
Sonstige Aktiva	200	Kap.-Kto I: C	200
	400		400

Sonderbilanz von A bei der X-OHG (in TEUR)

A		P	
Grundstücke	200	Eigenkapital	200
	200		200

Sonderbilanz der X-OHG (in TEUR)

A		P	
Grundstücke	0	Eigenkapital	300
Bank	300	§ 6b-Rücklage	0
	300		300

Ergänzungsbilanz von B zum Sonderbetriebsvermögen der X-OHG bei der Y-OHG (in TEUR)

A		P	
Minderkapital	100	§ 6b-Rücklage	100
	100		100

<u>Entnahme des Sonderbetriebsvermögens der Obergesellschaft bei der Untergesellschaft</u>

Buchungssätze Ergänzungsbilanz - für A:

Bank TEUR 300
an Kapital A TEUR 150
an Kapital B TEUR 150

Kapital A TEUR 150
Kapital B TEUR 150
an Beteiligung Y-OHG TEUR 300

Buchungssätze Sonderbilanz der X-OHG:

Eigenkapital TEUR 300
an Bank TEUR 300

<u>Übertragung der § 6b-Rücklage</u>

Buchungssätze Ergänzungsbilanz - für B:

Minderkapital TEUR 100
an § 6b-Rücklage TEUR 100

Buchungssätze X-OHG:

Beteiligung Y-OHG TEUR 100
an Kapital A TEUR 50
an Kapital B TEUR 50

Buchungssätze Ergänzungsbilanz - für B:

§ 6b-Rücklage TEUR 100
an Minderkapital TEUR 100

X-OHG (in TEUR)

A		P	
Grundstücke	0	Eigenkapital	
Beteiligung Y-OHG	200	Kap.-Kto I: A	650
Bank	900	Kap.-Kto I: B	650
Sonstige Aktiva	200		
	1300		1300

Y-OHG (in TEUR)

A		P	
Grundstücke	100	Eigenkapital	
Bank	100	Kap.-Kto I: X-OHG	200
Sonstige Aktiva	200	Kap.-Kto I: C	200
	400		400

Sonderbilanz von A bei der X-OHG (in TEUR)

A		P	
Grundstücke	200	Eigenkapital	200
	200		200

Ergänzungsbilanz für B bei der X-OHG (in TEUR)

A		P	
Minderkapital	100	§ 6b-Rücklage	100
	100		100

Wie bereits zum upstream-Fall II zu einer Veräußerung von Sonderbetriebsvermögen der Obergesellschaft bei der Untergesellschaft ausgeführt, kann die

Besteuerung der aufgedeckten stillen Reserven durch die Bildung einer § 6b-Rücklage in der Sonderbilanz der Obergesellschaft bei der Untergesellschaft vermieden werden.[1056] Im Zuge der Übertragung der auf den Obergesellschafter entfallenden stillen Reserven ist die § 6b-Rücklage in der Sonderbilanz der Obergesellschaft bei der Untergesellschaft unter Erhöhung des Sonderbilanz-eigenkapitals zu kürzen. Diese Erhöhung macht in gleicher Höhe eine Aufstockung des Ansatzes der Beteiligung der Obergesellschaft an der Untergesellschaft erforderlich. Da die Ausführungen zum upstream-Fall V[1057] und dem abgewandelten downstream-Fall I Variante A[1058] auf den vorliegenden Fall zu übertragen sind, ist die Erhöhung des Beteiligungsausweises allen Obergesellschaftern anteilig zuzurechnen und über die Kapitalkonten aller Obergesellschafter zu berücksichtigen, obwohl nur ein Obergesellschafter stille Reserven aus dem Sonderbetriebsvermögen der Obergesellschaft bei der Untergesellschaft im Wege von § 6b EStG überträgt.

Die Übertragung der stillen Reserven durch den Obergesellschafter auf ein Reinvestitionswirtschaftsgut in seinem Sonderbetriebsvermögen bei der Obergesellschaft wird wie in den Fällen V und VI durch die Kürzung des Ansatzes des Reinvestitionswirtschaftsguts und des Eigenkapitals in der Sonderbilanz dieses Obergesellschafters erreicht.[1059]

Um eine korrekte Zuordnung der restlichen stillen Reserven der § 6b-Rücklage zu den Obergesellschaftern im Sonderbetriebsvermögen der Obergesellschaft bei der Untergesellschaft zu gewährleisten, ist die verbliebene § 6b-Rücklage im Sonderbetriebsvermögen der Obergesellschaft bei der Untergesellschaft aufzulösen und den Obergesellschaftern über die Einstellung von § 6b-Rücklagen in negativen Ergänzungsbilanzen der betreffenden Obergesellschafter zum Sonderbetriebsvermögen der Obergesellschaft bei der Untergesellschaft zuzuordnen. Da im Beispiel die stillen Reserven nur noch auf den Obergesellschafter B entfallen, ist auch nur

---

[1056] Vgl. Kapitel 3 Abschnitt A.III.2.2.2.3.
[1057] Vgl. Kapitel 3 Abschnitt A.III.2.2.3.1.
[1058] Vgl. Kapitel 2 Abschnitt A.III.4.2.1.1.1.
[1059] Vgl. Kapitel 3 Abschnitt A.III.2.2.3.1. und Abschnitt A.III.2.2.3.2.

für diesen eine negative Ergänzungsbilanz zur Erfassung der § 6b-Rücklage aufzustellen.

Allerdings sind im Beispiel diese Ergänzungsbilanz und die Sonderbilanz der Obergesellschaft bei der Untergesellschaft sogleich aufzulösen. Die Sonderbilanz der Obergesellschaft bei der Untergesellschaft weist im Anschluss an die Auflösung der § 6b-Rücklage auf der Aktivseite lediglich Bankguthaben und auf der Passivseite lediglich das Eigenkapital und damit keine Wirtschaftsgüter, die als Sonderbetriebsvermögen nach § 15 Abs. 1 S. 1 Nr. 2 S. 1 EStG zu werten sind, mehr aus. Während das Bankguthaben in die Gesamthandsbilanz der Obergesellschaft eingelegt wird, ist in Höhe des ausgebuchten Sonderbilanzeigenkapitals der Ansatz der Beteiligung der Obergesellschaft an der Untergesellschaft zu kürzen. Die Übertragung der § 6b-Rücklage des Obergesellschafters B auf die Ebene der Obergesellschaft wird durch die Einstellung dieser in eine negative Ergänzungsbilanz des Obergesellschafters B bei der Obergesellschaft erreicht. Insgesamt bedeutet die bilanzielle Abbildung des upstream-Falls VII im Vergleich zur Ausgangssituation eine Kürzung des Beteiligungsausweises in Höhe des Buchwerts des Veräußerungsobjekts.[1060]

Die Höhe der übertragbaren stillen Reserven des einzelnen Obergesellschafters A würde sich reduzieren, wenn anstatt der Veräußerung das Transferwirtschaftsgut zunächst steuerneutral gegen Minderung von Gesellschaftsrechten an der Obergesellschaft nach § 6 Abs. 5 S. 3 Nr. 2 Alt. 2 EStG aus dem Sonderbetriebsvermögen der Obergesellschaft bei der Untergesellschaft ins Sonderbetriebsvermögen des einzelnen Obergesellschafters übertragen würde. Entsprechend der Anteilsminderung sinkt bei einer Aufdeckung der stillen Reserven aufgrund von § 6 Abs. 5 S. 4-6 EStG der Anteil des übertragenden Obergesellschafters an den betreffenden stillen Reserven. Dies sorgt entsprechend zu Abweichungen bei der bilanziellen Abbildung auf Ebene der Untergesellschaft und der Obergesellschaft.

[1060] Vgl. auch die Vorgehensweise zum upstream-Fall II in Kapitel 3 Abschnitt A.III.2.2.2.3.

2.3. Auswirkungen auf die Beteiligungsbilanzierung

Die Übertragungen in den Fällen IV und VI haben keine Auswirkungen auf den Ansatz der Beteiligung der Obergesellschaft an der Untergesellschaft im Gesamthandsvermögen der Obergesellschaft. Durch die jeweilige Übertragung eines Wirtschaftsguts und dessen stillen Reserven aus dem Sonderbetriebsvermögen eines Untergesellschafters bzw. eines Obergesellschafters bei der Untergesellschaft werden die Gesellschaftsrechte der Obergesellschaft an der Untergesellschaft nicht verändert.

Auch in den upstream-Fällen I, V und X bleibt wie bei den entgegengesetzten downstream-Fällen bei der Veräußerung des Transferwirtschaftsguts der Beteiligungsausweis zunächst unverändert. In diesen Fällen bewirkt die Veräußerung jeweils auf Ebene der Untergesellschaft im Gesamthandsvermögen der Untergesellschaft einen Aktivtausch „Bank an Transferwirtschaftsgut", der keinen Einfluss auf die Gesellschaftsrechte der Obergesellschaft bei der Untergesellschaft hat. Bei einer Übertragung des Transferwirtschaftsguts gegen Gewährung von Gesellschaftsrechten an der Obergesellschaft bleiben in den Fällen I und X die Beteiligungsverhältnisse an der Untergesellschaft ebenfalls unverändert. Eine Übertragung des Transferwirtschaftsguts in den Fällen I und X gegen Minderung von Gesellschaftsrechten der Obergesellschaft an der Untergesellschaft erfordert dagegen eine Minderung des Beteiligungsausweises. Die anschließende Übertragung von stillen Reserven im Wege von § 6b EStG auf das Reinvestitionswirtschaftsgut im Gesamthandsvermögen der Obergesellschaft bewirkt bei allen zuvor genannten Varianten jeweils in Höhe der übertragenen stillen Reserven eine Reduzierung der Beteiligung der Obergesellschaft an der Untergesellschaft. Dies beruht auf dem spiegelbildlichen Ausweis der Beteiligung im Gesamthandsvermögen der Obergesellschaft, der spiegelbildlichen Wiedergabe des anteiligen Eigenkapitals der Obergesellschaft bei der Untergesellschaft bestehend aus dem Eigenkapital im Kapitalkonto in der Gesamthandsbilanz, in den Ergänzungsbilanzen und in der Sonderbilanz der Obergesellschaft bei der Untergesellschaft.[1061]

[1061] Vgl. Kapitel 2 Abschnitt A.III.4.3. sowie Kapitel 1 Abschnitt B.I.3.3.2.

Bei den upstream-Fällen II und VII bleibt der Ausweis der Beteiligung der Obergesellschaft an der Untergesellschaft durch die Veräußerung des Transferwirtschaftsguts und die Erfassung der stillen Reserven in einer § 6b-Rücklage unberührt. Erst bei der anschließenden Übertragung der stillen Reserven nach § 6b EStG auf ein Reinvestitionswirtschaftsgut im Gesamthandsvermögen der Obergesellschaft ist der Beteiligungsansatz aufgrund der Erhöhung des Sonderbilanzeigenkapitals im Zuge der Rücklagenauflösung zu erhöhen. Im Rahmen der Auflösung der Sonderbilanz der Obergesellschaft bei der Untergesellschaft und die Entnahme der verbliebenen Aktiva und Passiva ist in Höhe des ausgebuchten Sonderbilanzeigenkapitals der Ansatz der Beteiligung der Obergesellschaft an der Untergesellschaft zu reduzieren. Damit wird im Vergleich zu den jeweiligen Ausgangssituationen der Beteiligungsausweis in Höhe des Buchwerts des Veräußerungsobjekts gemindert. Die vorherige Erhöhung des Beteiligungsausweises wird damit im Zuge der Auflösung der Sonderbilanzen kompensiert.

Die folgende Abbildung fasst die Rechtsfolgen und die Auswirkungen auf die Beteiligungsbilanzierung aus den zu Grunde liegenden upstream-Fällen nochmals zusammen:

upstream	Im Anwendungsbereich von § 6b EStG	Rechtsfolgen				Auswirkungen auf die Beteiligungsbilanzierung
		Steuerneutrale Übertragung von stillen Reserven	**OGter: Aufgabe der Sondermitunternehmerstellung bei der UG (§ 15 Abs. 1 S. 1 Nr. 2 S. 2 EStG)**	**OG: Reduzierung des Anteils der OG an der UG**	**UG: Gründung einer unmittelbaren Mitunternehmerstellung bei der OG**	
Fall I	ja	<u>quotal</u>, entsprechend der mittelbaren Beteiligungsquote der OGter an der UG (zusätzlich bei Übertragung des Transfer-WG gegen Gewährung von Gesellschaftsrechten der OG an die UG, entsprechend der Beteiligungsquote der anderen UGter - neben der OG - an der UG)		ggf. ja (bei der Übertragung des Transfer-WG gegen Minderung von Gesellschaftsrechten der OG an der UG)	ggf. ja (bei der Übertragung des Transfer-WG gegen Gewährung von Gesellschaftsrechten)	Erhöhung des Beteiligungsausweises in Höhe der übertragenen stillen Reserven bzw. der aufgelösten Minderkapitalien negativer Ergänzungsbilanzen auf Ebene der UG
Fall II	ja	bei entgeltlicher Übertragung des wirtschaftlichen Eigentums am Transfer-WG				Reduzierung des Beteiligungsausweises in Höhe des Buchwerts des entgeltlich übertragenen Transfer-WG des SBV der OG bei der UG
Fall III	nein	nein				
Fall IV	ja	<u>quotal</u>, entsprechend der Beteiligungsquote des OGters an der OG	ggf. ja			keine Veränderungen
Fall V	ja	<u>quotal</u>, entsprechend der mittelbaren (und ggf. unmittelbaren) Beteiligungsquote des OGters an der UG				Erhöhung des Beteiligungsausweises in Höhe der übertragenen stillen Reserven bzw. der aufgelösten Minderkapitalien negativer Ergänzungsbilanzen auf Ebene der UG
Fall VI	ja	bei entgeltlicher Übertragung des wirtschaftlichen Eigentums am Transfer-WG	ggf. ja			keine Veränderungen
Fall VII	ja	<u>quotal</u>, entsprechend der Beteiligungsquote des OGters an der OG				Reduzierung des Beteiligungsausweises in Höhe des Buchwerts des entgeltlich übertragenen Transfer-WG des SBV der OG bei der UG
Fall VIII	nein	nein				
Fall IX	nein	nein				
Fall X	ja	<u>quotal</u>, entsprechend der mittelbaren Beteiligungsquote der OGter an der UG (zusätzlich bei Übertragung des Transfer-WG gegen Gewährung von Gesellschaftsrechten der OG an die UG, entsprechend der Beteiligungsquote der anderen UGter - neben der OG - an der UG), <u>nur</u> bei begünstigten Reinvestitions-WG			ggf. ja (bei der Übertragung des Transfer-WG gegen Gewährung von Gesellschaftsrechten)	Erhöhung des Beteiligungsausweises in Höhe der übertragenen stillen Reserven bzw. der aufgelösten Minderkapitalien negativer Ergänzungsbilanzen auf Ebene der UG

Abb. 22: Rechtsfolgen aus den untersuchten upstream-Transferfällen bei Anwendbarkeit des § 6b EStG

3. Die Übertragung stiller Reserven gemäß § 6b EStG als Alternative zu Transfers von Einzelwirtschaftsgütern

Die grundlegenden Überlegungen des Kapitels 2 Abschnitt A.III.5. zu downstream-Transfers sind auf die upstream-Transferalternativen entsprechend zu übertragen. Ob es sich um einen downstream- oder upstream-Transfer handelt, macht bezüglich der Voraussetzungen und der Anwendungsbereiche der beiden betrachteten Normen keinen Unterschied. Somit gilt auch Folgendes zu den einzelnen Normen für upstream-Übertragungen.[1062]

Übertragungen unter Anwendung von § 6b EStG:

- Die Voraussetzungen des § 6b EStG, z. B. die sechsjährige Vorbesitzzeit nach § 6b Abs. 4 Nr. 2 EStG, müssen erfüllt sein.
- § 6b EStG kann nur insoweit eine Alternative darstellen, als dass es sich um nach § 6b EStG begünstigte Transfer- und Reinvestitionswirtschaftsgüter handelt.
- § 6b EStG setzt grundlegend die entgeltliche Übertragung des Transferwirtschaftsguts voraus.
- § 6b EStG ermöglicht dem Steuerpflichtigen eine steuerneutrale Übertragung von stillen Reserven bei Identität von Transferwirtschaftsgut und Reinvestitionswirtschaftsgut und bei von dem Transferwirtschaftsgut abweichenden Reinvestitionswirtschaftsgütern. Der Steuerpflichtige hat alternativ die Option, die stillen Reserven vor einer steuerneutralen Übertragung oder steuerpflichtigen Aufdeckung in einer § 6b-Rücklage nach § 6b Abs. 3 S. 1 EStG einzustellen oder die stillen Reserven direkt aufzudecken.
- Durch eine Anwendung von § 6b EStG kann ggf. sogar eine verunglückte direkte Übertragung nach § 6 Abs. 5 S. 3 EStG geheilt werden. Wie bereits zu den upstream-Fällen I und IV[1063] ausgeführt, kann § 6b EStG bei entgeltlichen Übertragungen gegen Gewährung bzw. Minderung von Gesellschaftsrechten, die zunächst unter Anwendung von § 6 Abs. 5 S. 3 EStG zu Buchwerten vollzogen werden, zum Einsatz kommen, wenn im Nachhinein die stillen

[1062] Vgl. Kapitel 2 Abschnitt A.III.5.
[1063] Vgl. Kapitel 3 Abschnitt A.III.1.2.2.2.2. und Abschnitt A.III.1.2.2.3.

Reserven auf Basis von § 6 Abs. 5 S. 4-6 EStG aufzudecken sind. Eine Anwendung von § 6b EStG auf verunglückte unentgeltliche Übertragungen im Wege von § 6 Abs. 5 S. 3 EStG scheidet aufgrund der Unentgeltlichkeit aus.

- Falls durch eine Übertragung im Wege von § 6 Abs. 5 S. 3 EStG stille Reserven im Zuge des Übertragungsvorgangs auf einen anderen Gesellschafter überspringen bzw. die Beteiligungsverhältnisse verschoben werden, kann sich eine Übertragung im Wege von § 6b EStG ebenfalls als Alternative anbieten.

Transfers von Einzelwirtschaftsgütern im Wege von § 6 Abs. 5 EStG:

- Eine Anwendung von § 6 Abs. 5 EStG besitzt von § 6b EStG abweichende Voraussetzungen.
- Zudem tritt im Gegensatz zur Anwendung von § 6b EStG der Übernehmende bei Buchwertfortführungen nach § 6 Abs. 5 EStG bezüglich des Wirtschaftsguts in die Rechtsstellung des Abgebenden ein.
- § 6 Abs. 5 S. 3 EStG knüpft an die unentgeltliche Übertragung oder an die entgeltliche Übertragung gegen Gewährung bzw. Minderung von Gesellschaftsrechten und § 6 Abs. 5 S. 2 an eine Überführung ohne Rechtsträgerwechsel an.
- § 6 Abs. 5 EStG setzt die Identität von Transferwirtschaftsgut und Reinvestitionswirtschaftsgut voraus und gibt die Buchwertübernahme zwingend vor.

Vor diesem Hintergrund können steuerneutrale Übertragungen von Einzelwirtschaftsgütern unter Anwendung von § 6b EStG sich ggf. dem Steuerpflichtigen als Alternative anbieten. Eine Anwendung von § 6b EStG kann insbesondere nützlich sein, wenn entweder beide Normen, § 6b EStG und § 6 Abs. 5 EStG, als Übertragungsalternativen zur Verfügung stehen oder eine Übertragung im Wege von § 6 Abs. 5 EStG ausgeschlossen ist bzw. nur unter Schwierigkeiten erreicht werden kann. Da sich die Steuerpflichtigen grundsätzlich vor dem Transfer für eine Transfervariante entscheiden müssen und der Transfervorgang ggf. entsprechend gestaltet werden muss, setzt dies wie bei den downstream-Übertragungen die Kenntnis über die Anwendbarkeit der Alternativen, d. h. die Prüfung der jeweiligen Voraussetzungen, und die Kenntnis über die Rechtsfolgen voraus.[1064] In Bezug auf die einzelnen untersuchten Transferfälle sind darüber hinaus die folgenden Überlegungen zu berücksichtigen.

Bei den Transferfällen II und VI ist wie bei den entgegengesetzten downstream-Fällen[1065] eine Anwendung von § 6b EStG aufgrund des fehlenden Rechtsträgerwechsels nur möglich, soweit das Transferwirtschaftsgut an einen fremden Dritten veräußert wird. Strebt der Steuerpflichtige stattdessen die Identität des Transferwirtschaftsguts und Reinvestitionswirtschaftsguts an, ist die steuerneutrale Übertragung nur über eine Überführung im Wege von § 6 Abs. 5 S. 2 EStG zu erreichen. Durch beide Transferwege kann die vollständig steuerneutrale Übertragung des Transferwirtschaftsguts erreicht werden.[1066]

Die upstream-Transferfälle I, IV und V sind ebenfalls wie die entsprechenden downstream-Fälle durch § 6 Abs. 5 EStG und § 6b EStG erfasst.[1067] Aber auch bei den upstream-Fällen ist eine steuerneutrale Übertragung von stillen Reserven im Wege von § 6b EStG auf die anteiligen aufgedeckten stillen Reserven und/oder die anteiligen Reinvestitionskosten der Übertragenden begrenzt.[1068] Missglückt allerdings im upstream-Fall I eine Übertragung eines Einzelwirtschaftsguts gegen Gewährung von Gesellschaftsrechten im Wege von § 6 Abs. 5 S. 3 Nr. 1 EStG aufgrund § 6 Abs. 5 S. 4-6 EStG können die aufgedeckten stillen Reserven nach § 6b EStG sogar vollständig steuerneutral übertragen werden, da durch die zusätzliche Beteiligung der Untergesellschaft an der Obergesellschaft auch die restlichen stillen Reserven nach § 6b EStG auf die Obergesellschaft übertragen werden können.[1069] Die entsprechenden Übertragungen im Wege von § 6 Abs. 5 S. 3 EStG sind jeweils vollständig zu Buchwerten vorzunehmen.[1070]

1064 Vgl. Kapitel 2 Abschnitt A.III.5.

1065 Vgl. Kapitel 2 Abschnitt A.III.5.

1066 Zur Prüfung der jeweiligen Anwendbarkeit der Normen vgl. Kapitel 3 Abschnitt A.II.1.2.2., Abschnitt A.II.1.2.6. und Abschnitt A.III.1.2.2.1.

1067 Zur Prüfung der jeweiligen Anwendbarkeit der Normen vgl. Kapitel 3 Abschnitt A.II.1.2.1., Abschnitt A.II.1.2.4., Abschnitt A.II.1.2.5., Abschnitt A.III.1.2.2.2.2., Abschnitt A.III.1.2.2.3. und Abschnitt A.III.1.2.2.2.4.

1068 Vgl. grundlegend Kapitel 2 Abschnitt A.III.2.2. sowie zu den einzelnen upstream-Fällen Kapitel 3 Abschnitt A.III.1.2.2.2.2., Abschnitt A.III.1.2.2.3. und Abschnitt A.III.1.2.2.2.4.

1069 Vgl. Kapitel 3 Abschnitt A.III.1.2.2.2.2.

1070 Vgl. grundlegend Kapitel 2 Abschnitt A.II.1.2. sowie zu den einzelnen upstream-Fällen Kapitel 3 Abschnitt A.II.1.2.1., Abschnitt A.II.1.2.4. und Abschnitt A.II.1.2.5.

Eine direkte Übertragung gegen Gewährung bzw. Minderung von Gesellschaftsrechten scheidet beim upstream-Fall VII aus.[1071] Aus diesem Grund können in diesem Fall stille Reserven lediglich bei einer Übertragung gegen sonstiges Entgelt im Wege von § 6b EStG steuerneutral übertragen werden. Allerdings ist beim upstream-Fall VII eine Übertragung von stillen Reserven im Wege von § 6b EStG in der Höhe auf den anteiligen Veräußerungsgewinn des Obergesellschafters begrenzt.[1072] Eine vollständig steuerneutrale Übertragung könnte im upstream-Fall VII nur durch einen Kettentransfers erreicht werden (zu den Gestaltungsüberlegungen, insbesondere den Chancen und Risiken, bei Kettentransfers vgl. Kapitel 2 Abschnitt A.III.5.).[1073]

Für die upstream-Fälle III, VIII und IX sind direkte steuerneutrale Übertragungen von Einzelwirtschaftsgütern nach § 6 Abs. 5 EStG[1074] als auch Übertragungen von stillen Reserven im Wege von § 6b EStG ausgeschlossen.[1075] Um dennoch eine steuerneutrale Übertragung zu erreichen, bietet sich den Steuerpflichtigen ggf. jeweils die Übertragung im Wege eines Kettentransfers an (zu den Gestaltungsüberlegungen, insbesondere den Chancen und Risiken, bei Kettentransfers vgl. Kapitel 2 Abschnitt A.III.5.).[1076]

Zusammengefasst betrachtet kann § 6b EStG in Abhängigkeit vom Einzelfall auch bei upstream-Transfers eine Alternative darstellen, um Einzelwirtschaftsgüter innerhalb einer doppelstöckigen Personengesellschaft steuerneutral upstream zu übertragen. Für eine Übertragungs-, Gestaltungsentscheidung sollte sich der Steuerpflichtige in Bezug auf die möglichen Transferwege der Voraussetzungen und Rechtsfolgen, der Vor- und Nachteile, der Chancen und Risiken bewusst sein.

1071 Vgl. Kapitel 3 Abschnitt A.II.1.2.7. und Abschnitt A.III.1.2.2.4.

1072 Vgl. Kapitel 3 Abschnitt A.III.1.2.2.4.

1073 Vgl. Kapitel 3 Abschnitt A.II.1.2.7.

1074 Zur Prüfung der jeweiligen Anwendbarkeit von § 6 Abs. 5 EStG vgl. Kapitel 3 Abschnitt A.II.1.2.3., Abschnitt A.II.1.2.8. und A.II.1.2.9.

1075 Zur Prüfung der jeweiligen Anwendbarkeit von § 6b EStG vgl. Kapitel 3 Abschnitt A.III.1.2.2.5.

1076 Vgl. Kapitel 3 Abschnitt A.II.1.2.3., Abschnitt A.II.1.2.8. und Abschnitt A.II.1.2.9.

IV. Die Einbringung von Betriebsvermögen (eines Betriebs oder Teilbetriebs) der Untergesellschaft in die Obergesellschaft (§ 24 UmwStG)

1. Anwendbarkeit des § 24 UmwStG auf die Einbringung von Betriebsvermögen der Obergesellschaft in die Untergesellschaft

1.1. Überblick

Die Ausführungen zu den Einbringungen von Betriebsvermögen der Untergesellschaft in die Obergesellschaft im Wege von § 24 UmwStG bauen auf die Ausführungen zur entgegengesetzten Übertragungsrichtung im Kapitel 2 Abschnitt A.IV. und die grundlegenden Ausführungen zu beiden Transferrichtungen in Abschnitt A.IV.2. auf. Die Untersuchungen haben aber nicht nur Teilbetriebseinbringungen wie im Rahmen des downstream-Transfers sondern auch die Einbringung des gesamten Betriebs der Untergesellschaft in die Obergesellschaft zum Gegenstand. Folglich sind für den upstream-Transfer von Betriebsvermögen der Untergesellschaft in die Obergesellschaft im Wege von § 24 UmwStG neben den Teilbetriebseinbringungen die folgenden Einbringungsvarianten auf eine Anwendung von § 24 UmwStG zu untersuchen:

Eine Einbringung des Betriebs der Untergesellschaft in die Obergesellschaft

- im Wege der Gesamtrechtsnachfolge auf Basis des UmwG, d. h. im Wege der Verschmelzung durch Aufnahme der Untergesellschaft in die Obergesellschaft,
- durch Einzelübertragungen der Wirtschaftsgüter des Betriebs der Untergesellschaft außerhalb der Regelungen des UmwG im Wege der Einzelrechtsnachfolge,
- im Wege der Anwachsung der Untergesellschaft an die Obergesellschaft oder
- im Wege einer Kombination der zuvor genannten Einbringungsmöglichkeiten im Wege der kombinierten Einzel- und Gesamtrechtsnachfolge.

1.2. Anwendbarkeit des § 24 UmwStG auf die Einbringung eines Teilbetriebs der Untergesellschaft in die Obergesellschaft

Die Ausführungen zur Anwendungsprüfung eines downstream-Teilbetriebtransfers im Kapitel 2 Abschnitt A.IV.3. können weitestgehend auf den upstream-Transfer eines Teilbetriebs der Untergesellschaft ins Betriebsvermögen der Obergesellschaft übertragen werden. So kommt eine Einbringung eines Teilbetriebs als Spaltung i. S. des UmwG und damit im Wege der partiellen Gesamtrechtsnachfolge, als Einzelübertragungen der Wirtschaftsgüter eines Teilbetriebs im Wege der Einzelrechtsnachfolge oder in Kombination dieser Transfermöglichkeiten in Betracht. Entsprechend der Ausführungen zu den downstream-Transfers gliedern sich die Transfermöglichkeiten wie folgt:

- Eine Einbringung eines Teilbetriebs der Untergesellschaft im Wege der partiellen Gesamtrechtsnachfolge, auf Basis des UmwG
  - im Wege der Abspaltung (§ 123 Abs. 2 UmwG) des Teilbetriebs von der Untergesellschaft und der Einbringung des Teilbetriebs ins Betriebsvermögen der Obergesellschaft unter Gewährung von Gesellschaftsrechten der Obergesellschaft an die Untergesellschafter oder
  - im Wege der Ausgliederung (§ 123 Abs. 3 UmwG) des Teilbetriebs aus dem Betriebsvermögen der Untergesellschaft und der Einbringung des Teilbetriebs ins Betriebsvermögen der Obergesellschaft unter Gewährung von Gesellschaftsrechten der Obergesellschaft an die Untergesellschaft selbst,
- eine Einbringung eines Teilbetriebs der Untergesellschaft durch Einzelübertragungen der Wirtschaftsgüter des Teilbetriebs außerhalb der Regelungen des UmwG im Wege der Einzelrechtsnachfolge unter Gewährung von Gesellschaftsrechten der Obergesellschaft an die Untergesellschaft oder
- eine Einbringung eines Teilbetriebs der Untergesellschaft im Wege einer kombinierten Einzel- und partiellen Gesamtrechtsnachfolge, d. h. im Wege einer Kombination der zuvor genannten Einbringungsmöglichkeiten.

Entsprechend der Ausführungen zum downstream-Teilbetriebstransfer ist beim upstream-Teilbetriebstransfer für eine Anwendung von § 24 UmwStG vorauszusetzen, dass der Einbringungsgegenstand Teilbetrieb als solcher im Betriebsvermögen der Untergesellschaft abgrenzbar ist.[1077] Da Einbringende i. S. von § 24 UmwStG natürliche Personen, Körperschaften, Personenvereinigungen oder eine Vermögensmasse sowie Mitunternehmerschaften selbst oder deren Mitunternehmer sein können und sich je nach Ausgestaltung des Teilbetriebstransfers die Person des Einbringenden bestimmt, sind entweder die Untergesellschafter oder die Untergesellschaft selbst Einbringende i. S. von § 24 UmwStG.[1078]

Aufbauend auf die Ausführungen in Kapitel 2 Abschnitt A.IV.2.2.1. sind im Falle der Einbringung eines Teilbetriebs im Wege der Abspaltung (§ 123 Abs. 2 UmwG) die Untergesellschafter als Einbringende i. S. von § 24 UmwStG zu werten.[1079] Aufgrund der Beteiligung der Obergesellschaft an der Untergesellschaft ist eine Anwendung von § 24 UmwStG aber nicht möglich, da dies bedeuten würde, dass die aufnehmende Obergesellschaft als zugleich Einbringende eine Mitunternehmerstellung an sich selbst gewähren müsste. Demzufolge ist eine Anwendung von § 24 UmwStG insoweit ausgeschlossen, als dass die aufnehmende Obergesellschaft an der abspaltenden Untergesellschaft beteiligt ist.[1080] Der in § 24 UmwStG vorausgesetzte Leistungsaustausch der Einbringung einer Sachgesamtheit gegen Gewährung einer Mitunternehmerstellung, d. h. gegen Gewährung von Gesellschaftsrechten, kann nicht erreicht werden.

Bei Einbringungen eines Teilbetriebs im Wege der Ausgliederung (§ 123 Abs. 3 UmwG) und Einbringungen eines Teilbetriebs durch Einzelübertragungen der Wirtschaftsgüter des Teilbetriebs außerhalb der Regelungen des UmwG jeweils in das Betriebsvermögen der Obergesellschaft ist gemäß Kapitel 2 Abschnitt A.IV.2.2.1. dagegen jeweils die Untergesellschaft selbst die Einbringende. Im Gegenzug sind der Untergesellschaft Gesellschaftsrechte an der Obergesellschaft

---

1077 Vgl. Kapitel 2 Abschnitte A.IV.2.2.2., A.IV.3.

1078 Vgl. Kapitel 2 Abschnitte A.IV.2.2.1., A.IV.3.

1079 Vgl. Kapitel 2 im Abschnitt A.IV.2.2.1.

1080 Vgl. jedoch in Bezug auf die Verschmelzung einer Untergesellschaft einer doppelstöckigen Personengesellschaft auf die Obergesellschaft STEGEMANN, D., Einzelfragen, INF 2003, S. 269-270; SCHIFFERS, J., Umstrukturierung, GmbH StB 2003, S. 356; SCHULZE ZUR WIESCHE, D., in: BORDEWIN, A./BRANDT, J., EStG, § 24 UmwStG Rn. 99 (Mai 2002); WIDMANN, S., in: WIDMANN, S./MAYER, D., Umwandlungsrecht, § 24 UmwStG Rn. 306.1 (August 2001), jedoch im Widerspruch zu WIDMANN, S., in: WIDMANN, S./MAYER, D., Umwandlungsrecht, § 20 UmwStG Rn. R 63 (April 2007). A. A. (in Bezug auf den Fall der Verschmelzung) SCHWEDHELM, R., Unternehmensumwandlung, Rn. 1977.

zu gewähren.[1081] Damit würde durch die Einbringung gegen Gewährung von Gesellschaftsrechten der Obergesellschaft an die Untergesellschaft eine Beteiligung der Untergesellschaft an der Obergesellschaft gegründet, vorausgesetzt ein solches wechselseitiges Beteiligungsverhältnis bestand nicht bereits vorher. Der Erfüllung der weiteren Voraussetzungen von § 24 UmwStG stehen bei der Einbringung eines Teilbetriebs im Wege der Ausgliederung (§ 123 Abs. 3 UmwG) oder Einbringung eines Teilbetriebs durch Einzelübertragungen der Wirtschaftsgüter des Teilbetriebs außerhalb der Regelungen des UmwG wie bereits bei der downstream-Einbringung keine weiteren in der doppelstöckigen Personengesellschaft ruhenden spezifischen Probleme entgegen. Wie bereits bei der downstream-Einbringung setzt § 24 UmwStG einen Leistungsaustausch voraus. Folglich muss der aus dem Betriebsvermögen der Untergesellschaft stammende Teilbetrieb in das Betriebsvermögen der Obergesellschaft und in diesem Zuge zumindest auch in das Gesamthandsvermögen der Untergesellschaft eingebracht werden.[1082] Eine ausschließliche Einbringung des Teilbetriebs in das Sonderbetriebsvermögen der Untergesellschaft bzw. der Untergesellschafter bei der Obergesellschaft wäre nicht ausreichend.[1083] Die Voraussetzung, dass die aufnehmende Obergesellschaft als Mitunternehmerschaft zu werten ist, ist bereits Grundvoraussetzung für den Bestand der doppelstöckigen Personengesellschaft,[1084] während die im gleichen Zuge zu gewährende Mitunternehmerstellung des Einbringenden bei der Obergesellschaft durch Gestaltung des Einbringungsvorgangs erreichbar ist. Allerdings würde wie bereits ausgeführt eine wechselseitige mitunternehmerische Beteiligung zwischen der Obergesellschaft und der Untergesellschaft entstehen, die einer Anwendung von § 24 UmwStG indessen nicht entgegensteht.

1081 Vgl. Kapitel 2 im Abschnitt A.IV.2.2.1.

1082 Vgl. Kapitel 2 im Abschnitte A.IV.2.2.2, A.IV.3. und SCHMITT, J., in: SCHMITT, J./HÖRTNAGL, R./STRATZ, R.-C., UmwG/UmwStG, § 24 UmwStG Rn. 49; WOLFF, N., in: BLÜMICH, EStG/KStG/GewStG, § 24 UmwStG Rn. 1 (März 2002).

1083 Vgl. Kapitel 2 im Abschnitte A.IV.2.2.2, A.IV.3. und ROGALL, M., Sonderbetriebsvermögen, DB 2005, S. 411; STRAUCH, R., Umwandlungs(steuer)recht, SteuerStud 2006, S. 613; SCHMITT, J., in: SCHMITT, J./ HÖRTNAGL, R./STRATZ, R.-C., UmwG/UmwStG, § 24 UmwStG Rn. 31, 47, 107; SCHULZE ZUR WIESCHE, D., in: BORDEWIN, A./BRANDT, J., EStG, § 24 UmwStG Rn. 30, 38 (Juni 2006); FG DÜSSELDORF v. 30.04.2003, 16 K 2934/01 E – rkr., EFG 2003, S. 1180, 1181. Eine Aufdeckung und Besteuerung von etwaigen stillen Reserven könnte stattdessen ggf. durch einen Transfer zu Buchwerten im Wege von § 6 Abs. 3 bzw. Abs. 5 EStG vermieden werden; vgl. SCHMITT, J., in: SCHMITT, J./HÖRTNAGL, R./STRATZ, R.-C., UmwG/UmwStG, § 24 UmwStG Rn. 47.

1084 Vgl. Kapitel 1 Abschnitt B.I.2.

Da es sich bei der Einbringung einer Sachgesamtheit in das Betriebsvermögen der Obergesellschaft im Wege von § 24 UmwStG um die Einbringung einer Sachgesamtheit in eine „bereits existierende" Personengesellschaft handelt und dadurch die Mitunternehmerschaft der aufnehmenden Personengesellschaft erweitert wird, ist entsprechend wie bei der downstream-Einbringung eines Teilbetriebs zu beachten, dass eine solche Einbringung steuerlich zwei Einbringungsvorgänge im Wege von § 24 UmwStG auslöst. Neben der Einbringung des Teilbetriebs in die erweiterte Mitunternehmerschaft der Obergesellschaft bringen die Alt-Gesellschafter (die Obergesellschafter) ebenfalls im Wege von § 24 UmwStG ihre Mitunternehmeranteile in eine steuerlich „neue" erweiterte Mitunternehmerschaft (die „neue" Obergesellschaft) ein. Die Untergesellschaft ist die Einbringende i. S. von § 24 UmwStG für den einzubringenden Teilbetrieb und die Obergesellschafter die Einbringenden i. S. von § 24 UmwStG für die Einbringung der Mitunternehmeranteile an der Obergesellschaft in die „neue" erweiterte Obergesellschaft.[1085]

1.3. Anwendbarkeit des § 24 UmwStG auf die Einbringung des Betriebs der Untergesellschaft in die Obergesellschaft

1.3.1. Einbringung des Betriebs der Untergesellschaft in die Obergesellschaft

Gemäß § 1 Abs. 3 UmwStG findet § 24 UmwStG grundsätzlich auch auf Verschmelzungen i. S. des UmwG Anwendung.[1086] Als Verschmelzung i. S. des UmwG (§§ 2-122 UmwG) ist die Übertragung des gesamten Vermögens eines Rechtsträgers oder mehrerer Rechtsträger als Ganzes auf einen anderen Rechtsträger im Wege der Gesamtrechtsnachfolge unter Auflösung ohne Abwicklung gegen Gewährung von Gesellschaftsrechten des aufnehmenden Rechtsträgers an die Anteilsinhaber der übertragenden Rechtsträger definiert. Da es sich bei der zu

---

[1085] Vgl. Kapitel 2 im Abschnitte A.IV.2.2.1., A.IV.3.

[1086] Vgl. SCHMITT, J., in: SCHMITT, J./HÖRTNAGL, R./STRATZ, R.-C., UmwG/UmwStG, § 24 UmwStG Rn. 17; WIDMANN, S., in: WIDMANN, S./MAYER, D., Umwandlungsrecht, § 24 UmwStG Rn. 98 (August 2001); BMF-SCHREIBEN v. 25.03.1998, IV B 7 – S 1978 – 21/98 / IV B 2 – S 1909 – 33/98, BStBl. I 1998, S. 268 Rn. 24.01.

untersuchenden Verschmelzung, um eine Übertragung des gesamten Vermögens der Untergesellschaft als Ganzes auf die Obergesellschaft im Wege der Gesamtrechtsnachfolge unter Auflösung ohne Abwicklung gegen Gewährung von Gesellschaftsrechten der Obergesellschaft an die Untergesellschafter handelt, wird dieser Übertragungsvorgang als Verschmelzung durch Aufnahme (§ 2 Nr. 1 UmwG) bezeichnet.[1087]

Da den Untergesellschaftern für die Übertragung des gesamten Betriebs der Untergesellschaft Gesellschaftsrechte zu gewähren sind, sind diese aufbauend auf die Ausführungen im Kapitel 2 Abschnitt A.IV.2.2.1. bei der Verschmelzung einer doppelstöckigen Personengesellschaft auf die Obergesellschaft auch als Einbringende i. S. von § 24 UmwStG zu werten.[1088] Wie bereits im vorherigen Abschnitt zur Abspaltung eines Teilbetriebs der Untergesellschaft auf die Obergesellschaft im Wege des UmwG ausgeführt, wäre die Obergesellschaft Einbringende an sich selbst. Da die Obergesellschaft sich nicht Gesellschaftsrechte und eine Mitunternehmerstellung an sich selbst gewähren kann, ist eine Anwendung von § 24 UmwStG auf die Verschmelzung der Untergesellschaft auf die Obergesellschaft ausgeschlossen.[1089] Der in § 24 UmwStG vorausgesetzte Leistungsaustausch der Einbringung einer Sachgesamtheit gegen Gewährung einer Mitunternehmerstellung kommt nicht zustande.

Im Falle der Einbringung des Betriebs der Untergesellschaft außerhalb der Regelungen des UmwG über die Übertragung der einzelnen Wirtschaftsgüter des Betriebs im Wege der Einzelrechtsnachfolge in die Obergesellschaft gegen Gewährung von Gesellschaftsrechten der Obergesellschaft an die Untergesell-

---

1087 Vgl. SAGASSER, B., in: SAGASSER, B./BULA, T./BRÜNINGER, T. R., Umwandlungen, B Rn. 4; BALLREICH, H., Umwandlungsrecht, S. 5. Zu weiteren Ausführungen zu den Regelungen des UmwG in Bezug auf Verschmelzungen (z. B. Voraussetzungen und Ablauf) vgl. BALLREICH, H., Umwandlungsrecht, S. 6-14; HARITZ, D./BÄRWALDT, R., in: MÜLLER, W./HOFFMANN, W.-D., Personengesellschaften, § 9 Rn. 346-374.

1088 Vgl. SCHLÖßER, R. W., in: HARITZ, D./BENKERT, M., UmwStG, § 24 Rn. 39; SCHMITT, J., in: SCHMITT, J./HÖRTNAGL, R./STRATZ, R.-C., UmwG/UmwStG, § 24 UmwStG Rn. 98; PATT, J., in: DÖTSCH, E. U. A., Umwandlungssteuerrecht, § 24 UmwStG Rn. 28; SCHULZE ZUR WIESCHE, D., in: BORDEWIN, A./BRANDT, J., EStG, § 24 UmwStG Rn. 20 (Juni 2006); KLINGBERG, D., in: BLÜMICH, EStG/KStG/GewStG, § 20 UmwStG Rn. 28, 30 (März 2005); WOLFF, N., in: BLÜMICH, EStG/KStG/GewStG, § 24 UmwStG Rn. 17 (Mai 1996); WIDMANN, S., in: WIDMANN, S./MAYER, D., Umwandlungsrecht, § 24 UmwStG Rn. 93-93.1 (August 2001).

1089 Vgl. STEGEMANN, D., Einzelfragen, INF 2003, S. 269-270; SCHIFFERS, J., Umstrukturierung, GmbH-StB 2003, S. 356; SCHULZE ZUR WIESCHE, D., in: BORDEWIN, A./BRANDT, J., EStG, § 24 UmwStG Rn. 99 (Mai 2002); WIDMANN, S., in: WIDMANN, S./MAYER, D., Umwandlungsrecht, § 24 UmwStG Rn. 306.1 (August 2001), jedoch im Widerspruch zu WIDMANN, S., in: WIDMANN, S./MAYER, D., Umwandlungsrecht, § 20 UmwStG Rn. R 63 (April 2007). A. A. SCHWEDHELM, R., Unternehmensumwandlung, Rn. 1977.

schaft selbst[1090] besteht die Problematik des missglückten Leitungsaustauschs durch die Gewährung von Gesellschaftsrechten an die Obergesellschaft an sich selbst nicht. Der Leistungsaustausch entspricht dem der entsprechenden Einbringung eines Teilbetriebs der Untergesellschaft in die Obergesellschaft gegen Gewährung von Gesellschaftsrechten der Obergesellschaft an die Untergesellschaft. Soweit die Wirtschaftsgüter des zu übertragenden Betriebs in einem einheitlichen Vorgang übertragen werden und entsprechend wie bei der upstream-Teilbetriebseinbringung die sonstigen Voraussetzungen für eine Anwendung von § 24 UmwStG erfüllt sind, steht einer Einbringung im Wege von § 24 UmwStG nichts entgegen (vgl. Kapitel 3 Abschnitt A.IV.1.2. aufbauend auf Kapitel 2 Abschnitt A.IV.3.).

Aufbauend auf die Ausführungen in Abschnitt A.IV.1.2. dieses Kapitels, demzufolge die Ausgliederung eines Teilbetriebs der Untergesellschaft auf die Obergesellschaft im Anwendungsbereich von § 24 UmwStG liegt, kann eine Einbringung des gesamten Betriebs der Untergesellschaft alternativ auch im Wege der Gesamtrechtsnachfolge über die Ausgliederung aller Teilbetriebe der Untergesellschaft auf die Obergesellschaft unter Gewährung von Gesellschaftsrechten der Obergesellschaft an die Untergesellschaft selbst erreicht werden.[1091] Dabei ist aber zu beachten, dass der gesamte Betrieb der Untergesellschaft jeweils in nach § 24 UmwStG anzuerkennende Teilbetriebe aufteilbar ist und sämtliche wesentlichen Betriebsgrundlagen einschließlich Sonderbetriebsvermögen mit den Teilbetrieben auf die Obergesellschaft übertragen werden.

Bei der Einbringung des Betriebs der Untergesellschaft in die Obergesellschaft im Wege der Einzelübertragung als auch im Wege der Ausgliederung aller Teilbetriebe der Untergesellschaft auf die Obergesellschaft entsteht durch die Gewährung von Gesellschaftsrechten der Obergesellschaft an die Untergesellschaft ein wechselseitiges Beteiligungsverhältnis. Da die Untergesellschaft nach

---

[1090] Vgl. zur Einbringung im Wege der Einzelrechtsnachfolge außerhalb der Regelungen des UmwG Schmitt, J., in: Schmitt, J./Hörtnagl, R./Stratz, R. C., UmwG/UmwStG, § 24 UmwStG Rn. 56; Strauch, R., Umwandlungs(steuer)recht, SteuerStud 2006, S. 613; BMF-Schreiben v. 25.03.1998, IV B 7 – S 1978 – 21/98 / IV B 2 – S 1909 – 33/98, BStBl. I 1998, S. 268 Rn. 24.01.

[1091] Vgl. auch Schulze zur Wiesche, D., in: Bordewin, A./Brandt, J., EStG, § 24 UmwStG (zum UmwG) Rn. 78 (Dezember 1995).

der Einbringung in ihrem Betriebsvermögen lediglich über die Beteiligung an der Obergesellschaft verfügt, ist diese nunmehr eine lediglich vermögensverwaltende Personengesellschaft, die aufgrund der gewerblichen Beteiligungserträge gemäß § 15 Abs. 3 Nr. 1 EStG gewerblich geprägt ist und damit weiterhin als Mitunternehmerschaft zu werten ist.

Neben der Einbringung des Betriebs der Untergesellschaft im Wege von § 24 UmwStG in das Betriebsvermögen der Obergesellschaft wird entsprechend der Ausführungen zu den downstream- und upstream-Einbringungen eines Teilbetriebs durch die Einbringung einer Sachgesamtheit in die „bereits existierende" Obergesellschaft die Mitunternehmerschaft der Obergesellschaft erweitert und damit steuerlich ein weiterer Einbringungsvorgang im Wege von § 24 UmwStG verursacht. Die Untergesellschaft bringt ihren Betrieb im Wege der Einzelübertragung oder im Wege der Ausgliederung aller ihrer Teilbetriebe und die Alt-Gesellschafter (die Obergesellschafter) bringen ihre Mitunternehmeranteile an der Obergesellschaft im Wege von § 24 UmwStG in eine steuerlich „neue" erweiterte Mitunternehmerschaft (die „neue" Obergesellschaft) ein.[1092]

Soweit die Anwendbarkeit von § 24 UmwStG auf die Einbringungsvorgänge gegeben ist, besteht auch die Möglichkeit der Einbringung des Betriebs der Untergesellschaft im Wege einer kombinierten Einzel- und Gesamtrechtsnachfolge als Einbringungsvariante aus.[1093]

1.3.2. Anwachsung der Untergesellschaft an die Obergesellschaft

Als weitere Alternative bietet sich ggf. eine Anwachsung an, um einen Transfer von Betriebsvermögen der Untergesellschaft auf die Obergesellschaft zu ermöglichen. Die Umwandlung durch Anwachsung baut auf die in § 738 BGB geregelte Anwachsung auf. Gemäß § 738 Abs. 1 S. 1 BGB wächst im Falle des Ausscheidens eines Gesellschafters aus einer Gesellschaft sein Anteil am

---

1092 Vgl. Kapitel 3 im Abschnitt A.IV.1.2. und Kapitel 2 im Abschnitte A.IV.2.2.1., A.IV.3.

1093 Vgl. PATT, J./RASCHE, R., Steuerliche Rückwirkung, FR 1996, S. 370-371;SCHMITT, J., in: SCHMITT, J./ HÖRTNAGL, R./STRATZ, R.-C., UmwG/UmwStG, § 24 UmwStG Rn. 57, 59; BMF-SCHREIBEN v. 25.03.1998, IV B 7 – S 1978 – 21/98 / IV B 2 – S 1909 – 33/98, BStBl. I 1998, S. 268 Rn. 24.07.

Gesellschaftsvermögen den übrigen Gesellschaftern zu. Im Gegenzug entsteht dem Gesellschafter, soweit er am Vermögen der Gesellschaft beteiligt war, gemäß § 738 Abs. 1 S. 2 BGB ein Abfindungsanspruch.[1094] Von einer Umwandlung durch Anwachsung ist die Rede, wenn sämtliche Gesellschafter aus einer Personengesellschaft bis auf einen Gesellschafter ausscheiden. Der verbleibende Gesellschafter übernimmt unter Auflösung ohne Liquidation der Gesellschaft das Gesellschaftsvermögen, d. h. das Gesellschaftsvermögen wächst dem verbleibenden Gesellschafter an.[1095]

Bei Umstrukturierungen einer doppelstöckigen Personengesellschaft im Wege einer Anwachsung der Untergesellschaft an die Obergesellschaft ist für eine Anwendung von § 24 UmwStG entscheidend, ob es sich um eine einfache oder davon abweichend gestaltete Anwachsung handelt. Von einer einfachen Anwachsung wäre bei einer doppelstöckigen Personengesellschaft die Rede, wenn bis auf einen Untergesellschafter alle anderen Untergesellschafter aus der Untergesellschaft ausscheiden, die Anteile am Gesellschaftsvermögen der Untergesellschaft an den verbleibenden Untergesellschafter anwachsen und die ausscheidenden Gesellschafter dafür von dem verbleibenden Gesellschafter eine (vertraglich) bestimmte Abfindung erhalten.[1096] In diesem Fall ist eine Anwendung von § 24 UmwStG auszuschließen, da die Untergesellschafter bis auf die Obergesellschaft aus der doppelstöckigen Personengesellschaft insgesamt ausscheiden und Betriebsvermögen der Untergesellschaft auf die Obergesellschaft übergeht, ohne dass im Gegenzug dafür Gesellschaftsrechte, eine

---

1094 Vgl. ORTH, M., Anwachsung, DStR 1999, S. 1011; BREITENEICHER, J., Anwachsung, DStR 2004, S. 1405; SCHMITT, J., in: SCHMITT, J./HÖRTNAGL, R./STRATZ, R.-C., UmwG/UmwStG, § 20 UmwStG Rn. 197, § 24 UmwStG Rn. 61; KRÜGER, D., Anwachsung, DStZ 1986, S. 382; BÖTTCHER, C., Familienunternehmen, StbJb 1965/66, S. 191. Für Personenhandelsgesellschaften finden die Regelungen zur Anwachsung über § 105 Abs. 3 und § 161 Abs. 2 HGB i. V. m. § 738 BGB Anwendung; vgl. KRÜGER, D., in: KRÜGER, D. U. A., Unternehmensform, S. 455; DERS., Anwachsung, DStZ 1986, S. 382; SAGASSER, B., in: SAGASSER, B./BULA, T./BRÜNINGER, T. R., Umwandlungen, H Rn. 24. Eine Anwachsung bietet zudem den Vorteil, dass diese im Vergleich zur Verschmelzung i. S. des UmwG i. d. R. weniger Aufwand und Kosten auslöst; vgl. Vgl. SAGASSER, B., in: SAGASSER, B./BULA, T./BRÜNINGER, T. R., Umwandlungen, H Rn. 24; LAUERMANN, H.-U./PROTZEN, P. D., Anwachsung, DStR 2001, S. 647.

1095 Vgl. m w. N. auch zur ständigen BGH-Rechtsprechung ORTH, M., Anwachsung, DStR 1999, S. 1011-1013; BREITENEICHER, J., Anwachsung, DStR 2004, S. 1405; SAGASSER, B., in: SAGASSER, B./BULA, T./BRÜNINGER, T. R., Umwandlungen, H Rn. 24; KRÜGER, D., in: KRÜGER, D. U. A., Unternehmensform, S. 455; DERS., Anwachsung, DStZ 1986, S. 382, 383; LAUERMANN, H.-U./PROTZEN, P. D., Anwachsung, DStR 2001, S. 647; BÖTTCHER, C., Familienunternehmen, StbJb 1965/66, S. 191.

1096 Vgl. SCHMITT, J., in: SCHMITT, J./HÖRTNAGL, R./STRATZ, R.-C., UmwG/UmwStG, § 20 UmwStG Rn. 197, § 24 UmwStG Rn. 61.

Mitunternehmerstellung an die ausscheidenden Untergesellschafter gewährt wird.[1097] Der in § 24 UmwStG vorausgesetzte Leistungsaustausch ist wie im vergleichbaren Fall der Verschmelzung der Untergesellschaft auf die Obergesellschaft im Wege des UmwG nicht gegeben. Stattdessen stellt die einfache Anwachsung in Bezug auf das auf die ausscheidenden Gesellschafter entfallende Gesellschaftsvermögen der Untergesellschaft einen Veräußerungsvorgang dar, mit der Konsequenz, dass die stillen Reserven des Betriebsvermögens der Untergesellschaft, die auf die ausscheidenden Gesellschafter entfallen, aufzudecken sind und der Besteuerung unterliegen.[1098]

Davon abzugrenzen ist die steuerliche Behandlung des anteiligen Gesellschaftsvermögens, das dem verbleibenden Gesellschafter aufgrund dessen bisheriger Beteiligung bereits zuzurechnen war. Da bezüglich dieses Gesellschaftsvermögens ein Vermögensübergang im wirtschaftlichen Sinne und damit ein Veräußerungs- und Anschaffungsvorgang im Zuge der Anwachsung nicht erfolgt, ist dieses anteilige Gesellschaftsvermögen durch den verbleibenden Gesellschafter, die Obergesellschaft, zwingend zu Buchwerten fortzuführen.[1099] Schließlich stellt die Beteiligung an einer Personengesellschaft nach eindeutiger Auffassung des BFH[1100] kein selbständiges Wirtschaftsgut i. S. der §§ 5, 6 EStG dar. Eine Beteiligung ist stattdessen Ausdruck der Anteile an den einzelnen Wirt-

---

1097 Gl. A. SCHMITT, J., in: SCHMITT, J./HÖRTNAGL, R./STRATZ, R.-C., UmwG/UmwStG, § 20 UmwStG Rn. 197, § 24 UmwStG Rn. 61. Im Ergebnis gl. A. jedoch in Bezug auf die Anwachsung auf eine Kapitalgesellschaft ORTH, M., Anwachsung, DStR 1999, S. 1056; SCHMITT, J., in: SCHMITT, J./HÖRTNAGL, R./STRATZ, R.-C., UmwG/UmwStG, § 20 UmwStG Rn. 197; BMF-SCHREIBEN v. 25.03.1998, IV B 7 – S 1978 – 21/98 / IV B 2 – S 1909 – 33/98, BStBl. I 1998, S. 268 Rn. 20.04.

1098 Vgl. ORTH, M., Anwachsung, DStR 1999, S. 1015; BRANDENBERG, H. B., Personengesellschaftsbesteuerung, DStZ 2002, S. 514; SCHMITT, J., in: SCHMITT, J./HÖRTNAGL, R./STRATZ, R.-C., UmwG/UmwStG, § 20 UmwStG Rn. 197; WIDMANN, S., in: WIDMANN, S./MAYER, D., Umwandlungsrecht, Anh. 8 Rn. 35-36 (Juni 1986); OFD BERLIN v. 19.07.2002, St 122 – S 2241 – 2/02, DB 2002, S. 1966; BFH v. 10.03.1998, VIII R 76/96, BStBl. II 1999, S. 269, 271 m. w. N. zur BFH-Rechtsprechung; BFH v. 24.05.1973, IV R 64/70, BStBl. II 1973, S. 655, 657. Gemäß der BFH-Rechtsprechung handelt es sich in einem solchen Fall nicht um einen Aufgabegewinn, und die Grundsätze der Realteilung finden keine Anwendung; vgl. BFH v. 10.03.1998, VIII R 76/96, BStBl. II 1999, S. 269, 270-271; BFH v. 24.05.1973, IV R 64/70, BStBl. II 1973, S. 655, 657-658. Gl. A. BRANDENBERG, H. B., Personengesellschaftsbesteuerung, DStZ 2002, S. 514; OFD BERLIN v. 19.07.2002, St 122 – S 2241 – 2/02, DB 2002, S. 1966.

1099 Vgl. BREITENEICHER, J., Anwachsung, DStR 2004, S. 1406; MAYER, L., Beteiligung, DB 2003, S. 2037; STEGEMANN, D., Einzelfragen, INF 2003, S. 270; KORN, K./STRAHL, M., in: KORN, K. U. A., EStG, § 6 Rn. 136.1 (Juni 2007); BRANDENBERG, H. B., Personengesellschaftsbesteuerung, DStZ 2002, S. 514; PATT, J., in: DÖTSCH, E. U. A., Umwandlungssteuerrecht, § 24 UmwStG Rn. 76-77; KETTERL, H., Gestaltungsspielräume, S. 287; BÖTTCHER, C., Familienunternehmen, StbJb 1965/66, S. 192; OFD BERLIN v. 19.07.2002, St 122 – S 2241 – 2/02, DB 2002, S. 1966; BFH v. 24.05.1973, IV R 64/70, BStBl. II 1973, S. 655, 657.

1100 Vgl. z. B. BFH v. 30.04.2003, I R 102/01, BStBl. II 2004, S. 804, 805. Vgl. mit weiteren Verweisen auf die ständige BFH-Rechtsprechung zu dieser Fragestellung Kapitel 1 Abschnitt B.I.3.1.

schaftsgütern.[1101] Dies kommt auch durch die Bilanzierung der Beteiligung der Obergesellschaft an der Untergesellschaft gemäß der Spiegelbildmethode zum Ausdruck. Auf Basis der Spiegelbildmethode gibt der Beteiligungsausweis das anteilige Eigenkapital der Obergesellschaft an der Untergesellschaft, d. h. den Anteil der Obergesellschaft an den einzelnen Wirtschaftsgütern der Untergesellschaft, zusammengefasst wieder.[1102] Im Zuge der Anwachsung erfolgt bezüglich des bereits vor der Anwachsung auf die Obergesellschaft entfallenden Anteils am Gesellschaftsvermögen der Untergesellschaft lediglich eine Vermögensumschichtung. Statt der Beteiligung an der Untergesellschaft ist im Gesamthandsvermögen der Obergesellschaft das angewachsene Gesamthandsvermögen der Untergesellschaft zu bilanzieren.[1103]

Bei der erweiterten Anwachsung bringen sämtliche Gesellschafter einer Personengesellschaft ihre Mitunternehmeranteile in die übernehmende Personengesellschaft gegen Gewährung von Mitunternehmeranteilen an dieser Gesellschaft ein, und das Gesamthandsvermögen der eingebrachten Personengesellschaft wächst der übernehmenden Personengesellschaft im Austausch an. Aufgrund des vorliegenden Leistungsaustauschs ist § 24 UmwStG anwendbar.[1104] Dieses Ergebnis kann auf die doppelstöckige Personengesellschaft übertragen werden. Es besteht lediglich der Unterschied, dass die übernehmende Obergesellschaft bereits an der Untergesellschaft beteiligt ist. Durch die Einbringung der Mitunternehmeranteile der Untergesellschaft in die Obergesellschaft durch die anderen Untergesellschafter, die neben der Obergesellschaft an der Untergesellschaft beteiligt sind, und die gleichzeitige im Austausch vorgenommene Gewährung von Gesellschaftsrechten an der Obergesellschaft an die einbringenden Untergesellschafter wird ebenfalls ein in § 24 UmwStG vorausgesetzter Leistungsaus-

---

1101 Vgl. Kapitel 1 Abschnitt B.I.3.1.

1102 Vgl. Kapitel 1 Abschnitte B.I.3.3.2. bis B.I.3.3.3.

1103 Vgl. ORTH, M., Anwachsung, DStR 1999, S. 1058.

1104 Vgl. ORTH, M., Anwachsung, DStR 1999, S. 1054; SCHMITT, J., in: SCHMITT, J./HÖRTNAGL, R./STRATZ, R.-C., UmwG/UmwStG, § 24 UmwStG Rn. 62; SAGASSER, B., in: SAGASSER, B./BULA, T./BRÜNINGER, T. R., Umwandlungen, H Rn. 23, 26; WIDMANN, S., in: WIDMANN, S./MAYER, D., Umwandlungsrecht, § 24 UmwStG Rn. 106, 174.2 (August 2001); BMF-SCHREIBEN v. 25.03.1998, IV B 7 – S 1978 – 21/98 / IV B 2 – S 1909 – 33/98, BStBl. I 1998, S. 268 Rn. 24.01; BFH v. 21.06.1994, VIII R 5/92, BStBl. II 1994, S. 856, 858.

tausch und damit eine Anwendbarkeit von § 24 UmwStG erreicht.[1105] Das anteilige Gesellschaftsvermögen der Untergesellschaft, das der Obergesellschaft bereits bisher anteilig zuzuordnen war, ist entsprechend der Ausführungen zur einfachen Anwachsung zwingend zu Buchwerten zu übernehmen. In der Gesamthandsbilanz der Obergesellschaft ist statt der Beteiligung an der Untergesellschaft das bereits zuvor anteilig auf die Obergesellschaft entfallende Gesellschaftsvermögen der Untergesellschaft zu bilanzieren.[1106] Darüber hinaus muss auch bei der Einbringung der Mitunternehmeranteile der anderen Untergesellschafter, die neben der Obergesellschaft an der Untergesellschaft beteiligt sind, in die Obergesellschaft im Wege von § 24 UmwStG beachtet werden, dass dieser Einbringungsvorgang aufgrund der Einbringung in eine „bereits existierende" Personengesellschaft diese Personengesellschaft erweitert und einen weiteren Einbringungsvorgang auslöst. Im Zuge der Erweiterung der Obergesellschaft bringen die anderen Untergesellschafter, die neben der Obergesellschaft an der Untergesellschaft beteiligt sind, ihre Mitunternehmeranteile an der Untergesellschaft und die Obergesellschafter ihre Mitunternehmeranteile an der „alten" Obergesellschaft im Wege von § 24 UmwStG in eine steuerlich „neue" erweiterte Obergesellschaft ein.[1107]

Eine Besonderheit ist zu beachten, soweit neben der Obergesellschaft der weitere Untergesellschafter vermögensmäßig zu 0 v. H., z. B. eine nicht am Vermögen der Untergesellschaft beteiligte Komplementär-GmbH, an der Untergesellschaft beteiligt ist und im Zuge des abfindungslosen Ausscheidens dieses Untergesellschafters (aufgrund der 0 v. H.-Beteiligung am Vermögen der Untergesellschaft) das Gesamthandsvermögen der übertragenden Untergesellschaft der

---

1105 Gl. A. SAGASSER, B., in: SAGASSER, B./BULA, T./BRÜNINGER, T. R., Umwandlungen, H Rn. 26; BFH v. 21.06.1994, VIII R 5/92, BStBl. II 1994, S. 856, 858. Im Ergebnis gl. A. jedoch in Bezug auf die Anwachsung auf eine Kapitalgesellschaft WACKER, R., Einbringungstatbestände, NWB 1998, F. 18, S. 3606; ORTH, M., Anwachsung, DStR 1999, S. 1056-1057; MAITERTH, R./MÜLLER, H., Umwandlung, S. 105; SCHMITT, J., in: SCHMITT, J./HÖRTNAGL, R./STRATZ, R.-C., UmwG/UmwStG, § 20 UmwStG Rn. 198; PATT, J., in: DÖTSCH, E. U. A., Umwandlungssteuerrecht, § 20 UmwStG Rn. 77; WIDMANN, S., in: WIDMANN, S./MAYER, D., Umwandlungsrecht, § 20 UmwStG Rn. 446 (Dezember 1986).

1106 Vgl. BREITENEICHER, J., Anwachsung, DStR 2004, S. 1406; MAYER, L., Beteiligung, DB 2003, S. 2037; STEGEMANN, D., Einzelfragen, INF 2003, S. 270; KORN, K./STRAHL, M., in: KORN, K. U. A., EStG, § 6 Rn. 136.1 (Juni 2007); BRANDENBERG, H. B., Personengesellschaftsbesteuerung, DStZ 2002, S. 514; PATT, J., in: DÖTSCH, E. U. A., Umwandlungssteuerrecht, § 24 UmwStG Rn. 76-77; KETTERL, H., Gestaltungsspielräume, S. 287; OFD BERLIN v. 19.07.2002, St 122 – S 2241 – 2/02, DB 2002, S. 1966; ORTH, M., Anwachsung, DStR 1999, S. 1058.

1107 Vgl. Kapitel 2 im Abschnitte A.IV.2.2.1., A.IV.3.

Obergesellschaft anwächst. In einem solchen Fall ist m. E. zwar eine Anwendung von § 24 UmwStG ausgeschlossen.[1108] Dennoch ist wie im Falle der einfachen Anwachsung das Gesellschaftsvermögen der Untergesellschaft, an dem die Obergesellschaft vor der Anwachsung zu 100 v. H. beteiligt war, zwingend zu Buchwerten in der Gesamthandsbilanz der Obergesellschaft im Wege der Vermögensumschichtung fortzuführen. Statt der Beteiligung an der Untergesellschaft ist das bereits zuvor der Obergesellschaft über die Beteiligung zuzurechnende Gesellschaftsvermögen der Untergesellschaft direkt in der Gesamthandsbilanz der Obergesellschaft zu bilanzieren. Ein wirtschaftlicher Vermögensübergang und damit ein Veräußerungs- bzw. Anschaffungsvorgang erfolgt nicht.[1109]

Im Schrifttum ist es strittig, ob eine Anwachsung im Wege der Gesamtrechtsnachfolge erfolgt. Die Finanzverwaltung lehnt im Umwandlungssteuererlass[1110] – jedoch im Widerspruch zu jüngeren Ausführungen im AEAO[1111] – für eine Anwachsung die Gesamtrechtsnachfolge ab und schließt über die Annahme der Einzelrechtsnachfolge auch die Anwendung einer steuerlichen Rückbeziehung (§ 24 Abs. 4 2. Hs. UmwStG i. V. m. § 20 Abs. 5 und 6 UmwStG) aus.[1112] Diese Auffassung wird vom Schrifttum und der Rechtsprechung nicht geteilt. Dabei besteht insoweit Einigkeit, dass das Vermögen der anwachsenden Gesellschaft

---

1108 Gl. A. WACKER, R., Einbringungstatbestände, NWB 1998, F. 18, S. 3606. Gl. A. jedoch zur Anwendbarkeit von § 20 UmwStG auf die vergleichbare Anwachsung auf eine Kommanditist-GmbH unter Ausscheiden der nicht am Vermögen der Untergesellschaft beteiligten Komplementär-GmbH ORTH, M., Anwachsung, DStR 1999, S. 1058. LAUERMANN/PROTZEN teilen die Auffassung, dass „(…) § 24 UmwStG nicht unmittelbar anwendbar (…)“ ist, vertreten im Ergebnis trotz des fehlenden in § 24 UmwStG vorausgesetzten Leistungsaustausch (Einbringung einer Sachgesamtheit gegen Gewährung von Gesellschaftsrechten) aber die Auffassung, dass § 24 UmwStG auf diesen Sonderfall der Anwachsung analog anzuwenden sei; vgl. LAUERMANN, H.-U./PROTZEN, P. D., Anwachsung, DStR 2001, S. 648.

1109 Vgl. BREITENEICHER, J., Anwachsung, DStR 2004, S. 1406, 1407; MAYER, L., Beteiligung, DB 2003, S. 2037; STEGEMANN, D., Einzelfragen, INF 2003, S. 270; KORN, K./STRAHL, M., in: KORN, K. U. A., EStG, § 6 Rn. 130.1 (Juni 2007), WACKER, R., Einbringungstatbestände, NWB 1998, F. 18, S. 3606-3607; BRANDENBERG, H. B., Personengesellschaftsbesteuerung, DStZ 2002, S. 514; PATT, J., in: DÖTSCH, E. U. A., Umwandlungssteuerrecht, § 24 UmwStG Rn. 76; OFD BERLIN v. 19.07.2002, St 122 – S 2241 – 2/02, DB 2002, S. 1966; NEU, N./WATERMEYER, H. J., Jahreswechsel 2003/2004, DStR 2002, S. 2108; ORTH, M., Anwachsung, DStR 1999, S. 1058; FÖRSTER, U./ERNST, C., Anwachsung, DB 1997, S. 242.

1110 Vgl. BMF-SCHREIBEN v. 25.03.1998, IV B 7 – S 1978 – 21/98 / IV B 2 – S 1909 – 33/98, BStBl. I 1998, S. 268 Rn. 24.01, 24.07, 24.04 i. V. m. Rn. 22.14. Gl. A. SCHULZE ZUR WIESCHE, D., in: BORDEWIN, A./BRANDT, J., EStG, § 24 UmwStG Rn. 135 (November 1998).

1111 Im Widerspruch zum Umwandlungsteuererlass spricht sich die Finanzverwaltung im AEAO im Falle der Anwachsung für die Gesamtrechtsnachfolge aus; vgl. AEAO Nr. 1 zu § 45; AEAO Nr. 2.7.4.1 zu § 122.

1112 Vgl. ORTH, M., Organschaft und Anwachsung, DStR 2005, S. 1630.

ohne Einzelübertragungen übergeht.[1113] Der überwiegende Teil vertritt die Auffassung, dass der Vermögensübergang bei der Anwachsung im Wege der Gesamtrechtsnachfolge[1114] bzw. im Wege einer nicht echten Gesamtrechtsnachfolge[1115] vollzogen wird. M. E. sollte der letztgenannten Auffassung von SCHMITT[1116] gefolgt werden. Die Einzelrechtsnachfolge ist auszuschließen, da Einzelübertragungen rechtlich nicht möglich sind. Für die Gesamtrechtsnachfolge fehlt aber eine entsprechende gesetzliche Regelung beispielsweise durch einen Verweis auf das UmwG. Da es sich dennoch in Konsequenz aus dem Gesamthandsprinzip der Personengesellschaft um einen Vermögensübergang im Ganzen in Form des anteiligen Vermögens des ausscheidenden Gesellschafters handelt, sollten die Regelungen zur Gesamtrechtsnachfolge analog Anwendung finden. Darauf aufbauend sollte entgegen der o. g. im eigenen Widerspruch stehenden Auffassung der Finanzverwaltung[1117] aber in Übereinstimmung mit dem überwiegenden Teil des Schrifttums[1118] auch bei der Anwachsung das steuerliche Rückbeziehungswahlrecht (§ 24 Abs. 4 2. Hs. UmwStG i. V. m. § 20 Abs. 5 und 6 UmwStG) gelten.

[1113] Vgl. ORTH, M., Anwachsung, DStR 1999, S. 1012-1013 mit Verweis auf die unfangreiche BFH- und BGH-Rechtsprechung; SCHMITT, J., in: SCHMITT, J./HÖRTNAGL, R./STRATZ, R.-C., UmwG/UmwStG, § 20 UmwStG Rn. 197, § 24 UmwStG Rn. 61; KRÜGER, D., in: KRÜGER, D. U. A., Unternehmensform, S. 455; SAGASSER, B., in: SAGASSER, B./BULA, T./BRÜNINGER, T. R., Umwandlungen, H Rn. 24; SCHLÖßER, R. W., in: HARITZ, D./BENKERT, M., UmwStG, § 24 Rn. 73; BÖTTCHER, C., Familienunternehmen, StbJb 1965/66, S. 191.

[1114] Vgl. ORTH, M., Anwachsung, DStR 1999, S. 1012-1013; FÖRSTER, U./ERNST, C., Anwachsung, DB 1997, S. 241; SAGASSER, B., in: SAGASSER, B./BULA, T./BRÜNINGER, T. R., Umwandlungen, H Rn. 24; WIDMANN, S., in: WIDMANN, S./MAYER, D., Umwandlungsrecht, § 20 UmwStG Rn. 446 (Dezember 1986), § 24 UmwStG Rn. 120.2 (August 2001), § 22 UmwStG Rn. 228 (August 2000); FRIEDERICHS, K., in: HARITZ, D./BENKERT, M., UmwStG, § 22 Rn. 45; SCHLÖßER, R. W., in: HARITZ, D./BENKERT, M., UmwStG, § 24 Rn. 73, 77; m. w. N. BFH v. 10.03.1998, VIII R 76/96, BStBl. II 1999, S. 269, 270; BFH v. 25.07.2000, VIII R 32/99, BFH/NV 2001, S. 178, 179; BGH v. 15.03.2004, II ZR 247/01, DStR 2004, S. 1137, 1138.

[1115] Vgl. SCHMITT, J., in: SCHMITT, J./HÖRTNAGL, R./STRATZ, R.-C., UmwG/UmwStG, § 20 UmwStG Rn. 197, § 24 UmwStG Rn. 61.

[1116] SCHMITT, J., in: SCHMITT, J./HÖRTNAGL, R./STRATZ, R.-C., UmwG/UmwStG, § 24 UmwStG Rn. 61.

[1117] Vgl. BMF-SCHREIBEN v. 25.03.1998, IV B 7 – S 1978 – 21/98 / IV B 2 – S 1909 – 33/98, BStBl. I 1998, S. 268 Rn. 24.01, 24.07, 24.04 i. V. m. Rn. 22.14.

[1118] Vgl. ORTH, M., Anwachsung, DStR 1999, S. 1054; KORN, K., Einbringung in Personengesellschaften, NWB 2007, F. 18, S. 4439; WIDMANN, S., in: WIDMANN, S./MAYER, D., Umwandlungsrecht, § 22 UmwStG Rn. 228 (August 2000); SCHLÖßER, R. W., in: HARITZ, D./BENKERT, M., UmwStG, § 24 Rn. 77. A. A. BREITENEICHER, J., Anwachsung, DStR 2004, S. 1406; SCHULZE ZUR WIESCHE, D., in: BORDEWIN, A./BRANDT, J., EStG, § 24 UmwStG Rn. 135 (November 1998). A. A. PATT, J., in: DÖTSCH, E. U. A., Umwandlungssteuerrecht, § 24 UmwStG Rn. 76; STEGEMANN, D., Einzelfragen, INF 2003, S. 270; BREITENEICHER, J., Anwachsung, DStR 2004, S. 1406.

2. Rechtsfolgen und bilanzielle Abbildung der Einbringung von Betriebsvermögen der Untergesellschaft in die Obergesellschaft im Wege von § 24 UmwStG

2.1. Einführung

In Bezug auf die Rechtsfolgen und die bilanzielle Abbildung der Einbringung von Betriebsvermögen der Untergesellschaft in die Obergesellschaft im Wege von § 24 UmwStG ist grundsätzlich auf die Ausführungen zu den downstream-Einbringungen eines Teilbetriebs im Kapitel 2 Abschnitt A.IV.4. zu verweisen. Die im Kapitel 2 Abschnitt A.IV.4. dargestellten Rechtsfolgen sind entsprechend auf die Einbringung von Betriebsvermögen der Untergesellschaft in die Obergesellschaft im Wege von § 24 UmwStG übertragbar. Dies gilt für die Einbringung eines Betriebs oder Teilbetriebs der Untergesellschaft und die Einbringung von Mitunternehmeranteilen der Untergesellschaft im Vorfeld zur Anwachsung der Untergesellschaft an die Obergesellschaft. In den nachfolgenden Abschnitten werden grundsätzlich nur Besonderheiten ausgeführt, die aus den Transfermöglichkeiten der upstream Übertragungsrichtung resultieren.

2.2. Besonderheiten der Rechtsfolgen der upstream-Einbringungen im Wege von § 24 UmwStG

2.2.1. Einbringung eines Teilbetriebs der Untergesellschaft in die Obergesellschaft im Wege von § 24 UmwStG

Eine ggf. bestehende (Sonder-)Mitunternehmerstellung eines Obergesellschafters bei der Untergesellschaft nach § 15 Abs. 1 S. 1 Nr. 2 S. 2 EStG wird lediglich durch eine upstream-Einbringung eines Teilbetriebs der Untergesellschaft berührt, wenn das Sonderbetriebsvermögen des lediglich mittelbar an der Untergesellschaft beteiligten Obergesellschafters, z. B. aufgrund der Wertung als wesentliche Betriebsgrundlage des Einbringungsgegenstands, mit dem Teilbetrieb der Untergesellschaft in das Betriebsvermögen der Obergesellschaft eingebracht wird. Im Zuge der Einbringung bestehen die Alternativen, das vorherige Sonderbetriebsvermögen der Untergesellschaft durch eine entsprechende Gestaltung in Sonderbetriebsvermögen des Obergesellschafters bei der Obergesellschaft umzuwidmen oder in das Gesamthandsvermögen der Obergesellschaft einzubringen. Jeweils ist die Aufgabe der (Sonder-)Mitunternehmerstellung nach § 15 Abs. 1 S. 1 Nr. 2 S. 2 EStG Ergebnis des Einbringungsvorgangs. Eine Aufdeckung und Besteuerung von eingebrachten etwaigen stillen Reserven ist von dem auf Basis § 24 UmwStG gewählten Wertansatz der aufnehmenden Obergesellschaft für das eingebrachte Betriebsvermögen abhängig.

Als weitere Besonderheit ist zu beachten, dass die Untergesellschafter im Zuge der Einbringung eines Teilbetriebs durch die Untergesellschaft als Einbringende und die dadurch begründete Beteiligung der Untergesellschaft an der Obergesellschaft mittelbar an der Obergesellschaft beteiligt sind. Auf dieser Basis können auch die Untergesellschafter bei der Obergesellschaft im Zuge der Einbringung oder zu einem späteren Zeitpunkt über Sonderbetriebsvermögen bei der Obergesellschaft verfügen. Die Untergesellschafter würden in diesem Fall eine (Sonder-)Mitunternehmerstellung nach § 15 Abs. 1 S. 1 Nr. 2 S. 2 EStG begründen.

2.2.2. Einbringung des Betriebs der Untergesellschaft in die Obergesellschaft im Wege von § 24 UmwStG bzw. im Wege der Anwachsung

Für eine (Sonder-)Mitunternehmerstellung i. S. von § 15 Abs. 1 S. 1 Nr. 2 S. 2 EStG eines Obergesellschafters bei der Untergesellschaft bedeutet die Einbringung des ganzen Betriebs der Untergesellschaft in die Obergesellschaft bzw. die Anwachsung der Untergesellschaft an die Obergesellschaft die Aufgabe dieser (Sonder-)Mitunternehmerstellung. Eine Aufdeckung und Besteuerung ggf. vorhandener stiller Reserven ist von der Gestaltung des Einbringungsvorgangs abhängig. Entsprechend wie bei der Einbringung eines Teilbetriebs der Untergesellschaft in die Obergesellschaft bieten sich die Alternativen an, das vorherige Sonderbetriebsvermögen der Untergesellschaft als Bestandteil des einzubringenden Betriebs durch eine entsprechende Gestaltung ins Sonderbetriebsvermögen des Obergesellschafters bei der Obergesellschaft oder in das Gesamthandsvermögen der Obergesellschaft einzubringen. Wie bei der Teilbetriebseinbringung erfolgt eine Aufdeckung und Besteuerung von eingebrachten etwaigen stillen Reserven in Abhängigkeit von dem gewählten Wertansatz der aufnehmenden Obergesellschaft für das eingebrachte Betriebsvermögen. Soweit das Sonderbetriebsvermögen des Obergesellschafters bei der Untergesellschaft keine wesentliche Betriebsgrundlage des Betriebs der Untergesellschaft darstellt, hat der Obergesellschafter alternativ die Möglichkeit, sein Sonderbetriebsvermögen außerhalb des Einbringungsvorgangs bzw. der Anwachsung in sein Privatvermögen unter Aufdeckung und Besteuerung etwaiger stiller Reserven zu entnehmen.

Im Falle der Anwachsung ist zu beachten, dass der Umstrukturierungsvorgang in mehrere Schritte aufgeteilt ist. Der Auslöser der Anwachsung, die Einbringung der Mitunternehmeranteile der anderen Untergesellschafter, die neben der Obergesellschaft an der Untergesellschaft beteiligt sind, in die Obergesellschaft erfolgt im Wege von § 24 UmwStG. An diese Einbringung schließen sich zwei weitere an diesen Einbringungsvorgang geknüpfte Umstrukturierungsvorgänge an. Zunächst bedeutet, wie bereits in Kapitel 3 Abschnitt A.IV.1.3.2. ausgeführt, die Einbringung der Mitunternehmeranteile der anderen Untergesellschafter eine Erweiterung der „bereits existierenden“ Obergesellschaft. Die dadurch ausgelöste Einbringung der Mitunternehmeranteile an der „alten“ Obergesellschaft durch die Alt-Obergesellschafter in eine steuerlich „neue“ erweiterte Obergesellschaft findet ebenfalls im Anwendungsbereich von § 24 UmwStG statt. Auf diese Einbringungsvorgänge sind die Ausführungen zu den Rechtsfolgen aus Einbringungen im Wege von § 24 UmwStG in Kapitel 2 Abschnitt A.IV.4.1. entsprechend anwendbar.

Für die sich anschließende Anwachsung des Gesellschaftsvermögens der Untergesellschaft an die Obergesellschaft gilt, dass das anteilige Gesellschaftsvermögen, das der Obergesellschafter aufgrund deren bisheriger Beteiligung bereits zuzurechnen war, ohne Vermögensübergang im wirtschaftlichen Sinne und damit ohne Veräußerungs- und Anschaffungsvorgang der Obergesellschaft anwächst. Damit ist das anteilige Gesellschaftsvermögen der Untergesellschaft, das der Obergesellschaft bereits bisher anteilig zuzuordnen war, entsprechend der Ausführungen in Kapitel 3 Abschnitt A.IV.1.3.2. zwingend zu Buchwerten zu übernehmen.[1119] Insoweit tritt die Obergesellschaft als verbleibende Untergesellschafterin in die Rechtsstellung der Untergesellschaft ein.[1120] In Bezug auf das gesamte Gesellschaftsvermögen der Untergesellschaft ist der Eintritt der Obergesellschaft in die Rechtsstellung der Untergesellschaft damit von der Wahl des Wertansatzes im Zuge der vorgeschalteten Einbringung der Mitunternehmeranteile der anderen Untergesellschafter, die neben der Untergesellschaft an der Untergesellschaft beteiligt waren, abhängig. Diesbezüglich gelten die in § 24 Abs. 4 UmwStG mit einem Verweis auf § 23 Abs. 1, 3, 4 und 6 UmwStG normierten und in Kapitel 2 Abschnitt A.IV.4.1.2. dargestellten Rechtsfolgen für die aufnehmende Personengesellschaft. Ein Eintritt der Obergesellschaft in die Rechtsstellung der Untergesellschaft insgesamt analog zu einer Übertragung im Wege von § 6 Abs. 5 EStG[1121] unabhängig von dem gewählten Wertansatz aus der Einbringung der Mitunternehmeranteile der anderen Untergesellschafter wäre nicht sachgerecht, da der Obergesellschaft nur das anteilige Gesellschaftsvermögen, das der Obergesellschaft aufgrund deren bisheriger Beteiligung an der Untergesellschaft bereits zuzurechnen war, anwächst. Ein Eintritt der Obergesellschaft in die Rechtsstellung der Untergesellschaft insgesamt auszuschließen, würde dem Sachverhalt auch nicht gerecht werden, da die Anwachsung ohne Vermögensübergang im wirtschaftlichen Sinne und damit ohne Veräußerungs- und Anschaffungsvorgang vollzogen wird.[1122]

Die in § 6 Abs. 1 UmwStG normierte Option, für Einbringungsfolgegewinne eine den steuerlichen Gewinn mindernde Rücklage zu bilden[1123], ist m. E. bei der Einbringung der Untergesellschaft in die Obergesellschaft im Wege der Anwachsung auszuschließen. Zwar wird die Anwachsung der Untergesellschaft an die

---

1119 Vgl. BREITENEICHER, J., Anwachsung, DStR 2004, S. 1406; MAYER, L., Beteiligung, DB 2003, S. 2037; STEGEMANN, D., Einzelfragen, INF 2003, S. 270; KORN, K./STRAHL, M., in: KORN, K. U. A., EStG, § 6 Rn. 136.1 (Juni 2007); BRANDENBERG, H. B., Personengesellschaftsbesteuerung, DStZ 2002, S. 514; PATT, J., in: DÖTSCH, E. U. A., Umwandlungssteuerrecht, § 24 UmwStG Rn. 76-77; KETTERL, H., Gestaltungsspielräume, S. 287; OFD BERLIN v. 19.07.2002, St 122 – S 2241 – 2/02, DB 2002, S. 1966; ORTH, M., Anwachsung, DStR 1999, S. 1058.

1120 Vgl. ORTH, M., Anwachsung, DStR 1999, S. 1016; BFH v. 10.03.1998, VIII R 76/96, BStBl. II 1999, S. 269, 270.

1121 Vgl. Kapitel 2 Abschnitt A.II.3.1.

1122 Vgl. BREITENEICHER, J., Anwachsung, DStR 2004, S. 1406; MAYER, L., Beteiligung, DB 2003, S. 2037; STEGEMANN, D., Einzelfragen, INF 2003, S. 270; KORN, K./STRAHL, M., in: KORN, K. U. A., EStG, § 6 Rn. 136.1 (Juni 2007); BRANDENBERG, H. B., Personengesellschaftsbesteuerung, DStZ 2002, S. 514; OFD BERLIN v. 19.07.2002, St 122 – S 2241 – 2/02, DB 2002, S. 1966.

1123 Vgl. KORN, K., Einbringung in Personengesellschaften, NWB 2007, F. 18, S. 4434.

Obergesellschaft durch die Einbringung der Mitunternehmeranteile des bzw. der ausscheidenden Untergesellschafter in die Obergesellschaft im Anwendungsbereich von § 24 UmwStG ausgelöst. Die sich anschließende Anwachsung der Untergesellschaft an die Obergesellschaft hat aber zwingend zu Buchwerten zu erfolgen und fällt nicht in den Anwendungsbereich von § 24 UmwStG.[1124] Damit scheidet eine Anwendung von § 6 Abs. 1 UmwStG durch den entsprechenden Verweis in § 24 Abs. 4 i. V. m. § 23 Abs. 6 UmwStG mangels einer die Konfusion auslösenden Einbringung im Wege von § 24 UmwStG aus.

Einkommensteuerliche bzw. körperschaftsteuerliche Verlustvorträge, die durch die unmittelbaren bzw. mittelbaren Untergesellschafter vorgetragen werden, bleiben im Zuge des eigentlichen Anwachsungsvorgangs wie bei einer Einbringung zu Buchwerten im Wege von § 24 UmwStG erhalten.[1125]

Die Untergesellschaft ist im Zuge der Anwachsung ohne Liquidation der Gesellschaft aufzulösen.[1126]

Falls die anderen Untergesellschafter, die neben der Obergesellschaft an der Untergesellschaft beteiligt sind, über Sonderbetriebsvermögen bei der Untergesellschaft verfügen, wird dieses Sonderbetriebsvermögen mit den Mitunternehmeranteilen der anderen Untergesellschafter an der Untergesellschaft im Wege von § 24 UmwStG in die Obergesellschaft eingebracht. Folglich sind die Rechtsfolgen und damit eine Aufdeckung und Besteuerung von etwaigen stillen Reserven in diesem Sonderbetriebsvermögen von der Wahl des Wertansatzes im Zuge der Einbringung nach § 24 UmwStG abhängig.[1127]

Da im Zuge der Anwachsung der Untergesellschaft an die Obergesellschaft, d. h. aufgrund der Auflösung der Untergesellschaft, die Wertung von Sonderbetriebs-

---

1124 Vgl. Kapitel 3 Abschnitt A.IV.1.3.2.

1125 Vgl. Kapitel 2 Abschnitt A.IV.4.1.1. sowie HOFFMANN, W.-D., Anwachsung, GmbH-StB 2006, S. 310; PATT, J., in: DÖTSCH, E. U. A., Umwandlungssteuerrecht, § 24 UmwStG Rn. 191; SCHWEDHELM, R., Unternehmensumwandlung, Rn. 1985.

1126 Vgl. m w. N. auch zur ständigen BGH-Rechtsprechung ORTH, M., Anwachsung, DStR 1999, S. 1011-1013; BREITENEICHER, J., Anwachsung, DStR 2004, S. 1405; SAGASSER, B., in: SAGASSER, B./BULA, T./BRÜNINGER, T. R., Umwandlungen, H Rn. 24; KRÜGER, D., in: KRÜGER, D. U. A., Unternehmensform, S. 455; LAUERMANN, H.-U./PROTZEN, P. D., Anwachsung, DStR 2001, S. 647.

1127 Zu den Rechtsfolgen vgl. Kapitel 2 Abschnitt A.IV.4.1.

vermögen der Obergesellschaft bei der Untergesellschaft entfällt, sind die Wirtschaftsgüter dieses Sonderbetriebsvermögens zwingend zu Buchwerten gemäß § 6 Abs. 5 S. 2 Alt. 1 EStG im Gesamthandsvermögen der Obergesellschaft zu übernehmen (vgl. Kapitel 3 Abschnitt A.II.1.2.2.).[1128] Entsprechend entfällt im Zuge der Anwachsung für Sonderbetriebsvermögen eines Obergesellschafters bei der Untergesellschaft eine Wertung als Sonderbetriebsvermögen bei der Untergesellschaft. Eine Buchwertfortführung für die Wirtschaftsgüter dieses Sonderbetriebsvermögens und damit eine Vermeidung der Aufdeckung und Besteuerung etwaiger stiller Reserven ist in diesem Fall von einer Nutzungsänderung ab dem Anwachsungszeitpunkt, z. B. durch eine veränderte Vermietung eines Wirtschaftsguts statt zuvor an die Untergesellschaft nun an die Obergesellschaft, und einer daraus folgenden Wertung als Sonderbetriebsvermögen bei der Obergesellschaft abhängig. Insoweit ergibt sich für die Wirtschaftsgüter des Sonderbetriebsvermögens die zwingende Übernahme zu Buchwerten in das Sonderbetriebsvermögen bei der Obergesellschaft aus § 6 Abs. 5 S. 2 Alt. 2 EStG (vgl. Kapitel 3 Abschnitt A.II.1.2.6.).[1129]

2.3. Besonderheiten der bilanziellen Abbildung der upstream-Einbringungen im Wege von § 24 UmwStG

2.3.1. Einbringung eines Teilbetriebs bzw. Betriebs der Untergesellschaft in die Obergesellschaft im Wege von § 24 UmwStG

Bei einer upstream-Einbringung eines Teilbetriebs bzw. Betriebs der Untergesellschaft im Wege von § 24 UmwStG kommt entsprechend der Abschnitte A.IV.1.2. und A.IV.1.3.1. dieses Kapitels ausschließlich eine Einbringung gegen Gewährung von Gesellschaftsrechten an die Untergesellschaft als Einbringende in Betracht. Die dadurch entstandene wechselseitige Beteiligung zwischen Obergesellschaft und Untergesellschaft ist bei der bilanziellen Abbildung der Einbringung zu beachten. Darüber hinaus muss wie bereits bei der downstream-Einbringung

---

1128 Vgl. auch ORTH, M., Anwachsung, DStR 1999, S. 1056.

1129 Zu den Rechtsfolgen aus einer Überführung eines Einzelwirtschaftsguts im Wege von § 6 Abs. 5 S. 2 EStG vgl. Kapitel 3 Abschnitt A.II.2.1. i. V. m. Verweis auf Kapitel 2 Abschnitt A.II.3.1.

eines Teilbetriebs im Wege von § 24 UmwStG berücksichtigt werden, dass die Einbringung eines Teilbetriebs bzw. Betriebs der Untergesellschaft in die „bereits existierende“ Obergesellschaft entsprechend der Ausführungen in Kapitel 2 Abschnitt A.IV.2.2.1. und Kapitel 3 Abschnitte A.IV.1.2. bzw. A.IV.1.3.1. zwei Einbringungsvorgänge im Wege von § 24 UmwStG auslöst, die Einbringung des Teilbetriebs bzw. Betriebs und die Einbringung der Mitunternehmeranteile der Obergesellschafter in die „neue“ erweiterte Obergesellschaft. Die Wahl des Wertansatzes nach § 24 UmwStG im Zuge der Einbringung der Mitunternehmeranteile der Alt-Obergesellschafter an der Alt-Obergesellschaft in die „neue“ erweiterte Obergesellschaft hat aber keine Auswirkungen auf den Ausweis der Beteiligung der Obergesellschaft an der Untergesellschaft, da unabhängig vom gewählten Wertansatz die Beteiligung an der Untergesellschaft in der Steuerbilanz der Obergesellschaft gemäß der Spiegelbildmethode in Höhe des anteiligen Eigenkapitals der Obergesellschaft bei der Untergesellschaft anzusetzen ist.[1130]

Aus der Einbringung des Teilbetriebs bzw. Betriebs der Untergesellschaft in das Betriebsvermögen der Obergesellschaft resultieren die nachfolgenden Auswirkungen auf die Gesamthandsbilanz der Untergesellschaft und der Obergesellschaft. Ausgangspunkt der nachfolgenden Ausführungen ist jeweils die Einbuchung der eingebrachten Wirtschaftsgüter mit dem von der Obergesellschaft gewählten Wertansatz im Betriebsvermögen der Obergesellschaft.

Eine Einbringung eines Teilbetriebs bzw. Betriebs der Untergesellschaft bestehend aus Wirtschaftsgütern des Gesamthandsvermögens der Untergesellschaft in das Gesamthandsvermögen der Obergesellschaft ist zunächst durch Ausbuchung der betreffenden Wirtschaftsgüter mit dem von der Obergesellschaft gewählten Wertansatz abzubilden. Als Gegenbuchung ist der Ausweis der Beteiligung der Untergesellschaft an der Obergesellschaft auf Basis der Spiegelbildmethode[1131] in Höhe des kumulierten Werts des eingebrachten Betriebsvermögens, d. h. in entsprechender Höhe wie die Ausbuchung, in das Gesamthandsvermögen der Untergesellschaft einzubuchen. Bei der Einbringung von Gesamthandsvermögen

[1130] Vgl. Kapitel 1 Abschnitt B.I.3.3.2.

[1131] Vgl. Kapitel 1 Abschnitte B.I.3.3.2.

der Untergesellschaft in das Gesamthandsvermögen der Obergesellschaft zu Buchwerten ergeben sich folglich für den Ausweis der Beteiligung der Obergesellschaft an der Untergesellschaft im Gesamthandsvermögen der Obergesellschaft keine Veränderungen. Lediglich bei der Einbringung des Betriebsvermögens der Untergesellschaft zu Werten oberhalb des Buchwerts sind der Beteiligungsausweis der Untergesellschaft und der Beteiligungsausweis der Obergesellschaft in Abhängigkeit vom gewählten Wertansatz entsprechend höher auszuweisen. Diese bilanziellen Auswirkungen gelten entsprechend für den Fall, dass neben der Einbringung ins Gesamthandsvermögen auch Teile des ausschließlich aus Wirtschaftsgütern des Gesamthandsvermögens bestehenden Teilbetriebs bzw. Betriebs in das Sonderbetriebsvermögen der Untergesellschaft bei der Obergesellschaft eingebracht werden.

Gelangen stattdessen Teile des ausschließlich aus Wirtschaftsgütern des Gesamthandsvermögens bestehenden Teilbetriebs bzw. Betriebs der Untergesellschaft im Zuge der Einbringung nicht in das Gesamthandsvermögen der Obergesellschaft oder in das Sonderbetriebsvermögen der Untergesellschaft bei der Obergesellschaft sondern in das Sonderbetriebsvermögen eines Untergesellschafters (mit Ausnahme der Obergesellschaft als Untergesellschafterin) bei der Obergesellschaft, sind der Beteiligungsausweis der Untergesellschaft und daraus folgend der Beteiligungsausweis der Obergesellschaft in Höhe des für die Sachgesamtheit gewählten Wertansatzes niedriger auszuweisen. Im Gegenzug ist das Kapitalkonto des Untergesellschafters, der Gesamthandsvermögen der Untergesellschaft in sein Sonderbetriebsvermögen bei der Obergesellschaft einbringt, in Höhe des für die Sachgesamtheit gewählten Wertansatzes zu reduzieren.

Falls Sonderbetriebsvermögen eines Obergesellschafters bei der Untergesellschaft Bestandteil des einzubringenden Teilbetriebs bzw. Betriebs ist und dies im Zuge der Einbringung zu Sonderbetriebsvermögen dieses Obergesellschafters bei der Obergesellschaft umzuwidmen ist, berührt diese Umwidmung das Gesamthandsvermögen der Untergesellschaft nicht. Entsprechendes gilt für die Umwidmung von Sonderbetriebsvermögen eines Untergesellschafters bei der Untergesellschaft, das als Bestandteil des einzubringenden Teilbetriebs bzw. Betriebs in Sonderbetriebsvermögen dieses Untergesellschafters bei der Obergesellschaft umzuwidmen ist. Jeweils steht der Ausbuchung der Wirtschaftsgüter des Gesamthandsvermögens der Untergesellschaft mit dem von der Obergesellschaft gewählten Wertansatz die gegenläufige Einbuchung der Beteiligung der Untergesellschaft an der Obergesellschaft in entsprechender Höhe, d. h. in Höhe der kumulierten Werte des eingebrachten Gesamthandsvermögens, gegenüber. Bei der Einbringung zu Buchwerten bedarf der Beteiligungsausweis der Obergesellschaft keiner Anpassung. Einbringungen zu Werten oberhalb des Buchwerts haben jeweils bei Untergesellschaft und Obergesellschaft einen entsprechend höheren Beteiligungsausweis zur Konsequenz.

Ein entsprechendes Ergebnis wird erreicht, wenn das Sonderbetriebsvermögen des Obergesellschafters nicht in Sonderbetriebsvermögen bei der Obergesellschaft umgewidmet wird, sondern im Zuge der Teilbetriebs- bzw. Betriebseinbringung mit den restlichen Wirtschaftsgütern der Sachgesamtheit in das Gesamthandsvermögen der Obergesellschaft eingebracht wird. Eine Abweichung ergibt sich lediglich durch die Einbuchung des vorherigen Sonderbetriebsvermögens ins Gesamthandsvermögen der Obergesellschaft zu Gunsten der Gesellschaftsrechte des Obergesellschafters. Diese Einbuchung ist aber ohne Auswirkungen auf die Beteiligungsausweise von Obergesellschaft und Untergesellschaft.

Soweit es sich diesbezüglich nicht um Sonderbetriebsvermögen eines Obergesellschafters sondern um Sonderbetriebsvermögen eines Untergesellschafters bei der Untergesellschaft handelt und dieses im Zuge der Teilbetriebs- bzw. Betriebseinbringung in das Gesamthandsvermögen der Obergesellschaft und/oder Sonderbetriebsvermögen der Untergesellschaft bei der Obergesellschaft eingebracht wird, weicht die bilanzielle Abbildung insoweit ab, dass die Beteiligungsausweise bei Untergesellschaft und Obergesellschaft in Höhe des für das eingebrachte Sonderbetriebsvermögen gewählten Wertansatzes höher auszuweisen sind als vergleichsweise bei der ausschließlichen Einbringung von Gesamthandsvermögen der Untergesellschaft. Im Gegenzug ist das Kapitalkonto des Untergesellschafters, dessen Sonderbetriebsvermögen Bestandteil der Einbringung ist, in Höhe des gewählten Wertansatzes für das eingebrachte Sonderbetriebsvermögen aufzustocken.

Bei der Einbringung eines Teilbetriebs bzw. Betriebs der Untergesellschaft bestehend aus Wirtschaftsgütern des Gesamthandsvermögens der Untergesellschaft und des Sonderbetriebsvermögens der Obergesellschaft bei der Untergesellschaft ins Gesamthandsvermögen der Obergesellschaft sind im Gesamthandsvermögen der Untergesellschaft zunächst die einzubringenden Wirtschaftsgüter des Gesamthandsvermögens der Untergesellschaft mit dem von der Obergesellschaft gewählten Wertansatz auszubuchen. In entsprechender Höhe ist im Gesamthandsvermögen der Untergesellschaft der Ausweis der Beteiligung der Untergesellschaft an der Obergesellschaft einzubuchen. Folglich bleibt bei einer Einbringung zu Buchwerten der Ausweis der Beteiligung der Obergesellschaft an der Untergesellschaft insoweit unverändert. Eine Einbringung der Wirtschaftsgüter des Gesamthandsvermögens der Untergesellschaft zu Werten oberhalb des Buchwerts hat eine entsprechende Erhöhung der Beteiligungsausweise der Untergesellschaft und der Obergesellschaft zur Folge. Die gleichzeitige Umwidmung des Sonderbetriebsvermögens der Obergesellschaft bei der Untergesellschaft in Gesamthandsvermögen der Obergesellschaft ist durch eine Umbuchung im Gesamthandsvermögen der Obergesellschaft zu lösen. Der Ausweis der Beteiligung der Obergesellschaft an der Untergesellschaft ist um den für das Sonderbetriebsvermögen gewählten Wertansatz zu reduzieren. Als Gegenbuchung sind die Wirtschaftsgüter des eingebrachten Sonderbetriebsvermögens mit entsprechenden Werten in das Gesamthandsvermögen der Obergesellschaft einzubuchen.

2.3.2. Anwachsung der Untergesellschaft an die Obergesellschaft

Entsprechend Kapitel 3 Abschnitt A.IV.1.3.2. geht der Anwachsung der Untergesellschaft an die Obergesellschaft die Einbringung der Mitunternehmeranteile der anderen Untergesellschafter, die neben der Obergesellschaft an der Untergesellschaft beteiligt sind, und die dadurch ausgelöste Einbringung der Mitunternehmeranteile der Alt-Obergesellschafter an der Alt-Obergesellschaft in die „neue" erweiterte Obergesellschaft voraus. Für diese Einbringungen im Wege von § 24 UmwStG, gelten die Ausführungen in Kapitel 2 Abschnitt A.IV.4.2. zur bilanziellen Abbildung entsprechend. Dies gilt auch für Sonderbetriebsvermögen der anderen Untergesellschafter bei der Untergesellschaft, das als Bestandteil der Mitunternehmeranteile dieser Untergesellschafter im Wege von § 24 UmwStG in die Obergesellschaft eingebracht wird.

Die sich zwangsläufig anschließende Anwachsung der Untergesellschaft an die Obergesellschaft ist bilanziell durch die Übernahme des anteiligen Gesellschaftsvermögens (Gesamthandsvermögens) der Untergesellschaft, das der Obergesellschaft bereits bisher über die Beteiligung an der Untergesellschaft anteilig zuzuordnen war, zu Buchwerten im Gesamthandsvermögen der Obergesellschaft abzubilden. Sonderbetriebsvermögen der Obergesellschaft bei der Untergesellschaft ist ebenso zu Buchwerten basierend auf § 6 Abs. 5 S. 2 Alt. 1 EStG[1132] im Gesamthandsvermögen der Obergesellschaft zu übernehmen. Als Gegenbuchung zu der Übernahme des anteiligen Gesamthandsvermögens der Untergesellschaft und des Sonderbetriebsvermögens der Obergesellschaft bei der Untergesellschaft dient die damit erfolgsneutrale Ausbuchung der Beteiligung der Obergesellschaft an der Untergesellschaft.[1133] Die Überführung von Sonderbetriebsvermögen der Alt-Obergesellschafter bei der Untergesellschaft in Sonderbetriebsvermögen bei der Obergesellschaft ist gemäß § 6 Abs. 5 S. 2 Alt. 2 EStG in Sonderbilanzen dieser Obergesellschafter auf Ebene der Obergesellschaft zu Buchwerten abzubilden.[1134]

[1132] Vgl. auch ORTH, M., Anwachsung, DStR 1999, S. 1056.

[1133] Zur bilanziellen Abbildung der Überführung des Sonderbetriebsvermögens der Obergesellschaft bei der Untergesellschaft ins Gesamthandsvermögen der Obergesellschaft vgl. auch Kapitel 3 Abschnitt A.II.2.2. sowie Kapitel 2 Abschnitt A.II.3.2.

[1134] Vgl. zur bilanziellen Abbildung auch Kapitel 3 Abschnitt A.II.2.2. sowie Kapitel 2 Abschnitt A.II.3.2.

V. Weitere ertragsteuerliche Auswirkungen der Umstrukturierungen

1. Auswirkungen der untersuchten Umstrukturierungen auf die gewerbesteuerlichen Verlustvorträge (§ 10a GewStG)

1.1. Einführung

Vor der Zielsetzung, den Untergang ggf. vorhandener gewerbesteuerlicher Verlustvorträge der doppelstöckigen Personengesellschaft im Zuge der Umstrukturierung zu vermeiden, sind bei den upstream-Umstrukturierungen wie bereits bei den entgegengesetzten downstream-Umstrukturierungen der Bestand und die zukünftige Verrechenbarkeit gewerbesteuerlicher Verlustvorträge nach § 10a GewStG von der Unternehmeridentität und Unternehmensidentität der verlustvortragenden Gewerbebetriebe, Personengesellschaften abhängig.[1135] In Bezug auf den Transfer von Wirtschaftsgütern im Wege von § 6 Abs. 5 S. 2 und 3 EStG, Transfers von Wirtschaftsgütern unter Übertragung stiller Reserven im Wege von § 6b EStG und die Einbringung eines Teilbetriebs bzw. Betriebs im Wege von § 24 UmwStG sind die Ausführungen zu den downstream-Umstrukturierungen im Kapitel 2 Abschnitt A.V. entsprechend auf die upstream-Umstrukturierungen übertragbar. Ob dies auch für die Einbringung eines Mitunternehmeranteils der Untergesellschaft eines Untergesellschafters in die Obergesellschaft im Wege von § 24 UmwStG und die sich anschließende Anwachsung der Untergesellschaft an die Obergesellschaft gilt, ist im Nachfolgenden weiterer Gegenstand der Untersuchungen.

[1135] Vgl. DAMAS, J.-P., Das neue Umwandlungssteuerrecht, DStZ 2007, S. 141; STEGEMANN, D., Umwandlung, INF 2004, S. 787; HERZIG, N./FÖRSTER, G./FÖRSTER, U., Verlustvortrag, DStR 1996, S. 1025; SCHMITT, J., in: SCHMITT, J./HÖRTNAGL, R./STRATZ, R.-C., UmwG/UmwStG, § 24 UmwStG Rn. 258; SCHLÖßER, R. W., in: HARITZ, D./BENKERT, M., UmwStG, § 24 Rn. 162; HARITZ, D./BÄRWALDT, R., in: MÜLLER, W./HOFFMANN, W.-D., Personengesellschaften, § 9 Rn. 406; Abschnitt 66 Abs. 1 S. 3 GewStR; GÜROFF, G., in: GLANEGGER, P./GÜROFF, G./SELDER, J., GewStG, § 10a Rn. 2; TWICKEL, D. V., in: BLÜMICH, EStG/KStG/GewStG, § 10a GewStG Rn. 1, 56 (April 2007); KLEINHEISTERKAMP, T., in: LENSKI, E./STEINBERG, W., GewStG, § 10a Rn. 17 (Juli 2006). Vgl. aus der ständigen BFH-Rechtsprechung BFH v. 16.04.2002, VIII R 16/01, BFH/NV 2003, S. 81, 81-82; BFH v. 03.05.1993, GrS 3/92, BStBl. II 1993, S. 616, 620; BFH v. 14.12.1989, IV R 117/88, BStBl. II 1990, S. 436, 436-437.

1.2. Unternehmensidentität

Zur Wahrung der Unternehmensidentität im Zuge des Transfers von Wirtschaftsgütern im Wege von § 6 Abs. 5 S. 2 und 3 EStG, Transfers von Wirtschaftsgütern unter Übertragung stiller Reserven im Wege von § 6b EStG und die Einbringung eines Teilbetriebs bzw. Betriebs im Wege von § 24 UmwStG gelten die Ausführungen im Kapitel 2 Abschnitt A.V.1.2.2. und Abschnitt A.V.1.2.3. entsprechend. Folglich steht bei diesen upstream-Umstrukturierungen der Wahrung der Unternehmensidentität unter Erfüllung der in Kapitel 2 Abschnitt A.V.1.2. dargestellten Anforderungen grundsätzlich nichts entgegen.

Die Einbringung eines Mitunternehmeranteils der Untergesellschaft in die Obergesellschaft durch einen Untergesellschafter im Wege von § 24 UmwStG im Vorfeld zur Anwachsung der Untergesellschaft an die Obergesellschaft hat keine Auswirkungen auf die ausgeübten gewerblichen Tätigkeiten und damit die Identität der Gewerbebetriebe[1136] der Untergesellschaft und der Obergesellschaft. Folglich bleiben die Unternehmensidentitäten der Untergesellschaft und der Obergesellschaft bei diesem Umstrukturierungsschritt gewahrt.[1137] Bei der nachfolgenden Anwachsung ist es entsprechend wie bei der Einbringung eines Betriebs bzw. Teilbetriebs in eine bereits bestehende Personengesellschaft im Wege von § 24 UmwStG für die Wahrung der Unternehmensidentität des in diesem Fall an die Obergesellschaft anwachsenden Gewerbebetriebs der Untergesellschaft ausreichend, wenn die Identität des anwachsenden Betriebs innerhalb des Gesamtbetriebs der Obergesellschaft gewahrt bleibt. Dafür ist die Fortsetzung der gewerblichen Betätigung im Rahmen der Obergesellschaft in wirtschaftlicher, organisatorischer und finanzieller Hinsicht vorauszusetzen.[1138] Auch bei der Anwachsung ist

---

[1136] Vgl. GÜROFF, G., in: GLANEGGER, P./GÜROFF, G./SELDER, J., GewStG, § 10a Rn. 6; STEGEMANN, D., Umwandlung, INF 2004, S. 787; Abschnitt 67 Abs. 1 S. 2 GewStR; BFH v. 14.09.1993, VIII R 84/90, BStBl. II 1994, S. 764, 767; BFH v. 26.08.1993, IV R 133/90, BStBl. II 1995, S. 791, 792.

[1137] Vgl. BFH v. 26.06.1996, VIII R 41/95, BStBl. II 1997, S. 179, 180-181.

[1138] Vgl. Kapitel 2 Abschnitt A.V.1.2.3. sowie KLEINHEISTERKAMP, T., in: LENSKI, E./STEINBERG, W., GewStG, § 10a Rn. 35-36, 41 (Juli 2006); GÜROFF, G., in: GLANEGGER, P./GÜROFF, G./SELDER, J., GewStG, § 10a Rn. 9; SCHMITT, J., in: SCHMITT, J./HÖRTNAGL, R./STRATZ, R.-C., UmwG/UmwStG, § 24 UmwStG Rn. 258; STEGEMANN, D., Umwandlung, INF 2004, S. 788; Abschnitt 67 Abs. 2 S. 3-4 GewStR; BFH v. 16.04.2002, VIII R 16/01, BFH/NV 2003, S. 81, 82; BFH v. 26.08.1993, IV R 133/90, BStBl. II 1995, S. 791, 792-793; BFH v. 14.09.1993, VIII R 84/90, BStBl. II 1994, S. 764, 767. Vgl. zur Einbringung eines Betriebs im Wege der Verschmelzung TWICKEL, D. V., in: BLÜMICH, EStG/KStG/GewStG, § 10a GewStG Rn. 73 (April 2007); BORDEWIN, A., Gewerbeverlust, DStR 1995, S. 317.

eine Wertung des angewachsenen Betriebs bei der aufnehmenden Personengesellschaft als Betrieb bzw. Teilbetrieb oder die Prägung des Gesamtbetriebs der Obergesellschaft durch den Betrieb der Untergesellschaft für die Wahrung der Unternehmensidentität des angewachsenen Betriebs nicht erforderlich.[1139] Wie bei der Einbringung eines Betriebs bzw. Teilbetriebs steht bei der aufnehmenden Obergesellschaft die Aufnahme einer weiteren Tätigkeit im Zuge der Anwachsung entsprechend der Wahrung der Unternehmensidentität des Gewerbebetriebs der Obergesellschaft nicht entgegen.[1140] Darüber hinaus sind aber auch die grundlegenden Anforderungen an die Unternehmensidentität der Obergesellschaft entsprechend der Ausführungen in Kapitel 2 Abschnitt A.V.1.2.1. zu beachten.

1.3. Unternehmeridentität

Falls upstream-Umstrukturierungen sich auf die Zusammensetzung des Gesellschafterbestands und damit die Unternehmeridentität von Untergesellschaft bzw. Obergesellschaft auswirken, sind aufgrund der gesellschafterbezogenen Verrechnung eines gewerbesteuerlichen Verlustvortrags entsprechend wie bei den downstream-Umstrukturierungen ggf. Einschränkungen bei der Verrechnung eines gewerbesteuerlichen Verlustvortrags mit der jeweiligen Umstrukturierung verbunden.[1141] Da die Ausführungen in Kapitel 2 Abschnitt A.V.1.3.2. zu Veränderungen des Gesellschafterbestands (z. B. Gesellschafterbeitritt, Reduzierung bzw. Erhöhung einer bereits bestehenden Beteiligung) entsprechend auch für die upstream-Umstrukturierungen gelten, wirken sich upstream-Wirtschaftsguttransfers im Wege von § 6 Abs. 5 S. 2 bzw. 3 EStG auf die gewerbesteuerlichen

---

1139 Vgl. Kapitel 2 Abschnitt A.V.1.2.3. sowie KLEINHEISTERKAMP, T., in: LENSKI, E./STEINBERG, W., GewStG, § 10a Rn. 35-36 (Juli 2006); HOFFMANN, W.-D., Anwachsung, GmbH-StB 2006, S. 310; SCHMITT, J., in: SCHMITT, J./HÖRTNAGL, R./STRATZ, R.-C., UmwG/UmwStG, § 24 UmwStG Rn. 258; STEGEMANN, D., Umwandlung, INF 2004, S. 787-788; HERZIG, N./FÖRSTER, G./FÖRSTER, U., Verlustvortrag, DStR 1996, S. 1028, 1029; SCHIFFERS, J., Umstrukturierung, GmbH-StB 2003, S. 356; Abschnitt 67 Abs. 2 S. 3-4 GewStR; BFH v. 16.04.2002, VIII R 16/01, BFH/NV 2003, S. 81, 82; BFH v. 27.01.1994, IV R 137/91, BStBl. II 1994, S. 477, 478; BFH v. 14.09.1993, VIII R 84/90, BStBl. II 1994, S. 764, 767.

1140 Vgl. Kapitel 2 Abschnitt A.V.1.2.3. sowie GÜROFF, G., in: GLANEGGER, P./GÜROFF, G./SELDER, J., GewStG, § 10a Rn. 9; TWICKEL, D. V., in: BLÜMICH, EStG/KStG/GewStG, § 10a GewStG Rn. 72 (April 2007); KLEINHEISTERKAMP, T., in: LENSKI, E./STEINBERG, W., GewStG, § 10a Rn. 26 (Juli 2006); STEGEMANN, D., Umwandlung, INF 2004, S. 787; BETHMANN, G., Gewerbesteuerliche Verlustkompensation, StuW 1979, S. 339.

1141 Vgl. KLEINHEISTERKAMP, T., in: LENSKI, E./STEINBERG, W., GewStG, § 10a Rn. 69, 75 (Juli 2006); Abschnitt 68 Abs. 3 S. 7 Nr. 8 GewStR.

Verlustvorträge von Obergesellschaft und Untergesellschaft entsprechend der nachfolgenden Abbildung aus.

upstream	**Transfer von einem WG** (Überführung bzw. Übertragung)	**Im Anwendungsbereich von**	**Auswirkungen auf den GewSt-lichen Verlustvortrag (VV) nach § 10a GewStG - bei gewahrter Unternehmensidentität - in Abhängigkeit von der UNeridentität** **auf Ebene der OG**	**auf Ebene der UG**
Fall I	aus dem GHV der UG ins GHV der OG	§ 6 Abs. 5 S. 3 Nr. 1 EStG	Übertragung gg Minderung von GR bei der UG: Keine Auswirkungen auf die Beteiligungsrechte = Keine Auswirkungen auf den allg. Gewinnverteilungsschlüssel = Keine Auswirkungen auf die Abziehbarkeit des GewSt-lichen VV Übertragung gg Gewährung von GR bei der OG: Gesellschafterbeitritt der UG, soweit nicht bereits auch schon zuvor OGter: - Abziehbarkeit des GewSt-lichen VV bleibt gewahrt - Verrechnung des GewSt-lichen VV nur mit den Anteilen der Alt-OGter an einem zukünftigen postiven Gewerbeertrag	- Abziehbarkeit des GewSt-lichen VV bleibt gewahrt - Reduzierung der Beteiligungsrechte der übertragenden OG unter Verschiebung des allg. Gewinnverteilungsschlüssels zu Gunsten der anderen UGter Keine Auswirkungen auf die Beteiligungsrechte = Keine Auswirkungen auf den allg. Gewinnverteilungsschlüssel = Keine Auswirkungen auf die Abziehbarkeit des GewSt-lichen VV
Fall II	aus dem SBV der OG bei der UG ins GHV der OG	§ 6 Abs. 5 S. 2 EStG	Keine Auswirkungen auf die Beteiligungsrechte = Keine Auswirkungen auf den allg. Gewinnverteilungsschlüssel = Keine Auswirkungen auf die Abziehbarkeit des GewSt-lichen VV	Keine Auswirkungen auf die Beteiligungsrechte = Keine Auswirkungen auf den allg. Gewinnverteilungsschlüssel = Keine Auswirkungen auf die Abziehbarkeit des GewSt-lichen VV
Fall IV	aus dem SBV eines OGters bei der UG ins GHV der OG	§ 6 Abs. 5 S. 3 Nr. 2 Alt. 2 EStG	Übertragung gg Gewährung von GR bei der OG: - Abziehbarkeit des GewSt-lichen VV bleibt gewahrt - Erhöhung der Beteiligungsrechte des OGters bei der OG unter Verschiebung des allg. Gewinnverteilungsschlüssels zu Gunsten des OGters	Keine Auswirkungen auf die Beteiligungsrechte = Keine Auswirkungen auf den allg. Gewinnverteilungsschlüssel = Keine Auswirkungen auf die Abziehbarkeit des GewSt-lichen VV
Fall V	aus dem GHV der UG ins SBV eines OGters bei der OG	§ 6 Abs. 5 S. 3 Nr. 2 Alt. 2 EStG	lediglich als unentgeltliche Übertragung möglich Keine Auswirkungen auf die Beteiligungsrechte = Keine Auswirkungen auf den allg. Gewinnverteilungsschlüssel = Keine Auswirkungen auf die Abziehbarkeit des GewSt-lichen VV	Keine Auswirkungen auf die Beteiligungsrechte = Keine Auswirkungen auf den allg. Gewinnverteilungsschlüssel = Keine Auswirkungen auf die Abziehbarkeit des GewSt-lichen VV
Fall VI	aus dem SBV eines OGters bei der UG ins SBV dieses OGters bei der OG	§ 6 Abs. 5 S. 2 EStG	Keine Auswirkungen auf die Beteiligungsrechte = Keine Auswirkungen auf den allg. Gewinnverteilungsschlüssel = Keine Auswirkungen auf die Abziehbarkeit des GewSt-lichen VV	Keine Auswirkungen auf die Beteiligungsrechte = Keine Auswirkungen auf den allg. Gewinnverteilungsschlüssel = Keine Auswirkungen auf die Abziehbarkeit des GewSt-lichen VV

Abb. 23: Auswirkungen von upstream-Wirtschaftsguttransfers im Wege von § 6 Abs. 5 S. 2 bzw. 3 EStG auf gewerbesteuerliche Verlustvorträge von Obergesellschaft und Untergesellschaft nach § 10a GewStG

Aufgrund der gesellschafterbezogenen Zurechnung und Verrechnung der gewerbesteuerlichen Verlustvorträge unter Maßgabe des allgemeinen Gewinnverteilungsschlüssels nach § 10a GewStG erfährt die Verrechnung der gewerbesteuerlichen Verlustvorträge von Untergesellschaft und Obergesellschaft lediglich bei den upstream-Fällen I und IV Anpassungen, soweit die Übertragungen im Wege von § 6 Abs. 5 S. 3 EStG gegen Gewährung bzw. Minderung von Gesellschaftsrechten vollzogen werden.

Bei Übertragungen stiller Reserven im Wege von § 6b EStG innerhalb einer doppelstöckigen Personengesellschaft wird die Unternehmeridentität von Untergesellschaft bzw. Obergesellschaft nur insoweit berührt, als dass die zu übertragenden stillen Reserven im Zuge eines Transfers von Wirtschaftsgütern gegen Gewährung bzw. Minderung von Gesellschaftsrechten bei der aufnehmenden bzw. abgebenden Mitunternehmerschaft aufgedeckt werden (vgl. Kapitel 3 Abschnitte A.III.1.2.2.2.2., A.III.1.2.2.2.3. und A.III.1.2.2.3.). Übertragungen gegen sonstiges Entgelt haben keinen Einfluss auf die Unternehmeridentität der Obergesellschaft bzw. Untergesellschaft, so dass ein bestehender gewerbesteuerlicher Verlustvortrag bei gewahrter Unternehmensidentität zur Verlustverrechnung den betreffenden Gesellschaftern verbleibt.

Aufbauend auf die Ausführungen im Kapitel 2 Abschnitt V.1.3.3. bleibt die Unternehmeridentität eines eingebrachten Betriebs bzw. Teilbetriebs der Untergesellschaft im Zuge der Einbringung in die Obergesellschaft im Wege von § 24 UmwStG insoweit gewahrt, als die Untergesellschafter im Anschluss an die Einbringung an der aufnehmenden Obergesellschaft beteiligt sind.[1142] Folglich ist auch bei den upstream-Einbringungen im Wege von § 24 UmwStG die Wahrung der Unternehmeridentität von den Einbringenden und damit von der Ausgestaltung der Einbringung abhängig. Falls im Zuge der Einbringung der Untergesellschaft

[1142] Vgl. Kleinheisterkamp, T., in: Lenski, E./Steinberg, W., GewStG, § 10a Rn. 66 (Juli 2006); Zerhusen, S., Verlustvortrag, INF 2006, S. 740; Herzig, N./Förster, G./Förster, U., Verlustvortrag, DStR 1996, S. 1028-1030; Bordewin, A., Gewerbeverlust, DStR 1995, S. 317-318; Schmitt, J., in: Schmitt, J./Hörtnagl, R./Stratz, R.-C., UmwG/UmwStG, § 24 UmwStG Rn. 258; Schlößer, R. W., in: Haritz, D./Benkert, M., UmwStG, § 24 Rn. 162; Abschnitt 66 Abs. 4 S. 3 und Abschnitt 68 Abs. 3 S. 7 Nr. 5 S. 1 GewStR; BFH v. 16.02.1994, XI R 50/88, BStBl. II 1994, S. 364, 365; BFH v. 27.01.1994, IV R 137/91, BStBl. II 1994, S. 477, 479; BFH v. 14.09.1993, VIII R 84/90, BStBl. II 1994, S. 764, 768; BFH v. 03.05.1993, GrS 3/92, BStBl. II 1993, S. 616, 625-627.

Gesellschaftsrechte an der Obergesellschaft der Untergesellschaft selbst als Einbringende gewährt werden, tritt, soweit die Untergesellschafter nicht auch an der Obergesellschaft unmittelbar beteiligt sind, ein Unternehmerwechsel in Bezug auf den eingebrachten Betrieb bzw. Teilbetrieb ein. Die Unternehmeridentität geht verloren und folglich der gewerbesteuerliche Verlustvortrag des eingebrachten Betriebs bzw. Teilbetriebs insoweit unter.[1143] Dies ist jeweils die Konsequenz einer Einbringung eines Teilbetriebs der Untergesellschaft in die Obergesellschaft im Wege der Ausgliederung i. S. des UmwG, einer Einbringung eines Teilbetriebs bzw. Betriebs der Untergesellschaft in die Obergesellschaft durch Einzelübertragungen der betreffenden Wirtschaftsgüter außerhalb der Regelungen des UmwG und einer Einbringung des gesamten Betriebs der Untergesellschaft über die Ausgliederung aller Teilbetriebe der Untergesellschaft auf die Obergesellschaft. Schließlich ist allen vier Einbringungsvarianten gemein, dass die Untergesellschaft selbst als Gegenleistung Gesellschaftsrechte an der aufnehmenden Obergesellschaft erhält.[1144]

Bei upstream-Einbringungen kommt diesem Ergebnis besondere Bedeutung zu, da im Gegensatz zu den downstream-Einbringungen eine Anwendung von § 24 UmwStG auf eine Einbringung eines Betriebs bzw. Teilbetriebs der Untergesellschaft in die Obergesellschaft gegen Gewährung von Gesellschaftsrechten an die einbringenden Untergesellschafter aufgrund der Beteiligung der Obergesellschaft an der Untergesellschaft ausgeschlossen ist. Dies betrifft die Einbringung eines Teilbetriebs der Untergesellschaft in die Obergesellschaft im Wege der Abspaltung (§ 123 Abs. 2 UmwG) und die Einbringung eines Betriebs der Untergesellschaft in die Obergesellschaft im Wege der Verschmelzung i. S. des UmwG (§ 2 UmwG).[1145]

Folglich ist bei upstream-Einbringungen im Wege von § 24 UmwStG eine Wahrung der Unternehmeridentität insoweit ausgeschlossen, als die Untergesellschafter vor der Umstrukturierung nicht bereits an der Obergesellschaft

---

[1143] Vgl. Kapitel 3 Abschnitte A.IV.1.2. und A.IV.1.3., Kapitel 2 Abschnitt A.V.1.3.3. sowie KLEINHEISTERKAMP, T., in: LENSKI, E./STEINBERG, W., GewStG, § 10a Rn. 66 i. V. m. Rn. 60, 63 (Juli 2006); BFH v. 03.05.1993, GrS 3/92, BStBl. II 1993, S. 616, 620-621, 625-627.

[1144] Vgl. Kapitel 3 Abschnitte A.IV.1.2. und A.IV.1.3.

[1145] Vgl. zur Verschmelzung der Untergesellschaft auf die Obergesellschaft HERZIG, N./FÖRSTER, G./FÖRSTER, U., Verlustvortrag, DStR 1996, S. 1033; BFH v. 03.05.1993, GrS 3/92, BStBl. II 1993, S. 616, 625-627.

unmittelbar beteiligt waren. Insoweit lösen die upstream-Einbringungen im Wege von § 24 UmwStG jeweils den Untergang des gewerbesteuerlichen Verlustvortrags des eingebrachten Teilbetriebs bzw. Betriebs aus.

Als weitere upstream-Umstrukturierungsmöglichkeit verbleibt die Anwachsung der Untergesellschaft an die Obergesellschaft im Anschluss an die Einbringung der Mitunternehmeranteile der anderen Untergesellschafter (neben der Obergesellschaft) in die Obergesellschaft. Die Einbringung der Mitunternehmeranteile der anderen Untergesellschafter in die Obergesellschaft löst zunächst einen partiellen Unternehmerwechsel bezüglich des Gewerbebetriebs der Untergesellschaft aus. Die Obergesellschaft tritt an die Stelle der nunmehr nur noch mittelbar an der Untergesellschaft beteiligten Gesellschafter, so dass die Unternehmeridentität des Gewerbebetriebs der Untergesellschaft insoweit anteilig verloren geht und folglich der anteilig auf die anderen Untergesellschafter entfallende gewerbesteuerliche Verlustvortrag der Untergesellschaft im Zuge der Einbringung untergeht.[1146] Durch die sich anschließende Anwachsung der Untergesellschaft an die Obergesellschaft geht aber auch bezüglich des anteilig auf die Obergesellschaft entfallenden gewerbesteuerlichen Verlustvortrags der Untergesellschaft die Unternehmeridentität verloren und damit ein anteiliger gewerbesteuerlicher Verlustvortrag unter. Schließlich ist nicht mehr die Obergesellschaft sondern sind deren Gesellschafter aufgrund der Anwachsung (Mit-)Unternehmer des an die Obergesellschaft angewachsenen Betriebs der Untergesellschaft.[1147]

Eine Einbringung eines Betriebs bzw. Teilbetriebs der Untergesellschaft in die Obergesellschaft einer Personengesellschaft im Wege von § 24 UmwStG wirkt sich aber nicht nur auf die Unternehmeridentität des eingebrachten Betriebs bzw. Teilbetriebs sondern ggf. auch auf die Unternehmeridentitäten der übertragenden und aufnehmenden Personengesellschaften aus. Die im Wege von § 24 UmwStG möglichen upstream-Einbringungen (d. h. die Einbringung eines Teilbetriebs der

---

1146 Vgl. GÜROFF, G., in: GLANEGGER, P./GÜROFF, G./SELDER, J., GewStG, § 10a Rn. 18; BFH v. 06.09.2000, IV R 69/99, BStBl. II 2001, S. 731, 732-733; BFH v. 31.08.1999, VIII B 74/99, BStBl. II 1999, S. 794, 794-796; BFH v. 26.06.1996, VIII R 41/95, BStBl. II 1997, S. 179, 180-181.

1147 Vgl. KLEINHEISTERKAMP, T., in: LENSKI, E./STEINBERG, W., GewStG, § 10a Rn. 61 (Juli 2006); BREITENEICHER, J., Anwachsung, DStR 2004, S. 1407; ORTH, M., Anwachsung, DStR 1999, S. 1054; Abschnitt 68 Abs. 3 S. 7 Nr. 4 S. 1 GewStR; BFH v. 03.05.1993, GrS 3/92, BStBl. II 1993, S. 616, 625-627.

Untergesellschaft in die Obergesellschaft im Wege der Ausgliederung i. S. des UmwG, die Einbringung eines Teilbetriebs bzw. Betriebs der Untergesellschaft in die Obergesellschaft durch Einzelübertragungen der betreffenden Wirtschaftsgüter außerhalb der Regelungen des UmwG und die Einbringung des gesamten Betriebs der Untergesellschaft über die Ausgliederung aller Teilbetriebe der Untergesellschaft auf die Obergesellschaft)[1148] haben jeweils einen Gesellschafterbeitritt der einbringenden Untergesellschaft als neue Obergesellschafterin zur Konsequenz. Folglich bleibt ein bei der aufnehmenden Obergesellschaft vorhandener und den Alt-Obergesellschaftern zuzurechnender gewerbesteuerlicher Verlustvortrag zwar weiterhin vollumfänglich bestehen. Zukünftige positive Gewerbeerträge können aber nur eingeschränkt verrechnet werden, da diese auch anteilig auf die Untergesellschaft als neue Obergesellschafterin entfallen. Die auf die Alt-Obergesellschafter entfallenden Anteile am gewerbesteuerlichen Verlustvortrag können nur mit den auf die Alt-Obergesellschafter entfallenden zukünftigen positiven Gewerbeerträgen der Obergesellschaft verrechnet werden (vgl. Kapitel 2 Abschnitt A.V.1.3.2.). Auf Ebene der übertragenden Untergesellschaft hat eine Einbringung über diese Wege jeweils keine Auswirkungen auf den Gesellschafterbestand, so dass die Unternehmeridentität jeweils unberührt bleibt. Dies ist aber nur für upstream-Teilbetriebseinbringungen im Wege von § 24 UmwStG, d. h. für den Fall, dass die Untergesellschaft auch nach der Umstrukturierung noch über einen verlustvortragenden Gewerbebetrieb verfügt, von Bedeutung.

Die Ausführungen zum Gesellschafterbeitritt sind auf die Einbringung der Mitunternehmeranteile der anderen Untergesellschafter in die Obergesellschaft im Vorfeld der Anwachsung der Untergesellschaft an die Obergesellschaft zu übertragen, soweit die einbringenden Untergesellschafter nicht bereits vor der Einbringung an der Obergesellschaft unmittelbar beteiligt waren. Demzufolge bleibt ein bei der aufnehmenden Obergesellschaft vorhandener und den Alt-Obergesellschaftern zuzurechnender gewerbesteuerlicher Verlustvortrag zwar weiterhin vollumfänglich bestehen, kann aber nur mit anteiligen zukünftigen positiven Gewerbeerträgen dieser Alt-Obergesellschafter verrechnet werden. Die anschließende Anwachsung hat keine Auswirkungen auf die Unternehmeridentität der Obergesellschaft.

1148 Vgl. Kapitel 3 Abschnitte A.IV.1.2. und A.IV.1.3.1.

2. Auswirkungen der untersuchten Umstrukturierungen auf einen Zinsvortrag i. S. von § 4h Abs. 1 S. 2 EStG

2.1. Einführung

Für die upstream-Umstrukturierungen gelten die Ausführungen zu den downstream-Umstrukturierungen und deren Auswirkungen auf einen Zinsvortrag i. S. von § 4h Abs. 1 S. 2 EStG entsprechend. Die Untersuchung erfolgt erneut vor der grundlegenden Zielsetzung, den Untergang ggf. vorhandener Zinsvorträge im Zuge der Umstrukturierung zu vermeiden, damit diese in späteren Wirtschaftsjahren ggf. zur Gewinnminderung im Rahmen der Regelungen des § 4h EStG genutzt werden können.

2.2. Transfers von Wirtschaftgütern im Wege von § 6 Abs. 5 S. 2 und 3 EStG sowie Transfers von Wirtschaftsgütern unter Übertragung stiller Reserven im Wege von § 6b EStG

Der Betriebsbezogenheit, die gemäß § 4h EStG für einen Zinsvortrag vorauszusetzen ist, steht – aufbauend auf den Ausführungen zur Zinsschranke bei downstream-Transfers und den Ausführungen zum gewerbesteuerlichen Verlustvortrag bei downstream- und upstream-Transfers – auch bei den upstream-Transfers von Wirtschaftgütern im Wege von § 6 Abs. 5 S. 2 und 3 EStG sowie bei den Transfers von Wirtschaftsgütern unter Übertragung stiller Reserven im Wege von § 6b EStG grundsätzlich nichts entgegen.

Die gesellschafterbezogene Berechnung der Zinsschranke und Zinsvorträge basiert ebenfalls auf den Ausführungen zur Zinsschranke bei downstream-Transfers und den Ausführungen zum gewerbesteuerlichen Verlustvortrag bei downstream- und upstream-Transfers. Die upstream-Transfers im Wege von § 6 Abs. 5 S. 2 und 3 EStG wirken sich infolgedessen auf die Zinsvorträge der doppelstöckigen Personengesellschaft entsprechend der nachfolgenden Übersicht aus. Schließlich entspricht gemäß Kapitel 2 Abschnitt A.V.2.2. eine gesellschafterbezogene Zurechnung und Verrechnung von Zinsvorträgen unter Maßgabe der Beteiligungsquote grundsätzlich der Zurechnung und Verrechnung eines gewerbesteuerlichen Verlustvortrags:

<table>
<tr><th rowspan="2">upstream</th><th rowspan="2">Transfer von einem WG (Überführung bzw. Übertragung)</th><th rowspan="2">Im Anwendungs-bereich von</th><th colspan="2">Auswirkungen auf den Zinsvortrag (ZV) i. S. von § 4h Abs. 1 S. 2 EStG - bei gewahrter Betriebsbezogenheit - in Abhängigkeit von der UNeridentität</th></tr>
<tr><th>auf Ebene der OG</th><th>auf Ebene der UG</th></tr>
<tr><td rowspan="4">Fall I</td><td rowspan="4">aus dem GHV der UG ins GHV der OG</td><td rowspan="4">§ 6 Abs. 5 S. 3 Nr. 1 EStG</td><td colspan="2">Übertragung gg Minderung von GR bei der UG:</td></tr>
<tr><td>Keine Auswirkungen auf die Beteiligungsrechte =
Keine Auswirkungen auf die Beteiligunsquote =
Keine Auswirkungen auf die Ab-ziehbarkeit des ZV</td><td>- Abziehbarkeit des ZV bleibt gewahrt
- Reduzierung der Beteiligungs-rechte der übertragenden OG unter Verschiebung der Beteiligungsquote zu Gunsten der anderen UGter</td></tr>
<tr><td colspan="2">Übertragung gg Gewährung von GR bei der OG:</td></tr>
<tr><td>Gesellschafterbeitritt der UG, soweit nicht bereits auch schon zuvor OGter:
- Abziehbarkeit des ZV bleibt gewahrt
- Verrechnung des ZV nur mit den Anteilen der Alt-OGter an einem zukünftigen steuerlichen EBITDA</td><td>Keine Auswirkungen auf die Beteiligungsrechte =
Keine Auswirkungen auf die Beteiligunsquote =
Keine Auswirkungen auf die Ab-ziehbarkeit des ZV</td></tr>
<tr><td>Fall II</td><td>aus dem SBV der OG bei der UG ins GHV der OG</td><td>§ 6 Abs. 5 S. 2 EStG</td><td>Keine Auswirkungen auf die Beteiligungsrechte =
Keine Auswirkungen auf die Beteiligunsquote =
Keine Auswirkungen auf die Ab-ziehbarkeit des ZV</td><td>Keine Auswirkungen auf die Beteiligungsrechte =
Keine Auswirkungen auf die Beteiligunsquote =
Keine Auswirkungen auf die Ab-ziehbarkeit des ZV</td></tr>
<tr><td rowspan="2">Fall IV</td><td rowspan="2">aus dem SBV eines OGters bei der UG ins GHV der OG</td><td rowspan="2">§ 6 Abs. 5 S. 3 Nr. 2 Alt. 2 EStG</td><td colspan="2">Übertragung gg Gewährung von GR bei der OG:</td></tr>
<tr><td>- Abziehbarkeit des ZV bleibt gewahrt
- Erhöhung der Beteiligungsrechte des OGters bei der OG unter Verschiebung der Beteiligungs-quote zu Gunsten des OGters</td><td>Keine Auswirkungen auf die Beteiligungsrechte =
Keine Auswirkungen auf die Beteiligunsquote =
Keine Auswirkungen auf die Ab-ziehbarkeit des ZV</td></tr>
<tr><td rowspan="2">Fall V</td><td rowspan="2">aus dem GHV der UG ins SBV eines OGters bei der OG</td><td rowspan="2">§ 6 Abs. 5 S. 3 Nr. 2 Alt. 2 EStG</td><td colspan="2">lediglich als unentgeltliche Übertragung möglich</td></tr>
<tr><td>Keine Auswirkungen auf die Beteiligungsrechte =
Keine Auswirkungen auf die Beteiligunsquote =
Keine Auswirkungen auf die Ab-ziehbarkeit des ZV</td><td>Keine Auswirkungen auf die Beteiligungsrechte =
Keine Auswirkungen auf die Beteiligunsquote =
Keine Auswirkungen auf die Ab-ziehbarkeit des ZV</td></tr>
<tr><td>Fall VI</td><td>aus dem SBV eines OGters bei der UG ins SBV dieses OGters bei der OG</td><td>§ 6 Abs. 5 S. 2 EStG</td><td>Keine Auswirkungen auf die Beteiligungsrechte =
Keine Auswirkungen auf die Beteiligunsquote =
Keine Auswirkungen auf die Ab-ziehbarkeit des ZV</td><td>Keine Auswirkungen auf die Beteiligungsrechte =
Keine Auswirkungen auf die Beteiligunsquote =
Keine Auswirkungen auf die Ab-ziehbarkeit des ZV</td></tr>
</table>

Abb. 24: Auswirkungen von upstream-Wirtschaftsguttransfers im Wege von § 6 Abs. 5 S. 2 bzw. 3 EStG auf Zinsvorträge i. S. von § 4h Abs. 1 S. 2 EStG von Obergesellschaft und Untergesellschaft

Veränderungen im Gesellschafterbestand und damit Auswirkungen auf die Zinsvorträge treten bei Übertragungen stiller Reserven im Wege von § 6b EStG innerhalb einer doppelstöckigen Personengesellschaft nur ein, wenn die zu übertragenden stillen Reserven im Zuge eines Transfers von Wirtschaftsgütern gegen Gewährung bzw. Minderung von Gesellschaftsrechten bei der aufnehmenden bzw. abgebenden Mitunternehmerschaft aufgedeckt werden (vgl. Kapitel 3 Abschnitte A.III.1.2.2.2.2., A.III.1.2.2.2.3. und A.III.1.2.2.3.). Der Gesellschafterbestand und damit die Zinsvorträge bleiben bei Übertragungen gegen sonstiges Entgelt unverändert.

2.3. Einbringung eines Betriebs, Teilbetriebs bzw. Mitunternehmeranteils im Wege von § 24 UmwStG in eine Personengesellschaft

Wie bereits in Kapitel 2 Abschnitt A.V.2.4. dargestellt, geht gemäß § 24 Abs. 6 UmwStG i. V. m. § 20 Abs. 9 UmwStG ein nicht verbrauchter Zinsvortrag i. S. von § 4h Abs. 1 S. 2 EStG bei der Einbringung eines Betriebs in eine Personengesellschaft nicht auf die aufnehmende Personengesellschaft über.[1149] Folglich geht bei der Einbringung des Betriebs der Untergesellschaft in die Obergesellschaft im Wege von § 24 UmwStG ein vorhandener Zinsvortrag der Untergesellschaft unter.

Eine Einbringung eines Teilbetriebs der Untergesellschaft in die Obergesellschaft und eine Einbringung eines Mitunternehmeranteils eines Untergesellschafters (im Vorfeld der Anwachsung der Untergesellschaft an die Obergesellschaft) jeweils im Wege von § 24 UmwStG haben dagegen keine Auswirkungen auf den Zinsvortrag der Untergesellschaft, da § 24 Abs. 6 i. V. m. § 20 Abs. 9 UmwStG keine Auswirkungen auf einen Zinsvortrag für den Fall der Einbringung eines Mitunternehmeranteils oder eines Teilbetriebs bestimmt.[1150] Gemäß Kapitel 2 Abschnitt A.V.2.4. verdrängt § 24 Abs. 6 i. V. m. § 20 Abs. 9 UmwStG als spezielle Norm bei Einbringungen im Wege von § 24 UmwStG die aufgrund § 4h Abs. 5 S. 1 und 2 EStG grundsätzlich vorauszusetzende Unternehmeridentität.

Da im Gegenzug zu der Einbringung eines Teilbetriebs, eines Betriebs bzw. eines

---

[1149] Vgl. FÖRSTER, G., in: BREITHECKER, V. U. A., UntStRefG, § 4h EStG Rn. 21, § 24 UmwStG Rn. 1.

[1150] Gl. A. zur Einbringung eines Teilbetriebs FÖRSTER, G., in: BREITHECKER, V. U. A., UntStRefG, § 4h EStG Rn. 21, 171, § 24 UmwStG Rn. 3; SCHADEN, M./KÄSHAMMER, D., in: HÖRETH, U./ORTMANN-BABEL, M., Unternehmensteuerreform 2008, II.D. Rn. 132-133. Gl. A. zur Einbringung eines Mitunternehmeranteils FÖRSTER, G., in: BREITHECKER, V. U. A., UntStRefG, § 24 UmwStG Rn. 4 i. V. m. § 20 UmwStG Rn. 4.

Mitunternehmeranteils der Untergesellschaft in die Obergesellschaft dem Einbringenden Gesellschaftsrechte an der Obergesellschaft gewährt werden, ist die Einbringung mit einer Veränderung des Gesellschaftsbestands, somit der Unternehmeridentität der Obergesellschaft verbunden.

Entsprechend der Ausführungen zum gewerbesteuerlichen Verlustvortrag im Kapitel 3 Abschnitt A.V.1.3. haben die Einbringung eines Teilbetriebs bzw. eines Betriebs der Untergesellschaft im Wege von § 24 UmwStG in die Obergesellschaft (d. h. die Einbringung eines Teilbetriebs der Untergesellschaft in die Obergesellschaft im Wege der Ausgliederung i. S. des UmwG, die Einbringung eines Teilbetriebs bzw. Betriebs der Untergesellschaft in die Obergesellschaft durch Einzelübertragungen der betreffenden Wirtschaftsgüter außerhalb der Regelungen des UmwG und die Einbringung des gesamten Betriebs der Untergesellschaft über die Ausgliederung aller Teilbetriebe der Untergesellschaft auf die Obergesellschaft)[1151] jeweils einen Gesellschafterbeitritt der einbringenden Untergesellschaft als neue Obergesellschafterin zum Ergebnis. Ein bei der aufnehmenden Obergesellschaft vorhandener und den Alt-Obergesellschaftern zuzurechnender Zinsvortrag bleibt insgesamt erhalten, kann aber nur noch insoweit mit dem steuerlichen EBITDA der Obergesellschaft verrechnet werden, als dass dieses unter Maßgabe der Beteiligungsquote auf die Alt-Obergesellschafter entfällt.[1152] Entsprechendes gilt für den Gesellschafterbeitritt eines Untergesellschafters im Zuge der Einbringung seines Mitunternehmeranteils in die Obergesellschaft im Vorfeld der Anwachsung der Untergesellschaft an die Obergesellschaft, soweit der einbringende Untergesellschafter nicht bereits vor der Einbringung an der Obergesellschaft unmittelbar beteiligt war.

2.4. Anwachsung der Untergesellschaft an die Obergesellschaft

Für die Anwachsung kommt die in § 24 Abs. 6 UmwStG i. V. m. § 20 Abs. 9 UmwStG normierte spezielle Regelung zum Bestand eines Zinsvortrags i. S. von

---

1151 Vgl. Kapitel 3 Abschnitte A.IV.1.2. und A.IV.1.3.1.

1152 Vgl. FÖRSTER, G., in: BREITHECKER, V. U. A., UntStRefG, § 4h EStG Rn. 173.

§ 4h Abs. 1 S. 2 EStG nicht zur Anwendung, da die Anwachsung außerhalb des Anwendungsbereichs von § 24 UmwStG erfolgt. Aufbauend auf die Ausführungen zum gewerbesteuerlichen Verlustvortrag in Kapitel 3 Abschnitte A.V.1.2. und A.V.1.3. bleibt im Zuge der Anwachsung die Betriebsbezogenheit zwar gewahrt, allerdings geht bezüglich des anteilig auf die Obergesellschaft entfallenden Zinsvortrags der Untergesellschaft die Unternehmeridentität verloren und damit ein anteiliger Zinsvortrag bei der Untergesellschaft unter. Im Zuge der Anwachsung sind die Obergesellschafter und nicht mehr die Obergesellschaft selbst an dem angewachsenen Betrieb der Untergesellschaft beteiligt. Bei der Obergesellschaft hat die Anwachsung aber keine Auswirkungen auf die Unternehmeridentität, so dass die Abziehbarkeit eines Zinsvortrags insoweit bei der Obergesellschaft gewahrt bleibt.

3. Auswirkungen der untersuchten Umstrukturierungen auf die Thesaurierungsbegünstigung bzw. Nachversteuerung nach § 34a EStG

3.1. Einführung

Die Ausführungen im Rahmen der downstream-Umstrukturierungen zur Thesaurierungsbegünstigung des § 34a EStG gelten für die upstream-Umstrukturierungen einer doppelstöckigen Personengesellschaft entsprechend. Dabei erfolgt die nachfolgende Untersuchung vor der grundlegenden Zielsetzung, eine Nachversteuerung i. S. von § 34a EStG im Zuge der upstream-Umstrukturierungen einer doppelstöckigen Personengesellschaft zu vermeiden, um die Steuerbelastung aus der Nachversteuerung soweit wie möglich in die Zukunft verlagern zu können.

3.2. Transfers von Wirtschaftgütern im Wege von § 6 Abs. 5 S. 2 und 3 EStG

Auch für die upstream-Umstrukturierungen innerhalb doppelstöckiger Personengesellschaften gilt, dass auf Basis einer mitunternehmeranteilsbezogenen Auslegung des Entnahme- und Einlagebegriffs der Vermögenstransfer zwischen dem Gesamthandsvermögen der Untergesellschaft und dem Gesamthandsvermögen der Obergesellschaft sowie zwischen dem Sonderbetriebsvermögen der Obergesellschaft bei der Untergesellschaft und dem Gesamthandsvermögen der Obergesellschaft grundsätzlich keine Auswirkungen auf die mitunternehmeranteilsbezogene Anwendung von § 34a EStG hat.[1153] Folglich sind die upstream-Transferfälle I und II im Wege von § 6 Abs. 5 S. 3 Nr. 1 EStG bzw. § 6 Abs. 5 S. 2 EStG – wie bereits die entgegengesetzten downstream-Transferfälle I und II – ohne Bedeutung für die Anwendung von § 34a EStG.

1153 Vgl. Kapitel 2 Abschnitt A.V.3.3. sowie LEY, U., Unternehmensteuerreform 2008, KÖSDI 2007, S. 15754; RÖDDER, T., Unternehmensteuerreformgesetz, DStR 2007, Beihefter zu Heft 40, S. 4; THIEL, J./STERNER, I., Entlastung der Personenunternehmen, DB 2007, S. 1105.

Dagegen stellen die upstream-Vermögenstransfers zwischen dem Sonderbetriebsvermögen eines Obergesellschafters bei der Untergesellschaft und dem Gesamthandsvermögen der Obergesellschaft, zwischen dem Gesamthandsvermögen der Untergesellschaft und dem Sonderbetriebsvermögen eines Obergesellschafters bei der Obergesellschaft sowie zwischen dem Sonderbetriebsvermögen eines Obergesellschafters bei der Untergesellschaft und dem Sonderbetriebsvermögen dieses Obergesellschafters bei der Obergesellschaft aufgrund der mitunternehmeranteilsbezogenen Ermittlung (zum Mitunternehmeranteil bei der Obergesellschaft bzw. zum (Sonder-)Mitunternehmeranteil bei der Untergesellschaft) Entnahmen und Einlagen i. S. von § 34a EStG dar. Diese bei den upstream-Transferfällen IV, V und VI im Wege von § 6 Abs. 5 S. 3 Nr. 2 Alt. 2 EStG bzw. § 6 Abs. 5 S. 2 EStG bewirkten Entnahmen und Einlagen gehen gemäß § 34a Abs. 5 S. 1 EStG grundsätzlich in Höhe des Buchwerts der transferierten Wirtschaftsgüter mitunternehmeranteilsbezogen in die Berechnung der Nachversteuerungsbeträge und/oder in die Ermittlung der nachversteuerungspflichtigen Beträge ein.

Entsprechend Kapitel 2 Abschnitte A.V.3.2.1. und A.V.3.3. ermöglicht § 34a Abs. 5 S. 2 EStG, eine Nachversteuerung bei den upstream-Transfers IV, V und VI im Wege von § 6 Abs. 5 S. 3 Nr. 2 Alt. 2 EStG bzw. § 6 Abs. 5 S. 2 EStG zu vermeiden. Dazu hat der betreffende Obergesellschafter, einen Antrag zu stellen, dass unter Maßgabe von § 34a Abs. 5 S. 2 EStG ein nachversteuerungspflichtiger Betrag in Höhe des Buchwerts des transferierten Wirtschaftsguts auf den übernehmenden Mitunternehmeranteil übertragen werden soll.

3.3. Einbringung eines Betriebs bzw. Teilbetriebs der Untergesellschaft in die Obergesellschaft im Wege von § 24 UmwStG

Für die Einbringung des Betriebs der Untergesellschaft in die Obergesellschaft im Wege von § 24 UmwStG ist grundsätzlich § 34a Abs. 7 S. 2 EStG maßgeblich. Gemäß § 34a Abs. 7 S. 2 EStG geht bei der Einbringung eines Betriebs in eine Mitunternehmerschaft im Wege von § 24 UmwStG zu Buchwerten der für den eingebrachten Betrieb oder Mitunternehmeranteil festgestellte nachversteuerungspflichtige Betrag auf den neuen Mitunternehmeranteil über.

Dieser Grundsatz kann aber keine Anwendung auf die Einbringung des Betriebs der Untergesellschaft in die Obergesellschaft durch Einzelübertragungen der betreffenden Wirtschaftsgüter außerhalb der Regelungen des UmwG und auf die Einbringung des gesamten Betriebs der Untergesellschaft über die Ausgliederung aller Teilbetriebe der Untergesellschaft auf die Obergesellschaft finden. Diese Einbringungen, die bei upstream-Betriebseinbringungen innerhalb doppelstöckiger Personengesellschaften eine Einbringung im Wege von § 24 UmwStG ermöglichen, haben jeweils zur Konsequenz, dass im Gegenzug zur Einbringung der einbringenden Untergesellschaft selbst Gesellschaftsrechte gewährt werden. Folglich erhält die Untergesellschaft einen Mitunternehmeranteil an der Obergesellschaft.[1154] Ein nachversteuerungspflichtiger Betrag kann allerdings nicht auf diesen Mitunternehmeranteil der Untergesellschaft übertragen werden. Dies ist indessen auch nicht nötig. Die Einbringungsvorgänge bleiben ohnehin ohne Auswirkungen auf eine jeweilige Anwendung von § 34a EStG. Die Einbringungsvorgänge lösen bei der Untergesellschaft und der Obergesellschaft keine Entnahmen bzw. Einlagen i. S. von § 34a EStG aus, so dass lediglich die Ergebniswirkung dieser Einbringungen zu Werten oberhalb der Buchwerte bei der Anwendung von § 34a EStG in die Ermittlung der nachversteuerungspflichtigen Beträge bzw. Nachversteuerungsbeträge einfließen.

Dieses Ergebnis gilt entsprechend auch bei der Einbringung eines Teilbetriebs der Untergesellschaft im Wege der Ausgliederung (§ 123 Abs. 3 UmwG) und der Einbringung eines Teilbetriebs der Untergesellschaft durch Einzelübertragungen der Wirtschaftsgüter des Teilbetriebs außerhalb der Regelungen des UmwG jeweils in das Betriebsvermögen der Obergesellschaft. Auch bei diesen Teilbetriebseinbringungen, die eine Anwendung von § 24 UmwStG bei Einbringungen eines Teilbetriebs der Untergesellschaft in die Obergesellschaft ermöglichen, ist jeweils die Untergesellschaft selbst die Einbringende, der im Gegenzug zur

[1154] Vgl. Kapitel 3 Abschnitt IV.1.3.1.

Teilbetriebseinbringung ein Mitunternehmeranteil an der Obergesellschaft gewährt wird.[1155] Die Teilbetriebseinbringungen sind somit abgesehen von einer etwaigen Ergebniswirkung bei einem Ansatz des eingebrachten Betriebsvermögens zu Werten oberhalb der Buchwerte unbeachtlich für die Anwendung von § 34a EStG.

3.4. Transfers von Wirtschaftsgütern unter Übertragung stiller Reserven im Wege von § 6b EStG

Bei der Übertragung stiller Reserven im Wege von § 6b EStG ist zu unterscheiden, ob der entgeltliche Transfer des betreffenden Wirtschaftsguts gegen Gewährung bzw. Minderung von Gesellschaftsrechten oder gegen sonstiges Entgelt vollzogen wird. Ein Transfer gegen sonstiges Entgelt wirkt sich aufgrund der fehlenden Wertung als Entnahme bzw. Einlage auf die Anwendung von § 34a EStG nur insoweit aus, als die Aufdeckung und Besteuerung von stillen Reserven über eine Anwendung von § 6b EStG nicht vollständig vermieden werden kann und ein Gewinn durch die Aufdeckung von stillen Reserven entsteht.[1156] Davon abweichend bewirken Transfers von Wirtschaftsgütern gegen Gewährung bzw. Minderung von Gesellschaftsrechten (vgl. Kapitel 3 Abschnitte A.III.1.2.2.2.2., A.III.1.2.2.2.3. und A.III.1.2.2.3.) Entnahmen bzw. Einlagen, die bei der Anwendung von § 34a EStG mitunternehmeranteilbezogen zu berücksichtigen sind.

3.5. Anwachsung der Untergesellschaft an die Obergesellschaft

Für die Einbringung der Mitunternehmeranteile der anderen Untergesellschafter, die neben der Obergesellschaft an der Untergesellschaft beteiligt sind, im Wege von § 24 UmwStG in die Obergesellschaft findet § 34a Abs. 7 S. 2 EStG Anwendung, soweit die Einbringung zu Buchwerten vollzogen wird. Unter dieser Voraussetzung geht bei der Einbringung eines Mitunternehmeranteils an der Untergesellschaft in die Obergesellschaft der für den Mitunternehmeranteil festge-

1155 Vgl. Kapitel 3 Abschnitt IV.1.2.

1156 Vgl. Kapitel 2 Abschnitt A.V.3.1. sowie KORN, K./STRAHL, M., in: KORN, K. U. A., EStG, Aktuelles – Änderungen des EStG durch die UntStRef 2008 Rn. 116 (Juli 2007).

stellte nachversteuerungspflichtige Betrag auf den neuen Mitunternehmeranteil an der Obergesellschaft über. Bei Einbringungen zu Werten oberhalb des Buchwerts hat die Einbringung unter den Voraussetzungen von § 34a Abs. 4 EStG ggf. eine Nachversteuerung zur Konsequenz.

Die sich anschließende Anwachsung des anteilig auf die Obergesellschaft entfallenden Gesellschaftsvermögens der Untergesellschaft an die Obergesellschaft hat weder eine Ergebniswirkung noch Einlagen bzw. Entnahmen i. S. von § 34a EStG zur Konsequenz, so dass aus der Anwachsung keine Auswirkungen auf die mitunternehmeranteilsbezogene Anwendung von § 34a EStG auf Ebene der Obergesellschafter resultieren. Im Gegenzug zu der Ausbuchung der Beteiligung der Obergesellschaft an der Untergesellschaft sind die Wirtschaftsgüter des angewachsenen Betriebsvermögens der Untergesellschaft zu Buchwerten im Gesamthandsvermögen der Obergesellschaft zu übernehmen. Diese Umbuchung lässt das bilanzielle Vermögen der Obergesellschaft in Summe unverändert.[1157] Eine solche Vorgehensweise steht auch im Einklang mit dem Sinn und Zweck des § 34a EStG, da die Besteuerung etwaiger nachversteuerungspflichtiger Beträge der Obergesellschafter unverändert gewahrt bleibt.

[1157] Vgl. Kapitel 3 Abschnitt A.IV.2.3.2.

B. Zusammenfassende Übersicht der durch § 6 Abs. 5 S. 2 und 3 EStG, § 6b EStG und § 24 UmwStG begünstigten upstream-Übertragungsmöglichkeiten und der Anwachsung

In der nachfolgenden Übersicht werden die upstream-Übertragungsmöglichkeiten zusammengefasst, die im Wege von § 6 Abs. 5 S. 2 und 3 EStG, § 6b EStG und § 24 UmwStG sowie im Wege der Anwachsung einen Vermögenstransfer innerhalb der doppelstöckigen Personengesellschaft ermöglichen. Bei den einzelnen Übertragungsmöglichkeiten wird auf die Erreichung der zu Grunde liegenden ertragsteuerlichen Zielsetzungen und weitere Besonderheiten der jeweiligen Übertragungsmöglichkeit eingegangen:

Begünstigte upstream-Übertragungsmöglichkeiten	Vermeidung der Aufdeckung und Besteuerung von stillen Reserven	Schnelle Nutzung von zusätzlichem AfA-Potenzial	Vermeidung des Untergangs ESt- bzw. KSt-licher Verlustvorträge (VV)
Transfers von Wirtschaftsgütern im Wege von § 6 Abs. 5 S. 2 bzw. 3 EStG			
Fall I: Aus dem GHV der UG ins GHV der OG gg Gewährung von GR oder unentgeltlich	voll durch die BW-fortführung gemäß § 6 Abs. 5 S. 3 Nr. 1 EStG	kein zusätzliches AfA-Potenzial	kein Untergang von ESt- bzw. KSt-lichen VV, die auf Ebene der unmittelbaren bzw. mittelbaren Mitunternehmer vorgetragen werden
Fall II: Aus dem SBV der OG bei der UG ins GHV der OG	voll durch die BW-fortführung gemäß § 6 Abs. 5 S. 2 EStG		
Fall IV: Aus dem SBV eines OGters bei der UG ins GHV der OG gg Gewährung von GR oder unentgeltlich	voll durch die BW-führung gemäß § 6 Abs. 5 S. 3 Nr. 2 Alt. 2 EStG		
Fall V: Aus dem GHV der UG ins SBV eines OGters bei der OG gg Gewährung von GR oder unentgeltlich	voll durch die BW fortführung gemäß § 6 Abs. 5 S. 3 Nr. 2 Alt. 2 EStG		
Fall VI: Aus dem SBV eines OGters bei der UG ins SBV dieses OGters bei der OG	voll durch die BW-fortführung gemäß § 6 Abs. 5 S. 2 EStG		
Transfers von Wirtschaftsgütern unter Übertragung stiller Reserven im Wege von § 6b EStG (Transfer gegen Entgelt; Nur bei begünstigten Veräußerungs- und Reinvestitionswirtschaftsgütern)			
Fall I: Transfer-WG im GHV der UG Reinvestitions-WG im GHV der OG	quotal, entsprechend der mittelbaren Beteiligungsquote der OGter an der UG; voll bei Übertragung gg Gewährung von GR an die UG	zusätzliches AfA-Potenzial entsprechend der Beteiligungsquote der UGter ohne OG; kein zusätzliches AfA-Potenzial bei Übertragung gg Gewährung von GR an die UG	kein Untergang von ESt- bzw. KSt-lichen VV, die auf Ebene der unmittelbaren bzw. mittelbaren Mitunternehmer vorgetragen werden
Fall II: Transfer-WG im SBV der OG bei der UG Reinvestitions-WG im GHV der OG	voll bei entgeltlicher Übertragung des wirtschaftlichen Eigentums am Transfer-WG	kein zusätzliches AfA-Potenzial	
Fall IV: Transfer-WG im SBV eines OGters bei der UG Reinvestitions-WG im GHV der OG	quotal, entsprechend der Beteiligungsquote des OGters an der OG	zusätzliches AfA-Potenzial entsprechend der Beteiligungsquote der anderen OGter	
Fall V: Transfer-WG im GHV der UG Reinvestitions-WG im SBV eines OGters bei der OG	quotal, entsprechend der mittelbaren Beteiligungsquote des OGters an der UG	zusätzliches AfA-Potenzial entsprechend der Beteiligungsquote der anderen UGter	
Fall VI: Transfer-WG im SBV eines OGters bei der UG Reinvestitions-WG im SBV dieses OGters bei der OG	voll bei entgeltlicher Übertragung des wirtschaftlichen Eigentums am Transfer-WG	kein zusätzliches AfA-Potenzial	
Fall VII: Transfer-WG im SBV der OG bei der UG Reinvestitions-WG im SBV eines OGters bei der OG	quotal, entsprechend der Beteiligungsquote des OGters an der OG	zusätzliches AfA-Potenzial entsprechend der Beteiligungsquote der anderen OGter	
Fall X: Im Zuge einer Einbringung nach § 24 UmwStG Transfer-WG im GHV der UG Reinvestitions-WG im GHV der OG	*wie Fall I*	*wie Fall I*	
Einbringung eines Teilbetriebs, Betriebs bzw. von Mitunternehmeranteilen der UG in die OG nach § 24 UmwStG			
im Wege der Ausgliederung eines Teilbetriebs bzw. der Teilbetriebe der UG (§ 123 Abs. 3 UmwG) und Einbringung des Teilbetriebs bzw. der Teilbetriebe in die OG gg Gewährung von GR der OG an die UG selbst	voll bei Wahl des BW-Ansatzes gemäß § 24 Abs. 2 S. 2 UmwStG teilweise bei Wahl des ZW-Ansatzes gemäß § 24 Abs. 2 S. 2 UmwStG nein bei Wahl des GW-Ansatzes gemäß § 24 Abs. 2 S. 1 UmwStG (bei bei der Aufdeckung und Besteuerung aufgedeckter stiller Reserven ist in Bezug auf eine Anwendung der §§ 16 Abs. 4, 34 Abs. 1 und 3 EStG § 24 Abs. 3 S. 2-3 UmwStG zu beachten)	BW-Ansatz: Kein zusätzliches AfA-Potenzial ZW-Ansatz: Unter Maßgabe von § 23 Abs. 3 Nr. 1 und 2 UmwStG zusätzliches AfA-Potenzial GW-Ansatz: Bei Gesamtrechtsnachfolge unter Maßgabe von § 23 Abs. 3 Nr. 1 und 2 UmwStG zusätzliches AfA-Potenzial, bei Einzelrechtsnachfolge unabhängig von § 23 Abs. 3 Nr. 1 und 2 UmwStG zusätzliches AfA-Potenzial	kein Untergang von ESt- bzw. KSt-lichen VV, die auf Ebene der unmittelbaren bzw. mittelbaren Mitunternehmer vorgetragen werden
durch Einzelübertragungen der WG eines Teilbetriebs bzw. des Betriebs der UG außerhalb der Regelungen des UmwG in die OG gg Gewährung von GR der OG an die UG selbst			
Anwachsung: im Vorfeld zur Anwachsung Einbringung der Mitunternehmeranteile der anderen UGter, die neben der OG an der UG beteiligt sind, in die OG gg Gewährung von GR der OG an die einbringenden UGter			
Anwachsung: im Zuge des Ausscheidens der anderen UGter, die neben der OG an der UG beteiligt sind, Anwachsung des anteilig der OG zuzuordnenden Betriebsvermögens der UG an die OG (§ 738 Abs. 1 S. 1 BGB)	voll in Bezug auf die zwingende BW-Übernahme des anteilig der OG zuzuordnenden Betriebsvermögens der UG	kein zusätzliches AfA-Potenzial	kein Untergang von ESt- bzw. KSt-lichen VV, die auf Ebene der unmittelbaren bzw. mittelbaren Mitunternehmer vorgetragen werden

Abb. 25: Zusammenfassende Übersicht der durch § 6 Abs. 5 S. 2 und 3 EStG, § 6b EStG und § 24 UmwStG begünstigten upstream-Übertragungsmöglichkeiten und der Anwachsung (Teil I von IV)

Begünstigte upstream-Übertragungsmöglichkeiten		Vermeidung des Untergangs GewSt-licher Verlustvorträge (VV)				
		auf Ebene der OG		auf Ebene der UG		beim eingebrachten Teilbetrieb, Betrieb bzw. angewachsenen Betrieb
Transfers von Wirtschaftsgütern im Wege von § 6 Abs. 5 S. 2 bzw. 3 EStG						
Fall I: Aus dem GHV der UG ins GHV der OG gg Gewährung von GR oder unentgeltlich	bei gewahrter Unternehmensidentität	ggf. Veränderung der UNeridentität bei Übertragung gg Gewährung von GR, Abziehbarkeit des GewSt-lichen VV bleibt dennoch gewahrt	bei gewahrter Unternehmensidentität	ggf. Veränderung der UNeridentität bei Übertragung gg Minderung von GR, Abziehbarkeit des GewSt-lichen VV bleibt dennoch gewahrt		
Fall II: Aus dem SBV der OG bei der UG ins GHV der OG		UNeridentität bleibt unberührt, keine Auswirkungen auf die Abziehbarkeit des GewSt-lichen VV		UNeridentität bleibt unberührt, keine Auswirkungen auf die Abziehbarkeit des GewSt-lichen VV		
Fall IV: Aus dem SBV eines OGters bei der UG ins GHV der OG gg Gewährung von GR oder unentgeltlich		Veränderung der UNeridentität bei Übertragung gg Gewährung von GR, Abziehbarkeit des GewSt-lichen VV bleibt dennoch gewahrt		UNeridentität bleibt unberührt, keine Auswirkungen auf die Abziehbarkeit des GewSt-lichen VV		
Fall V: Aus dem GHV der UG ins SBV eines OGters bei der OG gg Gewährung von GR oder unentgeltlich		UNeridentität bleibt unberührt, keine Auswirkungen auf die Abziehbarkeit des GewSt-lichen VV		UNeridentität bleibt unberührt, keine Auswirkungen auf die Abziehbarkeit des GewSt-lichen VV		
Fall VI: Aus dem SBV eines OGters bei der UG ins SBV dieses OGters bei der OG		UNeridentität bleibt unberührt, keine Auswirkungen auf die Abziehbarkeit des GewSt-lichen VV		UNeridentität bleibt unberührt, keine Auswirkungen auf die Abziehbarkeit des GewSt-lichen VV		
Transfers von Wirtschaftsgütern unter Übertragung stiller Reserven im Wege von § 6b EStG						
Fall I: Transfer-WG im GHV der UG Reinvestitions-WG im GHV der OG (Transfer gegen Entgelt)	bei gewahrter Unternehmensidentität	ggf. Veränderung der UNeridentität bei Übertragung gg Gewährung von GR, Abziehbarkeit des GewSt-lichen VV bleibt dennoch gewahrt	bei gewahrter Unternehmensidentität	ggf. Veränderung der UNeridentität bei Übertragung gg Minderung von GR, Abziehbarkeit des GewSt-lichen VV bleibt dennoch gewahrt		
Fall II: Transfer-WG im SBV der OG bei der UG Reinvestitions-WG im GHV der OG		UNeridentität bleibt unberührt, keine Auswirkungen auf die Abziehbarkeit des GewSt-lichen VV		UNeridentität bleibt unberührt, keine Auswirkungen auf die Abziehbarkeit des GewSt-lichen VV		
Fall IV: Transfer-WG im SBV eines OGters bei der UG Reinvestitions-WG im GHV der OG		Veränderung der UNeridentität bei Übertragung gg Gewährung von GR, Abziehbarkeit des GewSt-lichen VV bleibt dennoch gewahrt		UNeridentität bleibt unberührt, keine Auswirkungen auf die Abziehbarkeit des GewSt-lichen VV		
Fall V: Transfer-WG im GHV der UG Reinvestitions-WG im SBV eines OGters bei der OG		UNeridentität bleibt unberührt, keine Auswirkungen auf die Abziehbarkeit des GewSt-lichen VV		UNeridentität bleibt unberührt, keine Auswirkungen auf die Abziehbarkeit des GewSt-lichen VV		
Fall VI: Transfer-WG im SBV eines OGters bei der UG Reinvestitions-WG im SBV dieses OGters bei der OG		UNeridentität bleibt unberührt, keine Auswirkungen auf die Abziehbarkeit des GewSt-lichen VV		UNeridentität bleibt unberührt, keine Auswirkungen auf die Abziehbarkeit des GewSt-lichen VV		
Fall VII: Transfer-WG im SBV der OG bei der UG Reinvestitions-WG im SBV eines OGters bei der OG		UNeridentität bleibt unberührt, keine Auswirkungen auf die Abziehbarkeit des GewSt-lichen VV		UNeridentität bleibt unberührt, keine Auswirkungen auf die Abziehbarkeit des GewSt-lichen VV		
Fall X: Im Zuge einer Einbringung nach § 24 UmwStG Transfer-WG im GHV der UG Reinvestitions-WG im GHV der OG		*entsprechend der Ausführungen zur Teilbetriebseinbringung nach § 24 UmwStG*				
Einbringung eines Teilbetriebs, Betriebs bzw. von Mitunternehmeranteilen der UG in die OG nach § 24 UmwStG						
im Wege der Ausgliederung eines Teilbetriebs bzw. der Teilbetriebe der UG (§ 123 Abs. 3 UmwG) und Einbringung des Teilbetriebs bzw. der Teilbetriebe in die OG gg Gewährung von GR der OG an die UG selbst	bei gewahrter Unternehmensidentität	Veränderung der UNeridentität aufgrund der Übertragung gg Gewährung von GR, Abziehbarkeit des bereits vorhandenen GewSt-lichen VV bleibt dennoch gewahrt	bei gewahrter Unternehmensidentität	UNeridentität bleibt unberührt, somit keine Auswirkungen auf die Abziehbarkeit des verbleibenden GewSt-lichen VV	bei gewahrter Unternehmensidentität	Soweit die UGter nicht auch unmittelbar an der OG beteiligt sind, Verlust der UNeridentität und damit Untergang des GewSt-lichen VV
durch Einzelübertragungen der WG eines Teilbetriebs bzw. des Betriebs der UG außerhalb der Regelungen des UmwG in die OG gg Gewährung von GR der OG an die UG selbst						
Anwachsung: im Vorfeld zur Anwachsung Einbringung der Mitunternehmeranteile der anderen UGter, die neben der OG an der UG beteiligt sind, in die OG gg Gewährung von GR der OG an die einbringenden UGter				Veränderung der UNeridentität (partieller Unternehmerwechsel), Untergang des GewSt-lichen VV, soweit dieser auf die anderen UGter entfällt		
Anwachsung: im Zuge des Ausscheidens der anderen UGter, die neben der OG an der UG beteiligt sind, Anwachsung des anteilig der OG zuzuordnenden Betriebsvermögens der UG an die OG (§ 738 Abs. 1 S. 1 BGB)		UNeridentität bleibt unberührt, keine Auswirkungen auf die Abziehbarkeit des GewSt-lichen VV		Verlust der UNeridentität und damit Untergang des restlichen GewSt-lichen VV		Verlust der UNeridentität und damit Untergang des GewSt-lichen VV

Abb. 25: Zusammenfassende Übersicht der durch § 6 Abs. 5 S. 2 und 3 EStG, § 6b EStG und § 24 UmwStG begünstigten upstream-Übertragungsmöglichkeiten und der Anwachsung (Teil II von IV)

Begünstigte upstream-Übertragungsmöglichkeiten	Vermeidung des Untergangs von Zinsvorträgen (ZV) i. S. von § 4h Abs. 1 S. 2 EStG auf Ebene der OG	auf Ebene der UG	Vermeidung der Nachversteuerung gemäß § 34a EStG
Transfers von Wirtschaftsgütern im Wege von § 6 Abs. 5 S. 2 bzw. 3 EStG			
	bei gewahrter Unternehmensidentität	bei gewahrter Unternehmensidentität	
Fall I: Aus dem GHV der UG ins GHV der OG gg Gewährung von GR oder unentgeltlich	ggf. Veränderung der UNeridentität bei Übertragung gg Gewährung von GR, Abziehbarkeit des ZV bleibt dennoch gewahrt	ggf. Veränderung der UNeridentität bei Übertragung gg Minderung von GR, Abziehbarkeit des ZV bleibt dennoch gewahrt	aufgrund der mitunternehmeranteilsbezogenen Ermittlung keine Auswirkungen auf die Anwendung von § 34a EStG
Fall II: Aus dem SBV der OG bei der UG ins GHV der OG	UNeridentität bleibt unberührt, keine Auswirkungen auf die Abziehbarkeit des ZV	UNeridentität bleibt unberührt, keine Auswirkungen auf die Abziehbarkeit des ZV	
Fall IV: Aus dem SBV eines OGters bei der UG ins GHV der OG gg Gewährung von GR oder unentgeltlich	Veränderung der UNeridentität bei Übertragung gg Gewährung von GR, Abziehbarkeit des ZV bleibt dennoch gewahrt	UNeridentität bleibt unberührt, keine Auswirkungen auf die Abziehbarkeit des ZV	im Zuge der mitunternehmeranteilsbezogenen Ermittlung Entnahmen und Einlagen i. S. von § 34a EStG in Höhe der Buchwerte der transferierten WG, aber Möglichkeit der Vermeidung einer Nachversteuerung über § 34a Abs. 5 S. 2 EStG
Fall V: Aus dem GHV der UG ins SBV eines OGters bei der OG gg Gewährung von GR oder unentgeltlich	UNeridentität bleibt unberührt, keine Auswirkungen auf die Abziehbarkeit des ZV	UNeridentität bleibt unberührt, keine Auswirkungen auf die Abziehbarkeit des ZV	
Fall VI: Aus dem SBV eines OGters bei der UG ins SBV dieses OGters bei der OG	UNeridentität bleibt unberührt, keine Auswirkungen auf die Abziehbarkeit des ZV	UNeridentität bleibt unberührt, keine Auswirkungen auf die Abziehbarkeit des ZV	
Transfers von Wirtschaftsgütern unter Übertragung stiller Reserven im Wege von § 6b EStG			
Transfer gegen Entgelt	bei gewahrter Unternehmensidentität	bei gewahrter Unternehmensidentität	
Fall I: Transfer-WG im GHV der UG Reinvestitions-WG im GHV der OG	ggf. Veränderung der UNeridentität bei Übertragung gg Gewährung von GR, Abziehbarkeit des ZV bleibt dennoch gewahrt	ggf. Veränderung der UNeridentität bei Übertragung gg Minderung von GR, Abziehbarkeit des ZV bleibt dennoch gewahrt	auch bei bei Übertragung gg Gewährung von GR aufgrund der mitunternehmeranteilsbezogenen Ermittlung grundsätzlich keine Auswirkungen auf die Anwendung von § 34a EStG, ggf. eine Ergebniswirkung
Fall II: Transfer-WG im SBV der OG bei der UG Reinvestitions-WG im GHV der OG	UNeridentität bleibt unberührt, keine Auswirkungen auf die Abziehbarkeit des ZV	UNeridentität bleibt unberührt, keine Auswirkungen auf die Abziehbarkeit des ZV	
Fall IV: Transfer-WG im SBV eines OGters bei der UG Reinvestitions-WG im GHV der OG	Veränderung der UNeridentität bei Übertragung gg Gewährung von GR, Abziehbarkeit des ZV bleibt dennoch gewahrt	UNeridentität bleibt unberührt, keine Auswirkungen auf die Abziehbarkeit des ZV	bei bei Übertragung gg Gewährung bzw. Minderung von GR im Zuge der mitunternehmeranteilsbezogenen Ermittlung Entnahmen und Einlagen i. S. von § 34a EStG in Höhe der Teilwerte der transferierten WG, ggf. eine Ergebniswirkung
Fall V: Transfer-WG im GHV der UG Reinvestitions-WG im SBV eines OGters bei der OG	UNeridentität bleibt unberührt, keine Auswirkungen auf die Abziehbarkeit des ZV	UNeridentität bleibt unberührt, keine Auswirkungen auf die Abziehbarkeit des ZV	
Fall VI: Transfer-WG im SBV eines OGters bei der UG Reinvestitions-WG im SBV dieses OGters bei der OG	UNeridentität bleibt unberührt, keine Auswirkungen auf die Abziehbarkeit des ZV	UNeridentität bleibt unberührt, keine Auswirkungen auf die Abziehbarkeit des ZV	grundsätzlich keine Auswirkungen auf die Anwendung von § 34a EStG, ggf. eine Ergebniswirkung
Fall VII: Transfer-WG im SBV der OG bei der UG Reinvestitions-WG im SBV eines OGters bei der OG	UNeridentität bleibt unberührt, keine Auswirkungen auf die Abziehbarkeit des ZV	UNeridentität bleibt unberührt, keine Auswirkungen auf die Abziehbarkeit des ZV	
Fall X: Im Zuge einer Einbringung nach § 24 UmwStG Transfer-WG im GHV der UG Reinvestitions-WG im GHV der OG	*entsprechend der Ausführungen zur Teilbetriebseinbringung nach § 24 UmwStG*		*entsprechend der Ausführungen zur Teilbetriebseinbringung nach § 24 UmwStG*
Einbringung eines Teilbetriebs, Betriebs bzw. von Mitunternehmeranteilen der UG in die OG nach § 24 UmwStG			
	bei gewahrter Unternehmensidentität	bei gewahrter Unternehmensidentität	
im Wege der Ausgliederung eines Teilbetriebs bzw. der Teilbetriebe der UG (§ 123 Abs. 3 UmwG) und Einbringung des Teilbetriebs bzw. der Teilbetriebe in die OG gg Gewährung von GR der OG an die UG selbst	Veränderung der UNeridentität aufgrund der Übertragung gg Gewährung von GR, Abziehbarkeit eines vorhandenen ZV bleibt dennoch gewahrt	Einbringung eines Betriebs: Untergang des ZV gemäß § 24 Abs. 6 i. V. m. § 20 Abs. 9 UmwStG	grundsätzlich keine Auswirkungen auf die Anwendung von § 34a EStG, ggf. eine Ergebniswirkung aus einem ZW- bzw. GW-Ansatz
durch Einzelübertragungen der WG eines Teilbetriebs bzw. des Betriebs der UG außerhalb der Regelungen des UmwG in die OG gg Gewährung von GR der OG an die UG selbst		Einbringung eines Teilbetriebs: - im Zuge der Einbringung wird der ZV nicht anteilig auf die OG übertragen - UNeridentität bleibt unberührt, somit keine Auswirkungen auf die Abziehbarkeit eines ZV	
Anwachsung: im Vorfeld zur Anwachsung Einbringung der Mitunternehmeranteile der anderen UGter, die neben der OG an der UG beteiligt sind, in die OG gg Gewährung von GR der OG an die einbringenden UGter		im Zuge der Einbringung der Mitunternehmeranteile wird der ZV nicht anteilig auf die OG übertragen aber: Im Zuge der Einbringung der Mitunternehmeranteile und der Anwachsung Verlust der UNeridentität und damit Untergang des ZV	BW-Ansatz: Gemäß § 34a Abs. 7 S. 2 EStG Übergang des nachversteuerungspflichtigen Betrags ZW-/GW-Ansatz: Ggf. Nachversteuerung gemäß § 34a Abs. 4 EStG
Anwachsung: im Zuge des Ausscheidens der anderen UGter, die neben der OG an der UG beteiligt sind, Anwachsung des anteilig der OG zuzuordnenden Betriebsvermögens der UG an die OG (§ 738 Abs. 1 S. 1 BGB)	UNeridentität bleibt unberührt, keine Auswirkungen auf die Abziehbarkeit des ZV		keine Auswirkungen auf die Anwendung von § 34a EStG

Abb. 25: Zusammenfassende Übersicht der durch § 6 Abs. 5 S. 2 und 3 EStG, § 6b EStG und § 24 UmwStG begünstigten upstream-Übertragungsmöglichkeiten und der Anwachsung (Teil III von IV)

Begünstigte upstream-Übertragungsmöglichkeiten	Eintritt in die Rechtsstellung des Übertragenden	UG: Gründung einer unmittelbaren Mitunternehmerstellung bei der OG	(Sonder-)Mitunternehmerstellung eines OGter bei der UG bzw. eines UGter bei der OG	Zu beachtende Besonderheiten
Transfers von Wirtschaftsgütern im Wege von § 6 Abs. 5 S. 2 bzw. 3 EStG				
Fall I: Aus dem GHV der UG ins GHV der OG gg Gewährung von GR oder unentgeltlich	ja	ggf. ja bei Übertragung gg Gewährung von GR		Anrechnung von Vorbesitzzeiten Sperrfrist gemäß § 6 Abs. 5 S. 4 EStG Missbrauchsregelung gemäß § 6 Abs. 5 S. 5, 6 EStG
Fall II: Aus dem SBV der OG bei der UG ins GHV der OG	ohne Rechtsträgerwechsel			Anrechnung von Vorbesitzzeiten
Fall IV: Aus dem SBV eines OGters bei der UG ins GHV der OG gg Gewährung von GR oder unentgeltlich	ja		bei der UG: ggf. Aufgabe einer (Sonder-)Mitunternehmerstellung	Anrechnung von Vorbesitzzeiten Sperrfrist gemäß § 6 Abs. 5 S. 4 EStG Missbrauchsregelung gemäß § 6 Abs. 5 S. 5, 6 EStG
Fall V: Aus dem GHV der UG ins SBV eines OGters bei der OG gg Gewährung von GR oder unentgeltlich	ja			Anrechnung von Vorbesitzzeiten Sperrfrist gemäß § 6 Abs. 5 S. 4 EStG Missbrauchsregelung gemäß § 6 Abs. 5 S. 5, 6 EStG
Fall VI: Aus dem SBV eines OGters bei der UG ins SBV dieses OGters bei der OG	ohne Rechtsträgerwechsel		bei der UG: ggf. Aufgabe einer (Sonder-)Mitunternehmerstellung	Anrechnung von Vorbesitzzeiten
Transfers von Wirtschaftsgütern unter Übertragung stiller Reserven im Wege von § 6b EStG				
Transfer gegen Entgelt Fall I: Transfer-WG im GHV der UG Reinvestitions-WG im GHV der OG	ohne Eintritt in eine Rechtsstellung	ggf. ja bei Übertragung gg Gewährung von GR und Aufdeckung stiller Reserven aufgrund § 6 Abs. 5 S. 4-6 EStG		Alternativ Möglichkeit zur Bildung einer Rücklage nach § 6b Abs. 3 S. 1 EStG (unter Beachtung der Reinvestitionsfristen gemäß § 6b Abs. 3 S. 2-5 EStG)
Fall II: Transfer-WG im SBV der OG bei der UG Reinvestitions-WG im GHV der OG				
Fall IV: Transfer-WG im SBV eines OGters bei der UG Reinvestitions-WG im GHV der OG			bei der UG: ggf. Aufgabe einer (Sonder-)Mitunternehmerstellung	
Fall V: Transfer-WG im GHV der UG Reinvestitions-WG im SBV eines OGters bei der OG				
Fall VI: Transfer-WG im SBV eines OGters bei der UG Reinvestitions-WG im SBV dieses OGters bei der OG			bei der UG: ggf. Aufgabe einer (Sonder-)Mitunternehmerstellung	
Fall VII: Transfer-WG im SBV der OG bei der UG Reinvestitions-WG im SBV eines OGters bei der OG				
Fall X: Im Zuge einer Einbringung nach § 24 UmwStG Transfer-WG im GHV der UG Reinvestitions-WG im GHV der OG	*entsprechend der Ausführungen zur Teilbetriebseinbringung nach § 24 UmwStG*			
Einbringung eines Teilbetriebs, Betriebs bzw. von Mitunternehmeranteilen der UG in die OG nach § 24 UmwStG				
im Wege der Ausgliederung eines Teilbetriebs bzw. der Teilbetriebe der UG (§ 123 Abs. 3 UmwG) und Einbringung des Teilbetriebs bzw. der Teilbetriebe in die OG gg Gewährung von GR der OG an die UG selbst	BW-Ansatz: Eintritt in die Rechtsstellung der UG ZW-Ansatz: Eintritt in die Rechtsstellung der UG unter Maßgabe von § 23 Abs. 3 i. V. m. § 12 Abs. 3 1. Hs. UmwStG GW-Ansatz: Bei Gesamtrechtsnachfolge Eintritt in die Rechtsstellung der UG unter Maßgabe von § 23 Abs. 3 i. V. m. § 12 Abs. 3 1. Hs. UmwStG, bei Einzelrechtsnachfolge kein Eintritt in die Rechtsstellung der UG	ggf. ja	bei der UG: ggf. Aufgabe einer (Sonder-)Mitunternehmerstellung bei der OG: ggf. Gründung einer (Sonder-)Mitunternehmerstellung	BW-Ansatz: Anrechnung von Vorbesitzzeiten ZW- und GW-Ansatz: Keine Anrechnung von Vorbesitzzeiten
durch Einzelübertragungen der WG eines Teilbetriebs bzw. des Betriebs der UG außerhalb der Regelungen des UmwG in die OG gg Gewährung von GR der OG an die UG selbst				Option zur Rücklagenbildung für einen Einbringungsfolgegewinn gemäß § 24 Abs. 4 i. V. m. § 23 Abs. 6, § 6 Abs. 1 und 3 UmwStG
Anwachsung im Vorfeld zur Anwachsung Einbringung der Mitunternehmeranteile der anderen UGter, die neben der OG an der UG beteiligt sind, in die OG gg Gewährung von GR der OG an die einbringenden UGter				BW- bzw. ZW-Ansatz: Beachtung von § 24 Abs. 5 UmwStG zur Veräußerung miteingebrachter Kapitalgesellschaftsanteile
Anwachsung im Zuge des Ausscheidens der anderen UGter, die neben der OG an der UG beteiligt sind, Anwachsung des anteilig der OG zuzuordnenden Betriebsvermögens der UG an die OG (§ 738 Abs. 1 S. 1 BGB)	ja in Bezug auf das Betriebsvermögen der UG, das der OG bereits anteilig zuzuordnen war		bei der UG: ggf. Aufgabe einer (Sonder-)Mitunternehmerstellung	Anrechnung von Vorbesitzzeiten im Zuge der Anwachsung Auflösung der UG ohne Liquidation

Abb. 25: Zusammenfassende Übersicht der durch § 6 Abs. 5 S. 2 und 3 EStG, § 6b EStG und § 24 UmwStG begünstigten upstream-Übertragungsmöglichkeiten und der Anwachsung (Teil IV von IV)

Kapitel 4: Zusammenfassung

Die Untersuchungen haben gezeigt, dass nicht alle untersuchten Übertragungsmöglichkeiten innerhalb einer doppelstöckigen Personengesellschaft in den Anwendungsbereich der Begünstigungsnormen § 6 Abs. 5 EStG, § 6b EStG und § 24 UmwStG fallen. Dies liegt in der besonderen Verbindung einer doppelstöckigen Personengesellschaft zwischen unmittelbaren Mitunternehmern, mittelbaren Mitunternehmern, Obergesellschaft und Untergesellschaft begründet, so dass teilweise die untersuchten Transfers von den begünstigenden Normen § 6 Abs. 5 S. 2 bzw. 3 EStG, § 6b EStG bzw. § 24 UmwStG nicht erfasst werden.

Bei Transfers im Wege von § 6 Abs. 5 S. 2 bzw. 3 EStG stehen für die Überführung bzw. Übertragung von einzelnen Wirtschaftsgütern zwischen dem Betriebsvermögen der Obergesellschaft und der Untergesellschaft in downstream- und upstream-Transferrichtung jeweils nur fünf von neun Transferwegen den Steuerpflichtigen zur Verfügung. Nur in diesen fünf Fällen ist ein direkter Transfer auf Basis von § 6 Abs. 5 S. 2 bzw. 3 EStG innerhalb einer doppelstöckigen Personengesellschaft zwingend zu Buchwerten vorzunehmen. Indessen besteht für die vier weiteren Transferwege, bei denen eine Anwendung von § 6 Abs. 5 S. 2 bzw. 3 EStG aufgrund des enumerativen Charakters der Norm für direkte Transfers ausgeschlossen ist, in der downstream- und upstream-Transferrichtung jeweils die Möglichkeit, einen Transfers zu Buchwerten über einen Kettentransfer zu erreichen. Ein Kettentransfer ist jedoch mit dem Risiko verbunden, dass unter Umständen ein betreffender Transfer auf Basis der Gesamtplanrechtsprechung als gestaltungsmissbräuchlich i. S. von § 42 AO gewertet wird, der zusammengefasste einheitliche wirtschaftliche Vorgang der Subsumtion zu Grunde gelegt wird und auf dieser Basis eine Übertragung zu Buchwerten nach § 6 Abs. 5 EStG nicht möglich ist.

Eine Buchwertfortführung auf Basis von § 6 Abs. 5 S. 2 bzw. 3 EStG hat zur Folge, dass den Steuerpflichtigen kein zusätzliches AfA-Potenzial entsteht, bei Rechtsträgerwechsel die übernehmenden Rechtsträger in die Rechtsstellung des Übertragenden eintreten, so dass die bisherige AfA ggf. unter Beachtung des

Wertaufholungsgebots fortzuführen ist und für eine Anwendung von § 6b EStG Vorbesitzzeiten angerechnet werden können. Bei den Transferfällen I, IV und V steht die Anwendung von § 6 Abs. 5 S. 3 EStG aber unter dem Vorbehalt der Sperrfristregelung des § 6 Abs. 5 S. 4 EStG und der Missbrauchsregelung des § 6 Abs. 5 S. 5, 6 EStG.

Durch eine Anwendung von § 6b EStG kann zwar nicht die Aufdeckung von stillen Reserven aber deren Besteuerung durch eine Übertragung auf ein begünstigtes Wirtschaftsgut vermieden werden. § 6b EStG setzt dabei zur Vermeidung der Besteuerung von stillen Reserven eine Aufdeckung von stillen Reserven durch eine begünstigte Veräußerung eines Einzelwirtschaftsguts, eines Teilbetriebs bzw. eines Betriebs voraus. Die Übertragung stiller Reserven ist aber nur zwischen Anlagegütern und zwar nur in bestimmten Kombinationen von begünstigten Veräußerungs- und Reinvestitionsobjekten (Grund und Boden, Aufwuchs auf Grund und Boden als land- und forstwirtschaftliches Betriebsvermögen, Gebäude und Binnenschiffen) möglich. Soweit die Voraussetzungen des § 6b EStG erfüllt sind, ermöglicht § 6b EStG zwischen den Betriebsvermögen der Obergesellschaft und Untergesellschaft in downstream- als auch upstream-Übertragungsrichtung in sieben von zehn Fällen eine Übertragung von stillen Reserven. Im Vergleich zu den Transfermöglichkeiten im Wege von § 6 Abs. 5 S. 2 bzw. 3 EStG ermöglicht § 6b EStG in Bezug auf Einzelwirtschaftsgütertransfers bzw. deren stillen Reserven in einem weiteren Fall, dem Transferfall VII, in beiden Übertragungsrichtungen zumindest teilweise die Vermeidung der Besteuerung von stillen Reserven. Zusätzlich stellt § 6b EStG bei Veräußerungen bzw. Einbringungen von Teilbetrieben bzw. Betrieben zu Werten oberhalb des Buchwerts im Wege von § 24 UmwStG ggf. eine Möglichkeit dar, aufgedeckte stille Reserven steuerneutral zu übertragen.

Bei den Übertragungsmöglichkeiten ist allerdings zu beachten, dass lediglich bei den Transferfällen II und VI eine vollständige steuerneutrale Übertragung von stillen Reserven im Wege von § 6b EStG möglich ist. Aufgrund der gesellschafterbezogenen Anwendung und damit einer Abhängigkeit der Reinvestitionsmöglichkeiten von den mittelbaren bzw. unmittelbaren Beteiligungsquoten der reinvestierenden Gesellschafter ist bei den Transferfällen I, IV, V, VII und X eine steuerneutrale Übertragung der bei der entgeltlichen Übertragung des Transferwirtschaftsguts aufgedeckten stillen Reserven nur quotal möglich. Eine Besteuerung von nicht direkt auf ein Reinvestitionswirtschaftsgut übertragenen, begünstigten stillen Reserven kann gemäß § 6b Abs. 3 S. 1 EStG aber durch die Einstellung dieser in eine den steuerlichen Gewinn mindernde Rücklage im Wirtschaftsjahr der Veräußerung und die Übertragung der stillen Reserven auf in nachfolgenden Wirtschaftsjahren angeschaffte bzw. hergestellte begünstigte Reinvestitionswirtschaftsgüter vermieden werden. Die Besteuerung von stillen Reserven, die in eine § 6b-Rücklage eingestellt wurden, kann aber nur insoweit vermieden werden, als dass in nachfolgenden Wirtschaftsjahren die Reinvestitionsfristen gemäß § 6b Abs. 3 S. 2-5 EStG eingehalten werden. Bei den Transferfällen III, VIII und IX ist eine direkte steuerneutrale Übertragung von stillen Reserven im Wege von § 6b EStG ausgeschlossen, da die reinvestierenden Gesellschafter jeweils nicht an den aufgedeckten und zu übertragenden stillen Reserven beteiligt sind. Insgesamt bietet § 6b EStG in Abhängigkeit vom Einzelfall die Möglichkeit, innerhalb doppelstöckiger Personengesellschaften stille Reserven steuerneutral zu übertragen und kann damit eine Alternative bzw. Kombinationsmöglichkeit zu Übertragungen im Wege von § 6 Abs. 5 S. 2 bzw. 3 EStG bzw. Einbringungen im Wege von § 24 UmwStG sein.

Soweit die Anschaffungs- oder Herstellungskosten der jeweiligen Reinvestitionswirtschaftsgüter nicht durch die Übertragung stiller Reserven im Wege von § 6b EStG gemindert werden, entsteht im Betriebsvermögen der Obergesellschaft bzw. Untergesellschaft zusätzliches AfA-Potenzial. Bei Transfers von Wirtschaftsgütern unter Übertragung stiller Reserven im Wege von § 6b EStG treten die Übernehmenden bezüglich des transferierten Wirtschaftsguts nicht in die Rechtsstellung des Übertragenden ein.

Bei Einbringungen von Betriebsvermögen der Obergesellschaft in das Betriebsvermögen der Untergesellschaft im Wege von § 24 UmwStG ist zu beachten, dass alle untersuchten Alternativen zur Einbringung eines Teilbetriebs der Obergesellschaft in die Untergesellschaft in den Anwendungsbereich von § 24 UmwStG fallen. Folglich kann eine Einbringung in die Untergesellschaft nach § 24 UmwStG im Wege der Abspaltung (§ 123 Abs. 2 UmwG) eines Teilbetriebs von der Obergesellschaft, im Wege der Ausgliederung (§ 123 Abs. 3 UmwG) eines Teilbetriebs aus dem Betriebsvermögen der Obergesellschaft sowie durch Einzelübertragungen der Wirtschaftsgüter eines Teilbetriebs außerhalb der Regelungen des UmwG erreicht werden.

In der entgegengesetzten Übertragungsrichtung und der Einbringung eines Teilbetriebs bzw. des Betriebs der Untergesellschaft in die Obergesellschaft ist dagegen keine uneingeschränkte Anwendbarkeit von § 24 UmwStG gegeben. Dabei kommt bei der Prüfung der Anwendbarkeit der Person des Einbringenden besondere Bedeutung zu. Nach der in dieser Arbeit vertretenen Auffassung bestimmt sich die Person des Einbringenden in Abhängigkeit der Ausgestaltung der Umstrukturierung danach, wem für die Einbringung eines Betriebs, Teilbetriebs oder Mitunternehmeranteils als Gegenleistung Gesellschaftsrechte an der aufnehmenden Gesellschaft gewährt werden. Demzufolge wären bei einer Einbringung eines Teilbetriebs im Wege der Abspaltung (§ 123 Abs. 2 UmwG) und der Einbringung im Wege der Verschmelzung der Untergesellschaft auf die Obergesellschaft (§ 2 Nr. 1 UmwG) jeweils die Untergesellschafter als Einbringende i. S. von § 24 UmwStG und damit die Obergesellschaft als Einbringende an sich selbst zu werten. Da die Obergesellschaft sich nicht Gesellschaftsrechte und eine Mitunternehmerstellung an sich selbst gewähren kann, ist eine Anwendung von § 24 UmwStG jeweils ausgeschlossen. Als upstream-Einbringung im Wege von § 24 UmwStG kommen eine Einbringung eines Teilbetriebs der Untergesellschaft in die Obergesellschaft im Wege der Ausgliederung, eine Einbringung eines Teilbetriebs bzw. Betriebs der Untergesellschaft in die Obergesellschaft durch Einzelübertragungen der betreffenden Wirtschaftsgüter außerhalb der Regelungen des UmwG und eine Einbringung des gesamten Betriebs der Untergesellschaft über die Ausgliederung aller Teilbetriebe der Untergesellschaft auf die Obergesellschaft in Betracht. Bei diesen vier Einbringungsvarianten werden jeweils der Untergesellschaft selbst als Einbringende Gesellschaftsrechte an der aufnehmenden Obergesellschaft gewährt. Folglich entsteht jeweils zwischen Obergesellschaft und Untergesellschaft ein wechselseitiges Beteiligungsverhältnis, soweit dies nicht bereits vorher bestand.

Eine Einbringung im Wege von § 24 UmwStG gewährt den Steuerpflichtigen durch den Wertansatz der aufnehmenden Personengesellschaft das Wahlrecht, das eingebrachte Betriebsvermögen grundsätzlich mit dem gemeinen Wert oder davon abweichend auf Antrag mit dem Buchwert oder einem Zwischenwert anzusetzen (§ 24 Abs. 1 S. 1 und 2 UmwStG). In Abhängigkeit vom gewählten Wertansatz entsteht der aufnehmenden Personengesellschaft zusätzliches AfA-Potenzial und erfolgt ein Eintritt in die Rechtsstellung der übertragenden Personengesellschaft. Dazu sind jeweils die besonderen Bestimmungen des § 24 Abs. 4 UmwStG mit Verweis auf § 23 Abs. 1, 3, 4 und 6 UmwStG und weiteren Verweisen zu beachten. Entfällt der Einbringungsgewinn unmittelbar oder mittelbar über eine Personengesellschaftsbeteiligung auf eine natürliche Person können grundsätzlich jedoch unter Beachtung von § 24 Abs. 3 S. 2 und 3 EStG auf einen entstehenden Einbringungsgewinn die steuerlichen Begünstigungen nach §§ 16 Abs. 4, 34 Abs. 1 und 3 EStG genutzt werden.

Die Anwachsung der Untergesellschaft an die Obergesellschaft nach § 738 Abs. 1 S. 1 BGB stellt eine zusätzliche Alternative zur Übertragung von Betriebsvermögen der Untergesellschaft auf die Obergesellschaft dar. Die vorherige Einbringung von Mitunternehmeranteilen an der Untergesellschaft durch die anderen Untergesellschafter, die neben der Obergesellschaft an der Untergesellschaft beteiligt sind, in die Obergesellschaft erfolgt im Wege von § 24 UmwStG und hat die entsprechenden Rechtsfolgen wie eine Teilbetriebs- bzw. Betriebseinbringung im Wege von § 24 UmwStG zur Konsequenz. Im Zuge der sich zwangsläufig anschließenden Anwachsung des Betriebs der Untergesellschaft an die Obergesellschaft als alleinig verbliebene Untergesellschafterin ist das anteilige Gesellschaftsvermögen der Untergesellschaft, das der Obergesellschaft bereits zuvor über die Beteiligung anteilig zuzuordnen war, zwingend zu Buchwerten zu übernehmen. Damit entsteht kein zusätzliches AfA-Potenzial, und die Obergesellschaft tritt in Bezug auf das angewachsene Betriebsvermögen der Untergesellschaft, das der Obergesellschaft bereits anteilig zuzurechnen war, in die Rechtsstellung der Obergesellschaft ein.

Allen Übertragungsmöglichkeiten ist gemein, dass einkommensteuerliche bzw. körperschaftsteuerliche Verlustvorträge im Zuge der Umstrukturierung nicht untergehen, da diese auf Ebene der unmittelbaren bzw. mittelbaren Mitunternehmer vorgetragen werden.

Der Bestand von gewerbesteuerlichen Verlustvorträgen (§ 10a GewStG) bei Untergesellschaft und Obergesellschaft ist an die jeweilige Wahrung von Unternehmens- und Unternehmeridentität geknüpft. Entsprechendes gilt grundsätzlich für den Bestand eines Zinsvortrags (§ 4h EStG). Bei einem Zinsvortrag werden diese Grundsätze bei Einbringungen aber durch die verdrängende Wirkung des § 24 Abs. 6 i. V. m. § 20 Abs. 9 UmwStG insgesamt durchbrochen. Dies hat zur Folge, dass bei sämtlichen durch § 6 Abs. 5 S. 2 und 3 EStG, § 6b EStG und § 24 UmwStG begünstigten downstream-Übertragungsmöglichkeiten ein Zinsvortrag nicht untergeht. Da bei Einbringungen nach § 24 UmwStG in Bezug auf den Bestand eines gewerbesteuerlichen Verlustvortrags eine entsprechende Regelung fehlt, haben die downstream-Einbringungen nach § 24 UmwStG im Wege der Ausgliederung und durch Einzelübertragungen der Wirtschaftsgüter eines Teilbetriebs außerhalb der Regelungen des UmwG den Verlust der Unternehmeridentität und damit den Untergang eines anteilig auf den einzubringenden Teilbetrieb entfallenden gewerbesteuerlichen Verlustvortrags zur Konsequenz. Die Abziehbarkeit von gewerbesteuerlichen Verlustvorträgen, die darüber hinaus bei Obergesellschaft und Untergesellschaft vorhanden sind, bleibt wie bei allen übrigen begünstigten downstream-Übertragungsmöglichkeiten gewahrt.

Ein grundsätzlich entsprechendes Ergebnis wird für den Bestand von gewerbesteuerlichen Verlustvorträgen und Zinsvorträgen für die entgegengesetzten durch § 6 Abs. 5 S. 2 und 3 EStG, § 6b EStG und § 24 UmwStG begünstigten upstream-Übertragungsmöglichkeiten erreicht. Dabei sind die Ergebnisse zum Untergang eines anteilig auf einen einzubringenden Teilbetrieb entfallenden gewerbesteuerlichen Verlustvortrags bei Einbringungen nach § 24 UmwStG im Wege der Ausgliederung und durch Einzelübertragungen der Wirtschaftsgüter eines Teilbetriebs außerhalb der Regelungen des UmwG auf die entsprechenden Möglichkeiten zur Einbringung des Betriebs der Untergesellschaft nach § 24 UmwStG zu übertragen. Gemäß § 24 Abs. 6 i. V. m. § 20 Abs. 9 UmwStG geht bei der Einbringung des Betriebs der Untergesellschaft in die Obergesellschaft nach § 24 UmwStG auch der Zinsvortrag der Untergesellschaft unter. Eine Anwachsung hat zur Konsequenz, dass zwar die Abziehbarkeit eines gewerbesteuerlichen Verlustvortrags und eines Zinsvortrags der Obergesellschaft gewahrt bleiben, allerdings gehen im Zuge der Anwachsung jeweils ein gewerbesteuerlicher Verlustvortrag und ein

Zinsvortrag der Untergesellschaft aufgrund verloren gegangener Unternehmeridentität unter.

Bei Anwendung der Thesaurierungsbegünstigung des § 34a EStG ist in Bezug auf doppelstöckige Personengesellschaften die Besonderheit zu beachten, dass aufgrund der mitunternehmeranteilsbezogenen Anwendung von § 34a EStG sich bei Vermögenstransfer innerhalb doppelstöckiger Personengesellschaften zwischen dem Gesamthandsvermögen der Obergesellschaft und dem Gesamthandsvermögen der Untergesellschaft sowie zwischen dem Gesamthandsvermögen der Obergesellschaft und dem Sonderbetriebsvermögen der Obergesellschaft bei der Untergesellschaft abgesehen von einer Ergebniswirkung aus einem Ansatz oberhalb der Buchwerte keine Auswirkungen auf die Thesaurierungsbegünstigung ergeben.

Mit diesen Ergebnissen ermöglicht diese Arbeit einen detaillierten Überblick auf die Anwendbarkeit der steuerlichen begünstigenden Normen § 6 Abs. 5 S. 2 und 3 EStG, § 6b EStG und § 24 UmwStG sowie der Anwachsung auf vertikale Vermögenstransfers innerhalb doppelstöckiger Personengesellschaften. Darauf aufbauend geht diese Arbeit auf die Rechtsfolgen der jeweils begünstigten Transfermöglichkeiten und deren bilanzielle Abbildung ein. Darüber hinaus werden weitere ertragsteuerliche Auswirkungen der durch § 6 Abs. 5 S. 2 und 3 EStG, § 6b EStG und § 24 UmwStG begünstigten Übertragungsmöglichkeiten und der Anwachsung, d. h. Auswirkungen auf gewerbesteuerliche Verlustvorträge (§ 10a GewStG), Zinsvorträge (§ 4h EStG) und die Thesaurierungsbegünstigung (§ 34a EStG), verdeutlicht.

Literaturverzeichnis

Arbeitskreis Hax der Schmalenbach-Gesellschaft, (Entscheidungen) Wesen und Arten unternehmerischer Entscheidungen, Zfbf 1964, S. 685-715.

Ballreich, Hilbert, (Umwandlungsrecht) Fallkommentar zum Umwandlungsrecht: Umwandlungsgesetz – Umwandlungssteuergesetz, 3. Auflage, München 2006.

Bauernschmitt, Isabel/Blöchle, Daniel, (SEStEG) SEStEG: Umwandlung unerwünscht!, BB 2007, S. 743-751.

Becker, Sabine, (Teilung) Teilung von Betrieben – Begriffsbestimmung und betriebswirtschaftliche Analyse, Wiesbaden 1994, zugl. Diss., Universität Köln 1993.

Beekmann, Rewert, (Doppelstöckige Personengesellschaft) Ertragsteuerliche Behandlung der doppelstöckigen Personengesellschaft – Unter besonderer Berücksichtigung von Veräußerungsvorgängen, Frankfurt am Main 2007, zugl. Diss., Universität Düsseldorf 2006.

Behrens, Stefan/Hofmann, Anette, (Grunderwerbsteuer) Grunderwerbsteuer auf Umstrukturierungen bei doppelstöckigen Personengesellschaften, DStR 2003, S. 2093-2099.

Behrens, Stefan/Quatmann, Ansgar, (Einbringung) Einbringung von Mitunternehmeranteilen an doppelstöckigen Personengesellschaften nach § 20 UmwStG, DStR 2002, S. 481-486.

Behrens, Stefan/Schmitt, Rainer, (Einbringungen) Übertragung wesentlicher Betriebsvermögen im Vorfeld von Einbringungen nach §§ 20, 24 UmwStG, FR 2002, S. 549-558.

Benecke, Andreas/Schnitger, Arne, (Neuregelung des UmwStG) Neuregelung des UmwStG und der Entstrickungsnormen durch das SEStEG – Beschlussempfehlung und Bericht des Finanzausschusses, IStR 2007, S. 22-28.

Benecke, Anja Yvonne, (Umwandlung) Umwandlung von mehrstöckigen Personengesellschaften in GmbHs, Aachen 2002, zugl. Diss., Universität Osnabrück 2002.

Bergsteiner, Stephan, (Umstrukturierung) Umstrukturierung von Personenunternehmen mit Einzelwirtschaftsgütern, Düsseldorf 2002, zugl. Diss., Universität Regensburg 2001.

Best, Michael, (Erwerb) „Durchstockung" bei Erwerb von Anteilen an doppelstöckigen Personengesellschaften – Festbeitrag zum 70. Geburtstag von Georg Döllerer, DStZ 1991, S. 418-420.

Bethmann, Gerhard, (Gewerbesteuerliche Verlustkompensation) Die Problematik der gewerbesteuerlichen Verlustkompensation, StuW 1979, S. 332-342.

Bilitewski, Andrea, (SEStEG) Gesetz über steuerliche Begleitmaßnahmen zur Einführung der Europäischen Gesellschaft und zur Änderung weiterer steuerrechtlicher Vorschriften (SEStEG) – Ein erster Überblick, FR 2007, S. 57-65.

Bitz, Horst/Pust, Hartmut (Hrsg.), (EStG) Das Einkommensteuerrecht – Kommentar zum Einkommensteuerrecht, 15. Auflage, Stuttgart, Stand: August 2007 (Loseblatt).

Blümich, (EStG/KStG/GewStG) EStG, KStG, GewStG – Einkommensteuergesetz, Körperschaftsteuergesetz, Gewerbesteuergesetz – Kommentar, hrsg. v. Ebling, Klaus, München, Stand: Mai 2007 (Loseblatt).

Blumers, Wolfgang, (Wesentliche Betriebsgrundlagen) Ausgliederung und Spaltung und wesentliche Betriebsgrundlagen, DB 1995, S. 496-500.

Blumers, Wolfgang/Goerg, Diethard, (Eigengewerblichkeit) Eigengewerblichkeit von mehrstöckigen Personengesellschaften – Zum Entwurf eines Organschaftserlasses vom 25.01.2005, DStR 2005, S. 397-403.

Bodden, Guido, (Mitunternehmer) Einkünftequalifikation bei Mitunternehmern – 4 Thesen zur Neuorientierung bei der Besteuerung von Personengesellschaften, FR 2002, S. 559-568.

Böhme, Sybille/Forster, Eduard, (Übertragungen) Anwendbarkeit der Trennungstheorie im Rahmen von Übertragungen i. S. des § 6 Abs. 5 EStG i. d. F. des Unternehmenssteuerfortentwicklungsgesetz, BB 2003, S. 1979-1987.

Börner, Dietrich/Krawitz, Norbert, (Steuerbilanzpolitik) Steuerbilanzpolitik – Eine entscheidungsorientierte Analyse der Wahlrechte zur steuerlichen Gewinnermittlung; Darstellung, Kontrollfragen, Fallstudien und Musterlösungen, Herne/Berlin 1977.

Böttcher, Conrad, (Familienunternehmen) Zum Steuer- und Wirtschaftsrecht der Familienunternehmen, StbJb 1965/66, S. 175-216.

Bogenschütz, Eugen/Hierl, Marcus, (Unternehmensverkauf) Steueroptimierter Unternehmensverkauf: Veräußerung von Einzelunternehmen und Personengesellschaften, DStR 2003, S. 1097-1105, 1147-1153.

Bolk, Wolfgang, (Gewinnermittlung) Problemkreise bei der Gewinnermittlung und Gewinnverteilung von Personengesellschaften (III), BuW 1995, S. 299-303.

Bordewin, Arno, (Gewerbesteuerlicher Verlustabzug) Gewerbesteuerlicher Verlustabzug bei Umwandlung einer einstöckigen in eine doppelstöckige Kommanditgesellschaft – Anmerkungen zum BFH-Urteil vom 26.6.1996, VIII R 41/95, DStR 1996, S. 1594-1596.

Bordewin, Arno, (Gewerbeverlust) Abzug des Gewerbeverlustes bei Personengesellschaften – Alte und neue Erkenntnisse nach dem Beschluß des Großen Senats des BFH vom 3.5.1993, GrS 3/92, DStR 1995, S. 313-318.

Bordewin, Arno, (Verlustabzug) Verlustausgleich und Verlustabzug bei Personengesellschaften / insbesondere nach neuester Rechtsprechung des Bundesfinanzhofs, DStR 1994, S. 673-679.

Bordewin, Arno, (Personengesellschaft) Die Einheit der Personengesellschaft im Härtetest des § 6b EStG, in: Ertragsbesteuerung – Zurechnung, Ermittlung, Gestaltung, Festschrift für Ludwig Schmidt zum 65. Geburtstag, hrsg. v. Raupach, Arndt/Uelner, Adalbert, München 1993, S. 421-437.

Bordewin, Arno/Brandt, Jürgen (Hrsg.), (EStG) Kommentar zum Einkommensteuergesetz – EStG, Heidelberg, Stand: September 2007 (Loseblatt).

Brandenberg, Hermann Bernwart, (Personengesellschaftsbesteuerung) Personengesellschaftsbesteuerung nach dem Unternehmenssteuerfortentwicklungsgesetz, DStZ 2002, S. 511-518, 551-559, 594-598.

Brandenberg, Hermann Bernwart, (Übertragung) Übertragung von Mitunternehmeranteilen und Wirtschaftsgütern bei Personengesellschaften, NWB 2002, F. 3, S. 12037-12044.

Brandenberg, Hermann Bernwart, (Mitunternehmeranteile) Übertragung von Mitunternehmeranteilen oder Teilen von Mitunternehmeranteilen, NWB 2001, F. 3, S. 11813-11822.

Brandenberg, Hermann Bernwart, (Wiedereinführung) Wiedereinführung des Mitunternehmererlasses?, FR 2000, S. 1182-1189.

Brandenberg, Hermann Bernwart, (Bilanzierungskonkurrenz) Grundfälle zur Überlassung von Wirtschaftsgütern zwischen Schwesterpersonengesellschaften – Gelungene Lösung der Bilanzierungskonkurrenz?, FR 1997, S. 87-90.

Brandenberg, Hermann Bernwart, (Verlustabzug) Gewerbesteuerlicher Verlustabzug bei gleich bleibendem Gesellschafterbestand – Generalthema: Offene Felder der Ertragbesteuerung bei den Personengesellschaften, JbFSt 1995/96, S. 316-319.

Breidenbach, Berthold/Lishaut, Ingo van, (Übertragung) Steuerneutrale Übertragung einzelner Wirtschaftsgüter nach Abschaffung des Mitunternehmerlasses?, DB 1999, S. 1234-1237.

Breiteneicher, Jens, (Anwachsung) Die Anwachsung als steuerliches Umwandlungsinstrument, DStR 2004, S. 1405-1409.

Breithecker, V. u. a. (Hrsg.), (UntStRefG) UntStRefG – Unternehmensteuerreformgesetz 2008, Kommentar, Berlin 2007.

Briese, André, (Missbrauchsklauseln) Zur Steuersystematik der Missbrauchsklauseln nach § 6 Abs. 5 Sätze 5 und 6 EStG, StuB 2003, S. 248-253.

Bröder, Andreas, (Übertragung) Übertragung stiller Reserven nach § 6b EStG, SteuerStud 2003, S. 139-143.

Bürkle, Thomas/Knebel, Andreas, (Bilanzierung) Bilanzierung von Beteiligungen an Personengesellschaften, DStR 1998, S. 1067-1072.

Busch, Michael, (Gestaltungsmissbrauch) Verlustnutzung als Gestaltungsmissbrauch, DStR 2007, S. 1069-1073.

Campenhausen, Otto von, (Stille Reserven) Steuersubjekte- und objektgebundene stille Reserven bei Ergänzungsbilanzen nach § 6 Abs. 5 S. 3 EStG und § 24 UmwStG, DB 2004, S. 1282-1285.

Carlé, Dieter, (Unterbeteiligungen) Unterbeteiligungen: Zivil- und steuerrechtliche Hinweise, KÖSDI 2005, S. 14475-14485.

Carlé, Dieter u. a., (Umwandlungen) Umwandlungen – Praxisleitfaden Umwandlung und Einbringung nach neuem Recht, Bonn/Berlin 2007.

Crezelius, Georg, (Gewährung) Gewährung von Gesellschaftsrechten bei § 6 Abs. 5 EStG, §§ 20, 24 UmwStG, DB 2004, S. 397-401.

Crezelius, Georg, (Gesamtplan) Das Argumentationsmuster des sog. Gesamtplans, FR 2003, S. 537-542.

Crezelius, Georg, (Behaltefristen) Besteuerung aus Drittverhalten – Überlegungen zu sog. Behaltefristen, FR 2002, S. 805-811.

Damas, Jens-Peter, (Das neue Umwandlungssteuerrecht) Einführung in das neue Umwandlungssteuerrecht, DStZ 2007, S. 129-141.

Damas, Jens-Peter/Ungemach, Markus, (Gesamtplanrechtsprechung) Schreckgespenst Gesamtplanrechtsprechung? – Erwägung für die Gestaltungspraxis, Dogmatik und Historie eines Argumentationstopas, DStZ 2007, S. 552-560.

Demuth, Ralf, (Abfärbe- und Infektionswirkung) Die Abfärbe- und Infektionswirkung des § 15 Abs. 3 Nr. 1 EStG – Überblick über die neuere Rechtsprechung und Gestaltungshinweise, KÖSDI 2005, S. 14491-14499.

Dietel, Marco, (Bilanzierung) Bilanzierung von Anteilen an Personengesellschaften in Handels- und Steuerbilanz, DStR 2002, S. 2140-2144.

Diller, Markus/Grottke, Markus, (Gemeiner Wert) Die Konzeption von Teilwert und gemeinem Wert – dargestellt am Beispiel des Wechsels vom Teilwert zum gemeinen Wert im Rahmen des SEStEG, SteuerStud 2007, S. 69-74.

Dißars, Ulf-Christian, (Bilanzierung von Anteilen) Grundsätze der Bilanzierung von Anteilen an Personenhandelsgesellschaften im handelsrechtlichen Jahresabschluss, INF 2007, S. 436-440.

Döllerer, Georg, (Gewinnanteil) Überhöhter Gewinnanteil der GmbH in einer GmbH & Co. KG als verdeckte Einlage – Bemerkungen zu dem BFH-Urteil v. 23.08.1990, IV R 71/89, DStR 1991, S. 1033-1036.

Döllerer, Georg, (Beteiligung) Die Beteiligung einer Kapitalgesellschaft an einer Personengesellschaft nach Handelsrecht und Steuerrecht, WPg 1977, S. 81-91.

Dörfler, Harald/Graf, Roland W./Reichl, Alexander, (Personenunternehmen) Die geplante Besteuerung von Personenunternehmen ab 2008 – Ausgewählte Problembereiche des § 34a EStG im Regierungsentwurf, DStR 2007, S. 645-652.

Dörr, Ingmar/Geibel, Stephan/Fehling, Daniel, (Zinsschranke) Die neue Zinsschranke – Neues Abzugsverbot für Zinsaufwendungen lässt Gestaltungsspielraum, NWB 2007, F. 4, S. 5199-5216.

Dötsch, Ewald/Pung, Alexandra, (Änderungen des UmwStG) SEStEG: Die Änderungen des UmwStG, DB 2006, S. 2704-2714, 2763-2773.

Dötsch, Ewald u. a. (Hrsg.), (Umwandlungssteuerrecht) Umwandlungssteuerrecht, Kommentar, 6. Auflage, Stuttgart 2007.

Düll, Alexander, (Übertragung) Übertragung von Vermögen bei Personengesellschaften – Alternativen, Rechtsfolgen, Normkonkurrenzen, StbJb 2002/ 2003, S. 117-144.

Düll, Alexander/Fuhrmann, Gerd/Eberhard, Martin, (Übertragung) Übertragung eines Mitunternehmer(teil-)anteils bei Vorhandensein von Sonderbetriebsvermögen, DStR 2001, S. 1773-1782.

DÜLL, ALEXANDER/FUHRMANN, GERD/EBERHARD, GERD, (Unternehmenssteuerreform 2001) Unternehmenssteuerreform 2001: Die Neuregelung des § 6 Abs. 5 S. 3 EStG – sog. Wiedereinführung des Mitunternehmererlasses, DStR 2000, S. 1713-1718.

EBEL, THOMAS, (Unternehmensumstrukturierungen) Besteuerung der Ausgliederung und Spaltung bei Unternehmensumstrukturierungen, Bielefeld 1998, zugl. Diss., Universität Göttingen 1997.

EISELE, WOLFGANG/RENNER, WOLFGANG, (Grundzüge) Grundzüge des neuen Umwandlungsrechts und Umwandlungssteuerrechts, WiSt 1996, S.170-174, 222-226.

EISENACH, MANFRED, (Steuerplanung) Entscheidungsorientierte Steuerplanung – Grundlagen, Instrumente und Konzept zur Planung der Steuerbelastung der Unternehmung mittels dynamischer Teilsteuerrechnung, Wiesbaden 1974.

EISGRUBER, THOMAS, (Verlustnutzung) Aktuelle Fragen zur Verlustnutzung im Unternehmensbereich, DStZ 2007, S. 630-635.

FASOLD, FRAUKE, (Buchwertfortführung) Die einkommensteuerliche Problematik der Buchwertfortführung – Übertragung stiller Reserven und Gewinnrealisierung im Einkommensteuerrecht, Frankfurt am Main 2005, zugl. Diss., Universität Göttingen 2004.

FELCHNER, JAN/WENDLAND, JAN, (UmwStG i. d. F. des SEStEG) Grundlagen der steuerlichen Behandlung von Umwandlungen nach dem UmwStG i. d. F. des SEStEG, SteuerStud 2007, S. 164-172.

FELLMETH, PETER, (Gesellschaftsanteile) Gesellschaftsanteile an einer Personengesellschaft im Bilanzsteuerrecht, BB 1992, S. 885-890.

FICHTELMANN, HELMAR, (Schwestergesellschaften) Schwestergesellschaften – Ist die Übertragung von Wirtschaftsgütern zum Buchwert möglich?, EStB 2002, S. 184-189.

FISCHER, PETER, (Umgehung) Die Umgehung des Steuergesetzes – Zu den Bedingungen einer Bewahrung der Steuerrechtsordnung „aus eigener Kraft", DB 1996, S. 644-653.

FÖRSTER, GUIDO, (Gesamtplanrechtsprechung) Die Gesamtplanrechtsprechung im Steuerrecht – Reichweite, Risiken und Chancen, in: Gestaltung und Abwehr im Steuerrecht, Festschrift für Klaus Korn zum 65. Geburtstag, hrsg. v. CARLÉ, DIETER/STAHL, RUDOLF/STRAHL, MARTIN, Bonn, Berlin 2005, S. 3-18.

FÖRSTER, GUIDO, (Übertragung) Übertragung von Wirtschaftsgütern und Gesamtplanrechtsprechung, StbJb 2004/2005, S. 227-253.

FÖRSTER, GUIDO, (Umstrukturierung) Umstrukturierung deutscher Tochtergesellschaften im Ertragsteuerrecht, Düsseldorf 1991, zugl. Diss., Rheinisch-Westfälische Technische Hochschule Aachen 1991.

FÖRSTER, GUIDO/SCHMIDTMANN, DIRK, (Gesamtplan) Die Gesamtplanrechtsprechung im Steuerrecht mit einem Vergleich der sog. „Step transaction doctrine" im amerikanischen, britischen und belgischen Steuerrecht, StuW 2003, S. 114-124.

FÖRSTER, URSULA, (Steuerneutrale Übertragung) Die steuerneutrale Übertragung von Gewinnen aus der Veräußerung von Anteilen an Kapitalgesellschaften durch Personenunternehmen – Zur geplanten Neuregelung des § 6b Abs. 10 EStG, DStR 2001, S. 1913-1917.

FÖRSTER, URSULA/ERNST, CARSTEN, (Anwachsung) Höhe der Anschaffungskosten bei Anwachsung, DB 1997, S. 241-243.

FORST, PAUL/FRINGS, THOMAS, (Spaltung) Spaltung von Personengesellschaften – Die verschiedenen Möglichkeiten zur Wahrung der Steuerneutralität, EStB 2003, S. 442-445.

FREIKAMP, GERHARD, (Bewertung) Transaktionen i. S. v. § 6 Abs. 5 S. 3 EStG aus dem Vermögensbereich des Mitunternehmers in den Jahren 1999/2000 – Probleme der Wertfindung sowie Bewertung in der Personengesellschaft, BB 2001, S. 2618-2623.

FROMM, RÜDIGER, (Obergesellschaft) „Wert des Betriebsvermögens" bei Veräußerung oder Vererbung der Obergesellschaft einer doppelstöckigen Personengesellschaft, GmbHR 2005, S. 425-427.

Frotscher, Gerrit (Hrsg.), (EStG) EStG – Kommentar zum Einkommensteuergesetz, 6. Auflage, Freiburg, Stand: September 2007 (Loseblatt).

Glanegger, Peter/Güroff, Georg/Selder, Johannes (Hrsg.), (GewStG) Gewerbesteuergesetz, Kommentar, 6. Auflage, München 2006.

Gosch, Dietmar, (Abfärbung) Zur Abfärbung der Gewerblichkeit der Untergesellschaft auf eine vermögensverwaltende oder eine land- und forstwirtschaftliche Obergesellschaft – Anmerkung zu den Urteilen des BFH vom 06.10.2004, IX R 53/01 und vom 06.11.2003, IV ER – S – 3/03, StBP 2005, S. 59-63.

Goutier, Klaus u. a. (Hrsg.), (UmwG/UmwStG) Kommentar zum Umwandlungsrecht, Umwandlungsgesetz – Umwandlungssteuergesetz, Heidelberg 1996.

Groh, Manfred, (Abfärberegelung) Abfärberegelung auch bei gewerblicher Beteiligung einer Personengesellschaft?, DB 2005, S. 2430-2433.

Groh, Manfred, (Teilwerteinbringung) Teilwerteinbringung von betrieblichen Einzelwirtschaftsgütern in Personengesellschaften, DB 2003, S. 1403-1409.

Groh, Manfred, (Schwesterpersonengesellschaften) Die Vermögensübertragung auf Schwesterpersonengesellschaften als Lehrstück der Mitunternehmerbesteuerung, DB 2002, S. 1904-1908.

Groh, Manfred, (Bilanzen) Die Bilanzen der Mitunternehmerschaft, StuW 1995, S. 383-389.

Groh, Manfred, (Sondervergütungen) Sondervergütungen in der doppelstöckigen Personengesellschaft, DB 1991, S. 879-884.

Grotherr, Siegfried, (Zinsschranke) Funktionsweise und Zweifelsfragen der neuen Zinsschranke 2008 (§ 4h EStG; § 8a KStG n. F.), IWB 2007, F. 3, S. 1489-1508.

Grützner, Dieter, (Steuerliche Entlastung thesaurierter Gewinne) Steuerliche Entlastung thesaurierter Gewinne von Personenunternehmen durch § 34a EStG, StuB 2007, S. 445-452.

Grützner, Dieter, (Überführung) Die Überführung von Wirtschaftsgütern in ein anderes Betriebsvermögen nach § 6 Abs. 5 EStG n. F., StuB 2002, S. 323-331.

Grützner, Dieter, (UntStFG) Die Änderungen zur Ertragsbesteuerung der Unternehmen durch das StÄndG 2001 und das UntStFG, BBK 2002, F. 15, S. 1287-1316.

Gschwendtner, Hubert, (Verlustausgleich) Verlustausgleich und Steuerpflicht bei Personengesellschaften im Gewerbesteuerrecht – Anmerkungen zum BFH-Urteil vom 14.9.1993, VIII R 84/90, DStR 1994, S. 1109-1111.

Günther, Karl-Heinz, (Gewerbesteuerlicher Verlustabzug) Gewerbesteuerlichen Verlustabzug bei Personengesellschaften optimal nutzen, GStB 2007, S. 281-288.

Haberstock, Lothar, (Steuerplanung) Die Steuerplanung der internationalen Unternehmung, Wiesbaden 1976.

Haeger, Bernd, (§ 6b-Rücklage) Bildung, Übertragung und Auflösung der § 6b-Rücklage nach neuem Bilanzrecht, DB 1987, S. 445-450, 493-498.

Hagemann, Jens u. a., (Gestaltungsmissbrauch) SEStEG: Das neue Konzept der Verstrickung und Entstrickung sowie die Neufassung des Umwandlungssteuergesetzes, NWB 2007, Sonderheft 1, S. 1-44.

Hahne, Klaus D., (Zinsschranke) Die Begünstigung von Beteiligungen an Personengesellschaften bei der „Zinsschranke“ – Gestaltungsmöglichkeit zur Erhöhung des steuerlichen Zinsabzugs, DStR 2007, S. 1947-1950.

Hallerbach, Dorothee, (Zinsschrankenregelung) Problemfelder der neuen Zinsschrankenregelung des § 4h EStG, StuB 2007, S. 487-494.

Hallerbach, Dorothee, (Zinsschranke) Einführung einer Zinsschranke im Entwurf des Unternehmensteuerreformgesetz 2008, StuB 2007, S. 289-294.

Hansen, Herbert, (Rechtsformen) Die Rechtsformen der deutschen Unternehmen, AG 2001, S. R 31-R 42.

Happe, Rüdiger, (Beteiligungen an Personengesellschaften) Beteiligungen an Personengesellschaften in der Steuerbilanz – Bilanzierung und Einkommensermittlung nach der Spiegelbildmethode, BBK 2007, F. 30, S. 1885-1896.

Haritz, Detlef/Benkert, Manfred (Hrsg.), (UmwStG) Umwandlungssteuergesetz – Kommentar, 2. Auflage, München 2000.

Hauptfachausschuß (HFA) des IDW, Stellungnahme RS HFA 18, WPg 2006, S. 1302-1306.

Hauptfachausschuß (HFA) des IDW, Stellungnahme 1/1991, WPg 1991, S. 334-335.

Hauptfachausschuß (HFA) des IDW, Stellungnahme 3/1976, WPg 1976, S. 591-594.

Hebeler, Christian, (Beteiligung) Verlustanteile aus der Beteiligung an Personengesellschaften in den Bilanzen einer Kapitalgesellschaft, BB 1998, S. 206-210.

Heidemann, O., (Umwandlung) Steuerrechtliche Gestaltungsmöglichkeiten bei der Umwandlung von Ein-Mann-Unternehmen, INF 1989, S. 481-510.

Hellwig, Peter, (Fundgrube des § 6b EStG) Ungelöste Probleme aus der Fundgrube des § 6b EStG – Bemerkungen zu verschiedenen Einzelfragen, DStR 1968, S. 363-370.

Herlinghaus, Andreas, (Sacheinbringungen nach dem SEStEG) Sacheinbringungen nach dem SEStEG: Verschaffung des wirtschaftlichen Eigentums fällt unter §§ 1 Abs. 3, 20 Abs. 1 UmwStG!, FR 2007, S. 286-290.

Herrmann, Carl/Heuer, Gerhard/Raupach, Arndt (Hrsg.), (EStG/KStG) Einkommensteuer- und Körperschaftsteuergesetz – Kommentar, 21. Auflage, Köln, Stand: Mai 2007 (Loseblatt).

Herrmann, Joachim/Neufang, Bernd, (Übertragung) Übertragung von einzelnen Wirtschaftsgütern zwischen Gesellschafterbetriebsvermögen und Mitunternehmerschaften, BB 2000, S. 2599-2605.

Heuermann, Bernd, (Gestalten) Vermieten als unangemessenes Gestalten durch gegenläufige Rechtsgeschäfte auf der Nutzungsebene – Zugleich einige methodenkritische Bemerkungen über den Sinn der Unterscheidung von Innen- und Außentheorie, StuW 2004, S. 124-130.

Heuermann, Bernd, (Angemessenes Gestalten) Vermieten als angemessenes Gestalten, BB 2003, S. 1465-1468.

Herzig, Norbert, (Rechtsformwahl) Aspekte der Rechtsformwahl für mittelständische Unternehmen nach der Steuerreform, WPg 2001, S. 253-270.

Herzig, Norbert, (Konzern) Gestaltung steuerorientierter Umstrukturierungen im Konzern, DB 2000, S. 2236-2245.

Herzig, Norbert (Hrsg.), (Umstrukturierung) Steuerorientierte Umstrukturierung von Unternehmen, Stuttgart 1997.

Herzig, Norbert, (Steuerorientierte Gestaltung) Steuerorientierte Gestaltung des Unternehmenskaufs, StbJb 1989/1990, S. 257-294.

Herzig, Norbert/Förster, Guido, (Steuerneutrale Umstrukturierung) Steuerneutrale Umstrukturierung von Konzernen, StuW 1998, S. 99-113.

Herzig, Norbert/Förster, Guido/Förster, Ursula, (Verlustvortrag) Gewerbesteuerlicher Verlustvortrag bei Wechseln im Gesellschafterbestand und Umstrukturierung von Personengesellschaften, DStR 1996, S. 1025-1033.

Hey, Johanna, (Sondertarifierung) Unternehmensteuerreform: Das Konzept der Sondertarifierung des § 34a EStG-E – Was will der Gesetzgeber und was hat er geregelt?, DStR 2007, S. 925-931.

Hölzle, Gerrit, (Krise) Unternehmensumwandlung in Krise, Sanierung und Insolvenz, FR 2006, S. 447-461.

Hoenck, Peter Holmer, (Einbringung) Einbringung in eine Personengesellschaft gem. § 24 UmwStG, NWB 2004, F. 18, S. 4069-4084.

Hörger, Helmut/Schulz, Andreas, (Wesentliche Betriebsgrundlage) Normspezifische Auslegung des Begriffs der wesentlichen Betriebsgrundlage – Anmerkungen zum BFH-Urteil vom 2.10.1997, IV R 84/96, DStR 1998,76, DStR 1998, S. 233-234.

Höreth, Ulrike/Ortmann-Babel, Martina (Redaktionelle Gesamtverantwortung), (Unternehmensteuerreform 2008) Die Unternehmensteuerreform 2008 – Ernst & Young AG, BDI, Bonn 2007.

Hötzel, Oliver, (Steuerorientierte Gestaltung) Steuerorientierte Gestaltung des Unternehmenskaufs, Düsseldorf 1993, zugl. Diss., Rheinisch-Westfälische Technische Hochschule Aachen 1992.

Hoffmann, Wolf-Dieter, (Anwachsung) Verlusttransfer durch Anwachsung, GmbH-StB 2006, S. 309-311.

Hoffmann, Wolf-Dieter, (Übertragung) Unentgeltliche Übertragung eines (Teil-) Betriebs oder Mitunternehmeranteils gemäß § 6 Abs. 3 EStG i. d. F. des UntStFG, GmbHR 2002, S. 236-242.

Hoffmann, Wolf-Dieter, (Transfer) Der Transfer von Einzel-Wirtschaftsgütern gemäß § 6 Abs. 5 EStG nach Verabschiedung des UntStFG, GmbHR 2002, S. 125-134.

Hoffmann, Wolf-Dieter, (Beteiligung) Die Beteiligung an Personengesellschaften in der Steuerbilanz, BB 1991, S. 448-452.

IDW, Arbeitskreis besteuerung von Personengesellschaften des IDW, (Umstrukturierung) Anteilsübertragung bei und Umstrukturierung von Personenunternehmen – Arbeitshilfe zu §§ 6 Abs. 3, 6 Abs. 5 S. 3 ff., 6b EStG, FN-IDW 2004, Beiheft zu Heft 5, S. B1-B24.

Ising, Matthias, (Ergänzungsbilanzen) Ergänzungsbilanzen anlässlich eines entgeltlichen Gesellschafterwechsels, Frankfurt am Main u. a. 2001.

Jachmann, Monika, (§ 6b EStG) § 6b EStG – quo vadis? – Die gleichbleibende Ratio des § 6b EStG im wechselnden Kontext der §§ 6 III, V und 16 III EStG, DStZ 2002, S. 203-215.

Kallmeyer, Harald (Hrsg.), (UmwG) Umwandlungsgesetz Kommentar – Verschmelzung, Spaltung und Formwechsel bei Handelsgesellschaften, 3. Auflage, Köln 2006.

Kallmeyer, Harald, (Umwandlungsgesetz) Das neue Umwandlungsgesetz – Verschmelzung, Spaltung und Formwechsel von Handelsgesellschaften, ZIP 1994, S. 1746-1759.

Kanzler, Hans-Joachim, (Reinvestitionsvergünstigung) Die Reinvestitionsvergünstigung des § 6b EStG i. d. F. des Unternehmenssteuerfortentwicklungsgesetzes, FR 2002, S. 117-127.

Kanzler, Hans-Joachim, (Übertragung stiller Reserven) Die Übertragung stiller Reserven gemäß §§ 6b, 6c EStG unter besonderer Berücksichtigung der Besteuerung von Land- und Forstwirten, INF 1983, S. 509-516.

Kellersmann, Dietrich, (Einbringung) Korrespondierende Fortschreibung von Ergänzungsbilanzen nach der Einbringung in eine Personengesellschaft?, DB 1997, S. 2047-2052.

Kelpe, Rainer, (Investitionsrechnung) Steuerorientierte Investitionsrechnung – Ein Beitrag zur Integration der Steuerplanung in die Investitionsplanung, München 1980.

Kempermann, Michael, (Neuere Rechtsprechung) Probleme der Freiberufler-Personengesellschaft in der neueren Rechtsprechung, FR 2007, S. 577-583.

Kerssenbrock, Graf Otto-Ferdinand, (Umwandlung) Bilanzierungskonkurrenz: Sonderbetriebsvermögen infolge formwechselnder Umwandlung?, BB 2000, S. 763-770.

Kerssenbrock, Graf Otto-Ferdinand/Rundshagen, Helmut, (Übertragung) Die steuerneutrale Übertragung von Betriebsvermögen einer Personengesellschaft auf eine andere Personengesellschaft, insbesondere nach § 24 UmwStG, BB 2004, S. 2490-2497.

Kessler, Wolfgang/Ortmann-Babel, Martina/Zipfel, Lars, (Unternehmensteuerreform) Unternehmensteuerreform 2008: Die geplanten Änderungen im Überblick, BB 2007, S. 523-534.

KETTERL, HANS, (Gestaltungsspielräume) Steuerpolitische Gestaltungsspielräume im Umwandlungssteuergesetz, Thun u. a. 1979, zugl. Diss., Universität München 1979.

KIRCHHOF, PAUL (Hrsg.), (EStG) EStG KompaktKommentar – Einkommensteuergesetz, 7. Auflage, Heidelberg 2007.

KIRCHHOF, PAUL/SÖHN, HARTMUT/MELLINGHOFF, RUDOLF (Hrsg.), (EStG) Einkommensteuer – Kommentar, Heidelberg, Stand: August 2007 (Loseblatt).

KLEIN, MANFRED, (Halbeinkünfteverfahren) Die Rücklage nach § 6b EStG und Besonderheiten beim Halbeinkünfteverfahren, GStB 2007, S. 36-40.

KLEIN, MANFRED, (Kommanditgesellschaft) Rücklage nach § 6b EStG bei einer Kommanditgesellschaft nutzen, GStB 2006, S. 355-357.

KLEINE-ROSENSTEIN, CHRISTOPH, (Rücklagen) Bildung und Bilanzierung von Rücklagen nach § 6b EStG bei Personengesellschaften – Rückkehr zur gesellschafterbezogenen Betrachtungsweise, BBK 2004, F. 30, S. 1579-1586.

KLINGEBIEL, JÖRG U. A., (Umwandlungssteuerrecht) Umwandlungssteuerrecht, Stuttgart 2004.

KLÖNE, HERBART, (Steuerplanung) Steuerplanung, Neuwied 1980.

KLOSTER, ANJA/KLOSTER, LARS, (Restrukturierung) Auslegungs- und Anwendungsprobleme bei der Restrukturierung von Mitunternehmerschaften – Die „Reform der Reform" des § 6 Abs. 5 EStG durch das UntStFG, GmbHR 2002, S. 717-732.

KLOSTER, ANJA/KLOSTER, LARS, (Mitunternehmerschaften) Neues zur Umstrukturierung von Mitunternehmerschaften – Bericht der Bundesregierung zur Fortentwicklung des Unternehmenssteuerrechts, GmbHR 2001, S. 420-421.

KLOSTER, ANJA/KLOSTER, LARS, (Umstrukturierung) Steuersenkungsgesetz: Umstrukturierung von Mitunternehmerschaften, GmbHR 2000, S. 1129-1135.

Kneip, Christoph, (Reorganisation) Beratungskonsequenzen für die Reorganisation von Personengesellschaften nach dem Wegfall des Mitunternehmererlasses, INF 1999, S. 396-400, 430-433.

Knobbe-Keuk, Brigitte, (Unternehmenssteuerrecht) Bilanz- und Unternehmenssteuerrecht, 9. Auflage, Köln 1993.

Köhler, Roland, (Sonderposten mit Rücklageanteil) Sonderposten mit Rücklageanteil, Grundsätze – Buchungstechnische Verrechnung – Steuerliche Aspekte, StBP 1997, S. 249-253, 285-289.

Köhler, Stefan, (Zinsschranke) Erste Gedanken zur Zinsschranke nach der Unternehmensteuerreform, DStR 2007, S. 597-604.

Kölpin, Gerhard, (Übertragung) Übertragung von Einzelwirtschaftsgütern aus einem (Sonder-)Betriebsvermögen des Gesellschafters in das Gesamthandsvermögen und umgekehrt – Aktuelle Ergänzungen zu dem Aufsatz des Verfassers in StuB Nr. 19/2001, StuB 2002, S. 172-174.

Kölpin, Gerhard, (Übertragung von Wirtschaftsgütern) Übertragung von Wirtschaftsgütern zwischen dem Betriebsvermögen einer Personengesellschaft und dem Vermögen ihrer Gesellschafter nach dem Steuersenkungsgesetz, StuB 2000, S. 1131-1134.

Kofmann, Stanislav/Götz, Adrian, (Teilbetriebsvoraussetzungen) Teilbetriebsvoraussetzungen bei Umwandlungsvorgängen, SteuerStud 2007, S. 219-223.

Korn, Klaus, (Einbringung in Personengesellschaften) Einbringung in Personengesellschaften nach § 24 UmwStG – Rechtslage und Hinweise für die Gestaltungspraxis nach der Änderung des UmwStG durch das SEStEG, NWB 2007, F. 18, S. 4117-4440.

Korn, Klaus, (Buchwertfortführung) Buchwertfortführung für die Übertragung einzelner Wirtschaftsgüter bei Mitunternehmerschaften, KÖSDI 2002, S. 13272-13284.

Korn, Klaus, (Gewinnrealisierungsgebote) Die neuen Gewinnrealisierungsgebote des § 6 Abs. 5 und 6 EStG und Ausweichgestaltungen, KÖSDI 1999, S. 12118-12127.

Korn, Klaus, (Sonderbetriebsvermögen) Vermeidbare Gewinnrealisierung bei Übertragung oder Zurückbehaltung von Sonderbetriebsvermögen, KÖSDI 1997, S. 11219-11225.

Korn, Klaus/Strahl, Martin, (Reinvestitionsrücklage) Reinvestitionsrücklage nach § 6b EStG als Gestaltungsoption bei Umstrukturierungen – Eine kritische Analyse und Erörterung von § 6b EStG n. F., Stbg 2002, S. 300-311.

Korn, Klaus/Strahl, Martin, (Steuersenkungsgesetz) Steuerhinweise Gesetzesänderungen durch das Steuersenkungsgesetz: Überblick, Wirkungen, Handlungsbedarf, KÖSDI 2000, S. 12582-12608.

Korn, Klaus u. a. (Hrsg.), (EStG) Einkommensteuergesetz – Kommentar, Bonn, Stand: Juli 2007 (Loseblatt).

Kraft, Gerhard/Trübenbach, Katja, (Übertragungsmöglichkeiten) Umstrukturierungen außerhalb des Umwandlungssteuerrechts durch Übertragungsmöglichkeiten für einzelne Wirtschaftsgüter, StB 2004, S. 336-342.

Kratsch, Alexander, (Abfärbewirkung) Zur Abfärbewirkung durch Beteiligungseinkünfte bei vermögensverwaltenden Personengesellschaften, INF 2005, S. 378-384.

Kratz, Peter, (Steuerplanung) Steuerplanung internationaler Unternehmungen – System und Methode, Bern/Stuttgart 1986.

Kröner, Michael, (Unternehmensplanung) Zur Integration steuerlicher Partialplanungen in die Unternehmensplanung, DB 1984, S. 1409-1415.

Krüger, Dirk, (Anwachsung) Die Anwachsung von Gesellschaftsanteilen in Zivil- und Steuerrecht, DStZ 1986, S. 382-388.

Krüger, Dirk u. a., (Unternehmensform) Zweckmäßige Wahl der Unternehmensform, 7. Auflage, Bonn/Berlin 2002.

Kußmaul, Heinz, (Betriebswirtschaftliche Steuerlehre) Die Betriebswirtschaftliche Steuerlehre als steuerliche Betriebswirtschaftslehre?, StuW 1995, S. 3-14.

Kußmaul, Heinz/Zabel, Michael, (Unternehmensumstrukturierungen) Unternehmensumstrukturierungen im Zivil- und Steuerrecht, Finanz Betrieb 2004, S. 485-493.

Kutt, Florian, (Übertragung des wirtschaftlichen Eigentums) Probleme bei der Übertragung des wirtschaftlichen Eigentums bei Einbringungen nach §§ 20 und 24 UmwStG, DB 2006, S. 1132-1135.

Lademann, Fritz, (EStG) Kommentar zum Einkommensteuergesetz, 4. Auflage, Stuttgart, Stand: Juli 2007 (Loseblatt).

Lange, Joachim, (Personengesellschaften) Personengesellschaften im Steuerrecht, hrsg. v. Biermann, Frank u. a., 6. Auflage, Herne/Berlin 2005.

Lauermann, Hans-Ulrich/Protzen, Peer Daniel, (Anwachsung) „Anwachsung": Ertragsteuerliche Neutralität bei entschädigungslosem Ausscheiden des nicht am Vermögen der Personengesellschaft beteiligten Komplementärs, DStR 2001, S. 647-649.

Leberfinger, Stefan, (Doppelstöckige Mitunternehmerschaft) Die doppelstöckige Mitunternehmerschaft nach dem Steueränderungsgesetz 1992, DStR 1992, S. 386-388.

Lenski, Edgar/Steinberg, Wilhelm, (GewStG) Kommentar Gewerbesteuergesetz, fortgeführt v. Sarrazin, Viktor/Stäuber, Hans Wilkin, Köln, Stand: Mai 2007 (Loseblatt).

Ley, Ursula, (Unternehmensteuerreform 2008) Personengesellschaften nach der Unternehmensteuerreform 2008 unter besonderer Berücksichtigung der Thesaurierungsbegünstigung, KÖSDI 2007, S. 15737-15757.

Ley, Ursula, (Einbringung nach §§ 20, 24 UmwStG) Einbringung nach §§ 20, 24 UmwStG in der Fassung des SEStEG, FR 2007, S. 109-121.

Ley, Ursula, (Replik) Fortführung von Ergänzungsbilanzen bei doppelstöckigen Mitunternehmerschaften – Replik auf Lars Mayer, KÖSDI 2005, S. 14609, KÖSDI 2005, S. 14614-14615.

Ley, Ursula, (Anwendbarkeit) Anwendbarkeit von § 15a EStG auf doppelstöckige Personengesellschaften, KÖSDI 2005, S. 14486-14491.

Ley, Ursula, (Doppelstöckige Personengesellschaften) Die Anwendung von § 15a EStG auf doppelstöckige Personengesellschaften, DStR 2004, S. 1498-1504.

Ley, Ursula, (Übertragung) Ausgewählte Fragen und Probleme in Fällen der Übertragung von Sonderbetriebsvermögen sowie von Mitunternehmer(teil)anteilen, KÖSDI 2004, S. 14024-14034.

Ley, Ursula, (Ausgewählte Fragen) Ausgewählte Fragen und Probleme im Zusammenhang mit Gesellschafterkonten und Ergänzungsbilanzen, StbJb 2003/2004, S. 135-172.

Ley, Ursula, (Ergänzungsbilanzen) Ergänzungsbilanzen beim Erwerb von Personengesellschaftsanteilen, bei Einbringung nach § 24 UmwStG und bei Übertragungen nach § 6 Abs. 5 Satz 3 EStG, KÖSDI 2001, S. 12982-12996.

Ley, Ursula, (Besteuerungsfragen) Besteuerungsfragen bei „doppelstöckigen" Personengesellschaften, KÖSDI 1996, S. 10923-10935.

Ley, Ursula, (Bilanzsteuerrecht) Schwerpunkte und Streitfragen aus dem Bilanzsteuerrecht, KÖSDI 1992, S. 9152-9161.

Ley, Ursula/Strahl, Martin, (Jahreswechsel) Steuerlicher Handlungsbedarf zum Jahreswechsel 2003/2004, DStR 2003, S. 2145-2153.

Ley, Ursula/Strahl, Martin, (Jahreswechsel 2001/2002) Steuerlicher Handlungsbedarf zum Jahreswechsel 2001/2002, DStR 2001, S. 1997-2013.

Lindwurm, Christof, (Gewinnverteilung) Gewinnverteilung und Gewinnfeststellung bei der Kumulation von stillen Gesellschaften – Ein Vergleich mit mehrgliedrigen stillen Gesellschaften unter der Berücksichtigung von bewertungs- und gewerbesteuerrechtlichen Konsequenzen, DStR 2000, S. 53-60.

Linklaters Oppenhoff & Rädler, (Steueränderungen) Steueränderungen zum 1.1.2002 im Unternehmensbereich – Unternehmenssteuerfortentwicklungsgesetz, Steueränderungsgesetz 2001, Steuerverkürzungsbekämpfungsgesetz und Gesetz zur Eindämmung illegaler Betätigung im Baugewerbe, DB 2002, Beilage Nr. 1, S. 1-72.

Lishaut, Ingo van, (Einzelübertragung) Einzelübertragung bei Mitunternehmerschaften, DB 2001, S. 1519-1528.

Lishaut, Ingo van, (Steuersenkungsgesetz) Steuersenkungsgesetz: Mitunternehmerische Einzelübertragungen i. S. des § 6 Abs. 5 S. 3 ff. EStG n. F., DB 2000, S. 1784-1789.

List, Heinrich, (Missbrauch von Gestaltungsmöglichkeiten) Der Missbrauch von Gestaltungsmöglichkeiten des Rechts aus der Sicht des § 42 AO und des Gemeinschaftsrechts – Zugleich Besprechung des BFH-Urteils vom 9.11.2006 – V R 43/04, BB 2007, S. 131-133.

Lüttge, Jörg W., (Umwandlungssteuerrecht) Das neue Umwandlungs- und Umwandlungssteuerrecht, NJW 1995, S. 417-424.

Lutter, Marcus (Hrsg.), (UmwG) Umwandlungsgesetz Kommentar, 3. Auflage, Köln 2004.

Lutterbach, Thomas, (Planung) Steuerorientierte Planung der Unternehmensnachfolge, Düsseldorf 2003, zugl. Diss., Universität Köln 2003.

Märkle, Rudi, (Übertragung) Die Übertragung eines Bruchteils eines Gesellschaftsanteils bei vorhandenem Sonderbetriebsvermögen, DStR 2001, S. 685-692.

Märkle, Rudi (Ertragsteuerrecht) Doppelstöckige Personengesellschaften im Ertragsteuerrecht nach dem Beschluß des Großen Senats GrS 7/89, StbJb 1991/1992, S. 247-284.

Maiterth, Ralf/Müller, Heiko, (Umwandlung) Gründung, Umwandlung und Liquidation von Unternehmen im Steuerrecht, München 2001.

Mann, Gerhard, (Sonderbetriebsvermögen) Betriebswirtschaftliche Steuerpolitik als Bestandteil der Unternehmenspolitik, WiSt 1973, S. 114-119.

Marx, Tanja, (Spaltung) Auswirkungen der Spaltung nach dem Umwandlungsgesetz auf Rechtsverhältnisse mit Dritten, Berlin 2001, zugl. Diss., Universität Bayreuth 2000.

Maus, Günter/Lentschig, Peter, (Rücklage nach § 6b EStG) Die Rücklage nach § 6b EStG, (Teil I) StBP 1996, S. 318-323, (Teil II) StBP 1997, S. 5-10.

Mayer, Lars, (Ergänzungsbilanzen) Fortführung von Ergänzungsbilanzen nach Erwerb von Anteilen an der Obergesellschaft einer doppelstöckigen Mitunternehmerschaft, KÖSDI 2005, S. 14609-14613.

Mayer, Lars, (Beteiligung) Steuerbilanzielle Behandlung von Mehrwerten bei Erwerb einer Beteiligung an einer doppelstöckigen Mitunternehmerschaft – Anwendung der Spiegelbildmethode in der Steuerbilanz, DB 2003, S. 2034-2040.

Meyer, Bernd/Ball, Jochen, (§ 6b-Rücklagen) Bildung von § 6b-Rücklagen: Steueroptimale Ausschöpfung des Gestaltungspotenzials, GStB 2004, S. 427-434.

Meyer, Henrik, (Übertragung) Übertragung von Wirtschaftsgütern in der Mitunternehmerschaft, Ibbenbüren 2005, zugl. Diss., Universität Münster 2005.

Meyer-Scharenberg, Dirk E., (Gewerbeverlust) Änderung der Rechtsprechung zur Berücksichtigungsfähigkeit von Gewerbeverlusten nach dem Ein- und Austritt von Personengesellschaftern? – Anmerkung zum Vorlagebeschluß VIII R 4/88 vom 12.11.1991, DStR 1992, S. 855-856.

Meyer-Scharenberg, Dirk E., (Umwandlung) Steuergestaltung durch Umwandlung, Herne/Berlin 1990.

Middendorf, Oliver/Stegemann, Dieter, (Zinsschranke) Die Zinsschranke nach der geplanten Unternehmensteuerreform 2008 – Funktionsweise und erste Gestaltungsüberlegungen, INF 2007, S. 305-313.

Mitsch, Bernd, (Übertragungen) Übertragungen im Bereich von Einzelunternehmen und Mitunternehmerschaften nach dem UntStFG, INF 2002, S. 77-82.

Mitsch, Bernd/Grüter, Gido, (Übertragung) Steuerneutrale Übertragung von Einzelwirtschaftsgütern – Ein Vergleich der Rechtslage nach dem Mitunternehmererlass, dem Steuerentlastungsgesetz 1999/2000/2001 und dem Steuersenkungsgesetz, INF 2000, S. 620-624, 651-655.

Müller, Gerd-Jürgen/Funck, Thomas/Müller, Helmut, (Abfärbung) Die neue BFH-Rechtsprechung zur Abfärbung – Halten einer gewerblichen Personengesellschaftsbeteiligung durch eine vermögensverwaltende Personengesellschaft – Nichtanwendungserlass, BB 2005, S. 2271-2278.

Müller, Welf/Hoffmann, Wolf-Dieter (Hrsg.), (Personengesellschaften) Beck´sches Handbuch der Personengesellschaften: Gesellschaftsrecht – Steuerrecht, 2. Auflage, München 2002.

Müller-Dott, Johannes-Peter, (Personengesellschaft) Personengesellschaft als steuerliches Gestaltungsinstrument im Konzern, StbJb 1995/1996, S. 257-272.

Neu, Norbert/Watermeyer, Heinrich J., (Jahreswechsel 2003/2004) Steuerlicher Handlungsbedarf zum Jahreswechsel 2002/2003 (Teil II), DStR 2002, S. 2101-2108.

Neufang, Bernd, (Übertragung) Steuerneutrale Übertragung von Betriebsvermögen – ein Segen oder ein Fluch?, StBP 2002, S. 336-338.

Neumann, Steffen, (Zinsschranke) Zinsschranke nach dem Unternehmensteuerreformgesetz 2008 – Die schwierige Neuregelung in 9 Prüfungsschritten, EStB 2007, S. 292-297.

Nickel, Jörg R./Bodden, Guido, (Verlustverrechnung) Verlustausgleich und Verlustverrechnung nach § 15a EStG bei doppelstöckigen Kommanditgesellschaften, FR 2003, S. 391-396.

Niehus, Ulrich, (Schwesterpersonengesellschaften) Zur Anwendung von Realteilungsgrundsätzen und § 6b EStG auf die Übertragung von Wirtschaftsgütern bei Schwesterpersonengesellschaften, FR 2005, S. 278-285.

Niehus, Ulrich, ((Nicht)Anwendbarkeit) Zur (Nicht)Anwendbarkeit von § 15 Abs. 3 Nr. 1 EStG bei vermögensverwaltenden Personengesellschaften, FR 2002, S. 977-982.

Niehus, Ulrich, (Ergänzungsbilanzen) Fortführung von Ergänzungsbilanzen, StuW 2002, S. 116-125.

NIEHUS, ULRICH/WILKE, HELMUTH, (Teil- oder Mischentgelt) Maß und Ausmaß von Gewinnrealisierungen bei Übertragungen gegen Teil- oder Mischentgelt im Anwendungsbereich des § 6 Abs. 5 Satz 3 EStG, FR 2005, S. 1012-1016.

NIEHUS, ULRICH/WILKE, HELMUTH, (Personengesellschaften) Die Besteuerung der Personengesellschaften, 3. Auflage, Stuttgart 2005.

NIESKENS, HANS, (Beteiligungen) Die Bilanzierung und Bewertung von Beteiligungen an Personengesellschaften im handelsrechtlichen Jahresabschluss, WPg 1988, S. 493-502.

OLBING, KLAUS, (Neuerungen nach dem SEStEG) Neuerungen für nationale Umwandlungen nach dem SEStEG – Übersicht zur neuen Systematik im Umwandlungssteuerrecht, GmbH-StB 2007, S. 51-57.

ORTH, MANFRED, (Organschaft und Anwachsung) Organschaft und Anwachsung, DStR 2005, S. 1629-1632.

ORTH, MANFRED, (Anwachsung) Umwandlung durch Anwachsung, DStR 1999, S. 1011-1019, 1053-1061.

ORTH, MANFRED, (Gewerbeverlustvortrag) Gewerbeverlustvortrag nach einem Gesellschafterwechsel in Personengesellschaften – Zum Fehlbetragsbeschluß des Großen Senats vom 3.5.1993 GrS 3/92, DB 1994, S. 1313-1315.

ORTMANN-BABEL, MARTINA/ZIPFEL, LARS, (Thesaurierungsbegünstigung) Unternehmensteuerreform 2008 Teil II: Besteuerung von Personengesellschaften insbesondere nach der Einführung der Thesaurierungsbegünstigung, BB 2007, S. 2205-2217.

OSSADNIK, WOLFGANG, (Verschmelzungen) Aufteilung von Synergieeffekten bei Verschmelzungen, ZfB 1995, S. 69-88.

OSSADNIK, WOLFGANG/MAUS, STEFAN, (Verschmelzung) Die Verschmelzung im neuen Umwandlungsrecht aus betriebswirtschaftlicher Sicht, DB 1995, S. 105-109.

OTT, HANS, (SEStEG) Überblick über die Änderungen im Körperschaft- und Umwandlungssteuerrecht durch das SEStEG, INF 2007, S. 97-103.

Patt, Joachim, (Übertragung von Grundstücken) Übertragung von Grundstücken mit dazugehörigen Schulden aus dem Gesamthandsvermögen auf eine mitunternehmerisch tätige Schwesterpersonengesellschaft, GmbHR 1998, S. 970-976.

Patt, Joachim, (Einbringung) Die Selbständigkeit der Mitunternehmerschaft bei der Einbringung in eine Kapitalgesellschaft gemäß § 20 UmwStG, DStR 1995, S. 1081-1090.

Patt, Joachim/Rasche, Ralf, (Wesentliche Betriebsgrundlage) Differenzierende Bestimmung des Begriffs der wesentlichen Betriebsgrundlage bei Einbringung von Betrieben, Teilbetrieben und Mitunternehmeranteilen nach § 20 UmwStG?, FR 2000, S. 1328-1332.

Patt, Joachim/Rasche, Ralf, (Bilanzierungskonkurrenz) Aufstockungsmodell bei Wegfall der Bilanzierungskonkurrenz durch Betriebsveräußerung oder Betriebsaufgabe i. S. des § 16 EStG?, FR 1996, S. 805-812.

Patt, Joachim/Rasche, Ralf, (Steuerliche Rückwirkung) Einbringung von Betriebsvermögen in eine Personengesellschaft gem. § 24 UmwStG mit steuerlicher Rückwirkung, FR 1996, S. 365-375.

Patt, Joachim/Rasche, Ralf, (Sonderbetriebsvermögen) Zur Frage des Sonderbetriebsvermögens bei Vermietungen zwischen Schwester-Personengesellschaften – Faktisches Ende für das Sonderbetriebsvermögen durch das BFH-Urteil vom 16.6.1994, IV R 48/93?, DStR 1995, S. 401-405.

Paus, Bernhard, (Ergänzungsbilanzen) Die neuen Ergänzungsbilanzen bei Übertragung einzelner Wirtschaftsgüter zwischen Personengesellschaft und Gesellschafter, FR 2003, S. 59-70.

Picot, Arnold, (Strukturwandel) Strukturwandel und Wettbewerbsdruck, Zfbf 1990, S. 119-133.

Prinz, Ulrich, (SEStEG und Bilanzrecht) SEStEG und Bilanzrecht: Wegfall des umwandlungssteuerlichen Maßgeblichkeitsprinzips, StuB 2007, S. 125-130.

PRINZ, ULRICH/THIEL, UWE, (Ergänzungsbilanzen) Zur Anbindung von Ergänzungsbilanzen bei mehrstufigen Personengesellschaften, FR 1992, S. 192-195.

PYSZKA, TILLMANN, (Gewerbesteuerlicher Verlustvortrag) Gewerbesteuerlicher Verlustvortrag bei „stufenweisem" Gesellschafterwechsel in Personengesellschaften, DStR 1997, S. 1073-1076.

PYSZKA, TILLMANN, (Gewinnermittlung) DStR-Fachliteratur-Auswertung: Bilanzen und Gewinnermittlung, DStR 1995, S. 1823-1826.

REGNIET, MICHAEL, (Ergänzungsbilanzen) Ergänzungsbilanzen bei der Personengesellschaft – Sonderbilanzen der Gesellschafter und Wertkorrekturen der Gesellschaftsbilanz, Köln 1990, zugl. Diss., Universität Münster 1990.

REICHE, FELIX, (Wesentliche Betriebsgrundlagen) Zur Einordnung von Beteiligungen als wesentliche Betriebsgrundlagen im Umwandlungssteuerrecht, DStR 2006, S. 1205-1210.

REICHE, FELIX, (Vermögensübertragungen) Personengesellschaften im Konzern – Vermögensübertragungen zwischen Schwester- und Personengesellschaften, StuB 2006, S. 626-630.

REIß, WOLFRAM, (Übertragung) Übertragung von Wirtschaftsgütern bei Mitunternehmerschaften, StbJb 2001/2002, S. 281-319.

REIß, WOLFRAM, (Mitunternehmerschaften) Fortentwicklung des Unternehmenssteuerrechtes bei Mitunternehmerschaften – Bemerkungen zu den Vorschlägen des BMF, BB 2001, S. 1225-1232.

REIß, WOLFRAM, (Mitunternehmer) Individualbesteuerung von Mitunternehmern nach dem Steuersenkungsgesetz, StuW 2000, S. 399-412.

REIß, WOLFRAM, (Revitalisierung des Mitunternehmererlasses) Die Revitalisierung des Mitunternehmererlasses – keine gesetzestechnische Meisterleistung, BB 2000, S. 1965-1974.

REIß, WOLFRAM, (Bilanzierung) Bilanzierung von Beteiligungen an Personengesellschaften – Replik zu Bürkle/Knebel, DStR 1998, S. 1067 ff., DStR 1998, S. 1887-1890.

RICHTER, HEINZ/WINTER, WILLI, (Gewinnübertragungen) Gewinnübertragungen nach §§ 6b/6c EStG, 2. Auflage, Herne/Berlin 1979.

RITZROW, MANFRED, (Übertragung) Übertragung eines Wirtschaftsguts aus dem Gesamthandsvermögen in das Sonderbetriebsvermögen eines Mitunternehmers derselben Mitunternehmerschaft, StBP 2005, S. 20-25.

RITZROW, MANFRED, (Wirtschaftsgut) Übertragung eines Wirtschaftsguts aus dem Sonderbetriebsvermögen eines Mitunternehmers in das Gesamthandsvermögen derselben Mitunternehmerschaft, StBP 2004, S. 324-331.

RÖDDER, THOMAS, (Unternehmensteuerreformgesetz) Unternehmensteuerreformgesetz 2008, DStR 2007, Beihefter zu Heft 40, S. 1-19.

RÖDDER, THOMAS, (Unternehmensumwandlung) Steuerliche Behandlung der Unternehmensumwandlung, in: Perspektiven der Unternehmensbesteuerung – 26. Jahrestagung der Deutschen Steuerjuristischen Gesellschaft e. V., Hamburg, 24. und 25. September 2001, hrsg. v. SEEGER, SIEGBERT F., Köln 2002, S. 253-280.

RÖDDER, THOMAS, (Überführung/Übertragung von Wirtschaftsgütern) Besteuerung von Mitunternehmerschaften – Ausgewählte Problemfälle zur Überführung/Übertragung von Wirtschaftsgütern, StbJb 1999/2000, S. 93-113.

RÖDDER, THOMAS, (Umstrukturierungen) Steuerorientierte Gestaltung von Umstrukturierungen bei Personengesellschaften, StbJb 1994/1995, S. 295-327.

RÖDDER, THOMAS, (Gestaltungssuche) Gestaltungssuche im Ertragsteuerrecht – Entwicklung von Gestaltungsmöglichkeiten und Gestaltungsbeispiele, Wiesbaden 1991, zugl. Diss., Universität Köln 1991.

RÖDDER, THOMAS/BECKMANN, KLAUS, (UntStFG) Ein neues Teilbetriebsverständnis im Umwandlungssteuergesetz tut not!, DStR 1999, S. 751-752.

RÖDDER, THOMAS/SCHUMACHER, ANDREAS, (Das SEStEG) Das SEStEG – Überblick über die endgültige Fassung und die Änderungen gegenüber dem Regierungsentwurf, DStR 2007, S. 369-377.

RÖDDER, THOMAS/SCHUMACHER, ANDREAS, (Das kommende SEStEG) Das kommende SEStEG – Teil II: Das geplante neue Umwandlungssteuergesetz – Der Regierungsentwurf eines Gesetzes über steuerliche Begleitmaßnahmen zur Einführung der Europäischen Gesellschaft und zur Änderung weiterer steuerrechtlicher Vorschriften, DStR 2006, S. 1525-1542.

RÖDDER, THOMAS/SCHUMACHER, ANDREAS, (Unternehmenssteuerrecht) Der Regierungsentwurf eines Gesetzes zur Fortentwicklung des Unternehmenssteuerrechts, DStR 2001, S. 1634-1641, 1685-1693.

RÖHNER, JÖRG, (Übertragung) Die einkommensteuerliche Behandlung der Übertragung von Wirtschaftsgütern bei Mitunternehmerschaften – Theoretische und rechtliche Grundlagen sowie ökonomische Analyse ausgewählter Problemfelder, Hamburg 2003, zugl. Diss., Universität Leipzig 2003.

RÖHRIG, ALFRED, (Verbindlichkeiten) Übernahme von Verbindlichkeiten bei Umstrukturierungen – Gestaltungsvorschläge anhand von Fallgruppen, EStB 2001, S. 224-228.

RÖHRIG, ALFRED/DOEGE, MIRKO, (Kapital) Das Kapital der Personengesellschaften im Handels- und Ertragsteuerrecht – Begriff, Bedeutung, Gestaltungen, DStR 2006, S. 489-501.

ROGALL, MATTHIAS, (Sonderbetriebsvermögen) Sonderbetriebsvermögen und der Konflikt zwischen Einbringung eines Teilbetriebs und Einbringung eines Teil-Mitunternehmeranteils nach §§ 20 und 24 UmwStG, DB 2005, S. 410-414.

ROGALL, MATHIAS, (Steuerliche Wertansätze) Steuerliche Wertansätze bei der Betriebseröffnung einer bestehenden Personengesellschaft, DStR 2004, S. 1243-1246.

ROSE, GERD, (Sonderbetriebsvermögen) Bilanzrecht und Sonderbetriebsvermögen in Personengesellschaften, in: Bilanzrecht und Kapitalmarkt, Festschrift zum 65. Geburtstag von Adolf Moxter, hrsg. v. BALLWIESER, WOLFGANG U. A., Düsseldorf 1994, S. 1089-1108.

Roser, Frank, (Sonderbetriebsvermögen) Unveränderte Missverständnisse zu § 6 Abs. 5 EStG bei der Übertragung von Sonderbetriebsvermögen – zugleich Anmerkungen zu den BFH-Urteilen vom 19.10.1998 und vom 11.12.2001, FR 2002, S. 309-317.

Runge, Berndt, (Billigkeitsmaßnahmen) Billigkeitsmaßnahmen bei Übertragung stiller Reserven?, BB 1972, S. 1448-1450.

Sagasser, Bernd/Bula, Thomas/Brüninger, Thomas R. (Hrsg.), (Umwandlungen) Umwandlungen: Verschmelzung – Spaltung – Formwechsel – Vermögensübertragung, 3. Auflage, München 2002.

Sarrazin, Viktor, (Personengesellschaft) Die mehrstöckige Personengesellschaft – § 15 Abs. 1 S. 1 Nr. 2 EStG i. d. F. des Steueränderungsgesetzes 1992, in: Ertragsbesteuerung – Zurechnung, Ermittlung, Gestaltung, Festschrift für Ludwig Schmidt zum 65. Geburtstag, hrsg. v. Raupach, Arndt/Uelner, Adalbert, München 1993, S. 393-401.

Schaflitzl, Andreas/Widmayer, Gerhard, (SEStEG) Die Besteuerung von Umwandlungen nach dem Regierungsentwurf des SEStEG, BB 2006, Beilage Nr. 8, S. 36-51.

Schedlbauer, Hans, (Strukturinnovation) Strukturinnovation als Weg zum Unternehmenserfolg – Ein Beitrag zur Innovationslehre und -praxis, DB 1988, S. 2109-2114.

Scherrer, Gerhard, (Gewinnausweisstrategien) Die Bestimmung optimaler Gewinnausweisstrategien, ZfB 1973, S. 77-92.

Schiffers, Joachim, (Umstrukturierung) Umstrukturierung mittelständischer Personengesellschaftsgruppen – Typische Fallgestaltungen und deren steuerrechtliche Lösung, GmbH-StB 2003, S. 353-359.

Schmid, Reinhold, (Sonderbetriebsvermögen) Steuerbilanzielle Fragestellungen bei Sonderbetriebsvermögen im Verhältnis von Obergesellschaft zu Untergesellschaft bei doppelstöckigen Personengesellschaften, DStR 1997, S. 941-948.

Schmidt, Ludwig, (EStG) Einkommensteuergesetz, Kommentar, hrsg. v. Drenseck, Walter, München, 26. Auflage, München 2007.

Schmidt, Ludwig, (Gewinnermittlung) Steuerrechtliche Gewinnermittlung und -zurechnung bei doppelstöckigen Personengesellschaften – Versuch einer Bestandsaufnahme für die Praxis, in: Bilanzrecht und Kapitalmarkt, Festschrift zum 65. Geburtstag von Adolf Moxter, hrsg. v. Ballwieser, Wolfgang u. a., Düsseldorf 1994, S. 1109-1125.

Schmitt, Joachim, (Umwandlungen) Zielgerichtete, steuerneutrale Umwandlungen zur Verbesserung der handelsrechtlichen Eigenkapitalposition, DStR 2004, S. 936-940.

Schmitt, Joachim/Hörtnagl, Robert/Stratz, Rolf-Christian (Hrsg.), (UmwG/ UmwStG) Umwandlungsgesetz, Umwandlungssteuergesetz, Kommentar, 4. Auflage, München 2006.

Schmitt, Michael, (Zweifelsfälle) Unternehmensbesteuerung: Einkommensteuerliche Zweifelsfälle, Stbg 2003, S. 1-17.

Schmitt, Michael/Franz, Roland, (Umstrukturierung) Die Umstrukturierung von Personenunternehmen im Lichte des Berichts zur Fortentwicklung des Unternehmenssteuerrechts, BB 2001, S. 1278-1287.

Schneider, Eva/Salzer, Heiko, (§ 6b-Rücklage) Die § 6b-Rücklage bei Personengesellschaften – Voraussetzungen und Besonderheiten, SteuerStud 2006, S. 179-184.

Schnitter, Georg, (Doppelgesellschaft) Beteiligung einer Personengesellschaft an einer anderen – die steuerlichen Folgen der Doppelgesellschaft, EStB 2001, S. 191-196.

Schön, Wolfgang, (Personengesellschaft) Gewinnübertragungen nach § 6b EStG zwischen Kapital- und Personengesellschaft in Handels- und Steuerbilanz, FR 1994, S. 658-668.

Schön, Wolfgang, (§ 6b EStG) Gewinnübertragungen bei Personengesellschaften nach § 6b EStG, Köln 1986, zugl. Diss., Universität Bonn 1985.

Schoor, Hans Walter, (Bilanzierung von Rücklagen) Bilanzierung von Rücklagen nach § 6b EStG anhand von Fallbeispielen, StuB 2006, S. 504-509.

SCHOOR, HANS WALTER, (Ergänzungsbilanzen) Aufstellung und Fortentwicklung von Ergänzungsbilanzen, StBP 2006, S. 212-217, 255-259.

SCHOOR, HANS WALTER, (Gewinnübertragung) Gewinnübertragung nach § 6b EStG, FR 1997, S. 251-258.

SCHRÖDER, KARL-WILHELM U. A., (Personengesellschaften) Besteuerung von Personengesellschaften – Schwerpunkt der Beratungspraxis, WPg 2006, Sonderheft, S. S99-S130.

SCHULZE ZUR WIESCHE, DIETER, (Spaltungs- und Ausgliederungsvorgänge) Die steuerliche Behandlung von Spaltungs- und Ausgliederungsvorgängen im Rahmen von Personengesellschaften, DStZ 2004, S. 366-372.

SCHULZE ZUR WIESCHE, DIETER, (Verbindlichkeiten) Die Übernahme von Verbindlichkeiten bei der Übertragung von Einzelwirtschaftsgütern zwischen dem Betriebs- und dem Gesamthandsvermögen, DB 2004, S. 1388-1390.

SCHULZE ZUR WIESCHE, DIETER, (Übertragung) Die Übertragung von Einzelwirtschaftsgütern nach dem UntStFG, DStZ 2002, S. 740-747.

SCHULZE ZUR WIESCHE, DIETER, (Einbringung) StSenkG: Einbringung einzelner Wirtschaftsgüter des Betriebsvermögens in das Gesamthandsvermögen einer Personengesellschaft und umgekehrt sowie Realteilung nicht begünstigt?, FR 2000, S. 976-978.

SCHULZE ZUR WIESCHE, DIETER, (Personengesellschaft) Die Einbringung eines Betriebs einer Personengesellschaft in eine Kapitalgesellschaft oder Personengesellschaft, DStZ 1998, S. 824-828.

SCHULZE ZUR WIESCHE, DIETER, (Doppelstöckige Personengesellschaft) Die doppelstöckige Personengesellschaft nach dem Steueränderungsgesetz 1992, StBP 1992, S. 248-254.

SCHWEDHELM, ROLF, (Unternehmensumwandlung) Die Unternehmensumwandlung – Verschmelzung, Spaltung, Formwechsel, Einbringung, 5. Auflage, Köln 2006.

Seer, Roman, (StÄndG 1992) Die ertragsteuerliche Behandlung der doppelstöckigen Personengesellschaft unter besonderer Berücksichtigung des Steueränderungsgesetzes 1992, StuW 1992, S. 35-47.

Seibold, Felix, (Anwendung) Zur Anwendung des § 15a EStG bei doppelstöckigen Personengesellschaften, DStR 1998, S. 438-442.

Selbmann, Dorrit, (Übertragung stiller Reserven) Die Übertragung stiller Reserven bei Personengesellschaften nach § 6b EStG, Berlin 2003, zugl. Diss., Universität Hamburg 2001/2002.

Söffing, Andreas, (Fremdbestimmte Steuerwirkungen) Fremdbestimmte Steuerwirkungen bei doppelstöckigen Personengesellschaften, DStZ 1993, S. 587-591.

Söffing, Günter (Hrsg.), (Mitunternehmer) Besteuerung der Mitunternehmer, 5. Auflage, Herne/Berlin 2005.

Söffing, Günter, (Gesamtplan) Die Steuerumgehung und die Figur des Gesamtplans, BB 2004, S. 2777-2787.

Söffing, Günter, (Fehlbetragsbeschluß) Gedanken zum Fehlbetragsbeschluß des Großen Senats – Anmerkungen zu dem BFH-Beschluß vom 3.5.1993 GrS 2/93, DB 1994, S. 747-752.

Söffing, Günter, (Beteiligung) Mittelbare Beteiligung bei Personengesellschaften – Beschluß des Großen Senats des BFH vom 25.2.1991 und § 15 Abs. 1 Satz 1 Nr. 2 Satz 2 EStG – eingefügt durch das Steueränderungsgesetz 1992, FR 1992, S. 185-192.

Söffing, Günter, (§ 6b EStG) Anwendung des § 6b EStG bei mehrstöckigen Personengesellschaften, BB 1986, S. 710.

Söffing, Günter, (Abkehr von der Bilanzbündeltheorie) Zur Abkehr der Rechtsprechung von der Bilanzbündeltheorie, StbJb 1976/77, S. 241-287.

Söhn, Hartmut, (Feststellungen) Einheitliche und gesonderte Feststellungen bei „doppelstöckigen Personengesellschaften", StuW 1999, S. 328-334.

SOMMER, JOSEF, (Steuerbilanz) Bilanzierung von Anteilen an Personengesellschaften in Handels- und Steuerbilanz, Bergisch Gladbach 1996, zugl. Diss., Universität Münster 1995.

SPINDLER, WOLFGANG, (Gesamtplan) Der „Gesamtplan" in der Rechtsprechung des BFH, DStR 2005, S. 1-5.

SPINDLER, WOLFGANG, (Indizien) Zur Bedeutung von Indizien in der jüngeren Rechtsprechung des Bundesfinanzhofs, StbJb 2002/2003, S. 61-81.

STEGEMANN, DIETER, (Umwandlung) Ausgewählte Detailfragen zur Umwandlung doppelstöckiger Personengesellschaften, INF 2004, S. 785-791.

STEGEMANN, DIETER, (Einzelfragen) Ausgewählte Einzelfragen zur doppel- bzw. mehrstöckigen Personengesellschaft, INF 2003, S. 266-271.

STÖCKER, ERNST ERHARD, (Anmerkung zum BFH-Urteil vom 05.09.1990 X R 20/89) Anmerkung zum BFH-Urteil vom 05.09.1990 X R 20/89, DStZ 1991, S. 61.

STOCKEM, ANETTE, (Spaltung) Die Spaltung von Personengesellschaften im Ertragsteuerrecht, Düsseldorf 1996, zugl. Diss., Universität Köln 1995.

STRAHL, Martin, (Steuerliche Änderungsgesetze zum Jahreswechsel 2006/2007) Handlungsbedarf auf Grund der steuerlichen Änderungsgesetze zum Jahreswechsel 2006/2007, DStR 2006, S. 2193-2199.

STRAHL, MARTIN, (Übertragung) Hinweise zur steuerneutralen Übertragung begünstigter Wirtschaftsgüter gemäß § 6b EStG – Gestaltungschancen und Gestaltungsfallen, FR 2005, S. 797-800.

STRAHL, MARTIN, (Gestaltungssperre Gesamtplanrechtsprechung) „Gestaltungssperre" Gesamtplanrechtsprechung, KÖSDI 2003, S. 13918-13927.

STRAHL, MARTIN, (Gesetzesänderungen) Fortentwicklung der Unternehmenssteuerreform: Hinweise zu den Gesetzesänderungen, KÖSDI 2002, S. 13164-13177.

Strahl, Martin, (Übertragung stiller Reserven) Die Übertragung stiller Reserven gem. § 6b EStG in der Entwurfsfassung des Unternehmenssteuerfortentwicklungsgesetzes – Rechtsänderungen und Gestaltungsmöglichkeiten, FR 2001, S. 1154-1162.

Strauch, Robert, (Umwandlungs(steuer)recht) Einführung in das Umwandlungs(steuer)recht, SteuerStud 2006, S. 609-617.

Then, Jochen/Sohre, Yvonne, (Bilanzierung) Die Bilanzierung von Unternehmensbeteiligungen nach Handels- und Steuerrecht, BBK 2004, F. 13, S. 4657-4670.

Thiel, Jochen, (Personenunternehmen) Die Besteuerung der Personenunternehmen, Stbg 2001, S. 1-7.

Thiel, Jochen/Rödder, Thomas, (Mitunternehmererlass) Nutzung des Mitunternehmererlasses und der Betriebsaufspaltungsgrundsätze für Umstrukturierungsvorhaben – 10 Fälle mit Lösungsvorschlägen unter Zugrundelegung der Verwaltungspraxis (Rödder) und kritischen Anmerkungen zu den Lösungsvorschlägen und zur Verwaltungspraxis (Thiel), FR 1998, S. 401-416.

Thiel, Jochen/Sterner, Ingo, (Entlastung der Personenunternehmen) Entlastung der Personenunternehmen durch Begünstigung des nicht entnommenen Gewinns, DB 2007, S. 1099-1107.

Tipke, Klaus/Lang, Joachim, (Steuerrecht) Steuerrecht, 18. Auflage, Köln 2005.

Uelner, Adalbert, (Übertragung stiller Reserven) Die steuerfreie Übertragung stiller Reserven – Der neue § 6b EStG, DStR 1964, S. 667-675.

Veigel, Günter, (Vergünstigung) Die Vergünstigung des § 6b EStG in der BP-Praxis, StBP 1987, S. 79-82.

Wacker, Roland, (Einbringungstatbestände) Die Einbringungstatbestände der §§ 20 ff. UmwStG – Einführungsschreiben zum UmwStG 1995 v. 25.3.1998 (BStBl. I S. 268), NWB 1998, F. 18, S. 3601-3624.

Wacker, Wilhelm H., (Steuerplanung) Ziele und Methoden der Steuerplanung transnationaler Unternehmen, in: Internationale Unternehmensführung – Managementprobleme international tätiger Unternehmen, Festschrift zum 80. Geburtstag von Eugen Hermann Sieber, hrsg. v. Wacker, Wilhelm H. u. a., Berlin 1981, S. 311-334.

Wacker, Wilhelm H., (Unternehmen) Steuerplanung im nationalen und transnationalen Unternehmen, Berlin 1979.

Wagner, Thomas/Fischer, Hardy, (Zinsschranke) Anwendung der Zinsschranke bei Personengesellschaften, BB 2007, S. 1811-1816.

Warnke, Karsten, (Jahressteuergesetz 2007) Jahressteuergesetz 2007 – Ertragsteuerliche Änderungen, EStB 2007, S. 98-105, 139-144.

Weber, Klaus, (Verlust) Verlust der Tarifbegünstigung bei Veräußerung eines Personengesellschaftsanteils und gleichzeitiger Buchwertfortführung des Sonderbetriebsvermögens – Anmerkung zum BFH-Urteil vom 19.3.1991 I R 76/87, DB 1991, S. 2560-2563.

Weber-Grellet, Heinrich, (Abfärbung) Keine Abfärbung gewerblicher Beteiligungseinkünfte einer vermögensverwaltenden KG auf ihre Einkünfte aus Vermietung und Verpachtung – Anmerkungen zum BFH-Urteil vom 06.10.2004 – IX R 53/01, StuB 2005, S. 167-170.

Wehrheim, Michael/Nickel, Katrin, (Überführungs- und Übertragungsmöglichkeiten) Überführungs- und Übertragungsmöglichkeiten nach § 6 Abs. 5 EStG – Eine steuersystematische Einordnung, BB 2006, S. 1361-1366.

Welke, Gernot/Hucht, Anne, (Ergänzungsbilanz) Die Ergänzungsbilanz als Mittel zur Zuordnung stiller Reserven – Überlegungen im Zusammenhang von § 6 Abs. 5 EStG i. d. F. des UntStFG, StuB 2002, S. 422-428.

Wendt, Michael, (Änderung des § 6 Abs. 5 EStG) Der gesetzlich wiederhergestellte Mitunternehmererlass – Erneute Änderung des § 6 Abs. 5 EStG durch das UntStFG, EStB 2002, S. 137-143.

Wendt, Michael, (Übertragung) Übertragung von Wirtschaftsgütern zwischen Mitunternehmerschaft und Mitunternehmer – § 6 Abs. 5 EStG i. d. F. des UntStFG als zweiter Versuch zur „Wiedereinführung des Mitunternehmer-Erlasses“, FR 2002, S. 53-66.

Wesselbaum-Neugebauer, Claudia, (Einzelwirtschaftsgüter) Die Übertragung von Einzelwirtschaftsgütern nach dem Unternehmenssteuerfortentwicklungsgesetz (UntStFG), StB 2002, S. 162-166.

Weßling, Johannes, (Stufenweiser Gesellschafterwechsel) Stufenweiser Gesellschafterwechsel in Personengesellschaften und Verlustvortrag bei der Gewerbesteuer, INF 1997, S. 167-168.

Weßling, Johannes, (Gewerbeverlustvortrag) Gewerbeverlustvortrag gem. § 10a GewStG bei Umschichtung der Anteile unter den Gesellschaftern einer Personengesellschaft – Anmerkungen zum Urteil des FG Bremen vom 27.10.1994, 194188 K 1, INF 1995, S. 489-490.

Widmann, Siegfried/Mayer, Dieter (Hrsg.), (Umwandlungsrecht) Umwandlungsrecht – Kommentar, 3. Auflage, Bonn/Berlin, Stand: Juni 2007 (Loseblatt).

Wingler, Eva, (Gewerbesteuerliche Verlustnutzung) Zur gewerbesteuerlichen Verlustnutzung bei Änderungen im Gesellschafterkreis von Personengesellschaften, BB 1998, S. 2087-2090.

Winkeljohann, Norbert/Stegemann, Dieter, (Gesellschafterbeitritt) Anwendbarkeit des § 6 Abs. 5 Satz 3 EStG bei Neugründung von Mitunternehmerschaften und bei Gesellschafterbeitritt, DB 2003, S. 2033-2034.

Wöllert, Kristina, (Umwandlung) Umwandlung von Unternehmen zur Abwendung von Krisen, StB 1997, S. 11-26.

Wrede, Friedrich, (Beteiligungen) Beteiligungen an Personenhandelsgesellschaften in der Handelsbilanz und der Steuerbilanz, FR 1990, S. 293-302.

Zerhusen, Sabine, (Verlustvortrag) Überblick über den Verlustvortrag nach § 10a GewStG, INF 2006, S. 737-741.

Zimmermann, Reimar u. a., (Personengesellschaft) Die Personengesellschaft im Steuerrecht, 9. Auflage, Achim 2007.

Quellenverzeichnis

A. Gesetze

Abgabenordnung (AO) i. d. F. der Bekanntmachung vom 01.10.2002 (BGBl. I 2002, S. 3866, ber. BGBl. I 2003, S. 61), zuletzt geändert durch das Unternehmensteuerreformgesetz 2008 vom 14.08.2007 (BGBl. I 2007, S. 1912).

Bewertungsgesetz (BewG) i. d. F. der Bekanntmachung vom 01.02.1991 (BGBl. I 1991, S. 230), zuletzt geändert durch das Finanzmarktrichtlinie-Umsetzungsgesetz vom 16.07.2007 (BGBl. I 2007, S. 1330).

Bürgerliches Gesetzbuch (BGB) i. d. F. der Bekanntmachung vom 02.01.2002 (BGBl. I 2002, S. 42, ber. BGBl. I 2002, S. 2909, BGBl. I 2003, S. 738), zuletzt geändert durch BVerfGEntscheidung – 1 BvL 9/04 – vom 04.06.2007 (BGBl. I 2007, S. 122).

Einkommensteuergesetz (EStG) i. d. F. der Bekanntmachung vom 19.10.2002 (BGBl. I 2002, S. 4210, ber. BGBl. I 2003, S. 179), zuletzt geändert durch das Unternehmensteuerreformgesetz 2008 vom 14.08.2007 (BGBl. I 2007, S. 1912).

Gesetz über die Mitbestimmung der Arbeitnehmer (Mitbestimmungsgesetz – MitbestG) vom 04.05.1976 (BGBl. I 1976, S. 1153), zuletzt geändert durch das Gesetz zur Einführung der Europäischen Genossenschaft und zur Änderung des Genossenschaftsrechts vom 14.08.2006 (BGBl. I 2006, S. 1911).

Gesetz über steuerliche Begleitmaßnahmen zur Einführung der Europäischen Gesellschaft und zur Änderung weiterer steuerlicher Vorschriften (SEStEG) vom 07.12.2006 (BGBl. I 2007, S. 2782).

Gesetz zur Fortentwicklung des Unternehmensteuerrechts (UntStFG) vom 20.12.2001 (BGBl. I 2001, S. 3858).

Gesetz zur Senkung der Steuersätze und zur Reform der Unternehmensbesteuerung (Steuersenkungsgesetz – StSenkG) vom 23.10.2000 (BGBl. I 2000, S. 1433).

GEWERBESTEUERGESETZ (GEWSTG) i. d. F. der Bekanntmachung vom 15.10.2002 (BGBl. I 2002, S. 4167), zuletzt geändert durch das Unternehmensteuerreformgesetz 2008 vom 14.08.2007 (BGBl. I 2007, S. 1912).

GRUNDGESETZ FÜR DIE BUNDESREPUBLIK DEUTSCHLAND (GG) vom 23.05.1949 (BGBl. I 1949, S. 1), zuletzt geändert durch das Gesetz zur Änderung des Grundgesetzes (Art. 22, 23, 33, 52, 72, 73, 74, 74a, 75, 84, 85, 87c, 91a, 91b, 93, 98, 104a, 104b, 105, 107, 109, 125a, 125b, 125c, 143c) vom 28.08.2006 (BGBl. I 2006, S. 2034).

HANDELSGESETZBUCH (HGB) vom 10.05.1897 (RGBl. 1897, S. 219), zuletzt geändert durch das Gesetz zur Umsetzung der Richtlinie über Märkte für Finanzinstrumente und der Durchführungsrichtlinie der Kommission vom 16.07.2007 (BGBl. I 2007, S. 1330).

JAHRESSTEUERGESETZ 2007 (JSTG 2007) vom 13.12.2006 (BGBl. I 2006, S. 2878).

KÖRPERSCHAFTSTEUERGESETZ (KSTG) i. d. F. der Bekanntmachung vom 15.10.2002 (BGBl. I 2002, S. 4144), zuletzt geändert durch das Unternehmensteuerreformgesetz 2008 vom 14.08.2007 (BGBl. I 2007, S. 1912).

STEUERÄNDERUNGSGESETZ (StÄndG 1992**)** Gesetz zur Entlastung der Familien und zur Verbesserung der Rahmenbedingen für Investitionen und Arbeitsplätze (Steueränderungsgesetz 1992 – StÄndG 1992) vom 25.02.1992, BGBl. I 1992, S. 297-358.

STEUERENTLASTUNGSGESETZ 1999/2000/2002 vom 24.03.1999 (BGBl. I 1999, S. 402).

UMWANDLUNGSGESETZ (UMWG) i. d. F. der Bekanntmachung vom 28.10.1994 (BGBl. I 1994, S. 3210, ber. BGBl. I 1995, S. 428), zuletzt geändert durch Zweites Gesetz zur Änderung des Umwandlungsgesetzes vom 19.04.2007 (BGBl. I 2007, S. 542).

UMWANDLUNGSSTEUERGESETZ (UMWSTG) vom 7.12.2006 (BGBl. I 2006, S. 2872/2791), geändert durch das Unternehmensteuerreformgesetz 2008 vom 14.08.2007 (BGBl. I 2007, S. 1912).

UNTERNEHMENSTEUERREFORMGESETZ **2008** vom 14.08.2007 (BGBl. I 2007, S. 1912-1938).

B. EG-Richtlinien

FUSIONSRICHTLINIE-RICHTLINIE DES RATES VOM **23.07.1990** ÜBER DAS GEMEINSAME STEUERSYSTEM FÜR FUSIONEN, SPALTUNGEN, ABSPALTUNGEN, DIE EINBRINGUNG VON UNTERNEHMENSTEILEN UND DEN AUSTAUSCH VON ANTEILEN, DIE GESELLSCHAFTEN VERSCHIEDENER MITGLIEDSTAATEN BETREFFEN, SOWIE FÜR DIE VERLEGUNG DES SITZES EINER EUROPÄISCHEN GESELLSCHAFT ODER EINER EUROPÄISCHEN GENOSSENSCHAFT VON EINEM MITGLIEDSTAAT IN EINEN ANDEREN MITGLIEDSTAAT **(90/434/EWG)** (ABl. L 225 vom 20.08.1990, S. 1), zuletzt geändert durch Richtlinie 2006/98/EG des Rates vom 20.11.2006 (ABl. L 363 vom 20.12.2006, S. 129).

C. Verwaltungsanweisungen

ANWENDUNGSERLASS ZUR ABGABENORDNUNG **(AEAO)** vom 15.07.1998 (BStBl. I 1998, S. 630), zuletzt geändert durch BMF-Schreiben vom 19.03.2007 (BStBl. I 2007, S. 274).

BAYERISCHES LANDESAMT FÜR STEUERN v. 06.03.2006, S 1978c – 6 St32/St33, FR 2006, S. 391.

BMF-SCHREIBEN v. 18.05.2005, IV B 2 – S 2241 – 34/05, BStBl. I 2005, S. 698.

BMF-SCHREIBEN v. 07.02.2002, IV A 6 – S 2241 – 94/01, FR 2002, S. 483-484.

BMF-SCHREIBEN v. 07.06.2001, IV A 6 – S 241 – 52/01, BStBl. I 2001, S. 367.

BMF-SCHREIBEN v. 16.08.2000, IV C 2 – S 1909 – 23/00, BStBl. I 2000, S. 1253.

BMF-SCHREIBEN v. 29.03.2000, IV C 2 – S 2170 – 4/00, BStBl. I 2000, S. 462-463.

BMF-SCHREIBEN v. 28.04.1998, IV B 2 – S 2241 – 42/98, BStBl. I 1998, S. 583-586.

BMF-Schreiben v. 25.03.1998, IV B 7 – S 1978 – 21/98 / IV B 2 – S 1909 – 33/98, BStBl. I 1998, S. 268-344, geändert durch **BMF-Schreiben** v. 21.08.2001, IV A 6 – S 1909 – 11/01, BStBl. I 2001, S. 543-544.

BMF-Schreiben v. 13.05.1996, IV B 2 – S 2241 – 33/96, BStBl. I 1996, S. 621-622.

BMF-Schreiben v. 16.01.1996, IV B 2 – S 2241 – 2/96, BB 1996, S. 424-425.

BMF-Schreiben v. 29.04.1994, IV B 2 – S 2241 – 9/94, IV A 4 – S 0361 – 11/94, BStBl. I 1994, S. 282-283.

BMF-Schreiben v. 28.08.1991, IV B 3 – InvZ 1010 – 13/91, BStBl. I 1991, S. 768-779.

BMF-Schreiben v. 10.12.1979, IV II 2 – S 2241 – 138/79, BStBl. I 1979, S. 683.

BMF-Schreiben v. 20.12.1977, IV B 2 – S 2241 – 231/77, BStBl. I 1978, S. 8-16.

Einkommensteuer-Richtlinien 2005 (EStR 2005) – Allgemeine Verwaltungsvorschrift zur Anwendung des Einkommensteuerrechts vom 16.12.2005 (BStBl. I 2005, Sondernummer 1).

FinMin. Niedersachsen v. 30.04.1990, S 2139 – 30 – 31 1, BB 1990, S. 1028.

FinMin. Saarland v. 19.05.2003, B/2 – 2 – 74/2003 – S 2241, DStR 2003, S. 1120.

Gewerbesteuer-Richtlinien 1998 (GewStR 1998) – Allgemeine Verwaltungsvorschrift zur Anwendung des Gewerbesteuerrechts vom 21.12.1998 (BStBl. I 1998, Sondernummer 2 S. 91).

Gleichlautende Ländererlasse der obersten Finanzbehörden der Länder, Finanzministerium Baden-Württemberg u. a. v. 16.12.1996, 3 – G 1427/6, BStBl. I 1996, S. 1392-1393.

OFD Hannover v. 06.04.2006, S 1978c – 56 – StO 243, NWB 2006, F. 1, S. 160.

OFD Düsseldorf v. 25.10.2004, S 2241 A – St 112, DStR 2005, S. 153-154.

OFD Düsseldorf/Köln/Münster v. 25.10.2004, S 2241 A – St 112, S 2241 A – St 134 – K, S 2177 – St 112 – 33, FR 2004, S. 1295-1296.

OFD FRANKFURT AM MAIN v. 03.05.2004, S 2170 A – 109 – St II 2.01, DStR 2004, S. 1086-1087.

OFD KOBLENZ v. 23.12.2003, S 2139/S 2139a A, DStR 2004, S. 314.

OFD BERLIN v. 19.07.2002, St 122 – S 2241 – 2/02, DB 2002, S. 1966-1967.

OFD KIEL v. 22.08.2001, S 2139 A – St 232, DB 2001, S. 2373.

OFD KIEL v. 06.01.2000, G 1421 A - St 261, DStR 2000, S. 823.

OFD ROSTOCK v. 22.12.1999, S 2139 – St 237, DStR 2000, S. 75-76.

OFD CHEMNITZ v. 05.02.1998, S 2241 a – 8/1 – St 31, DB 1998, S. 903-904.

OFD NÜRNBERG v. 13.11.1997, S 2241 a – 31/St 31, BB 1998, S. 44.

OFD BREMEN v. 19.10.1995, S 2241 a – St 201, BB 1996, S. 900.

D. Bundestags-Drucksachen

DEUTSCHER BUNDESTAG (Hrsg.), Gesetzentwurf der Fraktionen CDU/CSU und SPD – Entwurf eines Unternehmensteuerreformgesetzes 2008; Drucksache 16/4841 v. 27.03.2007.

DEUTSCHER BUNDESTAG (Hrsg.), Antwort der Bundesregierung auf die Kleine Anfrage der Abgeordneten Dr. Hermann Otto Solms, Frank Schäffler, Carl-Ludwig Thiele, weiterer Abgeordneter und der Fraktion der FDP – Drucksache 16/4640 – Zinsschranke im Rahmen der Unternehmensteuerreform; Drucksache 16/4835 v. 27.03.2007.

DEUTSCHER BUNDESTAG (Hrsg.), Bericht des Finanzausschusses (7. Ausschuss) zu dem Gesetzentwurf der Bundesregierung – Drucksachen 16/2712, 16/3036 – Entwurf eines Jahressteuergesetzes 2007 (JStG 2007); Drucksache 16/3368 v. 09.11.2006.

DEUTSCHER BUNDESTAG (Hrsg.), Gesetzentwurf der Bundesregierung; Entwurf eines Jahressteuergesetzes 2007 (JStG 2007); Drucksache 16/2712 v. 25.09.2006.

Deutscher Bundestag (Hrsg.), Gesetzentwurf der Bundesregierung; Entwurf eines Gesetzes über steuerliche Begleitmaßnahmen zur Einführung der Europäischen Gesellschaft und zur Änderung weiterer steuerrechtlicher Vorschriften (SEStEG); Drucksache 16/2710 v. 25.09.2006.

Deutscher Bundestag (Hrsg.), Bericht des Finanzausschusses (7. Ausschuss) zu dem Gesetzentwurf der Bundesregierung – Drucksachen 14/6882, 14/7084, Gesetzentwurf der Bundesregierung; Entwurf eines Gesetzes zur Fortentwicklung des Unternehmenssteuerrechts (Unternehmensteuerrechts – UntStFG); Drucksache 14/7344 v. 08.11.2001.

Deutscher Bundestag (Hrsg.), Beschlussempfehlung des Finanzausschusses (7. Ausschuss) zu dem Gesetzentwurf der Bundesregierung – Drucksachen 14/6882, 14/7084, Gesetzentwurf der Bundesregierung; Entwurf eines Gesetzes zur Fortentwicklung des Unternehmenssteuerrechts (Unternehmensteuerrechts – UntStFG); Drucksache 14/7343 v. 07.11.2001.

Deutscher Bundestag (Hrsg.), Gesetzentwurf der Bundesregierung; Entwurf eines Gesetzes zur Fortentwicklung des Unternehmenssteuerrechts (Unternehmensteuerrechts – UntStFG); Drucksache 14/6882 v. 10.09.2001.

Deutscher Bundestag (Hrsg.), Beschlussempfehlung des Vermittlungsausschusses zu dem Gesetz zur Senkung der Steuersätze und zur Reform der Unternehmensbesteuerung (Steuersenkungsgesetz – StSenkG) – Drucksachen 14/2683, 14/3074, 14/3366, 14/3640; Drucksache 14/3760 v. 04.07.2000.

Deutscher Bundestag (Hrsg.), Gesetzentwurf der Bundesregierung; Entwurf eines Gesetzes zur Senkung der Steuersätze und zur Reform der Unternehmensbesteuerung (Steuersenkungsgesetz – StSenkG); Drucksache 14/3074 v. 30.03.2000.

Deutscher Bundestag (Hrsg.), Gesetzentwurf der Fraktionen SPD und Bündnis 90/Die Grünen; Entwurf eines Gesetzes zur Senkung der Steuersätze und zur Reform der Unternehmensbesteuerung (Steuersenkungsgesetz – StSenkG); Drucksache 14/2683 v. 15.02.2000.

DEUTSCHER BUNDESTAG (Hrsg.), Gesetzentwurf der Bundesregierung; Entwurf eines Steuerentlastungsgesetzes 1999/2000/2002; Drucksache 14/265 v. 31.01.1999.

DEUTSCHER BUNDESTAG (Hrsg.), Gesetzentwurf der Fraktionen SPD und Bündnis 90/Die Grünen; Entwurf eines Steuerentlastungsgesetzes 1999/2000/ 2002; Drucksache 14/23 v. 09.11.1998.

DEUTSCHER BUNDESTAG (Hrsg.), Beschlußempfehlung und Bericht des Finanzausschusses (7. Ausschuß); a) zu dem Gesetzentwurf der Fraktionen der CDU/CSU und FDP – Drucksache 12/6885 – Entwurf eines Gesetzes zur Änderung des Umwandlungssteuerrechts; b) zu dem Gesetz der Bundesregierung – Drucksachen 12/7263 – Entwurf eines Gesetzes zur Änderung des Umwandlungssteuerrechts; c) zu der Unterrichtung durch die Bundesregierung – Drucksachen 12/6054 Nr. 2.1 – Vorschlag für eine Richtlinie des Rates zur Änderung der Richtlinie 90/434 EWG vom 23. Juli 1990 über das gemeinsame Steuersystem für Fusionen, Spaltungen, die Einbringung von Unternehmensteilen und den Austausch von Anteilen, die Gesellschaften verschiedener Mitgliedstaaten betreffen, Vorschlag für eine Richtlinie des Rates zur Änderung der Richtlinie 90/435 EWG vom 23. Juli 1990 über das gemeinsame Steuersystem der Mutter- und Tochtergesellschaften verschiedener Mitgliedstaaten – KOM(93) 293 endg.; Drucksache 12/7945 v. 15.06.1994.

DEUTSCHER BUNDESTAG (Hrsg.), Gesetzentwurf der Fraktionen der CDU/CSU und F.D.P. – Entwurf eines Gesetzes zur Änderung des Umwandlungssteuerrechts; Drucksache 12/6885 v. 24.02.1994.

DEUTSCHER BUNDESTAG (Hrsg.), Beschlußempfehlung und Bericht des Finanzausschusses (7. Ausschuß); a) zu dem Gesetz der Fraktionen der CDU/CSU und FDP – Drucksache 12/1108; b) zu dem Gesetz der Bundesregierung – Drucksachen 12/1368, 12/1466 – Entwurf eines Gesetzes zur Entlastung der Familien und zur Verbesserung der Rahmenbedingungen für Investitionen und Arbeitsplätze (Steueränderungsgesetz 1992 – StÄndG 1992), c) zu dem Antrag der Abgeordneten Ingrid Matthäus-Maier u. a. – Drucksache 12/320; Drucksache 12/1506 v. 07.11.1991.

DEUTSCHER BUNDESTAG (Hrsg.), Gesetzentwurf der Fraktionen CDU/CSU und FDP; Entwurf eines Gesetzes zur Entlastung der Familien und zur Verbesserung der Rahmenbedingungen für Investitionen und Arbeitsplätze (Steueränderungsgesetz 1992 – StÄndG 1992); Drucksache 12/1108 v. 03.09.1991.

DEUTSCHER BUNDESTAG (Hrsg.), Entwurf eines Gesetzes zur Änderung des Einkommensteuergesetzes, des Körperschaftsteuergesetzes, des Sparprämiengesetzes, des Wohnungsbau-Prämiengesetzes und anderer Gesetze (Steueränderungsgesetz 1964); Drucksache IV/2400 v. 19.06.1964.

E. Bundesrats-Drucksachen

DEUTSCHER BUNDESRAT (Hrsg.), Empfehlungen der Ausschüsse zu Punkt 41 der 767. Sitzung des Bundesrates am 27. September 2001, Entwurf eines Gesetzes zur Fortentwicklung des Unternehmenssteuerrechts (Unternehmensteuerrechts – UntStFG); Drucksache 638/1/01 v. 20.09.2001.

DEUTSCHER BUNDESRAT (Hrsg.), Gesetzentwurf der Bundesregierung, Entwurf eines Gesetzes zur Fortentwicklung des Unternehmenssteuerrechts (Unternehmensteuerrechts – UntStFG); Drucksache 638/01 v. 17.08.2001.

Rechtsprechungsverzeichnis

A. BVerfG-Urteile

BVerfG v. 26.10.2004, 2 BvR 246/98, FR 2005, S. 139-140.

B. BGH-Urteile

BGH v. 15.03.2004, II ZR 247/01, DStR 2004, S. 1137-1138.

BGH v. 29.01.2001, II ZR 331/00, BB 2001, S. 374-380.

BGH v. 02.10.1997, III ZR 249/96, DStR 1998, S. 46-48.

C. OLG-Urteile

BayObLG v. 18.10.2000, 3 Z BR 164/00, BB 2000, S. 2380-2382.

D. BFH-Urteile

BFH v. 19.04.2007, IV R 4/06, BFH/NV 2007, S. 1780-1792.

BFH v. 13.04.2007, IV B 81/06, BFH/NV 2007, S. 1939-1940.

BFH v. 27.09.2006, X B 71/06, BFH/NV 2007, S. 37-39.

BFH v. 25.04.2006, VIII R 74/03, BFH/NV 2006, S. 1564-1566.

BFH v. 25.04.2006, VIII R 52/04, BStBl. II 2006, S. 847-854.

BFH v. 14.03.2006, I R 8/05, BStBl. II 2007, S. 602-606.

BFH v. 25.01.2006, IV R 14/04, BStBl. II 2006, S. 418-420.

BFH v. 17.01.2006, VIII R 96/04, BFH/NV 2006, S. 885-887.

BFH v. 27.10.2005, IX R 76/03, BStBl. II 2006, S. 359-361.

BFH v. 06.10.2004, IX R 53/01, BStBl. II 2005, S. 383-386.

BFH v. 01.07.2004, IV R 67/00, BFH/NV 2004, S. 1707-1709.

BFH v. 15.06.2004, VIII R 7/01, BStBl. II 2004, S. 754-757.

BFH v. 04.05.2004, XI R 7/03, BStBl. II 2004, S. 893-895.

BFH v. 08.03.2004, IV B 212/03, BFH/NV 2004, S. 954-955.

BFH v. 17.12.2003, IX R 8/98, BFH/NV 2004, S. 939-940.

BFH v. 10.12.2003, IX R 12/01, BStBl. II 2004, S. 643-646.

BFH v. 06.11.2003, IV ER – S – 3/03, BStBl. II 2005, S. 376-378.

BFH v. 30.04.2003, I R 102/01, BStBl. II 2004, S. 804-806.

BFH v. 14.01.2003, IX R 5/00, BStBl. II 2003, S. 509-514.

BFH v. 28.11.2002, III R 1/01, BStBl. II 2003, S. 250-257.

BFH v. 30.10.2002, IV R 33/01, BStBl. II 2003, S. 272-273.

BFH v. 01.08.2002, V R 17/01, BFH/NV 2003, S. 271-272.

BFH v. 10.07.2002, I R 79/01, BStBl. II 2002, S. 784-786.

BFH v. 16.04.2002, VIII R 16/01, BFH/NV 2003, S. 81-82.

BFH v. 21.03.2002, IV R 1/01, BFH/NV 2002, S. 1083-1085.

BFH v. 06.03.2002, XI R 9/01, BStBl. II 2002, S. 737-738.

BFH v. 22.01.2002, VIII R 46/00, BStBl. II 2002, S. 685-688.

BFH v. 18.12.2001, VIII R 27/00, BStBl. II 2002, S. 733-737.

BFH v. 11.12.2001, VIII R 58/98, BStBl. II 2002, S. 420-426.

BFH v. 25.10.2001, IV R 47, 48/00, BStBl. II 2002, S. 289-291.

BFH v. 17.07.2001, IX R 50/98, BStBl. II 2001, S. 760-762.

BFH v. 18.01.2001, IV R 58/99, BStBl. II 2001, S. 393-395.

BFH v. 07.12.2000, III R 35/98, BStBl. II 2001, S. 316-321.

BFH v. 06.12.2000, VIII R 21/00, BStBl. II 2003, S. 194-199.

BFH v. 09.11.2000, IV R 60/99, BStBl. II 2001, S. 101-102.

BFH v. 07.11.2000, VIII R 27/98, BFH/NV 2001, S. 262-263.

BFH v. 19.10.2000, IV R 73/99, BStBl. II 2001, S. 335-338.

BFH v. 21.09.2000, IV R 54/99, BStBl. II 2001, S. 178-183.

BFH v. 06.09.2000, IV R 69/99, BStBl. II 2001, S. 731-734.

BFH v. 06.09.2000, IV R 18/99, BStBl. II 2001, S. 229-231.

BFH v. 25.07.2000, VIII R 32/99, BFH/NV 2001, S. 178-180.

BFH v. 25.07.2000, VIII R 46/99, BFH/NV 2000, S. 1549.

BFH v. 15.12.1999, I R 29/97, BStBl. II 2000, S. 527-533.

BFH v. 28.10.1999, VIII R 66-70/97, BStBl. II 2000, S. 183-185.

BFH v. 18.10.1999, GrS 2/98, BStBl. II 2000, S. 123-129.

BFH v. 31.08.1999, VIII B 74/99, BStBl. II 1999, S. 794-796.

BFH v. 19.08.1999, I R 77/96, BStBl. II 2001, S. 43-47.

BFH v. 11.08.1999, XI R 12/98, BStBl. II 2000, S. 229-230.

BFH v. 24.03.1999, I R 114/97, BStBl. II 2000, S. 399-403.

BFH v. 19.10.1998, VIII R 69/95, BStBl. II 2000, S. 230-233.

BFH v. 18.06.1998, IV R 56/97, BStBl. II 1998, S. 735-739.

BFH v. 17.06.1998, X R 68/95, BStBl. II 1998, S. 667-671.

BFH v. 10.03.1998, VIII R 76/96, BStBl. II 1999, S. 269-272.

BFH v. 10.03.1998, VIII R 31/95, BFH/NV 1999, S. 1209-1210.

BFH v. 12.11.1997, XI R 24/97, BFH/NV 1998, S. 690-691.

BFH v. 02.10.1997, IV R 75/96, BStBl. II 1998, S. 137-139.

BFH v. 02.10.1997, IV R 84/96, BStBl. II 1998, S. 104-106.

BFH v. 29.07.1997, VIII R 57/94, BStBl. II 1998, S. 652-657.

BFH v. 05.06.1997, III R 218/94, BFH/NV 1997, S. 754-755.

BFH v. 12.12.1996, IV R 77/93, BStBl. II 1998, S. 180-183.

BFH v. 26.11.1996, VIII R 42/94, BStBl. II 1998, S. 328-329.

BFH v. 30.10.1996, II R 72/94, BStBl. II 1997, S. 87-89.

BFH v. 26.06.1996, VIII R 41/95, BStBl. II 1997, S. 179-181.

BFH v. 12.06.1996, IV B 133/95, BStBl. II 1997, S. 82-85.

BFH v. 26.03.1996, IX R 51/92, BStBl. II 1996, S. 443-444.

BFH v. 07.03.1996, IV R 34/95, BStBl. II 1996, S. 568-571.

BFH v. 16.02.1996, I R 183/94, BStBl. II 1996, S. 342-345.

BFH v. 13.02.1996, VIII R 39/92, BStBl. II 1996, S. 409-413.

BFH v. 29.10.1995, IV B 144/95, BFH/NV 1997, S. 558.

BFH v. 06.07.1995, IV R 30/93, BStBl. II 1995, S. 831-833.

BFH v. 03.07.1995, GrS 1/93, BStBl. II 1995, S. 617-622.

BFH v. 29.06.1995, VIII R 2/94, BStBl. II 1996, S. 60-63.

BFH v. 20.04.1995, IV R 7/93, BStBl. II 1995, S. 708-710.

BFH v. 07.02.1995, VIII R 36/93, BStBl. II 1995, S. 770-772.

BFH v. 26.01.1995, IV R 73/93, BStBl. II 1995, S. 589-592.

BFH v. 26.01.1995, IV R 23/93, BStBl. II 1995, S. 467-471.

BFH v. 08.12.1994, IV R 7/92, BStBl. II 1996, S. 264-266.

BFH v. 08.12.1994, IV R 82/92, BStBl. II 1995, S. 599-601.

BFH v. 22.09.1994, IV R 61/93, BStBl. II 1995, S. 367-371.

BFH v. 21.06.1994, VIII R 5/92, BStBl. II 1994, S. 856-859.

BFH v. 15.03.1994, XI R 60/89, BFH/NV 1994, S. 899-900.

BFH v. 01.03.1994, VIII R 35/92, BStBl. II 1995, S. 241-246.

BFH v. 16.02.1994, XI R 50/88, BStBl. II 1994, S. 364-365.

BFH v. 27.01.1994, IV R 137/91, BStBl. II 1994, S. 477-479.

BFH v. 26.01.1994, III R 39/91, BStBl. II 1994, S. 458-462.

BFH v. 07.12.1993, VIII R 160/86, BStBl. II 1994, S. 331-333.

BFH v. 13.10.1993, II R 92/91, BStBl. II 1994, S. 128-129.

BFH v. 14.09.1993, VIII R 84/90, BStBl. II 1994, S. 764-768.

BFH v. 26.08.1993, IV R 133/90, BStBl. II 1995, S. 791-794.

BFH v. 13.07.1993, VIII R 50/92, BStBl. II 1994, S. 282-287.

BFH v. 19.05.1993, I R 124/91, BStBl. II 1993, S. 889-891.

BFH v. 03.05.1993, GrS 3/92, BStBl. II 1993, S. 616-628.

BFH v. 29.04.1993, IV R 88/92, BFH/NV 1994, S. 694-696.

BFH v. 18.02.1993, IV R 40/92, BStBl. II 1994, S. 224-226.

BFH v. 16.12.1992, XI R 34/92, BStBl. II 1993, S. 436-437.

BFH v. 13.10.1992, VIII R 3/89, BStBl. II 1993, S. 477-479.

BFH v. 27.08.1992, IV R 89/90, BStBl. II 1993, S. 225-228.

BFH v. 24.03.1992, VIII R 48/90, BStBl. II 1993, S. 93-96.

BFH v. 11.03.1992, XI R 38/89, BStBl. II 1992, S. 797-798.

BFH v. 26.02.1992, I R 7/91, BStBl. II 1992, S. 988-990.

BFH v. 28.11.1991, XI R 14/90, BFH/NV 1992, S. 377-379.

BFH v. 07.11.1991, IV R 43/90, BStBl. II 1992, S. 398-401.

BFH v. 31.07.1991, VIII R 23/89, BStBl. II 1992, S. 375-378.

BFH v. 19.03.1991, VIII R 76/87, BStBl. II 1991, S. 635-636.

BFH v. 25.02.1991, GrS 7/89, BStBl. II 1991, S. 691-703.

BFH v. 17.01.1991, IV R 12/89, BStBl. II 1991, S. 566-568.

BFH v. 11.12.1990, VIII R 14/87, BStBl. II 1991, S. 510-512.

BFH v. 14.11.1990, X R 85/87, BStBl. II 1991, S. 222-226.

BFH v. 23.10.1990, VIII R 142/85, BStBl. II 1991, S. 401-404.

BFH v. 05.09.1990, X R 20/89, BStBl. II 1991, S. 25-27.

BFH v. 12.07.1990, IV R 44/89, BFH/NV 1991, S. 599-600.

BFH v. 26.06.1990, VIII R 81/85, BStBl. II 1994, S. 645-648.

BFH v. 02.02.1990, III R 173/86, BStBl. II 1990, S. 497-500.

BFH v. 14.12.1989, IV R 117/88, BStBl. II 1990, S. 436-440.

BFH v. 12.10.1989, IV R 5/86, BStBl. II 1990, S. 168-175.

BFH v. 24.08.1989, IV R 67/86, BStBl. II 1990, S. 132-134.

BFH v. 12.04.1989, I R 105/85, BStBl. II 1989, S. 653-655.

BFH v. 30.03.1989, IV R 72/88, BStBl. II 1989, S. 560-561.

BFH v. 14.03.1989, I R 75/85, BFH/NV 1991, S. 291-292.

BFH v. 26.01.1989, IV R 86/87, BStBl. II 1989, S. 456-458.

BFH v. 23.11.1988, X R 1/86, BStBl. II 1989, S. 376-379.

BFH v. 14.06.1988, VIII R 387/83, BStBl. II 1989, S. 187-189.

BFH v. 14.04.1988, IV R 271/84, BStBl. II 1988, S. 667-670.

BFH v. 29.10.1987, IV R 93/85, BStBl. II 1988, S. 374-377.

BFH v. 07.05.1987, IV R 150/84, BStBl. II 1987, S. 670-673.

BFH v. 10.04.1987, III R 104/82, BFH/NV 1987, S. 601-602.

BFH v. 26.03.1987, IV R 20/84, BStBl. II 1987, S. 561-564.

BFH v. 11.12.1986, IV R 222/84, BStBl. II 1987, S. 553-557.

BFH v. 10.07.1986, IV R 12/81, BStBl. II 1986, S. 811-815.

BFH v. 23.01.1986, IV R 335/84, BStBl. II 1986, S. 623-625.

BFH v. 12.11.1985, VIII R 286/81, BStBl. II 1986, S. 55-58.

BFH v. 06.11.1985, I R 242/81, BStBl. II 1986, S. 333-335.

BFH v. 20.06.1985, IV R 36/83, BStBl. II 1985, S. 654-655.

BFH v. 25.04.1985, IV R 83/83, BStBl. II 1986, S. 350-353.

BFH v. 11.12.1984, IX R 27/82, BStBl. II 1985, S. 250-252.

BFH v. 13.11.1984, VIII R 312/82, BStBl. II 1985, S. 334-336.

BFH v. 18.09.1984, VIII R 119/81, BStBl. II 1985, S. 55-57.

BFH v. 23.08.1984, V R 17/78, BStBl. II 1984, S. 856-857.

BFH v. 25.06.1984, GrS 4/82, BStBl. II 1984, S. 751-770.

BFH v. 24.05.1984, I R 166/78, BStBl. II 1984, S. 747-751.

BFH v. 18.05.1983, I R 5/82, BStBl. II 1983, S. 771-775.

BFH v. 24.03.1983, IV R 123/80, BStBl. II 1983, S. 589-601.

BFH v. 12.01.1983, IV R 177/80, BStBl. II 1983, S. 425-426.

BFH v. 14.12.1982, VIII R 53/81, BStBl. II 1983, S. 303-306.

BFH v. 20.11.1982, II R 38/78, BStBl. II 1983, S. 429-430.

BFH v. 23.06.1981, VIII R 138/80, BStBl. II 1982, S. 622-624.

BFH v. 19.02.1981, IV R 41/78, BStBl. II 1981, S. 730-731.

BFH v. 22.01.1981, IV R 160/76, BStBl. II 1981, S. 427-430.

BFH v. 10.07.1980, IV R 12/80, BStBl. II 1981, S. 90-92.

BFH v. 10.07.1980, IV R 136/77, BStBl. II 1981, S. 84-90.

BFH v. 12.09.1979, I R 146/76, BStBl. II 1980, S. 51-53.

BFH v. 18.07.1979, I R 199/75, BStBl. II 1979, S. 750-754.

BFH v. 12.01.1978, IV R 26/73, BStBl. II 1978, S. 348-352.

BFH v. 27.10.1977, IV R 60/74, BStBl. II 1978, S. 100-102.

BFH v. 12.10.1977, I R 248/74, BStBl. II 1978, S. 191-193.

BFH v. 15.09.1977, V R 81/76, BStBl. II 1977, S. 887-889.

BFH v. 18.08.1977, V R 33/75, BStBl. II 1977, S. 883-885.

BFH v. 31.03.1977, IV R 54/72, BStBl. II 1977, S. 415-418.

BFH v. 21.10.1976, IV R 71/73, BStBl. II 1977, S. 150-152.

BFH v. 21.10.1976, IV R 210/72, BStBl. II 1977, S. 145-148.

BFH v. 29.09.1976, I R 171/75, BStBl. II 1977, S. 259-260.

BFH v. 15.07.1976, I R 17/74, BStBl. II 1976, S. 748-750.

BFH v. 28.01.1976, I R 84/74, BStBl. II 1976, S. 744-746.

BFH v. 23.07.1975, I R 210/73, BStBl. II 1976, S. 180-182.

BFH v. 23.07.1975, I R 165/73, BStBl. II 1976, S. 73-74.

BFH v. 22.05.1975, IV R 193/71, BStBl. II 1975, S. 804-806.

BFH v. 24.04.1975, IV R 115/73, BStBl. II 1975, S. 580-582.

BFH v. 20.02.1975, IV R 241/69, BStBl. II 1975, S. 412-414.

BFH v. 26.11.1974, VIII R 61-62/73, BStBl. II 1975, S. 352-354.

BFH v. 07.10.1974, GrS R 1/73, BStBl. II 1975, S. 168-172.

BFH v. 24.05.1973, IV R 64/70, BStBl. II 1973, S. 655-659.

BFH v. 06.12.1972, I R 182/70, BStBl. II 1973, S. 291-293.

BFH v. 23.02.1972, I R 159/68, BStBl. II 1972, S. 530-531.

BFH v. 07.02.1964, VI R 19/63, BStBl. III 1964, S. 328-329.

BFH v. 13.12.1961, VI R 133/60 U, BStBl. III 1962, S. 127-129.

E. FG-Urteile

FG Baden-Württemberg v. 16.06.2005, 3 K 210/00 – Rev. eingelegt (BFH IV R 86/05, altes Aktenzeichen VIII R 50/05), EFG 2005, S. 1794-1796.

FG Niedersachsen v. 14.05.2005, 4 K 317/91 – rkr., EFG 2005, S. 1417-1431.

FG Düsseldorf v. 30.04.2003, 16 K 2934/01 E – rkr., EFG 2003, S. 1180-1181.

FG Baden-Württemberg v. 14.11.1998, 2 K 94/96 – rkr., EFG 1999, S. 605.

FG Münster v. 07.11.1995, 6 K 5196/93 E – rkr., EFG 1996, S. 356-357.

FG Baden-Württemberg v. 20.09.1985, IX 160/80, EFG 1986, S. 122-123.

AUSGEWÄHLTE VERÖFFENTLICHUNGEN

EUL VERLAG

STEUER, WIRTSCHAFT UND RECHT

Herausgegeben von vBP StB Prof. Dr. Johannes Georg Bischoff, Wuppertal, Dr. Alfred Kellermann, Vorsitzender Richter am BGH (a. D.), Karlsruhe, Prof. (em.) Dr. Günter Sieben, Köln, und WP StB Prof. Dr. Norbert Herzig, Köln

Band 246
Olaf Gierke
Die Wirtschaftstätigkeit nichtwirtschaftlicher Organisationen
Lohmar – Köln 2004 • 468 S. • € 59,- (D) • ISBN 3-89936-244-6

Band 247
Ralf Paetsch
Grenzüberschreitende Verlustberücksichtigung im Europäischen Binnenmarkt
Lohmar – Köln 2004 • 176 S. • € 43,- (D) • ISBN 3-89936-246-2

Band 248
Christian Hick
Die steuerliche Behandlung von Arbeitnehmerentsendungen ins Ausland
Lohmar – Köln 2004 • 516 S. • € 64,- (D) • ISBN 3-89936-252-7

Band 249
Sibylle Seiferlein
Die Rechtsfähigkeit der BGB-Außengesellschaft unter Betrachtung ausgewählter Folgeprobleme
Lohmar – Köln 2004 • 272 S. • € 48,- (D) • ISBN 3-89936-288-8

Band 250
Britta Bartelheim
Die rechtsgeschäftliche Mittelsurrogation von Gesellschaftsbeteiligungen nach § 2111 Abs. 1 S. 1, 3. Fall BGB
Lohmar – Köln 2004 • 212 S. • € 45,- (D) • ISBN 3-89936-305-1

Band 251
Ulf Freytag
Indirekte Einkunftsabgrenzung durch Umlageverträge – Handlungsalternativen für international verbundene Unternehmen
Lohmar – Köln 2004 • 350 S. • € 54,- (D) • ISBN 3-89936-315-9

Band 252
Florian Zeller
Investmentfonds, Portfoliomanagement und Besteuerung
Lohmar – Köln 2005 • 336 S. • € 53,- (D) • ISBN 3-89936-333-7

Band 253
Gerd Gutekunst
Steuerbelastungen und Steuerwirkungen bei nationaler und grenzüberschreitender Geschäftstätigkeit
Lohmar – Köln 2005 ♦ 370 S. ♦ € 55,- (D) ♦ ISBN 3-89936-344-2

Band 254
Gerhard Schirdewahn
Die vier zentralen Begriffe des Arbeitsrechts – Ihre Abgrenzung nach geltendem Recht
Lohmar – Köln 2005 ♦ 232 S. ♦ € 46,- (D) ♦ ISBN 3-89936-375-2

Band 255
Thorsten Stetter
Computergestützte internationale Steuerbelastungsvergleiche – Bausteinbasiertes Metamodell zur Modellierung von Steuersystemen
Lohmar – Köln 2005 ♦ 250 S. ♦ € 47,- (D) ♦ ISBN 3-89936-376-0

Band 256
Stefan Wotschofsky
Konkurrierende Verlustverrechnungsbeschränkungen in der internationalen Ertragsteuerplanung
Lohmar – Köln 2005 ♦ 266 S. ♦ € 47,- (D) ♦ ISBN 3-89936-384-1

Band 257
Elke Verweyen
Grunderwerbsteuer bei konzerninternen Umstrukturierungen – Eine rechtssystematische und verfassungsrechtliche Untersuchung
Lohmar – Köln 2005 ♦ 262 S. ♦ € 47,- (D) ♦ ISBN 3-89936-388-4

Band 258
Peter André Zaumseil
Die Berücksichtigung des nachweisgestörten Vorsteuerabzugs durch Schätzung, Billigkeitsentscheidung, Erlaß und tatsächliche Verständigung
Lohmar – Köln 2005 ♦ 244 S. ♦ € 46,- (D) ♦ ISBN 3-89936-412-0

Band 259
Ulrich Werner Lüdemann
Probleme bei der Abfindung außenstehender Aktionäre
Lohmar – Köln 2006 ♦ 312 S. ♦ € 52,- (D) ♦ ISBN 3-89936-443-0

Band 260
Rico A. Hermann
Die Besteuerung von Personengesellschaften in den EU-Mitgliedstaaten und den USA – Eine besteuerungskonzeptionelle Systematisierung und quantitative Belastungsanalyse
Lohmar – Köln 2006 ♦ 568 S. ♦ € 66,- (D) ♦ ISBN 3-89936-457-0

Band 261
Holger Berninghaus
Das Gestaltungsermessen des Gesetzgebers bei der steuerlichen Erfassung privater Veräußerungsgewinne
Lohmar – Köln 2006 ♦ 200 S. ♦ € 44,- (D) ♦ ISBN 3-89936-434-1

Band 262
Marcel Köchling
Die Bedeutung immaterieller Werte im Insolvenzverfahren
Lohmar – Köln 2006 • 444 S. • € 58,- (D) • ISBN 3-89936-472-4

Band 263
Vanessa Köth
Die Besteuerung von Unternehmen vor dem Hintergrund nationaler und internationaler Reformvorschläge
Lohmar – Köln 2006 • 434 S. • € 58,- (D) • ISBN 3-89936-480-5

Band 264
Max Philipp Rolshoven
Die gesellschaftsrechtliche Zulässigkeit von Anerkennungsprämien
Lohmar – Köln 2006 • 324 S. • € 52,- (D)
ISBN-13: 978-3-89936-486-6 • ISBN-10: 3-89936-486-4

Band 265
Maibrit Frebel
Erfolgsaufteilung und -besteuerung im internationalen Konzern
Lohmar – Köln 2006 • 306 S. • € 49,- (D)
ISBN-13: 978-3-89936-466-8 • ISBN-10: 3-89936-466-X

Band 266
Thomas Wagner
Konzeption einer Gruppenbesteuerung
Lohmar – Köln 2006 • 416 S. • € 57,- (D)
ISBN-13: 978-3-89936-490-3 • ISBN-10: 3-89936-490-2

Band 267
Stephanie Aretz
Allgemeine Geschäftsbedingungen im Arbeitsvertrag
Lohmar – Köln 2006 • 270 S. • € 48,- (D)
ISBN-13: 978-3-89936-492-7 • ISBN-10: 3-89936-492-9

Band 268
Christiane Pfeiffer
Das System des Arbeitskampfrechts am Beispiel der Arbeitskampfmittel der Arbeitgeber
Lohmar – Köln 2006 • 308 S. • € 49,- (D)
ISBN-13: 978-3-89936-494-1 • ISBN-10: 3-89936-494-5

Band 269
Felix Schleithoff
Die Unternehmensbewertung im deutschen Steuerrecht
Lohmar – Köln 2006 • 380 S. • € 55,- (D)
ISBN-13: 978-3-89936-503-0 • ISBN-10: 3-89936-503-8

Band 270
Katrin Ortgies
Die Konzernsteuerquote – Implikationen für Konzernsteuerpolitik und staatliche Steuerpolitik
Lohmar – Köln 2006 • 262 S. • € 47,- (D)
ISBN-13: 978-3-89936-523-8 • ISBN-10: 3-89936-523-2

Band 271
Elena Göke
Die ertragsteuerliche Organschaft als Gestaltungsinstrument für Mittelstandskonzerne
Lohmar – Köln 2006 • 426 S. • € 57,- (D)
ISBN-13: 978-3-89936-544-3 • ISBN-10: 3-89936-544-5

Band 272
Heribert Leineweber
Wettbewerbsverbot und Geschäftschancenlehre im Recht der GbR – Übertragbarkeit der §§ 112, 113 HGB
Lohmar – Köln 2006 • 220 S. • € 45,- (D)
ISBN-13: 978-3-89936-545-0 • ISBN-10: 3-89936-545-3

Band 273
Valerie Kellermann
Die Haftung der Gesellschafter einer BGB-Außengesellschaft – Unter besonderer Betrachtung der Haftung für Verbindlichkeiten aus Delikt
Lohmar – Köln 2007 • 192 S. • € 44,- (D) • ISBN 978-3-89936-554-2

Band 274
Frank Martens
Der Gesellschafterwechsel in der BGB-Gesellschaft mit Grundeigentum
Lohmar – Köln 2007 • 206 S. • € 44,- (D) • ISBN 978-3-89936-570-2

Band 275
Robert Carl Werner Hofmann
Die Grenzen der Substitution im Arbeitszeitgesetz
Lohmar – Köln 2007 • 190 S. • € 44,- (D) • ISBN 978-3-89936-571-9

Band 276
Marcus Schwab
Der Schutz der Pflichtteilsberechtigten vor einer Aushöhlung ihrer Rechte durch Rechtsgeschäfte unter Lebenden – Pflichtteilsergänzung wegen lebzeitiger Zuwendungen des Erblassers an Stiftungen?
Lohmar – Köln 2007 • 162 S. • € 42,- (D) • ISBN 978-3-89936-573-3

Band 277
Thomas Stein
Doppelt ansässige Kapitalgesellschaften – Besteuerung und Niederlassungsfreiheit
Lohmar – Köln 2007 • 310 S. • € 52,- (D) • ISBN 978-3-89936-577-1

Band 278
Dirk Reuter
Die Bewertung von Rückstellungen in der Handels- und Steuerbilanz nach dem Steuerentlastungsgesetz 1999/2000/2002
Lohmar – Köln 2007 • 324 S. • € 52,- (D) • ISBN 978-3-89936-600-6

Band 279
Dominic Paschke
Die "Unitary Taxation" der US-Bundesstaaten – Leitbild für die Konzernbesteuerung in der Europäischen Union?
Lohmar – Köln 2007 • 274 S. • € 48,- (D) • ISBN 978-3-89936-601-3

Band 280
Andrea Weinelt
Das deutsche Körperschaftsteuersystem im Spannungsfeld zwischen nationaler Steuerordnung und europäischem Steuerwettbewerb
Lohmar – Köln 2007 ♦ 188 S. ♦ € 43,- (D) ♦ ISBN 978-3-89936-604-4

Band 281
Tobias Nikoleyczik
Gläubigerschutz zwischen Gesetz und Vertrag – Alternativen zum System eines festen Nennkapitals
Lohmar – Köln 2007 ♦ 366 S. ♦ € 54,- (D) ♦ ISBN 978-3-89936-605-1

Band 282
Vera Pruß
Asset-Allokation von Privatinvestoren unter Berücksichtigung von Steuern
Lohmar – Köln 2007 ♦ 382 S. ♦ € 55,- (D) ♦ ISBN 978-3-89936-629-7

Band 283
Jörg Thomas
Die steuerliche Behandlung einer grenzüberschreitenden Verschmelzung von Kapitalgesellschaften innerhalb der EU
Lohmar – Köln 2007 ♦ 396 S. ♦ € 56,- (D) ♦ ISBN 978-3-89936-639-6

Band 284
Friedrich Petry
Die Ertragsbesteuerung auf dem deutschen Festlandsockel und in der deutschen ausschließlichen Wirtschaftszone
Lohmar – Köln 2008 ♦ 216 S. ♦ € 45,- (D) ♦ ISBN 978-3-89936-657-0

Band 285
Christoph Neven
KFZ-Vertrieb und Kartellrecht – Die Verordnung (EG) Nr. 1400/2002
Lohmar – Köln 2008 ♦ 338 S. ♦ € 53,- (D) ♦ ISBN 978-3-89936-660-0

Band 286
Dirk Müller
Verbindlichkeitsrückstellungen
Lohmar – Köln 2008 ♦ 330 S. ♦ € 53,- (D) ♦ ISBN 978-3-89936-675-4

Band 287
Michael Kricheldorf
Ertragsteuerliche Konsequenzen aus der Umstrukturierung doppelstöckiger Personengesellschaften
Lohmar – Köln 2008 ♦ 536 S. ♦ € 65,- (D) ♦ ISBN 978-3-89936-678-5